합격을 위한 길잡이!
최신 출제 경향에 맞춘 최고의 수험서!

CBT 모의고사 & 기출문제 추가 제공 (판권 참조)

최신판

산업안전기사
5개년 과년도

성영선 저

본문의 구성
- 2018년 기출문제
- 2019년 기출문제
- 2020년 기출문제
- 2021년 기출문제
- 2022년 기출문제

질의응답 사이트 운영
http://www.kkwbooks.com
도서출판 건기원

머리말

본 교재는 오로지 산업안전기사 자격증 취득을 위한 목적으로 만들어졌습니다.

❶ 공부 시간을 최대한 줄일 수 있도록 최근 약 5년간의 기출문제를 해설·정리하여 효과적으로 공부할 수 있도록 하였습니다.

❷ 5년분 기출문제 외에 추가로 지난 기출문제 3년분을 '웅보건기원' 카페에서 제공하여, 전체 8년분의 기출문제를 공부할 수 있도록 하였습니다.

> 네이버 카페 : 웅보건기원(https://cafe.naver.com/bookwk)
> ▶ 산업안전 → 정오표 & 자료실
> ▶ 산업안전 → CBT 모의고사

❸ 과년도 기출문제의 해설은 혼자서 공부해도 쉽게 이해할 수 있도록 관련 내용을 추가하여 상세하게 수록하였습니다.
 ⇨ 쉽게 이해가 되도록 상세하게 설명하고 관련 내용을 추가하여 유사문제로 출제되더라도 만족한 해답을 얻을 수 있도록 하였습니다.

❹ 과년도 문제 중 반복되어 출제되는 동일·유사문제의 해설 설명은 그대로 수록하여 반복 학습할 수 있도록 하였습니다.
 ⇨ 필기시험을 위해서는 반복 학습이 중요합니다. 과년도 기출문제의 학습 과정에서 동일·유사내용을 여러 번 반복, 숙지하도록 하였습니다.

❺ 어렵게 생각하는 계산 문제도 쉽게 이해하도록 공식과 해설 과정을 상세 설명하였습니다.
 ⇨ 계산 문제는 대부분 공식만 알면 풀 수 있는 문제이므로 공식을 먼저 제시한 후 풀이를 쉽게 이해할 수 있도록 설명하였습니다.

| 머리말 |

❻ 법령 관련 문제의 법령은 문제 해설에서 관련 조문을 가능한 그대로 수록함으로써 법령의 이해도를 높이고, 유사문제에서 틀리지 않도록 하여, 다시 찾아보는 번거로움이 없도록 하였습니다.
  ⇨ 많은 문제가 산업안전보건법과 관련 법령에서 출제되므로 법령 조문을 그대로 상세히 수록하여 이해도를 높이고, 유사문제가 나와도 틀리지 않게 확인하여 부족한 부분이 있어도 다시 찾아보는 번거로움이 없도록 하였습니다.

산업안전기사 필기시험을 대비한 공부의 최선은 기존의 기출문제를 기본으로 하여 반복적으로 공부하는 것이 가장 효과적이라 생각합니다. 따라서 본 교재는 이러한 요건을 충족시킬 수 있고, 가장 효과적으로 공부할 수 있도록 최선을 다해 구성하였습니다. 본 교재의 이러한 장점들을 적극 활용하고 열심히 공부하여 반드시 합격하시기를 바랍니다. 전체 과목 평균 60점으로 합격한다는 것은 60점을 얻을 만큼 열심히 공부를 해야 한다는 것입니다. 본 교재를 기본으로 공부 시간에 맞는 실제적인 학습 계획을 세워서 최선을 다한다면 틀림없이 합격하리라 생각합니다.

저자 성영선

 **시험의 기본정보**

❶ 산업안전(산업)기사 시험 기본정보
- 산업안전기사(Engineer Industrial Safety)
- 산업안전산업기사(Industrial Engineer Industrial Safety)

가. 시험일정(해당 연도 전년 12월에 시험일정 공고) : 매년 3회 실시
- 산업안전(산업)기사 : 제1회, 제2회, 제3회차 실시
- 건설안전(산업)기사 : 제1회, 제2회, 제4회차 실시

나. 시험시행기관명 : 한국산업인력공단
- 실시기관 홈페이지 : http://www.q-net.or.kr

다. 취득방법

(1) 산업안전기사

관련학과		대학 및 전문대학의 안전공학, 산업안전공학, 보건안전학 관련학과
시험과목	필기(6과목)	1. 안전관리론 2. 인간공학 및 시스템안전공학 3. 기계위험방지기술 4. 전기위험방지기술 5. 화학설비위험방지기술 6. 건설안전기술
	실기	산업안전실무
검정방법 및 합격기준	필기	
		문제문항: 객관식 4지 택일형 과목당 20문항(전체 120문제)
		시험시간: 시험시간 전체 180분(3시간, 시험시간 과목당 30분) - 컴퓨터 시험(CBT)으로 시행
		합격기준: 과목당 100점을 만점으로 하여 40점 이상, 전과목 평균 60점 이상 합격 (6과목 중 40점 미만 과락 과목이 있으면 불합격됨)
	실기	시험방법: 복합형 100점[필답형(55점) + 작업형(45점)]
		필답형: 주관식 시험으로 14문항 정도이며 1문항이 3~6점 배점(부분 점수 있음) - 시험시간 1시간 30분
		작업형: 컴퓨터 영상자료를 이용하여 시행(말, 글없음)하며 9문항 정도 - 시험시간 1시간 정도
		합격기준: 필답과 작업형 시험을 합하여 100점을 만점으로 60점 이상이면 최종 합격

(2) 산업안전산업기사

관련학과			대학과 전문대학의 산업안전공학 관련학과
시험과목	필기(5과목)		1. 산업안전관리론 2. 인간공학 및 시스템안전공학 3. 기계위험방지기술 4. 전기 및 화학설비위험방지기술 5. 건설안전기술
	실기		산업안전실무
검정방법 및 합격기준	필기	문제문항	객관식 4지 택일형 과목당 20문항(전체 100문제)
		시험시간	시험시간 전체 150분(2시간30분, 시험시간 과목당 30분) - 컴퓨터 시험(CBT)으로 시행
		합격기준	과목당 100점을 만점으로 하여 40점 이상, 전과목 평균 60점 이상 합격 (5과목 중 40점 미만 과락 과목이 있으면 불합격 됨)
	실기	시험방법	복합형 100점[필답형(55점) + 작업형(45점)]
		필답형	주관식 시험으로 13문항 정도이며 1문항이 3~6점 배점(부분 점수 있음) - 시험시간 1시간
		작업형	컴퓨터 영상자료를 이용하여 시행(말, 글없음)하며 9문항 정도 - 시험시간 1시간 정도
		합격기준	필답과 작업형시험을 합하여 100점을 만점으로 60점 이상이면 최종 합격

❷ 응시절차

순서	응시절차	절차안내
1	원서접수	인터넷접수(www.Q-net.or.kr)
2	필기원서 접수	필기 접수 기간 내 수험원서 인터넷 제출 사진(6개월 이내에 촬영한 반명함판 사진파일(.jpg), 수수료 : 정액 시험장소 본인 선택 (선착순)
3	필기시험	수험표, 신분증, 필기구(흑색 사인펜 등) 지참 - 별도 문제풀이용 연습지 제공(퇴실시 반납)
4	합격자 발표	인터넷(www.Q-net.or.kr) - 시험 당일 응시 종료 즉시 득점 및 합격(예정) 여부 확인 가능
5	실기원서접수	실기접수기간 내 수험원서 인터넷 제출 사진(6개월 이내에 촬영한 반명함판 사진파일(.jpg), 수수료 : 정액 시험일시, 장소 본인 선택(선착순)
6	실기시험	수험표, 신분증, 필기구, 수험지참준비물 준비
7	최종합격자발표	인터넷(www.Q-net.or.kr)
8	자격증발급	증명사진 1매, 수험표, 신분증, 수수료 지참

※ **필기 유효기간 및 상호 과목 면제**
1. 필기 유효기간 : 필기시험 합격 후 2년 동안 필기시험 면제
   - 필기 합격 발표일로부터 2년 동안 필기시험 면제받고 실기시험 6회 응시 가능(마지막 실기시험 원서접수 일정이 이 기간 내에 포함되어 있으면 최대 7회까지 가능 : 산업인력공단에서 매년 공지함)
2. 상호 과목 면제 : 산업안전과 건설안전 기사, 산업기사 상호간의 필기시험 과목 면제 가능(동일 등급에서만 면제가능하며 기사 2과목, 산업기사 3과목: 1과목 혹은 2과목 선택하여 면제 받을 수 없음)
   (* 면제 과목을 제외한 과목은 점수 획득이 어려운 과목이므로 신중히 검토해야함)
   가. 산업(건설)안전기사 자격 취득 후 건설(산업)안전기사 필기시험에 응시한 경우 : 필기 2과목 면제 가능
      - 인간공학 및 시스템안전공학, 건설안전기술
   나. 산업(건설)안전산업기사 자격 취득 후 건설(산업)안전산업기사 필기시험에 응시한 경우 : 필기 3과목 면제 가능
      - 산업안전관리론, 인간공학 및 시스템안전공학, 건설안전기술

❸ **연도별 합격 현황**

종목명	연도	필기			실기		
		응시	합격	합격률(%)	응시	합격	합격률(%)
산업안전기사	2021	41,704	20,205	48.4	29,571	15,310	51.8
	2020	33,732	19,655	58.3	26,012	14,824	57
	2019	33,287	15,076	45.3	20,704	9,765	47.2
	2018	27,018	11,641	43.1	15,755	7,600	48.2
산업안전산업기사	2021	25,951	12,497	48.2	17,961	7,728	43
	2020	22,849	11,731	51.3	15,996	5,473	34.2
	2019	24,237	11,470	47.3	13,559	6,485	47.8
	2018	19,298	8,596	44.5	9,305	4,547	48.9

❹ **기사 · 산업기사 응시자격 〈국가기술자격법 시행령〉**

[별표 4의2] 기술 · 기능 분야 국가기술자격의 응시자격(제14조제7항 관련)

등급	응시자격
기 사	다음 각 호의 어느 하나에 해당하는 사람 1. 산업기사 등급 이상의 자격을 취득한 후 응시하려는 종목이 속하는 동일 및 유사 직무 분야에서 1년 이상 실무에 종사한 사람 2. 기능사 자격을 취득한 후 응시하려는 종목이 속하는 동일 및 유사 직무 분야에서 3년 이상 실무에 종사한 사람

등급	응시자격
	3. 응시하려는 종목이 속하는 동일 및 유사 직무 분야의 다른 종목의 기사 등급 이상의 자격을 취득한 사람 4. 관련학과의 대학졸업자 등 또는 그 졸업예정자 5. 3년제 전문대학 관련학과 졸업자 등으로서 졸업 후 응시하려는 종목이 속하는 동일 및 유사 직무 분야에서 1년 이상 실무에 종사한 사람 6. 2년제 전문대학 관련학과 졸업자 등으로서 졸업 후 응시하려는 종목이 속하는 동일 및 유사 직무 분야에서 2년 이상 실무에 종사한 사람 7. 동일 및 유사 직무 분야의 기사 수준 기술훈련과정 이수자 또는 그 이수예정자 8. 동일 및 유사 직무 분야의 산업기사 수준 기술훈련과정 이수자로서 이수 후 응시하려는 종목이 속하는 동일 및 유사 직무 분야에서 2년 이상 실무에 종사한 사람 9. 응시하려는 종목이 속하는 동일 및 유사 직무 분야에서 4년 이상 실무에 종사한 사람 10. 외국에서 동일한 종목에 해당하는 자격을 취득한 사람
산업기사	다음 각 호의 어느 하나에 해당하는 사람 1. 기능사 등급 이상의 자격을 취득한 후 응시하려는 종목이 속하는 동일 및 유사 직무 분야에 1년 이상 실무에 종사한 사람 2. 응시하려는 종목이 속하는 동일 및 유사 직무 분야의 다른 종목의 산업기사 등급 이상의 자격을 취득한 사람 3. 관련학과의 2년제 또는 3년제 전문대학졸업자 등 또는 그 졸업예정자 4. 관련학과의 대학졸업자 등 또는 그 졸업예정자 5. 동일 및 유사 직무분야의 산업기사 수준 기술훈련과정 이수자 또는 그 이수예정자 6. 응시하려는 종목이 속하는 동일 및 유사 직무 분야에서 2년 이상 실무에 종사한 사람 7. 고용노동부령으로 정하는 기능경기대회 입상자 8. 외국에서 동일한 종목에 해당하는 자격을 취득한 사람

비고
1. "졸업자 등"이란 「초·중등교육법」 및 「고등교육법」에 따른 학교를 졸업한 사람 및 이와 같은 수준 이상의 학력이 있다고 인정되는 사람을 말한다. 다만, 대학(산업대학 등 수업연한이 4년 이상인 학교를 포함한다. 이하 "대학 등"이라 한다) 및 대학원을 수료한 사람으로서 관련 학위를 취득하지 못한 사람은 "대학졸업자 등"으로 보고, 대학 등의 전 과정의 2분의 1 이상을 마친 사람은 "2년제 전문대학 졸업자 등"으로 본다.
2. "졸업예정자"란 국가기술자격 검정의 필기시험일(필기시험이 없거나 면제되는 경우에는 실기시험의 수험원서 접수마감일을 말한다. 이하 같다) 현재 「초·중등교육법」 및 「고등교육법」에 따라 정해진 학년 중 최종 학년에 재학 중인 사람을 말한다. 다만, 「학점인정 등에 관한 법률」 제7조에 따라 106학점 이상을 인정받은 사람(「학점인정 등에 관한 법률」에 따라 인정받은 학점 중 「고등교육법」 제2조제1호부터 제6호까지의 규정에 따른 대학 재학 중 취득한 학점을 전환하여 인정받은 학점 외의 학점이 18학점 이상 포함되어야 한다)은 대학졸업예정자로 보고, 81학점 이상을 인정받은 사람은 3년제 대학졸업예정자로 보며, 41학점 이상을 인정받은 사람은 2년제 대학졸업예정자로 본다.
3. 「고등교육법」 제50조의2에 따른 전공심화과정의 학사학위를 취득한 사람은 대학졸업자로 보고, 그 졸업예정자는 대학졸업예정자로 본다.
4. "이수자"란 기사 수준 기술훈련과정 또는 산업기사 수준 기술훈련과정을 마친 사람을 말한다.
5. "이수예정자"란 국가기술자격 검정의 필기시험일 또는 최초 시험일 현재 기사 수준 기술훈련과정 또는 산업기사 수준 기술훈련과정에서 각 과정의 2분의 1을 초과하여 교육훈련을 받고 있는 사람을 말한다.

산업안전기사[필기] 출제기준

가. 적용기간 : 2021. 1. 1.~2023. 12. 31.
나. 직무내용 : 제조 및 서비스업 등 각 산업현장에 소속되어 산업재해 예방계획의 수립에 관한 사항을 수행 하며, 작업환경의 점검 및 개선에 관한 사항, 유해 및 위험방지에 관한 사항, 사고사례 분석 및 개선에 관한 사항, 근로자의 안전교육 및 훈련 등을 수행하는 직무이다.

필기과목명	문제수	주요항목	세부항목
안전관리론	20	1. 안전보건관리 개요	1. 안전과 생산 2. 안전보건관리 체제 및 운용
		2. 재해 및 안전점검	1. 재해조사 2. 산재분류 및 통계분석 3. 안전점검·검사·인증 및 진단
		3. 무재해 운동 및 보호구	1. 무재해 운동 등 안전 활동 기법 2. 보호구 및 안전 보건 표지
		4. 산업안전심리	1. 산업심리와 심리검사 2. 직업적성과 배치 3. 인간의 특성과 안전과의 관계
		5. 인간의 행동과학	1. 조직과 인간행동 2. 재해 빈발성 및 행동과학 3. 집단관리와 리더십 4. 생체 리듬과 피로
		6. 안전보건교육의 개념	1. 교육의 필요성과 목적 2. 교육심리학 3. 안전보건교육계획 수립 및 실시
		7. 교육의 내용 및 방법	1. 교육내용 2. 교육방법 3. 교육실시 방법
		8. 산업안전 관계법규	1. 산업안전보건법 2. 산업안전보건법 시행령 3. 산업안전보건법 시행규칙 4. 관련 기준 및 지침
인간공학 및 시스템 안전공학	20	1. 안전과 인간공학	1. 인간공학의 정의 2. 인간-기계체계 3. 체계설계와 인간 요소
		2. 정보입력표시	1. 시각적 표시 장치

필기과목명	문제수	주요항목	세부항목
			2. 청각적 표시장치
			3. 촉각 및 후각적 표시장치
			4. 인간요소와 휴먼에러
		3. 인간계측 및 작업 공간	1. 인체계측 및 인간의 체계제어
			2. 신체활동의 생리학적 측정법
			3. 작업 공간 및 작업자세
			4. 인간의 특성과 안전
		4. 작업환경관리	1. 작업조건과 환경조건
			2. 작업환경과 인간공학
		5. 시스템위험분석	1. 시스템 위험분석 및 관리
			2. 시스템 위험 분석 기법
		6. 결함수 분석법	1. 결함수 분석
			2. 정성적, 정량적 분석
		7. 위험성평가	1. 위험성 평가의 개요
			2. 신뢰도 계산
			3. 유해위험방지 계획서
		8. 각종 설비의 유지 관리	1. 설비관리의 개요
			2. 설비의 운전 및 유지관리
			3. 보전성 공학
기계위험 방지기술	20	1. 기계안전의 개념	1. 기계의 위험 및 안전조건
			2. 기계의 방호
			3. 구조적 안전
			4. 기능적 안전
		2. 공작기계의 안전	1. 절삭가공기계의 종류 및 방호장치
			2. 소성가공 및 방호장치
		3. 프레스 및 전단기의 안전	1. 프레스 재해방지의 근본적인 대책
			2. 금형의 안전화
		4. 기타 산업용 기계기구	1. 롤러기
			2. 원심기
			3. 아세틸렌 용접장치 및 가스집합 용접장치
			4. 보일러 및 압력용기
			5. 산업용 로봇
			6. 목재 가공용 기계
			7. 고속회전체
			8. 사출성형기
		5. 운반기계 및 양중기	1. 지게차
			2. 컨베이어
			3. 크레인 등 양중기(건설용은 제외)
			4. 구내 운반 기계

필기과목명	문제수	주요항목	세부항목
		6. 설비진단	1. 비파괴검사의 종류 및 특징 2. 진동방지 기술 3. 소음방지 기술
전기위험 방지기술	20	1. 전기안전일반	1. 전기의 위험성 2. 전기설비 및 기기 3. 전기작업안전
		2. 감전재해 및 방지 대책	1. 감전재해 예방 및 조치 2. 감전재해의 요인 3. 누전차단기 감전예방 4. 아크 용접장치 5. 절연용 안전장구
		3. 전기화재 및 예방 대책	1. 전기화재의 원인 2. 접지공사 3. 피뢰설비 4. 화재경보기 5. 화재대책
		4. 정전기의 재해방지대책	1. 정전기의 발생 및 영향 2. 정전기재해의 방지대책
		5. 전기설비의 방폭	1. 방폭구조의 종류 2. 전기설비의 방폭 및 대책 3. 방폭설비의 공사 및 보수
화학설비 위험방지 기술	20	1. 위험물 및 유해화학 물질 안전	1. 위험물, 유해화학물질의 종류 2. 위험물, 유해화학물질의 취급 및 안전 수칙
		2. 공정안전	1. 공정안전 일반 2. 공정안전 보고서 작성심사·확인
		3 폭발방지 및 안전 대책	1. 폭발의 원리 및 특성 2. 폭발방지대책
		4 화학설비안전	1. 화학설비의 종류 및 안전기준 2. 건조설비의 종류 및 재해형태 3. 공정 안전기술
		5. 화재 예방 및 소화	1. 연소 2. 소화
건설안전 기술	20	1. 건설공사 안전개요	1. 공정계획 및 안전성 심사 2. 지반의 안정성 3. 건설업 산업안전보건관리비 4. 사전안전성검토(유해위험방지 계획서)
		2. 건설공구 및 장비	1. 건설공구 2. 건설장비 3. 안전수칙

필기과목명	문제수	주요항목	세부항목
		3. 양중 및 해체공사의 안전	1. 해체용 기구의 종류 및 취급안전 2. 양중기의 종류 및 안전 수칙
		4. 건설재해 및 대책	1. 떨어짐(추락)재해 및 대책 2. 무너짐(붕괴)재해 및 대책 3. 떨어짐(낙하), 날아옴(비래)재해대책
		5. 건설 가시설물 설치 기준	1. 비계 2. 작업통로 및 발판 3. 거푸집 및 동바리 4. 흙막이
		6. 건설 구조물공사 안전	1. 콘크리트 구조물 공사 안전 2. 철골 공사 안전 3. PC(Precast Concrete) 공사 안전
		7. 운반, 하역작업	1. 운반작업 2. 하역공사

차례

* 머리말 ii
* 시험의 기본정보 iv
* 출제기준 viii

2018
- 2018년 제1회 기출문제(3월 4일 시행) 2
- 2018년 제2회 기출문제(4월 28일 시행) 32
- 2018년 제3회 기출문제(8월 19일 시행) 65

2019
- 2019년 제1회 기출문제(3월 3일 시행) 2
- 2019년 제2회 기출문제(4월 27일 시행) 31
- 2019년 제3회 기출문제(8월 4일 시행) 61

2020
- 2020년 제1·2회 기출문제(6월 7일 시행) 2
- 2020년 제3회 기출문제(8월 22일 시행) 29
- 2020년 제4회 기출문제(9월 26일 시행) 58

2021
- 2021년 제1회 기출문제(3월 7일 시행) 2
- 2021년 제2회 기출문제(5월 15일 시행) 31
- 2021년 제3회 기출문제(8월 14일 시행) 60

2022
- 2022년 제1회 기출문제(3월 5일 시행) 2
- 2022년 제2회 기출문제(4월 24일 시행) 32

산업안전기사

2018

- 2018년 제1회 기출문제 (3월 4일 시행)
- 2018년 제2회 기출문제 (4월 28일 시행)
- 2018년 제3회 기출문제 (8월 19일 시행)

2018년 제1회 산업안전기사 기출문제

제1과목 안전관리론

01 기업 내 정형교육 중 TWI(Training Within Industry)의 교육내용이 아닌 것은?

① Job Method Training
② Job Relation Training
③ Job Instruction Training
④ Job Standardization Training

해설 TWI(Training Within Industry)
직장에서 제일선 감독자(관리감독자)에 대해서 감독능력을 높이고 부하 직원과의 인간관계를 개선해서 생산성을 높이기 위한 훈련방법
① 작업방법(개선)훈련(JMT: Job Method Training) – 작업개선 방법
② 작업지도훈련(JIT: Job Instruction Training) – 작업지도, 지시(작업 가르치는 기술) : 직장 내 부하 직원에 대하여 가르치는 기술과 관련이 가장 깊은 기법
③ 인간관계 훈련(JRT: Job Relations Training) – 인간관계 관리(부하통솔)
④ 작업안전 훈련(JST: Job Safety Training) – 작업안전

02 재해사례연구의 진행단계 중 다음 (   ) 안에 알맞은 것은?

재해 상황의 파악 → (㉠) → (㉡) → 근본적 문제점의 결정 → (㉢)

① ㉠ 사실의 확인, ㉡ 문제점의 발견, ㉢ 대책수립
② ㉠ 문제점의 발견, ㉡ 사실의 확인, ㉢ 대책수립
③ ㉠ 사실의 확인, ㉡ 대책수립, ㉢ 문제점의 발견
④ ㉠ 문제점의 발견, ㉡ 대책수립, ㉢ 사실의 확인

해설 재해사례연구의 순서
(가) 전제조건: 재해 상황의 파악(5단계일 때)
사례연구의 전제조건인 재해 상황 파악
(나) 제1단계: 사실의 확인
작업의 개시에서 재해의 발생까지의 경과 가운데 재해와 관계있는 사실 및 재해 요인으로 알려진 사실을 객관적으로 확인(이상 시, 사고 시 또는 재해 발생 시의 조치도 포함)
(다) 제2단계: 문제점의 발견
파악된 사실로부터 각종 기준에서의 차이에 따른 문제점을 발견(직접 원인)
(라) 제3단계: 근본 문제점의 결정
문제점 가운데 재해의 중심이 된 근본적인 문제점을 결정하고 재해원인을 판단(기본원인)
(마) 제4단계: 대책 수립
재해 사례를 해결하기 위한 대책을 세움

03 교육심리학의 학습이론에 관한 설명 중 옳은 것은?

① 파블로프(Pavlov)의 조건반사설은 맹목적 시행을 반복하는 가운데 자극과 반응이 결합하여 행동하는 것이다.
② 레윈(Lewin)의 장설은 후천적으로 얻게 되는 반사작용으로 행동을 발생시킨다는 것이다.
③ 톨만(Tolman)의 기호형태설은 학습자의 머리 속에 인지적 지도 같은 인지구조를 바탕으로 학습하려는 것이다.
④ 손다이크(Thorndike)의 시행착오설은 내적, 외적의 전체구조를 새로운 시점에서 파악하여 행동하는 것이다.

정답 01. ④ 02. ① 03. ③

04 레윈(Lewin)의 법칙 $B = f(P \cdot E)$ 중 B가 의미하는 것은?

① 인간관계 ② 행동
③ 환경 ④ 함수

해설 레윈(Lewin.K)의 법칙: 인간행동은 사람이 가진 자질, 즉 개체와 심리학적 환경과의 상호 함수관계에 있다고 정의함
$B = f(P \cdot E)$
B: behavior(인간의 행동)
P: person(개체: 연령, 경험, 심신 상태, 성격, 지능, 소질 등)
E: environment(심리적 환경: 인간관계, 작업환경 등)
f: function(함수관계: P와 E에 영향을 주는 조건)

05 학습지도의 형태 중 몇 사람의 전문가에 의해 과정에 관한 견해를 발표하고 참가자로 하여금 의견이나 질문을 하게 하는 토의방식은?

① 포럼(Forum)
② 심포지엄(Symposium)
③ 버즈세션(Buzz session)
④ 자유토의법(Free discussion method)

해설 토의식 교육방법
(가) 포럼(forum): 새로운 자료나 교재를 제시하고, 피교육자로 하여금 문제점을 제기하도록 하거나 의견을 여러 가지 방법으로 발표하게 하여 청중과 토론자 간 활발한 의견 개진과 합의를 도출해가는 토의방법(깊이 파고들어 토의하는 방법)
(나) 심포지엄(symposium): 몇 사람의 전문가에 의하여 과정에 관한 견해를 발표한 뒤 참가자로 하여금 의견이나 질문을 하게하는 토의법
(다) 패널 디스커션(panel discussion): 패널 멤버(교육과제에 정통한 전문가 4~5명)가 피교육자 앞에서 자유로이 토의하고 뒤에 피교육자 전원이 참가하여 사회자의 사회에 따라 토의하는 방법
(라) 버즈 세션(buzz session): 6-6회의라고도 하며, 참가자가 다수인 경우에 전원을 토의에 참가시키기 위한 방법으로 소집단을 구성하여 회의를 진행시키는 방법

06 산업안전보건법령상 지방고용노동관서의 장이 사업주에게 안전관리자 · 보건관리자 또는 안전보건관리담당자를 정수 이상으로 증원하게 하거나 교체하여 임명할 것을 명할 수 있는 경우의 기준 중 다음 ( ) 안에 알맞은 것은? 〈법령 개정으로 문제 수정〉

- 중대재해가 연간 (㉠)건 이상 발생한 경우
- 해당 사업장의 연간재해율이 같은 업종의 평균재해율의 (㉡)배 이상인 경우

① ㉠ 2, ㉡ 2 ② ㉠ 2, ㉡ 3
③ ㉠ 3, ㉡ 2 ④ ㉠ 3, ㉡ 3

해설 안전관리자 등의 증원·교체임명 명령(지방노동관서의 장) 〈산업안전보건법 시행규칙 제12조〉
① 해당 사업장의 연간재해율이 같은 업종의 평균재해율의 2배 이상인 경우
② 중대재해가 연간 2건 이상 발생한 경우(전년도 사망만인율이 같은 업종의 평균 사망만인율 이하인 경우는 제외)
③ 관리자가 질병이나 그 밖의 사유로 3개월 이상 직무를 수행할 수 없게 된 경우
④ 법령에 규정된 화학적 인자로 인한 직업성 질병자가 연간 3명 이상 발생한 경우

07 하인리히(Heinrich)의 재해구성비율에 따른 58건의 경상이 발생한 경우 무상해 사고는 몇 건이 발생하겠는가?

① 58건 ② 116건
③ 600건 ④ 900건

해설 하인리히의 1 : 29 : 300재해법칙
[중상해 : 경상해 : 무상해사고]
경상 58건/29 = 2배
→ 무상해사고 300 × 2배 = 600건

정답 04. ② 05. ② 06. ① 07. ③

08 상해 정도별 분류 중 의사의 진단으로 일정 기간 정규 노동에 종사할 수 없는 상해에 해당하는 것은?

① 영구 일부노동 불능상해
② 일시 전노동 불능상해
③ 영구 전노동 불능상해
④ 구급처치 상해

해설 근로 불능 상해의 정도별 분류(ILO의 국제 노동 통계의 구분)
① 사망 : 노동손실일수 7,500일
② 영구 전노동 불능상해: 부상결과 노동기능을 완전히 잃은 부상(신체장해등급 제1급~제3급, 노동손실일수 7,500일)
③ 영구 일부노동 불능상해: 부상결과 신체의 일부가 영구히 노동기능을 상실한 부상(신체장해등급 제4급~제14급)
④ 일시 전노동 불능상해: 의사의 진단으로 일정 기간 정규노동에 종사할 수 없는 상해(신체장해가 남지 않는 일반적인 휴업재해)
⑤ 일시 일부노동 불능상해 : 의사의 의견에 따라 부상 다음날 정규근로에 종사할 수 없는 휴업재해 이외의 경우

09 데이비스(Davis)의 동기부여 이론 중 동기유발의 식으로 옳은 것은?

① 지식×기능
② 지식×태도
③ 상황×기능
④ 상황×태도

해설 데이비스(K. Davis)의 동기부여 이론(등식)
① 인간의 성과×물질의 성과=경영의 성과
② 지식(knowledge)×기능(skill)=능력(ability)
③ 상황(situation)×태도(attitude)=동기유발(motivation)
④ 인간의 능력(ability)×동기유발(motivation)=인간의 성과(human performance)

10 안전보건관리조직의 유형 중 스태프형(Staff) 조직의 특징이 아닌 것은?

① 생산부문은 안전에 대한 책임과 권한이 없다.
② 권한 다툼이나 조정 때문에 통제수속이 복잡해지며 시간과 노력이 소모된다.
③ 생산부문에 협력하여 안전명령을 전달, 실시하므로 안전지시가 용이하지 않으며 안전과 생산을 별개로 취급하기 쉽다.
④ 명령 계통과 조언 권고적 참여가 혼동되기 쉽다.

해설 안전관리 조직의 장단점

구분	장 점	단 점
라인형 (100인 미만 사업장에 적합)	① 안전에 대한 지시, 전달이 용이 ② 명령계통이 간단, 명료 ③ 참모보다 경제적	① 안전에 관한 전문지식이 부족하고 기술의 축적이 미흡(안전에 대한 정보 불충분) ② 안전정보 및 신기술 개발이 어려움 ③ 라인에 과중한 책임이 물림
스태프형 (100~1,000인 미만 사업장에 적합)	① 안전에 관한 전문지식, 기술축적 용이 ② 안전정보 수집 신속, 용이 ③ 경영자의 조언 및 자문 역할	① 안전과 생산을 별개로 취급(생산부서와 유기적인 협조 필요) ② 생산 라인은 안전에 대한 책임, 권한 미미(없음) ③ 생산부서와 마찰이 일어나기 쉬움
라인-스태프 혼합형 (1,000인 이상 사업장에 적합)	① 안전지식 및 기술 축적 가능 ② 안전지시 및 전달이 신속·정확 ③ 안전에 대한 신기술의 개발 및 보급이 용이 ④ 안전활동이 생산과 분리되지 않으므로 운용이 쉬움	① 명령계통과 지도·조언 및 권고적 참여가 혼동되기 쉬움 ② 스태프의 힘이 커지면 라인이 무력해짐

정답 08. ② 09. ④ 10. ④

11 자율검사프로그램을 인정받기 위해 보유하여야 할 검사장비의 이력카드 작성, 교정주기와 방법 설정 및 관리 등의 관리 주체는?

① 사업주
② 제조자
③ 안전관리전문기관
④ 안전보건관리책임자

해설 **자율검사프로그램에 따른 안전검사**: 사업주가 근로자 대표와 협의하여 자율검사프로그램 실시
1) 자율검사프로그램의 인정 요건
   가) 검사원을 고용하고 있을 것
   나) 검사장비를 갖추고 이를 유지·관리할 수 있을 것
   다) 검사 주기의 2분의 1에 해당하는 주기(크레인 중 건설현장 외에서 사용하는 크레인의 경우에는 6개월)마다 검사를 할 것
   라) 자율검사프로그램의 검사기준이 안전검사기준을 충족할 것

12 다음의 방진마스크 형태로 옳은 것은?

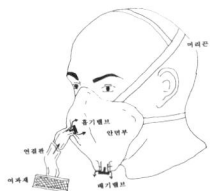

① 직결식 전면형   ② 직결식 반면형
③ 격리식 전면형   ④ 격리식 반면형

해설 방진마스크의 형태(반면형)

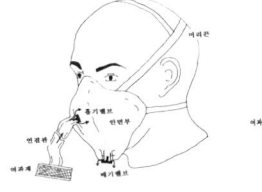

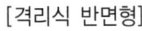 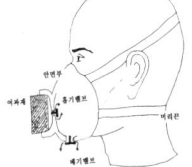
[격리식 반면형]   [직결식 반면형]

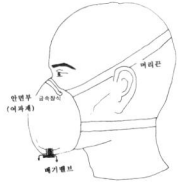 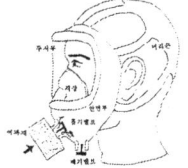
[안면부 여과식]   [직결식 전면형]

13 작업자 적성의 요인이 아닌 것은?

① 성격(인간성)   ② 지능
③ 인간의 연령   ④ 흥미

해설 적성의 요인(적성의 기본요소)
① 지능
② 직업 적성(기계적 적성과 사무적 적성)
③ 흥미
④ 인간성(성격)

14 산업안전보건법령상 근로자 안전·보건교육 기준 중 관리감독자 정기안전·보건 교육의 교육내용으로 옳은 것은? (단, 산업안전보건법 및 일반관리에 관한 사항은 제외한다.)

① 산업안전 및 사고 예방에 관한 사항
② 사고 발생 시 긴급조치에 관한 사항
③ 건강증진 및 질병 예방에 관한 사항
④ 산업보건 및 직업병 예방에 관한 사항

15 산업안전보건법령상 안전·보건표지의 색채와 색도기준의 연결이 틀린 것은?(단, 색도기준은 한국산업표준(KS)에 따른 색의 3속성에 의한 표시방법에 따른다.)

① 빨간색 – 7.5R 4/14
② 노란색 – 5Y 8.5/12
③ 파란색 – 2.5PB 4/10
④ 흰색 – N0.5

[해설] **[별표 8] 안전 · 보건표지의 색채, 색도기준 및 용도**
〈산업안전보건법 시행규칙〉

색채	색도기준	용도
빨간색	7.5R 4/14	금지
		경고
노란색	5Y 8.5/12	경고
파란색	2.5PB 4/10	지시
녹색	2.5G 4/10	안내
흰색	N9.5	
검은색	N0.5	

16 강도율에 관한 설명 중 틀린 것은?

① 사망 및 영구 전노동불능(신체장해등급 1~3급)의 근로손실일수는 7,500일로 환산한다.
② 신체장해등급 중 제14급은 근로손실일수를 50일로 환산한다.
③ 영구 일부 노동불능은 신체장해등급에 따른 근로손실일수에 $\frac{300}{365}$을 곱하여 환산한다.
④ 일시 전노동 불능은 휴업일수에 $\frac{300}{365}$을 곱하여 근로손실일수를 환산한다.

[해설] **강도율(S.R: Severity Rate of Injury)**
① 강도율은 근로시간 합계 1,000시간당 재해로 인한 근로손실일수를 나타냄(재해발생의 경중, 즉 강도를 나타냄)
② 강도율 = $\frac{근로손실일수}{연근로 시간수} \times 1,000$

[표] 근로손실일수 산정요령

구분	사망	신체 장해자 등급											
		1~3	4	5	6	7	8	9	10	11	12	13	14
근로손실일수(일)	7,500	7,500	5,500	4,000	3,000	2,200	1,500	1,000	600	400	200	100	50

* 사망, 장해등급 1~3급의 근로손실일수는 7,500일
* 입원 등으로 휴업 시의 근로손실일수
   = 휴업일수(요양일수)×300/365

17 산업안전보건법령상 안전 · 보건표지의 종류 중 경고표지의 기본모형(형태)이 다른 것은?

① 폭발성물질 경고
② 방사성물질 경고
③ 매달린 물체 경고
④ 고압전기 경고

[해설] **경고표지 기본형태**
• 화학물질 취급 장소 경고(1~5번, 14번) : 마름모
• 방사성물질경고 등(6~13번, 15번) : 삼각형
※ 안전보건표지 종류
   경고표지: 1. 인화성물질경고 2. 산화성물질 경고 3. 폭발성물질 경고 4. 급성독성물질 경고 5. 부식성물질 경고 6. 방사성물질 경고 7. 고압전기 경고 8. 매달린 물체 경고 9. 낙하물체 경고 10. 고온 경고 11. 저온 경고 12. 몸균형 상실 경고 13. 레이저광선 경고 14. 발암성 · 변이원성 · 생식독성 · 전신독성 · 호흡기 과민성물질 경고 15. 위험장소 경고

18 석면 취급장소에서 사용하는 방진마스크의 등급으로 옳은 것은?

① 특급   ② 1급
③ 2급   ④ 3급

[해설] **사용장소에 따른 방진마스크의 등급**

등급	특급	1급	2급
사용장소	• 베릴륨 등과 같이 독성이 강한 물질들을 함유한 분진 등 발생장소 • 석면 취급 장소	• 특급마스크 착용장소를 제외한 분진 등 발생장소 • 금속흄 등과 같이 열적으로 생기는 분진 등 발생장소 • 기계적으로 생기는 분진 등 발생장소(규소 등과 같이 2급 방진마스크를 착용하여도 무방한 경우는 제외)	• 특급 및 1급 마스크 착용장소를 제외한 분진 등 발생장소

배기밸브가 없는 안면부여과식 마스크는 특급 및 1급 장소에 사용해서는 안 된다.

정답 16. ③ 17. ① 18. ①

19 적응기제 중 도피기제의 유형이 아닌 것은?

① 합리화　　② 고립
③ 퇴행　　　④ 억압

20 생체 리듬(bio rhythm) 중 일반적으로 33일을 주기로 반복되며, 상상력, 사고력, 기억력 또는 의지, 판단 및 비판력 등과 깊은 관련성을 갖는 리듬은?

① 육체적 리듬　　② 지성적 리듬
③ 감성적 리듬　　④ 생활 리듬

[해설] 생체리듬 구분

종류	곡선표시	영역	주기
육체 리듬 (Physical)	P, 청색, 실선	식욕, 소화력, 활동력, 지구력 등이 증가(신체적 컨디션의 율동적 발현)	23일
감성 리듬 (Sensitivity)	S, 적색, 점선	감정, 주의력, 창조력, 예감, 희노애락 등이 증가	28일
지성 리듬 (Intellectual)	I, 녹색, 일점쇄선	상상력, 사고력, 판단력, 기억력, 인지력, 추리능력 등이 증가	33일

(제2과목) **인간공학 및 시스템안전공학**

21 에너지 대사율(RMR)에 대한 설명으로 틀린 것은?

① $RMR = \dfrac{운동대사량}{기초대사량}$

② 보통 작업 시 RMR은 4~7임

③ 가벼운 작업 시 RMR은 0~2임

④ $RMR = \dfrac{운동 시 산소소모량 - 안정 시 산소소모량}{기초대사량(산소소비량)}$

[해설] 에너지 대사율(RMR, Relative Metabolic Rate)
1) 에너지 대사율: 작업강도의 단위로서 산소호흡량을 측정하여 에너지 소모량을 결정하는 방식

$RMR = \dfrac{운동대사량}{기초대사량}$

$= \dfrac{운동시산소소모량 - 안정시산소소모량}{기초대사량(산소소모량)}$

2) 작업강도 구분
① 경(輕)작업: 0~2RMR
② 보통(中)작업: 2~4RMR
③ 중(重)작업: 4~7RMR
④ 초중(超重)작업: 7RMR 이상

22 FMEA의 특징에 대한 설명으로 틀린 것은?

① 서브시스템 분석 시 FTA보다 효과적이다.
② 시스템 해석기법은 정성적·귀납적 분석법 등에 사용된다.
③ 각 요소 간 영향 해석이 어려워 2가지 이상 동시 고장은 해석이 곤란하다.
④ 양식이 비교적 간단하고 적은 노력으로 특별한 훈련 없이 해석이 가능하다.

[해설] FMEA의 장단점
① 양식이 간단하여 특별한 훈련 없이 해석이 가능
② 논리성이 부족하고 각 요소 간 영향의 해석이 어렵기 때문에 동시에 2가지 이상의 요소가 고장 나는 경우에 해석 곤란
③ 해석의 영역이 물체에 한정되기 때문에 인적 원인의 해석이 곤란
④ 시스템 해석의 기법은 정성적, 귀납적 분석법 등이 사용

23 A사의 안전관리자는 자사 화학 설비의 안전성 평가를 위해 제2단계인 정성적 평가를 진행하기 위하여 평가 항목 대상을 분류하였다. 주요 평가 항목 중에서 설계관계항목이 아닌 것은?

① 건조물　　　② 공장 내 배치
③ 입지조건　　④ 원재료, 중간제품

해설 **안전성평가의 6단계**
(가) 제1단계: 관계 자료의 작성 준비(관계 자료의 정비검토)
(나) 제2단계: 정성적 평가
  1) 설계 관계
    ① 공장 내 배치
    ② 공장의 입지 조건
    ③ 건조물
    ④ 소방 설비
  2) 운전 관계
    ① 원재료, 중간제품 등
    ② 수송, 저장 등
    ③ 공정기기
    ④ 공정(공정 작업을 위한 작업규정 유무 등)
(다) 제3단계: 정량적 평가
(라) 제4단계: 안전 대책
(마) 제5단계: 재해 정보에 의한 재평가
(바) 제6단계: FTA에 의한 재평가

24 기계설비 고장 유형 중 기계의 초기결함을 찾아내 고장률을 안정시키는 기간은?

① 마모고장 기간
② 우발고장 기간
③ 에이징(aging) 기간
④ 디버깅(debugging) 기간

해설 **기계설비의 고장유형**
(1) 초기 고장(감소형 고장)
  설계상, 구조상 결함, 불량제조·생산과정 등의 품질관리 미비로 생기는 고장
  ① 점검 작업이나 시운전 작업 등으로 사전에 방지
  ② 디버깅 기간(debugging): 기계의 결함을 찾아내 고장률을 안정시키는 기간
  ③ 번인기간(burn-in): 장시간 가동하면서 고장을 제거하는 기간
(2) 우발 고장(일정형)
  예측할 수 없을 때 생기는 고장으로 점검 작업이나 시운전 작업으로 재해를 방지할 수 없음
(3) 마모 고장(증가형)
  장치의 일부가 수명을 다 해서 생기는 고장으로 안전진단 및 적당한 보수에 의해서 방지

25 들기 작업 시 요통재해예방을 위하여 고려할 요소와 가장 거리가 먼 것은?

① 들기 빈도
② 작업자 신장
③ 손잡이 형상
④ 허리 비대칭 각도

26 일반적으로 작업장에서 구성요소를 배치할 때, 공간의 배치 원칙에 속하지 않는 것은?

① 사용빈도의 원칙
② 중요도의 원칙
③ 공정개선의 원칙
④ 기능성의 원칙

해설 **부품(공간)배치의 원칙**
(가) 중요성(기능성)의 원칙: 부품의 작동성능이 목표 달성에 긴요한 정도에 따라 우선순위를 결정
(나) 사용빈도의 원칙: 부품이 사용되는 빈도에 따라 우선순위를 결정
(다) 기능별 배치의 원칙: 기능적으로 관련된 부품을 모아서 배치
(라) 사용 순서의 배치: 사용 순서에 맞게 배치

27 반사율이 60%인 작업 대상물에 대하여 근로자가 검사작업을 수행할 때 휘도(luminance)가 90fL이라면 이 작업에서의 소요조명(fc)은 얼마인가?

① 75   ② 150
③ 200   ④ 300

해설 **소요조명(fc)**

반사율(%) = $\dfrac{휘도}{소요조명} \times 100$

→ 소요조명 = $\dfrac{휘도}{반사율} \times 100$

⇒ 소요조명 = $90/60 \times 100 = 150\text{fc}$

정답 24.④ 25.② 26.③ 27.②

28 산업안전보건법령상 유해하거나 위험한 장소에서 사용하는 기계·기구 및 설비를 설치·이전하는 경우 유해·위험방지계획서를 작성, 제출하여야 하는 대상이 아닌 것은?

① 화학설비 ② 금속 용해로
③ 건조설비 ④ 전기용접장치

해설 기계·기구 및 설비의 설치·이전 등으로 인해 유해·위험방지계획서를 제출
1. 금속이나 그 밖의 광물의 용해로
2. 화학설비
3. 건조설비
4. 가스집합 용접장치
5. 법에 따른 제조등금지물질 또는 허가대상물질 관련 설비
6. 분진작업 관련 설비

29 동작경제의 원칙에 해당하지 않는 것은?

① 공구의 기능을 각각 분리하여 사용하도록 한다.
② 두 팔의 동작은 동시에 서로 반대 방향으로 대칭적으로 움직이도록 한다.
③ 공구나 재료는 작업동작이 원활하게 수행되도록 그 위치를 정해준다.
④ 가능하다면 쉽고도 자연스러운 리듬이 작업동작에 생기도록 작업을 배치한다.

30 휴먼 에러 예방대책 중 인적 요인에 대한 대책이 아닌 것은?

① 설비 및 환경 개선
② 소집단 활동의 활성화
③ 작업에 대한 교육 및 훈련
④ 전문인력의 적재적소 배치

해설 휴먼 에러 예방대책 중 인적 요인에 대한 대책
① 소집단 활동의 활성화
② 작업에 대한 교육 및 훈련
③ 전문인력의 적재적소 배치

31 다음 시스템에 대하여 톱사상(top event)에 도달할 수 있는 최소 컷셋(minimal cutsets)을 구할 때 올바른 집합은? (단, X_1, X_2, X_3, X_4는 각 부품의 고장확률을 의미하며 집합 $\{X_1, X_2\}$는 X_1 부품과 X_2 부품이 동시에 고장나는 경우를 의미한다.)

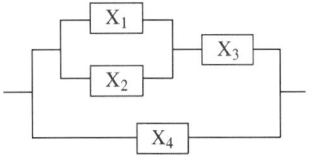

① $\{X_1, X_2\}$, $\{X_3, X_4\}$
② $\{X_1, X_3\}$, $\{X_2, X_4\}$
③ $\{X_1, X_2, X_4\}$, $\{X_3, X_4\}$
④ $\{X_1, X_3, X_4\}$, $\{X_2, X_3, X_4\}$

해설 **최소 컷셋(minimal cut set)**: 컷셋 가운데 그 부분집합만으로 정상사상(결함 발생)을 일으키기 위한 최소의 컷셋(톱 사상(top event)에 고장이 발생하여 시스템을 구동할 수 없는 경우)
① X_1 부품과 X_2 부품이 동시에 고장나고 X_4 부품이 고장 발생 경우 → $\{X_1, X_2, X_4\}$
② X_3 부품과 X_4 부품이 동시에 고장 발생 경우 → $\{X_3, X_4\}$
⇨ 따라서 고장이 발생할 수 있는 최소 컷셋(minimal cut set)은 $\{X_1, X_2, X_4\}$, $\{X_3, X_4\}$

32 운동관계의 양립성을 고려하여 동목(moving scale)형 표시장치를 바람직하게 설계한 것은?

① 눈금과 손잡이가 같은 방향으로 회전하도록 설계한다.
② 눈금의 숫자는 우측으로 감소하도록 설계한다.
③ 꼭지의 시계 방향 회전이 지시치를 감소시키도록 설계한다.
④ 위의 세 가지 요건을 동시에 만족시키도록 설계한다.

정답 28. ④ 29. ① 30. ① 31. ③ 32. ①

33 신뢰성과 보전성 개선을 목적으로 한 효과적인 보전기록자료에 해당하는 것은?

① 자재관리표 ② 주유지시서
③ 재고관리표 ④ MTBF 분석표

해설 신뢰성과 보전성 개선을 목적으로 한 효과적인 보전기록자료
① MTBF분석표
② 설비이력카드
③ 고장원인대책표

34 보기의 실내면에서 빛의 반사율이 낮은 곳에서부터 높은 순서대로 나열한 것은?

[보기]
A: 바닥 B: 천장 C: 가구 D: 벽

① A < B < C < D
② A < C < B < D
③ A < C < D < B
④ A < D < C < B

해설 옥내 추천 반사율

천장	벽	가구	바닥
80~90%	40~60%	25~45%	20~40%

* 천장과 바닥의 반사비율은 최소한 3 : 1 이상 유지

35 다음 시스템의 신뢰도는 얼마인가? (단, 각 요소의 신뢰도는 a, b가 각 0.8, c, d가 각 0.6이다.)

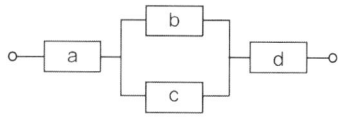

① 0.2245 ② 0.3754
③ 0.4416 ④ 0.5756

해설 시스템의 신뢰도 = a×d×{1−(1−b)(1−c)}
= 0.8×0.6×{1−(1−0.8)(1−0.6)}
= 0.4416

36 FTA(Fault Tree Analysis)에 사용되는 논리기호와 명칭이 올바르게 연결된 것은?

① ◇ : 전이기호
② ▭ : 기본사상
③ ⬠ : 통상사상
④ ○ : 결함사상

해설 논리기호

구분	기호	명칭	설명
1	▭	결함사상	시스템분석에서 좀 더 발전시켜야 하는 사상(개별적인 결함사상)
2	○	기본사상	더 이상 전개되지 않는 기본 사상(더 이상의 세부적인 분류가 필요 없는 사상)
4	⬠	통상사상	시스템의 정상적인 가동상태에서 일어날 것이 기대되는 사상(통상발생이 예상되는 사상)-정상적인 사상
5	◇	생략사상	불충분한 자료로 결론을 내릴 수 없어 더 이상 전개할 수 없는 사상
6	△	전이기호(전입)	다른 부분에 있는 게이트와의 연결 관계를 나타내기 위한 기호(삼각형의 상부에 선이 나오는 경우는 타 부분에서의 전입을 의미)

37 HAZOP 기법에서 사용하는 가이드워드와 그 의미가 잘못 연결된 것은?

① Other than: 기타 환경적인 요인
② No/Not: 디자인 의도의 완전한 부정

정답 33.④ 34.③ 35.③ 36.③ 37.①

③ Reverse: 디자인 의도의 논리적 반대
④ More/Less: 정량적인 증가 또는 감소

해설 HAZOP 기법에서 사용하는 가이드워드와 의미
* 유인어(guide word): 간단한 말로서 창조적 사고를 유도하고 자극하여 이상(deviation)을 발견하고 의도를 한정하기 위해 사용하는 것

가이드 워드 (유인어)	의미
No 또는 Not	설계의도의 완전한 부정
As Well As	성질상의 증가
Part of	성질상의 감소
More/Less	정량적인(양) 증가 또는 감소
Other Than	완전한 대체의 사용
Reverse	설계의도의 논리적인 역

38 경계 및 경보신호의 설계지침으로 틀린 것은?
① 주의를 환기시키기 위하여 변조된 신호를 사용한다.
② 배경소음의 진동수와 다른 진동수의 신호를 사용한다.
③ 귀는 중음역에 민감하므로 500~3000Hz의 진동수를 사용한다.
④ 300m 이상의 장거리용으로는 1000Hz를 초과하는 진동수를 사용한다.

해설 청각적 표시장치의 설계(경계 및 경보신호 선택 시 지침)
① 경보는 청취자에게 위급 상황에 대한 정보를 제공하는 것이 바람직
② 귀는 중음역에 가장 민감하므로 500~3000Hz의 진동수를 사용
③ 고음은 멀리 가지 못하므로 장거리(300m 이상) 용으로는 1000Hz 이하의 진동수를 사용(신호를 멀리 보내고자 할 때에는 낮은 주파수를 사용하는 것이 바람직)
④ 신호가 장애물을 돌아가거나 칸막이를 통과해야 할 때는 500Hz 이하의 진동수를 사용
⑤ 주의를 끌기 위해서는 초당 1~8번 나는 소리 또는 초당 1~3번의 오르내리는 소리같이 변조된 신호를 사용
⑥ 경보 효과를 높이기 위해서 개시 시간이 짧은 고감도 신호를 사용
⑦ 배경 소음의 주파수와 다른 주파수의 신호를 사용하는 것이 바람직

39 정량적 표시장치에 관한 설명으로 맞는 것은?
① 정확한 값을 읽어야 하는 경우 일반적으로 디지털보다 아날로그 표시장치가 유리하다.
② 동목(moving scale)형 아날로그 표시장치는 표시장치의 면적을 취소화할 수 있는 장점이 있다.
③ 연속적으로 변화하는 양을 나타내는 데에는 일반적으로 아날로그보다 디지털 표시장치가 유리하다.
④ 동침(moving pointer)형 아날로그 표시장치는 바늘의 진행 방향과 증감 속도에 대한 인식적인 암시 신호를 얻는 것이 불가능한 단점이 있다.

해설 정량적 표시장치에 관한 설명
① 연속적으로 변화하는 양을 나타내는 데에는 일반적으로 디지털보다 아날로그 표시장치가 유리
② 정확한 값을 읽어야 하는 경우 일반적으로 디지털 표시장치가 유리
③ 동침(moving pointer)형 아날로그 표시장치는 바늘의 진행 방향과 증감 속도에 대한 인식적인 암시 신호를 얻는 것도 가능(색 암호화가 가능)
④ 동목(moving scale)형 아날로그 표시장치는 표시장치의 면적을 최소화할 수 있는 장점이 있음(체중계는 표시부분이 적음)

40 동작의 합리화를 위한 물리적 조건으로 적절하지 않은 것은?
① 고유 진동을 이용한다.
② 접촉 면적을 크게 한다.
③ 대체로 마찰력을 감소시킨다.
④ 인체표면에 가해지는 힘을 적게 한다.

정답 38. ④ 39. ② 40. ②

[해설] 동작의 합리화를 위한 물리적 조건
① 고유 진동을 이용한다.
② 접촉 면적을 작게 한다.
③ 대체로 마찰력을 감소시킨다.
④ 인체표면에 가해지는 힘을 적게 한다.

제3과목 기계위험방지기술

41 로봇의 작동범위 내에서 그 로봇에 관하여 교시 등(로봇의 동력원을 차단하고 행하는 것을 제외한다.)의 작업을 행하는 때 작업시작 전 점검 사항으로 옳은 것은?

① 과부하방지장치의 이상 유무
② 압력제한 스위치 등의 기능의 이상 유무
③ 외부전선의 피복 또는 외장의 손상 유무
④ 권과방지장치의 이상 유무

[해설] **작업시작 전 점검사항**(산업안전보건기준에 관한 규칙)
[별표 3] 로봇의 작동범위에서 그 로봇에 관하여 교시 등의 작업을 할 때
① 외부 전선의 피복 또는 외장의 손상 유무
② 매니퓰레이터(manipulator) 작동의 이상 유무
③ 제동장치 및 비상정지장치의 기능

42 방사선 투과검사에서 투과사진에 영향을 미치는 인자는 크게 콘트라스트(명암도)와 명료도로 나누어 검토할 수 있다. 다음 중 투과사진의 콘트라스트(명암도)에 영향을 미치는 인자에 속하지 않는 것은?

① 방사선의 선질
② 필름의 종류
③ 현상액의 강도
④ 초점-필름 간 거리

[해설] **방사선 투과검사에서 투과사진에 영향을 미치는 인자**
(가) 콘트라스트(명암도, contrast)에 영향을 미치는 인자
 • 시험체의 형태, 방사선의 선질, 촬영배치, 필름의 종류, 현상액의 강도(현상조건)
(나) 명료도(선명도, definition)에 영향을 미치는 인자
 : 선원-필름 간의 거리, 필름의 감광속도, 산란 방사선의 영향
* 방사선투과검사(RT: Radiograpic Testing)
 (가) 물체에 방사선을 투과하여 물체의 결함을 검출하는 방법
 (나) 가장 적합한 활용 분야 : 재료 및 용접부의 내부결함 검사

43 보기와 같은 기계요소가 단독으로 발생시키는 위험점은?

보기 : 밀링커터, 둥근톱날

① 협착점
② 끼임점
③ 절단점
④ 물림점

[해설] **기계설비의 위험점**
(1) 협착점(squeeze point): 왕복운동을 하는 동작 부분과 움직임이 없는 고정부분 사이에 형성되는 위험점(프레스 금형조립부위 등)
(2) 끼임점(shear point): 회전하는 동작부분과 고정부분이 함께 만드는 위험점(연삭숫돌과 작업대, 반복 동작되는 링크기구, 교반기의 날개와 몸체 사이, 풀리와 베드 사이 등)
(3) 절단점(cutting point): 회전하는 운동부분 자체의 위험이나 운동하는 기계부분 자체의 위험에서 초래되는 위험점(목공용 띠톱 부분, 밀링 컷터 부분, 둥근톱날 등)
(4) 물림점(nip point): 회전하는 두 개의 회전체에 물려 들어가는 위험성이 있는 곳을 말하며, 위험점이 발생되는 조건은 회전체가 서로 반대 방향으로 맞물려 회전되어야 함(기어 물림점, 롤러회전에 의한 물림점 등)

44 프레스 및 전단기에서 위험한계 내에서 작업하는 작업자의 안전을 위하여 안전블록의 사용 등 필요한 조치를 취해야 한다. 다음 중 안전 블록을 사용해야 하는 작업으로 가장 거리가 먼 것은?

① 금형 가공작업
② 금형 해체작업
③ 금형 부착작업
④ 금형 조정작업

정답 41. ③ 42. ④ 43. ③ 44. ①

[해설] **금형해체, 부착, 조정작업의 위험 방지**〈산업안전보건 기준에 관한 규칙〉: 안전블록 사용
제104조(금형조정작업의 위험 방지)
사업주는 프레스 등의 금형을 부착·해체 또는 조정하는 작업을 할 때에 해당 작업에 종사하는 근로자의 신체가 위험한계 내에 있는 경우 슬라이드가 갑자기 작동함으로써 근로자에게 발생할 우려가 있는 위험을 방지하기 위하여 안전블록을 사용하는 등 필요한 조치를 하여야 한다.

45 아세틸렌 용접장치를 사용하여 금속의 용접·용단 또는 가열작업을 하는 경우 아세틸렌을 발생시키는 게이지 압력은 최대 몇 kPa 이하이어야 하는가?

① 17　　② 88
③ 127　　④ 210

[해설] **압력의 제한**〈산업안전보건기준에 관한 규칙〉
제285조(압력의 제한)
사업주는 아세틸렌 용접장치를 사용하여 금속의 용접·용단 또는 가열작업을 하는 경우에는 게이지 압력이 127 킬로파스칼을 초과하는 압력의 아세틸렌을 발생시켜 사용해서는 아니된다.
(* 127kPa: 제곱센티미터 당 1.3킬로그램)

46 산업안전보건법령상 프레스 작업시작 전 점검해야 할 사항에 해당하는 것은?

① 언 로드 밸브의 기능
② 하역장치 및 유압장치 기능
③ 권과방지장치 및 그 밖의 경보장치의 기능
④ 1행정 1정지기구·급정지장치 및 비상정지장치의 기능

[해설] **작업시작 전 점검 사항(프레스 등을 사용하는 작업을 할 때)**〈산업안전보건기준에 관한 규칙〉
[별표 3]
① 클러치 및 브레이크의 기능
② 크랭크축·플라이휠·슬라이드·연결봉 및 연결 나사의 풀림 여부
③ 1행정 1정지기구·급정지장치 및 비상정지장치의 기능
④ 슬라이드 또는 칼날에 의한 위험방지 기구의 기능
⑤ 프레스의 금형 및 고정 볼트 상태
⑥ 방호장치의 기능
⑦ 전단기의 칼날 및 테이블의 상태

47 화물중량이 200kgf, 지게차의 중량이 400kgf, 앞바퀴에서 화물의 무게중심까지의 최단거리가 1m일 때 지게차가 안정되기 위하여 앞바퀴에서 지게차의 무게중심까지 최단거리는 최소 몇 m를 초과해야하는가?

① 0.2m　　② 0.5m
③ 1m　　④ 2m

[해설] **지게차 안정도**
W: 포크 중심에서의 화물의 중량(kg)
G: 지게차 중심에서의 지게차 중량(kg)
a: 앞바퀴에서 화물 중심까지의 최단거리(cm)
b: 앞바퀴에서 지게차 중심까지의 최단거리(cm)
지게차의 모멘트: $M_2 = G \times b$,
화물의 모멘트: $M_1 = W \times a$
⇨ $M_1 \leq M_2$
① $M_1 = W \times a = 200 \times 1 = 200$
② $M_2 = G \times b = 400 \times b = 400b$
⇨ $M_1 \leq M_2 \rightarrow 200 \leq 400b \rightarrow b \geq 0.5m$

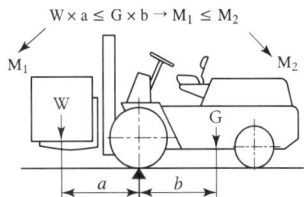
$W \times a \leq G \times b \rightarrow M_1 \leq M_2$

48 다음 중 셰이퍼에서 근로자의 보호를 위한 방호장치가 아닌 것은?

① 방책　　② 칩받이
③ 칸막이　　④ 급속귀환장치

[해설] **셰이퍼(shaper)**
(가) 셰이퍼: 바이트를 램(ram)에 장치하여 왕복 운동시키고 일감은 테이블에 고정하여 좌우방향으로 이송하므로 주로 평면가공함(셰이퍼의 크기: 램의 행정으로 표시)

정답 45.③ 46.④ 47.② 48.④

(나) 셰이퍼(shaper) 작업에서 위험요인: ① 가공 칩(chip) 비산 ② 램(ram) 말단부 충돌 ③ 바이트(bite)의 이탈
(다) 셰이퍼와 플레이너, 슬로터의 방호장치: ① 방책(방호울) ② 칩받이 ③ 칸막이 ④ 가드

49 지게차 및 구내 운반차의 작업시작 전 점검사항이 아닌 것은?

① 버킷, 디퍼 등의 이상 유무
② 제동장치 및 조종장치 기능의 이상 유무
③ 하역장치 및 유압장치 기능의 이상 유무
④ 전조등, 후미등, 경보장치 기능의 이상 유무

50 다음 중 선반에서 절삭가공 시 발생하는 칩을 짧게 끊어지도록 공구에 설치되어 있는 방호장치의 일종인 칩 제거 기구를 무엇이라 하는가?

① 칩 브레이커   ② 칩 받침
③ 칩 쉴드   ④ 칩 커터

해설 선반의 안전장치
칩 브레이크(chip breaker): 선반 작업 시 발생되는 칩(chip)으로 인한 재해를 예방하기 위하여 칩을 짧게 끊어지도록 공구(바이트)에 설치되어 있는 방호장치의 일종인 칩 제거기구
* 칩 브레이커 종류: ① 연삭형 ② 클램프형 ③ 자동조정식

51 아세틸렌 용접장치에 사용하는 역화방지기에서 요구되는 일반적인 구조로 옳지 않은 것은?

① 재사용 시 안전에 우려가 있으므로 역화 방지 후 바로 폐기하도록 해야 한다.
② 다듬질 면이 매끈하고 사용상 지장이 있는 부식, 흠, 균열 등이 없어야 한다.
③ 가스의 흐름방향은 지워지지 않도록 돌출 또는 각인하여 표시하여야 한다.
④ 소염소자는 금망, 소결금속, 스틸 울(steel wool), 다공성 금속물 또는 이와 동등 이상의 소염성능을 갖는 것이어야 한다.

52 초음파 탐상법의 종류에 해당하지 않는 것은?

① 반사식   ② 투과식
③ 공진식   ④ 침투식

해설 초음파탐상검사(UT: Ultrasonic Testing)
(가) 시험체 내부에 초음파 펄스를 입사시켰을 때 결함에 의한 초음파 반사 신호를 해독하는 방법
① 균열에 높은 감도, 표면 및 내부 결함 검출가능. 높은 투과력, 자동화 가능
② 설비의 내부에 균열 결함을 확인할 수 있는 가장 적절한 검사방법
(나) 초음파 탐상법의 종류: 펄스반사법, 투과법, 공진법(펄스반사법이 가장 일반적이며 많이 이용)
① 펄스반사법: 초음파가 시험체 내에서 진행할 때 불연속부와 같은 경계면에서는 투과 및 굴절 또는 반사를 하게 되고 불연속부에서 반사하는 초음파를 분석하여 검사하는 방법
② 투과법: 투과한 초음파를 분석하여 검사하는 방법
③ 공진법: 펄스반사법과 유사하지만 공진 현상을 이용한 방법

53 다음 목재가공용 기계에 사용되는 방호장치의 연결이 옳지 않은 것은?

① 둥근톱기계: 톱날접촉예방장치
② 띠톱기계: 날접촉예방장치
③ 모떼기기계: 날접촉예방장치
④ 동력식 수동대패기계: 반발예방장치

해설 목재가공용 기계별 방호장치
① 목재가공용 둥근톱기계: 톱날접촉예방장치, 반발예방장치
② 동력식 수동대패기계: 날접촉예방장치
③ 목재가공용 띠톱기계: 날접촉예방장치
④ 모떼기 기계: 날접촉예방장치

정답   49.① 50.① 51.① 52.④ 53.④

54 급정지기구가 부착되어 있지 않아도 유효한 프레스의 방호장치로 옳지 않은 것은?

① 양수기동식 ② 가드식
③ 손쳐내기식 ④ 양수조작식

해설 프레스의 방호장치
(1) 양수기동식: 양손으로 누름단추 등의 조작 장치를 동시에 1회 누르면 기계가 작동을 개시하는 것을 말함(급정지 기구가 없는 확동식 프레스에 적합)
(2) 게이트가드(gate guard)식 방호장치: 가드의 개폐를 이용한 방호장치로서 기계의 작동과 연동하여 가드가 열려 있는 상태에서 기계가 작동하지 않게 함
(3) 손쳐내기식(push away, sweep guard) 방호장치: 슬라이드의 작동에 연동시켜 위험상태로 되기 전에 손을 위험 영역에서 밀어내거나 쳐내는 방호장치
(4) 양수조작식 방호장치와 급정지 기구: 원칙적으로 급정지 기구가 부착 되어야만 사용할 수 있는 방식 누름버튼에서 한손이 떨어지면 급정지기구가 작동을 개시하여 슬라이드가 정지

55 인장강도가 350MPa인 강판의 안전율이 4라면 허용응력은 몇 N/mm²인가?

① 76.4 ② 87.5
③ 98.7 ④ 102.3

해설 안전율=인장강도/허용응력
⇨ 허용응력=인장강도/안전율=350/4=87.5MPa
=87.5N/mm²(1MPa=1N/mm²)

* 파스칼(Pa): 파스칼은 압력(pressure) 또는 응력(stress)의 단위이며, 1파스칼은 면적 1m²에 1N의 힘이 작용할 때의 압력(1Pa=1N/m²)
• 1MPa=1,000,000Pa=1,000,000N/m²=1N/mm²
⇨ 1MPa=1N/mm²

56 그림과 같이 50kN의 중량물을 와이어로프를 이용하여 상부에 60°의 각도가 되도록 들어 올릴 때, 로프 하나에 걸리는 하중(T)은 약 몇 kN인가?

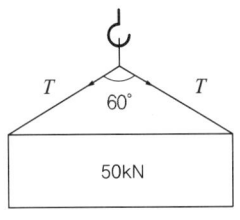

① 16.8 ② 24.5
③ 28.9 ④ 37.9

해설 2가닥 줄걸이의 각도 변화와 하중

$$장력 = \frac{\frac{W(중량)}{2}}{\cos\frac{\theta(2줄\ 사이의\ 각도)}{2}} = \frac{(50/2)}{\cos(60/2)}$$

=28.86kN≒28.9kN

57 다음 중 휴대용 동력 드릴 작업 시 안전사항에 관한 설명으로 틀린 것은?

① 드릴의 손잡이를 견고하게 잡고 작업하여 드릴손잡이 부위가 회전하지 않고 확실하게 제어 가능하도록 한다.
② 절삭하기 위하여 구멍에 드릴 날을 넣거나 뺄 때 반발에 의하여 손잡이 부분이 튀거나 회전하여 위험을 초래하지 않도록 팔을 드릴과 직선으로 유지한다.
③ 드릴이나 리머를 고정시키거나 제거하고자 할 때 금속성 망치 등을 사용하여 확실히 고정 또는 제거한다.
④ 드릴을 구멍에 맞추거나 스핀들의 속도를 낮추기 위해서 드릴 날을 손으로 잡아서는 안 된다.

해설 휴대용 동력 드릴 작업 시 안전사항
① 드릴 손잡이를 견고 하게 잡고 작업하여 드릴손잡이 부위가 회전하지 않고 확실하게 제어 가능하도록 한다.
② 절삭하기 위하여 구멍에 드릴 날을 넣거나 뺄 때 반발에 의하여 손잡이 부분이 튀거나 회전하여 위험을 초래하지 않도록 팔을 드릴과 직선으로 유지한다.

정답 54.④ 55.② 56.③ 57.③

③ 드릴이나 리머를 고정시키거나 제거하고자 할 때 공구를 사용하고 금속성 망치 등을 사용해서는 안 된다.
④ 드릴을 구멍에 맞추거나 스핀들의 속도를 낮추기 위해서 드릴 날을 손으로 잡아서는 안 된다.

58 보일러에서 폭발사고를 미연에 방지하기 위해 화염 상태를 검출할 수 있는 장치가 필요하다. 이 중 바이메탈을 이용하여 화염을 검출하는 것은?

① 프레임 아이 ② 스택 스위치
③ 전자 개폐기 ④ 프레임 로드

해설 화염 검출기(flame detector): 보일러에서 폭발사고를 미연에 방지하기 위해 화염 상태를 검출할 수 있는 장치
① 스택 스위치: 바이메탈을 이용하여 화염을 검출
② 플레임 로드(flame lod): 화염의 전기적 성질을 이용하는 방식(전압이 걸린 전극봉 이용)
③ 프레임 아이(flame eye): 화염의 빛을 감지(eye)하여 화염을 검출을 하는 전자관식 화염 검출기

59 밀링 작업 시 안전 수칙에 관한 설명으로 옳지 않은 것은?

① 칩은 기계를 정지시킨 다음에 브러시 등으로 제거한다.
② 일감 또는 부속장치 등을 설치하거나 제거할 때는 반드시 기계를 정지시키고 작업한다.
③ 커터는 될 수 있는 한 컬럼에서 멀게 설치한다.
④ 강력 절삭을 할 때는 일감을 바이스에 깊게 물린다.

해설 밀링 작업 시 안전수칙
① 강력 절삭을 할 때는 공작물을 바이스에 깊게 물린다.
② 가공품을 풀어내거나 고정할 때 또는 측정할 때에는 기계를 정지 시킨다.
③ 상하 좌우 이송장치의 핸들은 사용 후 풀어 둔다.
④ 커터는 될 수 있는 한 컬럼에 가깝게 설치한다.
⑤ 절삭 공구 설치 및 공작물, 커터 또는 부속장치 등을 제거할 시에는 시동 레버와 접촉하지 않도록 한다.
⑥ 테이블 위에 공구나 기타 물건 등을 올려놓지 않는다.
⑦ 절삭유의 주유는 가공 부분에서 분리된 커터의 위에서부터 하도록 한다.
⑧ 칩이 비산하는 재료는 커터 부분에 방호덮개를 설치하거나 보안경을 착용한다.
⑨ 칩은 기계를 정지시킨 후에 브러시로 제거한다.
⑩ 커터를 교환할 때는 반드시 테이블 위에 목재를 받쳐 놓는다.
⑪ 급속이송은 백 래시(back lash) 제거장치가 동작하지 않고 있음을 확인한 다음 행하며 급속이송은 한 방향으로만 한다.
⑫ 면장갑을 착용하지 않는다.
⑬ 절삭속도는 재료에 따라 달리 적용한다.
⑭ 커터를 끼울 때는 아버를 깨끗이 닦는다.
• 아버(arbor): 밀링 커터를 밀링 머신의 주축에 장치하기 위해 사용하는 축. 주축에 아버를 고정하고 아버에 고정된 밀링 커터를 회전시켜 일감을 가공

60 다음 중 방호장치의 기본목적과 가장 관계가 먼 것은?

① 작업자의 보호
② 기계기능의 향상
③ 인적·물적 손실의 방지
④ 기계위험 부위의 접촉방지

해설 방호장치의 기본목적: 작업자가 위험 부위에 접촉하여 발생하는 인적·물적 손해를 미연에 방지하기 위한 장치

〔 제4과목 〕 **전기위험방지기술**

61 화재·폭발 위험분위기의 생성방지 방법으로 옳지 않은 것은?

① 폭발성 가스의 누설방지
② 가연성 가스의 방출방지
③ 폭발성 가스의 체류방지
④ 폭발성 가스의 옥내체류

정답 58. ② 59. ③ 60. ② 61. ④

해설 화재폭발 위험분위기의 생성방지: 가연성 물질 누설 및 방출방지, 가연성 물질의 체류방지

62 우리나라에서 사용하고 있는 전압(교류와 직류)을 크기에 따라 구분한 것으로 알맞은 것은?

① 저압: 직류는 700V 이하
② 저압: 교류는 1,000V 이하
③ 고압: 직류는 800V를 초과하고, 6kV 이하
④ 고압: 교류는 700V를 초과하고, 6kV 이하

해설 제2조(전압에 따른 전원의 종류)〈전기사업법 시행규칙〉

구 분	직 류	교 류
저압	1,500V 이하	1,000V 이하
고압	1,500V 초과 ~ 7,000V 이하	1,000V 초과 ~ 7,000V 이하
특고압	7,000V 초과	

63 내압방폭구조의 주요 시험항목이 아닌 것은?

① 폭발강도
② 인화시험
③ 절연시험
④ 기계적 강도시험

해설 방폭구조의 주요 시험항목
① 내압방폭구조: 기계적 강도시험, 폭발 강도시험, 인화온도
② 압력방폭구: 내부압력시험, 기계적 강도시험, 온도시험
③ 유입방폭구: 발화온도시험

64 교류 아크 용접기의 접점방식(magnet식)의 전격방지장치에서 지동시간과 용접기 2차 측 무부하 전압(V)을 바르게 표현한 것은?

① 0.06초 이내, 25V 이하
② 1±0.3초 이내, 25V 이하
③ 2±0.3초 이내, 50V 이하
④ 1.5±0.06초 이내, 50V 이하

해설 교류 아크 용접기의 자동전격장치
아크 발생을 정지시켰을 때 – 주회로 개로(OFF) – 단시간 내(1.5초 이내)에 용접기의 출력 측 무부하 전압을 자동적으로 25~30V 이하의 안전전압으로 강하 (산업안전보건법 25V 이하)
• 사용전압이 220V인 경우: 출력 측의 무부하 전압 (실효값) 25V, 지동시간 1.0초 이내
※ 동작원리
1) 시동시간: 용접봉이 모재에 접촉하고 나서 아크를 발생시키는 데 걸리는 시간(0.06초 이내)
2) 지동시간: 시동시간과 반대되는 개념. 용접기의 2차 측 무부하 전압이 안전전압이 될 때까지의 시간 [접점(magnet)방식: 1±0.3초, 무접점(SCR, TRIAC) 방식: 1초]

65 누전차단기의 시설방법 중 옳지 않은 것은?

① 시설 장소는 배전반 또는 분전반 내에 설치한다.
② 정격전류용량은 해당 전로의 부하전류 값 이상이어야 한다.
③ 정격감도전류는 정상의 사용 상태에서 불필요하게 동작하지 않도록 한다.
④ 인체감전보호형은 0.05초 이내에 동작하는 고감도 고속형이어야 한다.

해설 누전차단기의 시설방법
① 정격감도 전류 30mA 이하, 동작시간은 0.03초 이내일 것
② 누전차단기는 분기회로마다 설치를 원칙으로 한다.
③ 누전차단기는 배전반 또는 분전반 내에 설치하는 것을 원칙으로 한다.
④ 정격전류용량은 해당 전로의 부하전류 값 이상이어야 한다.
⑤ 정격감도전류는 정상의 사용 상태에서 불필요하게 동작하지 않도록 한다.

정답 62. ② 63. ③ 64. ② 65. ④

66 방폭전기기기의 온도등급에서 기호 T2의 의미로 맞는 것은?

① 최고표면온도의 허용치가 135℃ 이하인 것
② 최고표면온도의 허용치가 200℃ 이하인 것
③ 최고표면온도의 허용치가 300℃ 이하인 것
④ 최고표면온도의 허용치가 450℃ 이하인 것

해설 발화도의 온도등급과 최고 표면온도

KSC		IEC	
발화도 등급	발화점의 범위(℃)	온도 등급	최고표면온도의 범위(℃)
G1	450초과	T1	300초과 450 이하
G2	300초과 450이하	T2	200초과 300 이하
G3	200초과 300이하	T3	135초과 200 이하
G4	135초과 200이하	T4	100초과 135 이하
G5	100초과 135이하	T5	85초과 100 이하
		T6	85 이하

67 사업장에서 많이 사용되고 있는 이동식 전기기계·기구의 안전대책으로 가장 거리가 먼 것은?

① 충전부 전체를 절연한다.
② 절연이 불량인 경우 접지저항을 측정한다.
③ 금속제 외함이 있는 경우 접지를 한다.
④ 습기가 많은 장소는 누전차단기를 설치한다.

해설 이동식 전기기계·기구의 안전대책
① 충전부 전체를 절연한다.
② 금속제 외함이 있는 경우 접지를 한다.
③ 습기가 많은 장소는 누전차단기를 설치한다.

68 감전사고를 방지하기 위해 허용보폭전압에 대한 수식으로 맞는 것은?

E: 허용보폭전압 R_b: 인체의 저항
ρ_s: 지표상층 저항률 I_k: 심실세동전류

① $E = (R_b + 3\rho_s)I_K$
② $E = (R_b + 4\rho_s)I_K$
③ $E = (R_b + 5\rho_s)I_K$
④ $E = (R_b + 6\rho_s)I_K$

해설 허용접촉전압과 허용보폭전압

허용접촉전압	허용보폭전압
$E = I_k \times \left(R_b + \frac{3}{2}\rho_s\right) = I_k \times \left(R_b + \frac{R_f}{2}\right)$	$E = I_k \times (R_b + 6\rho_s)$

(심실세동전류: $I_k = \frac{0.165}{\sqrt{t}}$ (A), R_b=인체의 저항(Ω), R_f=대지와 접촉된 지점의 저항(Ω), ρ_s=지표면의 저항률[대지의 고유저항](Ω·m), 통전시간 t초]

69 인체저항이 5000Ω이고, 전류가 3mA가 흘렀다. 인체의 정전용량이 0.1μF라면 인체에 대전된 정전하는 몇 μC인가?

① 0.5   ② 1.0
③ 1.5   ④ 2.0

해설 전하량 $Q = CV$ [C: 도체의 정전용량(단위 패럿 F), Q: 대전 전하량(단위 쿨롱 C) V: 대전전위]
$V = I \times R = (3 \times 10^{-3}) \times 5000 = 15V$
⇨ $Q = (0.1 \times 10^{-6}) \times 15 = 1.5 \times 10^{-6} C = 1.5 \mu C$
(* m밀리 → 10^{-3}, μ 마이크로 → 10^{-6})

70 저압전로의 절연성능 시험에서 전로의 사용전압이 380V인 경우 전로의 전선 상호간 및 전로와 대지 사이의 절연저항은 최소 몇 MΩ 이상이어야 하는가? 〈법령 개정으로 문제 수정〉

① 0.4MΩ   ② 1.0MΩ
③ 0.2MΩ   ④ 0.1MΩ

해설 저압전로의 절연저항의 수치

전로의 사용전압 V	DC시험전압 V	절연저항 MΩ
SELV 및 PELV	250	0.5 이상
FELV, 500V 이하	500	1.0 이상
500V 초과	1,000	1.0 이상

[주] 특별저압(extralowvoltage : 2차 전압이 AC50V, DC120V 이하)으로 SELV(비접지회로 구성) 및 PELV(접지회로 구성)은 1차와 2차가 전기적으로 절연된 회로, FELV는 1차와 2차가 전기적으로 절연되지 않은 회로

정답 66.③ 67.② 68.④ 69.③ 70.②

71 다음은 무슨 현상을 설명한 것인가?

> 전위차가 있는 2개의 대전체가 특정거리에 접근하게 되면 등전위가 되기 위하여 전하가 절연공간을 깨고 순간적으로 빛과 열을 발생하며 이동하는 현상

① 대전 ② 충전
③ 방전 ④ 열전

해설 방전: 대전체가 가지고 있던 전하를 잃어버리는 것
• 전위차가 있는 2개의 대전체가 특정거리에 접근하게 되면 등전위가 되기 위하여 전하가 절연공간을 깨고 순간적으로 빛과 열을 발생하며 이동하는 현상

72 방폭 전기기기의 등급에서 위험장소의 등급 분류에 해당하지 않는 것은?

① 3종 장소 ② 2종 장소
③ 1종 장소 ④ 0종 장소

해설 위험장소구분
1종: 가연성 가스가 저장된 탱크의 릴리프밸브가 가끔 작동하여 가연성 가스나 증기가 방출되는 부근의 위험장소

73 다음 그림은 심장맥동주기를 나타낸 것이다. T파는 어떤 경우인가?

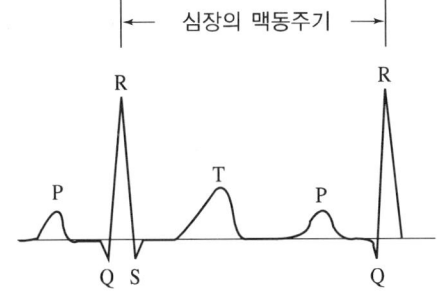

① 심방의 수축에 따른 파형
② 심실의 수축에 따른 파형
③ 심실의 휴식 시 발생하는 파형
④ 심방의 휴식 시 발생하는 파형

해설 심장의 맥동주기
심장의 맥동 주기에는 심방(心房)의 수축기, 심실의 수축 및 그 종료기 등이 있으며, 전격이 심실의 수축이 끝난 시기에 인가되면 심실세동을 일으킬 확률이 커질 위험이 있음.
• 심장의 맥동주기 중 심실의 수축 종료 후 심실의 휴식이 있을 때(T파)에 전격이 인가되면 심실세동을 일으킬 확률이 크고 위험함
① 심방의 수축에 따른 파형: P파
② 심실의 수축에 따른 파형: Q-R-S파
③ 심실의 휴식 시 발생하는 파형: T파

74 교류 아크 용접기의 자동전격장치는 전격의 위험을 방지하기 위하여 아크 발생이 중단된 후 약 1초 이내에 출력 측 무부하 전압을 자동적으로 몇 V 이하로 저하시켜야 하는가?

① 85 ② 70
③ 50 ④ 25

해설 교류 아크 용접기의 자동전격장치
아크발생을 정지시켰을 때 -주회로 개로(OFF)- 단시간 내(1.5초 이내)에 용접기의 출력 측 무부하 전압을 자동적으로 25~30V 이하의 안전전압으로 강하(산업안전보건법 25V 이하)
• 사용전압이 220V인 경우: 출력 측의 무부하 전압(실효값) 25V, 지동시간 1.0초 이내

75 인체의 대부분이 수중에 있는 상태에서 허용 접촉전압은 몇 V 이하인가?

① 2.5V ② 25V
③ 30V ④ 50V

해설 종별 허용접촉전압

종별	접촉상태	허용접촉전압
제1종	인체의 대부분이 수중에 있는 상태	2.5[V] 이하
제2종	• 인체가 현저히 젖어 있는 상태 • 금속성의 전기·기계장치나 구조물에 인체의 일부가 상시 접촉되어 있는 상태	25[V] 이하

정답 71.③ 72.① 73.③ 74.④ 75.①

제3종	• 제1종, 제2종 이외의 경우로서 통상의 인체상태에 접촉 전압이 가해지면 위험성이 높은 상태	50[V] 이하
제4종	• 제1종, 제2종 이외의 경우로서 통상의 인체 상태에 접촉 전압이 가해지더라도 위험성이 낮은 상태 • 접촉 전압이 가해질 우려가 없는 경우	제한 없음

76 우리나라의 안전전압으로 볼 수 있는 것은 약 몇 V인가?

① 30V   ② 50V
③ 60V   ④ 70V

해설 **안전전압**: 안전전압은 주위의 작업환경과 밀접한 관계가 있으며(수중에서의 안전전압) 일반사업장의 경우 산업안전보건법에서 30V로 규정

77 22.9kV 충전전로에 대해 필수적으로 작업자와 이격시켜야 하는 접근한계 거리는?

① 45cm   ② 60cm
③ 90cm   ④ 110cm

해설 **충전전로에 대한 접근한계거리**

충전전로의 선간전압 (단위: 킬로볼트)	충전전로에 대한 접근 한계거리 (단위: 센티미터)
0.3 이하	접촉금지
0.3 초과 0.75 이하	30
0.75 초과 2 이하	45
2 초과 15 이하	60
15 초과 37 이하	90
37 초과 88 이하	110
88 초과 121 이하	130
121 초과 145 이하	150
145 초과 169 이하	170
169 초과 242 이하	230
242 초과 362 이하	380
362 초과 550 이하	550
550 초과 800 이하	790

78 개폐조작 시 안전절차에 따른 차단 순서와 투입 순서로 가장 올바른 것은?

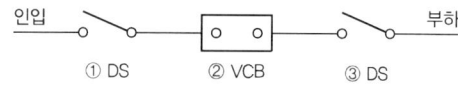

① DS   ② VCB   ③ DS

① 차단 ②→①→③, 투입 ①→②→③
② 차단 ②→③→①, 투입 ①→②→③
③ 차단 ②→①→③, 투입 ③→②→①
④ 차단 ②→③→①, 투입 ③→①→②

해설 **개폐조작의 순서**
1) 전원 투입순서: ③ → ① → ②
   단로기(DS)를 투입한 후 차단기(VCB) 투입
2) 전원 차단순서: ② → ③ → ①
   차단기(VCB)를 개방한 후 단로기(DS) 개방

※ 단로기(D.S: Disconnecting Switch): 단로기는 개폐기의 일종으로 수용가 구내 인입구에 설치하여 무부하 상태의 전로를 개폐하는 역할을 하거나 차단기, 변압기, 피뢰기 등 고전압 기기의 1차측에 설치하여 기기를 점검, 수리할 때 전원으로 부터 이들 기기를 분리하기 위해 사용

• 부하전류를 차단하는 능력이 없으므로 부하전류가 흐르는 상태에서 차단하면 매우 위험

79 정전기에 대한 설명으로 가장 옳은 것은?

① 전하의 공간적 이동이 크고, 자계의 효과가 전계의 효과에 비해 매우 큰 전기
② 전하의 공간적 이동이 크고, 자계의 효과와 전계의 효과를 서로 비교할 수 없는 전기
③ 전하의 공간적 이동이 적고, 전계의 효과와 자계의 효과가 서로 비슷한 전기
④ 전하의 공간적 이동이 적고, 자계의 효과가 전계에 비해 무시할 정도의 적은 전기

해설 **정전기**(靜電氣, static electricity, electrostatic)
① 대전에 의해 얻어진 전하가 절연체위에서 더 이상 이동하지 않고 정지하고 있는 것(정지상태의 전하에 의한 전기, 연속적으로 흐르지 않는 상태의 전기)
② 전하의 공간적 이동이 적고, 그것에 의한 자계의 효과가 전계에 비해 무시할 정도의 적은 전기

정답 76. ① 77. ③ 78. ④ 79. ④

* 동전기(動電氣)와 정전기(靜電氣)에서 공통적으로 발생하는 것은 전격 시 충격으로 인한 추락, 전도 등 2차 재해를 일으키는 것

80 인체저항을 500Ω이라 한다면, 심실세동을 일으키는 위험 한계 에너지는 약 몇 J인가? (단, 심실세동전류값 $I = \frac{165}{\sqrt{T}}$ mA의 Dalziel의 식을 이용하며, 통전시간은 1초로 한다.)

① 11.5 ② 13.6
③ 15.3 ④ 16.2

해설 위험한계에너지
감전전류가 인체저항을 통해 흐르면 그 부위에는 열이 발생하는데 이 열에 의해서 화상을 입고 세포 조직이 파괴됨

줄(Joule)열 $H = I^2RT$ [J]
$= (\frac{165}{\sqrt{T}} \times 10^{-3})^2 \times R \times cT$
$= (\frac{165}{\sqrt{1}} \times 10^{-3})^2 \times 500 \times 1 = 13.6J$

* 심실세동전류 $I = \frac{165}{\sqrt{T}}$ mA → $I = \frac{165}{\sqrt{T}} \times 10^{-3}$ A

제5과목 화학설비 위험방지기술

81 다음 물질 중 물에 가장 잘 용해되는 것은?

① 아세톤 ② 벤젠
③ 톨루엔 ④ 휘발유

해설 아세톤(acetone): 화학식 CH_3COCH_3
① 인화점이 -20℃, 에테르 냄새를 풍기는 무색의 휘발성 액체이다.
② 물이나 알코올에 잘 녹으며, 유기용매로서 다른 유기물질과도 잘 섞인다.
③ 인화성이 강하고 폭발성이 높기 때문에 화기에 주의해야 하며 장기적인 피부 접촉은 심한 염증을 일으킬 수 있다. 독성물질에 속한다.(증기는 유독하므로 흡입하지 않도록 주의해야 한다.)
④ 일광이나 공기에 노출되면 과산화물을 생성하여 폭발성으로 된다.
⑤ 비중이 0.79이므로 물보다 가볍다.

82 다음 중 최소발화에너지가 가장 작은 가연성 가스는?

① 수소 ② 메탄
③ 에탄 ④ 프로판

해설 최소발화에너지(MIE, Minimum Ignition Energy): 최소점화에너지, 최소착화에너지
• 물질을 발화시키는 데 필요한 최저 에너지: 최소발화에너지가 낮은 물질은 아세틸렌, 수소, 이황화탄소 등

물질명	최소발화에너지	물질명	최소발화에너지
이황화탄소	0.009	에탄	0.25
수소	0.019	프로판	0.26
아세틸렌	0.019	메탄	0.28
벤젠	0.20		

83 안전설계의 기초에 있어 기상폭발대책을 예방대책, 긴급대책, 방호대책으로 나눌 때, 다음 중 방호대책과 가장 관계가 깊은 것은?

① 경보
② 발화의 저지
③ 방폭벽과 안전거리
④ 가연조건의 성립저지

해설 폭발 방호(explosion protection)대책
① 폭발봉쇄(containment)
② 폭발억제(suppression)
③ 폭발방산(venting)
④ 안전거리
⑤ 차단(isolation)
⑥ 불꽃방지기(flame arrestor)

84 공정안전보고서 중 공정안전자료에 포함하여야 할 세부내용에 해당하는 것은?

① 비상조치계획에 따른 교육계획
② 안전운전지침서
③ 각종 건물·설비의 배치도
④ 도급업체 안전관리계획

정답 80.② 81.① 82.① 83.③ 84.③

해설 공정안전자료의 세부 내용〈산업안전보건법시행규칙〉
제50조(공정안전보고서의 세부 내용 등)
각 호의 사항에 포함하여야 할 세부 내용은 다음 각 호와 같다.
1. 공정안전자료
   가. 취급·저장하고 있거나 취급·저장하려는 유해·위험물질의 종류 및 수량
   나. 유해·위험물질에 대한 물질안전보건자료
   다. 유해·위험설비의 목록 및 사양
   라. 유해·위험설비의 운전방법을 알 수 있는 공정도면
   마. 각종 건물·설비의 배치도
   바. 폭발위험장소 구분도 및 전기단선도
   사. 위험설비의 안전설계·제작 및 설치 관련 지침서

85 다음 중 물질에 대한 저장방법으로 잘못된 것은?
① 나트륨 - 유동 파라핀 속에 저장
② 니트로글리세린 - 강산화제 속에 저장
③ 적린 - 냉암소에 격리 저장
④ 칼륨 - 등유 속에 저장

해설 위험물질에 대한 저장방법
① 탄화칼슘은 물과 반응하여 아세틸렌가스를 발생하므로, 밀폐 용기에 저장하고 불연성 가스로 봉입함
② 벤젠은 산화성 물질과 격리시킴
③ 금속나트륨은 석유 속에 저장한다.(나트륨 : 유동 파라핀 속에 저장)
④ 질산은 통풍이 잘 되는 곳에 보관하고 물기와의 접촉을 금지
⑤ 칼륨은 보호액(석유)속에 저장
⑥ 피크트산은 운반 시 10~20% 물로 젖게 함
⑦ 황린(P_4)은 공기 중에 발화하므로 물속에 보관
⑧ 니트로셀룰로이스는 습한 상태를 유지
⑨ 적린은 냉암소에 격리 저장
⑩ 질산은 용액은 햇빛을 차단하여 저장
⑪ 과산화수소: 용기의 마개를 꼭 막지 않고 통풍을 위하여 구멍이 뚫린 마개를 사용
⑫ 마그네슘: 물 또는 산과 접촉의 우려가 없는 곳에 저장

86 화학설비 가운데 분체화학물질 분리장치에 해당하지 않는 것은?
① 건조기   ② 분쇄기
③ 유동탑   ④ 결정조

해설 화학설비 화학설비 및 그 부속설비의 종류〈산업안전보건기준에 관한 규칙〉
[별표 7] 화학설비 및 그 부속설비의 종류
1. 화학설비
   가. 반응기·혼합조 등 화학물질 반응 또는 혼합장치
   나. 증류탑·흡수탑·추출탑·감압탑 등 화학물질 분리장치
   다. 저장탱크·계량탱크·호퍼·사일로 등 화학물질 저장설비 또는 계량설비
   라. 응축기·냉각기·가열기·증발기 등 열 교환기류
   마. 고로 등 점화기를 직접 사용하는 열 교환기류
   바. 캘린더(calender)·혼합기·발포기·인쇄기·압출기 등 화학제품 가공설비
   사. 분쇄기·분체분리기·용융기 등 분체화학물질 취급 장치
   아. 결정조·유동탑·탈습기·건조기 등 분체화학물질 분리장치
   자. 펌프류·압축기·이젝터(ejector) 등의 화학물질 이송 또는 압축설비

87 특수화학설비를 설치할 때 내부의 이상상태를 조기에 파악하기 위하여 필요한 계측장치로 가장 거리가 먼 것은?
① 압력계   ② 유량계
③ 온도계   ④ 비중계

해설 특수화학설비〈산업안전보건기준에 관한 규칙〉
제273조(계측장치 등의 설치)
사업주는 별표 9에 따른 위험물을 같은 표에서 정한 기준량 이상으로 제조하거나 취급하는 다음 각 호의 어느 하나에 해당하는 화학설비(이하 "특수화학설비"라 한다)를 설치하는 경우에는 내부의 이상 상태를 조기에 파악하기 위하여 필요한 온도계·유량계·압력계 등의 계측장치를 설치하여야 한다.
1. 발열반응이 일어나는 반응장치
2. 증류·정류·증발·추출 등 분리를 하는 장치
3. 가열시켜 주는 물질의 온도가 가열되는 위험물질의 분해온도 또는 발화점보다 높은 상태에서 운전되는 설비

정답 85.② 86.② 87.④

4. 반응폭주 등 이상 화학반응에 의하여 위험물질이 발생할 우려가 있는 설비
5. 온도가 섭씨 350도 이상이거나 게이지 압력이 980킬로파스칼 이상인 상태에서 운전되는 설비
6. 가열로 또는 가열기

88 위험물 또는 위험물이 발생하는 물질을 가열·건조하는 경우 내용적이 몇 세제곱미터 이상인 건조설비인 경우 건조실을 설치하는 건축물의 구조를 독립된 단층 건물로 하여야 하는가? (단, 건조실을 건축물의 최상층에 설치하거나 건축물이 내화구조인 경우는 제외 한다.)

① 1 ② 10
③ 100 ④ 1000

해설 건조설비를 설치하는 건축물의 구조〈산업안전보건기준에 관한 규칙〉
제280조(위험물 건조설비를 설치하는 건축물의 구조) 사업주는 다음 각 호의 어느 하나에 해당하는 위험물 건조설비(이하 "위험물 건조설비"라 한다) 중 건조실을 설치하는 건축물의 구조는 독립된 단층 건물로 하여야 한다. 다만, 해당 건조실을 건축물의 최상층에 설치하거나 건축물이 내화구조인 경우에는 그러하지 아니하다.
1. 위험물 또는 위험물이 발생하는 물질을 가열·건조하는 경우 내용적이 1세제곱미터 이상인 건조설비
2. 위험물이 아닌 물질을 가열·건조하는 경우로서 다음 각 목의 어느 하나의 용량에 해당하는 건조설비
  가. 고체 또는 액체연료의 최대사용량이 시간당 10킬로그램 이상
  나. 기체연료의 최대사용량이 시간당 1세제곱미터 이상
  다. 전기사용 정격용량이 10킬로와트 이상

89 공기 중에서 폭발 범위가 12.5~74vol%인 일산화탄소의 위험도는 얼마인가?

① 4.92 ② 5.26
③ 6.26 ④ 7.05

해설 위험도: 기체의 폭발위험 수준을 나타냄
$H = \dfrac{U-L}{L}$ [H: 위험도, L: 폭발하한계 값(%), U: 폭발상한계 값(%)]
위험도(H) = (74−12.5)/12.5 = 4.92

90 숯, 코크스, 목탄의 대표적인 연소 형태는?

① 혼합연소 ② 증발연소
③ 표면연소 ④ 비혼합연소

해설 고체 가연물의 일반적인 4가지 연소방식
1) 표면연소: 고체의 표면이 고온을 유지하면서 연소하는 현상
  • 숯, 코크스, 목탄, 금속분
2) 분해연소: 고체가 가열되어 열분해가 일어나고 가연성 가스가 공기 중의 산소와 타는 것
  • 석탄, 목재, 플라스틱, 종이, 합성수지, 중유
3) 증발연소: 고체 가연물이 가열하여 가연성 증기가 발생. 공기와 혼합하여 연소범위 내에서 열원에 의하여 연소하는 현상
  • 황, 나프탈렌, 파라핀(양초), 왁스, 휘발유, 등
4) 자기연소: 공기 중 산소를 필요로 하지 않고 자신이 분해되며 타는 것(연소에 필요한 산소를 포함하고 있는 물질이 연소하는 것)
  • 질화면(니트로셀룰로오스), TNT, 셀룰로이드, 니트로글리세린 등 제5류 위험물(폭발성 물질)

91 다음 중 자연발화가 가장 쉽게 일어나기 위한 조건에 해당하는 것은?

① 큰 열전도율
② 고온, 다습한 환경
③ 표면적이 작은 물질
④ 공기의 이동이 많은 장소

해설 자연발화가 가장 쉽게 일어나기 위한 조건: 고온, 다습한 환경
① 발열량이 클 것
② 주변의 온도가 높을 것
③ 물질의 열전도율이 작을 것
④ 표면적이 넓을 것
⑤ 적당량의 수분이 존재할 것

정답 88.① 89.① 90.③ 91.②

92 위험물에 관한 설명으로 틀린 것은?

① 이황화탄소의 인화점은 0℃보다 낮다.
② 과염소산은 쉽게 연소되는 가연성 물질이다.
③ 황린은 물속에 저장한다.
④ 알킬알루미늄은 물과 격렬하게 반응한다.

해설 위험물에 관한 설명
① 이황화탄소(CS_2)의 인화점은 0℃보다 낮다.(이황화탄소의 인화점: -30℃)
② 과염소산($HClO_4$)은 흡습성이 매우 강한 무색의 액체이고 강한 산이다. 물과 혼합하면 다량의 열을 발생한다.
③ 황린(P_4)은 공기 중에 발화하므로 물속에 저장한다.
④ 알킬알루미늄은 금수성 물질로 물과 격렬하게 반응한다.

93 물과 반응하여 가연성 기체를 발생하는 것은?

① 피크린산 ② 이황화탄소
③ 칼륨   ④ 과산화칼륨

해설 칼륨(potassium, K): 물과 반응하여 가연성 기체를 발생
① 물과 격렬히 반응하여 발열하고 수소를 발생시키며, 알코올 및 묽은 산과 반응하여 수소를 발생시킨다.
 • 산(acid)과 접촉하여 수소를 가장 잘 방출시키는 원소이다.
② 이산화탄소와 반응하여 연소하고 폭발하며 산화성 물질과 접촉 시 충격, 마찰 등에 의해 폭발의 위험이 있다.
(* 칼륨과 나트륨은 금수성 물질로 물과 반응하여 가연성 기체(수소)를 발생)

94 프로판(C_3H_8)의 연소하한계가 2.2vol%일 때 연소를 위한 최소산소농도(MOC)는 몇 vol%인가?

① 5.0   ② 7.0
③ 9.0   ④ 11.0

해설 최소산소농도=산소농도×연소하한계=5×2.2
=11.0vol%

• 산소농도(O_2)=$n+\dfrac{m-f-2\lambda}{4}$=3+(8/4)=5
(C_3H_8: n=3, m=8, f=0, λ=0)
($C_nH_mO_\lambda Cl_f$ 분자식 → n: 탄소, m: 수소, f: 할로겐 원자의 원자 수, λ: 산소의 원자 수)
* $C_3H_8+5O_2 \to 3CO_2+4H_2O$

95 다음 중 유기과산화물로 분류되는 것은?

① 메틸에틸케톤   ② 과망간산칼륨
③ 과산화마그네슘 ④ 과산화벤조일

해설 과산화벤조일($C_{14}H_{10}O_4$): 유기 과산화물의 하나 물에는 녹지 않지만, 에테르 등의 유기용제에는 잘 녹으며, 가열하면 분해하여 폭발하므로 위험. 피부염 치료제로 쓰이는 과산화수소 유도체이며 여드름치료에 사용하고 산화작용이 강하여 표백제로 사용된다.
* 폭발성 물질 및 유기과산화물〈산업안전보건기준에 관한 규칙〉[별표 1] 위험물질의 종류
가. 질산에스테르류
나. 니트로화합물
다. 니트로소화합물
라. 아조화합물
마. 디아조화합물
바. 하이드라진 유도체
사. 유기과산화물

96 연소이론에 대한 설명으로 틀린 것은?

① 착화온도가 낮을수록 연소위험이 크다.
② 인화점이 낮은 물질은 반드시 착화점도 낮다.
③ 인화점이 낮을수록 일반적으로 연소위험이 크다.
④ 연소범위가 넓을수록 연소위험이 크다.

해설 연소이론에 대한 설명
• 인화점(flash point): 점화원을 주었을 때 연소가 시작되는 최저온도
• 발화점(발화온도, AIT: Auto Ignition Temperature): 착화점, 착화온도(스스로 점화할 수 있는 최저온도)
① 착화온도가 낮을수록 연소위험이 크다.
② 인화점이 낮을수록 일반적으로 연소위험이 크다.
③ 연소 범위(폭발 범위)가 넓을수록 연소위험이 크다.

정답 92.② 93.③ 94.④ 95.④ 96.②

④ 산소농도가 클수록 연소 위험이 크다.
⑤ 인화점이 낮은 물질은 반드시 착화점도 낮은 것은 아니다.

97 디에틸에테르의 연소범위에 가장 가까운 값은?

① 2~10.4%   ② 1.9~48%
③ 2.5~15%   ④ 1.5~7.8%

해설 디에틸에테르($C_2H_5OC_2H_5$, $(C_2H_5)_2O$)
: 연소 범위 1.9~48%
산소 원자에 에틸기가 두 개(디-, di-) 결합한 화합물. 무색의 액체로 인화성이 크며 마취제나 용제(溶劑)로 사용

98 송풍기의 회전차 속도가 1300rpm일 때 송풍량이 분당 300m³였다. 송풍량을 분당 400m³으로 증가시키고자 한다면 송풍기의 회전차 속도는 약 몇 rpm으로 하여야 하는가?

① 1533   ② 1733
③ 1967   ④ 2167

해설 상사법칙의 성립
(임펠러의 직경 D, 회전수(회전속도) N, 정압(풍압, 양정) H, 송풍량(이송유량) Q, 동력 P)
회전속도가 $N_1 \rightarrow N_2$, 직경이 $D_1 \rightarrow D_2$로 변할 때
$Q_2 = Q_1 \times (N_1/N_2) \times (D_1/D_2)^3$
⇨ D는 일정 $Q_2 = Q_1 \times (N_1/N_2)$
$N_2 = N_1 \times (Q_2/Q_1) = 1300 \times (400/300) = 1733$rpm

※ 송풍기의 상사법칙(상사율)에 관한 설명

구분	송풍량	정압	축동력(사용동력)
회전수	회전수에 비례	회전수의 제곱에 비례	회전수의 세제곱에 비례
직경	직경의 세제곱에 비례	직경의 제곱에 비례	직경의 오제곱에 비례

* 상사율(law of similarity): 구조물이나 실물, 원형(prototype)의 성능을 예측하기 위하여 원형과 모형(model) 사이에 반드시 성립하여야 하는 어떤 법칙

〈상사법칙의 성립〉
(임펠러의 직경 D, 회전수(회전속도) N, 정압(풍압, 양정) H, 송풍량(이송유량) Q, 동력 P)
회전속도가 $N_1 \rightarrow N_2$, 직경이 $D_1 \rightarrow D_2$로 변할 때
① $Q_2 = Q_1 \times (N_1/N_2) \times (D_1/D_2)^3$
② $H_2 = H_1 \times (N_1/N_2)^2 \times (D_1/D_2)^2$
③ $P_2 = P_1 \times (N_1/N_2)^3 \times (D_1/D_2)^5$

99 다음 중 물과 반응하였을 때 흡열반응을 나타내는 것은?

① 질산암모늄   ② 탄화칼슘
③ 나트륨   ④ 과산화칼륨

해설 질산암모늄(NH_4NO_3)
흡습성이 강하여 물에 녹을 때 다량의 열을 흡수.(물과 반응하였을 때 흡열반응을 나타냄). 공기 중에서는 안정된 편이지만 고온이거나, 밀폐용기 속에 있을 때, 가연성물질과 닿으면 폭발의 위험이 있음. 비료로 사용
* 흡열반응: 주위로부터 열을 빼앗으며 진행하는 화학 반응(외부로부터 열에너지를 가해야 하는 반응)

100 다음 중 노출기준(TWA)이 가장 낮은 물질은?

① 염소   ② 암모니아
③ 에탄올   ④ 메탄올

해설 유해물질의 노출기준〈화학물질 및 물리적 인자의 노출기준〉
(가) 시간가중 평균 노출 기준(TWA: Time Weight Average)
매일 8시간씩 일하는 근로자에게 노출되어도 영향을 주지 않는 최고 평균농도

유해물질의 명칭		화학식	노출기준			
국문표기	영문표기		TWA		STEL	
			ppm	mg/m³	ppm	mg/m³
톨루엔	Toluene	$C_6H_5CH_3$	50	188	150	560
니트로벤젠	Nitrobenzene	$C_6H_5NO_2$	1	5		
메탄올	Methanol	CH_3OH	200	260	250	310
불소	Fluorine	F_2	0.1	0.2		
암모니아	Ammonia	NH_3	25	18	35	27
에탄올	Ethanol	C_2H_5OH	1,000	1,900		
염소	Chlorine	Cl_2	0.5	1.5	1	3
황화수소	Hydrogen sulfide	H_2S	10	14	15	21
염화수소		HCl	1	1.5	2	3
이산화탄소		CO_2	5,000	9,000	30,000	54,000
일산화탄소		CO	30	34	200	220
포스겐		$COCl_2$	0.1	0.4	-	-

정답 97. ② 98. ② 99. ① 100. ①

제6과목 건설안전기술

101 보통 흙의 건지를 다음 그림과 같이 굴착하고자 한다. 굴착면의 기울기를 1 : 0.5로 하고자 할 경우 L의 길이로 옳은 것은?

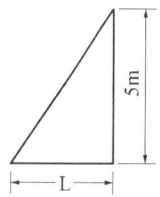

① 2m ② 2.5m
③ 5m ④ 10m

해설 보통 흙 건지의 굴착면 기울기
1 : 0.5 = 5 : L ⇨ L = 2.5

굴착면의 기울기 기준〈산업안전보건기준에 관한 규칙〉

구분	지반의 종류	기울기
보통 흙	습지	1 : 1 ~ 1 : 1.5
	건지	1 : 0.5 ~ 1 : 1
암반	풍화암	1 : 1.0
	연암	1 : 1.0
	경암	1 : 0.5

102 흙막이 지보공을 조립하는 경우 미리 조립도를 작성하여야 하는데 이 조립도에 명시되어야 할 사항과 가장 거리가 먼 것은?

① 부재의 배치
② 부재의 치수
③ 부재의 긴압 정도
④ 설치방법과 순서

해설 흙막이 지보공 설비, 조립도〈산업안전보건기준에 관한 규칙〉
제346조(조립도)
① 사업주는 흙막이 지보공을 조립하는 경우 미리 조립도를 작성하여 그 조립도에 따라 조립하도록 하여야 한다.

② 제1항의 조립도는 흙막이 판·말뚝·버팀대 및 띠장 등 부재의 배치·치수·재질 및 설치방법과 순서가 명시되어야 한다.

103 미리 작업장소의 지형 및 지반상태 등에 적합한 제한속도를 정하지 않아도 되는 차량계 건설기계의 속도 기준은?

① 최대 제한 속도가 10km/h 이하
② 최대 제한 속도가 20km/h 이하
③ 최대 제한 속도가 30km/h 이하
④ 최대 제한 속도가 40km/h 이하

해설 제한속도의 지정〈산업안전보건기준에 관한 규칙〉
제98조(제한속도의 지정 등)
① 사업주는 차량계 하역운반기계, 차량계 건설기계(최대제한속도가 시속 10킬로미터 이하인 것은 제외한다)를 사용하여 작업을 하는 경우 미리 작업장소의 지형 및 지반 상태 등에 적합한 제한속도를 정하고, 운전자로 하여금 준수하도록 하여야 한다.

104 터널공사에서 발파작업 시 안전대책으로 옳지 않은 것은?

① 발파 전 도화선 연결 상태, 저항치 조사 등의 목적으로 도통시험 실시 및 발파기의 작동상태에 대한 사전점검 실시
② 모든 동력선은 발원점으로부터 최소한 15m 이상 후방으로 옮길 것
③ 지질, 암의 절리 등에 따라 화약량에 대한 검토 및 시방기준과 대비하여 안전조치 실시
④ 발파용 점화회선은 타동력선 및 조명회선과 한 곳으로 통합하여 관리

해설 터널공사에서 발파작업 시 안전대책〈터널공사표준안전작업지침-NATM공법〉
제7조(발파작업) 사업주는 발파 작업 시 다음 각 호의 사항을 준수하여야 한다.
4. 지질, 암의 절리 등에 따라 화약량을 충분히 검토하여야 하며 시방기준과 대비하여 안전조치를 하여야 한다.

정답 101. ② 102. ③ 103. ① 104. ④

7. 화약류를 장진하기 전에 모든 동력선 및 활선은 장진기로 부터 분리시키고 조명회선을 포함한 모든 동력선은 발원점으로부터 최소한 15m이상 후방으로 옮겨 놓도록 하여야 한다.
8. 발파용 점화회선은 타동력선 및 조명회선으로부터 분리되어야 한다.
9. 발파 전 도하선 연결 상태, 저항치 조사 등의 목적으로 도통시험을 실시하여야 하며 발파기 작동 상태를 사전 점검하여야 한다.

105 달비계의 최대 적재하중을 정함에 있어서 활용하는 안전계수의 기준으로 옳은 것은?(단, 곤돌라의 달비계를 제외한다.)

① 달기 와이어로프: 5 이상
② 달기 강선: 5 이상
③ 달기 체인: 3 이상
④ 달기 훅: 5 이상

해설 **작업발판의 최대적재하중**〈산업안전보건기준에 관한 규칙〉
제55조(작업발판의 최대적재하중)
② 달비계(곤돌라의 달비계는 제외한다)의 최대 적재하중을 정하는 경우 그 안전계수는 다음 각 호와 같다.
1. 달기 와이어로프 및 달기 강선의 안전계수: 10 이상
2. 달기 체인 및 달기 훅의 안전계수: 5 이상
3. 달기 강대와 달비계의 하부 및 상부 지점의 안전계수: 강재(鋼材)의 경우 2.5 이상, 목재의 경우 5 이상

106 다음 보기의 ( ) 안에 알맞은 내용은?

> 동바리로 사용하는 파이프 서포트의 높이가 ( )m를 초과하는 경우에는 높이 2m 이내마다 수평연결재를 2개 방향으로 만들고 수평연결재의 변위를 방지할 것

① 3
② 3.5
③ 4
④ 4.5

해설 **거푸집 동바리 등의 안전조치**〈산업안전보건기준에 관한 규칙〉
제332조(거푸집동바리 등의 안전조치)
사업주는 거푸집동바리 등을 조립하는 경우에는 다음 각 호의 사항을 준수하여야 한다.
7. 동바리로 사용하는 강관[파이프 서포트(pipe support)는 제외한다]에 대해서는 다음 각 목의 사항을 따를 것
  가. 높이 2미터 이내마다 수평연결재를 2개 방향으로 만들고 수평연결재의 변위를 방지할 것
  나. 멍에 등을 상단에 올릴 경우에는 해당 상단에 강재의 단판을 붙여 멍에 등을 고정시킬 것
8. 동바리로 사용하는 파이프 서포트에 대해서는 다음 각 목의 사항을 따를 것
  가. 파이프 서포트를 3개 이상이어서 사용하지 않도록 할 것
  나. 파이프 서포트를 이어서 사용하는 경우에는 4개 이상의 볼트 또는 전용철물을 사용하여 이을 것
  다. 높이가 3.5미터를 초과하는 경우에는 제7호 가 목의 조치를 할 것

107 건립 중 강풍에 의한 풍압 등 외압에 대한 내력이 설계에 고려되었는지 확인하여야 하는 철골 구조물이 아닌 것은?

① 단면이 일정한 구조물
② 기둥이 타이플레이트형인 구조물
③ 이음부가 현장용접인 구조물
④ 구조물의 폭과 높이의 비가 1 : 4 이상인 구조물

해설 **설계도 및 공작도 확인**〈철골공사표준안전작업지침〉
제3조(설계도 및 공작도 확인) 철골공사 전에 설계도 및 공작도에서 다음 각 호의 사항을 검토하여야 한다.
7. 구조안전의 위험이 큰 다음 각 목의 철골구조물은 건립 중 강풍에 의한 풍압 등 외압에 대한 내력이 설계에 고려되었는지 확인하여야 한다.
  가. 높이 20미터 이상의 구조물
  나. 구조물의 폭과 높이의 비가 1:4 이상인 구조물
  다. 단면구조에 현저한 차이가 있는 구조물
  라. 연면적당 철골량이 50킬로그램/평방미터 이하인 구조물
  마. 기둥이 타이플레이트(tie plate)형인 구조물
  바. 이음부가 현장용접인 구조물

정답 105. ④ 106. ② 107. ①

108 건설업 산업안전보건관리비 중 안전시설비로 사용할 수 없는 것은?

① 작업통로
② 비계에 추가 설치하는 추락방지용 안전난간
③ 사다리 전도방지장치
④ 통로의 낙하물 방호선반

해설 산업안전보건관리비의 사용기준
안전시설비 등 : 산업재해 예방을 위한 안전난간, 추락방호망, 안전대 부착설비, 방호장치 등 안전시설의 구입·임대 및 설치를 위해 소요되는 비용

109 터널 등의 건설작업을 하는 경우에 낙반 등에 의하여 근로자가 위험해질 우려가 있는 경우에 필요한 조치와 가장 거리가 먼 것은?

① 터널 지보공을 설치한다.
② 록 볼트를 설치한다.
③ 환기, 조명시설을 설치한다.
④ 부석을 제거한다.

해설 터널작업 중 낙반 등에 의한 위험방지〈산업안전보건기준에 관한 규칙〉
제351조(낙반 등에 의한 위험의 방지)
사업주는 터널 등의 건설작업을 하는 경우에 낙반 등에 의하여 근로자가 위험해질 우려가 있는 경우에 터널 지보공 및 록 볼트의 설치, 부석(浮石)의 제거 등 위험을 방지하기 위하여 필요한 조치를 하여야 한다.

110 강관을 사용하여 비계를 구성하는 경우 준수해야할 사항으로 옳지 않은 것은?
〈법령 개정으로 문제수정〉

① 비계기둥의 간격은 띠장 방향에서는 1.85m 이하, 장선(長線) 방향에서는 1.5m 이하로 할 것
② 띠장 간격은 1.5m 이하로 설치할 것
③ 비계기둥의 제일 윗부분으로부터 31m 되는 지점 밑부분의 비계기둥은 3개의 강관으로 묶어 세울 것
④ 비계기둥 간의 적재하중은 400kg을 초과하지 않도록 할 것

해설 강관비계의 구조〈산업안전보건기준에 관한 규칙〉
제60조(강관비계의 구조)
사업주는 강관을 사용하여 비계를 구성하는 경우 다음 각 호의 사항을 준수하여야 한다.
1. 비계기둥의 간격은 띠장 방향에서는 1.85미터 이하, 장선(長線) 방향에서는 1.5미터 이하로 할 것
2. 띠장 간격은 2.0미터 이하로 할 것
3. 비계기둥의 제일 윗부분으로부터 31미터되는 지점 밑부분의 비계기둥은 2개의 강관으로 묶어 세울 것. 다만, 브라켓(bracket) 등으로 보강하여 2개의 강관으로 묶을 경우 이상의 강도가 유지되는 경우에는 그러하지 아니하다.
4. 비계기둥 간의 적재하중은 400킬로그램을 초과하지 않도록 할 것

111 이동식 비계 조립 및 사용 시 준수사항으로 옳지 않은 것은?

① 비계의 최상부에서 작업을 하는 경우에는 안전난간을 설치할 것
② 승강용사다리는 견고하게 설치할 것
③ 작업발판은 항상 수평을 유지하고 작업발판 위에서 작업을 위한 거리가 부족할 경우에는 받침대 또는 사다리를 사용할 것
④ 작업발판의 최대적재하중은 250kg을 초과하지 않도록 할 것

해설 이동식 비계〈산업안전보건기준에 관한 규칙〉
제68조(이동식 비계)
사업주는 이동식 비계를 조립하여 작업을 하는 경우에는 다음 각 호의 사항을 준수하여야 한다.
1. 이동식 비계의 바퀴에는 뜻밖의 갑작스러운 이동 또는 전도를 방지하기 위하여 브레이크·쐐기 등으로 바퀴를 고정시킨 다음 비계의 일부를 견고한 시설물에 고정하거나 아웃트리거(outrigger)를 설치하는 등 필요한 조치를 할 것
2. 승강용사다리는 견고하게 설치할 것
3. 비계의 최상부에서 작업을 하는 경우에는 안전난간을 설치할 것

정답 108. ① 109. ③ 110. ③ 111. ③

4. 작업발판은 항상 수평을 유지하고 작업발판 위에서 안전난간을 딛고 작업을 하거나 받침대 또는 사다리를 사용하여 작업하지 않도록 할 것
5. 작업발판의 최대적재하중은 250킬로그램을 초과하지 않도록 할 것

112 유해·위험 방지를 위한 방호조치를 하지 아니하고는 양도, 대여, 설치 또는 사용에 제공하거나, 양도·대여를 목적으로 진열해서는 아니 되는 기계·기구에 해당하지 않는 것은?

① 지게차 ② 공기압축기
③ 원심기 ④ 덤프트럭

해설 유해하거나 위험한 기계 등에 대한 방호조치 〈산업안전보건법 시행규칙 제98조〉
기계·기구에 설치하여야 할 방호장치는 다음 각 호와 같다.
1. 예초기 : 날접촉 예방장치
2. 원심기 : 회전체 접촉 예방장치
3. 공기압축기 : 압력방출장치
4. 금속절단기 : 날접촉 예방장치
5. 지게차 : 헤드 가드, 백레스트(backrest), 전조등, 후미등, 안전벨트
6. 포장기계 : 구동부 방호 연동장치

113 화물운반하역 작업 중 걸이작업에 관한 설명으로 옳지 않은 것은?

① 와이어로프 등은 크레인의 후크 중심에 걸어야 한다.
② 인양 물체의 안정을 위하여 2줄 걸이 이상을 사용하여야 한다.
③ 매다는 각도는 60° 이상으로 하여야 한다.
④ 근로자를 매달린 물체 위에 탑승시키지 않아야 한다.

해설 기계운반하역 시 걸이 작업의 준수사항〈운반하역 표준안전 작업지침〉
제22조(걸이) 걸이 작업은 다음 각 호의 사항을 준수하여야 한다.
1. 와이어로프 등은 크레인의 후크 중심에 걸어야 한다.
2. 인양 물체의 안정을 위하여 2줄 걸이 이상을 사용하여야 한다.
3. 밑에 있는 물체를 걸고자 할 때에는 위의 물체를 제거한 후에 행하여야 한다.
4. 매다는 각도는 60도 이내로 하여야 한다.
5. 근로자를 매달린 물체 위에 탑승시키지 않아야 한다.

114 거푸집동바리 등을 조립하는 경우에 준수하여야 할 사항으로 옳지 않은 것은?

① 깔목의 사용, 콘크리트 타설, 말뚝박기 등 동바리의 침하를 방지하기 위한 조치를 할 것
② 개구부 상부에 동바리를 설치하는 경우에는 상부하중을 견딜 수 있는 견고한 받침대를 설치할 것
③ 거푸집이 곡면인 경우에는 버팀대의 부착 등 그 거푸집의 부상(浮上)을 방지하기 위한 조치를 할 것
④ 동바리의 이음은 맞댄이음이나 장부이음을 피할 것

해설 거푸집 동바리 등의 안전조치〈산업안전보건기준에 관한 규칙〉
제332조(거푸집동바리 등의 안전조치)
사업주는 거푸집동바리 등을 조립하는 경우에는 다음 각 호의 사항을 준수하여야 한다.
1. 깔목의 사용, 콘크리트 타설, 말뚝박기 등 동바리의 침하를 방지하기 위한 조치를 할 것
2. 개구부 상부에 동바리를 설치하는 경우에는 상부하중을 견딜 수 있는 견고한 받침대를 설치할 것
3. 동바리의 상하 고정 및 미끄러짐 방지 조치를 하고, 하중의 지지상태를 유지할 것
4. 동바리의 이음은 맞댄이음이나 장부이음으로 하고 같은 품질의 재료를 사용할 것
5. 강재와 강재의 접속부 및 교차부는 볼트·클램프 등 전용철물을 사용하여 단단히 연결할 것
6. 거푸집이 곡면인 경우에는 버팀대의 부착 등 그 거푸집의 부상(浮上)을 방지하기 위한 조치를 할 것

정답 112. ④ 113. ③ 114. ④

115 사업의 종류가 건설업이고, 공사금액이 850억 원일 경우 산업안전보건법령에 따른 안전관리자를 최소 몇 명 이상 두어야 하는가? (단, 상시근로자는 600명으로 가정)

① 1명 이상 ② 2명 이상
③ 3명 이상 ④ 4명 이상

해설 건설업 규모에 따른 안전관리자 수

규모	수
50억 원 이상(관계수급인은 100억 원 이상)~120억 원 미만(토목공사업 150억 원)	1명
120억 원 이상(토목공사업 150억 원)~800억 원 미만	1명
800억 원 이상~1,500억 원 미만	2명
1,500억 원 이상~2,200억 원 미만	3명
2,200억 원 이상~3,000억 원 미만	4명
3,000억 원 이상~3,900억 원 미만	5명
3,900억 원 이상~4,900억 원 미만	6명
4,900억 원 이상~6,000억 원 미만	7명
6,000억 원 이상~7,200억 원 미만	8명
7,200억 원 이상~8,500억 원 미만	9명
8,500억 원 이상~1조 원 미만	10명
1조원 이상 [매 2,000억 원(2조 원 이상부터는 매 3,000억 원)마다 1명씩 추가]	11명 이상

116 선박에서 하역작업 시 근로자들이 안전하게 오르내릴 수 있는 현문 사다리 및 안전망을 설치하여야 하는 것은 선박이 최소 몇 톤급 이상일 경우인가?

① 500톤급 ② 300톤급
③ 200톤급 ④ 100톤급

해설 항만하역작업시 안전〈산업안전보건기준에 관한 규칙〉
제397조(선박승강설비의 설치)
① 사업주는 300톤급 이상의 선박에서 하역작업을 하는 경우에 근로자들이 안전하게 오르내릴 수 있는 현문(舷門) 사다리를 설치하여야 하며, 이 사다리 밑에 안전망을 설치하여야 한다.

117 타워크레인을 와이어로프로 지지하는 경우에 준수해야 할 사항으로 옳지 않은 것은?

① 와이어로프를 고정하기 위한 전용 지지 프레임을 사용할 것
② 와이어로프 설치각도는 수평면에서 60° 이상으로 하되, 지지점은 4개소 미만으로 할 것
③ 와이어로프와 그 고정부위는 충분한 강도와 장력을 갖도록 설치할 것
④ 와이어로프가 가공전선에 근접하지 않도록 할 것

해설 타워크레인의지지〈산업안전보건기준에 관한 규칙〉
제142조(타워크레인의 지지)
③ 사업주는 타워크레인을 와이어로프로 지지하는 경우 다음 각 호의 사항을 준수해야 한다.
2. 와이어로프를 고정하기 위한 전용 지지프레임을 사용할 것
3. 와이어로프 설치각도는 수평면에서 60° 이내로 하되, 지지점은 4개소 이상으로 하고, 같은 각도로 설치할 것
4. 와이어로프와 그 고정부위는 충분한 강도와 장력을 갖도록 설치하고, 와이어로프를 클립·샤클(shackle) 등의 고정기구를 사용하여 견고하게 고정시켜 풀리지 아니하도록 하며, 사용 중에는 충분한 강도와 장력을 유지하도록 할 것
5. 와이어로프가 가공전선(架空電線)에 근접하지 않도록 할 것

118 터널붕괴를 방지하기 위한 지보공에 대한 점검사항과 가장 거리가 먼 것은?

① 부재의 긴압 정도
② 부재의 손상·변형·부식·변위 탈락의 유무 및 상태
③ 기둥침하의 유무 및 상태
④ 경보장치의 작동상태

해설 터널 지보공 점검사항〈산업안전보건기준에 관한 규칙〉
제366조(붕괴 등의 방지)
사업주는 터널 지보공을 설치한 경우에 다음 각 호의 사항을 수시로 점검하여야 하며, 이상을 발견한 경우

정답 115. ② 116. ② 117. ② 118. ④

에는 즉시 보강하거나 보수하여야 한다.
1. 부재의 손상·변형·부식·변위 탈락의 유무 및 상태
2. 부재의 긴압 정도
3. 부재의 접속부 및 교차부의 상태
4. 기둥침하의 유무 및 상태

119 작업 중이던 미장공이 상부에서 떨어지는 공구에 의해 상해를 입었다면 어느 부분에 대한 결함이 있었겠는가?

① 작업대 설치
② 작업방법
③ 낙하물 방지시설 설치
④ 비계설치

해설 **낙하물에 의한 위험의 방지**〈산업안전보건기준에 관한 규칙〉
제14조(낙하물에 의한 위험의 방지)
① 사업주는 작업장의 바닥, 도로 및 통로 등에서 낙하물이 근로자에게 위험을 미칠 우려가 있는 경우 보호망을 설치하는 등 필요한 조치를 하여야 한다.
② 사업주는 작업으로 인하여 물체가 떨어지거나 날아올 위험이 있는 경우 낙하물 방지망, 수직보호망 또는 방호선반의 설치, 출입금지구역의 설정, 보호구의 착용 등 위험을 방지하기 위하여 필요한 조치를 하여야 한다.
③ 제2항에 따라 낙하물 방지망 또는 방호선반을 설치하는 경우에는 다음 각 호의 사항을 준수하여야 한다.
1. 높이 10미터 이내마다 설치하고, 내민 길이는 벽면으로부터 2미터 이상으로 할 것
2. 수평면과의 각도는 20도 이상 30도 이하를 유지할 것

120 이동식 크레인을 사용하여 작업을 할 때 작업시작 전 점검사항이 아닌 것은?

① 주행로의 상측 및 트롤리(trolley)가 횡행하는 레일의 상태
② 권과방지장치 그 밖의 경보장치의 기능
③ 브레이크·클러치 및 조정장치의 기능
④ 와이어로프가 통하고 있는 곳 및 작업장소의 지반상태

해설 **작업시작 전 점검사항**〈산업안전보건기준에 관한 규칙〉
[별표 3] 작업시작 전 점검사항
4. 크레인을 사용하여 작업을 하는 때
   가. 권과방지장치·브레이크·클러치 및 운전장치의 기능
   나. 주행로의 상측 및 트롤리(trolley)가 횡행하는 레일의 상태
   다. 와이어로프가 통하고 있는 곳의 상태
5. 이동식 크레인을 사용하여 작업을 할 때
   가. 권과방지장치나 그 밖의 경보장치의 기능
   나. 브레이크·클러치 및 조정장치의 기능
   다. 와이어로프가 통하고 있는 곳 및 작업장소의 지반 상태

정답 119. ③ 120. ①

2018년 제2회 산업안전기사 기출문제

제1과목 안전관리론

01 6~12명의 구성원으로 타인의 비판 없이 자유로운 토론을 통하여 다량의 독창적인 아이디어를 이끌어내고, 대안적 해결안을 찾기 위한 집단적 사고기법은?

① role playing
② brain storming
③ action playing
④ fish Bowl playing

해설 브레인스토밍(brain-storming)으로 아이디어 개발
브레인스토밍(brain-storming): 다수의 팀원이 마음 놓고 편안한 분위기 속에서 공상과 연상의 연쇄반응을 일으키면서 자유분방하게 아이디어를 대량으로 발언하여 나가는 방법(토의식 아이디어 개발 기법)
• 6~12명의 구성원으로 타인의 비판 없이 자유로운 토론을 통하여 다량의 독창적인 아이디어를 이끌어내고, 대안적 해결안을 찾기 위한 집단적 사고기법

02 재해의 발생형태 중 다음 그림이 나타내는 것은?

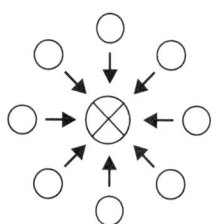

① 1단순연쇄형 ② 2복합연쇄형
③ 단순자극형   ④ 복합형

해설 산업 재해의 발생 유형(재해발생 3형태)(등치성 이론 : 재해가 여러 가지 사고요인의 결합에 의해 발생)

① 집중형: 상호 자극에 의해 순간적으로 재해가 발생(단순 자극형)
 - 일어난 장소나 그 시점에 일시적으로 요인이 집중하여 재해가 발생하는 경우
② 연쇄형: 요소들 간에 연쇄적으로 진전해 나가는 형태(Ex. 도미노 이론)
 - 단순연쇄형/복합연쇄형
③ 복합형: 집중형과 연쇄형이 복합된 것이며, 현대사회의 산업재해는 대부분 복합형

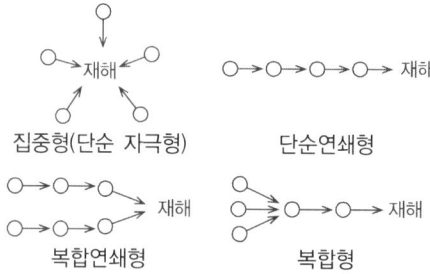

[그림] 재해발생 3형태

03 산업안전보건법령상 근로자에 대한 일반 건강진단의 실시 시기 기준으로 옳은 것은?

① 사무직에 종사하는 근로자 : 1년에 1회 이상
② 사무직에 종사하는 근로자 : 2년에 1회 이상
③ 사무직 외의 업무에 종사하는 근로자 : 6월에 1회 이상
④ 사무직 외의 업무에 종사하는 근로자 : 2년에 1회 이상

해설 건강진단의 실시
사무직 2년에 1회(그 외 1년에 1회), 특수건강진단 대상 업무는 유해인자별 정한 시기 및 주기에 따라 정기적으로 실시

정답 01.② 02.③ 03.②

04 재해통계에 있어 강도율이 2.0인 경우에 대한 설명으로 옳은 것은?

① 한 건의 재해로 인해 전체 작업비용의 2.0%에 해당하는 손실이 발생하였다.
② 근로자 1000명당 2.0건의 재해가 발생하였다.
③ 근로시간 1000시간당 2.0건의 재해가 발생하였다.
④ 근로시간 1000시간당 2.0일의 근로손실이 발생하였다.

해설 강도율(S.R: Severity Rate of Injury)
① 강도율은 근로시간 합계 1,000시간당 재해로 인한 근로손실일수를 나타냄(재해발생의 경중, 즉 강도를 나타냄)
② 강도율 $= \dfrac{근로손실일수}{연근로시간수} \times 1{,}000$

05 산업안전보건법령상 교육대상별 교육내용 중 관리감독자의 정기안전·보건교육 내용이 아닌 것은? (단, 산업안전보건법 및 일반관리에 관한 사항은 제외한다.)

① 산업재해보상보험 제도에 관한 사항
② 산업보건 및 직업병 예방에 관한 사항
③ 유해·위험 작업환경 관리에 관한 사항
④ 표준안전작업방법 및 지도 요령에 관한 사항

해설 관리감독자 정기교육 : 교육 내용
- 산업안전 및 사고 예방에 관한 사항
- 산업보건 및 직업병 예방에 관한 사항
- 유해·위험 작업환경 관리에 관한 사항
- 산업안전보건법령 및 산업재해보상보험 제도에 관한 사항
- 직무스트레스 예방 및 관리에 관한 사항
- 직장 내 괴롭힘, 고객의 폭언 등으로 인한 건강장해 예방 및 관리에 관한 사항
- 작업공정의 유해·위험과 재해 예방대책에 관한 사항
- 표준안전 작업방법 및 지도 요령에 관한 사항
- 관리감독자의 역할과 임무에 관한 사항
- 안전보건교육 능력 배양에 관한 사항
  - 현장근로자와의 의사소통능력 향상, 강의능력 향상, 기타 안전보건교육 능력 배양 등에 관한 사항
  (※ 안전보건교육 능력 배양 내용은 전체 관리감독자 교육시간의 1/3 이하에서 할 수 있다.)

06 Off JT(Off the Job Training)의 특징으로 옳은 것은?

① 훈련에만 전념할 수 있다.
② 상호신뢰 및 이해도가 높아진다.
③ 개개인에게 적절한 지도훈련이 가능하다.
④ 직장의 실정에 맞게 실제적 훈련이 가능하다.

해설 OJT 교육과 Off JT 교육의 특징

OJT 교육의 특징	Off JT 교육의 특징
㉮ 개개인에게 적절한 지도훈련이 가능하다.	㉮ 다수의 근로자에게 조직적 훈련이 가능하다.
㉯ 직장의 실정에 맞는 실제적 훈련이 가능하다.	㉯ 훈련에만 전념할 수 있다.
㉰ 즉시 업무에 연결될 수 있다.	㉰ 외부 전문가를 강사로 초빙하는 것이 가능하다.
㉱ 훈련에 필요한 업무의 지속성이 유지된다.	㉱ 특별교재, 교구, 시설을 유효하게 활용할 수 있다.
㉲ 효과가 곧 업무에 나타나며 결과에 따른 개선이 쉽다.	㉲ 타 직장의 근로자와 지식이나 경험을 교류할 수 있다.
㉳ 훈련 효과에 의해 상호 신뢰 이해도가 높아진다.	㉳ 교육 훈련 목표에 대하여 집단적 노력이 흐트러질 수도 있다.

07 산업안전보건법령상 안전·보건표지의 종류 중 다음 안전·보건 표지의 명칭은?

① 화물적재금지 ② 차량통행금지
③ 물체이동금지 ④ 화물출입금지

해설 안전보건표지 종류 : 물체이동금지
(1) 금지표지 : 1. 출입금지 2. 보행금지 3. 차량통행금지 4. 사용금지 5. 탑승금지 6. 금연 7. 화기금지 8. 물체이동금지

08 AE형 안전모에 있어 내전압성이란 최대 몇 V 이하의 전압에 견디는 것을 말하는가?

① 750
② 1,000
③ 3,000
④ 7,000

해설 안전모의 종류

종류	사용구분	내전압성
AB	물체의 낙하, 비래, 추락에 의한 위험을 방지 또는 경감	비내전압성
AE	물체의 낙하, 비래에 의한 위험을 방지 또는 경감하고 머리부위 감전에 의한 위험을 방지	내전압성
ABE	물체의 낙하, 비래, 추락에 의한 위험을 방지 또는 경감하고 머리부위 감전에 의한 위험을 방지	내전압성

* 낙하방지용(A) : 물체의 낙하, 비래
* 내전압성이란 7,000V 이하의 전압에 견디는 것을 말함

09 안전점검의 종류 중 태풍, 폭우 등에 의한 침수, 지진 등의 천재지변이 발생한 경우나 이상사태 발생 시 관리자나 감독자가 기계·기구, 설비 등의 기능상 이상 유무에 대하여 점검하는 것은?

① 일상점검
② 정기점검
③ 특별점검
④ 수시점검

해설 점검시기에 따른 구분
1) 정기점검: 일정시간마다 정기적으로 실시하는 점검으로, 기계·기구, 시설 등에 대하여 주, 월, 또는 분기 등 지정된 날짜에 실시하는 점검
2) 일상점검: 매일 작업 전, 중, 후에 해당 작업설비에 대하여 계속적으로 실시하는 점검
3) 수시점검: 일정기간을 정하여 실시하지 않고 비정기적으로 실시하는 점검
4) 임시점검: 임시로 실시하는 점검의 형태
5) 특별점검: 비정기적인 특정 점검으로 안전강조 기간, 방화점검 기간에 실시하는 점검. 신설, 변경 내지는 고장, 수리 등을 할 경우의 부정기 점검
  • 태풍, 폭우 등에 의한 침수, 지진 등의 천재지변이 발생한 경우나 이상사태 발생 시 관리자나 감독자가 기계·기구, 설비 등의 기능상 이상 유무에 대하여 점검하는 것
6) 정밀점검: 사고 발생 이후 곧바로 외부 전문가에 의하여 실시하는 점검

10 재해발생의 직접 원인 중 불안전한 상태가 아닌 것은?

① 불안전한 인양
② 부적절한 보호구
③ 결함 있는 기계설비
④ 불안전한 방호장치

해설 직접 원인 : 불안전한 행동·불안전한 상태
1) 불안전한 행동(인적 원인)
  ① 위험장소 접근
  ② 안전장치 기능 제거
  ③ 복장·보호구의 잘못 사용
  ④ 기계·기구의 잘못 사용
  ⑤ 운전 중인 기계장치 손질
  ⑥ 불안전한 속도 조작
  ⑦ 유해·위험물 취급부주의
  ⑧ 불안전한 상태 방치
  ⑨ 불안전한 자세·동작
  ⑩ 감독 및 연락 불충분
2) 불안전한 상태(물적 원인)
  ① 물 자체의 결함
  ② 안전방호장치의 결함
  ③ 복장, 보호구의 결함
  ④ 기계의 배치, 작업장소의 결함
  ⑤ 작업환경의 결함
  ⑥ 생산공정의 결함
  ⑦ 경계표시 및 설비의 결함

11 매슬로우(Maslow)의 욕구단계 이론 중 제2단계 욕구에 해당하는 것은?

① 자아실현의 욕구
② 안전에 대한 욕구
③ 사회적 욕구
④ 생리적 욕구

정답 08. ④ 09. ③ 10. ① 11. ②

12 대뇌의 human error로 인한 착오요인이 아닌 것은?

① 인지과정 착오
② 조치과정 착오
③ 판단과정 착오
④ 행동과정 착오

[해설] 인간의 착오요인(대뇌의 human error로 인한 착오요인)

인지과정 착오	판단과정 착오	조치과정 착오
① 생리·심리적 능력의 한계 ② 정보량 저장의 한계 ③ 감각 차단 현상 ④ 정서적 불안정	① 자기 합리화 ② 정보부족 ③ 능력부족 ④ 작업조건 불량	① 잘못된 정보의 입수 ② 합리적 조치의 미숙

13 주의의 수준이 Phase 0인 상태에서의 의식 상태로 옳은 것은?

① 무의식 상태
② 의식의 이완 상태
③ 명료한 상태
④ 과긴장 상태

14 생체리듬의 변화에 대한 설명으로 틀린 것은?

① 야간에는 체중이 감소한다.
② 야간에는 말초운동 기능이 저하된다.
③ 체온, 혈압, 맥박수는 주간에 상승하고 야간에 감소한다.
④ 혈액의 수분과 염분량은 주간에 증가하고 야간에 감소한다.

[해설] 생체리듬과 피로현상
1) 혈액의 수분과 염분량: 주간에 감소하고 야간에 증가
2) 체온, 혈압, 맥박수: 주간에 상승하고 야간에 저하
3) 야간에는 소화분비액 불량, 체중이 감소
4) 야간에는 말초운동 기능이 저하, 피로의 자각증상이 증가

15 어떤 사업장의 상시근로자 1000명이 작업 중 2명 사망자와 의사진단에 의한 휴업일수 90일 손실을 가져온 경우의 강도율은? (단, 1일 8시간, 연 300일 근무)

① 7.32
② 6.28
③ 8.12
④ 5.92

[해설] 강도율(S.R: Severity Rate of Injury): 강도율은 근로시간 합계 1,000시간 당 재해로 인한 근로손실일수를 나타냄(재해발생의 경중, 즉 강도를 나타냄)

$$강도율 = \frac{근로손실일수}{연근로시간수} \times 1,000$$

$$= \frac{(7500 \times 2) + (90 \times \frac{300}{365})}{1000 \times 8 \times 300} \times 1,000 = 6.28$$

* 사망, 장해등급 1~3급의 근로손실일수는 7,500일
* 입원 등으로 휴업 시의 근로손실일수 = 휴업일 수(요양일 수) × 300/365

16 교육심리학의 기본이론 중 학습지도의 원리가 아닌 것은?

① 직관의 원리
② 개별화의 원리
③ 계속성의 원리
④ 사회화의 원리

17 안전보건교육 계획에 포함하여야 할 사항이 아닌 것은?

① 교육의 종류 및 대상
② 교육의 과목 및 내용
③ 교육장소 및 방법
④ 교육지도안

[해설] 안전교육계획 수립 시 포함하여야 할 사항
① 교육목표(교육 및 훈련의 범위)
② 교육의 종류 및 교육대상
③ 교육의 과목 및 교육내용
④ 교육기간 및 시간
⑤ 교육장소 및 방법
⑥ 교육담당자 및 강사
⑦ 소요예산 산정

정답 12.④ 13.① 14.④ 15.② 16.③ 17.④

18 인간관계의 매커니즘 중 다른 사람의 행동 양식이나 태도를 투입시키거나 다른 사람 가운데서 자기와 비슷한 것을 발견하는 것은?

① 동일화 ② 일체화
③ 투사 ④ 공감

[해설] 집단에서의 인간관계 메커니즘(Mechanism)
(가) 일체화: 심리적 결합
(나) 동일화(identification): 타인의 행동 양식이나 태도를 투입시키거나 타인에게서 자기와 비슷한 점을 발견
(다) 공감: 동정과 구분
(라) 커뮤니케이션(communication): 언어, 몸짓, 신호, 기호
(마) 모방(imitation): 인간관계 메커니즘 중에서 남의 행동이나 판단을 표본으로 하여 그것과 같거나 또는 그것에 가까운 행동 또는 판단을 취하려는 것(직접모방, 간접모방, 부분모방)
(바) 암시(suggestion): 타인으로부터 판단이나 행동을 무비판적으로 근거 없이 받아들이는 것
(사) 역할학습: 유희(시장놀이 등)
(아) 투사(projection 투출): 자기 속에 억압된 것을 타인의 것으로 생각 하는 것(안 되면 조상 탓)

19 유기화합물용 방독마스크 시험가스의 종류가 아닌 것은?

① 염소가스 또는 증기
② 시클로헥산
③ 디메틸에테르
④ 이소부탄

[해설] 방독마스크 정화통(흡수관) 종류와 시험가스

종류	시험가스	정화통 외부측면 표시색
유기화합물용	시클로헥산(C_6H_{12})	갈색
할로겐용	염소가스 또는 증기(Cl_2)	회색
황화수소용	황화수소가스(H_2S)	회색
시안화수소용	시안화수소가스(HCN)	회색
아황산용	아황산가스(SO_2)	노란색
암모니아용	암모니아가스(NH_3)	녹색

※ 복합용의 정화통은 해당가스 모두 표시(2층 분리), 겸용은 백색과 해당가스 모두 표시(2층 분리)
※ 유기화합물용 방독마스크 시험가스의 종류: 시클로헥산, 디메틸에테르, 이소부탄

20 Line-Staff형 안전보건관리조직에 관한 특징이 아닌 것은?

① 조직원 전원을 자율적으로 안전활동에 참여시킬 수 있다.
② 스태프의 월권행위의 경우가 있으며 라인이 스태프에 의존 또는 활용치 않는 경우가 있다.
③ 생산부문은 안전에 대한 책임과 권한이 없다.
④ 명령계통과 조언 권고적 참여가 혼동되기 쉽다.

안전관리 조직
(가) 라인(Line)형 – 직계식: 안전보건관리의 계획에서부터 실시에 이르기까지 생산 라인을 통하여 이루어지도록 편성된 조직(※ 근로자 100인 미만 사업장에 적합)
(나) 스태프(Staff)형 – 참모식: 안전보건 업무를 관장하는 스태프를 별도로 구성·주관(※ 근로자 100인 이상~1,000인 미만 사업장에 적합)
(다) 라인 – 스태프(Line-staff) 혼합형: 라인이 안전보건 업무를 주관·수행하고, 전문 스태프를 별도로 구성하여 안전보건대책 수립 및 라인의 안전보건업무지도·지원(우리나라 산업안전보건법에 의해 권장) (※ 근로자 1,000인 이상 사업장에 적합)
① 라인형과 스태프형의 장점을 취한 절충식 조직 형태이며 대규모(1,000명 이상) 사업장에 적용
② 라인의 관리, 감독자에게도 안전에 관한 책임과 권한이 부여
③ 단점: 명령계통과 조언 권고적 참여가 혼동되기 쉬움

정답 18.① 19.① 20.③

제2과목 인간공학 및 시스템안전공학

21 다음 중 스트레스에 반응하는 신체의 변화로 맞는 것은?

① 혈소판이나 혈액응고 인자가 증가한다.
② 더 많은 산소를 얻기 위해 호흡이 느려진다.
③ 중요한 장기인 뇌·심장·근육으로 가는 혈류가 감소한다.
④ 상황 판단과 빠른 행동 대응을 위해 감각기관은 매우 둔감해진다.

[해설] 스트레스에 반응하는 신체의 변화
① 외상을 입었을 때 출혈을 방지하기 위하여 혈소판이나 혈액응고 인자가 증가한다.
② 더 많은 산소를 얻기 위해 호흡이 빨라진다.
③ 중요한 장기인 뇌·심장·근육으로 가는 혈류가 증가하고(맥박과 혈압의 증가), 혈액이 적게 요구되는 피부, 소화기관, 신장, 간으로 가는 혈류가 감소한다.
④ 상황 판단과 빠른 행동 대응을 위해 감각기관은 더 예민해진다.

22 결함수분석법(FTA)의 특징으로 볼 수 없는 것은?

① Top Down 형식
② 특정사상에 대한 해석
③ 정성적 해석의 불가능
④ 논리기호를 사용한 해석

[해설] 결함수분석법(FTA: Fault tree analysis)의 특징: 정상사상인 재해현상으로부터 기본사상인 재해원인을 향해 연역적으로 분석하는 방법
(* 연역적 평가기법: 일반적 원리로부터 논리의 절차를 밟아서 각각의 사실이나 명제를 이끌어내는 것)
① 톱 다운(top-down) 접근방법
② 정량적, 연역적 분석방법 (정량적 평가보다 정성적 평가를 먼저 실시한다.)
③ 논리기호를 사용한 특정사상에 대한 해석
④ 기능적 결함의 원인을 분석하는데 용이
⑤ 잠재위험을 효율적으로 분석
⑥ 복잡하고 대형화된 시스템의 신뢰성 분석에 사용 (소프트웨어나 인간의 과오 포함한 고장해석 가능)
⑦ 짧은 시간에 점검할 수 있고 비전문가라도 쉽게 할 수 있다.

23 음향기기 부품 생산 공장에서 안전업무를 담당하는 OOO 대리는 공장 내부에 경보등을 설치하는 과정에서 도움이 될 만한 몇 가지 지식을 적용하고자 한다. 적용 지식 중 맞는 것은?

① 신호 대 배경의 휘도대비가 작을 때는 백색신호가 효과적이다.
② 광원의 노출시간이 1초보다 작으면 광속발산도는 작아야 한다.
③ 표적의 크기가 커짐에 따라 광도의 역치가 안정되는 노출시간은 증가한다.
④ 배경광 중 점멸 잡음광의 비율이 10% 이상이면 점멸등은 사용하지 않는 것이 좋다.

24 시스템의 수명 및 신뢰성에 관한 설명으로 틀린 것은?

① 병렬설계 및 디레이팅 기술로 시스템의 신뢰성을 증가시킬 수 있다.
② 직렬시스템에서는 부품들 중 최소 수명을 갖는 부품에 의해 시스템 수명이 정해진다.
③ 수리가 가능한 시스템의 평균수명(MTBF)은 평균고장률(λ)과 정비례 관계가 성립한다.
④ 수리가 불가능한 구성요소로 병렬구조를 갖는 설비는 중복도가 늘어날수록 시스템 수명이 길어진다.

[해설] 설비의 신뢰도 : 시스템의 성공적 퍼포먼스를 확률로 나타낸 것

정답 21.① 22.③ 23.④ 24.③

(가) 직렬 연결 : 시스템의 어느 한 부품이 고장 나면 시스템이 고장 나는 구조(자동차 운전)
- 각 부품이 동일한 신뢰도를 가질 경우 직렬 구조의 신뢰도는 병렬 구조에 비해 신뢰도가 낮음
* 신뢰도 $Rs = r_1 \cdot r_2 \cdot r_3 \cdots r_n$

—1—2—⋯—n—

(나) 병렬 연결 : 시스템의 어느 한 부품만 작동해도 시스템이 작동하는 구조(열차, 항공기의 제어장치)
- 페일세이프(fail safe) 시스템
- 직렬 구조에 비해 신뢰도가 높음.

① 요소의 수가 많을수록 고장의 기회는 줄어든다.
② 요소의 중복도가 늘어날수록 시스템의 수명은 길어진다.
③ 요소의 어느 하나라도 정상이면 시스템은 정상이다.
④ 시스템의 수명은 요소 중에서 수명이 가장 긴 것으로 정해진다.

1) 신뢰도 $Rs = 1 - \{(1-r_1)(1-r_2) \cdots (1-r_n)\}$

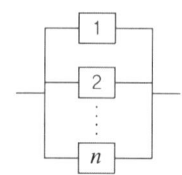

2) n 중 k구조 : n 중 k구조는 n개의 부품으로 구성된 시스템에서 k개 이상의 부품이 작동하면 시스템이 정상적으로 가동되는 구조

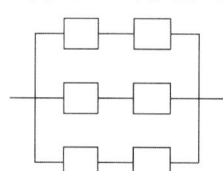

※ 수리가 가능한 시스템의 평균수명(MTBF)은 평균고장률(λ)과 반비례 관계가 성립한다.
- MTBF(평균고장간격 Mean Time Between Failure): 고장 간의 동작 시간 평균치(무고장 시간의 평균) – MTBF가 길수록 신뢰성 높음

$MTBF = \dfrac{1}{\lambda}$ (λ: 평균고장률)

※ 디레이팅(derating): 기계나 장치에서 신뢰성을 향상시키기 위해서 계획적으로 부하(내부 스트레스)를 정격 이하로 내려서 사용하게 하는 것

25 제한된 실내 공간에서 소음문제의 음원에 관한 대책이 아닌 것은?

① 저소음 기계로 대체한다.
② 소음 발생원을 밀폐한다.
③ 방음 보호구를 착용한다.
④ 소음 발생원을 제거한다.

해설 소음대책
1) 음원에 대한 대책(소음원 통제)
  ① 설비의 격리(소음원 밀폐, 제거)
  ② 적절한 재배치
  ③ 저소음 설비 사용
2) 소음의 격리
3) 차폐장치 및 흡음재 사용
4) 음향처리재 사용
5) 적절한 배치(layout)
6) 배경음악(BGM: Back Ground Music)
7) 방음보호구 사용: 귀마개, 귀 덮개–소극적 대책

26 인간이 기계와 비교하여 정보처리 및 결정의 측면에서 상대적으로 우수한 것은? (단, 인공지능은 제외한다.)

① 연역적 추리
② 정량적 정보처리
③ 관찰을 통한 일반화
④ 정보의 신속한 보관

해설 인간과 기계의 기능 비교

인간이 우수한 기능	기계가 우수한 기능
• 낮은 수준의 시각, 청각, 촉각, 후각, 미각적인 자극을 감지 • 복잡 다양한 자극형태 식별 • 예기치 못한 사건 감지(주위가 이상하거나 예기치 못한 사건을 감지하여 대처하는 업무를 수행)	• 인간 감지 범위 밖의 자극 감지 • 인간 및 기계에 대한 모니터 감지 • 드물게 발생하는 사상 감지

정답 25. ③ 26. ③

• 많은 양의 정보를 장기간 보관 • 관찰을 통한 일반화하여 귀납적 추리 • 과부하 상황에서는 중요한 일에만 전념(원칙을 적용하여 다양한 문제를 해결하는 능력)	• 암호화된 정보 신속하게 대량 보관 • 연역적 추리 • 과부하 시에도 효율적으로 작동 • 정량적 정보처리
• 임기응변, 융통성, 원칙적용, 주관적 추산, 독창력 발휘 등의 기능 • 주관적인 추산과 평가 작업을 수행 • 완전히 새로운 해결책 찾을 수 있음	• 장시간 중량작업, 반복작업, 동시작업 수행 기능 • 장시간 일관성이 있는 작업을 수행 • 소음, 이상온도 등의 환경에서 수행

27 사업장에서 인간공학의 적용분야로 가장 거리가 먼 것은?

① 제품설계
② 설비의 고장률
③ 재해·질병 예방
④ 장비·공구·설비의 배치

해설 인간공학 적용분야 : 인간의 특성과 한계 능력을 공학적으로 분석, 평가하여 이를 복잡한 체계의 설계에 응용함으로써 효율을 최대로 활용할 수 있도록 하는 학문 분야
① 제품설계
② 재해·질병 예방
③ 장비·공구·설비의 배치
④ 작업장 내 조사 및 연구

28 작업공간의 포락면(包絡面)에 대한 설명으로 맞는 것은?

① 개인이 그 안에서 일하는 일차원 공간이다.
② 작업복 등은 포락면에 영향을 미치지 않는다.
③ 가장 작은 포락면은 몸통을 움직이는 공간이다.
④ 작업의 성질에 따라 포락면의 경계가 달라진다.

해설 작업 공간 포락면(work space envelope): 한 장소에 앉아서 수행하는 작업 활동에서 사람이 작업하는데 사용되는 공간
• 작업의 성질에 따라 포락면의 경계가 달라진다.

29 다음 그림과 같은 직·병렬 시스템의 신뢰도는? (단, 병렬 각 구성요소의 신뢰도는 R이고, 직렬 구성요소의 신뢰도는 M이다.)

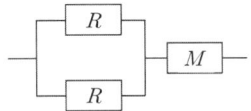

① MR^3
② R^2
③ $M(R^2+R)-1$
④ $M(2R-R^2)$

해설 직·병렬 시스템의 신뢰도
= M×[1−{(1−R)×(1−R)}]
= M×{1−(1−2R+R²)}
= M×(1−1+2R−R²)
= M×(2R−R²)

30 다음의 FT도에서 사상 A의 발생 확률 값은?

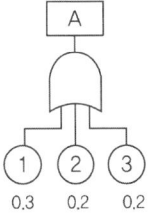

① 게이트 기호가 OR이므로 0.012
② 게이트 기호가 AND이므로 0.012
③ 게이트 기호가 OR이므로 0.552
④ 게이트 기호가 AND이므로 0.552

해설 A사상의 발생 확률(OR게이트: 입력 ①②③의 어느 한쪽이 일어나면 출력 A가 생기는 경우를 논리합의 관계)
A = 1−(1−①)(1−②)(1−③)
= 1−(1−0.3)(1−0.2)(1−0.2) = 0.552

31 입력 B_1과 B_2의 어느 한쪽이 일어나면 출력 A가 생기는 경우를 논리합의 관계라 한다. 이때 입력과 출력 사이에는 무슨 게이트로 연결되는가?

① OR 게이트   ② 억제 게이트
③ AND 게이트   ④ 부정 게이트

해설 OR 게이트: 입력 B_1과 B_2의 어느 한쪽이 일어나면 출력 A가 생기는 경우를 논리합의 관계

구분	기호	명칭	설명
9		AND 게이트	하위의 모든 사상이 만족하여 발생될 때 논리전개가 가능. 기호는 [•]을 붙임.
10		OR 게이트	하위사상 중 한 가지만 만족하여 발생되어도 논리전개가 가능. 기호는 [+]를 붙임.
11		억제 (제어) 게이트	입력이 게이트 조건에 만족할 때 출력 발생 (조건부 사건이 발생하는 상황 하에서 입력현상이 발생할 때 출력현상이 발생하는 것)
12		부정 게이트	입력에 반대현상이 나타남.

32 음성통신에 있어 소음환경과 관련하여 성격이 다른 지수는?

① AI(Articulation Index): 명료도 지수
② MAA(Minimum Audible Angle): 최소 가청 각도
③ PSIL(Preferred-Octave Speech Interference Level): 음성간섭수준
④ PNC(Preferred Noise Criteria Curves): 선호 소음판단 기준곡선

해설 음성통신에 있어 소음환경과 관련한 지수
1) AI(Articulation Index, 명료도지수): 음성레벨과 암소음 레벨의 비율인 신호대 잡음비에 기본을 두고 음성의 명료도를 측정하는 방법
2) NC(Noise Criteria): 소음을 1/1 옥타브밴드로 분석한 결과에 따라 실내소음을 평가하는 지표
3) PNC(Preferred Noise Criteria Curves): NC 곡선 중 저주파부위를 낮게 수정한 것(선호 소음판단 기준곡선)
4) PSIL(Preferred-Octave Speech Interference Level, 우선 회화 방해 레벨): 1/1옥타브 밴드로 분석한 중심주파수 500, 1000, 2000Hz 대역의 산술평균치로 계산(음성간섭수준)
5) SIL(Sound Interference Level, 대화 방해 레벨): 소음에 의해 대화가 방해되는 정도를 표시하기 위하여 사용
6) NRN(Noise Rating Number, 소음평가지수): 소음을 청력장애, 회화장애, 시끄러움의 3개의 관점에서 평가하는 것으로 하며 1/1 옥타브밴드로 분석한 음압 레벨을 NR-CHART에 표기하여 가장 높은 NR 곡선에 접하는 것을 판독한 NR 값에 보정치를 가감한 것
7) PNL(감각소음 레벨): 항공기 소음 연구에서 소음의 크기가 아닌 시끄러움의 정도 평가

33 안전교육을 받지 못한 신입직원이 작업 중 전극을 반대로 끼우려고 시도했으나, 플러그의 모양이 반대로는 끼울 수 없도록 설계되어 있어서 사고를 예방할 수 있었다. 작업자가 범한 오류와 이와 같은 사고 예방을 위해 적용된 안전설계 원칙으로 가장 적합한 것은?

① 누락(omission) 오류, fail safe 설계원칙
② 누락(omission) 오류, fool proof 설계원칙
③ 작위(commission) 오류, fail safe 설계원칙
④ 작위(commission) 오류, fool proof 설계원칙

정답 31. ① 32. ② 33. ④

34 인간실수확률에 대한 추정기법으로 가장 적절하지 않은 것은?

① CIT(Critical Incident Technique): 위급사건기법
② FMEA(Failure Mode an Effect Analysis): 고장형태 영향분석
③ TCRAM(Task Criticality Rating Analysis): 직무위급도 분석법
④ THERP(Technique for Human Error Rate Prediction): 인간 실수율 예측기법

해설 인간실수확률에 대한 추정기법
① THERP(인간 과오율 예측기법, Technique for Human Error Rate Prediction): 인간의 과오(human error)에 기인된 원인분석, 확률을 계산함으로써 제품의 결함을 감소시키고, 인간 공학적 대책을 수립하는데 사용되는 분석기법
② 위급사건기법(CIT: Critical Incident Technique): 사고나 위험, 오류 등의 정보를 근로자의 직접 면접, 조사 등을 사용하여 수집하고, 인간-기계 시스템 요소들의 관계 규명 및 중대 작업 필요조건 확인을 통한 시스템 개선을 수행하는 기법(면접법)
③ 조작자 행동 나무(OAT: Operator Action Tree): 재해사고 발생과정에서의 재해요인들을 연쇄적으로 파악하여 재해 발생의 초기사상으로부터 재해사고까지를 나뭇가지 형태로 표현하는 귀납적인 안전성 분석기법
④ 인간실수 자료은행(human error rate bank)
⑤ 직무 위급도 분석(TCRAM: Task Criticality Rating Analysis Method)
* 고장 형태와 영향분석(FMEA: Failure Mode and Effect Analysis): 시스템에 영향을 미치는 모든 요소의 고장을 형태별로 분석하고 영향을 검토하는 것. 전형적인 정성적, 귀납적 분석방법

35 어떤 소리가 1000Hz, 60dB인 음과 같은 높이임에도 4배 더 크게 들린다면, 이 소리의 음압수준은 얼마인가?

① 70dB ② 80dB
③ 90dB ④ 100dB

해설 음의 크기의 수준
• Phon: 1,000Hz 순음의 음압수준(dB)을 나타냄
• sone: 40dB의 음압수준을 가진 순음의 크기를 1sone이라 함.
• sone와 Phon의 관계식: sone=$2^{(Phon-40)/10}$
① 어떤 소리 1000Hz, 60dB은 60phon. 음량수준이 60phon인 음을 sone으로 환산
$$sone = 2^{\frac{phon-40}{10}} = 2^{(60-40)/10} = 4sone$$
② 4배 더 크게 들림: 4sone×4배=16sone
③ 16sone을 phon으로 환산
$16=2^{(Phon-40)/10} \rightarrow 2^4=2^{(Phon-40)/10}$
$\rightarrow 4=(phon-40)/10 \rightarrow phon=80$
④ 따라서 80phon은 1,000Hz 순음에 80dB

36 산업안전보건법령에 따라 제조업 등 유해·위험 방지계획서를 작성하고자 할 때 관련 규정에 따라 1명 이상 포함시켜야 하는 사람의 자격으로 적합하지 않은 것은?

① 한국산업안전보건공단이 실시하는 관련 교육을 8시간 이수한 사람
② 기계, 재료, 화학, 전기, 전자, 안전관리 또는 환경 분야 기술사 자격을 취득한 사람
③ 관련분야 기사 자격을 취득한 사람으로서 해당 분야에서 3년 이상 근무한 경력이 있는 사람
④ 기계안전, 전기안전, 화공안전 분야의 산업안전지도사 또는 산업보건지도사 자격을 취득한 사람

37 FMEA에서 고장 평점을 결정하는 5가지 평가요소에 해당하지 않는 것은?

① 생산능력의 범위
② 고장발생의 빈도
③ 고장방지의 가능성
④ 영향을 미치는 시스템의 범위

정답 34. ② 35. ② 36. ① 37. ①

[해설] 고장형태 및 영향분석(FMEA)에서 고장 등급의 평가요소(고장평점법) - 고장 평점을 결정하는 5가지 평가요소
① 영향을 미치는 시스템의 범위
② 기능적 고장 영향의 중요도
③ 고장발생의 빈도
④ 고장방지의 가능성
⑤ 신규설계 여부

38 A회사에서는 새로운 기계를 설계하면서 레버를 위로 올리면 압력이 올라가도록 하고, 오른쪽 스위치를 눌렀을 때 오른쪽 전등이 켜지도록 하였다면, 이것은 각각 어떤 유형의 양립성을 고려한 것인가?

① 레버 - 공간양립성, 스위치 - 개념양립성
② 레버 - 운동양립성, 스위치 - 개념양립성
③ 레버 - 개념양립성, 스위치 - 운동양립성
④ 레버 - 운동양립성, 스위치 - 공간양립성

[해설] 양립성(compatibility)
외부의 자극과 인간의 기대가 서로 모순되지 않아야 하는 것으로 제어장치와 표시장치 사이의 연관성이 인간의 예상과 어느 정도 일치하는가 여부
(가) 공간적 양립성: 표시장치나 조정장치의 물리적 형태나 공간적인 배치의 양립성
  • 오른쪽 버튼을 누르면, 오른쪽 기계가 작동하는 것
(나) 운동적 양립성: 표시장치, 조정장치 등의 운동방향 양립성
  • 자동차 핸들 조작 방향으로 바퀴가 회전하는 것
(다) 개념적 양립성: 어떠한 신호가 전달하려는 내용과 연관성이 있어야 하는 것
  • 위험신호는 빨간색, 주의신호는 노란색, 안전신호는 파란색으로 표시
  • 온수 손잡이는 빨간색, 냉수 손잡이는 파란색의 경우
(라) 양식 양립성: 청각적 자극 제시와 이에 대한 음성응답 과업에서 갖는 양립성

39 작업장 배치 시 유의사항으로 적절하지 않은 것은?

① 작업의 흐름에 따라 기계를 배치한다.
② 생산효율 증대를 위해 기계설비 주위에 재료나 반제품을 충분히 놓아둔다.
③ 공장내외는 안전한 통로를 두어야 하며, 통로는 선을 그어 작업장과 명확히 구별하도록 한다.
④ 비상시에 쉽게 대비할 수 있는 통로를 마련하고 사고 진압을 위한 활동통로가 반드시 마련되어야 한다.

[해설] 기계설비의 layout: 라인화, 집중화, 기계화, 중복부분 제거
(가) 작업의 흐름에 따라 기계를 배치(작업공정 검토)
(나) 기계 설비 주위의 충분한 공간 확보
(다) 공장 내외에는 안전한 통로를 확보하고 항상 유효하도록 관리
(라) 원자재, 제품 등의 저장소 공간을 충분히 확보
(마) 기계 설비의 보수 점검이 용이 할 수 있도록 배치
(바) 비상시에 쉽게 대비할 수 있는 통로를 마련하고 사고 진압을 위한 활동통로가 반드시 마련되어야 함.

40 현재 시험문제와 같이 4지 택일형 문제의 정보량은 얼마인가?

① 2bit
② 4bit
③ 2byte
④ 4byte

[해설] 정보량
$$정보량(H) = \log_2 n = \log_2 \frac{1}{p} \left(p = \frac{1}{n}\right)$$
(n: 대안의 수, p: 어느 사항이 발생할 확률)
$$H = \log_2 4 = \frac{\log 4}{\log 2} = 2\text{bit}$$

정답 38. ④ 39. ② 40. ①

제3과목 기계위험방지기술

41 연삭숫돌의 상부를 사용하는 것을 목적으로 하는 탁상용 연삭기에서 안전덮개의 노출 부위 각도는 몇 도(°) 이내이어야 하는가?

① 90° 이내
② 75° 이내
③ 60° 이내
④ 105° 이내

해설 연삭기 종류와 덮개의 노출각도
(가) 원통연삭기, 센터리스연삭기, 공구연삭기, 만능연삭기 등: 180° 이내
(나) 상부를 사용할 것을 목적으로 하는 탁상용 연삭기: 60° 이내
(다) 휴대용 연삭기, 스윙연삭기: 180° 이내(하부 사용)
(라) 평면연삭기, 절단연삭기: 150° 이내

① 일반 연삭작업 등에 사용하는 것을 목적으로 하는 탁상용 연삭기의 덮개 각도	
② 연삭숫돌의 상부를 사용하는 것을 목적으로 하는 탁상용 연삭기의 덮개 각도	
③ ① 및 ② 이외의 탁상용 연삭기, 그 밖에 이와 유사한 연삭기의 덮개 각도	
④ 원통연삭기, 센터리스연삭기, 공구연삭기, 만능 연삭기, 그 밖에 이와 비슷한 연삭기의 덮개 각도	
⑤ 휴대용 연삭기, 스윙연삭기, 스라브연삭기, 그 밖에 이와 비슷한 연삭기의 덮개 각도	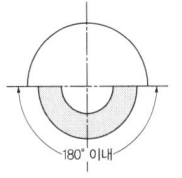
⑥ 평면연삭기, 절단연삭기, 그 밖에 이와 비슷한 연삭기의 덮개 각도	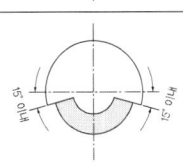

42 다음 중 산업안전보건법령상 아세틸렌 가스 용접장치에 관한 기준으로 틀린 것은?

① 전용의 발생기실은 건물의 최상층에 위치하여야 하며, 화기를 사용하는 설비로부터 1m를 초과하는 장소에 설치하여야 한다.
② 전용의 발생기실을 옥외에 설치한 경우에는 그 개구부를 다른 건축물로부터 1.5m 이상 떨어지도록 하여야 한다.
③ 아세틸렌 용접장치를 사용하여 금속의 용접·용단 또는 가열작업을 하는 경우에는 게이지 압력이 127kPa을 초과하는 압력의 아세틸렌을 발생시켜 사용해서는 아니 된다.
④ 전용의 발생기실을 설치하는 경우 벽은 불연성 재료로 하고 철근 콘크리트 또는 그 밖에 이와 동등 하거나 그 이상의 강도를 가진 구조로 하여야 한다.

43 사람이 작업하는 기계장치에서 작업자가 실수를 하거나 오조작을 하여도 안전하게 유지되게 하는 안전설계방법은?

① Fail Safe
② 다중계화
③ Fool proof
④ Back up

정답 41. ③ 42. ① 43. ③

해설 풀 프루프(fool proof)
인간이 기계 등의 취급을 잘못해도 기계설비의 안전 기능이 작용하여 사고나 재해를 방지할 수 있는 기능
① 휴먼에러가 일어나도 사고나 재해로 연결되지 않도록 기계장치의 설계단계에서부터 안전화를 도모하는 기본적 개념(인간의 착각, 착오, 실수 등 인간과오를 방지 목적)
② 계기나 표시를 보기 쉽게 하거나 이른바 인체공학적 설계도 넓은 의미의 풀 프루프에 해당된다.
③ 인간이 에러를 일으키기 어려운 구조나 기능을 가진다.
④ 조작순서가 잘못되어도 올바르게 작동한다.

44 다음 중 포터블 벨트 컨베이어(potable belt conveyor)의 안전 사항과 관련한 설명으로 옳지 않은 것은?

① 포터블 벨트 컨베이어의 차륜 간의 거리는 전도 위험이 최소가 되도록 하여야 한다.
② 기복장치는 포터블 벨트 컨베이어의 옆면에서만 조작하도록 한다.
③ 포터블 벨트 컨베이어를 사용하는 경우는 차륜을 고정하여야 한다.
④ 전동식 포터블 벨트 컨베이어를 이동하는 경우는 먼저 전원을 내린 후 컨베이어를 이동시킨 다음 컨베이어를 최저의 위치로 내린다.

해설 포터블 벨트 컨베이어(potable belt conveyor) 안전조치 사항〈컨베이어의 안전에 관한 기술지침〉
(1) 포터블 벨트 컨베이어의 차륜간의 거리는 전도 위험이 최소가 되도록 하여야 한다.
(2) 기복장치에는 붐이 불시에 기복하는 것을 방지하기 위한 장치 및 크랭크의 반동을 방지하기 위한 장치를 설치하여야 한다.
(3) 기복장치는 포터블 벨트 컨베이어의 옆면에서만 조작하도록 한다.
(4) 붐의 위치를 조절하는 포터블 벨트 컨베이어에는 조절 가능한 범위를 제한하는 장치를 설치하여야 한다.
(5) 포터블 벨트 컨베이어를 사용하는 경우는 차륜을 고정하여야 한다.
(6) 포터블 벨트 컨베이어의 충전부에는 절연덮개를 설치하여야 한다. 다만, 외부전선은 비닐캡타이어 케이블 또는 이와 동등 이상의 절연 효력을 가진 것으로 한다.
(7) 전동식의 포터블 벨트 컨베이어에 접속되는 전로에는 감전 방지용 누전차단장치를 접속하여야 한다.
(8) 포터블 벨트 컨베이어를 이동하는 경우는 먼저 컨베이어를 최저의 위치로 내리고 전동식의 경우 전원을 차단한 후에 이동한다.
(9) 포터블 벨트 컨베이어를 이동하는 경우는 제조자에 의하여 제시된 최대 견인속도를 초과하지 않아야 한다.

45 질량 100kg의 화물이 와이어로프에 매달려 $2m/s^2$의 가속도로 권상되고 있다. 이때 와이어로프에 작용하는 장력의 크기는 몇 N인가? (단, 여기서 중력가속도는 $10m/s^2$로 한다.)

① 200N ② 300N
③ 1,200N ④ 2,000N

해설 권상중의 하중
① 동하중(W_2)=정하중/중력가속도×가속도
② 총하중(W)=정하중(W_1)+동하중(W_2)
③ 장력(N)=총 하중(ton)×중력가속도(m/s^2)
(* 중력가속도: 중력의 작용으로 인해 생기는 가속도. 물체에 작용하는 중력을 그 물체의 질량으로 나눈 값으로, 약 $9.8m/s^2$이다.)
⇒ 로프에 걸리는 총 하중
① 동하중(W_2)=정하중/중력가속도×가속도
  =(100/10)×2=20kg
  ← (중력가속도: $10m/s^2$)
② 총 하중(W)=정하중(W_1)+동 하중(W_2)
  =100+20=120kg
③ 장력(N)=총 하중(kg)×중력가속도(m/s^2)
  =120×10=1,200N

46 광전자식 방호장치의 광선에 신체의 일부가 감지된 후로부터 급정지기구가 작동 개시하기까지의 시간이 40ms이고, 광축의 최소 설치거리(안전거리)가 200mm일 때 급정지기구가 작동개시한 때로부터 프레스기의 슬라이드가 정지될 때까지의 시간은 약 몇 ms인가?

정답 44.④ 45.③ 46.②

① 60ms   ② 85ms
③ 105ms ④ 130ms

해설 안전거리
D=1,600×(T_c+T_s)(초.s)(mm)
→ Tc, Ts가 ms인 경우 : D=[1.6×(Tc+Ts)(ms)](mm)
D: 안전거리(mm)
T_c: 방호장치의 작동 시간(누름버튼에서 한손이 떨어질 때부터 급정지기구가 작동을 개시할 때까지의 시간(초))
T_s: 프레스의 급정지 시간(급정지 기구가 작동을 개시할 때부터 슬라이드가 정지할 때까지의 시간(초))
(* ms는 밀리세컨드(millisecond)의 약자이고 1,000분의 1초임: 1ms＝0.001s)

프레스의 급정지시간(ms)
D=1.6×(Tc+Ts) [D: 안전거리(mm), Tc: 방호장치의 작동 시간(ms), Ts: 프레스의 급정지 시간(ms)]
⇨ 200=1.6×(40+Ts)
⇨ Ts=85ms

47 방사선 투과검사에서 투과사진의 상질을 점검할 때 확인해야 할 항목으로 거리가 먼 것은?

① 투과도계의 식별도
② 시험부의 사진농도 범위
③ 계조계의 값
④ 주파수의 크기

해설 투과사진의 성질 점검 시 확인 항목
① 투과도계 식별도(보통급에서 2.0% 이하)
② 시험부의 사진농도 범위
③ 계조계값(농도 차/농도)
* 방사선 투과검사에 사용되는 기자재 종류
  • 투과도계: 사진의 질을 판정하는 데 이용
  • 농도계: 촬영된 필름의 각 부분의 농도를 측정하여 규정된 농도 범위 내에 있는가를 판정하는 기구
  • 계조계: 촬영조건을 결정하기 위해 사용되며 각 부분의 농도차를 구하기 위하여 사용

48 양중기의 과부하장치에서 요구하는 일반적인 성능기준으로 틀린 것은?

① 과부하방지장치 작동 시 경보음과 경보램프가 작동되어야 하며 양중기는 작동이 되지 않아야 한다.
② 외함의 전선 접촉부분은 고무 등으로 밀폐되어 물과 먼지 등이 들어가지 않도록 한다.
③ 과부하방지장치와 타 방호장치는 기능에 서로 장애를 주지 않도록 부착할 수 있는 구조이어야 한다.
④ 방호장치의 기능을 제거하더라도 양중기는 원활하게 작동시킬 수 있는 구조이어야 한다.

해설 양중기의 과부하장치에서 요구하는 일반적인 성능기준〈방호장치 의무안전인증 고시〉
[별표 2] 양중기 과부하방지장치 성능기준
일반 공통사항은 다음 각 목과 같이 한다.
가. 과부하방지장치 작동 시 경보음과 경보램프가 작동되어야 하며 양중기는 작동이 되지 않아야 한다. 다만, 크레인은 과부하 상태 해지를 위하여 권상된 만큼 권하시킬 수 있다.
나. 외함은 납봉인 또는 시건할 수 있는 구조이어야 한다.
다. 외함의 전선 접촉부분은 고무 등으로 밀폐되어 물과 먼지 등이 들어가지 않도록 한다.
라. 과부하방지장치와 타 방호장치는 기능에 서로 장애를 주지 않도록 부착할 수 있는 구조이어야 한다.
마. 방호장치의 기능을 제거 또는 정지할 때 양중기의 기능도 동시에 정지할 수 있는 구조이어야 한다.
바. 과부하방지장치는 정격하중의 1.1배 권상 시 경보와 함께 권상동작이 정지되고 횡행과 주행동작이 불가능한 구조이어야 한다. 다만, 타워크레인은 정격하중의 1.05배 이내로 한다.
사. 과부하방지장치에는 정상동작상태의 녹색램프와 과부하 시 경고 표시를 할 수 있는 붉은색램프와 경보음을 발하는 장치 등을 갖추어야 하며, 양중기 운전자가 확인할 수 있는 위치에 설치해야 한다.

정답 47.④ 48.④

49 프레스 작업에서 제품 및 스크랩을 자동적으로 위험한계 밖으로 배출하기 위한 장치로 볼 수 없는 것은?

① 피더
② 키커
③ 이젝터
④ 공기 분사 장치

해설 **프레스의 송급 및 배출장치**: 프레스 작업에서 금형 안에 손을 넣을 필요가 없도록 한 장치
- 작업자가 직접 소재를 공급하거나 꺼내지 않도록 언코일러(uncoiler), 레벨러(leveller), 피더(feeder) 등을 설치
(1) 언코일러(uncoiler): 말린 철판을 풀어주는 장치 (적재장치)
(2) 레벨러(leveller): 교정 장치
(3) 피더(feeder): 롤 피더, 다이얼 피더, 퓨셔 피더 등(이송장치)
(4) 이젝터(ejector): 금형 안에 가공품을 밖으로 밀어내는 장치
(5) 킥커 장치(Kicker actuator): 가공품을 금형에서 차내는 장치
(6) 슈트, 공기 분사 장치

50 용접장치에서 안전기의 설치 기준에 관한 설명으로 옳지 않은 것은?

① 아세틸렌 용접장치에 대하여는 일반적으로 각 취관마다 안전기를 설치하여야 한다.
② 아세틸렌 용접장치의 안전기는 가스용기와 발생기가 분리되어 있는 경우 발생기와 가스용기 사이에 설치한다.
③ 가스집합 용접장치에서는 주관 및 분기관에 안전기를 설치하며, 이 경우 하나의 취관에 2개 이상의 안전기를 설치한다.
④ 가스집합 용접장치의 안전기 설치는 화기사용설비로부터 3m 이상 떨어진 곳에 설치한다.

해설 **안전기의 설치**〈산업안전보건기준에 관한 규칙〉
제289조(안전기의 설치)
① 사업주는 아세틸렌 용접장치의 취관마다 안전기를 설치하여야 한다. 다만, 주관 및 취관에 가장 가까운 분기관(分岐管)마다 안전기를 부착한 경우에는 그러하지 아니하다.
② 사업주는 가스용기가 발생기와 분리되어 있는 아세틸렌 용접장치에 대하여 발생기와 가스용기 사이에 안전기를 설치하여야 한다.

제293조(가스집합용접장치의 배관)
사업주는 가스집합용접장치(이동식을 포함한다)의 배관을 하는 경우에는 다음 각 호의 사항을 준수하여야 한다.
1. 플랜지·밸브·콕 등의 접합부에는 개스킷을 사용하고 접합면을 상호 밀착시키는 등의 조치를 할 것
2. 주관 및 분기관에는 안전기를 설치할 것. 이 경우 하나의 취관에 2개 이상의 안전기를 설치하여야 한다.

51 산업안전보건법상 보일러의 안전한 가동을 위하여 보일러 규격에 맞는 압력방출 장치가 2개 이상 설치된 경우에 최고사용압력 이하에서 1개가 작동되고, 다른 압력방출장치는 최고사용압력의 몇 배 이하에서 작동되도록 부착하여야 하는가?

① 1.03배
② 1.05배
③ 1.2배
④ 1.5배

해설 **압력방출장치(안전밸브 및 압력릴리프 장치)**: 보일러 내부의 압력이 최고사용 압력을 초과할 때 그 과잉의 압력을 외부로 자동적으로 배출시킴으로써 과도한 압력 상승을 저지하여 사고를 방지하는 장치
- 보일러 압력방출장치의 종류: ① 스프링식 ② 중추식 ③ 지렛대식)

제116조(압력방출장치)〈산업안전보건기준에 관한 규칙〉
① 사업주는 보일러의 안전한 가동을 위하여 보일러 규격에 맞는 압력방출장치를 1개 또는 2개 이상 설치하고 최고사용압력(설계압력 또는 최고허용압력을 말한다. 이하 같다) 이하에서 작동되도록 하여야 한다. 다만, 압력방출장치가 2개 이상 설치된 경우에는 최고사용압력 이하에서 1개가 작동되고, 다른 압력방출장치는 최고사용압력 1.05배 이하에서 작동되도록 부착하여야 한다.

정답 49. ① 50. ④ 51. ②

52 밀링 작업에서 주의해야 할 사항으로 옳지 않은 것은?

① 보안경을 쓴다.
② 일감 절삭 중 치수를 측정한다.
③ 커터에 옷이 감기지 않게 한다.
④ 커터는 될 수 있는 한 컬럼에 가깝게 설치한다.

53 작업자의 신체 부위가 위험한계 내로 접근하였을 때 기계적인 작용에 의하여 접근을 못하도록 하는 방호장치는?

① 위치제한형 방호장치
② 접근거부형 방호장치
③ 접근반응형 방호장치
④ 감지형 방호장치

54 사업주가 보일러의 폭발사고예방을 위하여 기능이 정상적으로 작동될 수 있도록 유지, 관리할 대상이 아닌 것은?

① 과부하방지장치
② 압력방출장치
③ 압력제한스위치
④ 고저수위조절장치

55 산업안전보건법령에 따라 프레스 등을 사용하여 작업을 하는 경우 작업시작 전 점검사항과 거리가 먼 것은?

① 전단기의 칼날 및 테이블의 상태
② 프레스의 금형 및 고정 볼트 상태
③ 슬라이드 또는 칼날에 의한 위험방지 기구의 기능
④ 전자밸브, 압력조정밸브 기타 공압 계통의 이상 유무

해설 작업시작 전 점검사항(산업안전보건기준에 관한 규칙): 프레스 등을 사용하여 작업을 할 때
가. 클러치 및 브레이크의 기능
나. 크랭크축·플라이휠·슬라이드·연결봉 및 연결나사의 풀림 여부
다. 1행정 1정지 기구·급정지장치 및 비상정지장치의 기능
라. 슬라이드 또는 칼날에 의한 위험방지 기구의 기능
마. 프레스의 금형 및 고정 볼트 상태
바. 방호장치의 기능
사. 전단기(剪斷機)의 칼날 및 테이블의 상태

56 숫돌 바깥지름이 150mm일 경우 평형 플랜지의 지름은 최소 몇 mm 이상이어야 하는가?

① 25mm
② 50mm
③ 75mm
④ 100mm

해설 플랜지의 지름 : 플랜지의 지름은 숫돌직경의 1/3 이상인 것이 적당함.
=숫돌의 지름×1/3=150×1/3=50mm

57 다음 중 아세틸렌 용접장치에서 역화의 원인으로 가장 거리가 먼 것은?

① 아세틸렌의 공급 과다
② 토치 성능의 부실
③ 압력조정기의 고장
④ 토치 팁에 이물질이 묻은 경우

해설 역화(back fire): 가스용접에서 산소 아세틸렌 불꽃이 순간적으로 팁 끝에 흡입되고 '빵빵'하면서 꺼졌다가 다시 켜졌다가 하는 현상(가스용접에서 불꽃이 아스틸렌 호스로 역행)
1) 역화의 원인
① 가연성 배관, 호스에 공기 또는 산소의 혼입으로 폭발 범위 분위기 형성
② 압력조정기의 고장, 산소공급이 과다할 때
③ 토치의 성능의 부실(토치의 기능 불량), 토치의 과열
④ 토치 팁에 이물질이 묻은 경우(팁의 막힘), 팁과 모재의 접촉

정답 52.② 53.② 54.① 55.④ 56.② 57.①

58 설비의 고장형태를 크게 초기고장, 우발고장, 마모고장으로 구분할 때 다음 중 마모고장과 가장 거리가 먼 것은?

① 부품, 부재의 마모
② 열화에 생기는 고장
③ 부품, 부재의 반복피로
④ 순간적 외력에 의한 파손

해설 기계설비의 일반적인 고장 형태
1) 초기 고장(감소형 고장): 설계상, 구조상 결함, 불량 제조·생산 과정 등의 품질관리 미비로 생기는 고장
   • 점검 작업이나 시운전 작업 등으로 사전에 방지
   • 디버깅 기간(debugging): 기계의 결함을 찾아내 고장률을 안정시키는 기간
   • 번인기간(burn-in): 실제로 장시간 가동하여 그 동안 고장을 제거하는 기간
2) 우발 고장(일정형): 초기고장기간을 지나 마모고장기간에 이르기 전의 시기에 예측할 수 없을 때 우발적으로 생기는 고장으로 점검 작업이나 시운전 작업으로 재해를 방지할 수 없음(순간적 외력에 의한 파손)
   • 고장률이 시간에 따라 일정한 형태를 이룬다.
3) 마모 고장(증가형): 장치의 일부가 수명을 다 해서 생기는 고장으로, 안전진단 및 적당한 보수에 의해서 방지(부품, 부재의 마모, 열화에 생기는 고장, 부품, 부재의 반복 피로)

59 와이어로프 호칭이 '6×19'라고 할 때 숫자 '6'이 의미하는 것은?

① 소선의 지름(mm)
② 소선의 수량(wire 수)
③ 꼬임의 수량(strand 수)
④ 로프의 최대인장강도(MPa)

해설 와이어로프 구성(표기): 스트랜드(strand) 수×소선의 개수

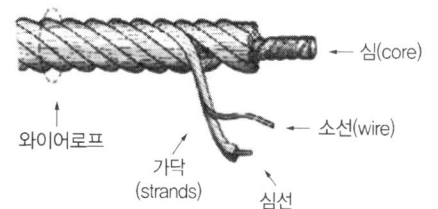

60 목재가공용 둥근톱에서 안전을 위해 요구되는 구조로 옳지 않은 것은?

① 톱날은 어떤 경우에도 외부에 노출되지 않고 덮개가 덮여 있어야 한다.
② 작업 중 근로자의 부주의에도 신체의 일부가 날에 접촉할 염려가 없도록 설계되어야 한다.
③ 덮개 및 지지부는 경량이면서 충분한 강도를 가져야 하며, 외부에서 힘을 가했을 때 쉽게 회전될 수 있는 구조로 설계되어야 한다.
④ 덮개의 가동부는 원활하게 상하로 움직일 수 있고 좌우로 움직일 수 없는 구조로 설계되어야 한다.

해설 목재가공용 둥근톱에서 안전을 위해 요구되는 구조
〈방호장치 자율안전기준 고시〉
[별표 5] 목재가공용 덮개 및 분할 날 성능기준
일반구조는 다음 각 목과 같이 한다.
가. 톱날은 어떤 경우에도 외부에 노출되지 않고 덮개가 덮여 있어야 한다.
나. 작업 중 근로자의 부주의에도 신체의 일부가 날에 접촉할 염려가 없도록 설계되어야 한다.
다. 덮개 및 지지부는 경량이면서 충분한 강도를 가져야 하며, 외부에서 힘을 가했을 때 지지부는 회전되지 않는 구조로 설계되어야 한다.
라. 덮개의 가동부는 원활하게 상하로 움직일 수 있고 좌우로 움직일 수 없는 구조로 설계되어야 한다.

제4과목 전기위험방지기술

61 전기기기의 충격 전압시험 시 사용하는 표준 충격파형(T_f, T_t)은?

① $1.2 \times 50 \mu s$ ② $1.2 \times 100 \mu s$
③ $2.4 \times 50 \mu s$ ④ $2.4 \times 100 \mu s$

해설 전기기기의 충격 전압시험 시의 표준 충격파형(T_f, T_t): $1.2 \times 50 \mu s$
• $1.2 \mu s$는 파두장, $50 \mu s$는 파미장을 뜻함

정답 58.④ 59.③ 60.③ 61.①

※ 충격파(서지, Surge) : 가공 송전선로에서 낙뢰의 직격을 받았을 때 발생하는 낙뢰 전압이나 개폐서지 등과 같은 이상 고전압은 일반적으로 충격파라 부름
  • 표시 방법: 파두시간×파미부분에서 파고치의 50%로 감소할 때까지의 시간

62 심실세동 전류란?

① 최소 감지전류
② 치사적 전류
③ 고통 한계전류
④ 마비 한계전류

해설 **심실세동 전류**: 심장부에 전류가 흘러 혈액을 송출하는 펌프의 기능이 장해를 받는 현상을 심실세동이라 하며 이 전류를 심실세동 전류라 함
  • 심실세동은 심부전으로 이어져 사망할 수도 있게 됨(치사적 전류)

63 인체의 전기저항을 0.5 kΩ이라고 하면 심실세동을 일으키는 위험한계 에너지는 몇 J인가?

(단, 심실세동전류값 $I = \dfrac{165}{\sqrt{T}}$ mA의 Dalziel의 식을 이용하며, 통전시간은 1초로 한다.)

① 13.6 ② 12.6
③ 11.6 ④ 10.6

해설 **위험한계에너지**
감전전류가 인체저항을 통해 흐르면 그 부위에는 열이 발생하는데 이 열에 의해서 화상을 입고 세포 조직이 파괴됨.

줄(Joule)열 $H = I^2 RT$ [J]
$= (\dfrac{165}{\sqrt{T}} \times 10^{-3})^2 \times R \times T$
$= (\dfrac{165}{\sqrt{1}} \times 10^{-3})^2 \times 500 \times 1$
$= 13.6$ J

(* 심실세동전류 $I = \dfrac{165}{\sqrt{T}}$ mA → $I = \dfrac{165}{\sqrt{T}} \times 10^{-3}$ A, 0.5 kΩ → 500 Ω)

64 지구를 고립한 지구도체라 생각하고 1C의 전하가 대전되었다면 지구 표면의 전위는 대략 몇 V인가? (단, 지구의 반경은 6367km이다.)

① 1414V ② 2828V
③ 9×10^4V ④ 9×10^9V

해설 지구를 고립한 지구도체라 생각하고 1C의 전하가 대전된 지구 표면의 전위

$E = \dfrac{Q}{4\pi\varepsilon_0 r}$ [V]
$= \dfrac{1}{4\pi\varepsilon_0} \times \dfrac{Q}{r}$
$= \dfrac{1}{4\pi \times (8.855 \times 10^{-12})} \times \dfrac{1}{6.367 \times 10^3}$
$= (9 \times 10^9) \times \dfrac{1}{6.367 \times 10^3} = 1,413.5$V $= 1,414$V

(전하 Q[C], 유전율 $\varepsilon_0 = 8.855 \times 10^{-12}$F/m, 반경 $r = 6,367$km $= 6,367 \times 10^3$m)

* 유전율(誘電率, permittivity)
전하의 저장능력(매질 사이에 아무런 물체가 없는 경우의 진공의 유전율 ε_0는 진공에서 이 둘 사이의 관계를 나타내는 변환 값(scale factor).
ε_0는 국제단위로 $\varepsilon_0 = 8.855 \times 10^{-12}$F/m)

유사문제

$Q = 2 \times 10^{-7}$C으로 대전하고 있는 반경 25cm 도체구의 전위는 약 몇 kV인가?

[기사 16년 1회]

① 7.2 ② 12.5
③ 14.4 ④ 25

해설 대전된 도체구의 전위

$E = \dfrac{Q}{4\pi\varepsilon_0 r}$ [V]
$= \dfrac{1}{4\pi\varepsilon_0} \times \dfrac{Q}{r}$
$= \dfrac{1}{4\pi \times (8.855 \times 10^{-12})} \times \dfrac{2 \times 10^{-7}}{0.25}$
$= (9 \times 10^9) \times \dfrac{2 \times 10^{-7}}{0.25} = 7,200$V $= 7.2$kV

(전하 Q[C], 유전율 $\varepsilon_0 = 8.855 \times 10^{-12}$F/m, 반경 r = 25cm = 0.25m)

정답 62. ② 63. ① 64. ①

* 유전율(誘電率, permittivity)
  전하의 저장능력(매질 사이에 아무런 물체가 없는 경우의 진공의 유전율 ε_0는 진공에서 이 둘 사이의 관계를 나타내는 변환 값(scale factor).
  ε_0는 국제단위로 $\varepsilon_0 = 8.855 \times 10^{-12} F/m$

답 ①

65. 감전사고로 인한 전격사의 메커니즘으로 가장 거리가 먼 것은?

① 흉부수축에 의한 질식
② 심실세동에 의한 혈액순환기능의 상실
③ 내장파열에 의한 소화기계통의 기능상실
④ 호흡중추신경 마비에 따른 호흡기능 상실

해설 감전되어 사망하는 주된 메커니즘
① 심장부에 전류가 흘러 심실세동이 발생하여 혈액순환 기능이 상실되어 일어난 것
② 뇌의 호흡중추 신경에 전류가 흘러 호흡기능이 정지되어 일어난 것
③ 흉부에 전류가 흘러 흉부수축에 의한 질식으로 일어난 것
④ 전격으로 동맥이 절단되어 출혈되어 일어난 것
⑤ 줄(Joule)열에 의해 인체의 통전부가 화상을 입어 일어난 것

66. 조명기구를 사용함에 따라 작업면의 조도가 점차적으로 감소되어가는 원인으로 가장 거리가 먼 것은?

① 점등 광원의 노화로 인한 광속의 감소
② 조명기구에 붙은 먼지, 오물, 반사면의 변질에 의한 광속 흡수율 감소
③ 실내 반사면에 붙은 먼지, 오물, 반사면의 화학적 변질에 의한 광속 반사율 감소
④ 공급전압과 광원의 정격전압의 차이에서 오는 광속의 감소

해설 조명기구를 사용함에 따라 작업면의 조도가 점차적으로 감소되어가는 원인
① 점등 광원의 노화로 인한 광속의 감소
② 실내 반사면에 붙은 먼지, 오물, 반사면의 화학적 변질에 의한 광속 반사율 감소
③ 공급전압과 광원의 정격전압의 차이에서 오는 광속의 감소

* 전기 기계·기구를 적정하게 설치하고자 할 때의 고려사항
  ① 전기적 기계적 방호수단의 적정성 ② 습기, 분진 등 사용 장소의 주위 환경 ③ 전기 기계·기구의 충분한 전기적 용량 및 기계적 강도

67. 정전작업 시 정전시킨 전로에 잔류전하를 방전할 필요가 있다. 전원차단 이후에도 잔류전하가 남아 있을 가능성이 가장 낮은 것은?

① 방전 코일
② 전력 케이블
③ 전력용 콘덴서
④ 용량이 큰 부하기기

해설 잔류전하: 방전 후 콘덴서의 극판(極板) 위에 남은 전하
① 콘덴서 및 전력 케이블 등을 고압 또는 특별고압 전기회로에 접촉하여 사용할 때 전원을 끊은 뒤에도 감전될 위험성이 있는 주된 이유가 됨.
② 방전코일(discharge coil): 회로 개방 시 콘덴서에 충전된 잔류전하를 단시간에 방전시킬 목적(5초에 50V 이하로 방전)으로 사용

68. 이동식 전기기기의 감전 사고를 방지하기 위한 가장 적정한 시설은?

① 접지설비
② 폭발방지설비
③ 시건장치
④ 피뢰기설비

해설 누전에 의한 감전사고의 방지 대책
① 전로의 절연
② 보호접지
③ 누전차단기 설치
④ 이중절연구조
⑤ 비접지방식의 전로 채용
⑥ 고장전로의 신속한 차단
⑦ 안전전압 이하 전원의 기기사용(산업안전보건법 30V 규정)

정답 65. ③ 66. ② 67. ① 68. ①

69 인체의 피부 전기저항은 여러 가지의 제반조건에 의해서 변화를 일으키는데 제반 조건으로써 가장 가까운 것은?

① 피부의 청결
② 피부의 노화
③ 인가전압의 크기
④ 통전경로

해설 인체 피부의 전기저항에 영향을 주는 주요 인자: 특히, 인가전압과 습도와에 의해서 크게 좌우
① 인가전압(applied voltage) ② 접촉면의 습도
③ 통전시간 ④ 접촉면적
⑤ 전압의 크기 ⑥ 접촉부위
⑦ 접촉압력

70 자동차가 통행하는 도로에서 고압의 지중전선로를 직접 매설식으로 시설할 때 사용되는 전선으로 가장 적합한 것은?

① 비닐 외장 케이블
② 폴리에틸렌 외장 케이블
③ 클로로프렌 외장 케이블
④ 콤바인 덕트 케이블(combine duct cable)

해설 콤바인 덕트 케이블(combine duct cable): 지중전선로를 직접 매설식에 의하여 시설할 때, 중량물의 압력을 받을 우려가 있는 장소에 지중 전선을 견고한 트라프 기타 방호물에 넣지 않고도 부설할 수 있는 케이블(전기기사)
• 자동차가 통행하는 도로에서 고압의 지중전선로를 직접 매설식으로 시설할 때 사용되는 전선

71 산업안전보건법에는 보호구를 사용 시 안전인증을 받은 제품을 사용토록 하고 있다. 다음 중 안전인증 대상이 아닌 것은?

① 안전화
② 고무장화
③ 안전장갑
④ 감전위험방지용 안전모

해설 안전인증 대상 보호구의 종류
① 추락 및 감전 위험방지용 안전모 ② 안전화 ③ 안전장갑 ④ 방진마스크 ⑤ 방독마스크 ⑥ 송기마스크 ⑦ 전동식 호흡보호구 ⑧ 보호복 ⑨ 안전대 ⑩ 차광(遮光) 및 비산물(飛散物) 위험방지용 보안경 ⑪ 용접용 보안면 ⑫ 방음용 귀마개 또는 귀덮개

72 감전사고로 인한 호흡 정지 시 구강대 구강법에 의한 인공호흡의 매분 횟수와 시간은 어느 정도 하는 것이 가능 바람직한가?

① 매분 5~10회, 30분 이하
② 매분 12~15회, 30분 이상
③ 매분 20~30회, 30분 이하
④ 매분 30회 이상, 20분~30분 정도

해설 인공호흡
• 구강대 구강법: 인공호흡은 매분 12~15회, 30분 이상 실시
※ 응급조치요령
(가) 우선 전원을 차단하고 피해자를 위험지역에서 신속히 대피시킴(2차 재해예방)
(나) 피재자의 상태확인
① 감전에 의해 넘어진 사람에 대하여 의식의 상태, 호흡의 상태, 맥박의 상태 등을 관찰(입술과 피부의 색깔, 체온 상태, 전기출입부의 상태 등)
② 감전에 의하여 높은 곳에서 추락한 경우에는 출혈의 상태, 골절의 이상 유무 등을 확인, 관찰
③ 관찰결과 의식이 없거나 호흡 및 심장이 정지해 있거나 출혈이 심할 경우 관찰을 중지하고 필요한 응급조치 실시(인공호흡과 심장마사지)
  ㉠ 심장마사지 15회 정도와 인공호흡 2회를 교대로 연속적으로 실시
  ㉡ 인공호흡과 심장마사지를 2인이 동시에 실시할 경우에는 약 1:5의 비율로 각각 실시

73 누전차단기의 구성요소가 아닌 것은?

① 누전 검출부 ② 영상변류기
③ 차단장치 ④ 전력 퓨즈

해설 누전차단기의 구성요소
① 누전 검출부 ② 영상변류기
③ 차단장치 ④ 드립 코일

정답 69.③ 70.④ 71.② 72.② 73.④

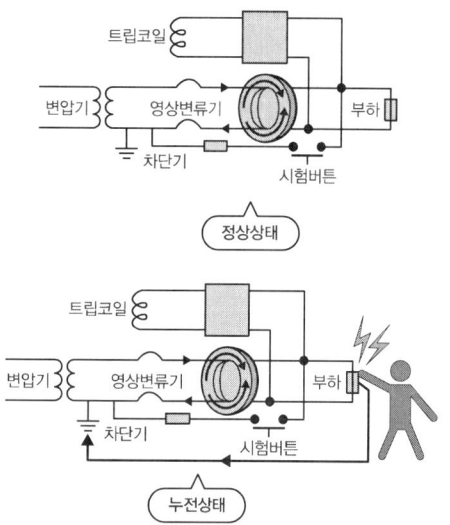

74 1C을 갖는 2개의 전하가 공기 중에서 1m의 거리에 있을 때 이들 사이에 작용하는 정전력은?

① 8.854×10^{-12}N
② 1.0N
③ 3×10^3N
④ 9×10^9N

해설 정전력(靜電力, electrostatic force): 정지한 상태에 있는 전하(電荷) 사이에 작용하는 힘. 전하 사이에 작용하는 힘은 쿨롱의 법칙에 의함(전기력)
[쿨롱의 법칙] 두 개의 전하(C) Q_1, Q_2 사이에 작용하는 정전력 F
(정전력 F는 Q_1과 Q_2의 곱에 비례하고, Q_1과 Q_2의 거리 r의 제곱에 반비례)

$$F = \frac{Q_1 Q_2}{4\pi \varepsilon_0 r^2} \text{[N]}$$

$$= \frac{1}{4\pi \varepsilon_0} \times \frac{Q_1 Q_2}{r^2}$$

$$= \frac{1}{4\pi \times (8.855 \times 10^{-12})} \times \frac{Q_1 Q_2}{r^2}$$

$$= 9 \times 10^9 \times \frac{Q_1 Q_2}{r^2} \text{[N]}$$

$$= (9 \times 10^9) \times (1 \times 1)/1 = 9 \times 10^9$$

* 유전율(誘電率, permittivity)
: 전하의 저장능력(유전율 $\varepsilon_0 = 8.855 \times 10^{-12}$F/m)

• 매질 사이에 아무런 물체가 없는 경우의 진공의 유전율 ε_0는 진공에서 이 둘 사이의 관계를 나타내는 변환 값(scale factor).
ε_0는 국제단위로 $\varepsilon_0 = 8.855 \times 10^{-12}$F/m

75 고장전류와 같은 대전류를 차단할 수 있는 것은?

① 차단기(CB)
② 유입 개폐기(OS)
③ 단로기(DS)
④ 선로 개폐기(LS)

해설 차단기(CB: Circuit Breaker): 전류를 개폐함과 함께 과부하, 단락(短絡) 등의 이상 상태에 대해 회로를 차단해 안전을 유지하는 장치(고장전류와 같은 대전류를 차단할 수 있는 것)
※ 개폐기: 개폐기는 전로의 개폐에만 사용되고 통전 상태에서 차단능력이 없음(사고전류를 차단하는 보호기능은 없음)
• 단로기(D.S: Disconnecting Switch): 단로기는 개폐기의 일종으로 수용가 구내 인입구에 설치하여 무부하 상태의 전로를 개폐하는 역할을 하거나 차단기, 변압기, 피뢰기 등 고전압 기기의 1차 측에 설치하여 기기를 점검, 수리할 때 전원으로 부터 이들 기기를 분리하기 위해 사용(부하전류를 차단하는 능력이 없음으로 부하전류가 흐르는 상태에서 차단하면 매우 위험)

76 금속제 외함을 가지는 기계기구에 전기를 공급하는 전로에 지락이 발생했을 때에 자동적으로 전로를 차단하는 누전차단기 등을 설치하여야 한다. 누전차단기를 설치해야 되는 경우로 옳은 것은?

① 기계기구가 고무, 합성수지 기타 절연물로 피복된 것일 경우
② 기계기구가 유도전동기의 2차 측 전로에 접속된 저항기일 경우
③ 대지전압이 150V를 초과하는 전동 기계·기구를 시설하는 경우
④ 전기용품안전관리법의 적용을 받는 2중 절연구조의 기계 기구를 시설하는 경우

정답 74.④ 75.① 76.③

해설 **누전차단기의 설치**〈산업안전보건 기준에 관한 규칙〉
제304조(누전차단기에 의한 감전방지)
① 사업주는 다음 각 호의 전기 기계·기구에 대하여 누전에 의한 감전위험을 방지하기 위하여 해당 전로의 정격에 적합하고 감도가 양호하며 확실하게 작동하는 감전방지용 누전차단기를 설치하여야 한다.
1. 대지전압이 150볼트를 초과하는 이동형 또는 휴대형 전기기계·기구
2. 물 등 도전성이 높은 액체가 있는 습윤 장소에서 사용하는 저압(750볼트 이하 직류전압이나 600볼트 이하의 교류전압을 말한다)용 전기기계·기구
3. 철판·철골 위 등 도전성이 높은 장소에서 사용하는 이동형 또는 휴대형 전기기계·기구
4. 임시배선의 전로가 설치되는 장소에서 사용하는 이동형 또는 휴대형 전기기계·기구

※ 누전차단기의 설치 제외 장소
① 기계기구 고무, 합성수지 기타 절연물로 피복된 것일 경우
② 기계기구가 유도전동기의 2차 측 전로에 접속된 저항기일 경우
③ 기계기구를 발전소, 변전소에 준하는 곳에 시설하는 경우로서 취급자 이외의 자가 임의로 출입할 수 없는 경우
④ 전기용품안전관리법의 적용을 받는 2중절연구조의 기계·기구를 시설하는 경우
⑤ 대지 전압 150V 이하의 기계·기구를 물기가 없는 장소에 시설하는 경우
⑥ 기계·기구를 건조한 장소에 시설하고 습한 장소에서 조작하는 경우로 제어용 전압이 교류 30V, 직류 40V 이하인 경우
⑦ 절연 TR시설, 부하 측 비접지하는 경우
⑧ 기계·기구를 건조한 곳에 시설하는 경우
⑨ 전기욕기, 전기로, 전해조 등 기술상 절연이 불가능한 경우
⑩ 전로의 비상승강기, 유도등, 비상조명, 탄약고 등에 누전차단기 대신 누전경보기 설치

77 전기화재의 경로별 원인으로 거리가 먼 것은?
① 단락
② 누전
③ 저전압
④ 접촉부의 과열

해설 **전기화재의 원인**
① 단락(합선, short)
② 누전(지락)
③ 과전류
④ 스파크(spark, 전기불꽃)
⑤ 접촉부 과열
⑥ 절연 열화 또는 탄화
⑦ 낙뢰(벼락)
⑧ 정전기 스파크

78 내압 방폭 구조는 다음 중 어느 경우에 가장 가까운가?
① 점화 능력의 본질적 억제
② 점화원의 방폭적 격리
③ 전기설비의 안전도 증강
④ 전기 설비의 밀폐화

해설 **내압(d) 방폭 구조**
용기 내부에서 폭발성 가스 또는 증기가 폭발하였을 때 용기가 그 압력에 견디며 또한 접합면, 개구부 등을 통해서 외부의 폭발성 가스·증기에 인화되지 않도록 한 구조(점화원 격리)
• 방폭형 기기에 폭발성 가스가 내부로 침입하여 내부에서 폭발이 발생하여도 이 압력에 견디도록 제작한 방폭 구조
① 내부에서 폭발할 경우 그 압력에 견딜 것
② 폭발화염이 외부로 유출되지 않을 것
③ 외함 표면온도가 주위의 가연성 가스에 점화되지 않을 것(전기설비 내부에서 발생한 폭발이 설비주변에 존재하는 가연성 물질에 파급되지 않도록 한 구조)

79 인입개폐기를 개방하지 않고 전등용 변압기 1차 측 COS만 개방 후 전등용 변압기 접속용 볼트 작업 중 동력용 COS에 접촉, 사망한 사고에 대한 원인으로 가장 거리가 먼 것은?
① 안전장구 미사용
② 동력용 변압기 COS 미 개방
③ 전등용 변압기 2차 측 COS 미 개방
④ 인입구 개폐기 미개방한 상태에서 작업

해설 **컷아웃 스위치(COS: Cut Out Switch)**: 변압기 및 주요 기기의 1차 측에 부착하여 단락 등에 의한 과전류로부터 기기를 보호하는 데 사용
• 전등용 변압기 1차 측 COS 개방 ⇨ 2차 측 COS 개방은 무의미

정답 77. ③ 78. ② 79. ③

80 인체통전으로 인한 전격(electric shock)의 정도를 정함에 있어 그 인자로서 가장 거리가 먼 것은?

① 전압의 크기 ② 통전시간
③ 전류의 크기 ④ 통전경로

해설 전격현상의 위험도를 결정하는 인자(위험도 순)
① 통전 전류의 크기 ② 통전 시간
③ 통전 경로 ④ 전원의 종류(교류, 직류)
⑤ 주파수 및 파형

제5과목 화학설비 위험방지기술

81 다음 중 가연성 물질과 산화성 고체가 혼합하고 있을 때 연소에 미치는 현상으로 옳은 것은?

① 착화온도(발화점)가 높아진다.
② 최소점화에너지가 감소하며, 폭발의 위험성이 증가한다.
③ 가스나 가연성 증기의 경우 공기혼합보다 연소범위가 축소된다.
④ 공기 중에서 보다 산화작용이 약하게 발생하여 화염온도가 감소하며 연소속도가 늦어진다.

해설 가연성 물질과 산화성 고체가 혼합하고 있을 때 연소에 미치는 현상: 산화성 고체(다량의 산소 함유)가 산소 공급원이 되어 최소점화에너지가 감소하며, 폭발의 위험성이 증가한다.

82 사업주는 산업안전보건법령에서 정한 설비에 대해서는 과압에 따른 폭발을 방지하기 위하여 안전밸브 등을 설치하여야 한다. 다음 중 이에 해당하는 설비가 아닌 것은?

① 원심펌프
② 정변위 압축기
③ 정변위 펌프(토출 축에 차단밸브가 설치된 것만 해당한다.)
④ 배관(2개 이상의 밸브에 의하여 차단되어 대기온도에서 액체의 열팽창에 의하여 파열될 우려가 있는 것으로 한정한다.)

해설 안전밸브 등의 설치〈산업안전보건기준에 관한 규칙〉
제261조(안전밸브 등의 설치)
① 사업주는 다음 각 호의 어느 하나에 해당하는 설비에 대해서는 과압에 따른 폭발을 방지하기 위하여 폭발 방지 성능과 규격을 갖춘 안전밸브 또는 파열판(이하 "안전밸브 등"이라 한다)을 설치하여야 한다. 다만, 안전밸브 등에 상응하는 방호장치를 설치한 경우에는 그러하지 아니하다.
1. 압력용기(안지름이 150밀리미터 이하인 압력용기는 제외하며, 압력 용기 중 관형 열교환기의 경우에는 관의 파열로 인하여 상승한 압력이 압력용기의 최고사용압력을 초과할 우려가 있는 경우만 해당한다)
2. 정변위 압축기
3. 정변위 펌프(토출축에 차단밸브가 설치된 것만 해당한다)
4. 배관(2개 이상의 밸브에 의하여 차단되어 대기온도에서 액체의 열팽창에 의하여 파열될 우려가 있는 것으로 한정한다)
5. 그 밖의 화학설비 및 그 부속설비로서 해당 설비의 최고사용압력을 초과할 우려가 있는 것

83 다음 중 전기화재의 종류에 해당하는 것은?

① A급 ② B급
③ C급 ④ D급

해설 화재의 종류

종류	등급	가연물	표현색	소화방법
일반화재	A급	목재, 종이, 섬유 등	백색	냉각소화
유류 및 가스화재	B급	각종 유류 및 가스	황색	질식소화
전기화재	C급	전기기기, 기계, 전선 등	청색	질식소화
금속화재	D급	가연성금속 (Mg 분말, Al 분말 등)	무색	피복에 의한 질식

정답 80.① 81.② 82.① 83.③

84 니트로셀룰로오스의 취급 및 저장방법에 관한 설명으로 틀린 것은?

① 저장 중 충격과 마찰 등을 방지하여야 한다.
② 물과 격렬히 반응하여 폭발하므로 습기를 제거하고, 건조 상태를 유지한다.
③ 자연발화 방지를 위하여 안전용제를 사용한다.
④ 화재 시 질식소화는 적응성이 없으므로 냉각소화를 한다.

해설 **니트로셀룰로이스(nitrocellulose, 질화면)**
① 질화면(nitrocellulose)은 저장, 취급 중에는 에틸알코올 또는 이소프로필알코올로 습면의 상태로 함: 질화면은 건조 상태에서는 자연발열을 일으켜 분해 폭발의 위험이 존재하기 때문
② 질산섬유소라고도 하며 셀룰로이드, 콜로디온에 이용 시 질화면이라 함
③ 제조, 건조, 저장 중 충격과 마찰 등을 방지하여야 함(저장, 수송 시에는 알코올 등으로 습하게 하여서 취급) – 유기용제와의 접촉을 피함
④ 자연발화 방지를 위하여 에탄올, 메탄올 등의 안전용제를 사용
⑤ 할로겐화합물 소화약제는 적응성이 없으며, 다량의 물로 냉각 소화함
  • 다량의 주수 소화 또는 마른모래(건조사)를 뿌리는 것이 적당하나, 연소 속도가 빨라 폭발의 위험이 있어 소화에 어려움

85 위험물을 산업안전보건법령에서 정한 기준량이상으로 제조하거나 취급하는 설비로서 특수화학설비에 해당되는 것은?

① 가열시켜 주는 물질의 온도가 가열되는 위험물질의 분해온도보다 높은 상태에서 운전되는 설비
② 상온에서 게이지 압력으로 200kPa의 압력으로 운전되는 설비
③ 대기압 항서 섭씨 300℃로 운전되는 설비
④ 흡열반응이 행하여지는 반응설비

해설 **특수화학설비**(산업안전보건기준에 관한 규칙)
제273조(계측장치 등의 설치)
사업주는 별표 9에 따른 위험물을 같은 표에서 정한 기준량 이상으로 제조하거나 취급하는 다음 각 호의 어느 하나에 해당하는 화학설비(이하 "특수화학설비"라 한다)를 설치하는 경우에는 내부의 이상 상태를 조기에 파악하기 위하여 필요한 온도계·유량계·압력계 등의 계측장치를 설치하여야 한다.
1. 발열반응이 일어나는 반응장치
2. 증류·정류·증발·추출 등 분리를 하는 장치
3. 가열시켜 주는 물질의 온도가 가열되는 위험물질의 분해온도 또는 발화점보다 높은 상태에서 운전되는 설비
4. 반응폭주 등 이상 화학반응에 의하여 위험물질이 발생할 우려가 있는 설비
5. 온도가 섭씨 350도 이상이거나 게이지 압력이 980킬로파스칼 이상인 상태에서 운전되는 설비
6. 가열로 또는 가열기

86 폭발에 관한 용어 중 "BLEVE"가 의미하는 것은?

① 고농도의 분진폭발
② 저농도의 분해폭발
③ 개방계 증기운 폭발
④ 비등액 팽창증기폭발

해설 **비등액 팽창증기폭발(BLEVE: Boiling Liquid Expanded Vapor Explosion)**: BLEVE는 비점 이상의 압력으로 유지되는 액체가 들어있는 탱크가 파열될 때 일어나며 용기가 파열되면 탱크 내용물 중의 상당비율이 폭발적으로 증발하게 됨.
• 비점이 낮은 액체 저장탱크 주위에 화재가 발생했을 때 저장탱크 내부의 비등 현상으로 인한 압력 상승으로 탱크가 파열되어 그 내용물이 증발, 팽창하면서 발생되는 폭발 현상

87 다음 중 인화점이 가장 낮은 물질은?

① CS_2
② C_2H_5OH
③ CH_3COCH_3
④ $CH_3COOC_2H_5$

정답 84.② 85.① 86.④ 87.①

해설 인화점

물질	인화점	물질	인화점
이황화탄소 (CS_2)	-30℃	아세톤 (CH_3COCH_3)	-18℃
에틸알코올 (C_2H_5OH)	13℃	아세트산에틸 ($CH_3COOC_2H_5$)	-4℃
아세트산 (CH_3COOH)	41.7℃	등유	40℃
벤젠 (C_6H_6)	-11.1℃	경유	50℃
메탄올 (CH_3OH)	16℃	크실렌	29℃

88 아세틸렌 압축 시 사용되는 희석제로 적당하지 않은 것은?

① 메탄 ② 질소
③ 산소 ④ 에틸렌

해설 아세틸렌 압축 시 사용되는 희석제: 질소, 에틸렌, 메탄, 탄산가스, 일산화탄소, 프로판

89 수분을 함유하는 에탄올에서 순수한 에탄올을 얻기 위해 벤젠과 같은 물질은 첨가하여 수분을 제거하는 증류 방법은?

① 공비증류 ② 추출증류
③ 가압증류 ④ 감압증류

해설 특수 증류방법: 감압(진공)증류, 추출증류, 공비증류, 수증기증류
① 감압 증류(진공증류): 낮은 압력에서 물질의 끓는점이 내려가는 현상을 이용하여 시행하는 분리법으로 온도를 높여서 가열할 경우 원료가 분해될 우려가 있는 물질을 증류할 때 사용하는 방법
② 추출증류: 끓는점이 비슷한 혼합물이나 공비혼합물(共沸混合物) 성분의 분리를 쉽게 하기 위하여 사용되는 증류법
③ 공비증류: 공비혼합물 또는 끓는점이 비슷하여 분리하기 어려운 액체혼합물의 성분을 완전히 분리시키기 위해 쓰이는 증류법
  • 수분을 함유하는 에탄올에서 순수한 에탄올을 얻기 위해 벤젠 등을 첨가하여 수분을 제거하는 증류 방법(중복삭제)

④ 수증기증류: 끓는점이 높고 물에 거의 녹지 않는 유기화합물에 수증기를 넣어 수증기와 함께 유출되어 나오는 물질의 증기를 냉각하여 물과의 혼합물로서 응축시키고 그것을 분리시키는 증류법

90 다음 중 벤젠(C_6H_6)의 공기 중 폭발하한계 값(vol%)에 가장 가까운 것은?

① 1.0 ② 1.5
③ 2.0 ④ 2.5

해설 물질을 폭발 범위

구분	폭발하한계 (vol%)	폭발상한계 (vol%)
수소(H_2)	4.0	75
프로판(C_3H_8)	2.1	9.5
메탄(CH_4)	5.0	15
일산화탄소(CO)	12.5	74
이황화탄소(CS_2)	1.3	41
아세틸렌(C_2H_2)	2.5	81
벤젠(C_6H_6)	1.4	6.7

91 다음 중 퍼지의 종류에 해당하지 않는 것은?

① 압력 퍼지 ② 진공 퍼지
③ 스위프 퍼지 ④ 가열 퍼지

해설 불활성화(inerting)의 퍼지(purge)방법 종류: 불활성화를 위한 퍼지방법으로는 진공 퍼지, 압력 퍼지, 스위프 퍼지, 사이펀 퍼지의 4종류가 있다.
(* 불활성화란 불활성 가스(N_2, CO_2, 수증기)의 주입으로 산소농도를 최소산소농도(MOC) 이하로 낮추는 것)
(가) 진공 퍼지(vacuum purging): 저압 퍼지
  ① 용기에 대한 가장 통상적인 inerting 방법이다.
  ② 진공 퍼지는 압력 퍼지보다 인너트 가스 소모가 적다.
(나) 압력 퍼지(pressure purging)
  ① 압력 퍼지는 진공 퍼지에 비해 퍼지 시간이 매우 짧다.
  ② 압력 퍼지는 진공 퍼지보다 많은 양의 불활성 가스(Inert gas)를 소모한다.
(다) 스위프 퍼지(sweep through purging)
  ① 이 퍼지 공정은 보통 용기나 장치가 압력을 가하거나 진공으로 할 수 없을 때 사용한다.

정답 88.③ 89.① 90.② 91.④

② 스위프 퍼지는 큰 저장용기를 퍼지할 때 적합하나 많은 양의 불활성 가스(inert gas)를 필요로 하므로 많은 경비가 소요된다.
(라) 사이펀 퍼지(siphon purging): 주입되는 불활성 가스(inert gas)의 부피는 용기의 부피와 같고 퍼지속도는 액체를 방출하는 부피흐름 속도와 같다.

92 공업용 용기의 몸체 도색으로 가스명과 도색명의 연결이 옳은 것은?

① 산소 - 청색
② 질소 - 백색
③ 수소 - 주황색
④ 아세틸렌 - 회색

[해설] 공업용 고압가스용기의 몸체 도색

가스명	도색명	가스명	도색명
산소	녹색	액화석유가스	회색
수소	주황색	아세틸렌	황색
액화염소	갈색	액화 암모니아	백색
액화탄산가스	청색	질소	회색

93 다음 중 분말 소화약제로 가장 적절한 것은?

① 사염화탄소
② 브롬화메탄
③ 수산화암모늄
④ 제1인산암모늄

[해설] 분말 소화약제의 종별 주성분
① 제1종 분말: 탄산수소나트륨(중탄산나트륨, $NaHCO_3$) → BC 화재
 • 탄산수소나트륨(중탄산나트륨, $NaHCO_3$)을 주성분으로 하고 분말의 유동성을 높이기 위해 탄산마그네슘($MgCO_3$), 인산삼칼슘($Ca_3(PO_4)_2$) 등의 분산제를 첨가
② 제2종 분말: 탄산수소칼륨(중탄산칼륨, $KHCO_3$) → BC 화재
③ 제3종 분말: 제1인산암모늄($NH_4H_2PO_4$) → ABC 화재
 • 메타인산(HPO_3)에 의한 방진효과를 가진 분말 소화약제: 메타인산이 발생하여 소화력 우수
④ 제4종 분말: 탄산수소칼륨과 요소($KHCO_3+(NH_2)_2CO$)의 반응물 → BC 화재

94 비중이 1.50이고, 직경이 74㎛인 분체가 종말속도 0.2m/s로 직경 6m의 사일로(silo)에서 질량유속 400kg/h로 흐를 때 평균 농도는 약 얼마인가?

① 10.8mg/L
② 14.8mg/L
③ 19.8mg/L
④ 25.8mg/L

[해설] 평균 농도
질량유량(kg/h)=부피유량(m^3/h)×밀도(kg/m^3)
{* 부피유량=유량=단면적×유속(m/s)}
⇒ 밀도=질량유량/부피유량
  =질량유량/(단면적×유속)
  =111,000/(π/4)×6^2×0.2=19,629mg/m^3
  =19.6mg/L

① 질량유속 400kg/h를 mg/s로 전환
 400kg/h → 0.111kg/s{초로 전환: 400/(60분×60초)} → 111,000mg/s(kg/s → mg/s: 0.111×10^6)
② 19,629mg/m^3 → 19.6mg/L(1m^3=1000L이므로 1mg/m^3=0.001mg/L)

* 종말속도(終末速度, terminal setting velocity): 유체에서 입자가 가라앉는 속도
* 질량 유량, 질량유속(mass flow rate): 단위 시간당 단면을 통과하는 유체의 질량
 예) 100kg의 물이 2시간 동안 관을 흘렀다면 질량 유량은 50kg/hr(단위: kg/hr)
* 체적 유량, 체적유속, 부피유속(volume flow rate): 단위 시간당 단면을 통과하는 유체의 체적(부피)
 예) 1000m^3의 공기가 4시간 동안 관을 흘렀다면, 체적 유량은 250m^3/hr(단위: m^3/hr)

95 다음 중 분진폭발이 발생하기 쉬운 조건으로 적절하지 않은 것은?

① 발열량이 클 때
② 입자의 표면적이 작을 때
③ 입자의 형상이 복잡할 때
④ 분진의 초기 온도가 높을 때

[해설] 분진의 폭발위험성을 증대시키는 조건
① 분진의 발열량이 클수록 폭발성이 커진다.
② 분진의 표면적이 입자체적에 비하여 커지면 열의 발생속도가 확산속도보다 상회하여 폭발이 증대한다.
③ 분진 입자의 형상이 복잡하면 폭발이 잘된다.

정답 92. ③ 93. ④ 94. ③ 95. ②

④ 분진의 수분함량이나 주위의 습도가 높으면 점화되기 어렵고 점화되어도 폭발압력이 작게 된다.
⑤ 초기온도가 높을수록 최소폭발농도가 낮아져 폭발위험성이 커진다.
⑥ 분체 중에 휘발성분이 많고 휘발성분의 발화온도가 낮을수록 폭발이 일어나기 쉽다.
⑦ 입자의 직경이 작아지면 폭발하한농도는 낮아지고 발화온도도 낮아지며 폭발압력은 상승하게 된다.
⑧ 밀도가 적어 부유성이 클수록 공기 중에 장시간 부유될 수 있어 분진폭발 위험성이 증가한다.

96 다음 중 폭발 또는 화재가 발생할 우려가 있는 건조설비의 구조로 적절하지 않은 것은?

① 건조설비의 바깥 면은 불연성 재료로 만들 것
② 위험물 건조설비의 열원으로서 직화를 사용하지 아니할 것
③ 위험물 건조설비의 측벽이나 바닥은 견고한 구조로 할 것
④ 위험물 건조설비는 상부를 무거운 재료로 만들고 폭발구를 설치할 것

97 산업안전보건법령상 위험물질의 종류에서 "폭발성 물질 및 유기과산화물"에 해당하는 것은?

① 리튬
② 아조화합물
③ 아세틸렌
④ 셀룰로이드류

해설 **위험물질의 종류**〈산업안전보건기준에 관한 규칙〉
[별표 1] 위험물질의 종류
1. 폭발성 물질 및 유기과산화물
   가. 질산에스테르류
   나. 니트로화합물
   다. 니트로소화합물
   라. 아조화합물
   마. 디아조화합물
   바. 하이드라진 유도체
   사. 유기과산화물

아. 그 밖에 가목부터 사목까지의 물질과 같은 정도의 폭발 위험이 있는 물질
자. 가목부터 아목까지의 물질을 함유한 물질

98 위험물안전관리법령에 의한 위험물의 분류 중 제1류 위험물에 속하는 것은?

① 염소산염류
② 황린
③ 금속칼륨
④ 질산에스테르

해설 제1류 위험물 산화성 고체〈위험물안전관리법 시행령〉

위험물			비고
유별	성질	품명	
제1류	산화성 고체	1. 아염소산염류 2. 염소산염류 3. 과염소산염류 4. 무기과산화물 5. 브롬산염류 6. 질산염류 7. 요오드산염류 8. 과망간산염류 9. 중크롬산염류 10. 그 밖에 행안부령으로 정하는 것 11. 제1호 내지 제10호의 1에 해당하는 어느 하나 이상을 함유한 것	

99 다음 중 축류식 압축기에 대한 설명으로 옳은 것은?

① Casing 내에 1개 또는 수 개의 회전체를 설치하여 이것을 회전시킬 때 Casing과 피스톤 사이의 체적이 감소해서 기체를 압축하는 방식이다.
② 실린더 내에서 피스톤을 왕복시켜 이것에 따라 개폐하는 흡입밸브 및 배기밸브의 작용에 의해 기체를 압축하는 방식이다.

정답 96. ④ 97. ② 98. ① 99. ④

③ Casing 내에 넣어진 날개바퀴를 회전시켜 기체에 작용하는 원심력에 의해서 기체를 압송하는 방식이다.
④ 프로펠러의 회전에 의한 추진력에 의해 기체를 압송하는 방식이다.

[해설] **압축기**: 토출압력이 1kg/cm² 이상의 공기 또는 기체를 수송하는 장치
(1) 압축기의 종류
  (가) 회전형: 원심식, 축류식, 혼류식 압축기
    • 회전 운동을 하는 회전자에 의해 가스를 흡입, 배출하는 형식
    * 축류식 압축기: 프로펠러의 회전에 의한 추진력에 의해 기체를 압송하는 방식이다.
  (나) 용적형: 회전식, 왕복동식, 다이어프램식, 스크류식 압축기
    • 실린더 내에 기체를 흡입, 분출하여 송풍(체적의 감소를 통해 압력을 증가)

100 메탄 50vol%, 에탄 30vol%, 프로판 20vol% 혼합가스의 공기 중 폭발하한계는? (단, 메탄, 에탄, 프로판의 폭발하한계는 각각 5.0vol%, 3.0vol%, 2.1vol%이다.)

① 1.6vol% ② 2.1vol%
③ 3.4vol% ④ 4.8vol%

[해설] **혼합가스의 폭발하한계 값(vol%)**
혼합가스가 공기와 섞여 있을 경우
$$L = \frac{V_1 + V_2 + \cdots + V_n}{\frac{V_1}{L_1} + \frac{V_2}{L_2} + \cdots + \frac{V_n}{L_n}}$$
$= (50+30+20)/(50/5.0 + 30/3.0 + 20/2.1)$
$= 3.4 \text{vol}\%$
L: 혼합가스의 폭발한계(%) - 폭발상한, 폭발하한 모두 적용 가능
$L_1 + L_2 + \cdots + L_n$: 각 성분가스의 폭발한계(%) - 폭발상한계, 폭발하한계
$V_1 + V_2 + \cdots + V_n$: 전체 혼합가스 중 각 성분가스의 비율(%) - 부피비

제6과목 건설안전기술

101 추락의 위험이 있는 개구부에 대한 방호조치와 거리가 먼 것은?

① 안전난간, 울타리, 수직형 추락방망 등으로 방호조치를 한다.
② 충분한 강도를 가진 구조의 덮개를 뒤집히거나 떨어지지 않도록 설치한다.
③ 어두운 장소에서도 식별이 가능한 개구부 주의표지를 부착한다.
④ 폭 30cm 이상의 발판을 설치한다.

[해설] **개구부 등의 방호 조치**〈산업안전보건기준에 관한 규칙〉
제43조(개구부 등의 방호 조치)
① 사업주는 작업발판 및 통로의 끝이나 개구부로서 근로자가 추락할 위험이 있는 장소에는 안전난간, 울타리, 수직형 추락방망 또는 덮개 등(이하 이 조에서 "난간 등"이라 한다)의 방호 조치를 충분한 강도를 가진 구조로 튼튼하게 설치하여야 하며, 덮개를 설치하는 경우에는 뒤집히거나 떨어지지 않도록 설치하여야 한다. 이 경우 어두운 장소에서도 알아볼 수 있도록 개구부임을 표시하여야 한다.
② 사업주는 난간 등을 설치하는 것이 매우 곤란하거나 작업의 필요상 임시로 난간 등을 해체하여야 하는 경우 제42조제2항 각 호의 기준에 맞는 추락방호망을 설치하여야 한다. 다만, 추락방호망을 설치하기 곤란한 경우에는 근로자에게 안전대를 착용하도록 하는 등 추락할 위험을 방지하기 위하여 필요한 조치를 하여야 한다.

102 로프길이 2m의 안전대를 착용한 근로자가 추락으로 인한 부상을 당하지 않기 위한 지면으로부터 안전대 고정점까지의 높이 (H)의 기준으로 옳은 것은? (단, 로프의 신율 30%, 근로자의 신장 180cm)

① H>1.5m ② H>2.5m
③ H>3.5m ④ H>4.5m

[해설] **안전대의 사용**〈추락재해방지표준안전작업지침〉
(1) 추락 시에 로프를 지지한 위치에서 신체의 최하사점까지의 거리: h
    h = 로프의 길이 + 로프의 신장 길이 + 작업자 키의 1/2

정답 100. ③ 101. ④ 102. ③

(2) 로프를 지지한 위치에서 바닥면까지의 거리: H
(3) H>h가 되어야만 한다.
제17조(안전대의 사용) 안전대 사용은 다음 각 호에 정하는 사용방법에 따라야 한다.
사. 추락 시에 로프를 지지한 위치에서 신체의 최하 사점까지의 거리를 h라 하면, h=로프의 길이+로프의 신장 길이+작업자 키의 1/2이 되고, 로프를 지지한 위치에서 바닥면까지의 거리를 H라 하면 H>h가 되어야만 한다.
⇨ ① h=2m+(2m×30%)+(1.8m×1/2)=3.5m
　② H>3.5m

103 압쇄기를 사용하여 건물해체 시 그 순서로 가장 타당한 것은?

[보기]
A: 보,　B: 기둥,　C: 슬래브,　D: 벽체

① A → B → C → D
② A → C → B → D
③ C → A → D → B
④ D → C → B → A

해설 압쇄기: 압쇄기와 대형 브레이커(breaker)는 굴착기, 파워 쇼벨 등에 설치하여 사용
① 압쇄기에 의한 파쇄작업순서는 상층에서 하층으로 슬래브, 보, 벽체, 기둥의 순으로 진행
② 소음, 진동 등이 발생하지 않아 도심 내에서 작업 적합

104 차량계 건설기계를 사용하여 작업할 때에 그 기계가 넘어지거나 굴러 떨어짐으로써 근로자가 위험해질 우려가 있는 경우에 조치하여야 할 사항과 거리가 먼 것은?

① 갓길의 붕괴 방지
② 작업 반경 유지
③ 지반의 부동침하 방지
④ 도로 폭의 유지

해설 전도 등의 방지〈산업안전보건기준에 관한 규칙〉
제199조(전도 등의 방지)
사업주는 차량계 건설기계를 사용하는 작업할 때에 그 기계가 넘어지거나 굴러 떨어짐으로써 근로자가 위험해질 우려가 있는 경우에는 유도하는 사람을 배치하고 지반의 부동침하 방지, 갓길의 붕괴 방지 및 도로 폭의 유지 등 필요한 조치를 하여야 한다.

105 취급·운반의 원칙으로 옳지 않은 것은?

① 곡선 운반을 할 것
② 운반 작업을 집중하여 시킬 것
③ 생산을 최고로 하는 운반을 생각할 것
④ 연속 운반을 할 것

해설 취급·운반의 원칙
① 직선 운반을 할 것
② 연속 운반을 할 것
③ 운반 작업을 집중하여 시킬 것
④ 생산을 최고로 하는 운반을 생각할 것
⑤ 최대한 시간과 경비를 절약할 수 있는 운반방법을 고려할 것

106 부두·안벽 등 하역작업을 하는 장소에서 부두 또는 안벽의 선을 따라 통로를 설치하는 경우에는 그 폭을 최소 얼마 이상으로 하여야 하는가?

① 80cm
② 90cm
③ 100cm
④ 120cm

해설 화물취급 작업〈산업안전보건기준에 관한 규칙〉
제390조(하역작업장의 조치기준)
사업주는 부두·안벽 등 하역작업을 하는 장소에 다음 각 호의 조치를 하여야 한다.
1. 작업장 및 통로의 위험한 부분에는 안전하게 작업할 수 있는 조명을 유지할 것
2. 부두 또는 안벽의 선을 따라 통로를 설치하는 경우에는 폭을 90센티미터 이상으로 할 것
3. 육상에서의 통로 및 작업장소로서 다리 또는 선거(船渠) 갑문(閘門)을 넘는 보도(步道) 등의 위험한 부분에는 안전난간 또는 울타리 등을 설치할 것

107 가설통로의 설치 기준으로 옳지 않은 것은?

① 추락할 위험이 있는 장소에는 안전난간을 설치할 것

정답 103. ③　104. ②　105. ①　106. ②　107. ②

② 경사가 10°를 초과하는 경우에는 미끄러지지 아니하는 구조로 할 것
③ 경사는 30° 이하로 할 것
④ 건설공사에 사용하는 높이 8m 이상인 비계다리에는 7m 이내마다 계단참을 설치 할 것

[해설] 가설통로의 구조〈산업안전보건기준에 관한 규칙〉
제23조(가설통로의 구조)
사업주는 가설통로를 설치하는 경우 다음 각 호의 사항을 준수하여야 한다.
1. 견고한 구조로 할 것
2. 경사는 30도 이하로 할 것. 다만, 계단을 설치하거나 높이 2미터 미만의 가설통로로서 튼튼한 손잡이를 설치한 경우에는 그러하지 아니하다.
3. 경사가 15도를 초과하는 경우에는 미끄러지지 아니하는 구조로 할 것
4. 추락할 위험이 있는 장소에는 안전난간을 설치할 것. 다만, 작업상 부득이한 경우에는 필요한 부분만 임시로 해체할 수 있다.
5. 수직갱에 가설된 통로의 길이가 15미터 이상인 경우에는 10미터 이내마다 계단참을 설치할 것
6. 건설공사에 사용하는 높이 8미터 이상인 비계다리에는 7미터 이내마다 계단참을 설치할 것

108 개착식 흙막이 벽의 계측 내용에 해당하지 않는 것은?

① 경사측정
② 지하수위 측정
③ 변형률 측정
④ 내공변위 측정

[해설] 개착식 흙막이 벽의 계측 내용: 경사측정, 지하수위 측정, 변형률 측정 등
(* 개착식 굴착방법: ① 버팀대식 공법 ② 어스앵커 공법 ③ 타이로드 공법)
※ 내공변위 측정: 내공변위 측정은 터널 라이닝의 상대변위 및 변위속도를 측정, 터널 내부의 붕괴예측 및 터널 주변의 굴착지반이나 구조물 설치로 인한 변위 예측을 통해 안전을 도모하기 위한 것으로서, 크게 시공 중인 터널과 공용 중인 터널로 구분하여 실시하고 있음.

109 강관틀 비계를 조립하여 사용하는 경우 준수해야 하는 사항으로 옳지 않은 것은?

① 길이가 띠장 방향으로 4m 이하이고 높이가 10m를 초과하는 경우에는 10m 이내마다 띠장 방향으로 버팀기둥을 설치할 것
② 높이가 20m를 초과하거나 중량물의 적재를 수반하는 작업을 할 경우에는 주틀 간의 간격을 1.8m 이하로 할 것
③ 주틀 간에 교차 가새를 설치하고 최상층 및 10층 이내마다 수평재를 설치할 것
④ 수직방향으로 6m, 수평방향으로 8m 이내마다 벽 이음을 할 것

[해설] 강관틀비계〈산업안전보건기준에 관한 규칙〉
제62조(강관틀 비계)
사업주는 강관틀 비계를 조립하여 사용하는 경우 다음 각 호의 사항을 준수하여야 한다.
1. 비계기둥의 밑둥에는 밑받침 철물을 사용하여야 하며 밑받침에 고저차(高低差)가 있는 경우에는 조절형 밑받침철물을 사용하여 각각의 강관틀비계가 항상 수평 및 수직을 유지하도록 할 것
2. 높이가 20미터를 초과하거나 중량물의 적재를 수반하는 작업을 할 경우에는 주틀 간의 간격을 1.8 미터 이하로 할 것
3. 주틀 간에 교차 가새를 설치하고 최상층 및 5층 이내마다 수평재를 설치할 것
4. 수직방향으로 6미터, 수평 방향으로 8미터 이내마다 벽 이음을 할 것
5. 길이가 띠장 방향으로 4미터 이하이고 높이가 10미터를 초과하는 경우에는 10미터 이내마다 띠장 방향으로 버팀기둥을 설치할 것

110 말비계를 조립하여 사용하는 경우에 지주부재와 수평면의 기울기는 최대 몇 도 이하로 하여야 하는가?

① 30°
② 45°
③ 60°
④ 75°

[해설] 말비계〈산업안전보건기준에 관한 규칙〉
제67조(말비계)
사업주는 말비계를 조립하여 사용하는 경우에 다음 각 호의 사항을 준수하여야 한다.

1. 지주부재(支柱部材)의 하단에는 미끄럼 방지장치를 하고, 근로자가 양측 끝부분에 올라서서 작업하지 않도록 할 것
2. 지주부재와 수평면의 기울기를 75도 이하로 하고, 지주부재와 지주부재 사이를 고정시키는 보조부재를 설치할 것
3. 말비계의 높이가 2미터를 초과하는 경우에는 작업발판의 폭을 40센티미터 이상으로 할 것

111 사면 보호 공법 중 구조물에 의한 보호 공법에 해당하지 않는 것은?

① 식생구멍공
② 블록공
③ 돌쌓기공
④ 현장타설 콘크리트 격자공

해설 사면 보호 공법
(가) 사면을 보호하기 위한 구조물에 의한 보호 공법
　① 현장타설 콘크리트 격자공
　② 블록공
　③ (돌, 블록) 쌓기공
　④ (돌, 블록, 콘크리트) 붙임공
　⑤ 뿜칠공법
(나) 사면을 식물로 피복함으로써 침식, 세굴 등을 방지: 식생공

112 흙의 간극비를 나타낸 식으로 옳은 것은?

① $\dfrac{공기 + 물의\ 체적}{흙 + 물의\ 체적}$

② $\dfrac{공기 + 물의\ 체적}{흙의\ 체적}$

③ $\dfrac{물의\ 체적}{물 + 흙의\ 체적}$

④ $\dfrac{공기 + 물의\ 체적}{공기 + 흙 + 물의\ 체적}$

해설 흙의 공극 비(간극 비, void ratio): 흙 입자의 부피(체적)에 대한 공극(간극)의 체적의 비
(* 흙의 구성요소: 공기+물+흙 입자(간극은 물과 공기로 구성))

흙의 간극비 = $\dfrac{공기 + 물의\ 체적}{흙의\ 체적}$

113 건설업 산업안전보건관리비 계상 및 사용기준에 따른 안전관리비의 항목에서 안전관리비로 사용이 불가능한 경우는?
〈법령 개정으로 문제수정〉

① 안전관리업무를 전담하지 않는 안전관리자 임금의 2분의 1에 해당하는 비용
② 원활한 공사수행을 위한 작업발판 설치 비용
③ 법령에 정한 보호구 구입 비용
④ 법령에 정한 안전보건 진단 비용

해설 안전보건관리비의 사용기준〈건설업 산업안전보건관리비 계상 및 사용기준〉
안전시설비 등 : 산업재해 예방을 위한 안전난간, 추락방호망, 안전대 부착설비, 방호장치 등 안전시설의 구입·임대 및 설치를 위해 소요되는 비용

114 철골기둥, 빔 및 트러스 등의 철골구조물을 일체화 또는 지상에서 조립하는 이유로 가장 타당한 것은?

① 고소작업의 감소
② 화기사용의 감소
③ 구조체 강성 증가
④ 운반물량의 감소

해설 철골기둥, 빔 및 트러스 등의 철골구조물을 일체화 또는 지상에서 조립하는 이유: 고소작업의 감소

115 다음은 산업안전보건법령에 따른 달비계를 설치하는 경우에 준수해야 할 사항이다. ( )에 들어갈 내용으로 옳은 것은?

> 작업발판은 폭을 (　　) 이상으로 하고 틈새가 없도록 할 것

① 15cm　② 20cm
③ 40cm　④ 60cm

정답　111.① 112.② 113.② 114.① 115.③

해설 달비계〈산업안전보건기준에 관한 규칙〉
제63조(달비계의 구조)
사업주는 달비계를 설치하는 경우에 다음 각 호의 사항을 준수하여야 한다.
6. 작업발판은 폭을 40센티미터 이상으로 하고 틈새가 없도록 할 것

116 강풍이 불어올 때 타워크레인의 운전작업을 중지하여야 하는 순간풍속의 기준으로 옳은 것은?

① 순간풍속이 초당 10m 초과
② 순간풍속이 초당 15m 초과
③ 순간풍속이 초당 25m 초과
④ 순간풍속이 초당 30m 초과

해설 타워크레인의 악천후 및 강풍 시 작업 중지〈산업안전보건기준에 관한 규칙〉
제37조(악천후 및 강풍 시 작업 중지)
② 사업주는 순간풍속이 초당 10미터를 초과하는 경우 타워크레인의 설치·수리·점검 또는 해체 작업을 중지하여야 하며, 순간풍속이 초당 15미터를 초과하는 경우에는 타워크레인의 운전 작업을 중지하여야 한다.

117 터널 지보공을 조립하거나 변경하는 경우에 조치하여야 하는 사항으로 옳지 않은 것은?

① 목재의 터널 지보공은 그 터널 지보공의 각 부재에 작용하는 긴압 정도를 체크하여 그 정도가 최대한 차이나도록 한다.
② 강(鋼)아치 지보공의 조립은 연결 볼트 및 띠장 등을 사용하여 주재 상호간을 튼튼하게 연결할 것
③ 기둥에는 침하를 방지하기 위하여 받침목을 사용하는 등의 조치를 할 것
④ 주재(主材)를 구성하는 1세트의 부재는 동일평면 내에 배치할 것

해설 터널 지보공 조립 또는 변경 시의 조치사항〈산업안전보건기준에 관한 규칙〉
제364조(조립 또는 변경 시의 조치)
사업주는 터널 지보공을 조립하거나 변경하는 경우에는 다음 각 호의 사항을 조치하여야 한다.
1. 주재(主材)를 구성하는 1세트의 부재는 동일 평면 내에 배치할 것
2. 목재의 터널 지보공은 그 터널 지보공의 각 부재의 긴압 정도가 균등하게 되도록 할 것
3. 기둥에는 침하를 방지하기 위하여 받침목을 사용하는 등의 조치를 할 것
4. 강(鋼)아치 지보공의 조립은 다음 각 목의 사항을 따를 것
  가. 조립간격은 조립도에 따를 것
  나. 주재가 아치작용을 충분히 할 수 있도록 쐐기를 박는 등 필요한 조치를 할 것
  다. 연결 볼트 및 띠장 등을 사용하여 주재 상호 간을 튼튼하게 연결할 것
  라. 터널 등의 출입구 부분에는 받침대를 설치할 것
  마. 낙하물이 근로자에게 위험을 미칠 우려가 있는 경우에는 널판 등을 설치할 것

118 콘크리트 타설 작업 시 안전에 대한 유의사항으로 옳지 않은 것은?

① 콘크리트를 치는 도중에는 지보공·거푸집 등의 이상 유무를 확인한다.
② 높은 곳으로부터 콘크리트를 타설할 때는 호퍼로 받아 거푸집 내에 꽂아 넣는 슈트를 통해서 부어 넣어야 한다.
③ 진동기를 가능한 한 많이 사용할수록 거푸집에 작용하는 측압상 안전하다.
④ 콘크리트를 한 곳에만 치우쳐서 타설하지 않도록 주의한다.

해설 콘크리트 타설 작업 시 안전에 대한 유의사항
① 콘크리트를 치는 도중에는 지보공·거푸집 등의 이상 유무를 확인한다.
② 높은 곳으로부터 콘크리트를 타설할 때는 호퍼로 받아 거푸집 내에 꽂아 넣는 슈트를 통해서 부어 넣어야 한다.
③ 진동기를 많이 사용할수록 거푸집에 작용하는 측압은 커지므로 진동기는 적절히 사용되어야 하며, 지나친 진동은 거푸집 도괴의 원인이 될 수 있으므로 각별히 주의하여야 한다.
④ 콘크리트를 한 곳에만 치우쳐서 타설하지 않도록 주의한다.(편심이 발생하지 않도록 골고루 분산하여 타설할 것)

정답 116. ② 117. ① 118. ③

119 지반에서 나타나는 보일링(boiling) 현상의 직접적인 원인으로 볼 수 있는 것은?

① 굴착부와 배면부의 지하수위의 수두차
② 굴착부와 배면부의 흙의 중량차
③ 굴착부와 배면부의 흙의 함수비차
④ 굴착부와 배면부의 흙의 토압차

해설 보일링(boiling) 현상
(가) 투수성이 좋은 사질지반에서 흙파기 공사를 할 때 흙막이벽 배면의 지하수위가 굴착저면보다 높아 굴착저면 위로 모래와 지하수가 부풀어 오르는 현상(굴착부와 배면부의 지하수위의 수두차)
(나) 형상 및 발생원인
① 이 현상이 발생하면 흙막이 벽의 지지력이 상실된다.
② 연약 사질토 지반에서 주로 발생한다.
③ 지반을 굴착 시, 굴착부와 지하수위 차가 있을 때 주로 발생한다.
 - 지하수위가 높은 지반을 굴착할 때 주로 발생한다.
④ 흙막이 벽의 근입장 깊이가 부족할 경우 발생한다.
⑤ 굴착저면에서 액상화 현상에 기인하여 발생한다.
⑥ 시트파일(sheet pile) 등의 저면에 분사현상이 발생한다.

120 유해위험방지계획서 제출 대상 공사로 볼 수 없는 것은?

① 지상 높이가 31m 이상인 건축물의 건설공사
② 터널건설공사
③ 깊이 10m 이상인 굴착공사
④ 교량의 전체길이가 40m 이상인 교량공사

정답 119. ① 120. ④

2018년 제3회 산업안전기사 기출문제

[제1과목] **안전관리론**

01 집단에서의 인간관계 메커니즘(Mechanism)과 가장 거리가 먼 것은?

① 모방, 암시
② 분열, 강박
③ 동일화, 일체화
④ 커뮤니케이션, 공감

해설 집단에서의 인간관계 메커니즘(Mechanism)
(가) 일체화: 심리적 결합
(나) 동일화(identification): 타인의 행동 양식이나 태도를 투입시키거나 타인에게서 자기와 비슷한 점을 발견
(다) 공감 : 동정과 구분
(라) 커뮤니케이션(communication): 언어, 몸짓, 신호, 기호
(마) 모방(imitation): 인간관계 메커니즘 중에서 남의 행동이나 판단을 표본으로 하여 그것과 같거나 또는 그것에 가까운 행동 또는 판단을 취하려는 것(직접모방, 간접모방, 부분모방)
(바) 암시(suggestion) : 타인으로부터 판단이나 행동을 무비판적으로 근거 없이 받아들이는 것
(사) 역할학습: 유희(시장놀이 등)
(아) 투사(projection 투출): 자기 속에 억압된 것을 타인의 것으로 생각 하는 것(안 되면 조상 탓)

02 산업안전보건법령에 따른 안전보건관리규정에 포함되어야 할 세부 내용이 아닌 것은?

① 위험성 감소대책 수립 및 시행에 관한 사항
② 하도급 사업장에 대한 안전·보건관리에 관한 사항
③ 질병자의 근로 금지 및 취업 제한 등에 관한 사항
④ 물질안전보건자료에 관한 사항

해설 안전보건관리규정 작성내용
① 안전·보건 관리조직과 그 직무에 관한 사항
② 안전·보건교육에 관한 사항
③ 작업장 안전관리에 관한 사항
④ 작업장 보건관리에 관한 사항
⑤ 사고 조사 및 대책 수립에 관한 사항
⑥ 위험성 평가에 관한 사항
⑦ 그 밖에 안전·보건에 관한 사항

03 안전교육 중 프로그램 학습법의 장점이 아닌 것은?

① 학습자의 학습과정을 쉽게 알 수 있다.
② 여러 가지 수업 매체를 동시에 다양하게 활용할 수 있다.
③ 지능, 학습속도 등 개인차를 충분히 고려할 수 있다.
④ 매 반응마다 피드백이 주어지기 때문에 학습자가 흥미를 가질 수 있다.

해설 프로그램 학습법: 학생이 자기 학습속도에 따른 학습이 허용되어 있는 상태에서 학습자가 프로그램 자료를 가지고 단독으로 학습하도록 하는 교육방법
(가) 장점
 1) 학습자의 학습 과정을 쉽게 알 수 있다.
 2) 지능, 학습속도 등 개인차를 충분히 고려할 수 있다.
 3) 매 반응마다 피드백이 주어지기 때문에 학습자가 흥미를 가질 수 있다.
(나) 단점
 1) 여러 가지 수업 매체를 동시에 다양하게 활용할 수 없다.
 2) 개발된 프로그램은 변경이 불가능하다.
 3) 교육 내용이 고정화되어 있다.

정답 01.② 02.④ 03.②

04 산업안전보건법령에 따른 근로자 안전·보건교육 중 근로자 정기 안전·보건교육의 교육내용에 해당하지 않는 것은? (단, 산업안전보건법 및 일반관리에 관한 사항은 제외한다.)

① 건강증진 및 질병 예방에 관한 사항
② 산업보건 및 직업병 예방에 관한 사항
③ 유해·위험 작업환경 관리에 관한 사항
④ 작업공정의 유해·위험과 재해 예방대책에 관한 사항

해설 근로자 정기교육 : 교육 내용
- 산업안전 및 사고 예방에 관한 사항
- 산업보건 및 직업병 예방에 관한 사항
- 건강증진 및 질병 예방에 관한 사항
- 유해·위험 작업환경 관리에 관한 사항
- 산업안전보건법령 및 산업재해보상보험 제도에 관한 사항
- 직무스트레스 예방 및 관리에 관한 사항
- 직장 내 괴롭힘, 고객의 폭언 등으로 인한 건강장해 예방 및 관리에 관한 사항

05 최대사용전압이 교류(실효값) 500V 또는 직류 750V인 내전압용 절연장갑의 등급은?

① 00
② 0
③ 1
④ 2

해설 절연장갑의 등급별 최대사용전압

등급	최대사용전압		비고
	교류(V, 실효값)	직류(V)	
00	500	750	
0	1,000	1,500	
1	7,500	11,250	
2	17,000	25,500	
3	26,500	39,750	
4	36,000	54,000	

* 직류는 교류 값에 1.5를 곱해준다.

06 산업재해 기록·분류에 관한 지침에 따른 분류기준 중 다음의 ( ) 안에 알맞은 것은?

재해자가 넘어짐으로 인하여 기계의 동력 전달 부위 등에 끼이는 사고가 발생하여 신체 부위가 절단되는 경우는 ( )으로 분류한다.

① 넘어짐
② 끼임
③ 깔림
④ 절단

해설 재해 발생 형태 분류 시 유의사항〈산업재해 기록·분류에 관한 지침〉
1) 두 가지 이상의 발생형태가 연쇄적으로 발생된 재해의 경우는 상해결과 또는 피해를 크게 유발한 형태로 분류한다.
 ① 재해자가 '넘어짐'으로 인하여 기계의 동력전달 부위 등에 끼이는 사고가 발생하여 신체 부위가 '절단'된 경우에는 '끼임'으로 분류한다.
  ※ 용어 같이 사용: 추락(떨어짐), 전도(넘어짐), 협착(끼임), 감전(전류접촉) 등

07 산업안전보건법령에 따라 사업주가 사업장에서 중대재해가 발생한 사실을 알게 된 경우 관할지방고용노동관서의 장에게 보고하여야 하는 시기로 옳은 것은? (단, 천재지변 등 부득이한 사유가 발생한 경우는 제외한다.)

① 지체 없이
② 12시간 이내
③ 24시간 이내
④ 48시간 이내

해설 중대재해 발생 보고
- 사업주는 중대재해가 발생한 사실을 알게 된 경우에는 지체 없이 관할지방고용노동관서의 장에게 보고
- 보고방법: 전화 팩스 또는 그 밖의 적절한 방법
- 보고내용: 발생개요 및 피해사항, 조치 및 전망, 그 밖의 중요한 사항

08 유기화합물용 방독마스크의 시험가스가 아닌 것은?

① 증기(Cl_2)
② 디메틸에테르(CH_3OCH_3)
③ 시클로헥산(C_6H_{12})
④ 이소부탄(C_4H_{10})

정답 04. ④ 05. ① 06. ② 07. ① 08. ①

해설 방독마스크 정화통(흡수관) 종류와 시험가스

종 류	시험가스	정화통 외부측면 표시색
유기화합물용	시클로헥산(C_6H_{12})	갈색
할로겐용	염소가스 또는 증기(Cl_2)	회색
황화수소용	황화수소가스(H_2S)	회색
시안화수소용	시안화수소가스(HCN)	회색
아황산용	아황산가스(SO_2)	노란색
암모니아용	암모니아가스(NH_3)	녹색

* 복합용의 정화통은 해당가스 모두 표시(2층 분리), 겸용은 백색과 해당가스 모두 표시(2층 분리)
* 유기화합물용 방독마스크 시험가스의 종류 : 시클로헥산, 디메틸에테르, 이소부탄

09 안전교육의 학습경험선정 원리에 해당하지 않는 것은?

① 계속성의 원리
② 가능성의 원리
③ 동기유발의 원리
④ 다목적 달성의 원리

해설 Tyler의 학습경험선정의 원리
① 동기유발(흥미)의 원리
② 기회의 원리
③ 가능성의 원리
④ 일 경험 다목적 달성의 원리
⑤ 전이(파급효과)의 원리

10 재해사례연구의 진행순서로 옳은 것은?

① 재해 상황 파악 → 사실의 확인 → 문제점 발견 → 근본적 문제점 결정 → 대책 수립
② 사실의 확인 → 재해 상황 파악 → 문제점 발견 → 근본적 문제점 결정 → 대책 수립
③ 재해 상황 파악 → 사실의 확인 → 근본적 문제점 결정 → 문제점 발견 → 대책 수립
④ 사실의 확인 → 재해 상황 파악 → 근본적 문제점 결정 → 문제점 발견 → 대책 수립

해설 재해사례연구의 순서
(가) 전제조건: 재해 상황의 파악(5단계일 때)
사례연구의 전제조건인 재해 상황 파악
(나) 제1단계: 사실의 확인
작업의 개시에서 재해의 발생까지의 경과 가운데 재해와 관계있는 사실 및 재해요인으로 알려진 사실을 객관적으로 확인(이상 시, 사고 시 또는 재해 발생 시의 조치도 포함)
(다) 제2단계: 문제점의 발견
파악된 사실로부터 각종 기준에서의 차이에 따른 문제점을 발견(직접 원인)
(라) 제3단계: 근본 문제점의 결정
문제점 가운데 재해의 중심이 된 근본적인 문제점을 결정하고 재해 원인을 판단(기본원인)
(마) 제4단계: 대책 수립
재해사례를 해결하기 위한 대책을 세움

11 산업안전보건법령에 따른 특정행위의 지시 및 사실의 고지에 사용되는 안전·보건표지의 색도기준으로 옳은 것은?

① 2.5G 4/10
② 2.5PB 4/10
③ 5Y 8.5/12
④ 7.5R 4/14

12 부주의에 대한 사고방지대책 중 기능 및 작업측면의 대책이 아닌 것은?

① 표준작업의 습관화
② 적성배치
③ 안전의식의 제고
④ 작업조건의 개선

해설 부주의에 의한 사고방지대책
① 정신적 측면의 대책 사항: 안전의식제고, 주의력 집중 훈련, 스트레스 해소, 작업의욕 고취
② 기능 및 작업측면의 대책: 적성배치, 표준 작업의 습관화, 안전작업 방법의 습득, 작업조건의 개선과 적응력 향상
③ 설비 및 환경 측면의 대책: 표준작업 제도 도입, 설비 및 작업환경의 안전화, 긴급 시 안전작업 대책 수립

정답 09. ① 10. ① 11. ② 12. ③

13 버드(Bird)의 신연쇄성 이론 중 재해발생의 근원적 원인에 해당하는 것은?

① 상해 발생　② 징후 발생
③ 접촉 발생　④ 관리의 부족

해설 재해발생 모형(mechanism)

구분	하인리히	버드	아담스	웨버
제1단계	사회적 환경, 유전적 요소 (선천적 결함)	제어(통제)의 부족(관리)	관리구조	유전과 환경
제2단계	개인적인 결함	기본원인 (기원)	작전적 에러 (경영자, 감독자 행동)	인간의 결함
제3단계	불안전 행동 및 불안전 상태	직접원인 (징후)	전술적 에러 (불안전한 행동, 조작)	불안전한 행동과 상태
제4단계	사고	사고	사고	사고
제5단계	상해	상해	상해 또는 손실	재해 (상해)

14 브레인스토밍(Brain-storming) 기법의 4원칙에 관한 설명으로 옳은 것은?

① 주제와 관련이 없는 내용은 발표할 수 없다.
② 동료의 의견에 대하여 좋고 나쁨을 평가한다.
③ 발표 순서를 정하고, 동일한 발표기회를 부여한다.
④ 타인의 의견에 대하여는 수정하여 발표할 수 있다.

해설 브레인스토밍(brain-storming)으로 아이디어 개발
가) 브레인스토밍(brain-storming)
　• 다수의 팀원이 마음 놓고 편안한 분위기 속에서 공상과 연상의 연쇄반응을 일으키면서 자유 분망하게 아이디어를 대량으로 발언하는 방법(토의식 아이디어 개발기법)
　• 6~12명의 구성원으로 타인의 비판 없이 자유로운 토론을 통하여 다량의 독창적인 아이디어를 이끌어내고, 대안적 해결안을 찾기 위한 집단적 사고기법
나) 브레인스토밍 4원칙
　① 비판금지: 타인의 의견에 대하여 장, 단점을 비판하지 않음.
　② 자유분방: 지정된 표현방식을 벗어나 자유롭게 의견을 제시
　③ 대량발언: 사소한 아이디어라도 가능한 한 많이 제시하도록 함.
　④ 수정발언: 타인의 의견에 대하여는 수정하여 발표할 수 있음.

15 주의의 특성에 해당하지 않는 것은?

① 선택성　② 변동성
③ 가능성　④ 방향성

해설 주의의 특성
① 방향성: 한 지점에 주의를 집중하면 다른 곳에의 주의는 약해짐
② 변동성(단속성): 장시간 주의를 집중하려 해도 주기적으로 부주의의 리듬이 존재
③ 선택성: 여러 자극을 지각할 때 소수의 현란한 자극에 선택적 주의를 기울이는 경향

16 OJT(On the Job Training)의 특징에 대한 설명으로 옳은 것은?

① 특별한 교재·교구·설비 등을 이용하는 것이 가능하다.
② 외부의 전문가를 위촉하여 전문교육을 실시할 수 있다.
③ 직장의 실정에 맞는 구체적이고 실제적인 지도 교육이 가능하다.
④ 다수의 근로자들에게 조직적 훈련이 가능하다.

정답　13. ④　14. ④　15. ③　16. ③

해설 **교육훈련방법**
(가) OJT(On the Job Training) 교육
현장중심교육으로 직속상사가 현장에서 일상 업무를 통하여 개별교육이나 지도훈련을 하는 형태
(나) Off JT(Off the Job Training) 교육
계층별 또는 직능별 등과 같이 공통된 교육대상자를 현장 외의 한 장소에서 집체교육훈련을 실시하는 교육형태

17 연간근로자수가 1000명인 공장의 도수율이 10인 경우 이 공장에서 연간 발생한 재해건수는 몇 건인가?

① 20건　② 22건
③ 24건　④ 26건

해설 **도수율(빈도율 F.R, Frequency Rate of injury)**
① 도수율(빈도율)은 연 100만 근로시간당 재해발생건수
② 도수율(빈도율) = $\frac{재해건수}{연근로시간수} \times 1,000,000$
⇒ 재해건수 = (도수율×연근로시간수)/1,000,000
= (10×2,400,000)/1,000,000 = 24
* 연근로시간수 = 1일 8시간×연 300일×1,000명
= 2,400,000

18 산업안전보건법령상 안전검사 대상 유해·위험 기계 등에 해당하는 것은?

① 정격 하중이 2톤 미만인 크레인
② 이동식 국소 배기장치
③ 밀폐형 구조 롤러기
④ 산업용 원심기

해설 **안전검사 대상 유해·위험기계〈산업안전보건법 시행령 제78조〉**
① 프레스 ② 전단기 ③ 크레인(정격 하중이 2톤 미만인 것은 제외) ④ 리프트 ⑤ 압력용기 ⑥ 곤돌라 ⑦ 국소 배기장치(이동식은 제외) ⑧ 원심기(산업용만 해당) ⑨ 롤러기(밀폐형 구조는 제외) ⑩ 사출성형기[형 체결력(型 締結力) 294킬로뉴턴(KN) 미만은 제외] ⑪ 고소작업대[화물자동차 또는 특수자동차에 탑재한 고소작업대(高所作業臺)로 한정] ⑫ 컨베이어 ⑬ 산업용 로봇

19 안전교육 방법의 4단계의 순서로 옳은 것은?

① 도입 → 확인 → 적용 → 제시
② 도입 → 제시 → 적용 → 확인
③ 제시 → 도입 → 적용 → 확인
④ 제시 → 확인 → 도입 → 적용

해설 **교육진행 4단계(강의안 구성 4단계, 안전교육 지도안의 4단계, 교육방법의 4단계)**
(가) 제1단계 도입(준비): 학습할 준비를 시킨다(동기유발)
 • 관심과 흥미를 가지고 심신의 여유를 주는 단계
(나) 제2단계 제시(설명): 작업을 설명한다.(강의식 교육지도에서 가장 많은 시간이 할당되는 단계)
 • 상대의 능력에 따라 교육하고 내용을 확실하게 이해시키고 납득시키는 설명 단계
(다) 제3단계 적용(응용): 작업을 시켜본다
 • 과제를 주어 문제해결을 시키거나 습득시키는 단계
(라) 제4단계 확인(총괄, 평가): 가르친 뒤 살펴본다.
 • 교육내용을 정확하게 이해하였는가를 테스트 하는 단계

20 관리 그리드 이론에서 인간관계 유지에는 낮은 관심을 보이지만 과업에 대해서는 높은 관심을 가지는 리더십의 유형은?

① 1.1형　② 1.9형
③ 9.1형　④ 9.9형

해설 **관리그리드(managerial grid) 이론에서의 리더의 행동유형과 경향**: 관리그리드(관리격자이론)는 관리격자(바둑판 모양)를 활용하여 두 가지(인간, 과업) 차원에 기초하여 리더십 이론을 전개
1) (1.1)형: 무관심형
 ① 생산과 인간에 대한 관심이 모두 낮은 무관심 유형
 ② 리더 자신의 직분을 유지하는 데 필요한 최소 노력만 투입
2) (1.9)형: 인기형
 ① 인간에 대한 관심은 매우 높고, 생산에 대한 관심은 낮은 유형
 ② 구성원간의 만족한 관계와 친밀한 분위기 조성에 역점
3) (9.1)형: 과업형
 ① 생산에 대한 관심은 매우 높고, 인간에 대한 관심은 낮음 유형

정답 17.③ 18.④ 19.② 20.③

② 인간적 요소보다 과업 수행의 능력을 최고로 중시
4) (5,5)형: 타협형
① 과업이 능률과 인간적 요소를 절충(중간형)
② 적당한 수준의 성과를 지향하는 유형
5) (9,9)형: 이상형
① 구성원들에게 조직체의 공동목표, 상호의존관계를 강조
② 상호 신뢰적이고 상호 존경적 관계에서 구성원을 통한 과업달성

제2과목 인간공학 및 시스템안전공학

21 고용노동부 고시의 근골격계부담작업의 범위에서 근골격계부담작업에 대한 설명으로 틀린 것은?

① 하루에 10회 이상 25kg 이상의 물체를 드는 작업
② 하루에 총 2시간 이상 쪼그리고 앉거나 무릎을 굽힌 자세에서 이루어지는 작업
③ 하루에 총 2시간 이상 집중적으로 자료 입력 등을 위해 키보드 또는 마우스를 조작하는 작업
④ 하루에 총 2시간 이상 지지되지 않은 상태에서 4.5kg 이상의 물건을 한 손으로 들거나 동일한 힘으로 쥐는 작업

22 양립성(compatibility)에 대한 설명 중 틀린 것은?

① 개념양립성, 운동양립성, 공간양립성 등이 있다.
② 인간의 기대에 맞는 자극과 반응의 관계를 의미한다.
③ 양립성의 효과가 크면 클수록, 코딩의 시간이나 반응의 시간은 길어진다.
④ 양립성이 인간의 예상과 어느 정도 일치하는 것을 의미 한다.

해설 양립성(compatibility): 외부의 자극과 인간의 기대가 서로 모순되지 않아야 하는 것으로 제어장치와 표시장치 사이의 연관성이 인간의 예상과 어느 정도 일치하는가 여부
(가) 공간적 양립성: 표시장치나 조정장치의 물리적 형태나 공간적인 배치의 양립성
 • 오른쪽 버튼을 누르면, 오른쪽 기계가 작동하는 것
(나) 운동적 양립성: 표시장치, 조정장치 등의 운동방향 양립성
 • 자동차 핸들 조작 방향으로 바퀴가 회전하는 것
(다) 개념적 양립성: 어떠한 신호가 전달하려는 내용과 연관성이 있어야 하는 것
 • 위험신호는 빨간색, 주의신호는 노란색, 안전신호는 파란색으로 표시
 • 온수 손잡이는 빨간색, 냉수 손잡이는 파란색의 경우
(라) 양식 양립성: 청각적 자극 제시와 이에 대한 음성응답 과업에서 갖는 양립성

23 정보처리과정에서 부적절한 분석이나 의사결정의 오류에 의하여 발생하는 행동은?

① 규칙에 기초한 행동(rule-based behavior)
② 기능에 기초한 행동(skill-based behavior)
③ 지식에 기초한 행동(knowledge-based behavior)
④ 무의식에 기초한 행동(unconsciousness-based behavior)

해설 라스무센(Rasmussen)의 인간행동 세 가지 분류
(가) 지식 기반 행동(knowledge-based behavior): 부적절한 분석이나 비정형적인 의사 결정 형태
 • 여러 종류의 자극과 정보에 대해 심사숙고하여 의사를 결정하고 행동을 수행하는 것. 문제를 해결할 수 있는 행동 수준의 의식수준
(나) 규칙 기반 행동(rule-based behavior): 행동 규칙에 의거한 형태
 • 경험에 의해 판단하고 행동규칙 등에 따라 반응하여 수행하는 의식수준
(다) 숙련 기반 행동(skill-based behavior): 반사조작 수준
 • 가장 숙련도가 높은 자동화된 형태
 • 오랜 경험이나 본능에 의하여 의식하지 않고 행동으로 생각 없이 반사운동처럼 수행하는 의식수준

정답 21. ③ 22. ③ 23. ③

24 욕조곡선의 설명으로 맞는 것은?
① 마모고장 기간의 고장 형태는 감소형이다.
② 디버깅(Debugging) 기간은 마모고장에 나타난다.
③ 부식 또는 산화로 인하여 초기고장이 일어난다.
④ 우발고장기간은 고장률이 비교적 낮고 일정한 현상이 나타난다.

해설 기계설비의 고장유형
(가) 초기 고장(감소형 고장): 설계상, 구조상 결함, 불량제조·생산과정 등의 품질관리 미비로 생기는 고장
 ① 점검 작업이나 시운전 작업 등으로 사전에 방지
 ② 디버깅 기간(debugging): 기계의 결함을 찾아내 고장률을 안정시키는 기간
 ③ 번인 기간(burn-in): 장시간 가동하면서 고장을 제거하는 기간
(나) 우발 고장(일정형): 예측할 수 없을 때 생기는 고장으로 점검 작업이나 시운전 작업으로 재해를 방지할 수 없음.
(다) 마모 고장(증가형): 장치의 일부가 수명을 다 해서 생기는 고장으로, 안전진단 및 적당한 보수에 의해서 방지

25 시력에 대한 설명으로 맞는 것은?
① 배열시력(vernier acuity) - 배경과 구별하여 탐지할 수 있는 최소의 점
② 동적시력(dynamic visual acuity) - 비슷한 두 물체가 다른 거리에 있다고 느껴지는 시차각의 최소차로 측정되는 시력
③ 입체시력(stereoscopic acuity) - 거리가 있는 한 물체에 대한 약간 다른 상이 두 눈의 망막에 맺힐 때 이것을 구별하는 능력
④ 최소지각시력(minimum perceptible acuity) - 하나의 수직선이 중간에서 끊겨 아래 부분이 옆으로 옮겨진 경우에 탐지할 수 있는 최소 측변방위

해설 입체시력(stereoscopic acuity)
거리가 있는 한 물체에 대한 약간 다른 상이 두 눈의 망막에 맺힐 때 이것을 구별하는 능력(이로 인해 입체감을 느낌)

26 인간의 귀의 구조에 대한 설명으로 틀린 것은?
① 외이는 귓바퀴와 외이도로 구성된다.
② 고막은 중이와 내이의 경계부위에 위치해 있으며 음파를 진동으로 바꾼다.
③ 중이에는 인두와 교통하여 고실 내압을 조절하는 유스타키오관이 존재한다.
④ 내이는 신체의 평형감각수용기인 반규관과 청각을 담당하는 전정기관 및 와우로 구성되어 있다.

해설 귀에 대한 구조(외이, 중이, 내이)
(가) 외이(external ear)는 귓바퀴와 외이도로 구성
(나) 중이(middle ear)는 고막, 중이소골, 유스타키오관으로 구성
 ① 고막은 외이와 중이의 경계부위에 위치해 있으며 음파를 진동으로 바꿈(외이와 중이는 고막을 경계로 분리)
 ② 중이에는 인두와 서로 교통하고 고실 내압을 조절하는 중이와 내이에 연결되어 있는 유스타키오관이 존재
 ③ 고막 안쪽의 중이에는 중이소골(ossicle)이라 불리는 3개의 작은 뼈들(추골, 침골, 등골)이 서로 연결되어 있음
 ④ 중이소골은 고막의 진동을 내이의 난원창으로 전달하는 역할
 ⑤ 등골은 난원창막 바깥쪽에 있는 내이액에 음압변화를 전달하며, 전달 과정에서 고막에 가해지는 미세한 압력변화는 22배로 증폭되어 내이로 전달
(다) 내이(inner ear)는 신체의 균형을 담당하는 평형기관인 반규관(반고리관) 및 전정기관과 청각을 담당하는 와우관(달팽이관)으로 구성

정답 24.④ 25.③ 26.②④

27 FTA를 수행함에 있어 기본사상들의 발생이 서로 독립인가 아닌가의 여부를 파악하기 위해서는 어느 값을 계산해 보는 것이 가장 적합한가?

① 공분산　　② 분산
③ 고장률　　④ 발생확률

해설 **FTA의 특징**: 정상사상인 재해현상으로부터 기본사상인 재해원인을 향해 연역적으로 분석하는 방법
- 발생확률 값 계산 : FTA를 수행함에 있어 기본사상들의 발생이 서로 독립인가 아닌가의 여부를 파악하기 위해서는 발생확률의 값을 계산해 보는 것이 가장 적합

28 산업안전보건법령에 따라 제출된 유해·위험방지계획서의 심사 결과에 따른 구분·판정결과에 해당하지 않는 것은?

① 적정　　② 일부 적정
③ 부적정　　④ 조건부 적정

해설 **심사 결과의 구분〈산업안전보건법 시행규칙 제45조〉**
공단은 유해·위험방지계획서의 심사 결과에 따라 다음 각 호와 같이 구분·판정한다.
1. 적정: 근로자의 안전과 보건을 위하여 필요한 조치가 구체적으로 확보되었다고 인정되는 경우
2. 조건부 적정: 근로자의 안전과 보건을 확보하기 위하여 일부 개선이 필요하다고 인정되는 경우
3. 부적정: 건설물·기계·설비 또는 건설공사가 심사기준에 위반되어 공사착공 시 중대한 위험발생의 우려가 있거나 계획에 근본적 결함이 있다고 인정되는 경우

29 일반적으로 기계가 인간보다 우월한 기능에 해당되는 것은? (단, 인공지능은 제외한다.)

① 귀납적으로 추리한다.
② 원칙을 적용하여 다양한 문제를 해결한다.
③ 다양한 경험을 토대로 하여 의사 결정을 한다.
④ 명시된 절차에 따라 신속하고, 정량적인 정보처리를 한다.

해설 인간과 기계의 기능 비교

인간이 우수한 기능	기계가 우수한 기능
• 낮은 수준의 시각, 청각, 촉각, 후각, 미각적인 자극을 감지 • 상황에 따라 변화하는 복잡 다양한 자극의 형태 식별 • 다양한 경험통한 의사 결정 • 주위가 이상하거나 예기치 못한 사건을 감지하여 대처하는 업무를 수행	• 인간 감지 범위 밖의 자극 감지 • 인간 및 기계에 대한 모니터 감지 • 드물게 발생하는 사상 감지
• 많은 양의 정보를 장기간 보관 • 관찰을 통한 일반화하여 귀납적 추리 • 과부하 상황에서는 중요한 일에만 전념 • 원칙을 적용하여 다양한 문제를 해결하는 능력	• 암호화된 정보 신속하게 대량 보관 • 관찰을 통해서 특수화하고 연역적으로 추리 • 과부하시에도 효율적으로 작동 • 명시된 절차에 따라 신속하고, 정량적 정보 처리
• 임기응변, 융통성, 원칙적용, 주관적 추산, 독창력 발휘 등의 기능 • 주관적인 추산과 평가 작업을 수행 • 어떤 운용방법이 실패할 경우 완전히 새로운 해결책(방법) 찾을 수 있음	• 장시간 중량작업, 반복작업, 동시작업 수행 기능 • 장시간 일관성이 있는 작업을 수행 • 소음, 이상온도 등의 환경에서 수행

30 섬유유연제 생산 공정이 복잡하게 연결되어 있어 작업자의 불안전한 행동을 유발하는 상황이 발생하고 있다. 이것을 해결하기 위한 위험처리 기술에 해당하지 않는 것은?

① Transfer(위험전가)
② Retention(위험보류)
③ Reduction(위험감축)
④ Rearrange(작업순서의 변경 및 재배열)

정답 27.① 28.② 29.④ 30.④

해설 위험관리에 있어 위험조정기술
(가) 위험 회피(avoidance)
(나) 위험 감축, 경감(reduction): 가능한 모든 방법을 이용해 위험의 발생 가능성을 저감시켜 위험을 감축하는 것 - 위험방지, 분산, 결합, 제한
(다) 위험 보류, 보유(retention): 위험을 회피하거나 전가될 수 없는 위험을 감수하는 전략
(라) 위험 전가(transfer): 보험으로 위험 조정

31 다음 그림의 결함수에서 최소 패스셋(minimal path sets)과 그 신뢰도 R(t)는?(단, 각각의 부품 신뢰도는 0.9이다.)

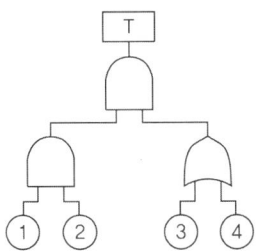

① 최소 패스셋 : {1}, {2}, {3, 4} R(t)= 0.9081
② 최소 패스셋 : {1}, {2}, {3, 4} R(t)= 0.9981
③ 최소 패스셋 : {1, 2, 3}, {1, 2, 4} R(t)= 0.9081
④ 최소 패스셋 : {1, 2, 3}, {1, 2, 4} R(t)= 0.9981

해설 (1) 패스셋(minimal path sets): 어떤 고장이나 실수를 일으키지 않으면 재해가 발생하지 않는 것으로 시스템의 신뢰성을 표시하는 것(시스템이 기능을 살리는 데 필요한 최소 요인의 집합)
  * 최소 패스셋(minimal path set): 최소 패스셋은 최소 컷셋과 최소 패스셋의 쌍대성을 이용하여 구함
    - 쌍대 FT도의 최소 컷셋이 최소 패스셋이 됨: 쌍대 FT도는 AND게이트를 OR로, AND게이트를 OR로 치환시킨 FT도
  ⇨ AND게이트를 OR로, AND게이트를 OR로 치환
  T=A+B (A=①+②, B=③·④)
  T=(①+②)+(③·④)
  =①+②+(③·④)

컷셋 및 최소 컷셋은 (①), (②), (③ ④)
따라서 최소 패스셋(minimal path set)은 (①), (②), (③ ④)

(2) 신뢰도 (* 각각의 부품 신뢰도는 0.9, 고장확률 0.1)
R(t)=A+B (A=①+②, B=③·④)
A=1-(1-0.9)(1-0.9)=0.99
B=①·②=0.9×0.9=0.81
⇨ R(t)=1-(1-0.99)(1-0.81)=0.9981

32 3개 공정의 소음수준 측정 결과 1공정은 100dB에서 1시간, 2공정은 95dB에서 1시간, 3공정은 90dB에서 1시간이 소요될 때 총 소음량(TND)과 소음설계의 적합성을 맞게 나열한 것은? (단, 90dB에 8시간 노출될 때를 허용기준으로 하며, 5dB증가할 때 허용시간은 1/2로 감소되는 법칙을 적용한다.)

① TND=0.785, 적합
② TND=0.875, 적합
③ TND=0.985, 적합
④ TND=1.085, 부적합

해설 총 소음량(TND)
① 3공정은 90dB에서 1시간(허용기준 90dB에서 8시간 노출)
② 2공정은 95dB에서 1시간(허용기준 100dB에서 4시간 노출)
③ 1공정은 100dB에서 1시간(허용기준 100dB에서 2시간 노출)
⇨ 총 소음량(TND)= $\frac{1}{8}+\frac{1}{4}+\frac{1}{2}=0.875$
적합성: 88%으로 적합(기준 100% 이하)

33 안전성 평가의 기본원칙 6단계에 해당하지 않는 것은?

① 안전대책
② 정성적 평가
③ 작업환경 평가
④ 관계 자료의 정비검토

정답 31. ② 32. ② 33. ③

해설 안전성평가의 5(6)단계
① 제1단계: 관계 자료의 작성 준비(관계 자료의 정비 검토)
② 제2단계: 정성적 평가
③ 제3단계: 정량적 평가
④ 제4단계: 안전 대책
⑤ 제5단계: 재해 정보에 의한 재평가
(⑥ 제6단계: FTA에 의한 재평가)

34 인간공학에 있어 기본적인 가정에 관한 설명으로 틀린 것은?

① 인간 기능의 효율은 인간 - 기계 시스템의 효율과 연계된다.
② 인간에게 적절한 동기부여가 된다면 좀 더 나은 성과를 얻게 된다.
③ 개인이 시스템에서 효과적으로 기능을 하지 못하여도 시스템의 수행도는 변함 없다.
④ 장비, 물건, 환경 특성이 인간의 수행도와 인간 - 기계 시스템의 성과에 영향을 준다.

해설 인간공학에 있어 기본적인 가정
① 인간 기능의 효율은 인간: 기계 시스템의 효율과 연계된다.
② 인간에게 적절한 동기부여가 된다면 좀 더 나은 성과를 얻게 된다.
③ 장비, 물건, 환경 특성이 인간의 수행도와 인간: 기계 시스템의 성과에 영향을 준다.

35 다음 내용의 ( ) 안에 들어갈 내용을 순서대로 정리한 것은?

> 근섬유의 수축단위는 (A)(이)라 하는데, 이것은 두 가지 기본형의 단백질 필라멘트로 구성되어 있으며, (B)이(가) (C) 사이로 미끄러져 들어가는 현상으로 근육의 수축을 설명하기도 한다.

① A: 근막, B: 마이오신, C: 액틴
② A: 근막, B: 액틴, C: 마이오신
③ A: 근원섬유, B: 근막, C: 근섬유
④ A: 근원섬유, B: 액틴, C: 마이오신

해설 근섬유: 근육을 구성하는 기본 단위로 수축성을 가진 섬유상 세포이며 여러 개의 근원섬유로 이루어 있음
• 근섬유의 수축단위는 근원섬유라 하는데, 이것은 두 가지 기본형의 단백질 필라멘트로 구성되어 있으며, 액틴이 마이오신 사이로 미끄러져 들어가는 현상으로 근육의 수축을 설명하기도 한다.

36 소음 발생에 있어 음원에 대한 대책으로 볼 수 없는 것은?

① 설비의 격리
② 적절한 재배치
③ 저소음 설비 사용
④ 귀마개 및 귀덮개 사용

해설 소음대책
1) 음원에 대한 대책(소음원 통제)
 ① 설비의 격리
 ② 적절한 재배치
 ③ 저소음 설비 사용
2) 소음의 격리
3) 차폐장치 및 흡음재 사용
4) 음향처리재 사용
5) 적절한 배치(layout)
6) 배경음악(BGM, Back Ground Music)
7) 방음보호구 사용: 귀마개, 귀덮개 – 소극적 대책

37 인간공학적 의자 설계의 원리로 가장 적합하지 않은 것은?

① 자세고정을 줄인다.
② 요부측만을 촉진한다.
③ 디스크 압력을 줄인다.
④ 등근육의 정적 부하를 줄인다.

해설 의자 설계의 일반원칙: 의자를 설계하는 데 있어 적용할 수 있는 일반적인 인간공학적 원칙
① 조절을 용이하게 함.
② 요부 전만(腰部前灣)을 유지할 수 있도록 함: 허리 S라인 유지

정답 34.③ 35.④ 36.④ 37.②

③ 등근육의 정적 부하를 줄이는 구조
④ 추간판(디스크)에 가해지는 압력을 줄일 수 있도록 함.
⑤ 고정된 자세로 장시간 유지되지 않도록 함(자세 고정 줄임)

38 FTA에서 사용되는 논리게이트 중 입력과 반대되는 현상으로 출력되는 것은?

① 부정 게이트
② 억제 게이트
③ 배타적 OR 게이트
④ 우선적 AND 게이트

해설 부정 게이트

부정게이트	입력에 반대현상으로 출력

39 다음 그림에서 시스템 위험분석 기법 중 PHA(예비위험분석)가 실행되는 사이클의 영역으로 맞는 것은?

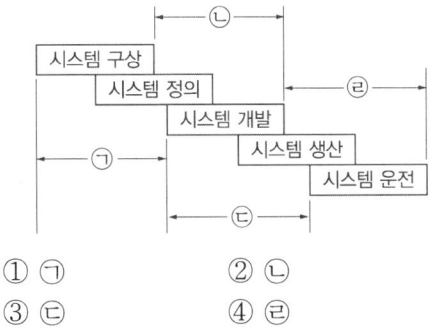

① ㉠   ② ㉡
③ ㉢   ④ ㉣

해설 예비위험분석(PHA, Preliminary Hazards Analysis)
① 모든 시스템 안전 프로그램에서의 최초단계 분석 방법으로 시스템의 위험요소가 어떤 위험 상태에 있는가를 정성적으로 평가하는 분석 방법
② 예비위험분석(PHA)의 목적: 시스템의 구상단계에서 시스템 고유의 위험 상태를 식별하여 예상되는 위험수준을 결정하기 위한 것

40 인간과 기계의 신뢰도가 인간 0.40, 기계 0.95인 경우, 병렬작업 시 전체 신뢰도는?

① 0.89   ② 0.92
③ 0.95   ④ 0.97

해설 시스템의 신뢰도=1-(1-0.40)(1-0.95)=0.97

제3과목 기계위험방지기술

41 어떤 양중기에서 3000kg의 질량을 가진 물체를 한쪽이 45°인 각도로 그림과 같이 2개의 와이어로프로 직접 들어올릴 때, 안전율이 고려된 가장 적절한 와이어로프 지름을 표에서 구하면?(단, 안전율은 산업안전보건법령을 따르고, 두 와이어로프의 지름은 동일하며, 기준을 만족하는 가장 작은 지름을 선정한다.)

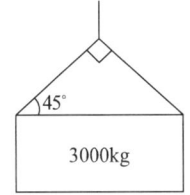

[와이어로프 지름 및 절단강도]

와이어로프 지름(mm)	절단 강도(kN)
10	56KN
12	88KN
14	110KN
16	144KN

① 10mm   ② 12mm
③ 14mm   ④ 16mm

해설 절단강도를 구하여 적적한 와이어로프 지름을 구함
① 2줄 사이의 각도(θ)
삼각의 전체 각은 180도=45도+45도+θ
← 한쪽 각이 45도이면 다른 쪽 각도 45도
⇨ θ=90도

정답 38.① 39.① 40.④ 41.③

② 2가닥 줄걸이의 각도 변화와 하중(안전하중, 사용하중)

$$장력 = \frac{\frac{W(중량)}{2}}{\cos\frac{\theta(2줄\ 사이의\ 각도)}{2}} = \frac{(3000/2)}{\cos(90/2)}$$

$$= 2,121.32 kg$$

※ sin으로 계산방법: 2×장력T×sin45=중량W
⇨ 2×장력T×sin45도=3000
장력T=2,121.32kg

③ 안전율=파단하중/사용하중
(* 달기와이어로프 안전계수: 5 이상)
파단하중=안전계수×사용하중=5×2,121.32kg
=10,606.6kg=103,944.6N=103.9KN
(* 1kgf=9.8N)

④ 절단강도 103.9KN이면 표에서의 근사 값은 110KN
⇨ 적절한 와이어로프 지름은 14mm

42 다음 중 금형 설치·해체작업의 일반적인 안전사항으로 틀린 것은?

① 금형을 설치하는 프레스의 T홈 안길이는 설치 볼트 직경 이하로 한다.
② 금형의 설치용구는 프레스의 구조에 적합한 형태로 한다.
③ 고정 볼트는 고정 후 가능하면 나사산이 3~4개 정도 짧게 남겨 슬라이드 면과의 사이에 협착이 발생하지 않도록 해야 한다.
④ 금형 고정용 브래킷(물림판)을 고정시킬 때 고정용 브래킷은 수평이 되게 하고, 고정볼트는 수직이 되게 고정하여야 한다.

해설 금형 설치 및 조정 작업 시 일반적인 안전사항
① 금형의 설치용구는 프레스의 구조에 적합한 형태로 한다.
② 금형을 설치하는 프레스의 T홈 안길이는 설치 볼트 직경의 2배 이상으로 한다.
③ 고정 볼트는 고정 후 가능하면 나사산이 3~4개 정도 짧게 남겨 슬라이드 면과의 사이에 협착이 발생하지 않도록 해야 한다.
④ 금형 고정용 브래킷(물림판)을 고정시킬 때 고정용 브래킷은 수평이 되게 하고, 고정볼트는 수직이 되게 고정하여야 한다.

43 휴대용 동력드릴의 사용 시 주의해야 할 사항에 대한 설명으로 옳지 않은 것은?

① 드릴 작업 시 과도한 진동을 일으키면 즉시 작업을 중단한다.
② 드릴이나 리머를 고정하거나 제거할 때는 금속성 망치 등을 사용한다.
③ 절삭하기 위하여 구멍에 드릴날을 넣거나 뺄 때는 팔을 드릴과 직선이 되도록 한다.
④ 작업 중에는 드릴을 구멍에 맞추거나 하기 위해서 드릴 날을 손으로 잡아서는 안 된다.

해설 휴대용 동력 드릴 작업 시 안전사항
① 드릴 손잡이를 견고 하게 잡고 작업하여 드릴손잡이 부위가 회전하지 않고 확실하게 제어 가능하도록 한다.
② 절삭하기 위하여 구멍에 드릴날을 넣거나 뺄 때 반발에 의하여 손잡이 부분이 튀거나 회전하여 위험을 초래하지 않도록 팔을 드릴과 직선으로 유지한다.
③ 드릴이나 리머를 고정시키거나 제거하고자 할 때 공구를 사용하고 금속성 망치 등을 사용해서는 안 된다.(고무망치 등을 사용)
④ 드릴을 구멍에 맞추거나 스핀들의 속도를 낮추기 위해서 드릴날을 손으로 잡아서는 안 된다.

44 방호장치를 분류할 때는 크게 위험장소에 대한 방호장치와 위험원에 대한 방호장치로 구분할 수 있는데, 다음 중 위험장소에 대한 방호장치가 아닌 것은?

① 격리형 방호장치
② 접근거부형 방호장치
③ 접근반응형 방호장치
④ 포집형 방호장치

해설 방호장치의 종류
(1) 격리형 방호장치: 작업자가 작업 점에 접촉하지 않도록 기계설비 외부에 차단벽이나 방호망을 설치하는 것으로 가장 많이 사용

정답 42.① 43.② 44.④

(2) 위치 제한형 방호장치: 조작자의 신체 부위가 위험한계 밖에 위치하도록 기계의 조작 장치를 위험구역에서 일정거리 이상 떨어지게 하는 방호장치(양수조작 시 안전장치)
(3) 접근거부형 방호장치: 작업자의 신체 부위가 위험한계 내로 접근하였을 때 기계적인 작용에 의하여 안전한 위치로 되돌리는 방호장치(수인식, 손쳐내기식 안전장치)
(4) 접근 반응형 방호장치: 업자의 신체 부위가 위험한계로 들어오면 이를 감지하여 작동중인 기계를 즉시 정지시키거나 스위치가 꺼지도록 하는 기능의 방호장치(광전자식 방호장치)
(5) 감지형 방호장치: 이상온도, 이상기압, 과부하 등 기계의 부하가 안전 한계치를 초과하는 경우에 이를 감지하고 자동으로 안전상태가 되도록 조정하거나 기계의 작동을 중지시키는 방호장치
(6) 포집형 방호장치: 위험원 방호
- 목재가공기계의 반발예방장치와 같이 위험장소에 설치하여 위험원이 비산하거나 튀는 것을 방지하는 등 작업자로부터 위험원을 차단하는 방호장치(반발예방장치, 덮개)

45 다음 ( ) 안의 A와 B의 내용을 옳게 나타낸 것은?

> 아세틸렌용접장치의 관리상 발생기에서 (A)미터 이내 또는 발생기실에서 (B)미터 이내의 장소에서는 흡연, 화기의 사용 또는 불꽃이 발생할 위험한 행위를 금지해야 한다.

① A: 7, B: 5
② A: 3, B: 1
③ A: 5, B: 5
④ A: 5, B: 3

해설 **아세틸렌 용접장치의 관리**〈산업안전보건기준에 관한 규칙〉
제290조(아세틸렌 용접장치의 관리 등)
사업주는 아세틸렌 용접장치를 사용하여 금속의 용접·용단(溶斷) 또는 가열작업을 하는 경우에 다음 각 호의 사항을 준수하여야 한다.
3. 발생기에서 5미터 이내 또는 발생기실에서 3미터 이내의 장소에서는 흡연, 화기의 사용 또는 불꽃이 발생할 위험한 행위를 금지시킬 것

46 크레인의 로프에 질량 100kg인 물체를 $5m/s^2$의 가속도로 감아올릴 때, 로프에 걸리는 하중은 약 몇 N인가?

① 500N
② 1480N
③ 2540N
④ 4900N

해설 **권상중의 하중**
① 동하중(W_2)=정하중/중력가속도×가속도
② 총하중(W)=정하중(W_1)+동하중(W_2)
③ 장력(N)=총 하중(kg)×중력가속도(m/s^2)
(* 중력가속도: 중력의 작용으로 인해 생기는 가속도. 물체에 작용하는 중력을 그 물체의 질량으로 나눈 값으로, 약 $9.8m/s^2$이다.)
⇨ 로프에 걸리는 총 하중
① 동하중(W_2)=(정하중/중력가속도)×가속도
   =(100/9.8)×5=51.02kg
   ← (중력가속도: 약 $9.8m/s^2$)
② 총하중(W)=정하중(W_1)+동하중(W_2)
   =100+51.02=151.02kg
③ 장력(N)=총 하중(kg)×중력가속도(m/s^2)
   =151.02×9.8
   =1,479.99N≒1,480N

47 침투탐상검사에서 일반적인 작업 순서로 옳은 것은?

① 전처리 → 침투처리 → 세척처리 → 현상처리 → 관찰 → 후처리
② 전처리 → 세척처리 → 침투처리 → 현상처리 → 관찰 → 후처리
③ 전처리 → 현상처리 → 침투처리 → 세척처리 → 관찰 → 후처리
④ 전처리 → 침투처리 → 현상처리 → 세척처리 → 관찰 → 후처리

해설 **침투탐상검사(PT) 방법에서 일반적인 작업순서**
전처리 → 침투처리 → 세척처리 → 현상처리 → 관찰 → 후처리

정답 45.④ 46.② 47.①

48 연삭기 덮개의 개구부 각도가 그림과 같이 150° 이하여야 하는 연삭기의 종류로 옳은 것은?

① 센터리스 연삭기
② 탁상용 연삭기
③ 내면 연삭기
④ 평면 연삭기

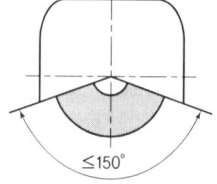

해설 연삭기 덮개의 노출각도
(가) 원통연삭기, 센터리스연삭기, 공구연삭기, 만능 연삭기 등: 180° 이내
(나) 상부를 사용할 것을 목적으로 하는 탁상용 연삭기: 60° 이내
(다) 휴대용 연삭기, 스윙연삭기: 180° 이내(하부 사용)
(라) 평면연삭기, 절단연삭기: 150° 이내

49 다음 중 선반에서 사용하는 바이트와 관련된 방호장치는?

① 심압대   ② 터릿
③ 칩 브레이커   ④ 주축대

해설 칩 브레이크(chip breaker)
선반 작업 시 발생되는 칩(chip)으로 인한 재해를 예방하기 위하여 칩을 짧게 끊어지도록 공구(바이트)에 설치되어 있는 방호장치의 일종인 칩 제거기구

50 프레스기를 사용하여 작업을 할 때 작업시작 전 점검사항으로 틀린 것은?

① 클러치 및 브레이크의 기능
② 압력방출장치의 기능
③ 크랭크축·플라이휠·슬라이드·연결봉 및 연결나사의 풀림유무
④ 금형 및 고정 볼트의 상태

해설 작업시작 전 점검 사항(프레스 등을 사용하는 작업을 할 때)
〈산업안전보건기준에 관한 규칙〉 [별표 3]
① 클러치 및 브레이크의 기능
② 크랭크축·플라이휠·슬라이드·연결봉 및 연결나사의 풀림 여부
③ 1행정 1정지 기구·급정지장치 및 비상정지장치의 기능
④ 슬라이드 또는 칼날에 의한 위험방지 기구의 기능
⑤ 프레스의 금형 및 고정볼트 상태
⑥ 방호장치의 기능
⑦ 전단기의 칼날 및 테이블의 상태

51 다음 중 기계 설비에서 재료 내부의 균열결함을 확인할 수 있는 가장 적절한 검사 방법은?

① 육안검사
② 초음파탐상검사
③ 피로검사
④ 액체침투탐상검사

해설 초음파탐상검사(UT, Ultrasonic Testing): 시험체 내부에 초음파 펄스를 입사시켰을 때 결함에 의한 초음파 반사 신호를 해독하는 방법.
• 균열에 높은 감도, 표면 및 내부 결함 검출가능. 높은 투과력, 자동화 가능
• 용접부에 발생한 미세균열, 용입 부족, 융합불량의 검출에 가장 적합한 비파괴검사법

52 다음은 프레스 제작 및 안전기준에 따라 높이 2m 이상인 작업용 발판의 설치 기준을 설명한 것이다. ( ) 안에 알맞은 말은?

[안전난간 설치기준]
• 상부 난간대는 바닥면으로부터 (가) 이상 120cm 이하에 설치하고, 중간난간대는 상부 난간대와 바닥면 등의 중간에 설치할 것
• 발끝막이판은 바닥면 등으로부터 (나) 이상의 높이를 유지할 것

① 가. 90cm, 나. 10cm
② 가. 60cm, 나. 10cm
③ 가. 90cm, 나. 20cm
④ 가. 60cm, 나. 20cm

정답 48.④ 49.③ 50.② 51.② 52.①

53 다음 중 산업안전보건법령상 보일러 및 압력용기에 관한 사항으로 틀린 것은?

① 공정안전보고서 제출 대상으로서 이행상태 평가결과가 우수한 사업장의 경우 보일러의 압력방출장치에 대하여 8년에 1회 이상으로 설정압력에서 압력방출장치가 적정하게 작동하는지를 검사할 수 있다.
② 보일러의 안전한 가동을 위하여 보일러 규격에 맞는 압력방출장치를 1개 이상 설치하고 최고 사용압력 이하에서 작동되도록 하여야 한다.
③ 보일러의 과열을 방지하기 위하여 최고 사용압력과 상용 압력 사이에서 보일러의 버너 연소를 차단할 수 있도록 압력제한스위치를 부착하여 사용하여야 한다.
④ 압력용기에서는 이를 식별할 수 있도록 하기 위하여 그 압력 용기의 최고사용압력, 제조연월일, 제조회사명이 지워지지 않도록 각인(刻印) 표시된 것을 사용하여야 한다.

[해설] (1) 압력방출장치(안전밸브 및 압력릴리프 장치): 보일러 내부의 압력이 최고사용 압력을 초과할 때 그 과잉의 압력을 외부로 자동적으로 배출시킴으로써 과도한 압력 상승을 저지하여 사고를 방지하는 장치
제16조(압력방출장치)〈산업안전보건기준에 관한 규칙〉
① 사업주는 보일러의 안전한 가동을 위하여 보일러 규격에 맞는 압력방출장치를 1개 또는 2개 이상 설치하고 최고사용압력(설계압력 또는 최고허용압력을 말한다.) 이하에서 작동되도록 하여야 한다.
② 제1항의 압력방출장치는 매년 1회 이상 산업통상자원부장관의 지정을 받은 국가교정업무 전담기관에서 교정을 받은 압력계를 이용하여 설정압력에서 압력방출장치가 적정하게 작동하는지를 검사한 후 납으로 봉인하여 사용하여야 한다. 다만, 공정안전보고서 제출 대상으로서 고용노동부장관이 실시하는 공정안전보고서 이행상태 평가결과가 우수한 사업장은 압력방출장치에 대하여 4년마다 1회 이상 설정압력에서 압력방출장치가 적정하게 작동하는지를 검사할 수 있다.

(2) 압력제한 스위치
제117조(압력제한스위치)
사업주는 보일러의 과열을 방지하기 위하여 최고 사용압력과 상용압력 사이에서 보일러의 버너 연소를 차단할 수 있도록 압력제한스위치를 부착하여 사용하여야 한다.
(3) 최고사용압력의 표시
제120조(최고사용압력의 표시 등)
사업주는 압력용기 등을 식별할 수 있도록 하기 위하여 그 압력용기 등의 최고사용압력, 제조연월일, 제조회사명 등이 지워지지 않도록 각인(刻印) 표시된 것을 사용하여야 한다.

54 목재가공용 둥근톱 기계에서 가동식 접촉예방장치에 대한 요건으로 옳지 않은 것은?

① 덮개의 하단이 송급되는 가공재의 상면에 항상 접하는 방식의 것이고 절단작업을 하고 있지 않을 때에는 톱날에 접촉되는 것을 방지할 수 있어야 한다.
② 절단작업 중 가공재의 절단에 필요한 날 이외의 부분을 항상 자동적으로 덮을 수 있는 구조여야 한다.
③ 지지부는 덮개의 위치를 조정할 수 있고 체결볼트에는 이완방지조치를 해야 한다.
④ 톱날이 보이지 않게 완전히 가려진 구조이어야 한다.

[해설] 목재가공용 둥근톱 기계의 가동식 접촉예방장치에 대한 요건(위험기계·기구 자율안전확인 고시 (별표 9))
가. 가동식 접촉예방장치는 다음의 요건을 만족해야 한다.
 1) 덮개의 하단이 송급되는 가공재의 상면에 항상 접하는 방식의 것이고 절단작업을 하고 있지 않을 때에는 톱날에 접촉되는 것을 방지할 수 있을 것
 2) 절단작업 중 가공재의 절단에 필요한 날 이외의 부분을 항상 자동적으로 덮을 수 있는 구조일 것
 3) 작업에 현저한 지장을 초래하지 않고 톱날을 관찰할 수 있을 것
 4) 접촉 예방장치의 지지부는 덮개의 위치를 조정할 수 있고 체결볼트에는 이완방지조치를 할 것
(* 가동식 덮개: 가공재 송급 시 두께에 따라 덮개 또는 보조덮개가 움직이는 형식을 말한다.)

정답 53.① 54.④

55 다음 중 기계설비에서 반대로 회전하는 두 개의 회전체가 맞닿는 사이에 발생하는 위험점을 무엇이라 하는가?

① 물림점(nip point)
② 협착점(squeeze pint)
③ 접선물림점(tangential point)
④ 회전말림점(trapping point)

해설 기계설비의 위험점
(1) 협착점(squeeze point): 왕복운동을 하는 동작 부분과 움직임이 없는 고정 부분 사이에 형성되는 위험점(프레스 금형조립부위 등)
(2) 끼임점(shear Point): 회전하는 동작부분과 고정부분이 함께 만드는 위험점(연삭숫돌과 작업대, 반복 동작되는 링크기구, 교반기의 날개와 몸체 사이, 풀리와 베드 사이 등)
(3) 절단점(cutting Point): 회전하는 운동부분 자체의 위험이나 운동하는 기계부분 자체의 위험에서 초래되는 위험점(목공용 띠톱 부분, 밀링 컷터 부분, 둥근톱날 등)
(4) 물림점(nip point): 회전하는 두 개의 회전체에 물려 들어가는 위험성이 있는 곳을 말하며, 위험점이 발생되는 조건은 회전체가 서로 반대 방향으로 맞물려 회전되어야 함(기어 물림점, 롤러회전에 의한 물림점 등)
(5) 접선 물림점(tangential point): 회전하는 부분의 접선방향으로 물려 들어갈 위험이 존재하는 점(풀리와 벨트, 스프로킷과 체인 등)
(6) 회전 말림점(trapping point): 회전하는 물체에 작업복 등이 말려드는 위험이 존재하는 점(나사 회전부, 드릴, 회전축, 커플링)

56 지게차가 부하상태에서 수평거리가 12m이고, 수직높이가 1.5m인 오르막길을 주행할 때 이 지게차의 전후 안정도와 지게차 안정도 기준의 만족여부로 옳은 것은?

① 지게차 전후 안정도는 12.5%이고 안정도 기준을 만족하지 못한다.
② 지게차 전후 안정도는 12.5%이고 안정도 기준을 만족한다.
③ 지게차 전후 안정도는 25%이고 안정도 기준을 만족하지 못한다.
④ 지게차 전후 안정도는 25%이고 안정도 기준을 만족한다.

해설 (1) 지게차의 안정도 $= \dfrac{높이}{거리} \times 100\% = \dfrac{H}{L} \times 100$
$= \dfrac{1.5}{12} \times 100 = 12.5\%$
(2) 기준 부하상태에서 주행 시의 전후 안정도는 18% 이내이다.
⇨ 따라서 지게차 전후 안정도는 12.5%이고 안정도 기준을 만족한다.

57 롤러의 가드 설치방법 중 안전한 작업공간에서 사고를 일으키는 공간함정(trap)을 막기 위해 확보해야할 신체 부위별 최소 틈새가 바르게 짝지어진 것은?

① 다리: 240mm   ② 발: 180mm
③ 손목: 150mm   ④ 손가락: 25mm

해설 롤러기의 가드 설치방법에서 신체 부위와 최소틈새

신체부위	몸	다리	발	팔	손목	손가락
최소틈새	500mm	180mm	120mm		100m	25mm

58 사출성형기에서 동력작동식 금형고정장치의 안전사항에 대한 설명으로 옳지 않은 것은?

① 금형 또는 부품의 낙하를 방지하기 위해 기계적 억제장치를 추가하거나 자체 고정장치(self retain clamping unit) 등을 설치해야 한다.
② 자석식 금형 고정장치는 상·하(좌·우) 금형의 정확한 위치가 자동적으로 모니터(monitor)되어야 한다.
③ 상·하(좌·우)의 두 금형 중 어느 하나가 위치를 이탈하는 경우 플레이트를 작동시켜야 한다.
④ 전자석 금형 고정장치를 사용하는 경우

정답 55.① 56.② 57.④ 58.③

에는 전자기파에 의한 영향을 받지 않도록 전자파 내성대책을 고려해야 한다.

59 인장강도가 250N/mm²인 강판의 안전율이 4라면 이 강판의 허용응력(N/mm²)은 얼마인가?

① 42.5 ② 62.5
③ 82.5 ④ 102.5

해설 안전율=인장강도/허용응력
→ 허용응력=인장강도/안전율=250/4=62.5N/mm²

60 다음 설명 중 ( ) 안에 알맞은 내용은?

> 롤러기의 급정지장치는 롤러를 무부하로 회전시킨 상태에서 앞면 롤러의 표면속도가 30m/min 미만일 때에는 급정지거리가 앞면 롤러 원주의 ( ) 이내에서 롤러를 정지시킬 수 있는 성능을 보유해야 한다.

① 1/2 ② 1/4
③ 1/3 ④ 1/2.5

해설 급정지장치의 제동거리

앞면 롤러의 표면속도(m/min)	급정지 거리
30 미만	앞면 롤러 원주의 1/3
30 이상	앞면 롤러 원주의 1/2.5

제4과목 전기위험방지기술

61 심장의 맥동주기 중 어느 때에 전격이 인가되면 심실세동을 일으킬 확률이 크고, 위험한가?

① 심방의 수축이 있을 때
② 심실의 수축이 있을 때
③ 심실의 수축 종료 후 심실의 휴식이 있을 때
④ 심실의 수축이 있고 심방의 휴식이 있을 때

해설 **심장의 맥동주기**: 심장의 맥동 주기에는 심방(心房)의 수축기, 심실의 수축 및 그 종료기 등이 있으며, 전격이 심실의 수축이 끝난 시기에 인가되면 심실세동을 일으킬 확률이 커질 위험이 있음.
• 심장의 맥동주기 중 심실의 수축 종료 후 심실의 휴식이 있을 때(T파)에 전격이 인가되면 심실세동을 일으킬 확률이 크고 위험함.

62 교류 아크 용접기의 전격방지장치에서 시동감도를 바르게 정의한 것은?

① 용접봉을 모재에 접촉시켜 아크를 발생시킬 때 전격방지 장치가 동작할 수 있는 용접기의 2차 측 최대저항을 말한다.
② 안전전압(24V 이하)이 2차 측 전압(85~95V)으로 얼마나 빨리 전환되는가 하는 것을 말한다.
③ 용접봉을 모재로부터 분리시킨 후 주접점이 개로 되어 용접기의 2차 측 전압이 무부하 전압(25V 이하)으로 될 때까지의 시간을 말한다.
④ 용접봉에서 아크를 발생시키고 있을 때 누설전류가 발생하면 전격방지 장치를 작동시켜야 할지 운전을 계속해야 할지를 결정해야 하는 민감도를 말한다.

해설 **시동감도**: 용접봉을 모재에 접촉시켜 아크를 시동시킬 때 전격방지장치가 동작할 수 있는 출력회로 저항의 최대치
① 시동감도가 클수록 아크 발생이 쉬우나 시동감도가 지나치게 높으면 용접봉이 인체에 접촉되었을 때 감전사고를 일으키게 됨. 따라서 시동감도는 500Ω을 상한치로 함(인체저항을 고려하여 500Ω 이하로 제한 한 것)
② 교류 아크 용접기용 자동전격 방지기의 시동감도는 높을수록 좋으나, 극한상황 하에서 전격을 방지하기 위해서 시동감도는 500Ω을 상한치로 하는 것이 바람직

정답 59. ② 60. ③ 61. ③ 62. ①

63 다음 ( ) 안에 알맞은 내용으로 옳은 것은?

> A. 감전 시 인체에 흐르는 전류는 인가전압에 (㉠)하고 인체저항에 (㉡)한다.
> B. 인체는 전류의 열작용이 (㉢)×(㉣)이 어느 정도 이상이 되면 발생한다.

① ㉠ 비례, ㉡ 반비례, ㉢ 전류의 세기, ㉣ 시간
② ㉠ 반비례, ㉡ 비례, ㉢ 전류의 세기, ㉣ 시간
③ ㉠ 비례, ㉡ 반비례, ㉢ 전압, ㉣ 시간
④ ㉠ 반비례, ㉡ 비례, ㉢ 전압, ㉣ 시간

해설 (1) 통전 전류의 크기: 통전전류는 인가전압에 비례하고 인체저항에 반비례함.

전류$(I) = \dfrac{전압(V)}{저항(R)}$

(2) 심실세동 전류와 시간과의 관계(독일의 Dalziel): 인체에 흐르는 전류의 크기는 감전시간(접촉시간)과 비례하므로 감전시간을 낮추면 인체에 흐르는 전류의 크기도 감소시킬 수 있음

64 분진폭발 방지대책으로 가장 거리가 먼 것은?

① 작업장 등은 분진이 퇴적하지 않는 형상으로 한다.
② 분진 취급 장치에는 유효한 집진 장치를 설치한다.
③ 분체 프로세스 장치는 밀폐화하고 누설이 없도록 한다.
④ 분진 폭발의 우려가 있는 작업장에는 감독자를 상주시킨다.

해설 분진폭발 방지대책
① 작업장 등은 분진이 퇴적하지 않는 형상으로 한다.
② 분진 취급 장치에는 유효한 집진 장치를 설치한다.
③ 분체 프로세스의 장치는 밀폐화하고 누설이 없도록 한다.

65 폭발 위험장소 분류 시 분진폭발위험장소의 종류에 해당하지 않는 것은?

① 20종 장소
② 21종 장소
③ 22종 장소
④ 23종 장소

해설 위험장소 구분: 20종 장소, 21종 장소, 22종 장소

분류	적요
20종 장소	공기 중에 가연성 분진운의 형태가 연속적으로 장기간 존재하거나, 단기간 내에 폭발성 분진분위기가 자주 존재하는 장소 - 분진운 형태의 가연성 분진이 폭발 농도를 형성할 정도로 충분한 양이 정상작동 중에 연속적으로 또는 자주 존재하거나, 제어할 수 없을 정도의 양 및 두께의 분진층이 형성될 수 있는 장소
21종 장소	공기 중에 가연성 분진운의 형태가 정상 작동 중 빈번하게 폭발성 분진분위기를 형성할 수 있는 장소(분진운 형태의 가연성 분진이 폭발 농도를 형성할 정도의 충분한 양이 정상작동 중에 존재할 수 있는 장소)
22종 장소	공기 중에 가연성 분진운의 형태가 정상작동 중 폭발성 분진분위기를 거의 형성하지 않고, 발생한다 하더라도 단기간만 지속되는 장소

66 정전유도를 받고 있는 접지되어 있지 않는 도전성 물체에 접촉한 경우 전격을 당하게 되는데 이때 물체에 유도된 전압 V(V)를 옳게 나타낸 것은? (단, E는 송전선의 대지전압, C_1은 송전선과 물체 사이의 정전용량, C_2는 물체와 대지 사이의 정전용량이며, 물체와 대지 사이의 저항은 무시한다.)

① $V = \dfrac{C_1}{C_1 + C_2} \cdot E$

② $V = \dfrac{C_1 + C_2}{C_1} \cdot E$

③ $V = \dfrac{C_1}{C_1 \cdot C_2} \cdot E$

④ $V = \dfrac{C_1 \cdot C_2}{C_1} \cdot E$

정답 63. ① 64. ④ 65. ④ 66. ①

해설 물체에 유도된 전압 $V = \dfrac{C_1}{(C_1 + C_2)} \cdot E$

67 화염일주한계에 대해 가장 잘 설명한 것은?
① 화염이 발화온도로 전파될 가능성의 한계값이다.
② 화염이 전파되는 것을 저지할 수 있는 틈새의 최대 간격치이다.
③ 폭발성 가스와 공기가 혼합되어 폭발한계 내에 있는 상태를 유지하는 한계값이다.
④ 폭발성 분위기가 전기 불꽃에 의하여 화염을 일으킬 수 있는 최소의 전류값이다.

해설 **화염일주한계[안전간극(safe gap), MESG(최대안전틈새)]**: 최대안전틈새를 말하며, 작게 하면 화염은 좁은 틈을 통과하면서 발생된 열을 냉각시켜 소멸시키므로, 용기 내부에서 폭발해도 화염이 용기 외부로 확산되지 않음
① 폭발성 분위기가 형성된 표준용기의 접합면 틈새를 통해 폭발화염이 내부에서 외부로 전파되는 것을 저지(최소점화 에너지 이하)할 수 있는 틈새의 최대 간격치이며 폭발가스의 종류에 따라 다름
② 대상으로 한 가스 또는 증기와 공기와의 혼합가스에 대하여 화염일주가 일어나지 않는 틈새의 최대치

68 전기기계·기구의 조작 시 안전조치로서 사업주는 근로자가 안전하게 작업할 수 있도록 전기 기계·기구로부터 폭 얼마 이상의 작업공간을 확보하여야 하는가?
① 30cm
② 50cm
③ 70cm
④ 100cm

해설 **전기 기계·기구의 조작 시 등의 안전조치**〈산업안전보건기준에 관한 규칙〉
제310조(전기 기계·기구의 조작 시 등의 안전조치)
① 사업주는 전기기계·기구의 조작부분을 점검하거나 보수하는 경우에는 근로자가 안전하게 작업할 수 있도록 전기 기계·기구로부터 폭 70센티미터 이상의 작업공간을 확보하여야 한다.
② 사업주는 전기적 불꽃 또는 아크에 의한 화상의 우려가 있는 고압 이상의 충전전로 작업에 근로자를 종사시키는 경우에는 방염 처리된 작업복 또는 난연(難燃)성능을 가진 작업복을 착용시켜야 한다.

69 정전기 발생의 일반적인 종류가 아닌 것은?
① 마찰
② 중화
③ 박리
④ 유동

해설 **정전기 발생형태**

종류	대전현상
마찰대전	• 두 물체에 마찰이나 마찰에 의한 접촉위치의 이동으로 전하의 분리, 재배열이 일어나서 정전기 발생 • 고체, 액체, 분체류에 의하여 발생하는 정전기
박리대전	• 밀착된 물체가 떨어질 때 전하의 분리가 일어나 정전기 발생 • 접촉면적, 접촉면의 밀착력, 박리 속도 등에 의해 정전기 발생량 변화. 일반적으로 마찰에 의한 것보다 큰 정전기 발생 • 겨울철에 나일론소재 셔츠 등을 벗을 때 부착 현상이나 스파크 발생은 박리대전 현상
유동대전	• 액체류가 파이프 등 내부에서 유동 시 액체와 관벽 사이에서 발생 • 정전기 발생에 큰 영향은 액체 유동 속도이고 흐름의 상태 등도 영향줌
분출대전	• 기체, 액체, 분체류가 단면적이 작은 분출구로부터 분출할 때 분출하는 물질과 분출구와의 마찰로 발생 • 실제로 더 큰 요인은 분출되는 구성 입자들 간의 상호충돌에 의해 발생
충돌대전	분체류같은 입자 상호간이나 다른 고체와의 충돌에 의해 빠른 압축, 분리함으로 발생
파괴대전	물체 파괴로 전하분리 또는 부전하의 균형이 깨지면서 발생
교반(진동), 침강대전	액체가 교반될 때 대전

정답 67.② 68.③ 69.②

70 가수전류(Let-go Current)에 대한 설명으로 옳은 것은?

① 마이크 사용 중 전격으로 사망에 이른 전류
② 전격을 일으킨 전류가 교류인지 직류인지 구별할 수 없는 전류
③ 충전부로부터 인체가 자력으로 이탈할 수 있는 전류
④ 몸이 물에 젖어 전압이 낮은 데도 전격을 일으킨 전류

해설 **가수전류(이탈전류): 10~15mA**
- 감전되었을 경우 다른 손을 사용하지 않고 자력으로 손을 뗄 수 있는 전류(인체가 자력으로 이탈 가능 전류)
(* 최저가수전류치: 남자 9mA, 여자 6mA)

71 정전 작업 시 작업 전 안전조치사항으로 가장 거리가 먼 것은?

① 단락 접지
② 잔류 전하 방전
③ 절연 보호구 수리
④ 검전기에 의한 정전확인

72 감전사고의 방지 대책으로 가장 거리가 먼 것은?

① 전기 위험부의 위험 표시
② 충전부가 노출된 부분에 절연방호구 사용
③ 충전부에 접근하여 작업하는 작업자 보호구착용
④ 사고발생 시 처리프로세스 작성 및 조치

해설 **감전사고 방지대책**
① 전기기기 및 설비의 정비
② 안전전압 이하의 전기기기 사용
③ 설비의 필요부분에 보호접지의 실시
④ 노출된 충전부에 절연 방호구를 설치, 작업자는 보호구를 착용
⑤ 유자격자 이외는 전기기계·기구에 전기적인 접촉 금지
⑥ 사고회로의 신속한 차단
⑦ 보호절연
⑧ 이중절연구조

73 위험방지를 위한 전기기계·기구의 설치 시 고려할 사항으로 거리가 먼 것은?

① 전기기계·기구의 충분한 전기적 용량 및 기계적 강도
② 전기기계·기구의 안전효율을 높이기 위한 시간 가동율
③ 습기·분진 등 사용장소의 주위 환경
④ 전기적·기계적 방호수단의 적정성

해설 **전기 기계·기구를 적정하게 설치하고자 할 때의 고려사항**
① 전기적 기계적 방호수단의 적정성
② 습기, 분진 등 사용 장소의 주위 환경
③ 전기 기계·기구의 충분한 전기적 용량 및 기계적 강도

74 200A의 전류가 흐르는 단상 전로의 한 선에서 누전되는 최소 전류(mA)의 기준은?

① 100   ② 200
③ 10   ④ 20

해설 **누설전류:** 절연부분의 전선과 대지 간의 절연저항은 사용전압에 대한 누설전류가 최대공급전류의 1/2,000이 넘지 않도록 해야 함.
누전되는 최소 전류(누설전류)
$I_g = I \times 1/2,000 = 200 \times 1/2,000 = 0.1A = 100mA$

75 정전기 방전에 의한 폭발로 추정되는 사고를 조사함에 있어서 필요한 조치로서 가장 거리가 먼 것은?

① 가연성 분위기 규명
② 사고현장의 방전흔적 조사
③ 방전에 따른 점화 가능성 평가
④ 전하발생 부위 및 축적 기구 규명

정답 70. ③ 71. ③ 72. ④ 73. ② 74. ① 75. ②

[해설] 정전기 방전에 의한 폭발 사고 조사에 대한 필요한 조치
① 가연성 분위기 규명
② 전하발생 부위 및 축적 기구 규명
③ 방전에 따른 점화 가능성 평가

76 감전쇼크에 의해 호흡이 정지되었을 경우 일반적으로 약 몇 분 이내에 응급처치를 개시하면 95% 정도를 소생시킬 수 있는가?

① 1분 이내　② 3분 이내
③ 5분 이내　④ 7분 이내

[해설] **인공호흡과 소생률**: 감전에 의한 호흡 정지 후 1분 이내에 올바른 방법으로 인공호흡을 실시하였을 경우 소생률은 95%, 3분 이내 75%, 4분 이내 50%, 5분 이내 이면 25%로 크게 감소함

77 다음 중 방폭구조의 종류가 아닌 것은?

① 본질안전 방폭구조
② 고압 방폭구조
③ 압력 방폭구조
④ 내압 방폭구조

[해설] **방폭구조의 종류와 기호**

내압 방폭구조	d	비점화 방폭구조	n
압력 방폭구조	p	몰드방폭구조	m
안전증 방폭구조	e	충전 방폭구조	q
유입 방폭구조	o	특수 방폭구조	s
본질안전 방폭구조	ia,ib		

78 전선의 절연 피복이 손상되어 동선이 서로 직접 접촉한 경우를 무엇이라 하는가?

① 절연　② 누전
③ 접지　④ 단락

[해설] **단락(합선 short)**: 단락하는 순간 폭음과 함께 스파크가 발생하고 단락점이 용융됨(전기설비 화재의 경과별 재해 중 가장 빈도가 높음)
• 전선의 절연 피복이 손상되어 동선이 서로 직접 접촉한 경우

79 이상적인 피뢰기가 가져야 할 성능으로 틀린 것은?

① 제한전압이 낮을 것
② 방전개시전압이 낮을 것
③ 뇌전류 방전능력이 적을 것
④ 속류차단을 확실하게 할 수 있을 것

[해설] **피뢰기가 갖추어야 할 성능**
① 충격방전 개시전압이 낮아야 한다.
② 제한전압이 낮아야 한다.
③ 뇌전류의 방전능력이 크고 속류의 차단이 확실하여야 한다.
④ 반복동작이 가능하여야 한다.

80 인체의 전기저항이 5000Ω이고, 세동전류와 통전시간과의 관계를 $I=\dfrac{165}{\sqrt{T}}$ mA라 할 경우, 심실세동을 일으키는 위험 에너지는 약 몇 J인가? (단, 통전시간은 1초로 한다)

① 5　② 30
③ 136　④ 825

[해설] **위험한계에너지**: 감전전류가 인체저항을 통해 흐르면 그 부위에는 열이 발생하는데 이 열에 의해서 화상을 입고 세포조직이 파괴됨

줄(Joule)열 $H=I^2RT$[J]

$$=(\dfrac{165}{\sqrt{T}}\times 10^{-3})^2 \times R \times T$$

$$=(\dfrac{165}{\sqrt{1}}\times 10^{-3})^2 \times 5{,}000 \times 1 = 136J$$

* 심실세동전류 $I=\dfrac{165}{\sqrt{T}}$ mA ⇨ $I=\dfrac{165}{\sqrt{T}}\times 10^{-3}$A

정답 76.① 77.② 78.④ 79.③ 80.③

[제5과목] **화학설비 위험방지기술**

81 사업주는 인화성 액체 및 인화성 가스를 저장 취급하는 화학설비에서 증기나 가스를 대기로 방출하는 경우에는 외부로부터의 화염을 방지하기 위하여 화염방지기를 설치하여야 한다. 다음 중 화염방지기의 설치 위치로 옳은 것은?

① 설비의 상단 ② 설비의 하단
③ 설비의 측면 ④ 설비의 조작부

해설 화염방지기(flame arrester): 비교적 저압 또는 상압에서 가연성의 증기를 발생하는 유류를 저장하는 탱크에서 외부에 그 증기를 방출하기도 하고, 탱크 내에 외기를 흡입하기도 하는 부분에 설치하며, 가는 눈금의 금망이 여러 개 겹쳐진 구조로 된 안전장치(화염의 역화를 방지하기 위한 안전장치)
〈산업안전보건기준에 관한 규칙 제269조(화염방지기의 설치 등)〉
① 사업주는 인화성 액체 및 인화성 가스를 저장 취급하는 화학설비에서 증기나 가스를 대기로 방출하는 경우에는 외부로부터의 화염을 방지하기 위하여 화염방지기를 그 설비 상단에 설치하여야 한다.

82 다음 중 자연발화가 쉽게 일어나는 조건으로 틀린 것은?

① 주위온도가 높을수록
② 열 축적이 클수록
③ 적당량의 수분이 존재할 때
④ 표면적이 작을수록

해설 자연발화가 가장 쉽게 일어나기 위한 조건: 고온, 다습한 환경
① 발열량이 클 것
② 주변의 온도가 높을 것
③ 물질의 열전도율이 작을 것
④ 표면적이 넓을 것
⑤ 적당량의 수분이 존재할 것

83 8% NaOH 수용액과 5% NaOH 수용액을 반응기에 혼합하여 6% 100kg의 NaOH 수용액을 만들려면 각각 약 몇 kg의 NaOH 수용액이 필요한가?

① 5% NaOH 수용액: 33.3kg, 8% NaOH 수용액: 66.7kg
② 5% NaOH 수용액: 56.8kg, 8% NaOH 수용액: 43.2kg
③ 5% NaOH 수용액: 66.7kg, 8% NaOH 수용액: 33.3kg
④ 5% NaOH 수용액: 43.2kg, 8% NaOH 수용액: 56.8kg

해설 NaOH(수산화나트륨) 수용액
$0.08x + 0.05y = 0.06 \times 100$
(8% NaOH 수용액의 양: x, 5% NaOH 수용액의 양: y)
$x + y = 100 \rightarrow y = 100 - x$
⇨ x값: $0.08x + 0.05(100-x) = 6 \rightarrow 33.3$kg
y값: $100 - 33.3 = 66.7$kg

84 사업주는 산업안전보건기준에 관한 규칙에서 정한 위험물을 기준량 이상으로 제조하거나 취급하는 특수화학설비를 설치하는 경우에는 내부의 이상 상태를 조기에 파악하기 위하여 필요한 온도계·유량계·압력계 등의 계측장치를 설치하여야 한다. 이때 위험물질별 기준량으로 옳은 것은?

① 부탄 - 25m³
② 부탄 - 150m³
③ 시안화수소 - 5kg
④ 시안화수소 - 200kg

해설 특수화학설비 안전장치〈산업안전보건기준에 관한 규칙〉
제273조(계측장치 등의 설치)
사업주는 별표 9에 따른 위험물을 같은 표에서 정한 기준량 이상으로 제조하거나 취급하는 다음 각 호의 어느 하나에 해당하는 화학설비(이하 "특수화학설비"라 한다)를 설치하는 경우에는 내부의 이상 상태를 조기에 파악하기 위하여 필요한 온도계·유량계·압력계 등의 계측장치를 설치하여야 한다.

정답 81.① 82.④ 83.③ 84.③

[별표 9] 위험물질의 기준량
(1) 급성 독성 물질
- 시안화수소·플루오르아세트산 및 소디움염·디옥신 등 LD50(경구, 쥐)이 킬로그램당 5밀리그램 이하인 독성물질: 5킬로그램

(2) 인화성 가스
- 수소, 아세틸렌, 에틸렌, 메탄, 에탄, 프로판, 부탄: 50세제곱미터

85 폭발의 위험성을 고려하기 위해 정전에너지 값을 구하고자 한다. 다음 중 정전에너지를 구하는 식은? (단, E는 정전에너지, C는 정전 용량, V는 전압을 의미한다)

① $E = \frac{1}{2}CV^2$ ② $E = \frac{1}{2}VC^2$

③ $E = VC^2$ ④ $E = \frac{1}{4}VC$

해설 정전에너지(단위 J): 콘덴서의 유전체 내에 축적되는 에너지
$E = \frac{1}{2}CV^2$
(E: 정전에너지, C: 정전 용량(단위 패럿 F), V: 전압)

86 다음 중 유류화재에 해당하는 화재의 급수는?
① A급   ② B급
③ C급   ④ D급

해설 화재의 종류

종류	등급	가연물	표현색	소화방법
일반화재	A급	목재, 종이, 섬유 등	백색	냉각소화
유류 및 가스화재	B급	각종 유류 및 가스	황색	질식소화
전기화재	C급	전기기기, 기계, 전선 등	청색	질식소화
금속화재	D급	가연성금속 (Mg 분말, Al 분말 등)	무색	피복에 의한 질식

87 할론 소화약제 중 Halon 2402의 화학식으로 옳은 것은?
① $C_2F_4Br_2$ ② $C_2H_4Br_2$
③ $C_2Br_4H_2$ ④ $C_2B_4F_2$

해설 할로겐화합물소화기(증발성 액체 소화기) 소화약제

소화약제	화학식
할론 104	CCl_4
할론 1301	CF_3Br
할론 2402	$C_2F_4Br_2$
할론 1211	CF_2ClBr

88 위험물의 저장방법으로 적절하지 않은 것은?
① 탄화칼슘은 물속에 저장한다.
② 벤젠은 산화성 물질과 격리시킨다.
③ 금속나트륨은 석유 속에 저장한다.
④ 질산은 갈색 병에 넣어 냉암소에 보관한다.

해설 위험물질에 대한 저장방법
① 탄화칼슘은 물과 반응하여 아세틸렌가스를 발생하므로, 밀폐 용기에 저장하고 불연성 가스로 봉입함
② 벤젠은 산화성 물질과 격리시킴
③ 금속나트륨은 석유 속에 저장한다.(나트륨: 유동파라핀 속에 저장)
④ 질산은 통풍이 잘 되는 곳에 보관하고 물기와의 접촉을 금지(질산은 갈색 병에 넣어 냉암소에 보관)
⑤ 칼륨은 보호액(석유)속에 저장
⑥ 피크르산은 운반 시 10~20% 물로 젖게 함
⑦ 황린(P_4)은 공기 중에 발화하므로 물속에 보관
⑧ 니트로셀룰로이스는 습한 상태를 유지
⑨ 적린은 냉암소에 격리 저장
⑩ 질산은 용액은 햇빛을 차단하여 저장
⑪ 과산화수소: 용기의 마개를 꼭 막지 않고 통풍을 위하여 구멍이 뚫린 마개를 사용
⑫ 마그네슘: 물 또는 산과 접촉의 우려가 없는 곳에 저장

정답 85.① 86.② 87.① 88.①

89 다음 중 산업안전보건법령상 공정안전 보고서의 안전운전 계획에 포함되지 않는 항목은?

① 안전작업허가
② 안전운전지침서
③ 가동 전 점검지침
④ 비상조치계획에 따른 교육계획

해설 안전운전계획
가. 안전운전지침서
나. 설비점검·검사 및 보수계획, 유지계획 및 지침서
다. 안전작업허가
라. 도급업체 안전관리계획
마. 근로자 등 교육계획
바. 가동 전 점검지침
사. 변경요소 관리계획
아. 자체감사 및 사고조사계획
자. 그 밖에 안전운전에 필요한 사항

90 마그네슘의 저장 및 취급에 관한 설명으로 틀린 것은?

① 화기를 엄금하고, 가열, 충격, 마찰을 피한다.
② 분말이 비산하지 않도록 밀봉하여 저장한다.
③ 제6류 위험물과 같은 산화제와 혼합되지 않도록 격리, 저장한다.
④ 일단 연소하면 소화가 곤란하지만 초기 소화 또는 소규모 화재 시 물, CO_2소화 설비를 이용하여 소화한다.

해설 마그네슘의 저장 및 취급
① 화기를 엄금하고, 가열, 충격, 마찰을 피함
② 분말이 비상하지 않도록 완전 밀봉하여 저장
③ 1류 또는 6류와 같은 산화제와 혼합되지 않도록 격리, 저장
④ 물과 반응하면 수소 발생, 이산화탄소와는 폭발적인 반응을 하므로 소화는 마른 모래나 분말 소화 약제를 사용
⑤ 산화제와 접촉을 피함
 • 고온에서 유황 및 할로겐, 산화제와 접촉하면 격렬하게 발열
⑥ 분진폭발성이 있으므로 누설되지 않도록 포장
⑦ 상온의 물에서는 안전하지만 고온의 물이나 과열 수증기와 접촉하면 격렬히 반응함

91 다음 중 분진이 발화 폭발하기 위한 조건으로 거리가 먼 것은?

① 불연성질
② 미분상태
③ 점화원의 존재
④ 지연성 가스 중에서의 교반과 운동

해설 분진이 발화 폭발하기 위한 조건: 가연성, 미분상태, 공기 중에서의 교반과 유동 및 점화원의 존재이다.

92 다음 중 산업안전보건법령상 산화성 액체 또는 산화성 고체에 해당하지 않는 것은?

① 질산   ② 중크롬산
③ 과산화수소 ④ 질산에스테르

해설 위험물질의 종류〈산업안전보건기준에 관한 규칙〉
[별표 1] 위험물질의 종류
• 산화성 액체 및 산화성 고체
가. 차아염소산 및 그 염류 나. 아염소산 및 그 염류
다. 염소산 및 그 염류   라. 과염소산 및 그 염류
마. 브롬산 및 그 염류   바. 요오드산 및 그 염류
사. 과산화수소 및 무기 과산화물
아. 질산 및 그 염류
자. 과망간산 및 그 염류
차. 중크롬산 및 그 염류
카. 그 밖에 가목부터 차목까지의 물질과 같은 정도의 산화성이 있는 물질
타. 가목부터 카목까지의 물질을 함유한 물질

93 열교환기의 열 교환 능률을 향상시키기 위한 방법이 아닌 것은?

① 유체의 유속을 적절하게 조절한다.
② 유체의 흐르는 방향을 병류로 한다.
③ 열교환하는 유체의 온도차를 크게 한다.
④ 열전도율이 높은 재료를 사용한다.

정답 89.④ 90.④ 91.① 92.④ 93.②

해설 열교환기의 열 교환 능률을 향상시키기 위한 방법
① 유체의 유속을 적절하게 조절한다.
② 열전도율이 높은 재료를 사용한다.
③ 열교환기 입구와 출구의 온도차를 크게 한다.
(열교환하는 유체의 온도차를 크게 한다.)

94 다음 중 고체의 연소방식에 관한 설명으로 옳은 것은?
① 분해연소란 고체가 표면의 고온을 유지하며 타는 것을 말한다.
② 표면연소란 고체가 가열되어 열분해가 일어나고 가연성 가스가 공기 중의 산소와 타는 것을 말한다.
③ 자기연소란 공기 중 산소를 필요로 하지 않고 자신이 분해되며 타는 것을 말한다.
④ 분무연소란 고체가 가열되어 가연성 가스를 발생시키며 타는 것을 말한다.

해설 고체 가연물의 일반적인 4가지 연소방식
(1) 표면연소: 고체의 표면이 고온을 유지하면서 연소하는 현상
 • 숯, 코크스, 목탄, 금속분
(2) 분해연소: 고체가 가열되어 열분해가 일어나고 가연성 가스가 공기 중의 산소와 타는 것
 • 석탄, 목재, 플라스틱, 종이, 합성수지, 중유
(3) 증발연소: 고체 가연물이 가열하여 가연성 증기가 발생. 공기와 혼합하여 연소범위 내에서 열원에 의하여 연소하는 현상
 • 황, 나프탈렌, 파라핀(양초), 왁스, 휘발유, 등
(4) 자기연소: 공기 중 산소를 필요로 하지 않고 자신이 분해되며 타는 것(연소에 필요한 산소를 포함하고 있는 물질이 연소하는 것)
 • 질화면(니트로셀룰로오스), TNT, 셀룰로이드, 니트로글리세린 등 제5류 위험물(폭발성 물질)

95 사업주는 안전밸브 등의 전단·후단에 차단밸브를 설치해서는 아니 된다. 다만, 별도로 정한 경우에 해당할 때는 자물쇠형 또는 이에 준하는 형식의 차단밸브를 설치할 수 있다. 이에 해당하는 경우가 아닌 것은?

① 화학설비 및 그 부속설비에 안전밸브 등이 복수방식으로 설치되어 있는 경우
② 예비용 설비를 설치하고 각각의 설비에 안전밸브 등이 설치되어 있는 경우
③ 파열판과 안전밸브를 직렬로 설치한 경우
④ 열팽창에 의하여 상승된 압력을 낮추기 위한 목적으로 안전밸브가 설치된 경우

96 위험물안전관리법령에서 정한 제3류 위험물에 해당하지 않는 것은?
① 나트륨
② 알킬알루미늄
③ 황린
④ 니트로글리세린

해설 제3류 위험물 산화성 고체

위험물			비고
유별	성질	품명	
제3류	자연발화성 물질 및 금수성 물질	1. 칼륨	
		2. 나트륨	
		3. 알킬알루미늄	
		4. 알킬리튬	
		5. 황린	
		6. 알칼리금속(칼륨 및 나트륨을 제외한다) 및 알칼리토금속	
		7. 유기금속화합물(알킬알루미늄 및 알킬리튬을 제외한다)	
		8. 금속의 수소화물	
		9. 금속의 인화물	
		10. 칼슘 또는 알루미늄의 탄화물	
		11. 그 밖에 행안부령으로 정하는 것	
		12. 제1호 내지 제11호의 1에 해당하는 어느 하나 이상을 함유한 것	

정답 94.③ 95.③ 96.④

97 다음 [표]를 참조하여 메탄 70vol%, 프로판 21vol%, 부탄 9vol%인 혼합가스의 폭발 범위를 구하면 약 몇 vol%인가?

가스	폭발 하한계 (vol%)	폭발 상한계 (vol%)
C_4H_{10}	1.8	8.4
C_3H_8	2.1	9.5
C_2H_6	3.0	12.4
CH_4	5.0	15.0

① 3.45~9.11　　② 3.45~12.58
③ 3.85~9.11　　④ 3.85~12.58

해설 혼합가스의 폭발 범위(순수한 혼합가스일 경우)

$$L = \frac{100}{\frac{V_1}{L_1} + \frac{V_2}{L_2} + \cdots + \frac{V_n}{L_n}}$$

L : 혼합가스의 폭발한계(%) - 폭발상한, 폭발하한 모두 적용 가능
$L_1 + L_2 + \cdots + L_n$: 각 성분가스의 폭발한계(%) - 폭발 상한계, 폭발 하한계
$V_1 + V_2 + \cdots + V_n$: 전체 혼합가스 중 각 성분가스의 비율(%) - 부피비
(* C_4H_{10} : 부탄, C_3H_8 : 프로판, C_2H_6 : 벤젠, CH_4 : 메탄)
① 혼합가스의 폭발 하한계=100/(70/5+21/2.1+9/1.8)=3.45vol%
② 혼합가스의 폭발 상한계=100/(70/15+21/9.8+9/8.4)=12.58vol%
⇨ 혼합가스의 폭발 범위는 3.45~12.58

98 ABC급 분말 소화약제의 주성분에 해당하는 것은?

① $NH_4H_2PO_4$　　② Na_2CO_3
③ Na_2SO_3　　④ K_2CO_3

해설 분말소화약제의 종별 주성분
① 제1종 분말: 탄산수소나트륨(중탄산나트륨, $NaHCO_3$) → BC 화재
• 탄산수소나트륨(중탄산나트륨, $NaHCO_3$)을 주성분으로 하고 분말의 유동성을 높이기 위해 탄산마그네슘($MgCO_3$), 인산삼칼슘($Ca_3(PO_4)_2$) 등의 분산제를 첨가
② 제2종 분말: 탄산수소칼륨(중탄산칼륨, $KHCO_3$) → BC 화재
③ 제3종 분말: 제1인산암모늄($NH_4H_2PO_4$) → ABC 화재
• 메타인산(HPO_3)에 의한 방진효과를 가진 분말 소화약제: 메타인산이 발생하여 소화력 우수
④ 제4종 분말: 탄산수소칼륨과 요소($KHCO_3+(NH_2)_2CO$)의 반응물 → BC 화재

99 공기 중 아세톤의 농도가 200ppm(TLV 500ppm), 메틸에틸케톤(MEK)의 농도가 100ppm(TLV 200ppm)일 때 혼합물질의 허용농도는 약 몇 ppm인가? (단, 두 물질은 서로 상가작용을 하는 것으로 가정한다.)

① 150　　② 200
③ 270　　④ 333

해설 혼합물의 허용농도(TLV) = $\frac{C_1+C_2+\cdots+C_n}{R}$
=(200+100)/0.9=333ppm
- 혼합물인 경우의 노출기준(위험도, R)
$R = \frac{C_1}{T_1} + \frac{C_2}{T_2} + \cdots + \frac{C_n}{T_n}$
⇨ 노출지수 R=200/500+100/200=0.9
C : 화학물질 각각의 측정치(* 위험물질에서는 취급 또는 저장량)
T : 화학물질 각각의 노출기준(* 위험물질에서는 규정수량)
* 상가작용(相加作用): 두 가지 이상의 약물을 함께 투여하였을 때에, 그 작용이 각 작용의 합과 같은 현상

100 다음의 설명에 해당하는 안전장치는?

> 대형의 반응기, 탑, 탱크 등에서 이상상태가 발생할 때 밸브를 정지시켜 원료공급을 차단하기 위한 안전장치로, 공기압식, 유압식, 전기식 등이 있다.

① 파열판　　② 안전밸브
③ 스팀트랩　　④ 긴급차단장치

정답 97. ② 98. ① 99. ④ 100. ④

해설 **긴급차단장치**: 대형의 반응기, 탑, 탱크 등에 있어서 이상상태가 발생할 때 밸브를 정지시켜 원료공급을 차단하기 위한 안전장치로, 공기압식, 유압식, 전기식, 스프링식 등이 있음
• 화재나 배관의 파열 또는 오조작 등으로 사고가 발생한 경우 저장탱크에서 연결되는 배관 중간에 설치하여 차단

제6과목 건설안전기술

101 단관비계의 도괴 또는 전도를 방지하기 위하여 사용하는 벽이음의 간격기준으로 옳은 것은?

① 수직방향 5m 이하, 수평방향 5m 이하
② 수직방향 6m 이하, 수평방향 6m 이하
③ 수직방향 7m 이하, 수평방향 7m 이하
④ 수직방향 8m 이하, 수평방향 8m 이하

해설 강관비계의 벽이음에 대한 조립간격 기준

강관비계의 종류	조립 간격(단위: m)	
	수직 방향	수평 방향
단관비계	5	5
틀비계(높이가 5m 미만인 것은 제외한다)	6	8

102 건설업 산업안전보건관리비 내역 중 계상비용에 해당하지 않는 것은?

① 근로자 건강관리비
② 건설재해예방 기술지도비
③ 개인보호구 및 안전장구 구입비
④ 외부비계, 작업발판 등의 가설구조물 설치 소요비

해설 **산업안전보건관리비 사용항목**
① 안전관리자 등의 인건비 및 각종 업무수당 등 ② 안전시설비 등 ③ 개인보호구 구입비 등 ④ 사업장의 안전·보건진단비 등 ⑤ 안전보건교육비 등 ⑥ 근로자의 건강관리비 등 ⑦ 기술지도비 ⑧ 본사 사용비

103 다음은 산업안전보건법령에 따른 동바리로 사용하는 파이프 서포트에 관한 사항이다. ( ) 안에 들어갈 내용을 순서대로 옳게 나타낸 것은?

> 가. 파이프 서포트를 (A) 이상 이어서 사용하지 않도록 할 것
> 나. 파이프 서포트를 이어서 사용하는 경우에는 (B) 이상의 볼트 또는 전용 철물을 사용하여 이을 것

① A: 2개, B: 2개   ② A: 3개, B: 4개
③ A: 4개, B: 3개   ④ A: 4개, B: 4개

해설 **거푸집 동바리 등의 안전조치**〈산업안전보건법 시행규칙〉
제332조(거푸집동바리 등의 안전조치)
사업주는 거푸집동바리 등을 조립하는 경우에는 다음 각 호의 사항을 준수하여야 한다.
8. 동바리로 사용하는 파이프 서포트에 대해서는 다음 각 목의 사항을 따를 것
  가. 파이프 서포트를 3개 이상 이어서 사용하지 않도록 할 것
  나. 파이프 서포트를 이어서 사용하는 경우에는 4개 이상의 볼트 또는 전용철물을 사용하여 이을 것
  다. 높이가 3.5미터를 초과하는 경우에는 제7호 가목의 조치를 할 것

104 건설공사 위험성평가에 관한 내용으로 옳지 않은 것은?

① 건설물, 기계·기구, 설비 등에 의한 유해·위험요인을 찾아내어 위험성을 결정하고 그 결과에 따른 조치를 하는 것을 말한다.
② 사업주는 위험성평가의 실시내용 및 결과를 기록·보존하여야 한다.
③ 위험성평가 기록물의 보존기간은 2년이다.
④ 위험성평가 기록물에는 평가대상의 유해·위험요인, 위험성결정의 내용 등이 포함된다.

정답 101.① 102.④ 103.② 104.③

해설 **건설공사 위험성평가**
① 건설물, 기계·기구, 설비 등에 의한 유해·위험요인을 찾아내어 위험성을 결정하고 그 결과에 따른 조치를 하는 것을 말한다.
② 사업주는 위험성평가의 실시내용 및 결과를 기록·보존하여야 한다.
③ 위험성평가 기록물에는 평가대상의 유해·위험요인, 위험성결정의 내용 등이 포함된다.
④ 위험성평가 기록물의 보존기간은 3년이다.

105 화물취급 작업 시 준수사항으로 옳지 않은 것은?

① 꼬임이 끊어지거나 심하게 부식된 섬유로프는 화물운반용으로 사용해서는 아니 된다.
② 섬유로프 등을 사용하여 화물취급작업을 하는 경우에 해당 섬유로프 등을 점검하고 이상을 발견한 섬유로프 등을 즉시 교체하여야 한다.
③ 차량 등에서 화물을 내리는 작업을 하는 경우에 해당 작업에 종사하는 근로자에게 쌓여 있는 화물의 중간에서 필요한 화물을 빼낼 수 있도록 허용한다.
④ 하역작업을 하는 장소에서 작업장 및 통로의 위험한 부분에는 안전하게 작업할 수 있는 조명을 유지한다.

해설 **화물취급 작업 시 준수사항**
① 꼬임이 끊어지거나 심하게 부식된 섬유로프는 화물운반용으로 사용해서는 아니 된다.
② 섬유로프 등을 사용하여 화물취급 작업을 하는 경우에 해당 섬유로프 등을 점검하고 이상을 발견한 섬유로프 등을 즉시 교체하여야 한다.
③ 차량 등에서 화물을 내리는 작업을 하는 경우에 해당 작업에 종사하는 근로자에게 쌓여 있는 화물의 중간에서 화물을 빼내지 않도록 한다.
④ 하역작업을 하는 장소에서 작업장 및 통로의 위험한 부분에는 안전하게 작업할 수 있는 조명을 유지한다.

106 시스템 비계를 사용하여 비계를 구성하는 경우의 준수사항으로 옳지 않은 것은?

① 수직재·수평재·가새재를 견고하게 연결하는 구조가 되도록 할 것
② 수평재는 수직재와 직각으로 설치하여야 하며, 체결 후 흔들림이 없도록 견고하게 설치할 것
③ 비계 밑단의 수직재와 받침철물은 밀착되도록 설치하고, 수직재와 받침철물의 연결부의 겹침길이는 받침철물 전체 길이의 3분의 1 이상이 되도록 할 것
④ 벽 연결재의 설치간격은 시공자가 안전을 고려하여 임의대로 결정한 후 설치할 것

해설 **시스템 비계**〈산업안전보건법 시행규칙〉
제69조(시스템 비계의 구조)
사업주는 시스템 비계를 사용하여 비계를 구성하는 경우에 다음 각 호의 사항을 준수하여야 한다.
1. 수직재·수평재·가새재를 견고하게 연결하는 구조가 되도록 할 것
2. 비계 밑단의 수직재와 받침철물은 밀착되도록 설치하고, 수직재와 받침철물의 연결부의 겹침길이는 받침철물 전체길이의 3분의 1 이상이 되도록 할 것
3. 수평재는 수직재와 직각으로 설치하여야 하며, 체결 후 흔들림이 없도록 견고하게 설치할 것
4. 수직재와 수직재의 연결철물은 이탈되지 않도록 견고한 구조로 할 것
5. 벽 연결재의 설치간격은 제조사가 정한 기준에 따라 설치할 것

107 철골작업에서의 승강로 설치기준 중 ( ) 안에 알맞은 것은?

> 사업주는 근로자가 수직방향으로 이동하는 철골부재에는 답단(踏段) 간격이 ( ) 이내인 고정된 승강로를 설치하여야 한다.

① 20cm ② 30cm
③ 40cm ④ 50cm

정답 105. ③ 106. ④ 107. ②

[해설] 승강로의 설치 〈산업안전보건법 시행규칙〉
제381조(승강로의 설치)
사업주는 근로자가 수직방향으로 이동하는 철골부재(鐵骨部材)에는 답단(踏段) 간격이 30센티미터 이내인 고정된 승강로를 설치하여야 하며, 수평방향 철골과 수직방향 철골이 연결되는 부분에는 연결 작업을 위하여 작업발판 등을 설치하여야 한다.

108 사다리식 통로 등을 설치하는 경우 폭은 최소 얼마 이상으로 하여야 하는가?

① 30cm ② 40cm
③ 50cm ④ 60cm

109 추락재해에 대한 예방차원에서 고소작업의 감소를 위한 근본적인 대책으로 옳은 것은?

① 방망 설치
② 지붕트러스의 일체화 또는 지상에서 조립
③ 안전대 사용
④ 비계 등에 의한 작업대 설치

[해설] 추락재해에 대한 예방차원에서 고소작업의 감소를 위한 근본적인 대책 : 지붕트러스의 일체화 또는 지상에서 조립 등

110 다음 중 건설공사 유해·위험방지계획서 제출대상 공사가 아닌 것은?

① 지상높이가 50m인 건축물 또는 인공구조물 건설공사
② 연면적이 3,000m²인 냉동·냉장창고시설의 설비공사
③ 최대 지간길이가 60m인 교량건설공사
④ 터널건설공사

[해설] 유해·위험방지계획서 제출대상 건설공사 〈산업안전보건법 시행령 제42조〉
다음 각 호의 어느 하나에 해당하는 공사를 말한다.
1. 다음 각 목의 어느 하나에 해당하는 건축물 또는 시설 등의 건설·개조 또는 해체 공사
   가. 지상높이가 31미터 이상인 건축물 또는 인공구조물
   나. 연면적 3만제곱미터 이상인 건축물
   다. 연면적 5천제곱미터 이상인 시설로서 다음의 어느 하나에 해당하는 시설
      1) 문화 및 집회시설(전시장 및 동물원·식물원은 제외한다)
      2) 판매시설, 운수시설(고속철도의 역사 및 집배송시설은 제외한다)
      3) 종교시설
      4) 의료시설 중 종합병원
      5) 숙박시설 중 관광숙박시설
      6) 지하도상가
      7) 냉동·냉장 창고시설
2. 연면적 5천제곱미터 이상인 냉동·냉장 창고시설의 설비공사 및 단열공사
3. 최대 지간(支間)길이(다리의 기둥과 기둥의 중심사이의 거리)가 50미터 이상인 다리의 건설 등 공사
4. 터널의 건설등 공사
5. 다목적댐, 발전용댐, 저수용량 2천만 톤 이상의 용수 전용 댐 및 지방상수도 전용 댐의 건설등 공사
6. 깊이 10미터 이상인 굴착공사

111 겨울철 공사 중인 건축물의 벽체 콘크리트 타설 시 거푸집이 터져서 콘크리트가 쏟아지는 사고가 발생하였다. 이 사고의 발생원인으로 추정 가능한 사안 중 가장 타당한 것은?

① 콘크리트의 타설속도가 빨랐다.
② 진동기를 사용하지 않았다.
③ 철근 사용량이 많았다.
④ 콘크리트의 슬럼프가 작았다.

[해설] 겨울철 콘크리트 타설
① 겨울철 공사 중인 건축물의 벽체 콘크리트 타설시 거푸집이 터져서 콘크리트가 쏟아지는 사고가 발생하였다. 이 사고의 발생원인으로 가장 타당한 것: 콘크리트 타설속도가 빨랐다.
② 외기의 온·습도가 낮을수록 측압은 크므로 온도에 맞추어 타설속도 조절(겨울철 온도가 낮아 경화 시간이 김)

정답 108. ① 109. ② 110. ② 111. ①

112 다음 중 운반작업 시 주의사항으로 옳지 않은 것은?

① 운반 시의 시선은 진행방향을 향하고 뒷걸음 운반을 하여서는 안 된다.
② 무거운 물건을 운반할 때 무게 중심이 높은 화물은 인력으로 운반하지 않는다.
③ 어깨높이보다 높은 위치에서 화물을 들고 운반하여서는 안 된다.
④ 단독으로 긴 물건을 어깨에 메고 운반할 때에는 뒤쪽을 위로 올린 상태로 운반한다.

해설 인력운반 작업에 대한 안전 준수사항
① 물건을 들어 올릴 때는 팔과 무릎을 이용하며 척추는 곧게 한다.
② 길이가 긴 물건은 앞쪽을 높게 하여 운반한다.
③ 보조기구를 효과적으로 사용한다.
④ 무거운 물건은 공동 작업으로 실시한다.
⑤ 운반시의 시선은 진행방향을 향하고 뒷걸음 운반을 하여서는 안 된다.
⑥ 어깨높이보다 높은 위치에서 하물을 들고 운반하여서는 안 된다.
⑦ 단독작업은 30kg 이하로 하고 장시간 작업은 작업자 체중의 40%한도 내에서 취급한다.
⑧ 물건은 최대한 몸에서 붙어서 들어올린다.
⑨ 무거운 물건을 운반할 때 무게 중심이 높은 하물은 인력으로 운반하지 않는다.

113 다음 중 직접기초의 터파기 공법이 아닌 것은?

① 개착 공법
② 시트 파일 공법
③ 트렌치 컷 공법
④ 아일랜드 컷 공법

해설 직접기초의 터파기 공법: 개착(오픈 컷) 공법, 아일랜드 컷 공법, 트렌치 컷 공법
① 개착(오픈 컷 open cut) 공법: 지표면에서 비교적 넓은 면적을 노출된 상태에서 굴착하는 굴착법
② 아일랜드 컷(island cut) 공법: 중앙부를 선굴착하여 구조물을 축조하고 주변부를 굴착하여 구조물을 완성하는 공법
③ 트렌치 컷(trench cut) 공법: 아일랜드 컷(island cut) 공법과 반대로 시공하는 공법
* 강재 널말뚝(steel sheet pile) 공법: 강재의 널말뚝을 연속해서 박아 수밀성 있는 흙막이 벽을 만들어 띠장, 버팀대로 지지하는 공법

114 건설재해대책의 사면보호공법 중 식물을 생육시켜 그 뿌리로 사면의 표층토를 고정하여 빗물에 의한 침식, 동상, 이완 등을 방지하고, 녹화에 의한 경관조성을 목적으로 시공하는 것은?

① 식생공
② 쉴드공
③ 뿜어 붙이기공
④ 블록공

해설 식생공: 건설재해대책의 사면보호공법 중 식물을 생육시켜 그 뿌리로 사면의 표층토를 고정하여 빗물에 의한 침식, 동상, 이완 등을 방지하고, 녹화에 의한 경관조성을 목적으로 시공하는 것
* 사면 보호 공법
 (가) 사면을 보호하기 위한 구조물에 의한 보호 공법
  ① 현장타설 콘크리트 격자공
  ② 블록공
  ③ (돌, 블록) 쌓기공
  ④ (돌, 블록, 콘크리트) 붙임공
  ⑤ 뿜칠공법
 (나) 사면을 식물로 피복함으로써 침식, 세굴 등을 방지: 식생공

115 훅걸이용 와이어로프 등이 훅으로부터 벗겨지는 것을 방지하기 위한 장치는?

① 해지장치
② 권과방지장치
③ 과부하방지장치
④ 턴버클

해설 해지장치의 사용〈산업안전보건기준에 관한 규칙〉
제137조(해지장치의 사용)
사업주는 훅걸이용 와이어로프 등이 훅으로부터 벗겨지는 것을 방지하기 위한 장치(이하 "해지장치"라 한다)를 구비한 크레인을 사용하여야 하며, 그 크레인을 사용하여 짐을 운반하는 경우에는 해지장치를 사용하여야 한다.

정답 112. ④ 113. ② 114. ① 115. ①

116 장비가 위치한 지면보다 낮은 장소를 굴착하는 데 적합한 장비는?

① 트럭크레인　② 파워쇼벨
③ 백호우　　　④ 진폴

해설 백호우(backhoe)
① 장비가 위치한 지면보다 낮은 장소를 굴착하는 데 적합한 장비
② 단단한 토질의 굴삭이 가능하고 Trench, Ditch, 배관작업 등에 편리

117 추락방지용 방망 중 그물코의 크기가 5cm인 매듭방망 신품의 인장강도는 최소 몇 kg 이상이어야 하는가?

① 60　　② 110
③ 150　　④ 200

해설 추락방호망의 인장강도(방망사의 신품에 대한 인장강도)　※ ( )는 방망사의 폐기 시 인장강도

그물코의 크기 (단위 : 센티미터)	방망의 종류(단위 : 킬로그램)	
	매듭 없는 방망	매듭 방망
10	240(150)	200(135)
5		110(60)

118 잠함 또는 우물통의 내부에서 굴착작업을 할 때의 준수사항으로 옳지 않은 것은?

① 굴착 깊이가 10m를 초과하는 경우에는 해당 작업장소와 외부와의 연락을 위한 통신설비 등을 설치하여야 한다.
② 산소 결핍의 우려가 있는 경우에는 산소의 농도를 측정하는 자를 지명하여 측정하도록 한다.
③ 근로자가 안전하게 승강하기 위한 설비를 설치한다.
④ 측정 결과 산소의 결핍이 인정될 경우에는 송기를 위한 설비를 설치하여 필요한 양의 공기를 공급하여야 한다.

해설 잠함 또는 우물통의 내부에서 굴착작업〈산업안전보건기준에 관한 규칙〉
제377조(잠함 등 내부에서의 작업)
① 사업주는 잠함, 우물통, 수직갱, 그 밖에 이와 유사한 건설물 또는 설비(이하 "잠함 등"이라 한다)의 내부에서 굴착작업을 하는 경우에 다음 각 호의 사항을 준수하여야 한다.
1. 산소 결핍 우려가 있는 경우에는 산소의 농도를 측정하는 사람을 지명하여 측정하도록 할 것
2. 근로자가 안전하게 오르내리기 위한 설비를 설치할 것
3. 굴착 깊이가 20미터를 초과하는 경우에는 해당 작업장소와 외부와의 연락을 위한 통신설비 등을 설치할 것
② 사업주는 제1항제1호에 따른 측정 결과 산소 결핍이 인정되거나 굴착 깊이가 20미터를 초과하는 경우에는 송기(送氣)를 위한 설비를 설치하여 필요한 양의 공기를 공급해야 한다.

119 이동식 비계를 조립하여 작업을 하는 경우의 준수사항으로 옳지 않은 것은?

① 비계의 최상부에서 작업을 하는 경우에는 안전난간을 설치할 것
② 작업발판은 항상 수평을 유지하고 작업발판 위에서 안전난간을 딛고 작업을 하거나 받침대 또는 사다리를 사용하여 작업하지 않도록 할 것
③ 작업발판의 최대적재하중은 150kg을 초과하지 않도록 할 것
④ 이동식 비계의 바퀴에는 뜻밖의 갑작스러운 이동 또는 전도를 방지하기 위하여 브레이크·쐐기 등으로 바퀴를 고정시킨 다음 비계의 일부를 견고한 시설물에 고정하거나 아웃트리거(outrigger)를 설치하는 등 필요한 조치를 할 것

해설 이동식 비계〈산업안전보건기준에 관한 규칙〉
제68조(이동식 비계)
사업주는 이동식 비계를 조립하여 작업을 하는 경우에는 다음 각 호의 사항을 준수하여야 한다.

정답 116. ③　117. ②　118. ①　119. ③

1. 이동식 비계의 바퀴에는 뜻밖의 갑작스러운 이동 또는 전도를 방지하기 위하여 브레이크·쐐기 등으로 바퀴를 고정시킨 다음 비계의 일부를 견고한 시설물에 고정하거나 아웃트리거(outrigger)를 설치하는 등 필요한 조치를 할 것
2. 승강용사다리는 견고하게 설치할 것
3. 비계의 최상부에서 작업을 하는 경우에는 안전난간을 설치할 것
4. 작업발판은 항상 수평을 유지하고 작업발판 위에서 안전난간을 딛고 작업을 하거나 받침대 또는 사다리를 사용하여 작업하지 않도록 할 것
5. 작업발판의 최대적재하중은 250킬로그램을 초과하지 않도록 할 것

120 항타기 또는 항발기의 권상장치 드럼축과 권상장치로부터 첫 번째 도르래의 축 간의 거리는 권상장치 드럼폭의 몇 배 이상으로 하여야 하는가?

① 5배 ② 8배
③ 10배 ④ 15배

[해설] 항타기 및 항발기의 도르래 부착〈산업안전보건기준에 관한 규칙〉
제216조 (도르래의 부착 등)
② 사업주는 항타기 또는 항발기의 권상장치의 드럼축과 권상장치로부터 첫 번째 도르래의 축 간의 거리를 권상장치 드럼 폭의 15배 이상으로 하여야 한다.

정답 120. ④

산업안전기사

2019

- 2019년 제1회 기출문제
  (3월 3일 시행)
- 2019년 제2회 기출문제
  (4월 27일 시행)
- 2019년 제3회 기출문제
  (8월 4일 시행)

2019년 제1회 산업안전기사 기출문제

[제1과목] **안전관리론**

01 제일선의 감독자를 교육대상으로 하고, 작업을 지도하는 방법, 작업개선방법 등의 주요 내용을 다루는 기업 내 교육방법은?
① TWI   ② MTP
③ ATT   ④ CCS

해설 기업 내 정형교육
(가) TWI(Training Within Industry)
직장에서 제일선 감독자(관리감독자)에 대해서 감독능력을 높이고 부하 직원과의 인간관계를 개선해서 생산성을 높이기 위한 훈련방법
(나) MTP(Management Training Program)
TWI보다 약간 높은 계층의 관리자를 대상으로 하며 관리부분에 더중점을 둠
(다) ATT(American Telephone Telegram)
대상 계층이 한정되어 있지 않고 진행방법은 토의식으로 유도자가 결론을 내려가는 방식
(라) ATP(Administration Training Program)
CCS(Civil Communication Section) : 정책의 수립, 조직, 통제 및 운영으로 되어 있으며, 강의법에 토의법이 가미됨

02 안전검사기관 및 자율검사프로그램 인정기관은 고용노동부장관에게 그 실적을 보고하도록 관련법에 명시되어 있는데 그 주기로 옳은 것은?
① 매월   ② 격월
③ 분기   ④ 반기

해설 안전검사 실적보고〈안전검사 절차에 관한 고시〉
① 안전검사기관은 분기마다 다음 달 10일까지 분기별 실적과 매년 1월20일까지 전년도 실적을 고용노동부장관에게 제출
② 공단은 분기마다 다음 달 10일까지 분기별 실적과 매년 1월 20일까지 전년도 실적을 고용노동부장관에게 제출

03 다음 재해사례에서 기인물에 해당하는 것은?

> 기계작업에 배치된 작업자가 반장의 지시를 받기 전에 정지된 선반을 운전시키면서 변속치차의 덮개를 벗겨내고 치차를 저속으로 운전하면서 급유하려고 할 때 오른손이 변속치차에 맞물려 손가락이 절단되었다.

① 덮개   ② 급유
③ 선반   ④ 변속치차

해설 기인물
(가) 기인물 : 재해가 일어난 원인이 되었던 기계, 장치, 기타 물건 또는 환경(불안전한 상태에 있는 물체, 환경)
(나) 가해물 : 직접 사람에게 접촉되어 위해를 가한 물체
⇨ 기인물 : 선반
   가해물 : 변속치차

04 보호구 안전인증 고시에 따른 분리식 방진마스크의 성능기준에서 포집효율이 특급인 경우, 염화나트륨(NaCl) 및 파라핀 오일(Paraffin Oil)시험에서의 포집효율은?
① 99.95% 이상
② 99.9% 이상
③ 99.5% 이상
④ 99.0% 이상

정답 01.① 02.③ 03.③ 04.①

해설 방진마스크 여과재분진 등 포집효율〈보호구 안전인증 고시〉

형태 및 등급		염화나트륨(NaCl) 및 파라핀 오일(Paraffin oil) 시험(%)
분리식	특급	99.95 이상
	1급	94.0 이상
	2급	80.0 이상
안면부 여과식	특급	99.0 이상
	1급	94.0 이상
	2급	80.0 이상

05 산업안전보건법상 특별안전보건교육에서 방사선 업무에 관계되는 작업을 할 때 교육 내용으로 거리가 먼 것은?

① 방사선의 유해·위험 및 인체에 미치는 영향
② 방사선 측정기기 기능의 점검에 관한 사항
③ 비상시 응급처리 및 보호구 착용에 관한 사항
④ 산소농도측정 및 작업환경에 관한 사항

해설 **특별안전보건교육** : 방사선 업무에 관계되는 작업(의료 및 실험용은 제외한다)〈산업안전보건법 시행규칙 별표 5〉
- 방사선의 유해·위험 및 인체에 미치는 영향
- 방사선의 측정기기 기능의 점검에 관한 사항
- 방호거리·방호벽 및 방사선 물질의 취급 요령에 관한 사항
- 응급처치 및 보호구 착용에 관한 사항
- 그 밖에 안전·보건관리에 필요한 사항

06 주의 수준이 Phase 0인 상태에서의 의식상태는?

① 무의식 상태
② 의식의 이완 상태
③ 명료한 상태
④ 과긴장 상태

해설 **의식의 레벨(Phase) 5단계** : 의식의 수준 정도
- Phase 0 : 무의식 상태로 행동이 불가능한 상태(수면)

07 한 사람, 한 사람의 위험에 대한 감수성 향상을 도모하기 위하여 삼각 및 원 포인트 위험예지훈련을 통합한 활용기법은?

① 1인 위험예지훈련
② TBM 위험예지훈련
③ 자문자답 위험예지훈련
④ 시나리오 위험예지훈련

해설 **1인 위험예지훈련**
한 사람 한 사람의 위험에 대한 감수성 향상을 도모하기 위한 삼각 및 원포인트 위험예지훈련을 통합한 활용기법
- 각자의 위험에 대한 감수성 향상을 도모하기 위하여 삼각 및 원포인트 위험예지훈련을 실시하는 것

08 재해예방의 4원칙에 관한 설명으로 틀린 것은?

① 재해의 발생에는 반드시 원인이 존재한다.
② 재해의 발생과 손실의 발생은 우연적이다.
③ 재해를 예방할 수 있는 안전대책은 반드시 존재한다.
④ 재해는 원인 제거가 불가능하므로 예방만이 최선이다.

해설 **하인리히의 재해예방 4원칙**
① 손실우연의 원칙 : 재해발생 결과 손실(재해)의 유무, 형태와 크기는 우연적이다(사고의 발생과 손실의 발생에는 우연적 관계임. 손실은 우연에 의해 결정되기 때문에 예측할 수 없음. 따라서 예방이 최선)
② 원인연계(연쇄)의 원칙 : 재해의 발생에는 반드시 그 원인이 있으며 원인이 연쇄적으로 이어진다. (손실은 우연이지만 사고와 원인의 관계는 필연적으로 인과관계가 있다.).
③ 예방가능의 원칙 : 재해는 사전 예방이 가능하다.
④ 대책선정(강구)의 원칙 : 사고의 원인이나 불안전 요소가 발견되면 반드시 대책은 선정 실시 되어야 하며 대책선정 이 가능하다.(안전대책이 강구되어야 함)

정답 05. ④ 06. ① 07. ① 08. ④

09 적응기제(適應機制, Adjustment Mechanism)의 종류 중 도피적 기제(행동)에 해당하지 않는 것은?

① 고립 ② 퇴행
③ 억압 ④ 합리화

해설 적응기제(適應機制, Adjustment Mechanism)의 종류
자기방어를 통해 내적 긴장을 감소시켜 환경에 적응토록함.
* 방어적 기제(행동)
  : ㉠ 보상 ㉡ 합리화 ㉢ 투사 ㉣ 승화
* 도피적 기제(행동)
  : ㉠ 고립 ㉡ 억압 ㉢ 퇴행 ㉣ 백일몽

10 인간 오류에 관한 분류 중 독립행동에 의한 분류가 아닌 것은?

① 생략 오류 ② 실행 오류
③ 명령 오류 ④ 시간 오류

해설 휴먼에러에 관한 분류
(가) 심리적 행위에 의한 분류(Swain의 독립행동에 관한 분류)
1) omission error(생략 에러) : 필요한 작업 또는 절차를 수행하지 않는데 기인한 에러 – 부작위 오류
2) commission error(실행 에러) : 필요한 작업 또는 절차를 불확실하게 수행함으로써 기인한 에러 – 작위 오류
3) extraneous error(과잉행동 에러) : 불필요한 작업 또는 절차를 수행함으로써 기인한 에러
4) sequential error(순서 에러) : 필요한 작업 또는 절차의 순서 착오로 인한 에러
5) time error(시간 에러) : 필요한 직무 또는 절차의 수행의 지연(혹은 빨리)으로 인한 에러
(나) 원인의 수준(level)별 분류
1) Primary Error(1차 에러) : 작업자 자신으로부터 발생한 과오
2) Secondary Error(2차 에러) : 작업 형태나 조건의 문제에서 발생한 에러. 어떤 결함으로부터 파생하여 발생
3) Command Error(지시 에러) : 요구된 기능을 실행하고자 하여도 필요한 물건, 정보, 에너지 등의 공급이 없기 때문에 작업자가 움직이려고 해도 움직일 수 없으므로 발생하는 과오(명령 에러)
(* 인간공학 및 시스템안전공학 CH.2 참조)

11 다음 중 안전·보건교육계획을 수립할 때 고려할 사항으로 가장 거리가 먼 것은?

① 현장의 의견을 충분히 반영한다.
② 대상자의 필요한 정보를 수집한다.
③ 안전교육시행체계와의 연관성을 고려한다.
④ 정부 규정에 의한 교육에 한정하여 실시한다.

해설 안전·보건교육계획의 수립 시 고려할 사항
① 현장의 의견을 충분히 반영
② 대상자의 필요한 정보를 수집
③ 안전교육시행체계와의 연관성을 고려.
④ 정부 규정에 의한 교육에 한정하지 않음

12 사고의 원인분석방법에 해당하지 않는 것은?

① 통계적 원인 분석
② 종합적 원인 분석
③ 클로즈(close) 분석
④ 관리도

해설 재해를 분석하는 방법(사고의 원인 분석 방법)
(1) 개별분석(개별적 원인 분석) : 재해 건수가 비교적 적은 사업장의 적용에 적합하고, 특수 재해나 중대 재해의 분석에 사용하는 방법. 통계적 원인분석의 기초자료로 활용(ETA, FTA, 문답법)
(2) 통계분석(통계적 원인 분석) : 재해 발생 경향, 유형, 요인 등을 파악하여 재해예방 대책을 강구하고 동종재해 예방(파레토도, 크로스도, 관리도)

13 하인리히의 재해 코스트 평가방식 중 직접비에 해당하지 않는 것은?

① 산재보상비 ② 치료비
③ 간호비 ④ 생산손실

해설 하인리히 방식에 의한 재해 코스트 산정법
1) 총재해 코스트 : 직접비 + 간접비
   [직접비(산재보상금)의 5배(= 직접비용 × 5)]
2) 직접비 : 간접비 = 1 : 4

정답 09. ④ 10. ③ 11. ④ 12. ② 13. ④

3) 직접비 : 산재보험급여(근로복지공단의 산재보상금)
  ① 요양급여 : 병원비용
  ② 휴업급여 : 평균임금의 70%
  ③ 장해급여 : 1~14급
  ④ 유족급여 : 사망 시
  ⑤ 장의비
  ⑥ 장해특별급여
  ⑦ 간병급여
  ⑧ 상병보상연금
  ⑨ 직업재활급여
4) 간접비(직접비를 제외한 모든 비용) : 인적손실 + 생산손실 + 물적손실 + 기타손실

14 산업안전보건법령상 의무안전인증대상 기계·기구 및 설비가 아닌 것은?

① 연삭기
② 롤러기
③ 압력용기
④ 고소(高所) 작업대

해설 안전인증대상 기계 등〈산업안전보건법 시행령 제74조〉
1) 기계 및 설비
  ① 프레스
  ② 전단기(剪斷機) 및 절곡기(折曲機)
  ③ 크레인
  ④ 리프트
  ⑤ 압력용기
  ⑥ 롤러기
  ⑦ 사출성형기(射出成形機)
  ⑧ 고소(高所) 작업대
  ⑨ 곤돌라

15 안전관리조직의 참모식(staff형)에 대한 장점이 아닌 것은?

① 경영자의 조언과 자문역활을 한다.
② 안전정보 수집이 용이하고 빠르다.
③ 안전에 관한 명령과 지시는 생산라인을 통해 신속하게 전달한다.
④ 안전전문가가 안전계획을 세워 문제해결 방안을 모색하고 조치한다.

해설 안전관리 조직
※ 라인/스태프형 조직의 장단점

구 분	장 점	단 점
라인형 (100인 미만 사업장에 적합)	① 안전에 대한 지시, 전달이 용이 ② 명령계통이 간단, 명료 ③ 참모식보다 경제적	① 안전에 관한 전문지식이 부족하고 기술의 축적이 미흡(안전에 대한 정보 불충분) ② 안전정보 및 신기술 개발이 어려움 ③ 라인에 과중한 책임이 물림
스태프형 (100~1,000인 미만 사업장에 적합)	① 안전에 관한 전문지식, 기술 축적 용이 ② 안전정보 수집 신속, 용이 ③ 경영자의 조언 및 자문 역할	① 안전과 생산을 별개로 취급(안전지시가 용이하지 않음-생산부서와 유기적인 협조 필요) ② 생산 라인은 안전에 대한 책임, 권한 미미(없음) ③ 생산부서와 마찰이 일어나기 쉬움(권한 다툼이나 조정 때문에 통제수속이 복잡해지며 시간과 노력이 소모됨)
라인-스태프 혼합형 (1,000인 이상 사업장에 적합)	① 안전지식 및 기술 축적 가능 ② 안전지시 및 전달이 신속·정확 ③ 안전에 대한 신기술의 개발 및 보급이 용이 ④ 안전활동이 생산과 분리되지 않으므로 운용이 쉬움(조직원 전원을 자율적으로 안전활동에 참여시킬 수 있다.)	① 명령계통과 지도·조언 및 권고적 참여가 혼동되기 쉬움 ② 스태프의 힘이 커지면 라인이 무력해짐 ③ 스태프의 월권행위의 경우가 있으며, 라인이 스태프에 의존 또는 활용치 않는 경우가 있다.

16 안전교육방법 중 학습자가 이미 설명을 듣거나 시범을 보고 알게 된 지식이나 기능을 강사의 감독 아래 직접적으로 연습하여 적용할 수 있도록 하는 교육방법은?

① 모의법　　② 토의법
③ 실연법　　④ 반복법

[해설] **실연법** : 안전교육방법 중 학습자가 이미 설명을 듣거나 시범을 보고 알게 된 지식이나 기능을 강사의 감독 아래 직접적으로 연습하여 적용할 수 있도록 하는 교육방법
- 수업의 중간이나 마지막 단계에 행하는 것으로써 언어학습이나 문제해결 학습에 효과적인 학습법 (학습한 것을 실제에 적용)

17 산업안전보건법상의 안전·보건표지 종류 중 관계자 외 출입 금지표지에 해당되는 것은?

① 안전 모착용
② 폭발성 물질 경고
③ 방사성 물질 경고
④ 석면취급 및 해체·제거

[해설] 안전 보건표지의 종류와 형태
(1) 관계자외 출입 금지표지
　① 허가대상물질 작업장
　② 석면취급/해체 작업장
　③ 금지대상물질의 취급 실험실 등

18 국제노동기구(ILO)의 산업재해 정도 구분에서 부상결과 근로자가 신체장해등급 제12급 판정을 받았다면 이는 어느 정도의 부상을 의미하는가?

① 영구 전 노동 불능
② 영구 일부 노동 불능
③ 일시 전 노동 불능
④ 일시 일부 노동 불능

[해설] 근로 불능 상해의 정도별 분류(ILO의 국제 노동 통계의 구분)
① 사망 : 노동손실일수 7,500일
② 영구 전 노동 불능상해 : 부상결과 노동기능을 완전히 잃은 부상(신체장해 등급 제1급 ~ 제3급, 노동손실일 수 7,500일)
③ 영구 일부노동 불능상해 : 부상결과 신체의 일부가 영구히 노동기능을 상실한 부상(신체장해등급 제4급 ~ 제14급)
④ 일시 전 노동 불능상해 : 의사의 진단으로 일정 기간 정규노동에 종사할 수 없는 상해(신체장해가 남지 않는 일반적인 휴업재해)
⑤ 일시 일부 노동 불능상해 : 의사의 의견에 따라 부상 다음날 정규근로에 종사할 수 없는 휴업재해 이외의 경우

19 특정 과업에서 에너지 소비수준에 영향을 미치는 인자가 아닌 것은?

① 작업방법
② 작업속도
③ 작업관리
④ 도구

[해설] 특정 과업에서 에너지 소비수준에 영향을 미치는 인자 : 작업 방법, 작업 속도, 도구 등

20 사고 예방대책의 기본원리 5단계 중 틀린 것은?

① 1단계 : 안전관리계획
② 2단계 : 현상 파악
③ 3단계 : 분석 평가
④ 4단계 : 대책의 선정

[해설] 사고 예방대책의 5단계(하인리히의 이론)
① 제1단계 : 안전관리조직(organization)
② 제2단계 : 사실의 발견(fact finding) - 현상 파악
③ 제3단계 : 분석 평가(analysis)
④ 제4단계 : 대책의 선정(수립)(selection of remedy)
⑤ 제5단계 : 대책의 적용(application of remedy)

정답 16. ③　17. ④　18. ②　19. ③　20. ①

제2과목 인간공학 및 시스템안전공학

21 의도는 올바른 것이었지만, 행동이 의도한 것과는 다르게 나타나는 오류를 무엇이라 하는가?
① Slip   ② Mistake
③ Lapse   ④ Violation

[해설] 인간의 오류모형
(가) 착오(Mistake) : 상황해석을 잘못하거나 목표를 잘못 이해하고 착각하여 행하는 경우
(나) 실수(Slip) : 상황이나 목표의 해석을 제대로 했으나 의도와는 다른 행동을 하는 경우
(다) 건망증(Lapse) : 여러 과정이 연계적으로 일어나는 행동에서 일부를 잊어버리고 하지 않거나 또는 기억의 실패에 의하여 발생하는 오류
(라) 위반(Violation) : 정해진 규칙을 알고 있음에도 고의로 따르지 않거나 무시하는 행위

22 시스템 수명주기 단계 중 마지막 단계인 것은?
① 구상단계   ② 개발단계
③ 운전단계   ④ 생산단계

23 FT도에 사용되는 다음 게이트의 명칭은?
① 부정 게이트
② 억제 게이트
③ 배타적 OR 게이트
④ 우선적 AND 게이트

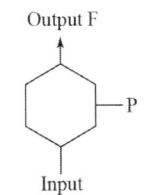

[해설] 억제 게이트 : 조건부 사건이 발생하는 상황하에서 입력 현상이 발생할 때 출력 현상이 발생하는 것(입력이 게이트 조건에 만족할 때 출력이 발생)

24 FTA에서 시스템의 기능을 살리는 데 필요한 최소 요인의 집합을 무엇이라 하는가?
① critical set
② minimal gate
③ minimal path
④ Boolean indicated cut set

[해설] 최소 패스셋(minimal path set)
어떤 고장이나 실수를 일으키지 않으면 재해가 발생하지 않는 것으로 시스템의 신뢰성을 표시하는 것(시스템이 기능을 살리는 데 필요한 최소 요인의 집합)

25 쾌적 환경에서 추운 환경으로 변화 시 신체의 조절작용이 아닌 것은?
① 피부 온도가 내려간다.
② 직장 온도가 약간 내려간다.
③ 몸이 떨리고 소름이 돋는다.
④ 피부를 경유하는 혈액 순환량이 감소한다.

[해설] 온도변화에 따른 인체의 적응
1) 적정온도에서 추운 환경으로 바뀔 때의 현상
 ① 피부 온도가 내려간다.
 ② 피부를 경유하는 혈액 순환량이 감소한다.(혈액의 많은 양이 몸의 중심부를 순환한다.)
 ③ 직장(直腸) 온도가 약간 올라간다.
 ④ 몸이 떨리고 소름이 돋는다.
2) 적정온도에서 더운 환경으로 바뀔 때의 현상
 ① 피부 온도가 올라간다.
 ② 많은 양의 혈액이 피부를 경유한다
 ③ 직장 온도가 내려간다.
 ④ 발한이 시작한다.

26 염산을 취급하는 A 업체에서는 신설 설비에 관한 안전성 평가를 실시해야 한다. 정성적 평가단계의 주요 진단 항목에 해당하는 것은?
① 공장 내의 배치
② 제조공장의 개요
③ 재평가 방법 및 계획
④ 안전·보건교육 훈련계획

정답 21.① 22.③ 23.② 24.③ 25.② 26.①

27 인간-기계 시스템의 설계를 6단계로 구분할 때, 첫 번째 단계에서 시행하는 것은?

① 기본설계
② 시스템의 정의
③ 인터페이스 설계
④ 시스템의 목표와 성능명세 결정

[해설] 인간-기계 시스템의 설계 6단계
① 제1단계 : 시스템의 목표 및 성능명세 결정
② 제2단계 : 시스템의 정의
③ 제3단계 : 기본설계
④ 제4단계 : 인터페이스(계면) 설계
⑤ 제5단계 : 보조물(촉진물) 설계
⑥ 제6단계 : 시험 및 평가

28 점광원으로부터 0.3m 떨어진 구면에 비추는 광량이 5Lumen일 때, 조도는 약 몇 럭스인가?

① 0.06   ② 16.7
③ 55.6   ④ 83.4

[해설] 조도 : 광원의 밝기에 비례하고, 거리의 제곱에 반비례하며, 반사체의 반사율과는 상관없이 일정한 값을 갖는 것

$$조도 = \frac{광도}{(거리)^2} = \frac{5}{(0.3)^2} = 55.6 \text{lux}$$

29 음량 수준을 측정할 수 있는 3가지 척도에 해당하지 않는 것은?

① sone   ② 럭스
③ phon   ④ 인식소음 수준

[해설] 음의 크기의 수준
① Phon : 1,000Hz 순음의 음압 수준(dB)을 나타냄.
② sone : 40dB의 음압 수준을 가진 순음의 크기를 1sone이라 함.
③ sone와 Phon의 관계식 : sone = $2^{(Phon-40)/10}$
* 인식소음 수준(perceived noise level) : 소음의 측정에 이용되는 척도로 소음 음압 수준. PNdB(perceived noise level)와 PLdB(perceived noise level)가 있음.

* lux(meter-candle) : 조도의 단위로 1촉광(cd)의 점광원으로부터 1m 떨어진 구면에 비추는 빛의 밀도[1(lumen/m²)]

30 실린더 블록에 사용하는 개스킷의 수명은 평균 10000시간이며, 표준편차는 200시간으로 정규분포를 따른다. 사용시간이 9600시간일 경우에 신뢰도는 약 얼마인가? (단, 표준정규분포표는 $u_{0.8413} = 1$, $u_{0.9772} = 2$이다.)

① 84.13%   ② 88.73%
③ 92.72%   ④ 97.72%

[해설] 개스킷의 신뢰도

$$신뢰도 = P\left(Z \leq \frac{\overline{X} - M}{\sigma}\right) \left[\frac{확률변수 - 평균}{표준편차}\right]$$

$$= P\left(Z \leq \frac{9600 - 10000}{200}\right) = P(Z \leq -2)$$

⇨ 이 문제에서는 극단에서 2까지 0.9772(Z_2 = 0.9772) 임. 반대로의 극단에서 -2까지도 0.9772임. 따라서 97.72%

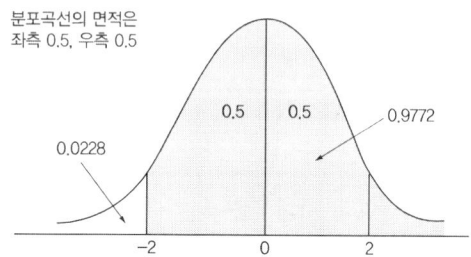

분포곡선의 면적은 좌측 0.5, 우측 0.5

31 음압 수준이 70dB인 경우, 1000Hz에서 순음의 phon치는?

① 50phon   ② 70phon
③ 90phon   ④ 100phon

[해설] 음의 크기의 수준
① Phon : 1,000Hz 순음의 음압 수준(dB)을 나타냄.
② sone : 40dB의 음압 수준을 가진 순음의 크기를 1sone이라 함.
③ sone와 Phon의 관계식 : sone = $2^{(Phon-40)/10}$
⇨ 1,000Hz에서 음압 수준(dB)이 70dB이므로 순음의 phon치는 70phon임.

정답 27.④ 28.③ 29.② 30.④ 31.②

32 인체 계측 자료의 응용원칙 중 조절 범위에서 수용하는 통상의 범위는 얼마인가?

① 5 ~ 95%tile
② 20 ~ 80%tile
③ 30 ~ 70%tile
④ 40 ~ 60%tile

33 동작경제 원칙에 해당하지 않는 것은?

① 신체사용에 관한 원칙
② 작업장 배치에 관한 원칙
③ 사용자 요구 조건에 관한 원칙
④ 공구 및 설비 디자인에 관한 원칙

해설 동작경제의 3원칙(Barnes)
(가) 신체의 사용에 관한 원칙(Use of the Human Body)
(나) 작업장의 배치에 관한 원칙(Arrangement of workplace)
(다) 공구 및 설비의 설계에 관한 원칙(Design of Tools and Equipment)

34 정신적 작업 부하에 관한 생리적 척도에 해당하지 않는 것은?

① 부정맥 지수
② 근전도
③ 점멸융합주파수
④ 뇌파도

해설 정신작업의 생리적 척도
심전도(ECG), 뇌전도(EEG), 플리커 검사(Flicker Fusion Frequency, 점멸융합주파수), 심박수, 부정맥 지수, 호흡수 등
* 부정맥 : 체계의 변화나 기능부전 등에 의해 초래되는 불규칙한 심박동. 일반적으로 정신적 부하가 증가하는 경우 부정맥 지수 값은 감소함
* 근전도(EMG, Electromyogram) : 근육 활동의 전위차를 기록한 것(국부적 근육 활동의 척도로 운동기능의 이상을 진단)

35 FMEA의 장점이라 할 수 있는 것은?

① 분석방법에 대한 논리적 배경이 강하다.
② 물적, 인적요소 모두가 분석대상이 된다.
③ 서식이 간단하고 비교적 적은 노력으로 분석이 가능하다.
④ 두 가지 이상의 요소가 동시에 고장 나는 경우에도 분석이 용이하다.

해설 FMEA(Failure Mode and Effect Analysis, 고장 형태와 영향분석) : 시스템에 영향을 미치는 모든 요소의 고장을 형태별로 분석하고 영향을 검토하는 것. 전형적인 정성적, 귀납적 분석방법
〈FMEA의 장단점〉
① 양식이 간단하여 특별한 훈련 없이 해석이 가능
② 논리성이 부족하고 각 요소 간 영향의 해석이 어렵기 때문에 동시에 2가지 이상의 요소가 고장나는 경우에 해석 곤란
③ 해석의 영역이 물체에 한정되기 때문에 인적 원인의 해석이 곤란
④ 시스템 해석의 기법은 정성적, 귀납적 분석법 등이 사용

36 수리가 가능한 어떤 기계의 가용도(availability)는 0.9이고, 평균수리시간(MTTR)이 2시간일 때, 이 기계의 평균수명(MTBF)은?

① 15시간 ② 16시간
③ 17시간 ④ 18시간

해설 가용도(Availability 이용률) : 일정 기간 동안 시스템이 고장 없이 가동될 확률

가용도(A) = $\dfrac{MTBF}{MTBF + MTTR}$

→ $0.9 = \dfrac{MTBF}{MTBF + 2}$

⇨ MTBF = 18시간

정답 32. ① 33. ③ 34. ② 35. ③ 36. ④

37 산업안전보건법령에 따라 제조업 중 유해·위험방지계획서의 제출대상 사업의 사업주가 유해·위험방지계획서를 제출하고자 할 때 첨부하여야 하는 서류에 해당하지 않는 것은? (단, 기타 고용노동부장관이 정하는 도면 및 서류 등은 제외한다.)

① 공사개요서
② 기계·설비의 배치도면
③ 기계·설비의 개요를 나타내는 서류
④ 원재료 및 제품의 취급, 제조 등의 작업방법의 개요

해설 유해·위험방지계획서 제출 시 첨부서류(제조업)
〈산업안전보건법 시행규칙 제42조〉
제조업 등 유해·위험방지계획서에 각 호의 서류를 첨부하여 해당 작업 시작 15일 전까지 공단에 2부를 제출하여야 한다.
1. 건축물 각 층의 평면도
2. 기계·설비의 개요를 나타내는 서류
3. 기계·설비의 배치도면
4. 원재료 및 제품의 취급, 제조 등의 작업방법의 개요
5. 그 밖에 고용노동부장관이 정하는 도면 및 서류

38 생명유지에 필요한 단위 시간당 에너지량을 무엇이라 하는가?

① 기초 대사량   ② 산소 소비율
③ 작업 대사량   ④ 에너지 소비율

해설 기초대사량 : 체온 유지, 호흡, 심장 박동 등 기초활동(생명유지)을 위한 신진대사에 쓰이는 열량
- 공복으로 20℃의 실내에서 가만히 누워 있는 사람의 체표(體表)에서 발생(發生)하는 열량

39 인간-기계 시스템의 연구 목적으로 가장 적절한 것은?

① 정보 저장의 극대화
② 운전시 피로의 평준화
③ 시스템의 신뢰성 극대화
④ 안전의 극대화 및 생산능력의 향상

해설 인간-기계 시스템의 연구 목적 : 안전의 극대화 및 생산능력의 향상

40 다음의 각 단계를 결함수분석법(FTA)에 의한 재해사례의 연구 순서대로 나열한 것은?

[다음] ㉠ 정상사상의 선정
㉡ FT도 작성 및 분석
㉢ 개선 계획의 작성
㉣ 각 사상의 재해 원인 규명

① ㉠ → ㉡ → ㉢ → ㉣
② ㉠ → ㉣ → ㉢ → ㉡
③ ㉠ → ㉢ → ㉡ → ㉣
④ ㉠ → ㉣ → ㉡ → ㉢

해설 결함수분석(FTA) 절차(FTA에 의한 재해사례의 연구 순서)
(가) 제1단계 : TOP 사상의 선정
(나) 제2단계 : 사상의 재해 원인 규명
(다) 제3단계 : FT(Fault Tree)도 작성
(라) 제4단계 : 개선 계획 작성
(마) 제5단계 : 개선안 실시계획

제3과목 기계위험방지기술

41 휴대용 연삭기 덮개의 개방부 각도는 몇 도(°) 이내여야 하는가?

① 60°   ② 90°
③ 125°   ④ 180°

해설 연삭기 덮개의 노출 각도
(가) 원통연삭기, 센터리스연삭기, 공구연삭기, 만능연삭기 등 : 180° 이내
(나) 상부를 사용할 것을 목적으로 하는 탁상용 연삭기 : 60° 이내
(다) 휴대용 연삭기, 스윙연삭기 : 180° 이내(하부 사용)
(라) 평면연삭기, 절단연삭기 : 150° 이내

정답 37.① 38.① 39.④ 40.④ 41.④

42 롤러기 급정지장치 조작부에 사용하는 로프의 성능 기준으로 적합한 것은? (단, 로프의 재질은 관련 규정에 적합한 것으로 한다.)

① 지름 1mm 이상의 와이어로프
② 지름 2mm 이상의 합성섬유로프
③ 지름 3mm 이상의 합성섬유로프
④ 지름 4mm 이상의 와이어로프

해설 롤러기 급정지장치 조작부에 사용하는 로프의 성능의 기준 : 조작부에 로프를 사용할 경우는 직경 4mm 이상의 와이어로프 또는 직경 6mm 이상이고 절단하중이 2.94kN 이상의 합성섬유의 로프를 사용

43 다음 중 공장 소음에 대한 방지계획에 있어 소음원에 대한 대책에 해당하지 않는 것은?

① 해당 설비의 밀폐
② 설비실의 차음벽 시공
③ 작업자의 보호구 착용
④ 소음기 및 흡음장치 설치

해설 소음방지기술(소음 방지 대책)
1) 음원에 대한 대책(소음원 통제)
   ① 설비의 격리
   ② 적절한 재배치
   ③ 저소음 설비 사용 등
2) 소음의 격리
3) 차폐장치 및 흡음재 사용
4) 음향처리재 사용(흡음재)
5) 적절한 배치(layout)
6) 배경음악(BGM, Back Ground Music)
7) 방음보호구 사용 : 귀마개, 귀덮개

44 와이어로프의 꼬임은 일반적으로 특수로프를 제외하고는 보통 꼬임(Ordinary Lay)과 랭 꼬임(Lang's Lay) 으로 분류할 수 있다. 다음 중 랭 꼬임과 비교하여 보통 꼬임의 특징에 관한 설명으로 틀린 것은?

① 킹크가 잘 생기지 않는다.
② 내마모성, 유연성, 저항성이 우수하다.
③ 로프의 변형이나 하중을 걸었을 때 저항성이 크다
④ 스트랜드의 꼬임 방향과 로프의 꼬임 방향이 반대이다.

45 보일러 등에 사용하는 압력방출장치의 봉인은 무엇으로 실시해야 하는가?

① 구리 테이프 ② 납
③ 봉인용 철사 ④ 알루미늄 실(seal)

해설 압력방출장치(안전밸브 및 압력릴리프 장치) 〈산업안전보건기준에 관한 규칙〉
제116조(압력방출장치)
② 압력방출장치는 매년 1회 이상 「국가표준기본법」에 따라 산업통상자원부장관의 지정을 받은 국가교정업무 전담기관에서 교정을 받은 압력계를 이용하여 설정압력에서 압력방출장치가 적정하게 작동하는지를 검사한 후 납으로 봉인하여 사용하여야 한다.

46 프레스 및 전단기에 사용되는 손쳐내기식 방호장치의 성능기준에 대한 설명 중 옳지 않은 것은?

① 진동각도·진폭시험 : 행정길이가 최소일 때 진동각도는 60° ~ 90°이다.
② 진동각도·진폭시험 : 행정길이가 최대일 때 진동각도는 30° ~ 60°이다.
③ 완충시험 : 손쳐내기봉에 의한 과도한 충격이 없어야 한다.
④ 무부하 동작시험 : 1회의 오동작도 없어야 한다.

해설 손쳐내기식 방호장치의 성능기준 〈방호장치 안전인증 고시〉

진동각도·진폭시험	행정길이가 - 최소일 때 : (60~90)°진동각도 - 최대일 때 : (45~90)°진동각도
완충시험	손쳐내기봉에 의한 과도한 충격이 없어야 한다.
무부하 동작시험	1회의 오동작도 없어야 한다.

정답 42. ④ 43. ③ 44. ② 45. ② 46. ②

47 다음 중 산업안전보건법령상 연삭숫돌을 사용하는 작업의 안전수칙으로 틀린 것은?

① 연삭숫돌을 사용하는 경우 작업시작 전과 연삭숫돌을 교체한 후에는 1분 정도 시운전을 통해 이상 유무를 확인한다.
② 회전 중인 연삭숫돌이 근로자에 위험을 미칠 우려가 있는 경우에 그 부위에 덮개를 설치하여야 한다.
③ 연삭숫돌의 최고 사용회전속도를 초과하여 사용하여서는 안 된다.
④ 측면을 사용하는 목적으로 하는 연삭숫돌 이외에는 측면을 사용해서는 안 된다.

48 다음 중 산업용 로봇에 의한 작업 시 안전조치 사항으로 적절하지 않은 것은?

① 로봇이 운전으로 인해 근로자가 로봇에 부딪칠 위험이 있을 때에는 1.8m 이상의 울타리를 설치하여야 한다.
② 작업을 하고 있는 동안 로봇의 기동스위치 등은 작업에 종사하고 있는 근로자가 아닌 사람이 그 스위치 등을 조작할 수 없도록 필요한 조치를 한다.
③ 로봇의 조작방법 및 순서, 작업 중의 매니퓰레이터의 속도 등에 관한 지침에 따라 작업을 하여야 한다.
④ 작업에 종사하는 근로자가 이상을 발견하면, 관리 감독자에게 우선 보고하고, 지시에 따라 로봇의 운전을 정지시킨다.

해설 산업용 로봇에 의한 작업 시 안전조치 사항〈산업안전보건기준에 관한 규칙〉
제222조(교시 등) 사업주는 산업용 로봇의 작동 범위에서 해당 로봇에 대하여 교시(教示) 등의 작업을 하는 경우에는 해당 로봇의 예기치 못한 작동 또는 오(誤)조작에 의한 위험을 방지하기 위하여 다음 각 호의 조치를 하여야 한다.
1. 다음 각 목의 사항에 관한 지침을 정하고 그 지침에 따라 작업을 시킬 것
  가. 로봇의 조작방법 및 순서
  나. 작업 중의 매니퓰레이터의 속도
  다. 2명 이상의 근로자에게 작업을 시킬 경우의 신호방법
  라. 이상을 발견한 경우의 조치
  마. 이상을 발견하여 로봇의 운전을 정지시킨 후 이를 재가동시킬 경우의 조치
  바. 그 밖에 로봇의 예기치 못한 작동 또는 오조작에 의한 위험을 방지하기 위하여 필요한 조치
2. 작업에 종사하고 있는 근로자 또는 그 근로자를 감시하는 사람은 이상을 발견하면 즉시 로봇의 운전을 정지시키기 위한 조치를 할 것
3. 작업을 하고 있는 동안 로봇의 기동스위치 등에 작업 중이라는 표시를 하는 등 작업에 종사하고 있는 근로자가 아닌 사람이 그 스위치 등을 조작할 수 없도록 필요한 조치를 할 것

제223조(운전 중 위험 방지) 사업주는 로봇의 운전으로 인하여 근로자에게 발생할 수 있는 부상 등의 위험을 방지하기 위하여 높이 1.8m 이상의 울타리를 설치하여야 하며, 컨베이어 시스템의 설치 등으로 울타리를 설치할 수 없는 일부 구간에 대해서는 안전매트 또는 광전자식 방호장치 등 감응형(感應形) 방호장치를 설치하여야 한다.

49 프레스 작업 시작 전 점검해야 할 사항으로 거리가 먼 것은?

① 매니퓰레이터 작동의 이상유무
② 클러치 및 브레이크 기능
③ 슬라이드, 연결봉 및 연결 나사의 풀림 여부
④ 프레스 금형 및 고정볼트 상태

해설 작업시작 전 점검사항
프레스 등을 사용하여 작업을 할 때〈산업안전보건기준에 관한 규칙 별표3〉
가. 클러치 및 브레이크의 기능
나. 크랭크축 · 플라이휠 · 슬라이드 · 연결봉 및 연결 나사의 풀림 여부
다. 1행정 1정지기구 · 급정지장치 및 비상정지장치의 기능
라. 슬라이드 또는 칼날에 의한 위험방지 기구의 기능
마. 프레스의 금형 및 고정볼트 상태
바. 방호장치의 기능
사. 전단기(剪斷機)의 칼날 및 테이블의 상태

정답 47. ① 48. ④ 49. ①

50 압력용기 등에 설치하는 안전밸브에 관련한 설명으로 옳지 않은 것은?

① 안지름이 150mm를 초과하는 압력용기에 대해서는 과압에 따른 폭발을 방지하기 위하여 규정에 맞는 안전밸브를 설치해야 한다.
② 급성 독성물질이 지속적으로 외부에 유출될 수 있는 화학설비 및 그 부속설비에는 파열판과 안전밸브를 병렬로 설치한다.
③ 안전밸브는 보호하려는 설비의 최고사용압력 이하에서 작동되도록 하여야 한다.
④ 안전밸브의 배출용량은 그 작동원인에 따라 각각의 소요분출량을 계산하여 가장 큰 수치를 해당 안전밸브의 배출용량으로 하여야 한다.

51 유해·위험기계·기구 중에서 진동과 소음을 동시에 수반하는 기계설비로 가장 거리가 먼 것은?

① 컨베이어
② 사출 성형기
③ 가스 용접기
④ 공기 압축기

해설 **진동과 소음을 동시에 수반하는 기계설비** : 컨베이어, 사출 성형기, 공기 압축기 등

52 기능의 안전화 방안을 소극적 대책과 적극적 대책으로 구분할 때 다음 중 적극적 대책에 해당하는 것은?

① 기계의 이상을 확인하고 급정지시켰다.
② 원활한 작동을 위해 급유를 하였다.
③ 회로를 개선하여 오동작을 방지하도록 하였다.
④ 기계를 볼트 및 너트가 이완되지 않도록 다시 조립하였다.

해설 **기능적 안전화**
기계설비가 이상이 있을 때 기계를 급정지시키거나 방호 장치가 작동되도록 하는 것과 전기회로를 개선하여 오동작을 방지하거나 별도의 완전한 회로에 의해 정상기능을 찾을 수 있도록 하는 것(사용압력 변동 시의 오동작, 전압강하 및 정전에 따른 오동작, 단락 또는 스위치 고장 시의 오동작 등을 검토하여 자동화설비를 사용)
(가) 소극적 대책 : 기계의 이상을 확인하고 급정지, 방호장치 작동
(나) 적극적(근원적) 안전대책 : 회로를 개선하여 오동작을 방지, 별도의 완전한 회로에 의해 정상기능을 찾도록 하는 대책

53 프레스기의 비상정지 스위치 작동 후 슬라이드가 하사점까지 도달시간이 0.15초 걸렸다면 양수기동식 방호장치의 안전거리는 최소 몇 cm 이상이어야 하는가?

① 24
② 240
③ 15
④ 150

해설 **양수기동식 안전장치의 안전거리**
Dm = 1,600 × Tm = 1,600 × 0.15
   = 240mm = 24cm
(* Tm : 양손으로 누름단추를 조작하고 슬라이드가 하사점에 도달하기까지의 소요 최대시간(초))

54 컨베이어(conveyor) 역전방지장치의 형식을 기계식과 전기식으로 구분할 때 기계식에 해당하지 않는 것은?

① 라쳇식
② 밴드식
③ 스러스트식
④ 롤러식

해설 **역전방지장치** : 일반적으로 정상 방향의 회전에 대해서 반대로 회전하는 것을 방지하는 장치이며 형식으로 라쳇식, 롤러식, 밴드식, 전기식(전자식)이 있음.
① 기계식 : 라쳇식, 롤러식, 밴드식
② 전기식 : 스러스트 브레이크
* 라쳇식(ratchet) : 드럼에 부착된 발톱차의 치(齒)에 발톱을 걸리는 데 따라 드럼의 역전을 발톱차를 통해서 발톱으로 억제
* 스러스트 브레이크(thrust brake) : 브레이크 장치에 전기를 투입하여 유압으로 작동하는 브레이크

정답 50. ② 51. ③ 52. ③ 53. ① 54. ③

55 재료의 강도시험 중 항복점을 알 수 있는 시험의 종류는?

① 비파괴시험　② 충격시험
③ 인장시험　　④ 피로시험

해설 **인장시험** : 시험재료를 잡아 당겨(인장하중)서 인장강도, 항복점(降伏點), 내력(耐力), 연신율, 단면 수축 등을 측정하는 시험(*항복점(Yield point) : 탄성에서 소성으로 변하는 경계를 이루는 점)

56 다음 중 프레스를 제외한 사출성형기·주형조형기 및 형단조기 등에 관한 안전조치 사항으로 틀린 것은?

① 근로자의 신체 일부가 말려들어갈 우려가 있는 경우에는 양수조작식 방호장치를 설치하여 사용한다.
② 게이트가드식 방호장치를 설치할 경우에는 연동구조를 적용하여 문을 닫지 않아도 동작할 수 있도록 한다.
③ 사출성형기의 전면에 작업용 발판을 설치할 경우 근로자가 쉽게 미끄러지지 않는 구조여야 한다.
④ 기계의 히터 등의 가열 부위, 감전 우려가 있는 부위에는 방호덮개를 설치하여 사용한다.

해설 **사출성형기**〈산업안전보건기준에 관한 규칙〉
제121조(사출성형기 등의 방호장치)
① 사업주는 사출성형기(射出成形機)·주형조형기(鑄型造形機) 및 형단조기(프레스 등은 제외한다) 등에 근로자의 신체 일부가 말려들어갈 우려가 있는 경우 게이트가드(gate guard) 또는 양수조작식 등에 의한 방호장치, 그 밖에 필요한 방호조치를 하여야 한다.
② 제1항의 게이트가드는 닫지 아니하면 기계가 작동되지 아니하는 연동구조(連動構造)여야 한다.
③ 사업주는 제1항에 따른 기계의 히터 등의 가열 부위 또는 감전 우려가 있는 부위에는 방호덮개를 설치하는 등 필요한 안전조치를 하여야 한다.

57 자분탐상검사에서 사용하는 자화방법이 아닌 것은?

① 축통전법　② 전류 관통법
③ 극간법　　④ 임피던스법

해설 **자분탐상검사**(MT, Magnetic Particle Testing)에서 사용하는 자화방법
(* 자화방법 : 시험체에 자속을 발생시키는 방법)
① 코일법 : 검사체에 코일을 감아 전류를 흘려 발생하는 선형자장을 이용
② 요크법(yoke법, 극간법) : 검사체를 전자석 또는 영구자석의 자극 사이(극간 사이)에 놓고 자화시키는 방법
③ 프로드법(prod법) : 검사체의 일정부분에 2개의 전극을 접촉시켜 전류를 흘려 보내는 방법
(* 프로드(prod) : 전원으로부터 자화전류를 검사체에 흘리기 위하여 사용하는 전극)
④ 축통전법 : 검사체의 축 방향으로 전류를 흘려 축 방향(전류방향)의 결함을 검출하는 데 용이
⑤ 직각통전법 : 검사체 축의 직각 방향으로 전류를 흘려 축에 직각 방향의 결함을 검출할 때 이용
⑥ 전류관통법 : 시험체의 중앙 구멍에 도체를 넣어 전류를 흘리는 방법
⑦ 자속관통법 : 시험체의 중앙 구멍에 자성체를 지나게 하여 교류 자속을 흐르게 하는 방법

58 다음 중 소성가공을 열간가공과 냉간가공으로 분류하는 가공온도의 기준은?

① 융해점 온도　② 공석점 온도
③ 공정점 온도　④ 재결정 온도

59 컨베이어 설치 시 주의사항에 관한 설명으로 옳지 않은 것은?

① 컨베이어에 설치된 보도 및 운전실 상면은 가능한 수평이어야 한다.
② 근로자가 컨베이어를 횡단하는 곳에는 바닥면 등으로부터 90cm 이상 120cm 이하에 상부난간대를 설치하고, 바닥면과의 중간에 중간난간대가 설치된 건널다리를 설치한다.

정답 55. ③ 56. ② 57. ④ 58. ④ 59. ④

③ 폭발의 위험이 있는 가연성 분진 등을 운반하는 컨베이어 또는 폭발의 위험이 있는 장소에 사용되는 컨베이어의 전기기계 및 기구는 방폭구조이어야 한다.
④ 보도, 난간, 계단, 사다리의 설치 시 컨베이어를 가동시킨 후에 설치하면서 설치상황을 확인한다.

해설 컨베이어 설치 시 주의사항〈컨베이어의 안전에 관한 기술지침〉
① 컨베이어에 설치된 보도 및 운전실 상면은 가능한 수평이어야 한다.
② 근로자가 컨베이어를 횡단하는 곳에는 바닥면 등으로부터 90cm 이상 120cm 이하에 상부난간대를 설치하고, 바닥 면과의 중간에 중간난간대가 설치된 건널다리를 설치한다.
③ 폭발의 위험이 있는 가연성 분진 등을 운반하는 컨베이어 또는 폭발의 위험이 있는 장소에 사용되는 컨베이어의 전기기계 및 기구는 방폭구조이어야 한다.
④ 컨베이어에는 연속한 비상정지 스위치를 설치하거나 적절한 장소에 비상정지 스위치를 설치하여야 한다.
⑤ 컨베이어에는 기동을 예고하는 경보장치를 설치하여야 한다.
⑥ 보도, 난간, 계단, 사다리 등은 컨베이어의 가동 개시 전에 설치하여야 한다.
⑦ 컨베이어의 설치장소에는 취급설명서 등을 구비하여야 한다.

60 다음 중 용접 결함의 종류에 해당하지 않는 것은?

① 비드(bead)
② 기공(blow hole)
③ 언더컷(under cut)
④ 용입 불량(incomplete penetration)

해설 용접 결함의 종류
① 기공(blow hole) : 용접부에 작은 구멍이 생기는 결함
② 언더 컷(under cut) : 모재와 비드 경계 부분에 홈이 파이는 결함
③ 용입 불량(incomplete penetration) : 모재의 어느 한 부분이 완전히 용착되지 못하고 남아있는 현상
④ 오버랩(over lap) : 용융금속이 넘쳐서 표면이 융합되지 않고 덮여 있는 결함
⑤ 피트 : 용접부 바깥면에 나타나는 작고 오목한 구멍
* 비드(bead) : 모재(母材)와 용접봉이 녹아서 생긴 띠 모양의 길쭉한 파형(波形)의 용착 자국

제4과목 전기위험방지기술

61 정전작업 시 작업 중의 조치사항으로 옳은 것은?

① 검전기에 의한 정전확인
② 개폐기의 관리
③ 잔류전하의 방전
④ 단락접지 실시

해설 정전작업의 안전〈산업안전보건기준에 관한 규칙〉
제319조(정전전로에서의 전기작업)
② 제1항의 전로 차단은 다음 각 호의 절차에 따라 시행하여야 한다.
1. 전기기기 등에 공급되는 모든 전원을 관련 도면, 배선도 등으로 확인할 것
2. 전원을 차단한 후 각 단로기 등을 개방하고 확인할 것
3. 차단장치나 단로기 등에 잠금장치 및 꼬리표를 부착할 것
4. 개로된 전로에서 유도전압 또는 전기에너지가 축적되어 근로자에게 전기위험을 끼칠 수 있는 전기기기 등은 접촉하기 전에 잔류전하를 완전히 방전시킬 것
5. 검전기를 이용하여 작업대상 기기가 충전되었는지를 확인할 것
6. 전기기기 등이 다른 노출 충전부와의 접촉, 유도 또는 예비동력원의 역송전 등으로 전압이 발생할 우려가 있는 경우 에는 충분한 용량을 가진 단락접지 기구를 이용하여 접지할 것

정답 60.① 61.②

62 자동전격방지장치에 대한 설명으로 틀린 것은?

① 무부하 시 전력손실을 줄인다.
② 무부하 전압을 안전전압 이하로 저하시킨다.
③ 용접을 할 때에만 용접기의 주회로를 개로(OFF)시킨다.
④ 교류 아크용접기의 안전장치로서 용접기의 1차 또는 2차 측에 부착한다.

해설 자동전격방지장치의 기능 : 용접작업 시에만 주회로를 형성하고 그 외에는 출력 측의 2차 무부하 전압을 저하시키는 장치
① 아크 발생을 정지시켰을 때에 주회로가 개로(OFF)되고 단시간 내에(1.5초 이내)에 용접기의 출력 측 무부하 전압을 자동적으로 25~30V 이하의 안전전압으로 강하(산업안전보건법 25V 이하)
 - 사용전압이 220V인 경우 : 출력 측의 무부하 전압(실효값) 25V, 지동시간 1.0초 이내
② SCR 등의 개폐용 반도체 소자를 이용한 무접점방식이 많이 사용되고 있음
③ 용접봉을 모재에 접촉할 때 용접기 2차 측은 폐회로(ON)가 되며, 이때 흐르는 전류를 감지함
 - 무부하 상태에서 용접봉을 모재에 접촉하면 무부하 전압(25V)으로 감지된 전류에 의하여 용접을 시작하고자 하는 것을 감지하였기 때문에 곧바로 1차 측을 폐로(ON)하여 본용접을 진행하도록 전환하는 것
* 감전위험을 방지하고 용접기 무부하 시 전력손실을 감소하는 기능
* 교류 아크 용접기의 안전장치로서 용접기의 1차 또는 2차 측에 부착

63 인체의 전기저항 R을 1000Ω이라고 할 때 위험 한계 에너지의 최저는 약 몇 J인가? (단, 통전 시간은 1초이고, 심실세동전류 $I=\dfrac{165}{\sqrt{T}}$ mA이다.)

① 17.23 ② 27.23
③ 37.23 ④ 47.23

해설 위험한계에너지 : 감전전류가 인체저항을 통해 흐르면 그 부위에는 열이 발생하는데, 이 열에 의해서 화상을 입고 세포 조직이 파괴됨.
줄(Joule)열 $H = I^2RT [J]$
$= \left(\dfrac{165}{\sqrt{T}} \times 10^{-3}\right)^2 \times R \times T$
$= \left(\dfrac{165}{\sqrt{1}} \times 10^{-3}\right)^2 \times 1,000 \times 1$
$= 27.23 J$
* 심실세동전류 $I = \dfrac{165}{\sqrt{T}}$ mA → $I = \dfrac{165}{\sqrt{T}} \times 10^{-3}$ A

64 다음 그림과 같이 완전누전되고 있는 전기기기의 외함에 사람이 접촉하였을 경우 인체에 흐르는 전류(I_m)는? (단, $E(V)$는 전원의 대지전압, $R_2(\Omega)$는 변압기 1선 접지, 제2종 접지저항, $R_3(\Omega)$은 전기기기 외함 접지, 제3종 접지저항, $R_m(\Omega)$은 인체저항이다.)

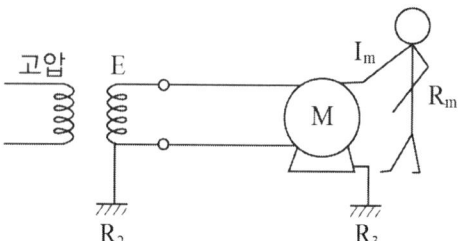

① $\dfrac{E}{R_2 + \left(\dfrac{R_3 \times R_m}{R_3 + R_m}\right)} \times \dfrac{R_3}{R_3 + R_m}$

② $\dfrac{E}{R_2 + \left(\dfrac{R_3 + R_m}{R_3 \times R_m}\right)} \times \dfrac{R_3}{R_3 + R_m}$

③ $\dfrac{E}{R_2 + \left(\dfrac{R_3 \times R_m}{R_3 + R_m}\right)} \times \dfrac{R_m}{R_3 + R_m}$

④ $\dfrac{E}{R_3 + \left(\dfrac{R_2 \times R_m}{R_2 + R_m}\right)} \times \dfrac{R_3}{R_3 + R_m}$

정답 62. ③ 63. ② 64. ①

해설 인체에 흐르는 전류

$$I_m = \frac{E}{R_2 + (\frac{R_3 \times R_m}{R_3 + R_m})} \times \frac{R_3}{R_3 + R_m}$$

65. 전기화재가 발생되는 비중이 가장 큰 발화원은?

① 주방기기
② 이동식 전열기
③ 회전체 전기기계 및 기구
④ 전기배선 및 배선기구

해설 **단락(합선, Short)** : 단락하는 순간 폭음과 함께 스파크가 발생하고 단락점이 용융됨.(전기설비 화재의 경과별 재해 중 가장 빈도가 높음)
- 전선의 절연 피복이 손상되어 동선이 서로 직접 접촉한 경우
* 전기화재의 발화형태별 원인 중 가장 큰 비율을 차지하는 것은 전기배선의 단락이다.

66. 역률개선용 커패시터(capacitor)가 접속되어있는 전로에서 정전작업을 할 경우 다른 정전작업과는 달리 주의 깊게 할 경우 다른 정전작업과는 달리 주의 깊게 취해야 할 조치사항으로 옳은 것은?

① 안전표지 부착
② 개폐기 전원투입 금지
③ 잔류전하 방전
④ 활선 근접작업에 대한 방호

67. 감전사고를 방지하기 위한 방법으로 틀린 것은?

① 전기기기 및 설비의 위험부에 위험표지
② 전기설비에 대한 누전차단기 설치
③ 전기기기에 대한 정격표시
④ 무자격자는 전기기계 및 기구에 전기적인 접촉 금지

68. 전기기기 방폭의 기본 개념이 아닌 것은?

① 점화원의 방폭적 격리
② 전기기기의 안전도 증강
③ 점화능력의 본질적 억제
④ 전기설비 주위 공기의 절연능력 향상

해설 **전기기기 방폭의 기본개념**
(* 전기설비를 방폭구조로 설치하는 근본적인 이유 : 사업장에서 발생하는 화재, 폭발의 점화원으로서는 전기설비가 원인이 되지 않도록 하기 위함)
(1) 점화원의 방폭적 격리
　① 전기기기의 점화원이 되는 부분은 주위의 폭발성 가스와 격리하여 접속하지 않도록 하는 방법(압력, 유입 방폭구조)
　② 전기기기 내부에서 발생한 폭발이 전기기기 주위의 폭발성 가스에 파급되지 않도록 점화원을 실질적으로 격리하는 방법(내압 방폭구조)
(2) 전기기기의 안전도 증가 : 정상상태에서 점화원으로 되는 전기 불꽃의 발생부 및 고온부가 존재하지 않는 전기 설비에 대하여 특히 안전도를 증가시켜 고장이 발생하지 못하도록 하는 방법(안전증 방폭구조)
(3) 점화능력의 본질적 억제 : 약전류 회로의 전기설비와 같이 정상 상태뿐만 아니라 사고 시에도 발생되는 전기 불꽃 또는 고온부가 최소착화에너지 이하의 값으로 되어 가연성 물질에 착화할 위험이 없는 것으로 시험 등의 방법에 의해 충분히 확인된 경우에는 본질적으로 점화능력이 억제된 것으로 볼 수 있음(본질안전 방폭구조)

69. 다음 중 불꽃(spark)방전의 발생 시 공기 중에 생성되는 물질은?

① O_2　　　② O_3
③ H_2　　　④ C

해설 **불꽃방전** : 도체가 대전되었을 때 접지된 도체 사이에서 발생하는 강한 발광과 파괴음을 수반하는 방전
① 불꽃(spark) 방전의 발생 시 공기 중에 생성되는 물질 : O_3(오존)
② 불꽃방전은 그 값이 전극의 모양, 기체의 종류 또는 압력에 따라 다르며 대기 중에서 구형(球形)의 전극을 사용했을 경우, 전극 간의 거리 1cm에 대해서 3만V 정도이고 뾰족한 모양의 전극에서는 이 값이 낮아짐.

정답 65.④ 66.③ 67.③ 68.④ 69.②

70 대전물체의 표면전위를 검출전극에 의한 용량분할을 통해 측정할 수 있다. 대전물체의 표면전위 V_s는? (단, 대전물체와 검출전극 간의 정전용량을 C_1, 검출전극과 대지 간의 정전용량을 C_2, 검출전극의 전위를 V_e이다.)

① $V_s = \left(\dfrac{C_1 + C_2}{C_1} + 1\right) V_e$

② $V_s = \dfrac{C_1 + C_2}{C_1} V_e$

③ $V_s = \dfrac{C_2}{C_1 + C_2} V_e$

④ $V_s = \left(\dfrac{C_1}{C_1 + C_2} + 1\right) V_e$

해설 대전물체의 표면전위
$V_s = \dfrac{C_1 + C_2}{C_1} V_e$

71 감전사고가 발생했을 때 피해자를 구출하는 방법으로 틀린 것은?

① 피해자가 계속하여 전기설비에 접촉되어 있다면 우선 그 설비의 전원을 신속히 차단한다.
② 감전 사항을 빠르게 판단하고 피해자의 몸과 충전부가 접촉되어 있는지를 확인한다.
③ 충전부에 감전되어 있으면 몸이나 손을 잡고 피해자를 곧바로 이탈시켜야 한다.
④ 절연 고무장갑, 고무장화 등을 착용한 후에 구원해 준다.

해설 감전사고가 발생 했을 때 피해자를 구출하는 방법
① 감전 사항을 빠르게 판단하고 피해자의 몸과 충전부가 접촉되어 있는지를 확인
② 피해자가 계속하여 전기설비에 접촉되어 있다면 우선 그 설비의 전원을 신속히 차단
③ 충전부에 감전되어 있으면 절연 고무장갑, 고무장화 등을 착용한 후에 구원함.

72 샤워시설이 있는 욕실에 콘센트를 시설하고자 한다. 이때 설치되는 인체감전보호용 누전차단기의 정격감도전류는 몇 mA 이하인가?

① 5   ② 15
③ 30   ④ 60

해설 욕실 등 물기가 많은 장소에서의 인체감전보호형 누전차단기의 정격감도전류와 동작시간 : 정격감도전류 15mA, 동작시간 0.03초 이내
* 감전방지용 누전차단기의 정격감도전류 및 작동시간 : 30mA 이하, 0.03초 이내

73 인체의 저항을 500Ω이라 할 때 단상 440V의 회로에서 누전으로 인한 감전재해를 방지할 목적으로 설치하는 누전 차단기의 규격은?

① 30mA, 0.1초   ② 30mA, 0.03초
③ 50mA, 0.1초   ④ 50mA, 0.3초

해설 감전방지용 누전차단기의 정격감도전류 및 작동시간 : 30mA 이하, 0.03초 이내
제304조(누전차단기에 의한 감전방지) 〈산업안전보건기준에 관한 규칙〉
⑤ 사업주는 설치한 누전차단기를 접속하는 경우에 다음 각 호의 사항을 준수하여야 한다.
  1. 전기기계·기구에 설치되어 있는 누전차단기는 정격감도전류가 30mA 이하이고 작동시간은 0.03초 이내일 것.

74 접지의 종류와 목적이 바르게 짝지어지지 않은 것은?

① 계통접지 - 고압전로와 저압전로가 혼촉되었을 때의 감전이나 화재 방지를 위하여
② 지락검출용 접지 - 차단기의 동작을 확실하게 하기 위하여
③ 기능용 접지 - 피뢰기 등의 기능손상을 방지하기 위하여
④ 등전위 접지 - 병원에 있어서 의료기기 사용 시 안전을 위하여

정답 70.② 71.③ 72.② 73.② 74.③

해설 접지 목적에 따른 종류

접지의 종류	접지목적
계통접지	고압전로와 저압전로가 혼촉되었을 때의 감전이나 화재 방지
기기접지	누전되고 있는 기기에 접촉되었을 때의 감전 방지
피뢰기접지	낙뢰로부터 전기기기의 손상을 방지 (낙뢰방지용 접지)
지락검출용 접지	누전 차단기의 동작을 확실하게 함.
등전위 접지	병원에 있어서의 의료 기기 사용 시의 안전(의료용 전기전자(Medical Electronics) 기기의 접지방식)
기능용 접지	전기 방식 설비 등의 접지

75 방폭 기기-일반요구사항(KS C IEC 60079-0) 규정에서 제시하고 있는 방폭기기 설치 시 표준 환경조건이 아닌 것은?

① 압력 : 80~110kPa
② 상대습도 : 40~80%
③ 주위온도 : -20~40℃
④ 산소 함유율 21%v/v의 공기

해설 방폭 기기-일반요구사항(KS C IEC 60079-0)
다음의 대기 조건에서 공기와 가수증기, 미스트의 혼합물에 의해 발생하는 폭발성 가스 분위기가 존재하는 폭발위험 장소에 사용할 수 있다.
① -20~+60℃ 온도
 (* 전기기구는 통상 -20~+40℃의 주위 온도에서 사용할 수 있도록 설계해야 한다.)
② 80~110kPa(0.8~1.1bar) 압력
③ 산소 함유율 21 %v/v의 공기

76 정격감도전류에서 동작 시간이 가장 짧은 누전차단기는?

① 시연형 누전차단기
② 반한시형 누전차단기
③ 고속형 누전차단기
④ 감전보호용 누전차단기

해설 누전차단기 종류

종류	정격감도 전류에서의 동작 시간
고속형 누전차단기	0.1초 이내
시연형 누전차단기	0.1초를 초과하고 2초 이내
반한시형 누전차단기	0.2초를 초과하고 1초 이내
감전방지용 누전차단기	0.03초 이내

* 정격감도전류(rated sensitivity current) : 누설전류에 의한 누전차단기가 트립 동작을 해야하는 최소 전류
 - 정격감도전류가 30mA이면, 누설전류가 최소 30mA 이상이 발생 경우 누전차단기는 반드시 동작을 해야 함.

77 방폭지역 구분 중 폭발성 가스 분위기가 정상상태에서 조성되지 않거나 조성된다 하더라도 짧은 기간에만 존재할 수 있는 장소는?

① 0종 장소
② 1종 장소
③ 2종 장소
④ 비방폭지역

해설 위험장소 구분

구분	위험장소 구분
0종	* 위험분위기가 지속적으로 또는 장기간 존재하는 것(용기 내부, 장치 및 배관의 내부 등의 장소)
1종	* 상용의 상태에서 위험분위기가 존재하기 쉬운 장소(0종 장소의 근접 주변, 송급통구의 근접 주변, 운전상 열게 되는 연결부의 근접 주변, 배기관의 유출구 근접 주변 등의 장소) - 피트, 트렌치 등과 같이 이상 상태에서 위험분위기가 장시간 존재할 수 있는 영역은 1종 장소로 구분
2종	* 이상상태 하에서 위험분위기가 단시간 생성될 우려가 있는 장소(0종 또는 1종 장소의 주변 영역, 용기나 장치의 연결부 주변 영역, 펌프의 봉인부(sealing) 주변 영역 등) - 이상상태라 함은 상용의 상태, 즉 통상적인 운전상태, 통상적인 유지보수 및 관리 상태 등에서 벗어난 상태

정답 75. ② 76. ④ 77. ②

78 전기설비기술기준에서 정의하는 전압의 구분으로 틀린 것은? 〈법령 개정으로 문제 수정〉

① 교류 저압 : 1,000V 이하
② 직류 저압 : 1,500V 이하
③ 직류 고압 : 1,500V 초과 7,000V 이하
④ 특고압 : 7,000V 이상

해설 전압에 따른 전원의 종류〈전기사업법 시행규칙 제2조〉

구분	직류	교류
저압	1,500V 이하	1,000V 이하
고압	1,500V 초과 ~ 7,000V 이하	1,000V 초과 ~ 7,000V 이하
특고압	7,000V 초과	

79 피뢰기의 구성요소로 옳은 것은?

① 직렬 갭, 특성요소
② 병렬 갭, 특성요소
③ 직렬 갭, 충격요소
④ 병렬 갭, 충격요소

해설 **피뢰기의 구성요소** : 특성요소와 직렬 갭
① 특성 요소 : 뇌전류 방전 시 피뢰기의 전위상승을 억제하여 절연 파괴를 방지
② 직렬 갭 : 뇌전류를 대지로 방전시키고 속류를 차단

80 내압방폭구조의 필요충분조건에 대한 사항으로 틀린 것은?

① 폭발화염이 외부로 유출되지 않을 것
② 습기침투에 대한 보호를 충분히 할 것
③ 내부에서 폭발한 경우 그 압력에 견딜 것
④ 외함의 표면 온도가 외부의 폭발성 가스를 점화하지 않을 것

해설 **내압(d) 방폭구조** : 용기 내부에서 폭발성 가스 또는 증기가 폭발하였을 때 용기가 그 압력에 견디며 또한 접합면, 개구부 등을 통해서 외부의 폭발성 가스·증기에 인화되지 않도록 한 구조(점화원 격리)
(* 방폭형 기기에 폭발성 가스가 내부로 침입하여 내부에서 폭발이 발생하여도 이 압력에 견디도록 제작한 방폭구조. 전기설비 내부에서 발생한 폭발이 설비 주변에 존재하는 가연성 물질에 파급되지 않도록 한 구조)
① 내부에서 폭발할 경우 그 압력에 견딜 것
② 폭발화염이 외부로 유출되지 않을 것
③ 외함 표면온도가 주위의 가연성 가스에 점화되지 않을 것

[제5과목] **화학설비 위험방지기술**

81 위험물 또는 가스에 의한 화재를 경보하는 기구에 필요한 설비가 아닌 것은?

① 간이완강기
② 자동화재감지기
③ 축전지설비
④ 자동화재수신기

해설 **화재경보 설비**
① 비상벨설비 및 자동식 사이렌설비
② 단독경보형 감지기
③ 비상방송설비
④ 누전경보기설비
⑤ 자동화재탐지설비 및 시각경보기
⑥ 자동화재속보설비
⑦ 가스누설경보기
⑧ 통합감시시설
* 완강기 : 고층건물 화재 시 로프를 이용하여 내려올 수 있게 만든 비상용 피난기구 시설

82 산업안전보건기준에 관한 규칙에서 지정한 '화학설비 및 그 부속설비의 종류' 중 화학설비의 부속설비에 해당하는 것은?

① 응축기·냉각기·가열기 등의 열교환기류
② 반응기·혼합조 등의 화학물질 반응 또는 혼합장치
③ 펌프류·압축기 등의 화학물질 이송 또는 압축설비
④ 온도·압력·유량 등을 지시·기록하는 자동제어 관련 설비

정답 78.④ 79.① 80.② 81.① 82.④

해설 화학설비 및 그 부속설비의 종류〈산업안전보건기준에 관한 규칙〉
1. 화학설비
   가. 반응기·혼합조 등 화학물질 반응 또는 혼합 장치
   나. 증류탑·흡수탑·추출탑·감압탑 등 화학물질 분리장치
   다. 저장탱크·계량탱크·호퍼·사일로 등 화학물질 저장설비 또는 계량설비
   라. 응축기·냉각기·가열기·증발기 등 열교환기류
   마. 고로 등 점화기를 직접 사용하는 열교환기류
   바. 캘린더(calender)·혼합기·발포기·인쇄기·압출기 등 화학제품 가공설비
   사. 분쇄기·분체분리기·용융기 등 분체화학물질 취급장치
   아. 결정조·유동탑·탈습기·건조기 등 분체화학물질 분리장치
   자. 펌프류·압축기·이젝터(ejector) 등의 화학물질 이송 또는 압축설비
2. 화학설비의 부속설비
   가. 배관·밸브·관·부속류 등 화학물질 이송 관련 설비
   나. 온도·압력·유량 등을 지시·기록 등을 하는 자동제어 관련 설비
   다. 안전밸브·안전판·긴급차단 또는 방출밸브 등 비상조치 관련 설비
   라. 가스누출감지 및 경보 관련 설비
   마. 세정기, 응축기, 벤트스택(bent stack), 플레어스택(flare stack) 등 폐가스처리설비
   바. 사이클론, 백필터(bag filter), 전기집진기 등 분진처리설비
   사. 가목부터 바목까지의 설비를 운전하기 위하여 부속된 전기 관련 설비
   아. 정전기 제거장치, 긴급 샤워설비 등 안전 관련 설비

83 다음 중 반응기를 조작방식에 따라 분류할 때 이에 해당하지 않는 것은?

① 회분식 반응기
② 반회분식 반응기
③ 연속식 반응기
④ 관형식 반응기

해설 반응기의 분류
(가) 반응기의 조작 방식에 의한 분류
   ① 회분식 반응기 ② 반회분식 반응기
   ③ 연속식 반응기
(나) 반응기의 구조 방식에 의한 분류
   ① 교반조형 반응기 ② 관형 반응기
   ③ 탑형 반응기   ④ 유동층형 반응기

84 다음 중 물과 반응하여 수소가스를 발생할 위험이 가장 낮은 물질은?

① Mg   ② Zn
③ Cu   ④ Na

해설 물과 반응하여 수소가스를 발생시키는 물질
: Mg(마그네슘), Zn(아연), Li(리튬), Na(나트륨)
① $Mg + 2H_2O$(물)
  → $Mg(OH)_2$(수산화마그네슘) + H_2(수소)
② $Zn + 2H_2O$(물)
  → $Zn(OH)_2$(수산화아연) + H_2(수소)
③ $2Li + 2H_2O$(물)
  → $2LiOH$(수산화리튬) + H_2(수소)
④ $2Na + 2H_2O$(물)
  → $2NaOH$(수산화나트륨) + H_2(수소)
* Cu(구리)는 순수한 물과 반응하지 않음.

85 다음 중 가연성 물질이 연소하기 쉬운 조건으로 옳지 않은 것은?

① 연소 발열량이 클 것
② 점화에너지가 작을 것
③ 산소와 친화력이 클 것
④ 입자의 표면적이 작을 것

해설 가연성 물질이 연소하기 쉬운 조건(가연물의 조건)
① 연소 발열량(연소열)이 클 것
② 입자의 표면적이 클 것(산소와 많이 접촉)
③ 점화에너지가 작을 것
④ 산소와의 친화력이 클 것
⑤ 열전도율이 작을 것(축적 열량이 많아야 함)

정답 83. ④ 84. ③ 85. ④

86 다음 중 열교환기의 보수에 있어 일상점검항목과 정기적 개방점검항목으로 구분할 때 일상점검항목으로 가장 거리가 먼 것은?

① 도장의 노후상황
② 부착물에 의한 오염의 상황
③ 보온재, 보냉재의 파손 여부
④ 기초볼트의 체결 정도

해설 열교환기의 보수에 있어서 일상점검항목
① 보온재 및 보냉재의 파 손상황
② 도장의 노후 상황
③ flange부 등의 외부 누출 여부
④ 기초부 및 기초 고정부 상태(기초볼트의 체결 정도 등)
* 부식의 형태 및 정도는 일상점검(외관)으로 파악하기 어려움.

87 헥산 1vol%, 메탄 2vol%, 에틸렌 2vol%, 공기 95vol%로 된 혼합가스의 폭발하한계 값(vol%)은 약 얼마인가? (단, 헥산, 메탄, 에틸렌의 폭발하한계 값은 각각 1.1, 5.0, 2.7 vol%이다.)

① 2.44   ② 12.89
③ 21.78   ④ 48.78

해설 혼합가스의 폭발하한계 값(vol%)〈혼합가스가 공기와 섞여 있을 경우〉

$$L = \frac{V_1 + V_2 + \cdots + V_n}{\frac{V_1}{L_1} + \frac{V_2}{L_2} + \cdots + \frac{V_n}{L_n}}$$

$$= \frac{(1+2+2)}{(1/1.1 + 2/5 + 2/2.7)} = 2.44 \text{vol}\%$$

L : 혼합가스의 폭발한계(%) - 폭발상한, 폭발하한 모두 적용 가능
$L_1 + L_2 + \cdots + L_n$: 각 성분가스의 폭발한계(%) - 폭발상한계, 폭발하한계
$V_1 + V_2 + \cdots + V_n$: 전체 혼합가스 중 각 성분가스의 비율(%) - 부피비

88 이산화탄소 소화약제의 특징으로 가장 거리가 먼 것은?

① 전기절연성이 우수하다.
② 액체로 저장할 경우 자체 압력으로 방사할 수 있다.
③ 기화 상태에서 부식성이 매우 강하다.
④ 저장에 의한 변질이 없어 장기간 저장이 용이한 편이다.

해설 이산화탄소 소화약제
① 소화 후 소화약제에 의한 오손이 없다.
② 액화하여 용기에 보관할 수 있다.
③ 전기에 대해 부도체이다.(전기절연성이 우수하다.)
④ 자체 증기압이 높기 때문에 자체 압력으로 방사가 가능하다.(액체로 저장할 경우 자체 압력으로 방사할 수 있다.)
⑤ 동결될 염려가 없고 장시간 저장해도 변화가 없다.(저장에 의한 변질이 없어 장기간 저장이 용이한 편이다.)

89 산업안전보건기준에 관한 규칙 중 급성 독성물질에 관한 기준 중 일부이다. (A)와 (B)에 알맞은 수치를 옳게 나타낸 것은?

• 쥐에 대한 경구투입실험에 의하여 실험동물의 50%를 사망시킬 수 있는 물질의 양, 즉 LD50(경구, 쥐)이 kg당 (A)mg-(체중) 이하인 화학물질
• 쥐 또는 토끼에 대한 경피흡수실험에 의하여 실험동물의 50%를 사망시킬 수 있는 물질의 양, 즉 LD50(경피, 토끼 또는 쥐)이 kg당 (B)mg-(체중) 이하인 화학물질

① A : 1000, B : 300
② A : 1000, B : 1000
③ A : 300, B : 300
④ A : 300, B : 1000

정답 86. ② 87. ① 88. ④ 89. ④

해설 **급성 독성 물질**〈산업안전보건기준에 관한 규칙 별표1〉
가. 쥐에 대한 경구투입실험에 의하여 실험동물의 50%를 사망시킬 수 있는 물질의 양, 즉 LD50(경구, 쥐)이 kg당 300mg-(체중) 이하인 화학물질
나. 쥐 또는 토끼에 대한 경피흡수실험에 의하여 실험동물의 50%를 사망시킬 수 있는 물질의 양, 즉 LD50(경피, 토끼 또는 쥐)이 kg당 1000mg-(체중) 이하인 화학물질
다. 쥐에 대한 4시간 동안의 흡입실험에 의하여 실험동물의 50%를 사망시킬 수 있는 물질의 농도, 즉 가스 LC50(쥐, 4시간 흡입)이 2500ppm 이하인 화학물질, 증기 LC50(쥐, 4시간 흡입)이 10mg/ℓ 이하인 화학물질, 분진 또는 미스트 1mg/ℓ 이하인 화학물질

90 분진폭발을 방지하기 위하여 첨가하는 불활성 첨가물로 적합하지 않는 것은?

① 탄산칼슘 ② 모래
③ 석분   ④ 마그네슘

해설 **분진폭발에 대한 안전대책**
① 분진생성 방지
② 발화원 제거
③ 2차 폭발방지
④ 불활성물질 첨가 : 시멘트분, 석회, 모래, 질석 등 돌가루(석분), 탄산칼슘
⑤ 수분 함량 증가
⑥ 분진의 입경(입자)을 크게 함.
⑦ 분진 입자의 표면적을 작게 함.(원형에 가깝게 함)
⑧ 분진과 그 주변의 온도를 낮춘다.

91 다음 중 가연성 가스이며 독성 가스에 해당하는 것은?

① 수소   ② 프로판
③ 산소   ④ 일산화탄소

해설 **가연성 가스이며 독성 가스**
일산화탄소, 염화메탄, 브롬화메탄, 산화에틸렌, 시안화수소 등

92 위험물질을 저장하는 방법으로 틀린 것은?

① 황인은 물속에 저장
② 나트륨은 석유 속에 저장
③ 칼륨은 석유 속에 저장
④ 리튬은 물속에 저장

해설 **위험물질에 대한 저장방법**
① 석유, 경유 등의 보호액에 저장 : 칼륨(K), 나트륨(Na), 리튬(Li)
② 물속에 저장 : 황린(P_4), 이황화탄소(CS_2)
③ 습한 상태 유지, 알코올에 저장 : 니트로셀룰로오스
④ 아세톤, 디메틸프롬아미드에 저장 : 아세틸렌

93 다음 중 인화성 가스가 아닌 것은?

① 부탄   ② 메탄
③ 수소   ④ 산소

해설 **인화성 가스**〈산업안전보건기준에 관한 규칙〉
가. 수소   나. 아세틸렌
다. 에틸렌   라. 메탄
마. 에탄   바. 프로판
사. 부탄

94 다음 중 자연 발화의 방지법으로 가장 거리가 먼 것은?

① 직접 인화할 수 있는 불꽃과 같은 점화원만 제거하면 된다.
② 저장소 등의 주위 온도를 낮게 한다.
③ 습기가 많은 곳에는 저장하지 않는다.
④ 통풍이나 저장법을 고려하여 열의 축척을 방지한다.

해설 **자연 발화의 방지법**
① 통풍을 잘 되게 할 것(통풍이나 저장법을 고려하여 열의 축적을 방지한다.)
② 저장소 등의 주위 온도를 낮게 한다.
③ 습도가 높은 곳에는 저장하지 않는다(습기가 높은 것을 피할 것)
④ 열전도가 잘 되는 용기에 보관할 것
⑤ 황린의 경우 산소와 접촉을 피한다.
* 자연발화 : 발화온도에 도달하면 점화원이 없으면 발화하는 현상

정답 90.④ 91.④ 92.④ 93.④ 94.①

95 인화성 가스가 발생할 우려가 있는 지하작업장에서 작업을 할 경우 폭발이나 화재를 방지하기 위한 조치사항 중 가스의 농도를 측정하는 기준으로 적절하지 않은 것은?

① 매일 작업을 시작하기 전에 측정한다.
② 가스의 누출이 의심되는 경우 측정한다.
③ 장시간 작업할 때에는 매 8시간마다 측정한다.
④ 가스가 발생하거나 정체할 위험이 있는 장소에 대하여 측정한다.

해설 지하작업장 등의 폭발위험 방지〈산업안전보건기준에 관한 규칙〉
제296조(지하작업장 등)
사업주는 인화성 가스가 발생할 우려가 있는 지하작업장에서 작업하는 경우 또는 가스도관에서 가스가 발산될 위험이 있는 장소에서 굴착작업을 하는 경우에는 폭발이나 화재를 방지하기 위하여 다음 각 호의 조치를 하여야 한다.
1. 가스의 농도를 측정하는 사람을 지명하고 다음 각 목의 경우에 그로 하여금 해당 가스의 농도를 측정하도록 할 것
    가. 매일 작업을 시작하기 전
    나. 가스의 누출이 의심되는 경우
    다. 가스가 발생하거나 정체할 위험이 있는 장소가 있는 경우
    라. 장시간 작업을 계속하는 경우(이 경우 4시간마다 가스 농도를 측정하도록 하여야 한다.)

96 다음 중 가연성 가스가 밀폐된 용기 안에서 폭발할 때 최대폭발압력에 영향을 주는 인자로 가장 거리가 먼 것은?

① 가연성 가스의 농도(몰수)
② 가연성 가스의 초기 온도
③ 가연성 가스의 유속
④ 가연성 가스의 초기 압력

해설 가연성 가스가 밀폐된 용기 안에서 폭발할 때 최대폭발압력(P_m)에 영향을 주는 인자
① 가연성 가스의 농도 : 농도 증가에 따라 최대폭발압력은 증가
② 가연성 가스의 초기온도 : 온도 증가에 따라 최대폭발압력은 감소
③ 가연성 가스의 초기압력 : 압력이 상승할수록 최대폭발압력은 증가
④ 발화원의 강도 : 발화원의 강도가 클수록 최대폭발압력은 증가
⑤ 용기의 형태 및 부피 : 최대폭발압력은 큰 영향을 받지 않음.
⑥ 가연성 가스의 유량 : 유량이 클수록 최대폭발압력은 증가
⑦ 최대폭발압력은 화학양론비에 최대가 됨.

97 물이 관 속을 흐를 때 유동하는 물속의 어느 부분의 정압이 그 때의 물의 증기압보다 낮을 경우 물이 증발하여 부분적으로 증기가 발생되어 배관의 부식을 초래하는 경우가 있다. 이러한 현상을 무엇이라 하는가?

① 서어징(surging)
② 공동 현상(cavitation)
③ 비말동반(entrainment)
④ 수격작용(water hammering)

해설 공동 현상(cavitation) : 물이 관 속을 흐를 때 유동하는 물속의 어느 부분의 정압이 그 때의 물의 증기압보다 낮을 경우 물이 증발하여 부분적으로 증기가 발생되어 배관의 부식을 초래하는 현상

98 메탄이 공기 중에서 연소될 때의 이론혼합비(화학양론 조성)는 약 몇 vol%인가?

① 2.21
② 4.03
③ 5.76
④ 9.50

해설 화학양론 농도
메탄(CH_4)의 화학양론 농도(C_{st})
$$= \frac{1}{1+4.773\,O_2} \times 100 = \frac{100}{(1+4.77\times 2)} = 9.48\text{vol}\%$$
산소농도(O_2) $= n + \dfrac{m-f-2\lambda}{4} = 1 + \left(\dfrac{4}{4}\right) = 2$
(CH_4 : n=1, m=4, f=0, λ=0)
* $C_nH_mO_\lambda Cl_f$ 분자식 → n : 탄소, m : 수소, f : 할로겐원자의 원자수, λ : 산소의 원자수

정답 95.③ 96.③ 97.② 98.④

99 고압의 환경에서 장시간 작업하는 경우에 발생할 수 있는 잠함병(潛函病) 또는 잠수병(潛水病)은 다음 중 어떤 물질에 의하여 중독 현상이 일어나는가?

① 질소 ② 황화수소
③ 일산화탄소 ④ 이산화탄소

해설 잠수병(潛水病, decompression sickness, DCS, diver's disease, bends, ciasson disease : **감압병 혹은 잠함병**)
급격한 기압 변동으로 인체 조직과 혈류에 과잉으로 녹아 있던 질소가 폐를 통해 빠져나가는 시간이 짧아져 완전 배출되지 않고 혈관이나 몸속에 기포를 만들어 생기는 병

100 공기 중에서 A가스의 폭발하한계는 2.2vol%이다. 이 폭발하한계 값을 기준으로 하여 표준 상태에서 A가스와 공기의 혼합기체 1m³에 함유되어 있는 A가스의 질량을 구하면 약 몇 g인가? (단, A가스의 분자량은 26이다.)

① 19.02 ② 25.54
③ 29.02 ④ 35.54

해설 표준 상태에서 A가스와 공기의 혼합기체 1m³에 함유되어 있는 A가스의 질량
〈해설 1〉 ① 폭발하한계가 2.2vol%인 A가스의 1m³(= 1,000ℓ)에서의 부피(*1m³ = 1,000ℓ)
1,000ℓ × 2.2vol% = 22ℓ
② 표준상태 : 0℃, 1기압 상태(기체 1몰의 부피 22.4ℓ)
분자량 = 밀도 × 22.4ℓ
= (질량 / 부피) × 22.4ℓ
(*밀도는 물질의 질량을 부피로 나눈 값)
⇨ 질량 = (분자량 × 부피) / 22.4ℓ
= (26 × 22) / 22.4ℓ
= 25.54g
〈해설2〉 ② 표준상태 : 0℃, 1기압 상태(기체 1몰의 부피 22.4ℓ)
분자량은 부피 22.4ℓ에서의 질량으로 A가스의 질량은 26g(A가스의 분자량은 26)
⇨ 따라서 표준상태에서 부피 22.4ℓ에 질량은 26g이므로 22ℓ에서 질량 x를 구함.
$\frac{26}{22.4} = \frac{x}{22} \rightarrow x = \frac{26 \times 22}{22.4} = 25.54g$

제6과목 건설안전기술

101 산업안전보건법령에 따른 거푸집동바리를 조립하는 경우의 준수사항으로 옳지 않은 것은?

① 개구부 상부에 동바리를 설치하는 경우에는 상부하중을 견딜 수 있는 견고한 받침대를 설치할 것
② 동바리의 이음은 맞댄이음이나 장부이음으로 하고 같은 품질의 제품을 사용할 것
③ 강재와 강재의 접속부 및 교차부는 철선을 사용하여 단단히 연결할 것
④ 거푸집이 곡면인 경우에는 버팀대의 부착 등 그 거푸집의 부상(浮上)을 방지하기 위한 조치를 할 것

해설 **거푸집 동바리 등의 안전조치**(산업안전보건기준에 관한 규칙)
제332조(거푸집동바리 등의 안전조치)
사업주는 거푸집동바리 등을 조립하는 경우에는 다음 각 호의 사항을 준수하여야 한다.
1. 깔목의 사용, 콘크리트 타설, 말뚝박기 등 동바리의 침하를 방지하기 위한 조치를 할 것
2. 개구부 상부에 동바리를 설치하는 경우에는 상부하중을 견딜 수 있는 견고한 받침대를 설치할 것
3. 동바리의 상하 고정 및 미끄러짐 방지 조치를 하고, 하중의 지지상태를 유지할 것
4. 동바리의 이음은 맞댄이음이나 장부이음으로 하고 같은 품질의 재료를 사용할 것
5. 강재와 강재의 접속부 및 교차부는 볼트·클램프 등 전용철물을 사용하여 단단히 연결할 것
6. 거푸집이 곡면인 경우에는 버팀대의 부착 등 그 거푸집의 부상(浮上)을 방지하기 위한 조치를 할 것

102 타워 크레인(Tower Crane)을 선정하기 위한 사전 검토사항으로서 가장 거리가 먼 것은?

① 붐의 모양 ② 인양능력
③ 작업반경 ④ 붐의 높이

[해설] 타워 크레인(Tower Crane)을 선정 단계
: 사양 및 기종 결정
① 최대인양하중
② 작업반경
③ 크레인 크기(붐의 높이 등)
④ 운전방식
⑤ 기타 기계장치 내구성
⑥ 크레인 기종
⑦ 수직이동 방법 및 자립고
⑧ 크레인 안정성
⑨ 유지보수성
⑩ 비용

103 건설현장에서 근로자의 추락재해를 예방하기 위한 안전난간을 설치하는 경우 그 구성 요소와 거리가 먼 것은?

① 상부난간대
② 중간난간대
③ 사다리
④ 발끝막이판

[해설] 안전난간〈산업안전보건기준에 관한 규칙〉
제13조(안전난간의 구조 및 설치요건)
사업주는 근로자의 추락 등의 위험을 방지하기 위하여 안전난간을 설치하는 경우 다음 각 호의 기준에 맞는 구조로 설치하여야 한다.
1. 상부 난간대, 중간 난간대, 발끝막이판 및 난간기둥으로 구성할 것. 다만, 중간 난간대, 발끝막이판 및 난간기둥은 이와 비슷한 구조와 성능을 가진 것으로 대체할 수 있다.

104 달비계(곤돌라의 달비계는 제외)의 최대적재하중을 정하는 경우에 사용하는 안전계수의 기준으로 옳은 것은?

① 달기체인의 안전계수 : 10 이상
② 달기강대와 달비계의 하부 및 상부지점의 안전계수(목재의 경우) : 2.5 이상
③ 달기와이어로프의 안전계수 : 5 이상
④ 달기강선의 안전계수 : 10 이상

[해설] 달기와이어로프 및 달기강선의 안전계수 기준〈산업안전보건기준에 관한 규칙〉
제55조(작업발판의 최대적재하중)
② 달비계(곤돌라의 달비계는 제외한다)의 최대 적재하중을 정하는 경우 그 안전계수는 다음 각 호와 같다.
1. 달기 와이어로프 및 달기 강선의 안전계수 : 10 이상
2. 달기 체인 및 달기 훅의 안전계수 : 5 이상
3. 달기 강대와 달비계의 하부 및 상부 지점의 안전계수: 강재(鋼材)의 경우 2.5 이상, 목재의 경우 5 이상

105 달비계의 구조에서 달비계 작업발판의 폭은 최소 얼마 이상이어야 하는가?

① 30cm   ② 40cm
③ 50cm   ④ 60cm

[해설] 달비계〈산업안전보건기준에 관한 규칙〉
제63조(달비계의 구조)
사업주는 달비계를 설치하는 경우에 다음 각 호의 사항을 준수하여야 한다.
6. 작업발판은 폭을 40센티미터 이상으로 하고 틈새가 없도록 할 것

106 건설업 중 교량건설 공사의 유해위험방지계획서를 제출하여야 하는 기준으로 옳은 것은?

① 최대 지간길이가 40m 이상인 교량건설 등 공사
② 최대 지간길이가 50m 이상인 교량건설 등 공사
③ 최대 지간길이가 60m 이상인 교량건설 등 공사
④ 최대 지간길이가 70m 이상인 교량건설 등 공사

[해설] 유해·위험방지계획서 제출대상 건설공사〈산업안전보건법 시행령 제42조〉
다음 각 호의 어느 하나에 해당하는 공사를 말한다.
3. 최대 지간(支間)길이(다리의 기둥과 기둥의 중심사이의 거리)가 50미터 이상인 다리의 건설 등 공사

정답   103. ③ 104. ④ 105. ② 106. ②

107 구축물이 풍압·지진 등에 의하여 붕괴 또는 전도하는 위험을 예방하기 위한 조치와 가장 거리가 먼 것은?

① 설계도서에 따라 시공했는지 확인
② 건설공사 시방서에 따라 시공했는지 확인
③ 「건축물의 구조기준 등에 관한 규칙」에 따른 구조기준을 준수했는지 확인
④ 보호구 및 방호장치의 성능검정 합격품을 사용했는지 확인

해설 **구축물 또는 이와 유사한 시설물의 위험방지**〈산업안전보건기준에 관한 규칙〉
제51조(구축물 또는 이와 유사한 시설물 등의 안전 유지) 사업주는 구축물 또는 이와 유사한 시설물에 대하여 자중(自重), 적재하중, 적설, 풍압(風壓), 지진이나 진동 및 충격 등에 의하여 전도·폭발하거나 무너지는 등의 위험을 예방하기 위하여 다음 각 호의 조치를 하여야 한다.
1. 설계도서에 따라 시공했는지 확인
2. 건설공사 시방서(示方書)에 따라 시공했는지 확인
3. 「건축물의 구조기준 등에 관한 규칙」에 따른 구조기준을 준수했는지 확인

108 철골건립준비를 할 때 준수하여야 할 사항과 가장 거리가 먼 것은?

① 지상 작업장에서 건립준비 및 기계기구를 배치할 경우에는 낙하물의 위험이 없는 평탄한 장소를 선정하여 정비하고 경사지에는 작업대나 임시발판 등을 설치하는 등 안전조치를 한 후 작업하여야 한다.
② 건립작업에 다소 지장이 있다하더라도 수목은 제거하여서는 안 된다.
③ 사용 전에 기계·기구에 대한 정비 및 보수를 철저히 실시하여야 한다.
④ 기계에 부착된 앵커 등 고정장치와 기초구조 등을 확인하여야 한다.

해설 **철골건립준비 시 준수하여야 할 사항**〈철골공사표준안전작업지침〉
제7조(건립준비) 철골건립준비를 할 때 다음 각 호의 사항을 준수하여야 한다.
1. 지상 작업장에서 건립준비 및 기계기구를 배치할 경우에는 낙하물의 위험이 없는 평탄한 장소를 선정하여 정비하고 경사지에서는 작업대나 임시발판 등을 설치하는 등 안전하게 한 후 작업하여야 한다.
2. 건립작업에 지장이 되는 수목은 제거하거나 이설하여야 한다.
3. 인근에 건축물 또는 고압선 등이 있는 경우에는 이에 대한 방호조치 및 안전조치를 하여야 한다.
4. 사용 전에 기계기구에 대한 정비 및 보수를 철저히 실시하여야 한다.
5. 기계가 계획대로 배치되어 있는가, 원치는 작업구역을 확인할 수 있는 곳에 위치하였는가, 기계에 부착된 앵커 등 고정장치와 기초구조 등을 확인하여야 한다.

109 건설현장에서 높이 5m 이상인 콘크리트 교량의 설치작업을 하는 경우 재해예방을 위해 준수해야 할 사항으로 옳지 않은 것은?

① 작업을 하는 구역에는 관계 근로자가 아닌 사람의 출입을 금지할 것
② 재료, 기구 또는 공구 등을 올리거나 내릴 경우에는 근로자로 하여금 크레인을 이용하도록 하고, 달줄, 달포대 등의 사용을 금하도록 할 것
③ 중량물 부재를 크레인 등으로 인양하는 경우에는 부재에 인양용 고리를 견고하게 설치하고, 인양용 로프는 부재에 두 군데 이상 결속하여 인양하여야 하며, 중량물이 안전하게 거치되기 전까지는 걸이로프를 해제시키지 아니할 것
④ 자재나 부재의 낙하·전도 또는 붕괴 등에 의하여 근로자에게 위험을 미칠 우려가 있을 경우에는 출입금지구역의 설정, 자재 또는 가설시설의 좌굴(挫屈) 또는 변형 방지를 위한 보강재 부착 등의 조치를 할 것

해설 **교량작업 시 준수사항**〈산업안전보건기준에 관한 규칙〉
제369조(작업 시 준수사항)
사업주는 교량의 설치·해체 또는 변경작업을 하는

경우에는 다음 각 호의 사항을 준수하여야 한다.
1. 작업을 하는 구역에는 관계 근로자가 아닌 사람의 출입을 금지할 것
2. 재료, 기구 또는 공구 등을 올리거나 내릴 경우에는 근로자로 하여금 달줄, 달포대 등을 사용하도록 할 것
3. 중량물 부재를 크레인 등으로 인양하는 경우에는 부재에 인양용 고리를 견고하게 설치하고, 인양용 로프는 부재에 두 군데 이상 결속하여 인양하여야 하며, 중량물이 안전하게 거치되기 전까지는 걸이 로프를 해제시키지 아니할 것
4. 자재나 부재의 낙하·전도 또는 붕괴 등에 의하여 근로자에게 위험을 미칠 우려가 있을 경우에는 출입금지구역의 설정, 자재 또는 가설시설의 좌굴(挫屈) 또는 변형 방지를 위한 보강재 부착 등의 조치를 할 것

110
일반건설공사(갑)로서 대상액이 5억 원 이상 50억 원 미만인 경우에 산업안전보건관리비의 비율(가) 및 기초액(나)으로 옳은 것은?

① (가) 1.86%, (나) 5,349,000원
② (가) 1.99%, (나) 5,499,000원
③ (가) 2.35%, (나) 5,400,000원
④ (가) 1.57%, (나) 4,411,000원

해설 공사종류 및 규모별 안전관리비 계상기준표 (단위 : 원)

공사종류 \ 대상액	5억 원 미만	5억 원 이상 50억 원 미만 비율(X)	5억 원 이상 50억 원 미만 기초액(C)	50억 원 이상	보건관리자 선임 대상 건설공사
일반건설공사(갑)	2.93%	1.86%	5,349,000원	1.97%	2.15%
일반건설공사(을)	3.09%	1.99%	5,499,000원	2.10%	2.29%
중 건 설 공 사	3.43%	2.35%	5,400,000원	2.44%	2.66%
철도·궤도신설공사	2.45%	1.57%	4,411,000원	1.66%	1.81%
특수및기타건설공사	1.85%	1.20%	3,250,000원	1.27%	1.38%

111
중량물을 운반할 때의 바른 자세로 옳은 것은?

① 허리를 구부리고 양손으로 들어올린다.
② 중량은 보통 체중의 60%가 적당하다.
③ 물건은 최대한 몸에서 멀리 떼어서 들어올린다.
④ 길이가 긴 물건은 앞쪽을 높게 하여 운반한다.

해설 인력운반 작업에 대한 안전 준수사항
① 물건을 들어올릴 때는 팔과 무릎을 이용하며 척추는 곧게 한다.
② 길이가 긴 물건은 앞쪽을 높게 하여 운반한다.
③ 보조기구를 효과적으로 사용한다.
④ 무거운 물건은 공동작업으로 실시한다.
⑤ 운반 시의 시선은 진행 방향을 향하고 뒷걸음 운반을 하여서는 안 된다.
⑥ 어깨높이보다 높은 위치에서 하물을 들고 운반하여서는 안 된다.
⑦ 단독작업은 30kg 이하로 하고 장시간 작업은 작업자 체중의 40%한도 내에서 취급한다.
⑧ 물건은 최대한 몸에서 붙여서 들어올린다.
⑨ 무거운 물건을 운반할 때 무게 중심이 높은 하물은 인력으로 운반하지 않는다.

112
추락방지용 방망의 그물코의 크기가 10cm인 신품 매듭방망사의 인장강도는 몇 킬로그램 이상이어야 하는가?

① 80   ② 110
③ 150   ④ 200

해설 추락방지망의 인장강도(방망사의 신품에 대한 인장강도)   ※ ( )는 방망사의 폐기 시 인장강도

그물코의 크기 (단위 : 센티미터)	방망의 종류(단위 : 킬로그램)	
	매듭 없는 방망	매듭 방망
10	240(150)	200(135)
5		110(60)

113
다음 중 방망에 표시해야 할 사항이 아닌 것은?

① 방망의 신축성   ② 제조자명
③ 제조년월   ④ 재봉 치수

해설 방망에 표시해야 할 사항(추락재해방지표준안전작업지침)
① 제조자명
② 제조년월
③ 재봉 치수
④ 그물코
⑤ 신품일 때의 방망의 강도

정답 110. ① 111. ④ 112. ④ 113. ①

114 강관비계 조립시의 준수사항으로 옳지 않은 것은?

① 비계기둥에는 미끄러지거나 침하하는 것을 방지하기 위하여 밑받침철물을 사용한다.
② 지상높이 4층 이하 또는 12m 이하인 건축물의 해체 및 조립등의 작업에서만 사용한다.
③ 교차가새로 보강한다.
④ 외줄비계·쌍줄비계 또는 돌출비계에 대해서는 벽이음 및 버팀을 설치한다.

해설 강관비계 조립〈산업안전보건기준에 관한 규칙〉
제59조(강관비계 조립 시의 준수사항)
사업주는 강관비계를 조립하는 경우에 다음 각 호의 사항을 준수하여야 한다.
1. 비계기둥에는 미끄러지거나 침하하는 것을 방지하기 위하여 밑받침철물을 사용하거나 깔판·깔목 등을 사용하여 밑 둥잡이를 설치하는 등의 조치를 할 것
2. 강관의 접속부 또는 교차부(交叉部)는 적합한 부속철물을 사용하여 접속하거나 단단히 묶을 것
3. 교차 가새로 보강할 것
4. 외줄비계·쌍줄비계 또는 돌출비계에 대해서는 다음 각 목에서 정하는 바에 따라 벽이음 및 버팀을 설치할 것
5. 가공전로(架空電路)에 근접하여 비계를 설치하는 경우에는 가공전로를 이설(移設)하거나 가공전로에 절연용 방호구 를 장착하는 등 가공전로와의 접촉을 방지하기 위한 조치를 할 것

115 사다리식 통로 등을 설치하는 경우 고정식 사다리식 통로의 기울기는 최대 몇 도 이하로 하여야 하는가?

① 60도 ② 75도
③ 80도 ④ 90도

해설 사다리식 통로 등의 구조〈산업안전보건기준에 관한 규칙〉
제24조(사다리식 통로 등의 구조)
① 사업주는 사다리식 통로 등을 설치하는 경우 다음 각 호의 사항을 준수하여야 한다.
9. 사다리식 통로의 기울기는 75도 이하로 할 것. 다만, 고정식 사다리식 통로의 기울기는 90도 이하로 하고,

그 높이가 7m 이상인 경우에는 바닥으로부터 높이가 2.5m되는 지점부터 등받이울을 설치할 것

116 부두·안벽 등 하역작업을 하는 장소에서 부두 또는 안벽의 선을 따라 통로를 설치하는 경우에는 폭을 최소 얼마 이상으로 해야 하는가?

① 70cm ② 80cm
③ 90cm ④ 100cm

해설 화물취급 작업〈산업안전보건기준에 관한 규칙〉
제390조(하역작업장의 조치기준)
사업주는 부두·안벽 등 하역작업을 하는 장소에 다음 각 호의 조치를 하여야 한다.
1. 작업장 및 통로의 위험한 부분에는 안전하게 작업할 수 있는 조명을 유지할 것
2. 부두 또는 안벽의 선을 따라 통로를 설치하는 경우에는 폭을 90cm 이상으로 할 것
3. 육상에서의 통로 및 작업장소로서 다리 또는 선거(船渠) 갑문(閘門)을 넘는 보도(步道) 등의 위험한 부분에는 안전난간 또는 울타리 등을 설치할 것

117 건설작업장에서 근로자가 상시 작업하는 장소의 작업면 조도기준으로 옳지 않은 것은? (단, 갱내 작업장과 감광재료를 취급하는 작업장의 경우는 제외)

① 초정밀 작업 : 600럭스(lux) 이상
② 정밀작업 : 300럭스(lux) 이상
③ 보통작업 : 150럭스(lux) 이상
④ 초정밀, 정밀, 보통작업을 제외한 기타 작업 : 75럭스(lux) 이상

해설 건설작업장에서 근로자가 상시 작업하는 장소의 작업면 조도기준〈산업안전보건기준에 관한 규칙〉
제8조(조도)
사업주는 근로자가 상시 작업하는 장소의 작업면 조도(照度)를 다음 각 호의 기준에 맞도록 하여야 한다.
1. 초정밀작업 : 750럭스(lux) 이상
2. 정밀작업 : 300럭스 이상
3. 보통작업 : 150럭스 이상
4. 그 밖의 작업 : 75럭스 이상

정답 114. ② 115. ④ 116. ③ 117. ①

118 승강기 강선의 과다감기를 방지하는 장치는?

① 비상정지장치 ② 권과방지장치
③ 해지장치 ④ 과부하방지장치

해설 **권과방지장치** : 승강기 강선이 일정 한계 이상 감기지 않도록 작동을 자동으로 정지시키는 장치(과다감기 방지 장치)

119 흙막이 지보공을 설치하였을 때 정기적으로 점검하여야 할 사항과 거리가 먼 것은?

① 경보장치의 작동상태
② 부재의 손상·변형·부식·변위 및 탈락의 유무와 상태
③ 버팀대의 긴압(緊壓)의 정도
④ 부재의 접속부·부착부 및 교차부의 상태

해설 **흙막이 지보공 붕괴 등의 위험 방지**〈산업안전보건기준에 관한 규칙〉
제347조(붕괴 등의 위험 방지)
① 사업주는 흙막이 지보공을 설치하였을 때에는 정기적으로 다음 각 호의 사항을 점검하고 이상을 발견하면 즉시 보수하여야 한다.
1. 부재의 손상·변형·부식·변위 및 탈락의 유무와 상태
2. 버팀대의 긴압(緊壓)의 정도
3. 부재의 접속부·부착부 및 교차부의 상태
4. 침하의 정도

120 사질지반 굴착 시 굴착부와 지하수위차가 있을 때 수두차에 의하여 삼투압이 생겨 흙막이벽 근입부분을 침식하는 동시에 모래가 액상화되어 솟아오르는 현상은?

① 동상 현상 ② 연화 현상
③ 보일링 현상 ④ 히빙 현상

해설 **보일링(boiling) 현상** : 사질지반 굴착 시 굴착부와 지하수위차가 있을 때 수두차에 의하여 삼투압이 생겨 흙막이벽 근입 부분을 침식하는 동시에 모래가 액상화되어 솟아오르는 현상
- 투수성이 좋은 사질지반에서 흙파기 공사를 할때 흙막이벽 배면의 지하 수위가 굴착저면보다 높아 굴착저면 위로 모래와 지하수가 부풀어 오르는 현상(굴착부와 배면부의 지하수위의 수두차)

정답 118. ② 119. ① 120. ③

2019년 제2회 산업안전기사 기출문제

제1과목 안전관리론

01 연천인율 45인 사업장의 도수율은 얼마인가?
① 10.8 ② 18.75
③ 108   ④ 187.5

해설 도수율 = 연천인율 ÷ 2.4 = 45 ÷ 2.4 = 18.75
* 연천인율 = 도수율 × 2.4(도수율과 상관관계)

02 다음 중 산업안전보건법상 안전인증대상 기계·기구 등의 안전인증 표시로 옳은 것은?

① ②
③ ④

해설 안전인증 및 자율안전확인의 표시

03 불안전 상태와 불안전 행동을 제거하는 안전관리의 대책에는 적극적인 대책과 소극적인 대책이 있다. 다음 중 소극적인 대책에 해당하는 것은?
① 보호구의 사용
② 위험공정의 배제
③ 위험물질의 격리 및 대체
④ 위험성 평가를 통한 작업환경 개선

해설 불안전 상태와 불안전 행동을 제거하는 안전관리의 대책
1) 적극적인 대책
 ① 위험공정의 배제
 ② 위험물질의 격리 및 대체
 ③ 위험성 평가를 통한 작업환경 개선
2) 소극적인 대책
 ① 보호구의 사용

04 안전조직 중에서 라인-스태프(Line-Staff) 조직의 특징으로 옳지 않은 것은?
① 라인형과 스태프형의 장점을 취한 절충식 조직형태이다.
② 중규모 사업장(100명 이상 ~ 500명 미만)에 적합하다.
③ 라인의 관리, 감독자에게도 안전에 관한 책임과 권한이 부여된다.
④ 안전 활동과 생산업무가 분리될 가능성이 낮기 때문에 균형을 유지할 수 있다.

해설 안전관리 조직
(가) 라인(Line, 직계식)형 : 안전보건관리의 계획에서부터 실시에 이르기까지 생산 라인을 통하여 이루어지도록 편성된 조직(※ 근로자 100인 미만 사업장에 적합)
(나) 스태프(Staff, 참모식)형 : 안전보건 업무를 관장하는 스태프를 별도로 구성·주관(※ 근로자 100인 이상 ~ 1,000인 미만 사업장에 적합)
(다) 라인-스태프(Line-staff) 혼합형 : 라인이 안전보건 업무를 주관·수행하고, 전문 스태프를 별도로 구성하여 안전보건 대책 수립 및 라인의 안전보건업무 지도·지원(우리나라 산업안전보건법에 의해 권장)(※ 근로자 1,000인 이상 사업장에 적합)
 ① 라인형과 스태프형의 장점을 취한 절충식 조직형태이며 대규모(1,000명 이상) 사업장에 적용

정답 01. ② 02. ① 03. ① 04. ②

② 라인의 관리, 감독자에게도 안전에 관한 책임과 권한이 부여
③ 단점 : 명령계통과 조언 권고적 참여가 혼동되기 쉬움

05 다음 중 브레인스토밍(Brain Storming)의 4원칙을 올바르게 나열한 것은?

① 자유분방, 비판금지, 대량발언, 수정발언
② 비판자유, 소량발언, 자유분방, 수정발언
③ 대량발언, 비판자유, 자유분방, 수정발언
④ 소량발언, 자유분방, 비판금지, 수정발언

해설 브레인스토밍 4원칙
① 비판금지 : 타인의 의견에 대하여 장단점을 비판하지 않음
② 자유분방 : 지정된 표현방식을 벗어나 자유롭게 의견을 제시
③ 대량발언 : 사소한 아이디어라도 가능한 한 많이 제시하도록 함.
④ 수정발언 : 타인의 의견에 대하여는 수정하여 발표할 수 있음

06 매슬로우의 욕구단계이론 중 자기의 잠재력을 최대한 살리고 자기가 하고 싶었던 일을 실현하려는 인간의 욕구에 해당하는 것은?

① 생리적 욕구
② 사회적 욕구
③ 자아실현의 욕구
④ 학생의 학습과 과정의 평가를 과학적으로 할 수 있다.

해설 매슬로우(Abraham Maslow)의 욕구 5단계 이론
1) 1단계 : 생리적 욕구(Physiological Needs) – 인간의 가장 기본적인 욕구(의식주 및 성적 욕구 등)
   ① 인간이 충족시키고자 추구하는 욕구에 있어 가장 강력한 욕구
2) 2단계 : 안전의 욕구(Safety Needs) – 자기 보전적 욕구(안전과 보호, 경제적 안정, 질서 등)
3) 3단계 : 사회적 욕구(Belonging and Love Needs) – 소속감, 애정 욕구 등
4) 4단계 : 존경의 욕구(Esteem Needs) – 다른 사람들로부터도 인정받고자하는 욕구(존경받고 싶은 욕구, 자존심, 명예, 지위 등에 대한 욕구)
5) 5단계 : 자아실현의 욕구(Self-actualization Needs)
   ① 잠재적 능력을 실현하고자 하는 욕구
   ② 편견 없이 받아들이는 성향, 타인과의 거리를 유지하며 사생활을 즐기거나 창의적 성격으로 봉사, 특별히 좋아하는 사람과 긴밀한 관계를 유지하려는 인간의 욕구에 해당

07 수업 매체별 장단점 중 '컴퓨터 수업(computer assisted instruction)'의 장점으로 옳지 않은 것은?

① 개인차를 최대한 고려할 수 있다.
② 학습자가 능동적으로 참여하고, 실패율이 낮다.
③ 교사와 학습자가 시간을 효과적으로 이용할 수 없다.
④ 학생의 학습과 과정의 평가를 과학적으로 할 수 있다.

해설 컴퓨터 보조수업(computer assisted instruction, CAI)
컴퓨터를 수업 매체로 활용하여 학습 내용을 제시하며, 상호작용적으로 학습하고 결과를 평가하는 수업 형태
① 학습과정이 개별화 되어 개인차를 최대한 고려할 수 있다. (학습자의 반응에 따라 적합한 과제를 선정하여 제시할수 있다.)
② 흥미롭고 다양한 학습경험을 제공할 수 있어 학습자가 능동적으로 참여하고, 실패율이 낮다.
③ 교사와 학습자가 시간을 효과적으로 이용할 수 있다.
④ 학생의 학습과 과정의 평가를 과학적으로 할 수 있다.

08 산업안전보건법령상 산업안전보건위원회의 구성에서 사용자위원 구성원이 아닌 것은? (단, 해당 위원이 사업장에 선임이 되어 있는 경우에 한한다.)

① 안전관리자

정답 05.① 06.③ 07.③ 08.④

② 보건관리자
③ 산업보건의
④ 명예산업안전감독관

[해설] 산업안전보건위원회의 구성(노사 동수로 구성)

구 성	내 용
근로자 위원	1. 근로자대표 2. 근로자대표가 지명하는 1명 이상의 명예감독관(위촉되어 있는 사업장의 경우) 3. 근로자대표가 지명하는 9명 이내의 근로자(명예감독관이 지명되어 있는 경우 그 수를 제외)
사용자 위원	1. 사업의 대표자(사업장의 최고책임자) 2. 안전관리자 1명(안전관리전문기관에 위탁 시 해당 사업장 담당자) 3. 보건관리자 1명(보건관리전문기관에 위탁 시 해당 사업장 담당자) 4. 산업보건의(선임되어 있는 경우) 5. 해당 사업의 대표자가 지명하는 9명 이내의 사업장 부서의 장

09 다음 중 상황성 누발자의 재해유발원인으로 옳지 않은 것은?

① 작업이 난이성　② 기계설비의 결함
③ 도덕성의 결여　④ 심신의 근심

[해설] 재해누발자의 유형
(가) 상황성 누발자 – 주변 상황
　① 작업이 어렵기 때문에
　② 기계・설비의 결함이 있기 때문에
　③ 심신에 근심이 있기 때문에
　④ 환경상 주의력의 집중 혼란
(나) 습관성 누발자 – 재해의 경험, 슬럼프(slump) 상태
(다) 소질성 누발자 – 개인의 능력
(라) 미숙성 누발자 – 기능미숙, 환경에 익숙지 못함

10 다음 중 안전・보건교육의 단계별 교육과정 순서로 옳은 것은?

① 안전 태도교육 → 안전 지식교육 → 안전 기능교육
② 안전 지식교육 → 안전 기능교육 → 안전 태도교육
③ 안전 기능교육 → 안전 지식교육 → 안전 태도교육
④ 안전 자세교육 → 안전 지식교육 → 안전 기능교육

[해설] 지식 – 기능 – 태도교육
1) 지식교육(제1단계) : 강의, 시청각교육을 통한 지식의 전달과 이해
2) 기능교육(제2단계) : 시범, 견학, 실습, 현장실습교육을 통한 경험 체득과 이해
　① 교육대상자가 그것을 스스로 행함으로 얻어짐.
　② 개인의 반복적 시행착오에 의해서만 얻어짐.
3) 태도교육(제3단계) : 작업동작지도, 생활지도 등을 통한 안전의 습관화(올바른 행동의 습관화 및 가치관을 형성)

11 산업안전보건법령상 안전모의 시험성능기준 항목으로 옳지 않은 것은?

① 내열성　　② 턱끈풀림
③ 내관통성　④ 충격흡수성

12 재해통계에 있어 강도율이 2.0인 경우에 대한 설명으로 옳은 것은?

① 재해로 인해 전체 작업비용의 2.0%에 해당하는 손실이 발생하였다.
② 근로자 100명당 2.0건의 재해가 발생하였다.
③ 근로시간 1000시간당 2.0건의 재해가 발생하였다.
④ 근로시간 1000시간당 2.0일의 근로손실일수가 발생하였다.

[해설] 강도율(Severity Rate of Injury ; S.R)
① 강도율은 근로시간 합계 1,000시간당 재해로 인한 근로손실일수를 나타냄(재해발생의 경중, 즉 강도를 나타냄)
② 강도율 = $\dfrac{\text{근로손실일수}}{\text{연근로시간수}} \times 1,000$

정답 09.③ 10.② 11.① 12.④

[표] 근로손실일수 산정요령

구분	사망	신체 장해자 등급											
		1~3	4	5	6	7	8	9	10	11	12	13	14
근로손실일수(일)	7,500	7,500	5,500	4,000	3,000	2,200	1,500	1,000	600	400	200	100	50

* 사망, 장해등급 1~3급의 근로손실일수는 7,500일
* 입원 등으로 휴업시의 근로손실일수 = 휴업일수(요양일수)×300/365

13 다음 중 산업안전심리의 5대 요소에 포함되지 않는 것은?

① 습관 ② 동기
③ 감정 ④ 지능

해설 안전심리의 5대 요소 : 동기(motive), 기질(temper), 감정(feeling), 습성(habit), 습관(custom)
① 동기 : 능동적인 감각에 의한 자극에서 일어난 사고의 결과로서 사람의 마음을 움직이는 원동력이 되는 것
② 기질 : 감정적인 경향이나 반응에 관계되는 성격의 한 측면
③ 감정 : 생활체(독립생활을 하는 생물)가 어떤 행동을 할 때 생기는 주관적인 동요를 뜻함.
④ 습성 : 한 종에 속하는 개체의 대부분에서 볼 수 있는 일정한 생활양식으로 본능, 학습, 조건반사 등에 따라 형성
⑤ 습관 : 성장과정을 통해 형성된 특성 등

14 교육훈련방법 중 OJT(On the Job Training)의 특징으로 옳지 않은 것은?

① 동시에 다수의 근로자들을 조직적으로 훈련이 가능하다.
② 개개인에게 적절한 지도 훈련이 가능하다.
③ 훈련 효과에 의해 상호 신뢰 및 이해도가 높아진다.
④ 직장의 실정에 맞게 실제적 훈련이 가능하다.

해설 OJT교육과 Off JT교육의 특징

OJT교육의 특징	Off JT교육의 특징
㉮ 개개인에게 적절한 지도훈련이 가능하다.	㉮ 다수의 근로자에게 조직적 훈련이 가능하다.
㉯ 직장의 실정에 맞는 실제적 훈련이 가능하다.	㉯ 훈련에만 전념할 수 있다.
㉰ 즉시 업무에 연결될 수 있다.	㉰ 외부 전문가를 강사로 초빙하는 것이 가능하다.
㉱ 훈련에 필요한 업무의 지속성이 유지된다.	㉱ 특별교재, 교구, 시설을 유효하게 활용할 수 있다.
㉲ 효과가 곧 업무에 나타나며 결과에 따른 개선이 쉽다.	㉲ 타 직장의 근로자와 지식이나 경험을 교류할 수 있다.
㉳ 훈련 효과에 의해 상호 신뢰 및 이해도가 높아진다.(상사와 부하간의 의사소통과 신뢰감이 깊게 된다.)	㉳ 교육 훈련 목표에 대하여 집단적 노력이 흐트러질 수도 있다.

15 기술교육의 형태 중 존 듀이(J.Dewey)의 사고과정 5단계에 해당하지 않는 것은?

① 추론한다.
② 시사를 받는다.
③ 가설을 설정한다.
④ 가슴으로 생각한다.

해설 존 듀이(J.Dewey)의 사고과정 5단계
1) 제1단계 : 시사를 받는다(suggestion).
2) 제2단계 : 머리(지식화)로 생각한다(intellectualization).
3) 제3단계 : 가설을 설정한다(hyphothesis).
4) 제4단계 : 추론한다(reasoning).
5) 제5단계 : 행동에 의하여 가설을 검토한다(preparation).

16 허츠버그(Herzberg)의 일을 통한 동기부여 원칙으로 틀린 것은?

① 새롭고 어려운 업무의 부여
② 교육을 통한 간접적 정보제공
③ 자기과업을 위한 작업자의 책임감 증대
④ 작업자에게 불필요한 통제를 배제

정답 13. ④ 14. ① 15. ④ 16. ②

해설 허즈버그(Herzberg)의 위생·동기이론
1) 위생요인(유지욕구) : 인간의 동물적 욕구. 매슬로우의 생리적, 안전, 사회적 욕구와 유사
   ① 위생요인은 직무 불만족의 요인과 관계가 있으며 급여의 인상, 감독, 관리규칙, 기업의 정책, 작업조건, 대인관계등임.
   ② 위생요인의 충족은 직무에 대해 불만족이 감소되지만 직무 만족을 가져오지는 못함.
2) 동기요인(만족욕구) ; 자아 실현. 매슬로우의 자아실현 욕구와 유사
   ① 동기요인은 직무에 대한 만족의 요인이며 상사로부터의 인정, 직무에 대한 개인적 성취, 책임, 발전 등이 있음.
      ㉠ 인정은 상사 등으로부터의 칭찬, 신임, 수용, 보상 등
      ㉡ 성취는 목표의 달성 등
      ㉢ 책임은 간섭 없이 재량권을 가지며 결과에 대해 책임을 짐.
      ㉣ 발전은 지위나 직위의 변화 등
   ② 동기요인이 충족하게 되면 직무에 대해 만족하고 일에 대한 긍정적인 태도를 갖게 함.

17 산업안전보건법상 환기가 극히 불량한 좁고 밀폐된 장소에서 용접작업을 하는 근로자 대상의 특별안전보건교육 교육내용에 해당하지 않는 것은? (단, 기타 안전·보건관리에 필요한 사항은 제외한다.)

① 환기설비에 관한 사항
② 작업환경 점검에 관한 사항
③ 질식 시 응급조치에 관한 사항
④ 화재예방 및 초기대응에 관한 사항

해설 밀폐된 장소(탱크 내 또는 환기가 극히 불량한 좁은 장소를 말한다)에서 하는 용접작업 또는 습한 장소에서 하는 전기용접 작업〈산업안전보건법 시행규칙 별표 5〉
• 작업순서, 안전작업방법 및 수칙에 관한 사항
• 환기설비에 관한 사항
• 전격 방지 및 보호구 착용에 관한 사항
• 질식 시 응급조치에 관한 사항
• 작업환경 점검에 관한 사항
• 그 밖에 안전·보건관리에 필요한 사항

18 다음의 무재해운동의 이념 중 "선취의 원칙"에 대한 설명으로 가장 적절한 것은?

① 사고의 잠재요인을 사후에 파악하는 것
② 근로자 전원이 일체감을 조성하여 참여하는 것
③ 위험요소를 사전에 발견, 파악하여 재해를 예방 또는 방지하는 것
④ 관리감독자 또는 경영층에서의 자발적 참여로 안전 활동을 촉진하는 것

해설 무재해운동의(이념) 3대원칙
(가) 무(zero)의 원칙 : 재해는 물론 일체의 잠재요인을 파악, 해결함으로써 산업재해의 근원적인 요소들을 제거(근본적 으로 위험요인 제거)
(나) 선취(안전제일, 선취해결)의 원칙 : 잠재위험요인을 사전에 미리 발견하고 파악, 해결하여 재해를 예방
(다) 참가의 원칙 : 근로자 전원이 참가하여 문제해결 등을 실천

19 산업안전보건법령상 유기화합물용 방독마스크의 시험가스로 옳지 않은 것은?

① 이소부탄   ② 시클로헥산
③ 디메틸에테르   ④ 염소가스 또는 증기

20 산업안전보건법령상 근로자 안전보건교육 중 작업내용 변경시의 교육을 할 때 일용근로자를 제외한 근로자의 교육시간으로 옳은 것은?

① 1시간 이상   ② 2시간 이상
③ 4시간 이상   ④ 8시간 이상

해설 사업 내 안전·보건교육

교육과정	교육대상	교육시간
다. 작업내용 변경 시의 교육	일용근로자	1시간 이상
	일용근로자를 제외한 근로자	2시간 이상

제2과목 인간공학 및 시스템안전공학

21 화학설비에 대한 안정성 평가(safety assessment)에서 정량적 평가 항목이 아닌 것은?

① 습도 ② 온도
③ 압력 ④ 용량

해설 안전성 평가의 6단계
(가) 제1단계 : 관계 자료의 작성 준비(관계 자료의 정비검토)
(나) 제2단계 : 정성적 평가
(다) 제3단계 : 정량적 평가
  1) 평가항목
    ① 취급물질 ② 화학설비 용량
    ③ 온도   ④ 압력
    ⑤ 조작
  2) 평가 방법
    ① 화학설비의 평가 5항목에 대해 A, B, C, D급으로 분류
    ② 점수 부여하여 합산 : A급 10점, B급 5점, C급 2점, D급 0점
    ③ 합산결과에 따라 위험 등급 구분
(라) 제4단계 : 안전 대책
(마) 제5단계 : 재해 정보에 의한 재평가
(바) 제6단계 : FTA에 의한 재평가

22 신체 부위의 운동에 대한 설명으로 틀린 것은?

① 굴곡은 부위 간의 각도가 증가하는 신체의 움직임을 의미한다.
② 외전은 신체 중심선으로부터 이동하는 신체의 움직임을 의미한다.
③ 내전은 신체의 외부에서 중심선으로 이동하는 신체의 움직임을 의미한다.
④ 외선은 신체의 움직임을 의미한다.

해설 신체 부위의 운동
① 외전(abduction) : 몸의 중심선으로부터 밖으로 이동하는 신체 부위의 동작
② 내전(adduction) : 몸의 중심으로 이동하는 동작
③ 외선(lateral rotation) : 몸의 중심선으로부터의 회전
④ 내선(medial rotation) : 몸의 중심선으로 회전
⑤ 굴곡(flexion) : 신체 부위 간의 각도의 감소
⑥ 신전(extension) : 신체 부위 간의 각도의 증가

23 n개의 요소를 가진 병렬 시스템에 있어 요소의 수명(MTTF)이 지수분포를 따를 경우 이 시스템의 수명을 구하는 식으로 맞는 것은?

① $MTTF \times n$
② $MTTF \times \dfrac{1}{n}$
③ $MTTF(1 + \dfrac{1}{2} + \dfrac{1}{3} \cdots + \dfrac{1}{n})$
④ $MTTF(1 \times \dfrac{1}{2} \times \dfrac{1}{3} \cdots \times \dfrac{1}{n})$

해설 MTTF(평균고장시간 Mean Time To Failure)
: 고장 발생까지의 고장 시간의 평균치, 평균수명
1) 직렬계인 경우 체계(system)의 수명
$= \dfrac{MTTF}{n}$
2) 병렬계인 경우 체계(system)의 수명
$= MTTF(1 + \dfrac{1}{2} + \dfrac{1}{3} \cdots + \dfrac{1}{n})$

24 인간 전달 함수(Human Transfer Function)의 결점이 아닌 것은?

① 입력의 협소성
② 시점적 제약성
③ 정신운동의 묘사성
④ 불충분한 직무 묘사

해설 인간 전달 함수(Human Transfer Function)의 결점
① 입력의 협소성
② 불충분한 직무 묘사
③ 시점적 제약성

25 고장형태와 영향분석(FMEA)에서 평가요소로 틀린 것은?

① 고장발생의 빈도
② 고장의 영향 크기

정답 21.① 22.① 23.③ 24.③ 25.②

③ 고장방지의 가능성
④ 기능적 고장 영향의 중요도

[해설] 고장형태 및 영향분석(FMEA)에서 고장 등급의 평가요소(고장 평점법) : 고장 평점을 결정하는 5가지 평가요소
① 영향을 미치는 시스템의 범위
② 기능적 고장 영향의 중요도
③ 고장 발생의 빈도
④ 고장방지의 가능성
⑤ 신규설계여부

26. 결함수 분석의 기대효과와 가장 관계가 먼 것은?
① 시스템의 결함 진단
② 시간에 따른 원인 분석
③ 사고원인 규명의 간편화
④ 사고원인 분석의 정량화

[해설] 결함수 분석의 기대효과
① 사고원인 규명의 간편화
② 사고원인 분석의 일반화
③ 사고원인 분석의 정량화
④ 노력, 시간의 절감
⑤ 시스템의 결함 진단
⑥ 안전점검 체크리스트 작성

27. 인간공학에 대한 설명으로 틀린 것은?
① 인간이 사용하는 물건, 설비, 환경의 설계에 적용된다.
② 인간을 작업과 기계에 맞추는 설계 철학이 바탕이 된다.
③ 인간 - 기계 시스템의 안전성과 편리성, 효율성을 높인다.
④ 인간의 생리적, 심리적인 면에서의 특성이나 한계점을 고려한다.

[해설] 인간공학에 대한 설명 : 인간의 특성과 한계 능력을 공학적으로 분석, 평가하여 이를 복잡한 체계의 설계에 응용함으로 효율을 최대로 활용할 수 있도록 하는 학문 분야
① 인간공학이란 인간이 사용할 수 있도록 설계하는 과정(차파니스)
② 인간이 사용하는 물건, 설비, 환경의 설계에 작용된다.
③ 인간의 생리적, 심리적인 면에서의 특성이나 한계점을 고려한다.
④ 인간 기계 시스템의 안전성과 편리성, 효율성을 높인다.

28. 빨강, 노랑, 파랑의 3가지 색으로 구성된 교통 신호등이 있다. 신호등은 항상 3가지 색 중 하나가 켜지도록 되어 있다. 1시간 동안 조사한 결과, 파란등은 총 30분 동안, 빨간등과 노란등은 각각 총 15분 동안 켜진 것으로 나타났다. 이 신호등의 총 정보량은 몇 bit인가?
① 0.5
② 0.75
③ 1.0
④ 1.5

[해설] 정보량

$$정보량(H) = \log_2 n = \log_2 \frac{1}{p} \left(p = \frac{1}{n}\right)$$

(1) 점등확률 : 파란등(A) = 30분/60분(1시간)=0.5
  * 빨간등(B)과 노란등(C)은 각각 0.25(15분/60분)
(2) 각 정보량
  $A = \log_2 \frac{1}{0.5} = 1$, $B = \log_2 \frac{1}{0.25} = 2$, $C = 2$
(3) 총 정보량 = (A×0.5) + (B×0.25) + (C×0.25)
  = (1×0.5) + (2×0.25) + (2×0.25)
  = 1.5 bit

29. 다음과 같은 실내 표면에서 일반적으로 추천 반사율의 크기를 맞게 나열한 것은?

[다음] ㉠ 바닥 ㉡ 천장 ㉢ 가구 ㉣ 벽

① ㉠ < ㉣ < ㉢ < ㉡
② ㉣ < ㉠ < ㉡ < ㉢
③ ㉠ < ㉢ < ㉣ < ㉡
④ ㉣ < ㉡ < ㉠ < ㉢

[해설] 옥내 추천 반사율

천장	벽	가구	바닥
80~90%	40~60%	25~45%	20~40%

* 천장과 바닥의 반사비율은 최소한 3 : 1 이상 유지

정답 26.② 27.② 28.④ 29.③

30 어떤 결함수를 분석하여 minimal cut set을 구한 결과 다음과 같았다. 각 기본사상의 발생확률을 q_i, $i=1, 2, 3$이라 할 때 정상사상의 발생확률함수로 맞는 것은?

$$k_1 = [1,2], \; k_2 = [1,3], \; k_3 = [2,3]$$

① $q_1q_2 + q_1q_2 - q_2q_3$
② $q_1q_2 + q_1q_3 - q_2q_3$
③ $q_1q_2 + q_1q_3 + q_2q_3 - q_1q_2q_3$
④ $q_1q_2 + q_1q_3 + q_2q_3 - 2q_1q_2q_3$

[해설] 정상사상의 발생확률함수
⟨minimal cut set : (q_1q_2) (q_1q_3) (q_2q_3)⟩
$T = 1 - (1 - q_1q_2)(1 - q_1q_3)(1 - q_2q_3)$
$= 1 - (1 - q_1q_3 - q_1q_2 - q_1q_2q_1q_3)$
$\quad (1 - q_2q_3)$ ← 불대수 $A \cdot A = A$
$= 1 - (1 - q_1q_2 - q_1q_3 + q_1q_2q_3)(1 - q_2q_3)$
$= 1 - (1 - q_2q_3 - q_1q_2 + q_1q_2q_2q_3$
$\quad - q_1q_3 + q_1q_3q_2q_3 + q_1q_2q_3$
$\quad - q_1q_2q_3q_2q_3)$
$= 1 - (1 - q_2q_3 - q_1q_2 + q_1q_2q_3 - q_1q_3$
$\quad + q_1q_2q_3 + q_1q_2q_3 - q_1q_2q_3)$ ← 간소화
$= 1 - (1 - q_2q_3 - q_1q_2 - q_1q_3 + 2q_1q_2q_3)$
$= 1 - 1 + q_2q_3 + q_1q_2 + q_1q_3 - 2q_1q_2q_3$
$= q_1q_2 + q_1q_3 + q_2q_3 - 2q_1q_2q_3$

31 산업안전보건법령에 따라 유해위험방지 계획서의 제출대상 사업은 해당 사업으로서 전기 계약용량이 얼마 이상이 사업인가?

① 150kW ② 200kW
③ 300kW ④ 500kW

[해설] 유해위험방지계획서의 제출대상 사업으로서 전기계약용량 : 전기 계약용량이 300kW 이상인 사업

32 음량 수준을 평가하는 척도와 관계없는 것은?

① HSI ② phon
③ dB ④ sone

[해설] 음의 크기의 수준
① dB(decibel) : 소음의 크기를 나타내는 단위
② Phon : 1,000Hz 순음의 음압 수준(dB)을 나타냄.
③ sone : 40dB의 음압 수준을 가진 순음의 크기를 1sone이라 함.
④ sone와 Phon의 관계식 : sone = $2^{(Phon-40)/10}$
* HSI : 항공 분야의 수평자세 지시계(Horizontal Situation Indicator), 디지털 신호 처리(DSP) 분야에서의 컬러 모델을 가리키며 Hue(색상), Saturation(채도), Intensity(명도)의 약자. 인간-시스템 인터페이스(human-system Interface)의 약자

33 인간의 오류모형에서 "알고 있음에도 의도적으로 따르지 않거나 무시한 경우"를 무엇이라 하는가?

① 실수(Slip) ② 착오(Mistake)
③ 건망증(Lapse) ④ 위반(Violation)

[해설] 인간의 오류모형
(가) 착오(Mistake) : 상황해석을 잘못하거나 목표를 잘못 이해 하고 착각하여 행하는 경우
(나) 실수(Slip) : 상황이나 목표의 해석을 제대로 했으나 의도와는 다른 행동을 하는 경우
(다) 건망증(Lapse) : 여러 과정이 연계적으로 일어나는 행동에서 일부를 잊어버리고 하지 않거나 또는 기억의 실패에 의하여 발생하는 오류
(라) 위반(Violation) : 정해진 규칙을 알고 있음에도 고의로 따르지 않거나 무시하는 행위

34 그림과 같이 7개의 부품으로 구성된 시스템의 신뢰도는 약 얼마인가? (단, 네모 안의 숫자는 각 부품의 신뢰도이다.)

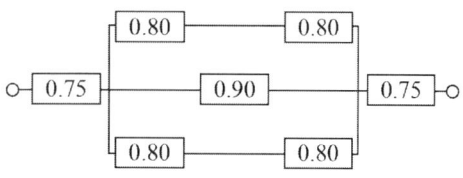

① 0.5552 ② 0.5427
③ 0.6234 ④ 0.9740

정답 30. ④ 31. ③ 32. ① 33. ④ 34. ①

[해설] 시스템의 신뢰도
= 0.75 · [1 − {(1 − 0.80×0.80)(1 − 0.9)
(1 − 0.80×0.80)}] · 0.75
= 0.75 · [1 − {(1 − 0.64)(1 − 0.9)
(1 − 0.64)}] · 0.75 = 0.5552

35 소음방지 대책에 있어 가장 효과적인 방법은?

① 음원에 대한 대책
② 수음자에 대한 대책
③ 전파경로에 대한 대책
④ 거리감쇠와 지향성에 대한 대책

[해설] **소음대책**
1) 음원에 대한 대책(소음원 통제) : 소음방지 대책 중 가장 효과적 방법
   ① 설비의 격리(소음원 밀폐, 제거)
   ② 적절한 재배치
   ③ 저소음 설비 사용
2) 소음의 격리
3) 차폐장치 및 흡음재 사용
4) 음향처리재 사용
5) 적절한 배치(layout)
6) 배경음악(BGM, Back Ground Music)
7) 방음보호구 사용 : 귀마개, 귀덮개 – 소극적 대책

36 정성적 표시장치의 설명으로 틀린 것은?

① 정성적 표시장치의 근본 자료 자체는 정량적인 것이다.
② 전력계에서와 같이 기계적 혹은 전자적으로 숫자가 표시된다.
③ 색채 부호가 부적합한 경우에는 계기판 표시 구간을 형상 부호화하여 나타낸다.
④ 연속적으로 변하는 변수의 대략적인 값이나 변화추세, 변화율 등을 알고자 할 때 사용된다.

[해설] **정성적 표시장치** : 온도, 압력, 속도 같이 연속적으로 변하는 변수의 대략적인 값이나 변화추세, 변화율 등을 알고자 할 때 사용
① 정성적 표시장치의 근본 자료 자체는 정량적인 것
② 색채 부호가 부적합한 경우에는 계기판 표시 구간을 형상 부호화하여 나타냄
③ 변수의 상태나 조건이 미리 정해 놓은 몇 개의 범위 중 어디에 속하는가를 판정할 때
④ 바람직한 어떤 범위의 값을 대략 유지하고자 할 때
⑤ 정성적 표시장치의 색채 암호화 및 상태 점검

37 FT도에 사용하는 기호에서 3개의 입력현상 중 임의의 시간에 2개가 발생하면 출력이 생기는 기호의 명칭은?

① 억제 게이트
② 조합 AND 게이트
③ 배타적 OR 게이트
④ 우선적 AND 게이트

[해설] **조합 AND 게이트**

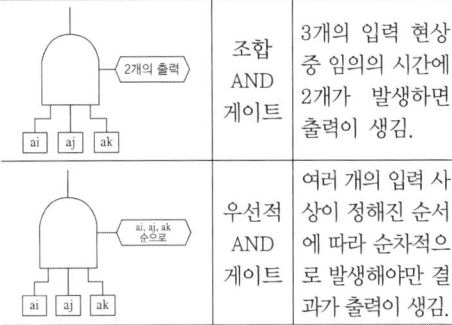

	조합 AND 게이트	3개의 입력 현상 중 임의의 시간에 2개가 발생하면 출력이 생김.
	우선적 AND 게이트	여러 개의 입력 사상이 정해진 순서에 따라 순차적으로 발생해야만 결과가 출력이 생김.

38 공정안전관리(process safety management: PSM)의 적용대상 사업장이 아닌 것은?

① 복합비료 제조업
② 농약 원제 제조업
③ 차량 등의 운송설비업
④ 합성수지 및 기타 플라스틱물질 제조업

[해설] **공정안전관리(process safety management: PSM) 의 적용대상 사업장**(산업안전보건법 시행령)
제43조(공정안전보고서의 제출 대상)
1. 원유 정제처리업
2. 기타 석유정제물 재처리업
3. 석유화학계 기초화학물질 제조업 또는 합성수지 및 기타 플라스틱물질 제조업

정답 35. ① 36. ② 37. ② 38. ③

4. 질소 화합물, 질소·인산 및 칼리질 화학비료 제조업 중 질소질 화학비료 제조업
5. 복합비료 및 기타 화학비료 제조업 중 복합비료 제조업(단순혼합 또는 배합에 의한 경우는 제외한다)
6. 화학 살균·살충제 및 농업용 약제 제조업(농약 원제 제조만 해당한다)
7. 화약 및 불꽃제품 제조업

39 아령을 사용하여 30분간 훈련한 후, 이두근의 근육 수축작용에 대한 전기적인 신호 데이터를 모았다. 이 데이터들을 이용하여 분석할 수 있는 것은 무엇인가?

① 근육의 질량과 밀도
② 근육의 활성도와 밀도
③ 근육의 피로도와 크기
④ 근육의 피로도와 활성도

해설 근육의 피로도와 활성도 : 일정한 부하가 주어진 상태에서 측정한 근육의 수축작용에 대한 전기적인 신호 데이터들을 이 용하여 분석

40 착석식 작업대의 높이 설계를 할 경우 고려해야 할 사항과 가장 관계가 먼 것은?

① 의자의 높이
② 대퇴여유
③ 작업의 성격
④ 작업대의 형태

해설 착석식 작업대의 높이 설계할 경우 고려사항
① 의자의 높이
② 작업의 성질(작업에 따라 작업대의 높이가 다름)
③ 대퇴 여유

제3과목 **기계위험방지기술**

41 컨베이어 방호장치에 대한 설명으로 맞는 것은?

① 역전방지장치에 롤러식, 라쳇식, 권과방지식, 전기브레이크식 등이 있다.
② 작업자가 임의로 작업을 중단할 수 없도록 비상정지장치를 부착하지 않는다.
③ 구동부 측면에 로울러 안내가이드 등의 이탈방지장치를 설치한다.
④ 로울러컨베이어의 로울 사이에 방호판을 설지할 때 로울과의 최대간격은 8mm이다.

해설 컨베이어(conveyor)의 방호장치
① 이탈방지장치 : 구동부 측면에 로울러 안내가이드 등의 이탈방지장치를 설치
② 역전방지장치 : 일반적으로 정상 방향의 회전에 대해서 반대로 회전하는 것을 방지하는 장치이며 형식으로 라쳇식, 롤러식, 밴드식, 전기식(전자식)이 있음.
③ 비상정지장치 : 근로자가 위험해질 우려가 있는 경우 및 비상시에는 즉시 운전을 정지시킬 수 있는 장치를 설치
④ 낙하물에 의한 위험 방지 : 화물이 떨어져 근로자가 위험해질 우려가 있는 경우에는 덮개 또는 울을 설치하는 등 낙하 방지를 위한 조치
⑤ 통행의 제한 등 : 건널다리를 설치, 중량물 충돌에 대비한 스토퍼를 설치, 작업자 출입을 금지
(※ 롤러 컨베이어에서 롤과 방호판 사이의 간격은 5mm 이내)

42 가스 용접에 이용되는 아세틸렌가스 용기의 색상으로 옳은 것은?

① 녹색
② 회색
③ 황색
④ 청색

해설 공업용 고압가스용기의 몸체 도색

가스명	도색명
산소	녹색
수소	주황색
액화염소	갈색
액화 탄산가스	청색
액화 석유가스	회색
아세틸렌	황색
액화 암모니아	백색
질소, 아르곤	회색

* 그 밖의 가스 : 회색

정답 39.④ 40.④ 41.③ 42.③

43 로울러가 맞물림점의 전방에 개구부의 간격을 30mm로 하여 가드를 설치하고자 한다. 가드의 설치 위치는 맞물림점에서 적어도 얼마의 간격을 유지하여야 하는가?

① 154mm   ② 160mm
③ 166mm   ④ 172mm

해설 가드와 위험점 간의 거리
가드를 설치할 때 롤러기의 물림점(Nip Point)의 가드 개구부의 간격(위험점이 전동체가 아닌 경우)
Y = 6 + 0.15X (X < 160mm)
　　　　　　(단, X ≧ 160mm이면 Y=30)
여기서, Y : 개구부의 간격(mm)
　　　　X : 개구부에서 위험점까지의 최단거리(mm)
⇨ Y = 6 + 0.15X
→ X = (Y − 6)/0.15 = (30 − 6)/0.15 = 160mm

44 비파괴시험의 종류가 아닌 것은?

① 자분 탐상시험
② 침투 탐상시험
③ 와류 탐상시험
④ 샤르피 충격시험

해설 비파괴 시험의 종류 구분
(1) 표면결함 검출을 위한 비파괴시험방법
　　① 외관검사
　　② 침투 탐상시험
　　③ 자분 탐상시험
　　④ 와류 탐상법
(2) 내부결함 검출을 위한 비파괴시험방법
　　① 초음파 탐상시험
　　② 방사선 투과시험

45 소음에 관한 사항으로 틀린 것은?

① 소음에는 익숙해지기 쉽다.
② 소음계는 소음에 한하여 계측할 수 있다.
③ 소음의 피해는 정신적, 심리적인 것이 주가 된다.
④ 소음이란 귀에 불쾌한 음이나 생활을 방해하는 음을 통틀어 말한다.

해설 소음에 관한 사항
① 소음이란 귀에 불쾌한 음이나 생활을 방해하는 음을 통틀어 말한다.
② 소음에는 익숙해지기 쉽다.
③ 소음의 피해는 정신적, 심리적인 것이 주가 된다.

46 와이어 로프의 꼬임에 관한 설명으로 틀린 것은?

① 보통 꼬임에는 S 꼬임이나 Z 꼬임이 있다.
② 보통 꼬임은 스트랜드의 꼬임 방향과 로프의 꼬임 방향이 반대로 된 것을 말한다.
③ 랭 꼬임은 로프의 끝이 자유로이 회전하는 경우나 킹크가 생기기 쉬운 곳에 적당하다.
④ 랭 꼬임은 보통 꼬임에 비하여 마모에 대한 저항성이 우수하다.

해설 와이어로프의 꼬임
(가) 보통 꼬임(Ordinary Lay) : 스트랜드의 꼬임방향과 로프의 꼬임 방향이 반대로 된 것
　① 킹크(kink)가 잘 생기지 않는다.
　② 휨성이 좋으며 밴딩 경사가 크다.
　③ 꼬임이 강하기 때문에 모양 변형이 적다.
　④ 로프의 변형이나 하중을 걸었을 때 저항성이 크다.
　⑤ 마모는 빠르지만 잘 풀리지 않아 취급하기 좋다.
　⑥ 국부적 마모가 심하다.
　⑦ 보통 꼬임에는 S 꼬임이나 Z 꼬임이 있다.
(나) 랭 꼬임(Lang's Lay) : 스트랜드의 꼬임 방향과 로프의 꼬임 방향이 같은 것
　① 내구성이 우수하다.
　② 밴딩 경사가 적다.
　③ 마모가 큰곳에 사용이 가능하다 − 보통 꼬임에 비하여 마모에 대한 저항성이 우수하다.
　④ 킹크 또는 풀림이 쉽다.

47 다음 용접 중 불꽃 온도가 가장 높은 것은?

① 산소-메탄 용접
② 산소-수소 용접
③ 산소-프로판 용접
④ 산소-아세틸렌 용접

정답 43.② 44.④ 45.② 46.③ 47.④

해설 **산소-아세틸렌 용접**: 가장 많이 사용하고, 용접 중 불꽃 온도는 최고 약 3,500도 이상

※ 불꽃 온도가 높은 순서
① 산소-아세틸렌 용접 ② 산소-수소 용접
③ 산소-프로판 용접 ④ 산소-메탄 용접

48 구내운반차의 제동장치 준수사항에 대한 설명으로 틀린 것은?

① 조명이 없는 장소에서 작업 시 전조등과 후미등을 갖출 것
② 운전석이 차 실내에 있는 것은 좌우에 한 개씩 방향지시기를 갖출 것
③ 핸들의 중심에서 차체 바깥 측까지의 거리가 70cm 이상일 것
④ 주행을 제동하거나 정지상태를 유지하기 위하여 유효한 제동장치를 갖출 것

해설 **구내 운반차** 〈산업안전보건기준에 관한 규칙〉
제184조(제동장치 등)
사업주는 구내운반차를 사용하는 경우에 다음 각 호의 사항을 준수하여야 한다.
1. 주행을 제동하거나 정지상태를 유지하기 위하여 유효한 제동장치를 갖출 것
2. 경음기를 갖출 것
3. 운전석이 차 실내에 있는 것은 좌우에 한 개씩 방향지시기를 갖출 것
4. 전조등과 후미등을 갖출 것. 다만, 작업을 안전하게 하기 위하여 필요한 조명이 있는 장소에서 사용하는 구내운반차에 대해서는 그러하지 아니하다.

49 프레스의 방호장치 중 광전자식 방호장치에 관한 설명으로 틀린 것은?

① 연속 운전작업에 사용할 수 있다.
② 핀클러치 구조의 프레스에 사용할 수 있다.
③ 기계적 고장에 의한 2차 낙하에는 효과가 없다.
④ 시계를 차단하지 않기 때문에 작업에 지장을 주지 않는다.

해설 **광전자식 방호장치의 장단점**
① 연속 운전작업에 사용할 수 있다.
② 시계를 차단하지 않기 때문에 작업에 지장을 주지 않는다.
③ 확동클러치(핀클러치) 방식에는 사용할 수 없다.
④ 설치가 어렵고, 기계적 고장에 의한 2차 낙하에는 효과가 없다
⑤ 작업 중 진동에 의해 투·수광기가 어긋나 작동이 되지 않을 수 있다.

50 다음 중 선반 작업 시 지켜야 할 안전수칙으로 거리가 먼 것은?

① 작업 중 절삭칩이 눈에 들어가지 않도록 보안경을 착용한다.
② 공작물 세팅에 필요한 공구는 세팅이 끝난 후 바로 제거한다.
③ 상의의 옷자락은 안으로 넣고, 끈을 이용하여 소맷자락을 묶어 작업을 준비한다.
④ 공작물은 전원 스위치를 끄고 바이트를 충분히 멀리 위치시킨 후 고정한다.

해설 **선반 작업 시 유의사항**
① 면장갑을 사용하지 않는다(회전체에는 장갑착용 금지).
② 가공물의 길이가 지름의 12배 이상일 때는 방진구를 사용하여 작업한다.
③ 선반의 베드 위에는 공구를 올려놓지 않는다.(공작물 세팅에 필요한 공구는 세팅이 끝난 후 바로 제거한다.)
④ 칩 브레이커는 바이트에 직접 설치한다.
⑤ 선반의 바이트는 가급적 짧게 장착한다.
⑥ 선반 주축의 변속은 기계를 정지시킨 후 한다.
⑦ 보안경을 착용한다.
⑧ 브러시 또는 갈퀴를 사용하여 절삭 칩을 제거한다.
⑨ 척을 알맞게 조정한 후에 즉시 척 렌치를 치우도록 한다
⑩ 수리·정비작업 시에는 운전을 정지한 후 작업한다.
⑪ 가공물의 표면 점검 및 측정 시는 회전을 정지 후 실시한다.
⑫ 공작물은 전원 스위치를 끄고 바이트를 충분히 멀리 위치시킨 후 고정한다.

정답 48.③ 49.② 50.③

51 기계설비 구조의 안전화 중 가공결함 방지를 위해 고려할 사항이 아닌 것은?

① 안전율 ② 열처리
③ 가공경화 ④ 응력집중

해설 **기계설비 구조의 안전화** : 재료, 설계, 가공의 결함 제거
① 강도의 열화를 생각하여 안전율을 최대로 고려하여 설계
② 열처리를 통하여 기계의 강도와 인성을 향상
〈가공결함 방지를 위해 고려할 사항〉
① 응력 집중(stress concentration, 應力集中) : 재료에 구멍이 있거나 노치(notch) 등이 있어 단면 형상이 급격히 변화되는 재료에 외력이 작용할 때 그 부분의 응력이 국부적으로 크게 되는 현상.
② 가공 경화(work hardening, 加工硬化) : 일반적으로 금속이 가공되면 변형하면서 단단해지는 현상. 단단함은 변형의 정도에 따라 커지지만 어느 이상에서는 일정해짐.
③ 열처리 등

52 회전수가 300rpm, 연삭숫돌의 지름이 200mm일 때 숫돌의 원주 속도는 약 몇 m/min인가?

① 60.0 ② 94.2
③ 150.0 ④ 188.5

해설 숫돌의 원주속도 = (3.14 × 200 × 300)/1000
     = 188.5m/min
※ 원주속도(V) = $\frac{\pi DN}{1,000}$ (m/min)
    = πDN (mm/min)
여기서, D : 지름(mm), N : 회전수(rpm)

53 일반적으로 장갑을 착용해야 하는 작업은?

① 드릴작업
② 밀링작업
③ 선반작업
④ 전기용접작업

해설 **장갑 사용 금지 작업** : 회전체에는 장갑 착용 금지. 선반, 밀링, 드릴작업 등

54 산업용 로봇에 사용되는 안전 매트의 종류 및 일반구조에 관한 설명으로 틀린 것은?

① 단선 경보장치가 부착되어 있어야 한다.
② 감응시간을 조절하는 장치가 부착되어 있어야 한다.
③ 감응도 조절장치가 있는 경우 봉인되어 있어야 한다.
④ 안전 매트의 종류는 연결사용 가능 여부에 따라 단일 감지기와 복합 감지기가 있다.

해설 **안전매트** : 위험 한계 내에 근로자가 들어갈 때에 압력 등을 감지할 수 있는 방호장치
(가) 안전 매트의 종류 : 연결사용 가능 여부에 따라 단일감지기와 복합 감지기가 있음.
(나) 단선 경보장치가 부착되어 있어야 함.
(다) 감응시간을 조절하는 장치는 부착되어 있지 않아야 함.
(라) 감응도 조절장치가 있는 경우 봉인되어 있어야 함.
(마) 자율안전확인의 표시 외에 작동하중, 감응시간, 복귀신호의 자동 또는 수동 여부, 대소인 공용 여부를 추가로 표시해야 한다.

55 프레스기에 설치하는 방호장치에 관한 사항으로 틀린 것은?

① 수인식 방호장치의 수인끈 재료는 합성섬유로 직경이 4mm 이상이어야 한다.
② 양수조작식 방호장치는 1행정마다 누름버튼에서 양손을 떼지 않으면 다음 작업의 동작을 할 수 없는 구조이어야 한다.
③ 광전자식 방호장치는 정상동작표시램프는 적색, 위험표시램프는 녹색으로 하며, 쉽게 근로자가 볼 수 있는 곳에 설치해야 한다.
④ 손쳐내기식 방호장치는 슬라이드 하행정 거리의 3/4위치에서 손을 완전히 밀어내야 한다.

정답 51.① 52.④ 53.④ 54.② 55.③

해설 광전자식 방호장치의 일반사항
① 정상동작표시램프는 녹색, 위험표시램프는 붉은색으로 하며, 쉽게 근로자가 볼 수 있는 곳에 설치해야 한다.
② 슬라이드 하강 중 정전 또는 방호장치의 이상 시에 정지할 수 있는 구조이어야 한다.
③ 방호장치는 릴레이, 리미트 스위치 등의 전기부품의 고장, 전원전압의 변동 및 정전에 의해 슬라이드가 불시에 동작하지 않아야 하며, 사용전 원전압의 ±(100분의 20)의 변동에 대하여 정상으로 작동되어야 한다.
④ 방호장치의 정상작동 중에 감지가 이루어지거나 공급전원이 중단되는 경우 적어도 2개 이상의 출력 신호개폐장치가 꺼진 상태로 돼야 한다.
⑤ 방호장치를 무효화하는 기능이 있어서는 안 된다.

56 지게차의 방호장치인 헤드가드에 대한 설명으로 맞는 것은?

① 상부틀의 각 개구의 폭 또는 길이는 16cm 미만일 것
② 운전자가 앉아서 조작하는 방식의 지게차의 경우에는 운전자의 좌석 윗면에서 헤드가드의 상부틀 아랫면까지의 높이는 1.5m 이상일 것
③ 지게차에는 최대하중의 2배(5톤을 넘는 값에 대해서는 5톤으로 한다.)에 해당하는 등분포정하중에 견딜 수 있는 강도의 헤드가드를 설치하여야 한다.
④ 운전자가 서서 조작하는 방식의 지게차의 경우에는 운전석의 바닥면에서 헤드가드의 상부틀 하면까지의 높이는 1.8m 이상일 것

해설 헤드가드(head guard) 〈산업안전보건기준에 관한 규칙〉
제180조(헤드가드)
사업주는 다음 각 호에 따른 적합한 헤드가드(head guard)를 갖추지 아니한 지게차를 사용해서는 아니 된다.

1. 강도는 지게차의 최대하중의 2배 값(4톤을 넘는 값에 대해서는 4톤으로 한다)의 등분포정하중(等分布靜荷重)에 견딜 수 있을 것
2. 상부틀의 각 개구의 폭 또는 길이가 16센티미터 미만일 것
3. 운전자가 앉아서 조작하거나 서서 조작하는 지게차의 헤드가드는 「산업표준화법」 제12조에 따른 한국산업표준에서 정하는 높이 기준 이상일 것

57 프레스 금형부착, 수리 작업 등의 경우 슬라이드의 낙하를 방지하기 위하여 설치하는 것은?

① 슈트
② 키이록
③ 안전블럭
④ 스트리퍼

해설 금형해체, 부착, 조정작업의 위험 방지 : 안전블록 사용 〈산업안전보건기준에 관한 규칙〉
제104조(금형조정작업의 위험 방지) 사업주는 프레스 등의 금형을 부착·해체 또는 조정하는 작업을 할 때에 해당 작업에 종사하는 근로자의 신체가 위험한계 내에 있는 경우 슬라이드가 갑자기 작동함으로써 근로자에게 발생할 우려가 있는 위험을 방지하기 위하여 안전블록을 사용하는 등 필요한 조치를 하여야 한다.

58 회전 중인 연삭숫돌이 근로자에게 위험을 미칠 우려가 있을 시 덮개를 설치하여야 할 연삭숫돌의 최소 지름은?

① 지름이 5cm 이상인 것
② 지름이 10cm 이상인 것
③ 지름이 15cm 이상인 것
④ 지름이 20cm 이상인 것

해설 연삭숫돌을 사용하는 작업의 안전수칙 〈산업안전보건기준에 관한 규칙〉
제122조(연삭숫돌의 덮개 등)
① 사업주는 회전 중인 연삭숫돌(지름이 5cm 이상인 것으로 한정한다)이 근로자에게 위험을 미칠 우려가 있는 경우에 그 부위에 덮개를 설치하여야 한다.

정답 56. ① 57. ③ 58. ①

59 다음 중 기계설비의 정비·청소·급유·검사·수리 등의 작업 시 근로자가 위험해질 우려가 있는 경우 필요한 조치와 거리가 먼 것은?

① 근로자의 위험방지를 위하여 해당 기계를 정지시킨다.
② 작업지휘자를 배치하여 갑작스러운 기계가동에 대비한다.
③ 기계 내부에 압출된 기체나 액체가 불시에 방출될 수 있는 경우에는 사전에 방출조치를 실시한다.
④ 기계 운전을 정지한 경우에는 기동장치에 잠금장치를 하고 다른 작업자가 그 기계를 임의 조작할 수 있도록 열쇠를 찾기 쉬운 곳에 보관한다.

해설 기계설비의 정비, 청소, 급유, 검사, 수리 작업 시 유의 사항 〈산업안전보건기준에 관한 규칙〉
제92조(정비 등의 작업 시의 운전정지 등)
① 사업주는 공작기계·수송기계·건설기계 등의 정비·청소·급유·검사·수리·교체 또는 조정 작업 또는 그 밖에 이와 유사한 작업을 할 때에 근로자가 위험해질 우려가 있으면 해당 기계의 운전을 정지하여야 한다.
② 사업주는 제1항에 따라 기계의 운전을 정지한 경우에 다른 사람이 그 기계를 운전하는 것을 방지하기 위하여 기계의 기동장치에 잠금장치를 하고 그 열쇠를 별도 관리하거나 표지판을 설치하는 등 필요한 방호 조치를 하여야 한다.
③ 사업주는 작업하는 과정에서 적절하지 아니한 작업방법으로 인하여 기계가 갑자기 가동될 우려가 있는 경우 작업지휘자를 배치하는 등 필요한 조치를 하여야 한다.
④ 사업주는 기계·기구 및 설비 등의 내부에 압축된 기체 또는 액체 등이 방출되어 근로자가 위험해질 우려가 있는 경우에 제1항부터 제3항까지의 규정 따른 조치 외에도 압축된 기체 또는 액체 등을 미리 방출시키는 등 위험 방지를 위하여 필요한 조치를 하여야 한다.

60 아세틸렌 용접 시 역류를 방지하기 위하여 설치하여야 하는 것은?

① 안전기   ② 청정기
③ 발생기   ④ 유량기

해설 안전기(Flashback arrester)
산소/연료가스를 사용하여 용접 또는 절단 작업을 할 때 취관에서 연료 가스 공급원 쪽으로 화염이 역화되는 것을 방지하는 기구

제4과목 전기위험방지기술

61 교류 아크용접기의 허용사용률(%)은? (단, 정격사용률은 10%, 2차 정격전류는 500A, 교류 아크용접기의 사용전류는 250A이다.)

① 30   ② 40
③ 50   ④ 60

해설 허용사용률

$$허용사용률(\%) = \left(\frac{정격\ 2차\ 전류}{실제\ 용접\ 전류}\right)^2 \times 정격사용률$$

* $정격사용률 = \dfrac{아크\ 발생\ 시간}{아크\ 발생\ 시간 + 무부하\ 시간}$

⇒ $허용사용률 = \left(\dfrac{500}{250}\right)^2 \times 10\% \times 100 = 40\%$

62 피뢰기의 여유도가 33%이고, 충격절연강도가 1000kV라고 할 때 피뢰기의 제한전압은 약 몇 kV인가?

① 852   ② 752
③ 652   ④ 552

해설 보호여유도

$$보호여유도(\%) = \frac{충격절연강도 - 제한전압}{제한전압} \times 100$$

⇒ $제한전압 = \dfrac{충격절연강도 \times 100}{보호여유도(\%) + 100}$

$= \dfrac{(1000 \times 100)}{(33 + 100)} = 751.87 ≒ 752$

정답 59. ④ 60. ① 61. ② 62. ②

63 전력용 피뢰기에서 직렬 갭의 주된 사용 목적은?

① 방전내량을 크게 하고 장시간 사용 시 열화를 적게 하기 위하여
② 충격방전 개시전압을 높게 하기 위하여
③ 이상전압 발생 시 신속히 대지로 방류함과 동시에 속류를 즉시 차단하기 위하여
④ 충격파 침입 시에 대지로 흐르는 방전전류를 크게 하여 제한전압을 낮게 하기 위하여

해설 피뢰기의 구성요소 : 특성 요소와 직렬 갭
① 특성 요소 : 뇌전류 방전 시 피뢰기의 전위상승을 억제하여 절연 파괴를 방지
② 직렬 갭 : 뇌전류를 대지로 방전시키고 속류를 차단

64 방전전극에 약 7000V의 전압을 인가하면 공기가 전리되어 코로나 방전을 일으킴으로써 발생한 이온으로 대전체의 전하를 중화시키는 방법을 이용한 제전기는?

① 전압인가식 제전기
② 자기방전식 제전기
③ 이온스프레이식 제전기
④ 이온식 제전기

해설 전압인가식 제전기 : 방전침에 교류 약 7000V의 전압을 인가하면 공기가 전리되어 코로나 방전을 일으킴으로써 발생한 이온으로 대전체의 전하를 중화시키는 방법(다른 제전기에 비해 제전능력이 큼. 설치 및 취급이 복잡)
 ※ 제전기의 종류 : ① 전압인가식
  ② 자기방전식
  ③ 이온식(방사선식))

65 전류가 흐르는 상태에서 단로기를 끊었을 때 여러 가지 파괴작용을 일으킨다. 다음 그림에서 유입차단기의 차단순위와 투입순위가 안전수칙에 가장 적합한 것은?

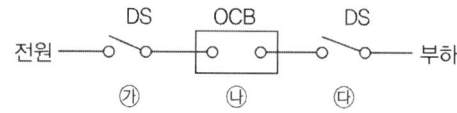

① 차단 ㉮→㉯→㉰, 투입 ㉮→㉯→㉰
② 차단 ㉯→㉰→㉮, 투입 ㉯→㉰→㉮
③ 차단 ㉰→㉯→㉮, 투입 ㉮→㉰→㉯
④ 차단 ㉯→㉰→㉮, 투입 ㉰→㉮→㉯

해설 개폐조작의 순서
1) 전원 투입순서 : ㉰ → ㉮ → ㉯
 - 단로기(DS)를 투입한 후 차단기(VCB) 투입
2) 전원 차단순서 : ㉯ → ㉰ → ㉮
 - 차단기(VCB)를 개방한 후 단로기(DS) 개방

 ※ 단로기(D.S : Disconnecting Switch) : 단로기는 개폐기의 일종으로 수용가 구내 인입구에 설치하여 무부하 상태의 전로를 개폐하는 역할을 하거나 차단기, 변압기, 피뢰기 등 고전압 기기의 1차측에 설치하여 기기를 점검, 수리할 때 전원으로 부터 이들 기기를 분리하기 위해 사용
  - 부하전류를 차단하는 능력이 없으므로 부하전류가 흐르는 상태에서 차단하면 매우 위험

66 내압 방폭구조에서 안전간극(safe gap)을 적게 하는 이유로 옳은 것은?

① 최소점화에너지를 높게 하기 위해
② 폭발화염이 외부로 전파되지 않도록 하기 위해
③ 폭발압력에 견디고 파손되지 않도록 하기 위해
④ 설치류가 전선 등을 훼손하지 않도록 하기 위해

해설 내압방폭구조에서 안전간극(safe gap)을 적게 하는 이유
① 폭발화염이 외부로 전파되지 않도록 하기 위해
② 최소점화에너지 이하로 열을 식히기 위하여
 ※ 화염일주한계[안전간극(safe gap), MESG(최대안전틈새)] : 최대안전틈새를 말하며, 작게 하면 화염은 좁은 틈을 통과하면서 발생된 열을 냉각시켜 소멸시키므로, 용기 내부에서 폭발해도 화염이 용기 외부로 확산되지 않음.

정답 63.③ 64.① 65.④ 66.②

① 폭발성 분위기가 형성된 표준용기의 접합면 틈새를 통해 폭발화염이 내부에서 외부로 전파되는 것을 저지(최소점화 에너지 이하)할 수 있는 틈새의 최대간격치이며 폭발가스의 종류에 따라 다름
② 대상으로 한 가스 또는 증기와 공기와의 혼합가스에 대하여 화염일주가 일어나지 않는 틈새의 최대치

67 정전작업 시 작업 전 조치하여야 할 실무사항으로 틀린 것은?

① 잔류전하의 방전
② 단락 접지기구의 철거
③ 검전기에 의한 정전확인
④ 개로개폐기의 잠금 또는 표시

해설 **정전작업의 안전**〈산업안전보건기준에 관한 규칙〉
제319조(정전전로에서의 전기작업)
② 제1항의 전로 차단은 다음 각 호의 절차에 따라 시행하여야 한다.
1. 전기기기 등에 공급되는 모든 전원을 관련 도면, 배선도 등으로 확인할 것
2. 전원을 차단한 후 각 단로기 등을 개방하고 확인할 것
3. 차단장치나 단로기 등에 잠금장치 및 꼬리표를 부착할 것
4. 개로된 전로에서 유도전압 또는 전기에너지가 축적되어 근로자에게 전기위험을 끼칠 수 있는 전기기기 등은 접촉하기 전에 잔류전하를 완전히 방전시킬 것
5. 검전기를 이용하여 작업대상 기기가 충전되었는지를 확인할 것
6. 전기기기 등이 다른 노출 충전부와의 접촉, 유도 또는 예비동력원의 역송전 등으로 전압이 발생할 우려가 있는 경우 에는 충분한 용량을 가진 단락 접지기구를 이용하여 접지할 것

68 인체감전보호용 누전차단기의 정격감도전류(mA)와 동작 시간(초)의 최대값은?

① 10mA, 0.03초
② 20mA, 0.01초
③ 30mA, 0.03초
④ 50mA, 0.1초

해설 **감전방지용 누전차단기의 정격감도전류 및 작동 시간**
: 30mA 이하, 0.03초 이내〈산업안전보건기준에 관한 규칙〉
제304조(누전차단기에 의한 감전방지)
⑤ 사업주는 제1항에 따라 설치한 누전차단기를 접속하는 경우에 다음 각 호의 사항을 준수하여야 한다.
1. 전기기계·기구에 설치되어 있는 누전차단기는 정격감도전류가 30mA 이하이고 작동 시간은 0.03초 이내일 것. 다만, 정격전부하전류가 50A 이상인 전기기계·기구에 접속되는 누전차단기는 오작동을 방지하기 위하여 정격감도 전류는 200mA 이하로, 작동시간은 0.1초 이내로 할 수 있다.

69 방폭전기기기의 온도등급의 기호는?

① E
② S
③ T
④ N

해설 **방폭전기기기에 대한 최고표면온도의 분류**
: T1 ~ T6로 분류

온도등급	최고표면온도(℃)
T1	450(≤450)
T2	300
T3	200
T4	135
T5	100
T6	85

70 산업안전보건기준에 관한 규칙에서 일반 작업장에 전기위험 방지 조치를 취하지 않아도 되는 전압은 몇 V 이하인가?

① 24
② 30
③ 50
④ 100

해설 **안전전압** : 안전전압은 주위의 작업환경과 밀접한 관계가 있으며(수중에서의 안전전압), 일반사업장의 경우 산업안전보건법에서 30V로 규정(일반 작업장에 전기위험 방지 조치를 취하지 않아도 되는 전압)

정답 67.② 68.③ 69.③ 70.②

71 폭발위험장소에서의 본질안전 방폭구조에 대한 설명으로 틀린 것은?

① 본질안전 방폭구조의 기본적 개념은 점화능력의 본질적 억제이다.
② 본질안전 방폭구조는 Exib는 fault에 대한 2중 안전보장으로 0종~2종 장소에 사용할 수 있다.
③ 이론적으로는 모든 전기기기를 본질안전 방폭구조를 적용할 수 있으나, 동력을 직접 사용하는 기기는 실제적으로 적용이 곤란하다.
④ 온도, 압력, 액면유량 등의 검출용 측정기는 대표적인 본질안전 방폭구조의 예이다.

해설 본질안전 방폭구조 : 정상 시 및 사고 시(단선, 단락, 지락 등)에 발생하는 전기불꽃, 아크 또는 고온에 의하여 폭발성 가스 또는 증기에 점화되지 않는 것이 점화시험, 기타에 의하여 확인된 구조(점화원 격리와 무관 : 점화원의 본질적 억제)
① 본질안전 방폭구조의 기본적 개념은 점화능력의 본질적 억제
② 0종 장소에 유일하게 설치 가능
③ 본질안전 방폭구조의 적용은 에너지가 1.3W, 30V 및 250mA 이하의 개소에 가능
④ 온도, 압력, 액면유량 등의 검출용 측정기는 대표적인 본질안전 방폭구조의 예
⑤ 구조적으로 경제적이며, 좁은 장소에 치가능
⑥ 제품의 외관, 원가, 신뢰성 등이 우수
⑦ 이론적으로는 모든 전기기기를 본질안전 방폭구조를 적용할 수 있으나, 동력을 직접 사용하는 기기는 실제적으로 적용이 곤란

72 감전사고를 방지하기 위한 대책으로 틀린 것은?

① 전기설비에 대한 보호 접지
② 전기기기에 대한 정격 표시
③ 전기설비에 대한 누전차단기 설치
④ 충전부가 노출된 부분에는 절연 방호구 사용

해설 감전사고 방지대책
① 전기기기 및 설비의 정비
② 안전전압 이하의 전기기기 사용
③ 설비의 필요부분에 보호접지의 실시
④ 노출된 충전부에 절연 방호구를 설치, 작업자는 보호구를 착용
⑤ 유자격자 이외는 전기기계·기구에 전기적인 접촉 금지
⑥ 사고회로의 신속한 차단(누전차단기 설치)
⑦ 보호절연
⑧ 이중절연구조

73 인체 피부의 전기저항에 영향을 주는 주요 인자와 가장 거리가 먼 것은?

① 접촉면적
② 인가전압의 크기
③ 통전경로
④ 인가시간

해설 인체 피부의 전기저항에 영향을 주는 주요 인자
: 특히, 인가전압과 습도와에 의해서 크게 좌우
① 인가전압(applied voltage) ② 접촉 면의 습도
③ 통전 시간   ④ 접촉 면적
⑤ 전압의 크기   ⑥ 접촉 부위
⑦ 접촉 압력

74 다음 중 전동기를 운전하고자 할 때 개폐기의 조작순서로 옳은 것은?

① 메인 스위치 → 분전반 스위치 → 전동기용 개폐기
② 분전반 스위치 → 메인 스위치 → 전동기용 개폐기
③ 전동기용 개폐기 → 분전반 스위치 → 메인 스위치
④ 분전반 스위치 → 전동기용 스위치 → 메인 스위치

해설 전동기를 운전하고자 할 때 개폐기의 조작순서
메인 스위치 → 분전반 스위치 → 전동기용 개폐기

정답 71. ② 72. ② 73. ③ 74. ①

75 정전기 발생 현상의 분류에 해당하지 않는 것은?

① 유체대전 ② 마찰대전
③ 박리대전 ④ 교반대전

해설 정전기 발생형태

종류	대전 현상
마찰대전	• 두 물체에 마찰이나 마찰에 의한 접촉 위치의 이동으로 전하의 분리, 재배열이 일어나서 정전기 발생 • 고체, 액체, 분체류에 의하여 발생하는 정전기
박리대전	• 밀착된 물체가 떨어질 때 전하의 분리가 일어나 정전기 발생 • 접촉 면적, 접촉 면의 밀착력, 박리 속도 등에 의해 정전기 발생량 변화. 일반적으로 마찰에 의한 것보다 큰 정전기 발생 • 겨울철에 나일론소재 셔츠 등을 벗을 때 부착 현상이나 스파크 발생은 박리대전 현상
유동대전	• 액체류가 파이프 등 내부에서 유동 시 액체와 관벽 사이에서 발생 • 정전기 발생에 큰 영향은 액체 유동 속도이고 흐름의 상태 등도 영향줌
분출대전	• 기체, 액체, 분체류가 단면적이 작은 분출구로부터 분출할 때 분출하는 물질과 분출구와의 마찰로 발생 • 실제로 더 큰 요인은 분출되는 구성 입자들 간의 상호 충돌에 의해 발생
충돌대전	분체류 같은 입자 상호 간이나 다른 고체와의 충돌에 의해 빠른 압축, 분리함으로써 발생
파괴대전	물체 파괴로 전하분리 또는 부전하의 균형이 깨지면서 발생
교반(진동), 침강대전	액체가 교반될 때 대전

76 전기기기, 설비 및 전선로 등의 충전 유무 등을 확인하기 위한 장비는?

① 위상검출기
② 디스콘 스위치
③ COS
④ 저압 및 고압용 검전기

해설 저압 및 고압용 검전기(검출용구)
전기기기, 설비 및 전선로 등의 충전 유무를 확인하기 위한 장비

77 다음 ( ) 안에 들어갈 내용으로 알맞은 것은?

> 과전류차단장치는 반드시 접지선이 아닌 전로에 ( )로 연결하여 과전류 발생 시 전로를 자동으로 차단하도록 설치할 것

① 직렬 ② 병렬
③ 임시 ④ 직병렬

해설 과전류차단장치 설치방법
과전류를 차단하려면 저압 전로에 있어서는 퓨즈 및 배선용 차단기나, 고압 및 특별고압 전로에 있어서는 퓨즈 및 과전류 계전기에 의해서 작동하는 차단기가 사용되고 있음
- 과전류차단장치는 반드시 접지선이 아닌 전로에 직렬로 연결하여 과전류 발생 시 전로를 자동으로 차단하도록 설치할 것

78 일반 허용접촉 전압과 그 종별을 짝지은 것으로 틀린 것은?

① 제1종 : 0.5V 이하
② 제2종 : 25V 이하
③ 제3종 : 50V 이하
④ 제4종 : 제한 없음

79 내부에서 폭발하더라도 틈의 냉각 효과로 인하여 외부의 폭발성 가스에 착화될 우려가 없는 방폭구조는?

① 내압 방폭구조
② 유입 방폭구조
③ 안전증 방폭구조
④ 본질안전 방폭구조

정답 75.① 76.④ 77.① 78.① 79.①

80 누전된 전동기에 인체가 접촉하여 500mA의 누전전류가 흘렸고 정격감도전류 500mA인 누전차단기가 동작하였다. 이때 인체전류를 약 10mA로 제한하기 위해서는 전동기 외함에 설치할 접지저항의 크기는 약 몇 Ω인가? (단, 인체저항은 500Ω이며, 다른 저항은 무시한다.)

① 5   ② 10
③ 50   ④ 100

해설 전동기 외함에 설치할 접지저항의 크기
① 전체전류 $I=500mA$
  ㉠ 전동기 전류 $I^1=490mA$
    (전체전류 500mA − 인체전류 10mA)
  ㉡ 인체전류 $I^2=10mA$
② 인체저항 $R=500Ω$
③ 전압(인체전압과 전동기 전압은 동일)
  $V=I^2R=(10×10^{-3})A×500Ω=5A$
⇨ 전동기 외함에 설치할 접지저항의 크기
  $R_3=\dfrac{V}{I^1}=\dfrac{5}{(490×10^{-3})}=10Ω$

제5과목 화학설비 위험방지기술

81 가연성 가스 혼합물을 구성하는 각 성분의 조성과 연소범위가 다음 [표]와 같을 때 혼합가스의 연소하한값은 약 몇 vol%인가?

성분	조성 (vol%)	연소하한값 (vol%)	연소상한값 (vol%)
헥산	1	1.1	7.4
메탄	2.5	5.0	15.0
에틸렌	0.5	2.7	36.0
공기	96		

① 2.51   ② 7.51
③ 12.07 ④ 15.01

해설 혼합가스의 연소하한값(LFL)
혼합가스가 공기와 섞여 있을 경우
$$L=\dfrac{V_1+V_2+\cdots+V_n}{\dfrac{V_1}{L_1}+\dfrac{V_2}{L_2}+\cdots+\dfrac{V_n}{L_n}}$$
$$=\dfrac{(1+2.5+0.5)}{(1/1.1+2.5/5.0+0.5/2.7)}=2.51vol\%$$

L : 혼합가스의 연소한계(%) − 연소상한, 연소하한 모두 적용 가능
$L_1+L_2+\cdots+L_n$: 각 성분가스의 연소한계(%) − 연소상한계, 연소하한계
$V_1+V_2+\cdots+V_n$: 전체 혼합가스 중 각 성분가스의 비율(%) − 부피비

82 다음 중 자연발화의 방지법으로 적절하지 않은 것은?

① 통풍을 잘 시킬 것
② 습도가 높은 곳에 저장할 것
③ 저장실의 온도 상승을 피할 것
④ 공기가 접촉되지 않도록 불활성 물질 중에 저장할 것

해설 자연 발화의 방지법
① 통풍을 잘 되게 한다.(내부에 열을 축척해서 일시에 자연발화가 일어나므로 통풍이나 저장법을 고려하여 열의 축적을 방지한다.)
② 저장소 등의 주위 온도를 낮게 한다.
③ 습도가 높은 곳에는 저장하지 않는다.(습도가 높으면 자연발화의 발생이 높다.)
④ 열전도가 잘 되는 용기에 보관한다.
⑤ 황린의 경우 산소와 접촉을 피한다.
⑥ 공기가 접촉되지 않도록 불활성 물질 중에 저장한다.
* 자연발화 : 발화온도에 도달하면 점화원이 없어도 발화하는 현상

83 알루미늄분이 고온의 물과 반응하였을 때 생성되는 가스는?

① 산소   ② 수소
③ 메탄   ④ 에탄

정답 80.② 81.① 82.② 83.②

해설 알루미늄 : 물과 반응하여 열이 발생하고, 온도가 올라 발화하게 되며 수소가스도 발생되므로 폭발이 일어나게 됨.
$(2Al + 6H_2O \rightarrow 2Al(OH)_3 + 3H_2)$
* 물과 반응하여 수소가스를 발생시키는 물질 : Mg(마그네슘), Zn(아연), Li(리튬), Na(나트륨), Al(알루미늄) 등

84 20℃, 1기압의 공기를 5기압으로 단열압축하면 공기의 온도는 약 몇 ℃가 되겠는가? (단, 공기의 비열비는 1.4이다.)

① 32 ② 191
③ 305 ④ 464

해설 단열 변화 : 외부와의 열출입 없이 기체가 팽창 또는 수축하는 것
* 단열 팽창 : 공기가 상승하면, 기압이 낮아지므로 부피가 팽창함(온도하강)
* 단열 압축 : 공기가 하강하면, 기압이 높아지므로 부피가 압축됨(온도상승)

$$\frac{T_2}{T_1} = \left(\frac{V_1}{V_2}\right)^{r-1} = \left(\frac{P_2}{P_1}\right)^{\frac{r-1}{r}}$$

[T 절대온도(K), V 부피(l), P 압력(atm), r 비열비]

$$\Rightarrow T_2 = T_1 \times \left(\frac{P_2}{P_1}\right)^{\frac{r-1}{r}} = (273+20) \times \left(\frac{5}{1}\right)^{\frac{1.4-1}{1.4}}$$
$$= 464K \rightarrow 191℃$$

※ 절대온도(K) : 절대 영도에 기초를 둔 온도의 측정단위를 말한다. 단위는 K이다. 섭씨온도와 관계는 섭씨온도에 273.15를 더하면 된다.
[절대온도(K) : K = 섭씨온도(℃) + 273]

85 가연성 물질을 취급하는 장치를 퍼지하고자 할 때 잘못된 것은?

① 대상물질의 물성을 파악한다.
② 사용하는 불활성 가스의 물성을 파악한다.
③ 퍼지용 가스를 가능한 한 빠른 속도로 단시간에 다량 송입한다.
④ 장치 내부를 세정한 후 퍼지용 가스를 송입한다.

해설 불활성화(Inerting)의 퍼지(purge)방법
(* 불활성화란 산소농도를 안전한 농도로 낮추기 위하여 불활성 가스를 용기에 주입하는 것이며, 폭발할 우려가 있는 연소되지 않은 가스를 용기 밖으로 배출하기 위하여 환기시키는 것을 퍼지라 함.)
① 대상물질의 물성을 파악한다.
② 사용하는 불활성 가스의 물성을 파악한다.
③ 장치 내부를 세정한 후 퍼지용 가스를 송입한다.

86 다음 물질이 물과 접촉하였을 때 위험성이 가장 낮은 것은?

① 과산화칼륨 ② 나트륨
③ 메틸리튬 ④ 이황화탄소

해설 물과의 접촉을 금지하여야 하는 물질
① 리튬(Li), ② 칼륨(K)·나트륨, ③ 알킬알루미늄·알킬리튬, ④ 마그네슘, ⑤ 철분, ⑥ 금속분, ⑦ 칼슘(Ca)
* 이황화탄소(CS_2) : 물에는 조금밖에 녹지 않고 녹기 어려운 무색 투명한 인화성 액체로서 가연성이 크고 독성이 강함. 공기 중에서 가연성 증기를 발생함으로 물속에 보관

87 폭발원인물질의 물리적 상태에 따라 구분할 때 기상폭발(gas explosion)에 해당하지 않는 것은?

① 분진폭발 ② 응상폭발
③ 분무폭발 ④ 가스폭발

해설 폭발의 종류
(가) 기상폭발 : 혼합가스(산화), 가스분해, 분진, 분무, 증기운 폭발
* 기상폭발 피해예측 시 압력상승에 기인하는 경우에 검토를 요하는 사항
① 가연성 혼합기의 형성 상황
② 압력 상승시의 취약부 파괴
③ 개구부가 있는 공간 내의 화염전파와 압력 상승
(나) 응상폭발(액상폭발) : 수증기, 증기폭발, 전선(도선)폭발, 고상 간의 전이에 의한 폭발(전이에 의한 발열), 혼합위험에 의한 폭발(산화성과 환원성 물질 혼합 시 폭발)

정답 84. ② 85. ③ 86. ④ 87. ②

* 액상폭발(산화성과 환원성 물질 혼합 시 폭발) 시 폭발에 영향을 주는 요인 : ① 온도, ② 압력, ③ 농도
* 응상(凝相, condensed phase) : 고체상태(고상) 및 액체상태(액상)의 총칭

88 화염방지기의 설치에 관한 사항으로 ( )에 알맞은 것은?

> 사업주는 인화성 액체 및 인화성 가스를 저장 취급하는 화학설비에서 증기나 가스를 대기로 방출하는 경우에는 외부로부터의 화염을 방지하기 위하여 화염방지기를 그 설비 ( )에 설치하여야 한다.

① 상단   ② 하단
③ 중앙   ④ 무게중심

89 공정안전보고서에 포함하여야 할 세부내용 중 공정안전자료의 세부내용이 아닌 것은?

① 유해 · 위험설비의 목록 및 사양
② 폭발위험장소 구분도 및 전기단선도
③ 유해 · 위험물질에 대한 물질안전보건자료
④ 설비점검 · 검사 및 보수계획, 유지계획 및 지침서

해설 공정안전자료의 세부 내용〈산업안전보건법시행규칙〉
제50조(공정안전보고서의 세부내용 등)
1. 공정안전자료
   가. 취급 · 저장하고 있거나 취급 · 저장하려는 유해 · 위험물질의 종류 및 수량
   나. 유해 · 위험물질에 대한 물질안전보건자료
   다. 유해 · 위험설비의 목록 및 사양
   라. 유해 · 위험설비의 운전방법을 알 수 있는 공정도면
   마. 각종 건물 · 설비의 배치도
   바. 폭발위험장소 구분도 및 전기단선도
   사. 위험설비의 안전설계 · 제작 및 설치 관련 지침서

90 산업안전보건법령상 화학설비와 화학설비의 부속설비를 구분할 때 화학설비에 해당하는 것은?

① 응축기 · 냉각기 · 가열기 · 증발기 등 열교환기류
② 사이클론 · 백필터 · 전기집진기 등 분진처리설비
③ 온도 · 압력 · 유량 등을 지시 · 기록 등을 하는 자동제어 관련설비
④ 안전밸브 · 안전판 · 긴급차단 또는 방출밸브 등 비상조치 관련설비

91 산업안전보건법령에 따라 사업주가 특수화학설비를 설치하는 때에 그 내부의 이상 상태를 조기에 파악하기 위하여 설치하여야 하는 장치는?

① 자동경보장치
② 긴급차단장치
③ 자동문개폐장치
④ 스크러버개방장치

해설 특수화학설비 안전장치〈산업안전보건기준에 관한 규칙〉 제274조(자동경보장치의 설치 등).
사업주는 특수화학설비를 설치하는 경우에는 그 내부의 이상 상태를 조기에 파악하기 위하여 필요한 자동경보장치를 설치하여야 한다. 다만, 자동경보장치를 설치하는 것이 곤란한 경우에는 감시인을 두고 그 특수화학설비의 운전 중 설비를 감시하도록 하는 등의 조치를 하여야 한다.

92 다음 중 위험물과 그 소화방법이 잘못 연결된 것은?

① 염소산칼륨 - 다량의 물로 냉각소화
② 마그네슘 - 건조사 등에 의한 질식소화
③ 칼륨 - 이산화탄소에 의한 질식소화
④ 아세트알데히드 - 다량의 물에 의한 희석소화

정답 88. ① 89. ④ 90. ① 91. ① 92. ③

해설 위험물과 소화방법
① 염소산칼륨 - 제1류 위험물로 다량의 물로 냉각소화
② 마그네슘 - 제2류 위험물로 건조사 등에 의한 질식소화(금속분, 철분, 마그네슘은 주수에 의한 냉각소화는 안 되며, 건조사나 팽창진주암, 팽창질석으로 소화)
③ 칼륨 - 제3류 위험물의 금수성 물질로 물, 이산화탄소, 할로겐화합물 소화약제등은 사용 안 됨(칼륨, 나트륨은 소화 약제가 없으므로 연소확대 방지에 주력해야 함. 탄산수소염류 분말약제. 건조사, 팽창질석등 사용 가능)
④ 아세트알데히드 - 다량의 물에 의한 희석소화

93 부탄(C_4H_{10})의 연소에 필요한 최소산소농도(MOC)를 추정하여 계산하면 약 몇 vol%인가? (단, 부탄의 폭발하한계는 공기 중에서 1.6vol%이다.)

① 5.6 ② 7.8
③ 10.4 ④ 14.1

해설 부탄(C_4H_{10})의 최소산소농도(MOC)
최소산소농도(MOC)=산소농도×폭발하한계
=6.5×1.6=10.4vol%

① 부탄(C_4H_{10})의 연소하한계(LFL)=1.6vol%
 ※ C_{st} : 완전연소가 일어나기 위한 연료와 공기의 혼합기체 중 연료의 부피(%)
② 산소농도(O_2)=$n+\dfrac{m-f-2\lambda}{4}$=4+(10/4)
=6.5(C_4H_{10} : n=4, m=10, f=0, λ=0)
(* $C_nH_mO_\lambda Cl_f$ 분자식 → n : 탄소, m : 수소, f : 할로겐원소의 원자수, λ : 산소의 원자수)
※ $C_4H_{10}+6.5O_2 \to 4CO_2+5H_2O$

94 다음 중 산화성 물질이 아닌 것은?

① KNO_3 ② NH_4ClO_3
③ HNO_3 ④ P_4S_3

해설 위험물질의 종류〈산업안전보건기준에 관한 규칙 별표 1〉
(1) 산화성 액체 및 산화성 고체
 가. 차아염소산 및 그 염류
 나. 아염소산 및 그 염류
 다. 염소산 및 그 염류
 라. 과염소산 및 그 염류
 마. 브롬산 및 그 염류
 바. 요오드산 및 그 염류
 사. 과산화수소 및 무기 과산화물
 아. 질산 및 그 염류
 자. 과망간산 및 그 염류
 차. 중크롬산 및 그 염류
[※ ① KNO_3 : 질산칼륨, ② NH_4ClO_3 : 염소산암모늄, ③ HNO_3 : 질산, ④ P_4S_3 : 삼황화린]

95 위험물안전관리법령상 제4류 위험물 중 제2석유류로 분류되는 물질은?

① 실린더유 ② 휘발유
③ 등유   ④ 중유

해설 제4류 위험물 : 인화성 액체〈위험물안전관리법 시행령 [별표 1] 위험물 및 지정수량〉
(1) "제1석유류"라 함은 아세톤, 휘발유 그 밖에 1기압에서 인화점이 섭씨 21도 미만인 것을 말한다.
(2) "제2석유류"라 함은 등유, 경유 그 밖에 1기압에서 인화점이 섭씨 21도 이상 70도 미만인 것을 말한다. 다만, 도료류 그 밖의 물품에 있어서 가연성 액체량이 40중량퍼센트 이하이면서 인화점이 섭씨 40도 이상인 동시에 연소 점이 섭씨 60도 이상인 것은 제외한다.
(3) "제3석유류"라 함은 중유, 클레오소트유 그 밖에 1기압에서 인화점이 섭씨 70도 이상 섭씨 200도 미만인 것을 말한다. 다만, 도료류 그 밖의 물품은 가연성 액체량이 40중량퍼센트 이하인 것은 제외한다.
(4) "제4석유류"라 함은 기어유, 실린더유 그 밖에 1기압에서 인화점이 섭씨 200도 이상 섭씨 250도 미만의 것을 말한다. 다만 도료류 그 밖의 물품은 가연성 액체량이 40중량퍼센트 이하인 것은 제외한다.

96 산업안전보건법령상 사업주가 인화성 액체 위험물을 액체상태로 저장하는 저장탱크를 설치하는 경우에는 위험물질이 누출되어 확산되는 것을 방지하기 위하여 무엇을 설치하여야 하는가?

① Flame arrester ② Ventstack
③ 긴급방출장치 ④ 방유제

정답 93.③ 94.④ 95.③ 96.④

해설 방유제(防油堤) 설치〈산업안전보건기준에 관한 규칙〉
제272조(방유제 설치)
사업주는 별표 1 제4호부터 제7호까지의 위험물을 액체상태로 저장하는 저장탱크를 설치하는 경우에는 위험물질이 누출되어 확산되는 것을 방지하기 위하여 방유제(防油堤)를 설치하여야 한다.

97 다음 가스 중 가장 독성이 큰 것은?

① CO ② $COCl_2$
③ NH_3 ④ H_2S

해설 화재 시 발생하는 유해가스 중 가장 독성이 큰 것
: $COCl_2$(포스겐) – 허용농도 0.1ppm

물질명	화학식	노출기준(TWA)
황화수소	H_2S	10ppm
암모니아	NH_3	25ppm
일산화탄소	CO	30ppm
포스겐	$COCl_2$	0.1ppm

98 건조설비를 사용하여 작업을 하는 경우에 폭발이나 화재를 예방하기 위하여 준수하여야 하는 사항으로 틀린 것은?

① 위험물 건조설비를 사용하는 경우에는 미리 내부를 청소하거나 환기할 것
② 위험물 건조설비를 사용하여 가열건조하는 건조물은 쉽게 이탈되도록 할 것
③ 고온으로 가열건조한 인화성 액체는 발화의 위험이 없는 온도로 냉각한 후에 격납시킬 것
④ 바깥 면이 현저히 고온이 되는 건조설비에 가까운 장소에는 인화성 액체를 두지 않도록 할 것

해설 건조설비 사용 작업을 하는 경우 준수사항〈산업안전보건기준에 관한 규칙〉
제283조(건조설비의 사용) 사업주는 건조설비를 사용하여 작업을 하는 경우에 폭발이나 화재를 예방하기 위하여 다음 각 호의 사항을 준수하여야 한다.
1. 위험물 건조설비를 사용하는 경우에는 미리 내부를 청소하거나 환기할 것
2. 위험물 건조설비를 사용하는 경우에는 건조로 인하여 발생하는 가스·증기 또는 분진에 의하여 폭발·화재의 위험이 있는 물질을 안전한 장소로 배출시킬 것
3. 위험물 건조설비를 사용하여 가열건조하는 건조물은 쉽게 이탈되지 않도록 할 것
4. 고온으로 가열건조한 인화성 액체는 발화의 위험이 없는 온도로 냉각한 후에 격납시킬 것
5. 건조설비(바깥 면이 현저히 고온이 되는 설비만 해당한다)에 가까운 장소에는 인화성 액체를 두지 않도록 할 것

99 가솔린(휘발유)의 일반적인 연소범위에 가장 가까운 값은?

① 2.7~27.8vol% ② 3.4~11.8vol%
③ 1.4~7.6vol% ④ 5.1~18.2vol%

해설 가솔린(휘발유)의 연소범위 : 1.4~7.6vol%
* 가솔린은 휘발, 인화하기 쉽고 증기는 공기보다 3~4배 무거워 낮은 곳에 체류되어 연소를 확대시키며, 정전기 발생에 의한 인화의 위험이 크다.

100 가스 또는 분진 폭발 위험장소에 설치되는 건축물의 내화 구조를 설명한 것으로 틀린 것은?

① 건축물 기둥 및 보는 지상 1층까지 내화구조로 한다.
② 위험물 저장·취급용기의 지지대는 지상으로부터 지지대의 끝부분까지 내화구조로 한다.
③ 건축물 주변에 자동소화설비를 설치한 경우 건축물 화재 시 1시간 이상 그 안전성을 유지한 경우는 내화구조로 하지 아니할 수 있다.
④ 배관·전선관 등의 지지대는 지상으로부터 1단까지 내화구조로 한다.

해설 내화기준〈산업안전보건기준에 관한 규칙〉
제270조(내화기준)
① 사업주는 가스폭발 위험장소 또는 분진폭발 위험장소에 설치되는 건축물 등에 대해서는 다음 각호에

정답 97. ② 98. ② 99. ③ 100. ③

해당하는 부분을 내화구조로 하여야 하며, 그 성능이 항상 유지될 수 있도록 점검·보수 등 적절한 조치를 하여야 한다. 다만, 건축물 등의 주변에 화재에 대비하여 물 분무시설 또는 폼 헤드(foam head)설비 등의 자동소화설비를 설치하여 건축물 등이 화재 시에 2시간 이상 그 안전성을 유지할 수 있도록 한 경우에는 내화구조로 하지 아니할 수 있다.
1. 건축물의 기둥 및 보: 지상 1층(지상 1층의 높이가 6미터를 초과하는 경우에는 6미터)까지
2. 위험물 저장·취급용기의 지지대(높이가 30센티미터 이하인 것은 제외한다): 지상으로부터 지지대의 끝부분까지
3. 배관·전선관 등의 지지대: 지상으로부터 1단(1단의 높이가 6미터를 초과하는 경우에는 6미터)까지

제6과목 건설안전기술

101 그물코의 크기가 5cm인 매듭 방망사의 폐기 시 인장강도 기준으로 옳은 것은?

① 200kg ② 100kg
③ 60kg   ④ 30kg

해설 추락방지망의 인장강도(방망사의 신품에 대한 인장강도) ※ ( )는 방망사의 폐기 시 인장강도

그물코의 크기 (단위: 센티미터)	방망의 종류(단위: 킬로그램)	
	매듭 없는 방망	매듭 방망
10	240(150)	200(135)
5	–	110(60)

102 크레인 또는 데릭에서 붐각도 및 작업반경별로 작용시킬 수 있는 최대하중에서 후크(Hook), 와이어로프 등 달기구의 중량을 공제한 하중은?

① 작업하중 ② 정격하중
③ 이동하중 ④ 적재하중

해설 정격하중: 중량물 운반 시 크레인에 매달아 올릴 수 있는 최대하중으로부터 달아 올리기 기구의 중량에 상당하는 하중을 제외한 하중(최대하중에서 후크(Hook), 와이어로프 등 달기구의 중량을 공제한 하중)

103 차량계 하역운반기계를 사용하는 작업을 할 때 그 기계가 넘어지거나 굴러떨어짐으로써 근로자에게 위험을 미칠 우려가 있는 경우에 우선적으로 조치하여야 할 사항과 가장 거리가 먼 것은?

① 해당 기계에 대한 유도자 배치
② 지반의 부동침하 방지 조치
③ 갓길 붕괴 방지 조치
④ 경보 장치 설치

해설 전도 등의 방지(산업안전보건기준에 관한 규칙)
제199조(전도 등의 방지)
사업주는 차량계 건설기계를 사용하는 작업할 때에 그 기계가 넘어지거나 굴러떨어짐으로써 근로자가 위험해질 우려가 있는 경우에는 유도하는 사람을 배치하고 지반의 부동침하 방지, 갓길의 붕괴 방지 및 도로 폭의 유지 등 필요한 조치를 하여야 한다.

104 차량계 하역운반기계 등에 화물을 적재하는 경우에 준수하여야 할 사항으로 옳지 않은 것은?

① 하중이 한쪽으로 치우쳐서 효율적으로 적재되도록 할 것
② 구내운반차 또는 화물자동차의 경우 화물의 붕괴 또는 낙하에 의한 위험을 방지하기 위하여 화물에 로프를 거는 등 필요한 조치를 할 것
③ 운전자의 시야를 가리지 않도록 화물을 적재할 것
④ 최대적재량을 초과하지 않도록 할 것

해설 화물적재 시의 조치(산업안전보건기준에 관한 규칙)
제173조(화물적재 시의 조치)
① 사업주는 차량계 하역운반기계 등에 화물을 적재하는 경우에 다음 각 호의 사항을 준수하여야 한다.
1. 하중이 한쪽으로 치우치지 않도록 적재할 것
2. 구내운반차 또는 화물자동차의 경우 화물의 붕괴 또는 낙하에 의한 위험을 방지하기 위하여 화물에 로프를 거는 등 필요한 조치를 할 것
3. 운전자의 시야를 가리지 않도록 화물을 적재할 것
② 제1항의 화물을 적재하는 경우에는 최대적재량을 초과해서는 아니 된다.

정답 101. ③ 102. ② 103. ④ 104. ①

105 보통 흙의 건조된 지반을 흙막이지보공 없이 굴착하려 할 때 굴착면의 기울기 기준으로 옳은 것은?

① 1 : 1 ~ 1 : 1.5
② 1 : 0.5 ~ 1 : 1
③ 1 : 1.8
④ 1 : 2

해설 굴착면의 기울기 기준〈산업안전보건기준에 관한 규칙〉

구분	지반의 종류	기울기
보통흙	습지	1 : 1~1 : 1.5
	건지	1 : 0.5~1 : 1
암반	풍화암	1 : 1.0
	연암	1 : 1.0
	경암	1 : 0.5

106 강관비계의 설치 기준으로 옳은 것은?

① 비계기둥의 간격은 띠장 방향에서는 1.5m 이상 1.8m 이하로 하고, 장선 방향에서는 2.0m 이하로 한다.
② 띠장 간격은 1.8m 이하로 설치하되, 첫 번째 띠장은 지상으로부터 2m 이하의 위치에 설치한다.
③ 비계기둥 간의 적재하중은 400kg을 초과하지 않도록 한다.
④ 비계기둥의 제일 윗부분으로부터 21m 되는 지점 밑부분의 비계기둥은 2개의 강관으로 묶어 세운다.

해설 강관비계의 구조〈산업안전보건기준에 관한 규칙〉
제60조(강관비계의 구조)
사업주는 강관을 사용하여 비계를 구성하는 경우 다음 각 호의 사항을 준수하여야 한다.
1. 비계기둥의 간격은 띠장 방향에서는 1.85미터 이하, 장선(長線) 방향에서는 1.5미터 이하로 할 것
2. 띠장 간격은 2.0미터 이하로 할 것
3. 비계기둥의 제일 윗부분으로부터 31m되는 지점 밑부분의 비계기둥은 2개의 강관으로 묶어 세울 것. 다만, 브라켓(bracket) 등으로 보강하여 2개의 강관으로 묶을 경우 이상의 강도가 유지되는 경우에는 그러하지 아니하다.
4. 비계기둥 간의 적재하중은 400kg을 초과하지 않도록 할 것

107 다음 중 유해·위험방지계획서를 작성 및 제출하여야 하는 공사에 해당하지 않는 것은?

① 지상높이가 31m인 건축물의 건설·개조 또는 해체
② 최대 지간길이가 50m인 교량건설 등 공사
③ 깊이가 9m인 굴착공사
④ 터널 건설 등의 공사

해설 유해·위험방지계획서 제출대상 건설공사 〈산업안전보건법 시행령 제42조〉
다음 각 호의 어느 하나에 해당하는 공사를 말한다.
1. 다음 각 목의 어느 하나에 해당하는 건축물 또는 시설 등의 건설·개조 또는 해체 공사
  가. 지상높이가 31미터 이상인 건축물 또는 인공구조물
2. 연면적 5천제곱미터 이상인 냉동·냉장 창고시설의 설비공사 및 단열공사
3. 최대 지간(支間)길이(다리의 기둥과 기둥의 중심사이의 거리)가 50미터 이상인 다리의 건설 등 공사
4. 터널의 건설등 공사
5. 다목적댐, 발전용댐, 저수용량 2천만톤 이상의 용수 전용 댐 및 지방상수도 전용 댐의 건설등 공사
6. 깊이 10미터 이상인 굴착공사

108 건립 중 강풍에 의한 풍압 등 외압에 대한 내력이 설계에 고려되었는지 확인하여야 하는 철골구조물의 기준으로 옳지 않은 것은?

① 높이 20m 이상의 구조물
② 구조물의 폭과 높이의 비가 1:4 이상인 구조물
③ 이음부가 공장 제작인 구조물
④ 연면적당 철골량이 50kg/m² 이하인 구조물

정답 105. ② 106. ③ 107. ③ 108. ③

해설 설계도 및 공작도 확인〈철골공사표준안전작업지침〉
제3조(설계도 및 공작도 확인) 철골공사 전에 설계도 및 공작도에서 다음 각 호의 사항을 검토하여야 한다.
7. 구조안전의 위험이 큰 다음 각 목의 철골구조물은 건립 중 강풍에 의한 풍압 등 외압에 대한 내력이 설계에 고려되었는지 확인하여야 한다.
　가. 높이가 20m 이상의 구조물
　나. 구조물의 폭과 높이의 비가 1:4 이상인 구조물
　다. 단면구조에 현저한 차이가 있는 구조물
　라. 연면적당 철골량이 50킬로그램/평방미터 이하인 구조물
　마. 기둥이 타이플레이트(tie plate)형인 구조물
　바. 이음부가 현장 용접인 구조물

109 흙막이 가시설 공사 시 사용되는 각 계측기 설치 목적으로 옳지 않은 것은?

① 지표침하계 – 지표면 침하량 측정
② 수위계 – 지반 내 지하수위의 변화 측정
③ 하중계 – 상부 적재하중 변화 측정
④ 지중경사계 – 지중의 수평 변위량 측정

해설 흙막이 가시설 공사 시 사용되는 각 계측기 설치 및 사용목적
① Strain gauge(변형률계) : 흙막이 가시설의 버팀대(Strut)의 변형을 측정하는 계측기(응력 변화를 측정하여 변형을 파악)
② Water level meter(지하수위계) : 토류벽 배면지반에 설치하여 지하수위의 변화를 측정하는 계측기
③ Piezometer(간극수압계) : 배면 연약지반에 설치하여 굴착에 따른 과잉 간극수압의 변화를 측정하여 안정성 판단
④ load cell(하중계) : 버팀대(strut)의 축하중 및 어스앵커(Earth Anchor)의 인장력 측정 등
⑤ 지중경사계(Inclino meter) : 토류벽 또는 배면지반에 설치하여 기울기 측정(지중의 수평 변위량 측정)-주변 지반의 변형을 측정
⑥ 토압계(Earth pressure mete) : 토류벽 배면에 설치하여 하중으로 인한 토압의 변화를 측정
⑦ 지중침하계(Extension meter) : 토류벽 배면에 설치하여 지층의 침하상태를 파악(지중의 수평 변위량 측정-토류벽 기울기 측정)
⑧ 지표침하계(Level and staff) : 토류벽 배면에 설치하여 지표면의 침하량 절대치의 변화를 측정(지표면 침하량 측정)
⑨ 기울기 측정기(Tilt meter) : 인접건축물 벽면에 설치하여 구조물의 경사 변형상태를 측정
⑩ 균열측정기(Crack gauge)
⑪ 응력계

110 건설현장의 가설계단 및 계단참을 설치하는 경우 얼마 이상의 하중에 견딜 수 있는 강도를 가진 구조로 설치하여야 하는가?

① 200kg/m²　② 300kg/m²
③ 400kg/m²　④ 500kg/m²

해설 계단의 설치〈산업안전보건기준에 관한 규칙〉
제26조(계단의 강도)
① 사업주는 계단 및 계단참을 설치하는 경우 매제곱미터당 500킬로그램 이상의 하중에 견딜 수 있는 강도를 가진 구조로 설치하여야 하며, 안전율[안전의 정도를 표시하는 것으로서 재료의 파괴응력도(破壞應力度)와 허용응력도(許容應力度)의 비율을 말한다)]은 4 이상으로 하여야 한다.

111 터널굴착작업을 하는 때 미리 작성하여야 하는 작업계획서에 포함되어야 할 사항이 아닌 것은?

① 굴착의 방법
② 암석의 분할방법
③ 환기 또는 조명시설을 설치할 때에는 그 방법
④ 터널지보공 및 복공의 시공방법과 용수의 처리방법

해설 터널 굴착 작업 시 시공계획에 포함되어야 할 사항
〈산업안전보건기준에 관한 규칙〉
(1) 사전조사 내용 : 보링(boring) 등 적절한 방법으로 낙반·출수(出水) 및 가스폭발 등으로 인한 근로자의 위험을 방지하기 위하여 미리 지형·지질 및 지층상태를 조사
(2) 작업계획서 내용
　가. 굴착의 방법
　나. 터널지보공 및 복공(覆工)의 시공방법과 용수(湧水)의 처리방법
　다. 환기 또는 조명시설을 설치할 때에는 그 방법

정답　109. ③　110. ④　111. ②

112 근로자에게 작업 중 또는 통행 시 전락(轉落)으로 인하여 근로자가 화상·질식 등의 위험에 처할 우려가 있는 케틀(kettle), 호퍼(hopper), 피트(pit) 등이 있는 경우에 그 위험을 방지하기 위하여 최소 높이 얼마 이상의 울타리를 설치하여야 하는가?

① 80cm 이상
② 85cm 이상
③ 90cm 이상
④ 95cm 이상

해설 케틀(kettle), 호퍼(hopper), 피트(pit) 등의 울타리를 설치⟨산업안전보건기준에 관한 규칙⟩
제48조(울타리의 설치)
사업주는 근로자에게 작업 중 또는 통행 시 전락(轉落)으로 인하여 근로자가 화상·질식 등의 위험에 처할 우려가 있는 케틀(kettle), 호퍼(hopper), 피트(pit) 등이 있는 경우에 그 위험을 방지하기 위하여 필요한 장소에 높이 90cm 이상의 울타리를 설치하여야 한다.

113 거푸집 해체작업 시 유의사항으로 옳지 않은 것은?

① 일반적으로 수평부재의 거푸집은 연직부재의 거푸집보다 빨리 떼어낸다.
② 해체된 거푸집이나 각목 등에 박혀있는 못 또는 날카로운 돌출물은 즉시 제거하여야 한다.
③ 상하 동시 작업은 원칙적으로 금지하여 부득이한 경우에는 긴밀히 연락을 위하여 작업을 하여야 한다.
④ 거푸집 해체작업장 주위에는 관계자를 제외하고는 출입을 금지시켜야 한다.

해설 거푸집 해체⟨콘크리트공사표준안전작업지침⟩
제9조(해체) 사업주는 거푸집의 해체작업을 하여야 할 때에는 다음 각 호의 사항을 준수하여야 한다.
3. 거푸집을 해체할 때에는 다음 각 목에 정하는 사항을 유념하여 작업하여야 한다.
  가. 해체작업을 할 때에는 안전모 등 안전 보호장구를 착용토록 하여야 한다.
  나. 거푸집 해체작업장 주위에는 관계자를 제외하고는 출입을 금지시켜야 한다.
  다. 상하 동시 작업은 원칙적으로 금지하여 부득이한 경우에는 긴밀히 연락을 위하며 작업을 하여야 한다.
  라. 거푸집 해체때 구조체에 무리한 충격이나 큰 힘에 의한 지렛대 사용은 금지하여야 한다.
  마. 보 또는 스라브 거푸집을 제거할 때에는 거푸집의 낙하 충격으로 인한 작업원의 돌발적 재해를 방지하여야 한다.
  바. 해체된 거푸집이나 각목 등에 박혀있는 못 또는 날카로운 돌출물은 즉시 제거하여야 한다.
  사. 해체된 거푸집이나 각 목은 재사용 가능한 것과 보수하여야 할 것을 선별, 분리하여 적치하고 정리정돈을 하여야 한다.
※ 일반적으로 연직부재의 거푸집은 수평부재의 거푸집보다 빨리 떼어낸다.
(거푸집 해체 순서 : 기둥 → 벽체 → 보 → 슬래브)

114 비계(달비계, 달대비계 및 말비계는 제외한다.)의 높이가 2m 이상인 작업장소에 설치하여야 하는 작업발판의 기준으로 옳지 않은 것은?

① 작업발판의 폭은 40cm 이상으로 하고, 발판재료 간의 틈은 3cm 이하로 할 것
② 추락의 위험이 있는 장소에는 안전난간을 설치할 것
③ 작업발판의 지지물은 하중에 의하여 파괴될 우려가 없는 것을 사용할 것
④ 작업발판재료는 뒤집히거나 떨어지지 않도록 1개 이상의 지지물에 연결하거나 고정시킬 것

해설 비계 작업발판의 구조⟨산업안전보건기준에 관한 규칙⟩
제56조(작업발판의 구조)
사업주는 비계(달비계, 달대비계 및 말비계는 제외한다)의 높이가 2m 이상인 작업장소에 다음 각 호의 기준에 맞는 작업발판을 설치하여야 한다.
1. 발판재료는 작업할 때의 하중을 견딜 수 있도록 견고한 것으로 할 것
2. 작업발판의 폭은 40센티미터 이상으로 하고, 발판재료 간의 틈은 3센티미터 이하로 할 것. 다만, 외줄비계의 경우 에는 고용노동부장관이 별도로 정하는 기준에 따른다.
4. 추락의 위험이 있는 장소에는 안전난간을 설치할 것

정답 112. ③ 113. ① 114. ④

5. 작업발판의 지지물은 하중에 의하여 파괴될 우려가 없는 것을 사용할 것
6. 작업발판 재료는 뒤집히거나 떨어지지 않도록 둘 이상의 지지물에 연결하거나 고정시킬 것
7. 작업발판을 작업에 따라 이동시킬 경우에는 위험 방지에 필요한 조치를 할 것

115 안전대의 종류는 사용구분에 따라 벨트식과 안전그네식으로 구분되는데 이 중 안전그네식에만 적용하는 것은?

① 추락방지대, 안전블록
② 1개 걸이용, U자 걸이용
③ 1개 걸이용, 추락방지대
④ U자 걸이용, 안전블록

[해설] 안전대의 종류

종류	사용구분
벨트식 안전그네식	1개 걸이용
	U자 걸이용
안전그네식	안전블록
	추락방지대

비고. 추락방지대 및 안전블록은 안전그네식에만 적용함.

116 다음은 달비계 또는 높이 5m 이상의 비계를 조립·해체하거나 변경하는 작업을 하는 경우에 대한 내용이다. ( )에 알맞은 숫자는?

비계재료의 연결·해체작업을 하는 경우에는 폭 ( )cm 이상의 발판을 설치하고 근로자로 하여금 안전대를 사용하도록 하는 등 추락을 방지하기 위한 조치를 할 것

① 15 ② 20
③ 25 ④ 30

[해설] 비계 등의 조립·해체 및 변경
제57조(비계 등의 조립·해체 및 변경)
① 사업주는 달비계 또는 높이 5미터 이상의 비계를 조립·해체하거나 변경하는 작업을 하는 경우 다음 각 호의 사항을 준수하여야 한다.
5. 비계재료의 연결·해체작업을 하는 경우에는 폭 20센티미터 이상의 발판을 설치하고 근로자로 하여금 안전대를 사용하도록 하는 등 추락을 방지하기 위한 조치를 할 것

117 다음은 사다리식 통로 등을 설치하는 경우의 준수사항이다. ( ) 안에 들어갈 숫자로 옳은 것은?

사다리의 상단은 걸쳐놓은 지점으로부터 ( )센티미터 이상 올라가도록 할 것

① 30 ② 40
③ 50 ④ 60

[해설] 사다리식 통로 등의 구조〈산업안전보건법 시행규칙〉
제24조(사다리식 통로 등의 구조)
① 사업주는 사다리식 통로 등을 설치하는 경우 다음 각 호의 사항을 준수하여야 한다.
7. 사다리의 상단은 걸쳐놓은 지점으로부터 60센티미터 이상 올라가도록 할 것

118 다음은 가설통로를 설치하는 경우의 준수사항이다. ( ) 안에 들어갈 숫자로 옳은 것은?

건설공사에 사용하는 높이 8미터 이상인 비계다리에는 ( )미터 이내마다 계단참을 설치할 것

① 7 ② 6
③ 5 ④ 4

[해설] 가설통로의 구조〈산업안전보건기준에 관한 규칙〉
제23조(가설통로의 구조)
사업주는 가설통로를 설치하는 경우 다음 각 호의 사항을 준수하여야 한다.
6. 건설공사에 사용하는 높이 8미터 이상인 비계다리에는 7미터 이내마다 계단참을 설치할 것

정답 115.① 116.② 117.④ 118.①

119 건설업 산업안전보건관리비의 사용내역에 대하여 수급인 또는 자기공사자는 공사 시작 후 몇 개월마다 1회 이상 발주자 또는 감리원의 확인을 받아야 하는가?

① 3개월 ② 4개월
③ 5개월 ④ 6개월

해설 산업안전보건관리비의 사용내역 확인〈건설업 산업안전보건관리비 계상 및 사용기준〉
제9조(사용내역의 확인) ① 도급인은 안전관리비 사용내역에 대하여 공사 시작 후 6개월마다 1회 이상 발주자 또는 감리자의 확인을 받아야 한다. 다만, 6개월 이내에 공사가 종료되는 경우에는 종료 시 확인을 받아야 한다.

120 터널 지보공을 설치한 경우에 수시로 점검하여 이상을 발견 시 즉시 보강하거나 보수해야 할 사항이 아닌 것은?

① 부재의 손상·변형·부식·변위·탈락의 유무 및 상태
② 부재의 긴압의 정도
③ 부재의 접속부 및 교차부의 상태
④ 계측기 설치상태

해설 터널 지보공 점검사항〈산업안전보건기준에 관한 규칙〉
제366조(붕괴 등의 방지) 사업주는 터널 지보공을 설치한 경우에 다음 각 호의 사항을 수시로 점검하여야 하며, 이상을 발견한 경우에는 즉시 보강하거나 보수하여야 한다.
1. 부재의 손상·변형·부식·변위 탈락의 유무 및 상태
2. 부재의 긴압 정도
3. 부재의 접속부 및 교차부의 상태
4. 기둥침하의 유무 및 상태

정답 119. ④ 120. ④

2019년 제3회 산업안전기사 기출문제

제1과목 안전관리론

01 적성요인에 있어 직업적성을 검사하는 항목이 아닌 것은?

① 지능
② 촉각 적응력
③ 형태식별능력
④ 운동속도

해설 직업적성 검사 항목
① 지능(IQ)
② 형태식별능력
③ 운동속도
④ 시각과 수동작의 적응력
⑤ 손작업 능력

02 라인(Line)형 안전관리조직에 대한 설명으로 옳은 것은?

① 명령계통과 조언이나 권고적 참여가 혼동되기 쉽다.
② 생산부서와의 마찰이 일어나기 쉽다.
③ 명령계통이 간단명료하다.
④ 생산부분에는 안전에 대한 책임과 권한이 없다.

해설 안전관리 조직(라인/스태프형 조직의 장단점)
※ 라인형(Line, 직계식) : 안전보건관리의 계획에서부터 실시에 이르기까지 생산 라인을 통하여 이루어지도록 편성된 조직(※ 근로자 100인 미만 사업장에 적합)

구 분	장 점	단 점
라인형 (100인 미만 사업장에 적합)	① 안전에 대한 지시, 전달이 용이 ② 명령계통이 간단, 명료 ③ 참모식보다 경제적	① 안전에 관한 전문지식이 부족하고 기술의 축적이 미흡(안전에 대한 정보 불충분) ② 안전정보 및 신기술 개발이 어려움 ③ 라인에 과중한 책임이 물림
스태프형 (100~ 1,000인 미만 사업장에 적합)	① 안전에 관한 전문지식, 기술 축적 용이 ② 안전정보 수집 신속, 용이 ③ 경영자의 조언 및 자문 역할	① 안전과 생산을 별개로 취급(안전지시가 용이하지 않음-생산부서와 유기적인 협조 필요) ② 생산 라인은 안전에 대한 책임, 권한 미미(없음) ③ 생산부서와 마찰이 일어나기 쉬움(권한 다툼이나 조정 때문에 통제수속이 복잡해지며 시간과 노력이 소모됨)
라인- 스태프 혼합형 (1,000인 이상 사업장에 적합)	① 안전지식 및 기술 축적 가능 ② 안전지시 및 전달이 신속·정확 ③ 안전에 대한 신기술의 개발 및 보급이 용이 ④ 안전활동이 생산과 분리되지 않으므로 운용이 쉬움(조직원 전원을 자율적으로 안전활동에 참여시킬 수 있다.)	① 명령계통과 지도·조언 및 권고적 참여가 혼돈되기 쉬움 ② 스태프의 힘이 커지면 라인이 무력해짐 ③ 스태프의 월권행위의 경우가 있으며, 라인이 스태프에 의존 또는 활용치 않는 경우가 있다.

03 서로 손을 얹고 팀의 행동구호를 외치는 무재해운동 추진 기법의 하나로, 스킨십(Skinship)에 바탕을 두고 팀 전원의 일체감, 연대감을 느끼게 하며, 대뇌피질에 안전태도 형성에 좋은 이미지를 심어주는 기법은?

① Touch and call
② Brain Storming
③ Error cause removal
④ Safety training observation program

정답 01. ② 02. ③ 03. ①

해설 터치 앤드 콜(Touch and Call) : 피부를 맞대고 같이 소리치는 것으로 전원의 스킨십(Skinship)이라 할 수 있음. 팀의 일체감, 연대감을 조성할 수 있고 대뇌 구피질에 안전태도 형성에 좋은 이미지를 불어 넣어 안전활동을 하도록 하는 것임.(현장에서 팀 전원이 각자의 왼손을 맞잡아 원을 만들어 팀 행동목표를 지적 확인하는 것을 말함)

04 안전점검의 종류 중 태풍이나 폭우 등의 천재지변이 발생한 후에 실시하는 기계·기구 및 설비 등에 대한 점검의 명칭은?

① 정기점검 ② 수시점검
③ 특별점검 ④ 임시점검

해설 점검시기에 따른 구분
1) 정기점검 : 일정 시간마다 정기적으로 실시하는 점검으로, 기계·기구, 시설 등에 대하여 주, 월, 또는 분기 등 지정된 날짜에 실시하는 점검
2) 일상점검 : 매일 작업 전, 중, 후에 해당 작업설비에 대하여 계속적으로 실시하는 점검
3) 수시점검 : 일정 기간을 정하여 실시하지 않고 비정기적으로 실시하는 점검
4) 임시점검 : 임시로 실시하는 점검의 형태
5) 특별점검 : 비정기적인 특정 점검으로 안전강조 기간, 방화점검 기간에 실시하는 점검. 신설, 변경 내지 고장, 수리 등을 할 경우의 부정기 점검
  - 태풍, 폭우 등에 의한 침수, 지진 등의 천재지변이 발생한 경우나 이상사태 발생 시 관리자나 감독자가 기계·기구, 설비 등의 기능상 이상 유무에 대하여 점검하는 것
6) 정밀점검 : 사고 발생 이후 곧바로 외부 전문가에 의하여 실시하는 점검

05 하인리히 안전론에서 ( ) 안에 들어갈 단어로 적합한 것은?

° 안전은 사고 예방
° 사고 예방은 ( )와(과) 인간 및 기계의 관계를 통제하는 과학이자 기술이다.

① 물리적 환경   ② 화학적 요소
③ 위험요인   ④ 사고 및 재해

해설 하인리히의 안전론
① 안전은 사고 예방(accident prevention)이다.
② 사고 예방은 물리적 환경과 인간 및 기계의 관계를 통제하는 과학이자 기술이다.

06 1년간 80건의 재해가 발생한 A사업장은 1000명의 근로자가 1주일당 48시간, 1년간 52주를 근무하고 있다. A사업장의 도수율은? (단, 근로자들은 재해와 관련 없는 사유로 연간 노동시간의 3%를 결근하였다.)

① 31.06   ② 32.05
③ 33.04   ④ 34.03

해설 도수율(빈도율, Frequency Rate of Injury : F.R)
도수율(빈도율)은 연 100만 근로시간당 요양재해발생 건수

$$도수율(빈도율) = \frac{재해건수}{연근로시간수} \times 1,000,000$$

$$= \left[\frac{80건}{(1000명 \times 48시간 \times 52주) \times 97\%}\right] \times 1,000,000$$

$$= 33.04 (*결근 : 3\% \Rightarrow 출근 : 97\%)$$

07 안전보건교육의 단계에 해당하지 않는 것은?

① 지식교육   ② 기초교육
③ 태도교육   ④ 기능교육

해설 안전보건교육의 3단계 : 지식 – 기능 – 태도교육
1) 지식교육(제1단계) : 강의, 시청각교육을 통한 지식의 전달과 이해
2) 기능교육(제2단계) : 시범, 견학, 실습, 현장실습교육을 통한 경험 체득과 이해
  ① 교육대상자가 그것을 스스로 행함으로 얻어짐.
  ② 개인의 반복적 시행착오에 의해서만 얻어짐.
3) 태도교육(제3단계) : 작업동작지도, 생활지도 등을 통한 안전의 습관화(올바른 행동의 습관화 및 가치관을 형성)

08 위험예지훈련의 문제해결 4라운드에 속하지 않는 것은?

① 현상파악   ② 본질추구
③ 원인 결정 ④ 대책수립

정답 04.③ 05.① 06.③ 07.② 08.③

[해설] **위험예지훈련 제4단계(4라운드) – 문제해결 4단계**
① 제1단계(1R) 현상파악 : 위험요인 항목 도출
② 제2단계(2R) 본질추구 : 위험의 포인트 결정 및 지적 확인
③ 제3단계(3R) 대책수립 : 결정된 위험 포인트에 대한 대책 수립
④ 제4단계(4R) 목표설정 : 팀의 행동목표 설정 및 지적 확인(가장 우수한 대책에 합의하고, 행동계획을 결정)

09 산소결핍이 예상되는 맨홀 내에서 작업을 실시할 때의 사고 방지 대책으로 적절하지 않은 것은?

① 작업 시작 전 및 작업 중 충분한 환기 실시
② 작업 장소의 입장 및 퇴장 시 인원점검
③ 방진 마스크의 보급과 착용 철저
④ 작업장과 외부와의 상시 연락을 위한 설비 설치

[해설] **밀폐공간 작업을 실시할 때의 사고 방지 대책**
① 작업 시작 전 및 작업 중 충분한 환기 실시
② 작업 장소의 입장 및 퇴장 시 인원점검
③ 관계 근로자가 아닌 사람의 출입을 금지하고 출입 금지 표지 게시
④ 감시인 배치하고 작업장과 외부와의 상시 연락을 위한 설비 설치
⑤ 안전대, 구명밧줄, 공기호흡기 또는 송기 마스크를 지급과 착용 철저

10 안전교육방법 중 강의법에 대한 설명으로 옳지 않은 것은?

① 단기간의 교육 시간 내에 비교적 많은 내용을 전달할 수 있다.
② 다수의 수강자를 대상으로 동시에 교육할 수 있다.
③ 다른 교육방법에 비해 수강자의 참여가 제약된다.
④ 수강자 개개인의 학습 진도를 조절할 수 있다.

[해설] **강의법** : 다수의 수강자를 짧은 교육시간에 비교적 많은 교육내용을 전수하기 위한 방법
(가) 많은 내용을 체계적으로 전달할 수 있다.(난해한 문제에 대하여 평이하게 설명이 가능하다.)
(나) 다수를 대상으로 동시에 교육할 수 있다.(다수의 인원에서 동시에 많은 지식과 정보의 전달이 가능하다.)
(다) 전체적인 전망을 제시하는 데 유리하다.
(라) 강의 시간에 대한 조정이 용이하다.
(마) 수업의 도입이나 초기 단계에 유리하다.
(바) 다른 방법에 비해 경제적이다.
〈※ 강의식의 단점〉
① 학습 내용에 대한 집중이 어렵다.
② 학습자의 참여가 제한적일 수 있다.(강사의 일방적인 교육으로 피교육자는 참여 불가능)
③ 학습자 개개인의 이해도를 파악하기 어렵다.
④ 강사의 일방적인 교육내용을 수동적 입장에서 습득하게 된다.
⑤ 교육 대상 집단 내 수준차로 인해 교육의 효과가 감소할 가능성이 있다.
⑥ 상대적으로 피드백이 부족하다.

11 적응기제(適應機制)의 형태 중 방어적 기제에 해당하지 않는 것은?

① 고립   ② 보상
③ 승화   ④ 합리화

12 부주의의 발생 원인에 포함되지 않는 것은?

① 의식의 단절
② 의식의 우회
③ 의식수준의 저하
④ 의식의 지배

[해설] **부주의의 원인**
1) 의식의 단절 : 지속적인 의식의 흐름에 단절이 생기고 공백의 상태가 나타나는 것. 특수한 질병이 있는 경우(의식수준 : Phase 0 상태)
2) 의식의 우회 : 의식의 흐름이 옆으로 빗나가 발생하는 경우로 작업도중의 걱정, 고뇌, 욕구 불만 등에 의해 발생(의식수준 : Phase 0 상태)
3) 의식수준의 저하 : 혼미한 정신 상태에서 심신이 피로나 단조로운 반복작업 등의 경우에 일어나는

[정답] 09. ③ 10. ④ 11. ① 12. ④

현상(의식수준 : Phase Ⅰ 상태 이하)
4) 의식의 과잉 : 작업을 하고 있을 때 긴급 이상상태 또는 돌발사태가 되면 순간적으로 긴장하게 되어 판단능력의 둔화 또는 정지상태가 되는 것(의식이 한 방향으로만 집중), 지나친 의욕에 의해서 생기는 부주의 현상(의식수준 : Phase Ⅳ 상태)

13 안전교육 훈련에 있어 동기부여 방법에 대한 설명으로 가장 거리가 먼 것은?

① 안전 목표를 명확히 설정한다.
② 안전 활동의 결과를 평가, 검토하도록 한다.
③ 경쟁과 협동을 유발시킨다.
④ 동기유발 수준을 과도하게 높인다.

해설 안전교육 훈련의 동기부여 방법
① 안전 목표를 명확히 설정한다.
② 안전 활동의 결과를 평가, 검토하도록 한다.
③ 경쟁과 협동을 유발시킨다.

14 산업안전보건법령상 유해위험 방지계획서 제출 대상 공사에 해당하는 것은?

① 깊이가 5m 이상인 굴착공사
② 최대지간거리 30m 이상인 교량 건설공사
③ 지상 높이 21m 이상인 건축물 공사
④ 터널 건설 공사

해설 유해·위험방지계획서 제출대상공사(산업안전보건법 시행령 제42조)
다음 각 호의 어느 하나에 해당하는 공사를 말한다.
1. 다음 각 목의 어느 하나에 해당하는 건축물 또는 시설 등의 건설·개조 또는 해체 공사
   가. 지상높이가 31미터 이상인 건축물 또는 인공구조물
   나. 연면적 3만제곱미터 이상인 건축물
   다. 연면적 5천제곱미터 이상인 시설로서 다음의 어느 하나에 해당하는 시설
      1) 문화 및 집회시설(전시장 및 동물원·식물원은 제외한다)
      2) 판매시설, 운수시설(고속철도의 역사 및 집배송시설은 제외한다)
      3) 종교시설
      4) 의료시설 중 종합병원
      5) 숙박시설 중 관광숙박시설
      6) 지하도상가
      7) 냉동·냉장 창고시설
2. 연면적 5천제곱미터 이상인 냉동·냉장 창고시설의 설비공사 및 단열공사
3. 최대 지간(支間)길이(다리의 기둥과 기둥의 중심사이의 거리)가 50미터 이상인 다리의 건설 등 공사
4. 터널의 건설등 공사
5. 다목적댐, 발전용댐, 저수용량 2천만톤 이상의 용수 전용 댐 및 지방상수도 전용 댐의 건설등 공사
6. 깊이 10미터 이상인 굴착공사

15 스트레스의 요인 중 외부적 자극 요인에 해당하지 않는 것은?

① 자존심의 손상
② 대인관계 갈등
③ 가족의 죽음, 질병
④ 경제적 어려움

해설 스트레스의 요인
(가) 내부적 자극요인 : 스트레스 주요 원인 중 마음속에서 일어나는 내적 자극요인
  ① 자존심의 손상
  ② 업무상 죄책감
  ③ 현실에서의 부적응
(나) 외부적 자극 요인
  ① 대인관계 갈등
  ② 가족의 죽음, 질병
  ③ 경제적 어려움

16 하인리히 방식의 재해코스트 산정에서 직접비에 해당하지 않은 것은?

① 휴업보상비
② 병상위문금
③ 장해특별보상비
④ 상병보상연금

정답 13. ④ 14. ④ 15. ① 16. ②

17 산업안전보건법령상 관리감독자 대상 정기 안전보건 교육의 교육내용으로 옳은 것은?

① 작업 개시 전 점검에 관한 사항
② 정리정돈 및 청소에 관한 사항
③ 작업공정의 유해·위험과 재해 예방대책에 관한 사항
④ 기계·기구의 위험성과 작업의 순서 및 동선에 관한 사항

18 산업안전보건법령상 ( )에 알맞은 기준은?

> 안전·보건표지의 제작에 있어 안전·보건표지 속의 그림 또는 부호의 크기는 안전·보건표지의 크기와 비례하여야 하며, 안전·보건표지 전체 규격의 ( ) 이상이 되어야 한다.

① 20% ② 30%
③ 40% ④ 50%

[해설] 안전·보건표지의 제작(산업안전보건법 시행규칙)
제40조(안전·보건표지의 제작)
② 안전·보건표지는 그 표시 내용을 근로자가 빠르고 쉽게 알아볼 수 있는 크기로 제작하여야 한다.
③ 안전·보건표지 속의 그림 또는 부호의 크기는 안전·보건표지의 크기와 비례하여야 하며, 안전·보건표지 전체 규격의 30퍼센트 이상이 되어야 한다.

19 산업안전보건법령상 주로 고음을 차음하고, 저음은 차음하지 않는 방음보호구의 기호로 옳은 것은?

① NRR ② EM
③ EP-1 ④ EP-2

[해설] 귀마개 종류

형식	종류	기호	적요
귀마개	1종	EP-1	저음부터 고음까지를 차음하는 것
	2종	EP-2	고음만을 차음하는 것

* 방독마스크 : 산소농도 18% 이상인 장소에서 사용
* 선반작업 중 장갑이 말려들 위험이 있어 장갑 착용 금지

20 산업재해의 기본원인 중 "작업정보, 작업방법 및 작업환경" 등이 분류되는 항목은?

① Man ② Machine
③ Media ④ Management

[해설] 4M(Man, Machine, Media, Management)
(* Media : 인간과 기계를 연결시키는 매개체)
① 인적 요인(Man) : 동료나 상사, 본인 이외의 사람
② 기계적 요인(Machine) : 기계설비의 고장, 결함
③ 작업적 요인(Media) : 작업정보, 작업환경, 작업방법
④ 관리적 요인(Management) : 법규준수, 단속, 점검

제2과목 인간공학 및 시스템안전공학

21 작업의 강도는 에너지대사율(RMR)에 따라 분류된다. 분류 기간 중, 중(中)작업(보통작업)의 에너지 대사율은?

① 0~1RMR ② 2~4RMR
③ 4~7RMR ④ 7~9RMR

[해설] 에너지 대사율(RMR, Relative Metabolic Rate)
1) 에너지대사율(RMR) : 작업강도의 단위로서 산소호흡량을 측정하여 에너지 소모량을 결정하는 방식
2) 작업강도 구분
① 경(輕)작업 : 0~2RMR
② 보통(中)작업 : 2~4RMR
③ 중(重)작업 : 4~7RMR
④ 초중(超重)작업 : 7RMR 이상

22 인간의 실수 중 수행해야 할 작업 및 단계를 생략하여 발생하는 오류는?

① omission error
② commission error
③ sequence error
④ timing error

정답 17.③ 18.② 19.④ 20.③ 21.② 22.①

[해설] **휴먼에러에 관한 분류** : 심리적 행위에 의한 분류(Swain의 독립행동에 관한 분류)
(1) omission error(생략 에러)
  필요한 작업 또는 절차를 수행하지 않는 데 기인한 에러(부작위 오류)
(2) commission error(실행 에러)
  필요한 작업 또는 절차를 불확실하게 수행함으로써 기인한 에러(작위 오류)
(3) extraneous error(과잉행동 에러)
  불필요한 작업 또는 절차를 수행함으로써 기인한 에러
(4) sequential error(순서 에러)
  필요한 작업 또는 절차의 순서 착오로 인한 에러
(5) time error(시간 에러)
  필요한 직무 또는 절차의 수행의 지연(혹은 빨리)으로 인한 에러

23 산업안전보건법령상 유해·위험방지계획서의 제출 시 첨부하는 서류에 포함되지 않는 것은?
① 설비 점검 및 유지계획
② 기계·설비의 배치도면
③ 건축물 각 층의 평면도
④ 원재료 및 제품의 취급, 제조 등의 작업방법의 개요

24 초기고장과 마모고장 각각의 고장형태와 그 예방대책에 관한 연결로 틀린 것은?
① 초기고장 – 감소형 – 번인(Burn in)
② 마모고장 – 증가형 – 예방보전(PM)
③ 초기고장 – 감소형 – 디버깅(debugging)
④ 마모고장 – 증가형 – 스크리닝(screening)

25 작업개선을 위하여 도입되는 원리인 ECRS에 포함되지 않는 것은?
① Combine
② Standard
③ Eliminate
④ Rearrange

[해설] **ECRS의 원칙(작업방법의 개선원칙)** : 작업자 자신이 자기의 부주의 이외에 제반 오류의 원인을 생각함으로써 개선하도록 하는 과오원인 제거 기법
① 제거(Eliminate)
② 결합(Combine)
③ 재조정(Rearrange)–재배치
④ 단순화(Simplify)

26 온도와 습도 및 공기 유동이 인체에 미치는 열효과를 하나의 수치로 통합한 경험적 감각지수로, 상대습도 100%일 때의 건구 온도에서 느끼는 것과 동일한 온감을 의미하는 온열조건의 용어는?
① Oxford 지수
② 발한율
③ 실효온도
④ 열압박지수

27 화학설비의 안전성 평가 5단계 중 4단계에 해당하는 것은?
① 안전대책
② 정성적 평가
③ 정량적 평가
④ 재평가

[해설] **안전성 평가의 5(6)단계**
① 제1단계 : 관계 자료의 작성 준비(관계 자료의 정비검토)
② 제2단계 : 정성적 평가
③ 제3단계 : 정량적 평가
④ 제4단계 : 안전 대책
⑤ 제5단계 : 재해 정보에 의한 재평가
(⑥ 제6단계 : FTA에 의한 재평가)

28 양립성의 종류에 포함되지 않는 것은?
① 공간 양립성
② 형태 양립성
③ 개념 양립성
④ 운동 양립성

[해설] **양립성(compatibility)**
외부의 자극과 인간의 기대가 서로 모순되지 않아야 하는 것으로 제어장치와 표시장치 사이의 연관성이 인간의 예상과 어느 정도 일치하는가 여부
(가) 공간적 양립성 : 표시장치나 조정장치의 물리적 형태나 공간적인 배치의 양립성

정답 23. ① 24. ④ 25. ② 26. ③ 27. ① 28. ②

① 오른쪽 버튼을 누르면, 오른쪽 기계가 작동하는 것
(나) 운동적 양립성 : 표시장치, 조정장치등의 운동방향 양립성
① 자동차 핸들 조작 방향으로 바퀴가 회전하는 것
(다) 개념적 양립성 : 어떠한 신호가 전달하려는 내용과 연관성이 있어야 하는 것
① 위험신호는 빨간색, 주의신호는 노란색, 안전신호는 파란색으로 표시
② 온수 손잡이는 빨간색, 냉수 손잡이는 파란색의 경우
(라) 양식 양립성 : 청각적 자극 제시와 이에 대한 음성응답 과업에서 갖는 양립성

29 다음 설명에 해당하는 설비보전방식의 유형은?

> 설비보전 정보와 신기술을 기초로 신뢰성, 조작성, 보전성, 안전성, 경제성 등이 우수한 설비의 선정, 조달 또는 설계를 통하여 궁극적으로 설비의 설계, 제작 단계에서 보전활동이 불필요한 체제를 목표로 한 설비보전 방법을 말한다.

① 개량보전 ② 보전예방
③ 사후보전 ④ 일상보전

[해설] **보전예방(Maintenance Prevention)** : 설비보전 정보와 신기술을 기초로 신뢰성, 조작성, 보전성, 안전성, 경제성 등이 우수한 설비의 선정, 조달 또는 설계를 통하여 궁극적으로 설비의 설계, 제작 단계에서 보전활동이 불필요한 체제를 목표로 한 설비보전 방법

30 원자력 산업과 같이 상당한 안전이 확보되어 있는 장소에서 추가적인 고도의 안전 달성을 목적으로 하고 있으며, 관리, 설계, 생산, 보전 등 광범위한 안전을 도모하기 위하여 개발된 분석기법은?

① DT ② FTA
③ THERP ④ MORT

[해설] **MORT(Management Oversight And Risk Tree)**
FTA와 동일의 논리적 방법을 사용하여 관리, 설계, 생산, 보전 등에 대한 넓은 범위에 걸쳐 안전성을 확보하려는 시스템안전 프로그램(원자력 산업에 활용)
- 원자력 산업과 같이 상당한 안전이 확보되어 있는 장소에서 추가적인 고도의 안전달성을 목적으로 하고 있으며, 관리, 설계, 생산, 보전 등 광범위한 안전을 도모하기 위하여 개발된 분석기법(1970년 이후 미국의 W. G. Johnson에 의해 개발)

31 결함수분석(FTA)에 관한 설명으로 틀린 것은?
① 연역적 방법이다.
② 버텀-업(Bottom-Up) 방식이다.
③ 기능적 결함의 원인을 분석하는 데 용이하다.
④ 정량적 분석이 가능하다.

32 조종-반응비(Control-Response Ratio, C/R비)에 대한 설명 중 틀린 것은?
① 조종장치와 표시장치의 이동 거리 비율을 의미한다.
② C/R비가 클수록 조종장치는 민감하다.
③ 최적 C/R비는 조정시간과 이동시간의 교점이다.
④ 이동시간과 조정시간을 감안하여 최적 C/R비를 구할 수 있다.

[해설] **조종 - 반응비(Control-Response Ratio, C/R비, C/D비)**
조종장치의 이동거리를 표시장치의 이동거리로 나눈 값(이동 거리 비율)

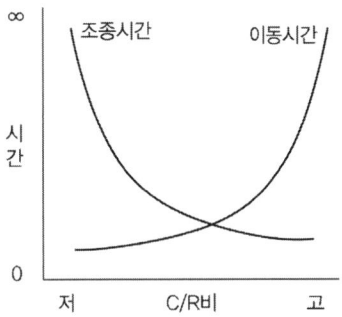

정답 29.② 30.④ 31.② 32.②

① 최적의 C/D비 : 1.18 ~ 2.42(* 최적 통제비는 이동시간과 조종시간의 교차점이다.)
  - 이동시간과 조정시간을 감안하여 최적 C/R비를 구할 수 있다.
② C/D비가 작을수록 이동시간이 짧고 조종이 어려워 조종장치가 민감함(미세한 조종이 어려움)
  - C/D비가 크면 미세한 조종은 쉽지만 이동시간은 길다.(둔감함)
③ Knob C/D비는 손잡이 1회전 시 움직이는 표시장치 이동 거리의 역수로 나타냄
④ 최적의 C/D비는 제어장치의 종류나 표시장치의 크기, 허용오차 등에 의해 달라짐.

33 다음 FT도에서 최소 컷셋(Minimal cut set)으로만 올바르게 나열한 것은?

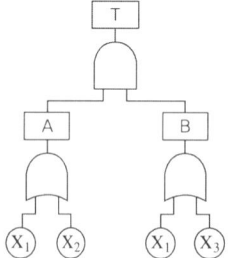

① [X_1]
② [X_1], [X_2]
③ [X_1, X_2, X_3]
④ [X_1, X_2] [X_1, X_3]

해설 최소 컷셋(Minimal cut set)
T = A · B(A = X_1 + X_2, B = X_1 + X_3)
T = (X_1 + X_2) · (X_1 + X_3)
  = (X_1 X_1) + (X_1 X_3) + (X_1 X_2) + (X_2 X_3)
  ← 불대수 A · A = A
  = X_1(1+ X_3 + X_2) + (X_2 X_3)
  ← 불대수 A + 1
  = 1 (1+ X_3 + X_2 = 1)
  = (X_1) + (X_2 X_3)
따라서 컷셋은 (X_1), (X_2 X_3)
  미니멀 컷셋은 (X_1), (X_2 X_3)

34 인간의 정보처리 과정 3단계에 포함되지 않는 것은?

① 인지 및 정보처리단계
② 반응단계
③ 행동단계
④ 인식 및 감지단계

해설 인간-기계 기능계에서 기능(임무 및 기본 기능, 인간의 정보처리 과정 3단계)
(가) 감지(sensing) : 인간의 감각기관(시각, 청각, 후각 등)에 해당하는 부분으로 기계는 전자장치 또는 기계장치로 감지
(나) 정보 저장(information storage)
(다) 정보처리 및 의사 결정(information processing and decision)
  ① 심리적 정보처리단계 : 회상(reall), 인식(recognition), 정리(retention)
  ② 인간의 정보처리 시간 : 0.5초(인간의 정보처리 능력 한계)
(라) 행동 기능(acting function) : 결정된 사항의 실행과 조정을 하는 과정
  ① 음성(사람의 경우), 신호, 기록 등의 방법을 사용하여 통신

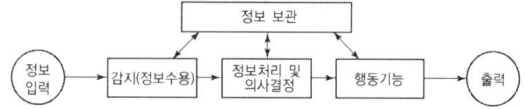

35 FTA에서 사용하는 수정 게이트의 종류 중 3개의 입력현상 중 2개가 발생한 경우에 출력이 생기는 것은?

① 위험 지속기호
② 조합 AND 게이트
③ 배타적 OR 게이트
④ 억제 게이트

해설 조합 AND 게이트

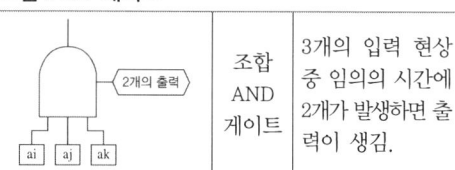

정답 33. ① 34. ② 35. ②

36 시각 표시장치보다 청각 표시장치의 사용이 바람직한 경우는?

① 전언이 복잡한 경우
② 전언이 재참조되는 경우
③ 전언이 즉각적인 행동을 요구하는 경우
④ 직무상 수신자가 한 곳에 머무는 경우

해설 시각적 표시장치와 청각적 표시장치의 비교(정보전달)

시각적 표시장치 사용 유리	청각적 표시장치 사용 유리
① 정보의 내용이 복잡한 경우	① 정보의 내용이 간단한 경우
② 정보의 내용이 긴 경우	② 정보의 내용이 짧은 경우
③ 정보가 후에 다시 참조되는 경우	③ 정보가 후에 다시 참조되지 않는 경우
④ 정보가 공간적인 위치를 다루는 경우	④ 정보의 내용이 시간적인 사상(event 사건)을 다루는 경우
⑤ 정보의 내용이 즉각적인 행동을 요구하지 않는 경우	⑤ 정보의 내용이 즉각적인 행동을 요구하는 경우
⑥ 수신자의 청각 계통이 과부하 상태일 때	⑥ 수신자의 시각 계통이 과부하 상태일 때
⑦ 수신 장소가 너무 시끄러울 때	⑦ 수신 장소가 너무 밝거나 암조응 유지가 필요할 때
⑧ 직무상 수신자가 한 곳에 머무는 경우	⑧ 직무상 수신자가 자주 움직이는 경우

37 인간의 신뢰도가 0.6, 기계의 신뢰도가 0.9이다. 인간과 기계가 직렬체제로 작업할 때의 신뢰도는?

① 0.32 ② 0.54
③ 0.75 ④ 0.96

해설 신뢰도 = 0.6 × 0.9 = 0.54
※ 신뢰도 계산
(가) 직렬연결 : 시스템의 어느 한 부품이 고장나면 시스템이 고장나는 구조

⇨ 신뢰도 Rs = $r_1 \cdot r_2 \cdot r_3 \cdots r_n$

(나) 병렬연결 : 시스템의 어느 한 부품만 작동해도 시스템이 작동하는 구조

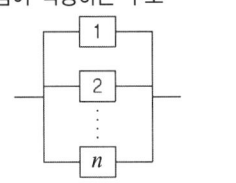

⇨ 신뢰도 Rs = $1 - \{(1-r_1)(1-r_2) \cdots (1-r_n)\}$

38 8시간 근무를 기준으로 남성 작업자 A의 대사량을 측정한 결과, 산소소비량이 1.3L/min으로 측정되었다. Murrell 방법으로 계산 시, 8시간의 총 근로시간에 포함되어야 할 휴식시간은?

① 124분 ② 134분
③ 144분 ④ 154분

해설 휴식시간

$R(분) = \dfrac{60(E-5)}{E-1.5}$ (*60분 기준)

여기서, E : 평균 에너지 소비량(kcal/min)
   작업 시 평균에너지 소비량 5(kcal/min)
   휴식 시 평균에너지 소비량 1.5(kcal/min)

⇨ $\left\{\dfrac{(6.5-5)}{(6.5-1.5)}\right\} \times 60 = 18$분, 18분 × 8시간 = 144분

※ 에너지소비량, 에너지 가(價)(kcal/min)
  = 분당산소소비량(ℓ) × 5kcal = 1.3 × 5 = 6.5
  (산소 1리터가 몸속에서 소비될 때 5kcal의 에너지가 소모됨.)

39 국소진동에 지속적으로 노출된 근로자에게 발생할 수 있으며, 말초혈관장해로 손가락이 창백해지고 동통을 느끼는 질환의 명칭은?

① 레이노병(Raynaud's phenomenon)
② 파킨슨병(Parkinson's disease)
③ 규폐증
④ C5-dip 현상

해설 레이노드 증후군(레이노병, Raynaud's phenomenon)
전동 공구와 같은 진동이 발생하는 수공구를 장시간 사용하여 손과 손가락 통제 능력의 훼손, 동통, 마비 증상

등을 유발하는 근골격계 질환
- 국소진동에 지속적으로 노출된 근로자에게 발생할 수 있으며, 말초혈관 장해로 손가락이 창백해지고 동통을 느끼는 질환

40 암호 체계의 사용상에 있어서, 일반적인 지침에 포함되지 않는 것은?

① 암호의 검출성
② 부호의 양립성
③ 암호의 표준화
④ 암호의 단일 차원화

해설 시각적 암호, 부호, 기호를 사용할 때에 고려사항 (암호 체계 사용상의 일반적인 지침)
① 암호의 검출성   ② 암호의 판별성
③ 부호의 양립성   ④ 부호의 의미
⑤ 암호의 표준화   ⑥ 다차원 암호의 사용

제3과목 기계위험방지기술

41 연삭기에서 숫돌의 바깥지름이 180mm일 경우 숫돌 고정용 평형플랜지의 지름으로 적합한 것은?

① 30mm 이상   ② 40mm 이상
③ 50mm 이상   ④ 60mm 이상

해설 플랜지의 지름 : 플랜지의 지름은 숫돌직경의 1/3 이상인 것이 적당함
플랜지의 지름 = 숫돌의 지름 × 1/3 = 180 × 1/3 = 60mm

42 산업안전보건법령에 따라 산업용 로봇의 작동범위에서 교시 등의 작업을 하는 경우에 로봇에 의한 위험을 방지하기 위한 조치사항으로 틀린 것은?

① 2명 이상의 근로자에게 작업을 시킬 경우의 신호방법을 정한다.
② 작업 중의 매니플레이터 속도에 관한 지침을 정하고 그 지침에 따라 작업한다.
③ 작업을 하는 동안 다른 작업자가 작동시킬 수 없도록 기동스위치에 작업 중 표시를 한다.
④ 작업에 종사하고 있는 근로자가 이상을 발견하면 즉시 안전담당자에게 보고하고 계속해서 로봇을 운전한다.

43 기준 무부하 상태에서 지게차 주행 시의 좌우 안정도 기준은? (단, V는 구내최고속도(km/h)이다.)

① (15+1.1×V)% 이내
② (15+1.5×V)% 이내
③ (20+1.1×V)% 이내
④ (20+1.5×V)% 이내

해설 지게차의 안정도 기준
① 기준 부하상태에서 주행 시의 전후 안정도는 18% 이내이다.
② 기준 부하상태에서 하역작업 시의 좌우안정도는 최대하중상태에서 포크를 가장 높이 올리고 마스트를 가장 뒤로 기울인 상태에서 6% 이내이다.
③ 기준 부하상태에서 하역작업 시의 전후안정도는 최대하중상태에서 포크를 가장 높이 올린 경우 4% 이내이며, 5톤 이상은 3.5% 이내이다.
④ 기준 무부하상태에서 주행 시의 좌우안정도는 (15+1.1×V)% 이내이고, V는 구내최고속도(km/h)를 의미한다.

44 산업안전보건법령에 따라 사다리식 통로를 설치하는 경우 준수해야 할 기준으로 틀린 것은?

① 사다리식 통로의 기울기는 60° 이하로 할 것
② 발판과 벽과의 사이는 15cm 이상의 간격을 유지할 것
③ 사다리의 상단은 걸쳐놓은 지점으로부터 60cm 이상 올라가도록 할 것

정답 40.④ 41.④ 42.④ 43.① 44.①

④ 사다리식 통로의 길이가 10m 이상인 경우에는 5m 이내마다 계단참을 설치할 것

해설 사다리식 통로 등의 구조〈산업안전보건법 시행규칙〉
제24조(사다리식 통로 등의 구조)
1. 견고한 구조로 할 것
2. 심한 손상·부식 등이 없는 재료를 사용할 것
3. 발판의 간격은 일정하게 할 것
4. 발판과 벽과의 사이는 15cm 이상의 간격을 유지할 것
5. 폭은 30cm 이상으로 할 것
6. 사다리가 넘어지거나 미끄러지는 것을 방지하기 위한 조치를 할 것
7. 사다리의 상단은 걸쳐놓은 지점으로부터 60cm 이상 올라가도록 할 것
8. 사다리식 통로의 길이가 10m 이상인 경우에는 5m 이내마다 계단참을 설치할 것
9. 사다리식 통로의 기울기는 75도 이하로 할 것

45 산업안전보건법령에 따른 승강기의 종류에 해당하지 않는 것은?

① 리프트
② 승객용 엘리베이터
③ 에스컬레이터
④ 화물용 엘리베이터

해설 승강기의 종류〈산업안전보건기준에 관한 규칙〉
① 승객용 엘리베이터
② 승객화물용 엘리베이터
③ 화물용 엘리베이터
④ 소형 화물용 엘리베이터
⑤ 에스컬레이터

46 재료가 변형 시에 외부응력이나 내부의 변형과정에서 방출되는 낮은 응력파(stress wave)를 감지하여 측정하는 비파괴시험은?

① 와류탐상 시험   ② 침투탐상 시험
③ 음향탐상 시험   ④ 방사선투과 시험

해설 음향방출시험(Acoustic Emission Testing)
재료 내부에서 전위, 균열 등의 결함 생성이나 질량의 급격한 변화가 생기면 탄성파(elastic wave)가 발생(음향방출 또는 응력파 방출)하고 이것을 포착하고 해석하여 내부의 결함성질과 상태를 평가하는 방법(재료가 변형 시에 외부응력이나 내부의 변형과정에서 방출되는 낮은 응력파(stress wave)를 감지하여 측정하는 비파괴시험)
① 가동 중 검사가 가능하다.
② 온도, 분위기 같은 외적 요인에 영향을 받는다.
③ 결함이 어떤 중대한 손상을 초래하기 전에 검출할 수 있다.
④ 재료의 종류나 물성, 결함의 종류나 양같은 내적 요인에 영향을 받는다.

47 산업안전보건법령에 따라 다음 괄호 안에 들어갈 내용으로 옳은 것은?

> 사업주는 바닥으로부터 짐 윗면까지의 높이가 ( )미터 이상인 화물자동차에 짐을 싣는 작업 또는 내리는 작업을 하는 경우에는 근로자의 추가 위험을 방지하기 위하여 해당 작업에 종사하는 근로자가 바닥과 적재함의 짐 윗면 간을 안전하게 오르내리기 위한 설비를 설치하여야 한다.

① 1.5   ② 2
③ 2.5   ④ 3

해설 화물자동차 승강설비〈산업안전보건기준에 관한 규칙〉
제187조(승강설비)
사업주는 바닥으로부터 짐 윗면까지의 높이가 2미터 이상인 화물자동차에 짐을 싣는 작업 또는 내리는 작업을 하는 경 우에는 근로자의 추가 위험을 방지하기 위하여 해당 작업에 종사하는 근로자가 바닥과 적재함의 짐 윗면 간을 안전하게 오르내리기 위한 설비를 설치하여야 한다.

48 진동에 의한 1차 설비진단법 중 정상, 비정상, 악화의 정도를 판단하기 위한 방법에 해당하지 않는 것은?

① 상호 판단   ② 비교 판단
③ 절대 판단   ④ 평균 판단

정답 45. ① 46. ③ 47. ② 48. ④

해설 **진동에 의한 설비진단법 중 정상, 비정상, 악화의 정도를 판단하기 위한 방법** : 절대 판단, 비교 판단, 상호 판단
① 절대 판단법 : 미리 결정된 기준과 비교하여 판정하는 방법
② 비교(상대) 판단법 : 정상으로 판단되어진 때의 진동과 비교하여 판정하는 방법
③ 상호 판단법 : 동일 종류, 사양의 설비와 비교하여 판정하는 방법

49 둥근톱 기계의 방호장치에서 분할날과 톱날 원주면과의 거리는 몇 mm 이내로 조정, 유지할 수 있어야 하는가?

① 12
② 14
③ 16
④ 18

해설 **분할날의 설치조건**
① 톱날과의 간격은 12mm 이내 : 분할날과 톱날 원주면과 거리는 12mm 이내로 조정, 유지할 수 있어야 한다.
② 톱날 후면날의 2/3 이상 방호 : 분할날은 표준 테이블면(승강반에 있어서도 테이블을 최하로 내릴 때의 면)상의 톱 뒷날의 2/3 이상을 덮도록 하여야 한다.
③ 분할날 두께는 둥근톱 두께의 1.1배 이상(톱날의 치진폭보다 작아야 한다.)
④ 덮개 하단과 가공재 상면과의 간격은 8mm 이하가 되게 위치를 조정
⑤ 덮개의 하단이 테이블면 위로 25mm 이상 높이로 올릴 수 있게 스토퍼를 설치
⑥ 분할날 조임볼트는 2개 이상으로 하며 이완방지조치가 되어 있어야 한다.

50 산업안전보건법령에 따라 사업주가 보일러의 폭발 사고를 예방하기 위하여 유지·관리하여야 할 안전장치가 아닌 것은?

① 압력방호판
② 화염 검출기
③ 압력방출장치
④ 고저수위 조절장치

해설 **보일러 방호장치**〈산업안전보건기준에 관한 규칙〉
제119조(폭발위험의 방지)
사업주는 보일러의 폭발 사고를 예방하기 위하여 압력방출장치, 압력제한스위치, 고저수위 조절장치, 화염 검출기 등의 기능이 정상적으로 작동될 수 있도록 유지·관리하여야 한다.

51 질량이 100kg인 물체를 그림과 같이 길이가 같은 2개의 와이어로프로 매달아 옮기고자 할 때 와이어로프 Ta에 걸리는 장력은 약 몇 N인가?

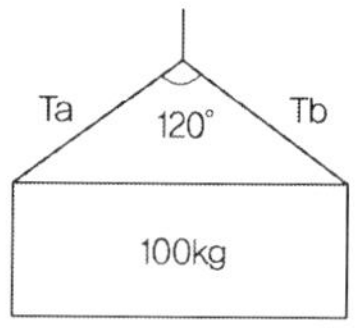

① 200
② 400
③ 490
④ 980

해설 **2가닥 줄걸이의 각도 변화와 하중**

$$장력 = \frac{\frac{W(중량)}{2}}{\cos\frac{\theta(2줄\ 사이의\ 각도)}{2}} = \frac{(100/2)}{\cos(120°/2)}$$

= 100kg × 9.8N = 980N
(* 1kgf = 9.8N)

52 다음 중 드릴 작업의 안전수칙으로 가장 적합한 것은?

① 손을 보호하기 위하여 장갑을 착용한다.
② 작은 일감은 양 손으로 견고히 잡고 작업한다.
③ 정확한 작업을 위하여 구멍에 손을 넣어 확인한다.
④ 작업시작 전 척 렌치(chuck wrench)를 반드시 제거하고 작업한다.

해설 **드릴 작업 시 작업안전수칙**
① 회전기계에는 장갑 착용을 금지한다.
② 작은 일감은 바이스, 클램프 등으로 고정하고 작업한다.
③ 기계 작동 중 구멍에 손을 넣지 않는다.
④ 작업시작 전 척 렌치(chuck wrench)를 반드시 뺀다.(드릴을 끼운 후에는 척 렌치를 반드시 탈거한다.)
⑤ 재료의 회전정지 지그를 갖춘다.
⑥ 옷소매가 긴 작업복은 착용하지 않는다.
⑦ 스위치 등을 이용한 자동급유장치를 구성한다.
⑧ 회전하는 드릴에 걸레 등을 가까이 하지 않는다.

정답 49.① 50.① 51.④ 52.④

⑨ 스핀들에서 드릴을 뽑아낼 때에는 드릴 아래에 손을 내밀지 않는다.
⑩ 작업 정지시킨 후 브러시로 칩을 털어 낸다.
⑪ 작은 구멍을 뚫고 큰 구멍을 뚫는다.
⑫ 드릴의 이송은 천천히 한다.
⑬ 구멍 끝 작업에서는 절삭압력을 주어서는 안 된다.
⑭ 바이스 등을 사용하여 작업 중 공작물의 유동을 방지한다.

53
산업안전보건법령에 따라 레버풀러(lever puller) 또는 체인블록(chain block)을 사용하는 경우 훅의 입구(hook mouth) 간격이 제조자가 제공하는 제품사양서 기준으로 몇 % 이상 벌어진 것은 폐기하여야 하는가?

① 3
② 5
③ 7
④ 10

해설 레버풀러(lever puller) 또는 체인블록(chain block)을 사용 〈산업안전보건기준에 관한 규칙〉
제96조(작업도구 등의 목적 외 사용 금지 등)
② 사업주는 레버풀러(lever puller) 또는 체인블록(chain block)을 사용하는 경우 다음 각 호의 사항을 준수하여야 한다.
5. 훅의 입구(hook mouth) 간격이 제조자가 제공하는 제품사양서 기준으로 10퍼센트 이상 벌어진 것은 폐기할 것

54
금형의 설치, 해체, 운반 시 안전사항에 관한 설명으로 틀린 것은?

① 운반을 위하여 관통 아이볼트가 사용될 때는 구멍 틈새가 최소화되도록 한다.
② 금형을 설치하는 프레스의 T홈 안길이는 설치 볼트 지름의 1/2배 이하로 한다.
③ 고정볼트는 고정 후 가능하면 나사산이 3~4개 정도 짧게 남겨 설치 또는 해체 시 슬라이드 면과의 사이에 협착이 발생하지 않도록 해야 한다.
④ 운반 시 상부금형과 하부금형이 닿을 위험이 있을 때는 고정 패드를 이용한 스트랩, 금속재질이나 우레탄 고무의 블록 등을 사용한다.

해설 금형의 설치, 해체, 운반 시 안전사항
① 금형의 설치용구는 프레스의 구조에 적합한 형태로 한다.
② 금형을 설치하는 프레스의 T홈 안길이는 설치 볼트 직경의 2배 이상으로 한다.
③ 고정볼트는 고정 후 가능하면 나사산이 3 ~ 4개 정도 짧게 남겨 설치 또는 해체 시 슬라이드 면과의 사이에 협착이 발생하지 않도록 해야 한다.
④ 금형 고정용 브래킷(물림판)을 고정시킬 때 고정용 브래킷은 수평이 되게 하고, 고정볼트는 수직이 되게 고정하여야 한다.
⑤ 운반 시 상부금형과 하부금형이 닿을 위험이 있을 때는 고정 패드를 이용한 스트랩, 금속재질이나 우레탄 고무의 블록 등을 사용한다.
⑥ 운반을 위하여 관통 아이볼트가 사용될 때는 구멍 틈새가 최소화되도록 한다.
⑦ 금형을 안전하게 취급하기 위해 아이볼트를 사용할 때는 숄더형으로 사용하는 것이 좋다.
⑧ 운반하기 위해 꼭 들어 올려야 할 때는 필요한 높이 이상으로 들어 올려서는 안 된다.

55
밀링작업의 안전조치에 대한 설명으로 적절하지 않은 것은?

① 절삭 중의 칩 제거는 칩 브레이커로 한다.
② 공작물을 고정할 때에는 기계를 정지시킨 후 작업한다.
③ 강력절삭을 할 경우에는 공작물을 바이스에 깊게 물려 작업한다.
④ 가공 중 공작물의 치수를 측정할 때에는 기계를 정지시킨 후 측정한다.

56
프레스기의 방호장치 중 위치 제한형 방호장치에 해당되는 것은?

① 수인식 방호장치
② 광전자식 방호장치
③ 손쳐내기식 방호장치
④ 양수조작식 방호장치

정답 53.④ 54.② 55.① 56.④

57 산업안전보건법령에 따라 아세틸렌 용접장치의 아세틸렌 발생기를 설치하는 경우, 발생기실의 설치장소에 대한 설명 중 A, B에 들어갈 내용으로 옳은 것은?

> • 발생기실은 건물의 최상층에 위치하여야 하며, 화기를 사용하는 설비로부터 (A)를 초과하는 장소에 설치하여야 한다.
> • 발생기실을 옥외에 설치한 경우에는 그 개구부를 다른 건축물로부터 (B) 이상 떨어지도록 하여야 한다.

① A : 1.5m, B : 3m
② A : 2m,   B : 4m
③ A : 3m,   B : 1.5m
④ A : 4m,   B : 2m

해설 발생기실의 설치장소〈산업안전보건기준에 관한 규칙〉
제286조(발생기실의 설치장소 등)
① 사업주는 아세틸렌 용접장치의 아세틸렌 발생기를 설치하는 경우에는 전용의 발생기실에 설치하여야 한다.
② 제1항의 발생기실은 건물의 최상층에 위치하여야 하며, 화기를 사용하는 설비로부터 3m를 초과하는 장소에 설치하여야 한다.
③ 제1항의 발생기실을 옥외에 설치한 경우에는 그 개구부를 다른 건축물로부터 1.5m 이상 떨어지도록 하여야 한다.

58 프레스 방호장치 중 수인식 방호장치의 일반구조에 대한 사항으로 틀린 것은?

① 수인끈의 재료는 합성섬유로 지름이 4mm 이상이어야 한다.
② 수인끈의 길이는 작업자에 따라 임의로 조정할 수 없도록 해야 한다.
③ 수인끈의 안내통은 끈의 마모와 손상을 방지할 수 있는 조치를 해야 한다.
④ 손목밴드(wrist band)의 재료는 유연한 내유성 피혁 또는 이와 동등한 재료를 사용해야 한다.

해설 수인식 방호장치의 일반구조〈방호장치 안전인증 고시〉
가. 손목밴드(wrist band)의 재료는 유연한 내유성 피혁 또는 이와 동등한 재료를 사용해야 한다.
나. 손목밴드는 착용감이 좋으며 쉽게 착용할 수 있는 구조이어야 한다.
다. 수인끈의 재료는 합성섬유로 직경이 4mm 이상이어야 한다.
라. 수인끈은 작업자와 작업공정에 따라 그 길이를 조정할 수 있어야 한다.
마. 수인끈의 안내통은 끈의 마모와 손상을 방지할 수 있는 조치를 해야 한다.
바. 각종 레버는 경량이면서 충분한 강도를 가져야 한다.
사. 수인량의 시험은 수인량이 링크에 의해서 조정될 수 있도록 되어야 하며 금형으로부터 위험한계 밖으로 당길 수 있는 구조이어야 한다.

59 산업안전보건법령에 따라 원동기·회전축 등의 위험 방지를 위한 설명 중 괄호 안에 들어갈 내용은?

> 사업주는 회전축·기어·풀리 및 플라이휠 등에 부속되는 키·핀 등의 기계요소는 ( )으로 하거나 해당 부위에 덮개를 설치하여야 한다.

① 개방형   ② 돌출형
③ 묻힘형   ④ 고정형

해설 원동기·회전축 등의 위험 방지〈산업안전보건기준에 관한 규칙〉
제87조(원동기·회전축 등의 위험 방지)
① 사업주는 기계의 원동기·회전축·기어·풀리·플라이휠·벨트 및 체인 등 근로자가 위험에 처할 우려가 있는 부위에 덮개·울·슬리브 및 건널다리 등을 설치하여야 한다.
② 사업주는 회전축·기어·풀리 및 플라이휠 등에 부속되는 키·핀 등의 기계요소는 묻힘형으로 하거나 해당 부위에 덮개를 설치하여야 한다.

60 공기압축기의 방호장치가 아닌 것은?
① 언로드 밸브

정답 57. ③ 58. ② 59. ③ 60. ③

② 압력방출장치
③ 수봉식 안전기
④ 회전부의 덮개

해설 공기압축기의 방호장치 : 회전부의 덮개, 압력방출장치, 언로드밸브 등

제4과목 전기위험방지기술

61 아래 그림과 같이 인체가 전기설비의 외함에 접촉하였을 때 누전사고가 발생하였다. 인체 통과 전류(mA)는 약 얼마인가?

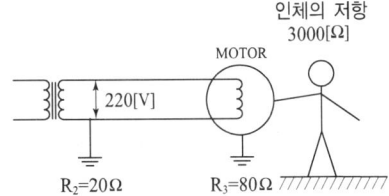

① 35 ② 47
③ 58 ④ 66

해설 인체가 전기설비의 외함에 접촉하였을 때 인체통과 전류
① 인체가 접촉하지 않을 경우 지락전류(전체 전류)
$$I = V/R = \frac{E(V)}{R_2+R_3} = \frac{220}{100} = 2.2A$$
(* 전체 저항 $R = R_2 + R_3$)
② 외함에 걸리는 전압 V_1
$$V_1 = IR_3 \left(= \frac{R_3 V}{R_2+R_3}\right) = 2.2 \times 80 = 176V$$
③ 인체가 외함에 접촉하여 인체를 통과하는 전류
$$I_2 = \frac{V_1}{R}\left(=\frac{V}{R\left(1+\frac{R_2}{R_3}\right)}\right) = \frac{176}{3000}$$
$$= 0.05866A = 58.66mA ≒ 58mA$$

62 전기화재 발생 원인으로 틀린 것은?
① 발화원
② 내화물
③ 착화물
④ 출화의 경과

해설 전기화재 발생원인의 3요건(화재발생 시 조사 사항)
① 발화원
② 착화물
③ 출화의 경과(발화의 형태)

63 사용전압이 380V인 전동기 전로에서 절연저항은 몇 MΩ 이상이어야 하는가?
⟨법령 개정으로 문제 수정⟩
① 0.1 ② 0.2
③ 1.0 ④ 0.4

해설 저압전로의 절연저항 수치

전로의 사용전압 V	DC시험전압 V	절연저항 MΩ
SELV 및 PELV	250	0.5 이상
FELV, 500V 이하	500	1.0 이상
500V 초과	1,000	1.0 이상

[주] 특별저압(extralowvoltage : 2차 전압이 AC 50V, DC 120V 이하)으로 SELV(비접지회로 구성) 및 PELV(접지회로 구성)은 1차와 2차가 전기적으로 절연된 회로, FELV는 1차와 2차가 전기적으로 절연되지 않은 회로

64 정전에너지를 나타내는 식으로 알맞은 것은? (단, Q는 대전 전하량, C는 정전용량이다.)

① $\frac{Q}{2C}$ ② $\frac{Q}{2C^2}$
③ $\frac{Q^2}{2C}$ ④ $\frac{Q^2}{2C^2}$

해설 정전기 방전에너지(W) – 단위 J
$$W = \frac{1}{2}CV^2 = \frac{1}{2}QV = \frac{1}{2}\frac{Q^2}{C}$$
여기서, C : 도체의 정전용량(단위 패럿 F)
Q : 대전 전하량(단위 쿨롱 C)
V : 대전전위

정답 61. ③ 62. ② 63. ③ 64. ③

65 누전차단기의 설치가 필요한 것은?

① 이중절연 구조의 전기기계·기구
② 비접지식 전로의 전기기계·기구
③ 절연대 위에서 사용하는 전기기계·기구
④ 도전성이 높은 장소의 전기기계·기구

[해설] 누전차단기의 설치 불필요 대상〈산업안전보건기준에 관한 규칙〉
제304조(누전차단기에 의한 감전방지)
③ 다음 각 호의 어느 하나에 해당하는 경우에는 적용하지 아니한다.(*누전차단기의 설치 불필요 대상)
1. 「전기용품안전관리법」에 따른 이중절연구조 또는 이와 동등 이상으로 보호되는 전기기계·기구
2. 절연대 위 등과 같이 감전위험이 없는 장소에서 사용하는 전기기계·기구
3. 비접지방식의 전로

66 동작 시 아크를 발생하는 고압용 개폐기·차단기·피뢰기 등은 목재의 벽 또는 천장 기타의 가연성 물체로부터 몇 m 이상 떼어놓아야 하는가?

① 0.3 ② 0.5
③ 1.0 ④ 1.5

[해설] 아크를 발생시키는 기구와 목재의 벽 또는 천장과의 이격거리
- 고압 또는 특고압용 개폐기·차단기·피뢰기 기타 이와 유사한 기구로서 동작 시에 아크가 생기는 것과 목재의 벽 또는 천장 기타의 가연성 물체로부터 의 이격거리 : 고압용 1.0m 이상, 특고압용 2.0m 이상

67 6600/100V, 15kVA의 변압기에서 공급하는 저압 전선로의 허용 누설전류는 몇 A를 넘지 않아야 하는가?

① 0.025 ② 0.045
③ 0.075 ④ 0.085

[해설] 누설전류의 한계(최대값)
① 단상 전력 $P = VI$
$I = \dfrac{P}{V} = \dfrac{15,000}{100} = 150 \text{A}$

② 절연부분의 전선과 대지간의 절연저항은 사용전압에 대한 누설전류가 최대공급전류의 1/2,000이 넘지 않도록 해야 함.

누설전류 $I_g = I \times \dfrac{1}{2,000} = 150 \times \dfrac{1}{2,000} = 0.075 \text{A}$

68 이동하여 사용하는 전기기계기구의 금속제 외함등에 제1종 접지공사를 하는 경우, 접지선 중 가요성을 요하는 부분의 접지선 종류와 단면적의 기준으로 옳은 것은?

① 다심코드, 0.75mm^2 이상
② 다심캡타이어 케이블, 2.5mm^2 이상
③ 3종 클로로프렌캡타이어 케이블, 4mm^2 이상
④ 3종 클로로프렌캡타이어 케이블, 10mm^2 이상

[해설] 접지선 중 가요성을 요하는 부분의 접지선 종류와 단면적의 기준

접지공사의 종류	접지선의 종류	접지선의 단면적
제1종 접지공사 및 제2종 접지공사	3종 및 4종 chloroprenecabtyrecable, 3종 및 4종 클로로설포네이트폴리에틸렌(polyethylene) cabtyrecable의 일심 또는 다심 cabtyrecable의 차폐 기타의 금속체	10mm^2
제3종 접지공사 및 특별 제3종 접지공사	다심 cord 또는 다심 cabtyrecable의 일심	0.75mm^2
	다심 cord 및 다심 cabtyrecable의 일심 이외의 가요성이 있는 연동연선	1.5mm^2

69 정전기 발생에 대한 방지대책의 설명으로 틀린 것은?

① 가스용기, 탱크 등의 도체부는 전부 접지한다.
② 배관 내 액체의 유속을 제한한다.
③ 화학섬유의 작업복을 착용한다.
④ 대전 방지제 또는 제전기를 사용한다.

정답 65.④ 66.③ 67.③ 68.④ 69.③

해설 정전기 재해의 방지대책(대전된 정전기의 제거방법)
① 대전하기 쉬운 금속 부분에 접지한다.(금속 도체와 대지 사이의 전위를 최소화하기 위하여 접지한다.)
② 도전성을 부여하여 대전된 전하를 누설시킨다.(도전성 재료를 도포하여 대전을 감소 : 카본 블랙을 도포하여 도전성을 부여)
③ 작업장 내 습도를 높여 방전을 촉진한다.(작업장 내에서 가습한다.)
④ 작업장 내의 온도를 높여 방전을 촉진시킨다.
⑤ 공기를 이온화하여 (+)는 (-)로 중화시킨다.(공기를 이온화하여 (+)대전은 (-)전하를 주어 중화시킨다.)
⑥ 제전기를 이용해 물체에 대전된 정전기를 제거한다.
⑦ 대전방지제를 사용하여 대전되는 것을 방지한다.(정전기 발생 방지 도장을 실시한다.)
⑧ 배관 내 액체가 흐를 경우 유속을 제한한다.

70 정전기의 유동대전에 가장 크게 영향을 미치는 요인은?

① 액체의 밀도
② 액체의 유동속도
③ 액체의 접촉면적
④ 액체의 분출온도

해설 유동대전
① 액체류가 파이프 등 내부에서 유동 시 액체와 관 벽사이에서 발생
② 정전기 발생에 큰 영향을 미치는 요인은 액체 유동 속도이고, 흐름의 상태 등도 영향을 줌

71 방폭구조에 관계있는 위험 특성이 아닌 것은?

① 발화 온도
② 증기 밀도
③ 화염 일주한계
④ 최소 점화전류

해설 방폭구조에 관계있는 위험 특성
화염일주한계[안전간극(safe gap), MESG(최대안전틈새)], 발화온도, 최소점화전류 등

72 과전류에 의해 전선의 허용전류보다 큰 전류가 흐르는 경우 절연물이 화구가 없더라도 자연히 발화하고 심선이 용단되는 발화단계의 전선 전류밀도(A/mm²)는?

① 10~20
② 30~50
③ 60~120
④ 130~200

해설 과전류에 의한 전선의 인화로부터 용단에 이르기까지 단계 및 단계별 기준(전선전류 밀도의 단위는 [A/mm²])

단계	인화 단계	착화 단계	발화 단계		순간 용단 단계
			발화후 용단	용단과 동시발화	
전선 전류 밀도	40~43	43~60	60~70	75~120	120 이상

73 금속관의 방폭형 부속품에 대한 설명으로 틀린 것은?

① 재료는 아연도금을 하거나 녹이 스는 것을 방지하도록 한 강 또는 가단주철일 것
② 안쪽 면 및 끝부분은 전선의 피복을 손상하지 않도록 매끈한 것일 것
③ 전선관과의 접속부분의 나사는 5턱 이상 완전히 나사결합이 될 수 있는 길이일 것
④ 완성품은 유입방폭구조의 폭발압력시험에 적합할 것

해설 금속관의 방폭형 부속품
① 아연도금을 한 위에 투명한 도료를 칠하거나 기타 적당한 방법으로 녹이 스는 것을 방지하도록 한 강 또는 가단 주철(可鍛鑄鐵)일 것
② 안쪽 면 및 끝부분은 전선의 피복을 손상하지 아니하도록 매끈한 것일 것
③ 전선관과의 접속 부분의 나사는 5턱 이상 완전히 나사결합이 될 수 있는 길이일 것
④ 접합면 중 나사의 접합은 내압방폭구조의 폭발압력시험에 적합할 것

74 접지의 목적과 효과로 볼 수 없는 것은?
① 낙뢰에 의한 피해방지
② 송배전선에서 지락사고의 발생 시 보호계전기를 신속하게 작동시킴
③ 설비의 절연물이 손상되었을 때 흐르는 누설전류에 의한 감전방지
④ 송배전선로의 지락사고 시 대지전위의 상승을 억제하고 절연강도를 상승시킴

해설 전기설비에 접지를 하는 목적
① 누설전류에 의한 감전방지
② 낙뢰에 의한 피해방지(전기 기기의 손상 방지)
③ 기기 및 배전선에서 이상 고전압이 발생하였을 때 대지전위를 억제하고 절연강도를 경감
④ 지락사고 시 보호계전기 신속동작(계전기의 신속하고 확실한 동작확보)
 - 송배전선, 고압 모선 등에서 지락사고의 발생 시 보호 계전기를 신속하게 작동시킴.

75 방폭전기설비의 용기 내부에 보호가스를 압입하여 내부 압력을 외부 대기 이상의 압력으로 유지함으로써 용기 내부에 폭발성 가스 분위기가 형성되는 것을 방지하는 방폭구조는?
① 내압 방폭구조
② 압력 방폭구조
③ 안전증 방폭구조
④ 유입 방폭구조

해설 압력 방폭구조(p) : 점화원이 될 우려가 있는 부분을 용기 내에 넣고 신선한 공기 또는 불연성 가스 등의 보호기체를 용기의 내부에 압입함으로써 내부의 압력을 유지하여 폭발성 가스가 침입하지 못하도록 한 구조의 방폭구조(점화원 격리)
 - 방폭전기설비의 용기 내부에 보호가스를 압입하여 내부 압력을 외부 대기 이상의 압력으로 유지함으로써 용기 내부에 폭발성 가스 분위기가 형성되는 것을 방지하는 방폭구조

76 1종 위험장소로 분류되지 않는 것은?
① 탱크류의 벤트(Vent) 개구부 부근
② 인화성 액체 탱크 내의 액면 상부의 공간부
③ 점검수리 작업에서 가연성 가스 또는 증기를 방출하는 경우의 밸브 부근
④ 탱크롤리, 드럼관 등이 인화성 액체를 충전하고 있는 경우의 개구부 부근

해설 1종 장소 : 상용의 상태에서 위험분위기가 존재하기 쉬운 장소(0종 장소의 근접 주변, 송급통구의 근접 주변, 운전상 열게 되는 연결부의 근접 주변, 배기관의 유출구 근접 주변 등의 장소 - 맨홀, 벤트, 피트 등의 주위 등)
① 탱크류의 벤트(Vent) 개구부 부근
② 점검수리 작업에서 가연성 가스 또는 증기를 방출하는 경우의 밸브 부근
③ 탱크롤리, 드럼관 등이 인화성 액체를 충전하고 있는 경우의 개구부 부근

77 기중 차단기의 기호로 옳은 것은?
① VCB   ② MCCB
③ OCB   ④ ACB

해설 차단기의 종류
① 배선용 차단기(MCCB), 기중 차단기(ACB) - 저압 전기설비에 사용
② 유입 차단기(OCB), 진공 차단기(VCB), 가스 차단기(GCB), 공기 차단기(ABB), 자기 차단기(MBB), 기중 차단기(ACB) 등이 있음.
※ 차단기(CB, Circuit Breaker) : 전류를 개폐함과 함께 과부하, 단락(短絡) 등의 이상 상태에 대해 회로를 차단해 안전을 유지하는 장치(고장 전류와 같은 대전류를 차단할 수 있는 것)

78 누전사고가 발생될 수 있는 취약 개소가 아닌 것은?
① 나선으로 접속된 분기회로의 접속점
② 전선의 열화가 발생한 곳
③ 부도체를 사용하여 이중절연이 되어 있는 곳
④ 리드선과 단자와의 접속이 불량한 곳

해설 누전사고가 발생될 수 있는 취약 개소
① 나선으로 접속된 분기회로의 접속점

정답 74.④ 75.② 76.② 77.④ 78.③

② 전선의 열화가 발생한 곳
③ 리드선과 단자와의 접속이 불량한 곳

79 지락전류가 거의 0에 가까워서 안정도가 양호하고 무정전의 송전이 가능한 접지방식은?

① 직접 접지방식
② 리액터 접지방식
③ 저항 접지방식
④ 소호 리액터 접지방식

해설 소호 리액터 접지방식 : 중성점을 송전선로의 대지정전 용량과 공진하는 리액터를 통하여 접지하는 방식. 지락전류가 거의 0에 가까워서 안정도가 양호하고 무정전의 송전이 가능한 접지방식(정전 없이 송전가능)

80 피뢰기가 갖추어야 할 특성으로 알맞은 것은?

① 충격방전 개시전압이 높을 것
② 제한 전압이 높을 것
③ 뇌전류의 방전 능력이 클 것
④ 속류를 차단하지 않을 것

해설 피뢰기가 갖추어야 할 성능
① 충격방전 개시전압이 낮아야 한다.
② 제한전압이 낮아야 한다.
③ 뇌전류의 방전능력이 크고 속류의 차단이 확실하여야 한다.
④ 반복 동작이 가능하여야 한다.

【제5과목】 **화학설비 위험방지기술**

81 고체의 연소형태 중 증발연소에 속하는 것은?

① 나프탈렌   ② 목재
③ TNT   ④ 목탄

해설 고체 가연물의 일반적인 4가지 연소방식
1) 표면연소 : 고체의 표면이 고온을 유지하면서 연소하는 현상
   - 숯, 코크스, 목탄, 금속분

2) 분해연소 : 고체가 가열되어 열분해가 일어나고 가연성 가스가 공기 중의 산소와 타는 것
   - 석탄, 목재, 플라스틱, 종이, 합성수지, 중유
3) 증발연소 : 고체 가연물이 가열하여 가연성 증기가 발생. 공기와 혼합하여 연소범위 내에서 열원에 의하여 연소하는 현상
   - 황, 나프탈렌, 파라핀(양초), 왁스, 휘발유, 등
4) 자기연소 : 공기 중 산소를 필요로 하지 않고 자신이 분해되며 타는 것(연소에 필요한 산소를 포함하고 있는 물질이 연소하는 것)
   - 질화면(니트로셀룰로오스), TNT, 셀룰로이드, 니트로글리세린 등 제5류 위험물(폭발성 물질)

82 산업안전보건법령상 "부식성 산류"에 해당하지 않는 것은?

① 농도 20%인 염산
② 농도 40%인 인산
③ 농도 50%인 질산
④ 농도 60%인 아세트산

해설 부식성 물질
가. 부식성 산류
   (1) 농도가 20% 이상인 염산, 황산, 질산, 그 밖에 이와 같은 정도 이상의 부식성을 가지는 물질
   (2) 농도가 60% 이상인 인산, 아세트산, 불산, 그 밖에 이와 같은 정도 이상의 부식성을 가지는 물질
나. 부식성 염기류 : 농도가 40% 이상인 수산화나트륨, 수산화칼륨, 그 밖에 이와 같은 정도 이상의 부식성을 가지는 염기류

83 뜨거운 금속에 물이 닿으면 튀는 현상과 같이 핵 비등(nucleate boiling) 상태에서 막 비등(film boiling)으로 이행하는 온도를 무엇이라 하는가?

① Burn-out point
② Leidenfrost point
③ Entrainment point
④ Sub-cooling boiling point

해설 Leidenfrost point(라이덴프로스트 효과)
뜨거운 금속에 물이 닿으면 튀는 현상과 같이 핵 비

정답 79.④ 80.③ 81.① 82.② 83.②

등(nucleate boiling) 상태에서 막 비등(film boiling)으로 이행하는 온도
* 핵 비등(nucleate boiling) : 가열 표면상에서의 미소한 기포의 생성 또는 증발핵 생성 현상
* 막 비등(film boiling) : 뜨거운 표면은 정지상태의 증기막으로 덮이고 열은 전도나 복사에 의해 전달
* 비등(boiling) : 고체와 액체 계면에서 증발이 일어날 때 비등

84 위험물의 취급에 관한 설명으로 틀린 것은?

① 모든 폭발성 물질은 석유류에 침지시켜 보관해야 한다.
② 산화성 물질의 경우 가연물과의 접촉을 피해야 한다.
③ 가스 누설의 우려가 있는 장소에서는 점화원의 철저한 관리가 필요하다.
④ 도전성이 나쁜 액체는 정전기 발생을 방지하기 위한 조치를 취한다.

해설 위험물의 취급
① 도전성이 나쁜 액체는 정전기 발생을 방지하기 위한 조치를 취한다.
② 산화성 물질의 경우 가연물과의 접촉을 피해야 한다.
③ 가스 누설의 우려가 있는 장소에서는 점화원의 철저한 관리가 필요하다.

85 이상반응 또는 폭발로 인하여 발생되는 압력의 방출장치가 아닌 것은?

① 과열판
② 폭압방산구
③ 화염방지기
④ 가용합금안전밸브

해설 압력의 방출장치 : 안전밸브, 가용합금안전밸브, 파열판, 폭압방산공(구)(venting deflagration) 등
① 안전밸브 : 안전밸브는 설비나 배관의 압력이 설정압력에 도달하면 자동적으로 내부압력이 분출되고, 일정 압력 이하가 되면 정상 상태로 복원하는 밸브
② 가용합금 안전밸브 : 고압가스 용기에 사용되며 화재 등으로 용기의 온도가 상승하였을 때 금속의 일부분을 녹여 가스의 배출구를 만들어 압력을 분출시켜 용기의 폭발을 방지하는 안전장치

③ 파열판(Rupture) : 입구 측의 압력이 설정 압력에 도달하면 판이 파열하면서 유체가 분출하도록 용기 등에 설치된 얇은 판으로 된 안전장치(짧은 시간내에 급격하게 압력이 변화는 경우 적합)
※ 화염방지기(flame arrester) : 비교적 저압 또는 상압에서 가연성의 증기를 발생하는 유류를 저장하는 탱크에서 외부에 그 증기를 방출하기도 하고, 탱크 내에 외기를 흡입하기도 하는 부분에 설치하며, 가는 눈금의 금망이 여러 개 겹쳐진 구조로 된 안전장치(화염의 역화를 방지하기 위한 안전장치)

86 분진폭발의 특징으로 옳은 것은?

① 연소속도가 가스폭발보다 크다.
② 완전연소로 가스중독의 위험이 작다.
③ 화염의 파급속도보다 압력의 파급속도가 크다.
④ 가스 폭발보다 연소시간은 짧고 발생에너지는 작다.

87 독성 가스에 속하지 않은 것은?

① 암모니아
② 황화수소
③ 포스겐
④ 질소

해설 독성 가스
2. "독성 가스"란 아크릴로니트릴 · 아크릴알데히드 · 아황산가스 · 암모니아 · 일산화탄소 · 이황화탄소 · 불소 · 염소 · 브롬화메탄 · 염화메 탄 · 염화프렌 · 산화에틸렌 · 시안화수소 · 황화수소 · 모노메틸아민 · 디메틸아민 · 트리메틸아민 · 벤젠 · 포스겐 · 요오드화수소 · 브롬화수소 · 염화수소 · 불화수소 · 겨자가스 · 알진 · 모노실란 · 디실란 · 디보레인 · 세렌화수소 · 포스핀 · 모노게르만 및 그 밖에 공기 중에 일정량 이상 존재하는 경우 인체에 유해한 독성을 가진 가스로서 허용농도(해당 가스를 성숙한 흰쥐 집단에게 대기 중에 서 1시간 동안 계속하여 노출시킨 경우 14일 이내에 그 흰쥐의 2분의 1 이상이 죽게 되는 가스의 농도를 말한다.)가 100만분의 5000 이하인 것을 말한다.

정답 84. ① 85. ③ 86. ③ 87. ④

88 Burgess-Wheeler의 법칙에 따르면 서로 유사한 탄화수소계의 가스에서 폭발하한계의 농도(vol%)와 연소열(kcal/mol)의 곱의 값은 약 얼마 정도인가?

① 1100　　② 2800
③ 3200　　④ 3800

해설 폭발하한계의 농도(vol%)와 연소열[kcal/mol]의 곱의 값 : Burgess-Wheeler의 법칙 : 포화탄화수소계의 가스에서는 폭발하한계의 농도 X(vol%)와 그의 연소열(kcal/mol) Q의 곱은 일정하게 된다는 법칙

$X \cdot \dfrac{Q}{100} ≒ 11$(일정) ⇨ $X \cdot Q = 1100$

89 위험물안전관리법령상 제3류 위험물 중 금수성 물질에 대하여 적응성이 있는 소화기는?

① 포소화기
② 이산화탄소소화기
③ 할로겐화합물소화기
④ 탄산수소염류분말소화기

해설 제3류 위험물 중 금수성 물질에 대하여 적응성이 있는 소화기 : 탄산수소염류분말소화기, 건조사, 팽창질석 또는 팽창진주암 등

90 공기 중에서 이황화탄소(CS_2)의 폭발한계는 하한값이 1.25vol%, 상한값이 44vol%이다. 이를 20℃ 대기압하에서 mg/L의 단위로 환산하면 하한값과 상한값은 각각 약 얼마인가? (단, 이황화탄소의 분자량은 76.1이다.)

① 하한값 : 61, 상한값 : 640
② 하한값 : 39.6, 상한값 : 1,395.2
③ 하한값 : 146, 상한값 : 860
④ 하한값 : 55.4, 상한값 : 1,642

해설 20℃ 대기압하에서 mg/L의 단위로 환산하면 하한값과 상한값
(1) 보일-샤를의 법칙
$\dfrac{V_1}{T_1} = \dfrac{V_2}{T_2}$ [T : 절대온도(K), V : 부피(L)]

① $V_1 = 22.4$
(0℃, 1기압에서 기체 1몰의 부피 : 22.4L)
② $V_2 = (T_2/T_1) \times V_1 = (293/273) \times 22.4 = 24$
($T_1 = 0+273$, $T_2 = 20+273$)

※ 절대온도(K) : K = ℃ + 273
(* 절대온도(K) : 절대 영도에 기초를 둔 온도의 측정단위를 말한다. 단위는 K이다. 섭씨온도와 관계는 섭씨온도에 273.15를 더하면 된다.)

(2) 하한값과 상한값
① 하한값(mg/L) = $\dfrac{(체적\% \times 분자량)}{V_2} \times 10$

$= \dfrac{(1.25 \times 76.1)}{24} \times 10 = 39.6$

② 상한값(mg/L) = $\dfrac{(체적\% \times 분자량)}{V_2} \times 10$

$= \dfrac{(44 \times 76.1)}{24} \times 10 = 1,395.2$

91 일산화탄소에 대한 설명으로 틀린 것은?

① 무색·무취의 기체이다.
② 염소와 촉매 존재 하에 반응하여 포스겐이 된다.
③ 인체 내의 헤모글로빈과 결합하여 산소 운반기능을 저하시킨다.
④ 불연성 가스로서, 허용농도가 10ppm이다.

해설 일산화탄소(CO)
① 무색·무취의 기체이다.
② 염소와는 촉매 존재하에 반응하여 포스겐 된다.
③ 인체 내의 헤모글로빈과 결합하여 산소운반 기능을 저하시킨다.(잠수병, 잠함병)
④ 가연성 가스이며 독성 가스이다.

92 금속의 용접·용단 또는 가열에 사용되는 가스 등의 용기를 취급할 때의 준수사항으로 틀린 것은?

① 전도의 위험이 없도록 한다.
② 밸브를 서서히 개폐한다.
③ 용해아세틸렌의 용기는 세워서 보관한다.
④ 용기의 온도를 섭씨 65도 이하로 유지한다.

정답 88. ① 89. ④ 90. ② 91. ④ 92. ④

93 산업안전보건법령상 건조설비를 사용하여 작업을 하는 경우 폭발 또는 화재를 예방하기 위하여 준수하여야 하는 사항으로 적절하지 않은 것은?

① 위험물 건조설비를 사용하는 때에는 미리 내부를 청소하거나 환기할 것
② 위험물 건조설비를 사용하는 때에는 건조로 인하여 발생하는 가스·증기 또는 분진에 의하여 폭발·화재의 위험이 있는 물질을 안전한 장소로 배출시킬 것
③ 위험물 건조설비를 사용하여 가열건조하는 건조물은 쉽게 이탈되도록 할 것
④ 고온으로 가열건조한 가연성 물질은 발화의 위험이 없는 온도로 냉각한 후에 격납시킬 것

해설 건조설비 사용 작업을 하는 경우 준수사항(산업안전보건기준에 관한 규칙)
제283조(건조설비의 사용) 사업주는 건조설비를 사용하여 작업을 하는 경우에 폭발이나 화재를 예방하기 위하여 다음 각 호의 사항을 준수하여야 한다.
1. 위험물 건조설비를 사용하는 경우에는 미리 내부를 청소하거나 환기할 것
2. 위험물 건조설비를 사용하는 경우에는 건조로 인하여 발생하는 가스·증기 또는 분진에 의하여 폭발·화재의 위험이 있는 물질을 안전한 장소로 배출시킬 것
3. 위험물 건조설비를 사용하여 가열건조하는 건조물은 쉽게 이탈되지 않도록 할 것
4. 고온으로 가열건조한 인화성 액체는 발화의 위험이 없는 온도로 냉각한 후에 격납시킬 것
5. 건조설비(바깥 면이 현저히 고온이 되는 설비만 해당한다)에 가까운 장소에는 인화성 액체를 두지 않도록 할 것

94 유류저장탱크에서 화염의 차단을 목적으로 외부에 증기를 방출하기도 하고 탱크 내 외기를 흡입하기도 하는 부분에 설치하는 안전장치는?

① vent stack   ② safety valve
③ gate valve   ④ flame arrester

해설 화염방지기(flame arrester) : 비교적 저압 또는 상압에서 가연성의 증기를 발생하는 유류를 저장하는 탱크에서 외부에 그 증기를 방출하기도 하고, 탱크 내에 외기를 흡입하기도 하는 부분에 설치하며, 가는 눈금의 금망이 여러 개 겹쳐진 구조로 된 안전장치(화염의 역화를 방지하기 위한 안전장치)
① 유류저장탱크에서 화염의 차단을 목적으로 외부에 증기를 방출하기도 하고 탱크 내 외기를 흡입하기도 하는 부분에 설치하는 안전장치
② 40메시 이상의 가는 철망을 여러 겹으로 하여 화염의 차단을 목적으로 함.

95 다음 중 공기와 혼합 시 최소착화에너지 값이 가장 작은 것은?

① CH_4 ② C_3H_8
③ C_6H_6 ④ H_2

해설 최소발화에너지(MIE, Minimum Ignition Energy, 최소점화에너지, 최소착화에너지) : 물질을 발화시키는 데 필요한 최저 에너지(최소발화에너지가 낮은 물질은 아세틸렌, 수소, 이황화탄소 등)

물질명	최소발화에너지	물질명	최소발화에너지
이황화탄소(CS_2)	0.009	에탄(C_2H_6)	0.25
수소(H_2)	0.019	프로판(C_3H_8)	0.26
아세틸렌(C_2H_2)	0.019	메탄(CH_4)	0.28
벤젠(C_6H_6)	0.20		

96 펌프의 사용 시 공동 현상(cavitation)을 방지하고자 할 때의 조치사항으로 틀린 것은?

① 펌프의 회전수를 높인다.
② 흡입비 속도를 작게 한다.
③ 펌프의 흡입관의 두(head) 손실을 줄인다.
④ 펌프의 설치높이를 낮추어 흡입양정을 짧게 한다.

정답 93. ③ 94. ④ 95. ④ 96. ①

해설 공동현상(cavitation)을 방지위한 조치사항
① 펌프의 설치 높이를 가능한 낮게한다(펌프의 설치 높이를 낮추어 흡입양정을 짧게 한다)
   – 펌프 위치를 가능한 한 흡수면에 가깝게 하여 실흡입양정(實吸入揚程)을 작게 한다.
② 펌프의 회전속도를 작게 한다.(펌프의 회전수를 낮춘다.)
③ 흡입비 속도를 작게 한다.
④ 펌프의 흡입관의 두(head) 손실을 줄인다.
⑤ 펌프의 유효흡입양정을 작게 한다.
  * 유효흡입양정(NPSH, Net Positive Suction Head) 펌프 운전 시 공동 현상 발생 없이 펌프를 안전하게 운전되고 있는가를 나타내는 척도
⑥ 흡입 측에서 펌프의 토출량을 감소시키는 일은 절대로 피한다.
※ 공동 현상(cavitation) : 물이 관 속을 흐를 때 유동하는 물속의 어느 부분의 정압이 그 때의 물의 증기압보다 낮을 경우 물이 증발하여 부분적으로 증기가 발생되어 배관의 부식을 초래하는 현상

97 다음 중 연소속도에 영향을 주는 요인으로 가장 거리가 먼 것은?

① 가연물의 색상
② 촉매
③ 산소와의 혼합비
④ 반응계의 온도

해설 연소속도에 영향을 주는 요인
① 가연물의 온도, 압력   ② 촉매
③ 산소와의 혼합비   ④ 반응계의 온도
⑤ 산화반응 속도
⑥ 산소 농도에 따라 가연물질과 접촉하는 속도

98 기체의 자연발화온도 측정법에 해당하는 것은?

① 중량법   ② 접촉법
③ 예열법   ④ 발열법

해설 자연발화온도(발화점) 측정법
① 기체 시료의 발화점 측정방법 : 충격파법, 예열법
② 고체 시료의 발화점 측정방법 : Group법, 승온시험관법
③ 액체 시료의 발화점 측정방법 : 도가니법, ASTM법, 예열법

※ 자연발화 : 공기 중에 놓여 있는 물질이 상온에서 저절로 발열하여 발화·연소되는 현상(발화온도에 도달하면 점화원이 없어도 발화하는 현상)

99 디에틸에테르와 에틸알코올이 3:1로 혼합 증기의 몰비가 각각 0.75, 0.25이고, 디에틸에테르와 에틸알코올의 폭발하한값이 각각 1.9vol%, 4.3vol%일 때 혼합가스의 폭발하한값은 약 몇 vol%인가?

① 2.2   ② 3.5
③ 22.0   ④ 34.7

해설 혼합가스의 폭발하한값(순수한 혼합가스일 경우)

$$L = \frac{100}{\frac{V_1}{L_1} + \frac{V_2}{L_2} + \cdots + \frac{V_n}{L_n}} = \frac{100}{\frac{75}{1.9} + \frac{25}{4.3}}$$

$= 2.208 = 2.2 \text{vol\%}$

* 디에틸에테르와 에틸알코올이 3 : 1 = 75% : 25%
L : 혼합가스의 폭발한계(%) – 폭발상한, 폭발하한 모두 적용 가능
$1 + L_2 + \cdots + L_n$: 각 성분가스의 폭발한계(%) – 폭발상한계, 폭발하한계
$V_1 + V_2 + \cdots + V_n$: 전체 혼합가스 중 각 성분가스의 비율(%) – 부피비

100 프로판가스 $1m^3$를 완전 연소시키는 데 필요한 이론공기량은 몇 m^3인가? (단, 공기 중의 산소농도는 20vol%이다.)

① 20   ② 25
③ 30   ④ 35

해설 이론 공기량 : 완전연소에 필요한 이론상의 최저 공기량(이론산소량/공기 중의 산소농도)
* 이론산소량 : 완전연소에 필요한 이론상의 최저 산소량
  프로판 $C_3H_8 + 5O_2 \rightarrow 3CO_2 + 4H_2O$
  $22.4m^3 \rightarrow 5 \times 22.4m^3$
  (기체 1몰의 부피 : 0℃, 1기압에서 22.4L)
  $1m^3 \rightarrow Xm^3$

  이론산소량 $= \frac{1 \times (5 \times 22.4)}{22.4} = 5m^3$

  ⇨ 이론공기량 $= \frac{5}{0.2} = 25m^3$

정답 97.① 98.③ 99.① 100.②

제6과목 건설안전기술

101 다음은 동바리로 사용하는 파이프 서포트의 설치기준이다. ( ) 안에 들어갈 내용으로 옳은 것은?

> 파이프 서포트를 ( ) 이상이어서 사용하지 않도록 할 것

① 2개　　② 3개
③ 4개　　④ 5개

해설 거푸집 동바리 등의 안전조치〈산업안전보건기준에 관한 규칙〉
제332조(거푸집동바리 등의 안전조치)
사업주는 거푸집동바리 등을 조립하는 경우에는 다음 각 호의 사항을 준수하여야 한다.
8. 동바리로 사용하는 파이프 서포트에 대해서는 다음 각 목의 사항을 따를 것
　가. 파이프 서포트를 3개 이상이어서 사용하지 않도록 할 것
　나. 파이프 서포트를 이어서 사용하는 경우에는 4개 이상의 볼트 또는 전용철물을 사용하여 이을 것
　다. 높이가 3.5미터를 초과하는 경우에는 제7호 가목의 조치를 할 것

102 콘크리트 타설 시 거푸집 측압에 관한 설명으로 옳지 않은 것은?

① 타설속도가 빠를수록 측압이 커진다.
② 거푸집의 투수성이 낮을수록 측압은 커진다.
③ 타설높이가 높을수록 측압이 커진다.
④ 콘크리트의 온도가 높을수록 측압이 커진다.

해설 콘크리트의 측압 : 콘크리트 타설 시 기둥, 벽체에 가해지는 콘크리트 수평 방향의 압력. 콘크리트의 타설높이가 증가함에 따라 측압이 증가하나 일정높이 이상이 되면 측압은 감소
① 거푸집 수밀성이 클수록 측압이 커진다.(거푸집의 투수성이 낮을수록 측압은 커진다.)
② 철근량이 적을수록 측압이 커진다.
③ 부어넣기 빠를수록 측압이 커진다.
④ 외기의 온·습도가 낮을수록 측압은 크다.
⑤ 슬럼프가 클수록 측압이 커진다.
⑥ 콘크리트의 단위 중량(밀도)이 클수록 측압이 커진다.
⑦ 거푸집 표면이 평활할수록 측압이 커진다.
⑧ 거푸집의 수평단면이 클수록 크다.
⑨ 시공연도(Workability)가 좋을수록 측압이 커진다
⑩ 거푸집의 강성이 클수록 크다.
⑪ 다짐이 좋을수록 측압이 커진다.
⑫ 벽 두께가 두꺼울수록 측압은 커진다.

103 권상용 와이어로프의 절단하중이 200ton일 때 와이어로프에 걸리는 최대하중은? (단, 안전계수는 5임)

① 1000ton　　② 400ton
③ 100ton　　④ 40ton

해설 와이어로프에 걸리는 최대하중

안전계수 $= \dfrac{\text{절단하중}}{\text{최대하중}}$

⇨ 최대하중 $= \dfrac{\text{절단하중}}{\text{안전계수}} = \dfrac{200}{5} = 40$

104 터널지보공을 설치한 경우에 수시로 점검하고, 이상을 발견한 경우에는 즉시 보강하거나 보수해야 할 사항이 아닌 것은?

① 부재의 긴압 정도
② 기둥침하의 유무 및 상태
③ 부재의 접속부 및 교차부 상태
④ 부재를 구성하는 재질의 종류 확인

105 선창의 내부에서 화물취급작업을 하는 근로자가 안전하게 통행할 수 있는 설비를 설치하여야 하는 기준은 갑판의 윗면에서 선창 밑바닥까지의 깊이가 최소 얼마를 초과할 때인가?

① 1.3m　　② 1.5m
③ 1.8m　　④ 2.0m

정답 101. ② 102. ④ 103. ④ 104. ④ 105. ②

해설 항만하역작업 시 안전〈산업안전보건기준에 관한 규칙〉
제394조(통행설비의 설치 등)
사업주는 갑판의 윗면에서 선창(船倉) 밑바닥까지의 깊이가 1.5미터를 초과하는 선창의 내부에서 화물취급작업을 하는 경우에 그 작업에 종사하는 근로자가 안전하게 통행할 수 있는 설비를 설치하여야 한다. 다만, 안전하게 통행할 수 있는 설비가 선박에 설치되어 있는 경우에는 그러하지 아니하다.

106 굴착기계의 운행 시 안전대책으로 옳지 않은 것은?

① 버킷에 사람의 탑승을 허용해서는 안 된다.
② 운전반경 내에 사람이 있을 때 회전은 10rpm 정도의 느린 속도로 하여야 한다.
③ 장비의 주차 시 경사지나 굴착작업장으로부터 충분히 이격시켜 주차한다.
④ 전선이나 구조물 등에 인접하여 붐을 선회해야 할 작업에는 사전에 회전반경, 높이제한 등 방호조치를 강구한다.

해설 굴착기계의 운행 시 안전대책
① 버킷에 사람의 탑승을 허용해서는 안 된다.
② 운전반경 내에 근로자를 출입시키지 않는다.
③ 장비의 주차 시 경사지나 굴착작업장으로부터 충분히 이격시켜 주차한다.
④ 전선이나 구조물 등에 인접하여 붐을 선회해야 될 작업에는 사전에 회전반경, 높이제한 등 방호조치를 강구한다.

107 폭우 시 옹벽배면의 배수시설이 취약하면 옹벽 저면을 통하여 침투수(seepage)의 수위가 올라간다. 이 침투수가 옹벽의 안정에 미치는 영향으로 옳지 않은 것은?

① 옹벽 배면토의 단위수량 감소로 인한 수직 저항력 증가
② 옹벽 바닥면에서의 양압력 증가
③ 수평 저항력(수동토압)의 감소
④ 포화 또는 부분 포화에 따른 뒷채움용 흙무게의 증가

해설 침투수가 옹벽의 안정에 미치는 영향
① 옹벽 배면의 지하수위 상승으로 주동토압 증가(지지력 감소)
② 옹벽 바닥면에서의 양압력 증가
③ 수평 저항력(수동토압)의 감소
④ 포화 또는 부분 포화에 따른 뒷채움용 흙무게의 증가
※ ① 주동 토압(主動土壓) : 옹벽에서 전면 방향으로 밀어주는 토압(일반적인 옹벽의 토압 상태)
② 수동 토압(受動土壓) : 옹벽에서 배면 방향으로 밀어주는 토압(흙의 횡압 때문에 나타나는 흙의 저항력)
③ 양압력(揚壓力) : 바닥면에서 작용하는 상향 수압

108 그물코의 크기가 5cm인 매듭방망일 경우 방망사의 인장강도는 최소 얼마 이상이어야 하는가? (단, 방망사는 신품인 경우이다.)

① 50kg   ② 100kg
③ 110kg   ④ 150kg

해설 추락방호망의 인장강도(방망사의 신품에 대한 인장강도)〈추락재해방지표준안전작업지침〉
※ ( )는 방망사의 폐기 시 인장강도

그물코의 크기 (단위 : 센티미터)	방망의 종류(단위 : 킬로그램)	
	매듭 없는 방망	매듭 방망
10	240(150)	200(135)
5	—	110(60)

109 부두 등의 하역작업장에서 부두 또는 안벽의 선에 따라 통로를 설치하는 경우, 최소 폭 기준은?

① 90cm 이상   ② 75cm 이상
③ 60cm 이상   ④ 45cm 이상

해설 하역작업장의 조치기준〈산업안전보건기준에 관한 규칙〉
제390조(하역작업장의 조치기준)
사업주는 부두·안벽 등 하역작업을 하는 장소에 다음 각 호의 조치를 하여야 한다.
1. 작업장 및 통로의 위험한 부분에는 안전하게 작업할 수 있는 조명을 유지할 것
2. 부두 또는 안벽의 선을 따라 통로를 설치하는 경우에는 폭을 90센티미터 이상으로 할 것

정답 106. ② 107. ① 108. ③ 109. ①

3. 육상에서의 통로 및 작업장소로서 다리 또는 선거(船渠) 갑문(閘門)을 넘는 보도(步道) 등의 위험한 부분에는 안전난간 또는 울타리 등을 설치할 것

110 건설업 산업안전보건관리비 계상 및 사용기준(고용노동부 고시)은 산업재해보상보험법의 적용을 받는 공사 중 총 공사금액이 얼마 이상인 공사에 적용하는가?

① 4천만 원 ② 3천만 원
③ 2천만 원 ④ 1천만 원

해설 **적용범위**〈건설업 산업안전보건관리비 계상 및 사용기준〉
제3조(적용범위) 이 고시는 법령의 건설공사 중 총공사금액 2천만 원 이상인 공사에 적용한다.
(※ 총공사금액 2천만 원 이상으로 확대 : 2020.7.1일부터 시행)

111 가설통로를 설치하는 경우 준수하여야 할 기준으로 옳지 않은 것은?

① 경사는 30° 이하로 할 것
② 경사가 15°를 초과하는 경우에는 미끄러지지 아니하는 구조로 할 것
③ 수직갱에 가설된 통로의 길이가 15m 이상인 때에는 15m 이내마다 계단참을 설치할 것
④ 건설공사에 사용하는 높이 8m 이상의 비계다리에는 7m 이내마다 계단참을 설치할 것

해설 **가설통로의 구조**〈산업안전보건기준에 관한 규칙〉
제23조(가설통로의 구조)
사업주는 가설통로를 설치하는 경우 다음 각 호의 사항을 준수하여야 한다.
1. 견고한 구조로 할 것
2. 경사는 30도 이하로 할 것. 다만, 계단을 설치하거나 높이 2미터 미만의 가설통로로서 튼튼한 손잡이를 설치한 경 우에는 그러하지 아니하다.
3. 경사가 15도를 초과하는 경우에는 미끄러지지 아니하는 구조로 할 것
4. 추락할 위험이 있는 장소에는 안전난간을 설치할 것. 다만, 작업상 부득이한 경우에는 필요한 부분

만 임시로 해체할 수 있다.
5. 수직갱에 가설된 통로의 길이가 15미터 이상인 경우에는 10미터 이내마다 계단참을 설치할 것
6. 건설공사에 사용하는 높이 8미터 이상인 비계다리에는 7미터 이내마다 계단참을 설치할 것

112 온도가 하강함에 따라 토중수가 얼어 부피가 약 9% 정도 증대하게 됨으로써 지표면이 부풀어 오르는 현상은?

① 동상현상 ② 연화현상
③ 리칭현상 ④ 액상화현상

해설 **동상현상**(frost heave)
물이 결빙되는 위치로 지속적으로 유입되는 조건에서 온도가 하강함에 따라 토중수가 얼어 생성된 결빙 크기가 계속 커져 지표면이 부풀어 오르는 현상(토중수가 얼어 부피가 약 9% 정도 증대)

113 강관틀비계를 조립하여 사용하는 경우 준수해야 할 기준으로 옳지 않은 것은?

① 높이가 20m를 초과하거나 중량물의 적재를 수반하는 작업을 할 경우에는 주틀 간의 간격을 2.4m 이하로 할 것
② 수직 방향으로 6m, 수평 방향으로 8m 이내마다 벽이음을 할 것
③ 길이가 띠장 방향으로 4m 이하이고 높이가 10m를 초과하는 경우에는 10m 이내마다 띠장 방향으로 버팀기둥을 설치할 것
④ 주틀 간에 교차 가새를 설치하고 최상층 및 5층 이내마다 수평재를 설치할 것

해설 **강관틀비계**〈산업안전보건기준에 관한 규칙〉
제62조(강관틀비계)
사업주는 강관틀 비계를 조립하여 사용하는 경우 다음 각 호의 사항을 준수하여야 한다.
1. 비계기둥의 밑둥에는 밑받침 철물을 사용하여야 하며 밑받침에 고저차(高低差)가 있는 경우에는 조절형 밑받침철물을 사용하여 각각의 강관틀비계가 항상 수평 및 수직을 유지하도록 할 것

정답 110. ③ 111. ③ 112. ① 113. ①

2. 높이가 20미터를 초과하거나 중량물의 적재를 수반하는 작업을 할 경우에는 주틀 간의 간격을 1.8미터 이하로 할 것
3. 주틀 간에 교차 가새를 설치하고 최상층 및 5층 이내마다 수평재를 설치할 것
4. 수직 방향으로 6미터, 수평 방향으로 8미터 이내마다 벽이음을 할 것
5. 길이가 띠장 방향으로 4미터 이하이고 높이가 10미터를 초과하는 경우에는 10미터 이내마다 띠장 방향으로 버팀기둥을 설치할 것

을 설치하는 등 필요한 예방 조치를 한 장소는 제외한다.
6. 난간대는 지름 2.7센티미터 이상의 금속제 파이프나 그 이상의 강도가 있는 재료일 것
7. 안전난간은 구조적으로 가장 취약한 지점에서 가장 취약한 방향으로 작용하는 100킬로그램 이상의 하중에 견딜 수 있는 튼튼한 구조일 것

114 근로자의 추락 등의 위험을 방지하기 위한 안전난간의 구조 및 설치 요건에 관한 기준으로 옳지 않은 것은?

① 상부난간대는 바닥면·발판 또는 경사로의 표면으로부터 90cm 이상 지점에 설치할 것
② 발끝막이판은 바닥면 등으로부터 10cm 이상의 높이를 유지할 것
③ 난간대는 지름 1.5cm 이상의 금속제 파이프나 그 이상의 강도를 가진 재료일 것
④ 안전난간은 구조적으로 가장 취약한 지점에서 가장 취약한 방향으로 작용하는 100kg 이상의 하중에 견딜 수 있는 튼튼한 구조일 것

[해설] **안전난간**〈산업안전보건기준에 관한 규칙〉
제13조(안전난간의 구조 및 설치요건)
사업주는 근로자의 추락 등의 위험을 방지하기 위하여 안전난간을 설치하는 경우 다음 각 호의 기준에 맞는 구조로 설치하여야 한다.
2. 상부 난간대는 바닥면·발판 또는 경사로의 표면으로부터 90센티미터 이상 지점에 설치하고, 상부 난간대를 120센티미터 이하에 설치하는 경우에는 중간 난간대는 상부 난간대와 바닥면 등의 중간에 설치하여야 하며, 120센티미터 이상 지점에 설치하는 경우에는 중간 난간대를 2단 이상으로 균등하게 설치하고 난간의 상하 간격은 60센티미터 이하가 되도록 할 것
3. 발끝막이판은 바닥면 등으로부터 10센티미터 이상의 높이를 유지할 것. 다만, 물체가 떨어지거나 날아올 위험이 없거나 그 위험을 방지할 수 있는 망

115 건설공사 유해·위험방지계획서를 제출해야 할 대상공사에 해당하지 않는 것은?

① 깊이 10m인 굴착공사
② 다목적댐 건설공사
③ 최대 지간길이가 40m인 교량건설 공사
④ 연면적 5000m²인 냉동·냉장창고시설의 설비공사

116 건설현장에 달비계를 설치하여 작업 시 달비계에 사용가능한 와이어로프로 볼 수 있는 것은?

① 이음매가 있는 것
② 와이어로프의 한 꼬임에서 끊어진 소선의 수가 5%인 것
③ 지름의 감소가 공칭지름의 10%인 것
④ 열과 전기충격에 의해 손상된 것

[해설] **권상용 와이어로프의 준수사항**〈산업안전보건기준에 관한 규칙〉
제63조(달비계의 구조)
1. 다음 각 목의 어느 하나에 해당하는 와이어로프를 달비계에 사용해서는 아니 된다.
   가. 이음매가 있는 것
   나. 와이어로프의 한 꼬임[(스트랜드(strand)를 말한다. 이하 같다)]에서 끊어진 소선(素線)[필러(pillar)선은 제외한다]의 수가 10퍼센트 이상
   다. 지름의 감소가 공칭지름의 7퍼센트를 초과하는 것
   라. 꼬인 것
   마. 심하게 변형되거나 부식된 것
   바. 열과 전기충격에 의해 손상된 것

정답 114. ③ 115. ③ 116. ②

117 토질시험(soil test)방법 중 전단시험에 해당하지 않는 것은?

① 1면 전단 시험 ② 베인 테스트
③ 일축 압축 시험 ④ 투수시험

해설 토질시험(soil test)방법 중 전단시험 : 일축 압축 시험, 삼축 압축 시험, 1면 전단 시험, 베인테스트, 표준관입시험, 평판 재하시험
※ 흙의 역학적 시험
① 전단시험(전단강도 측정 시험)
② 압밀시험(토층의 침하량, 침하속도 조사)
③ 투수시험(물 빠짐 정도인 투수계수 측정 시험)
④ 다짐시험

118 철골 건립기계 선정 시 사전 검토사항과 가장 거리가 먼 것은?

① 건립기계의 소음 영향
② 건립기계로 인한 일조권 침해
③ 건물 형태
④ 작업 반경

119 감전재해의 직접적인 요인으로 가장 거리가 먼 것은?

① 통전전압의 크기
② 통전전류의 크기
③ 통전시간
④ 통전경로

해설 감전재해의 요인

1차적 감전 요인	2차적 감전 요인
① 통전 전류의 크기	① 인체의 조건(인체의 저항)
② 통전 시간	② 전압의 크기
③ 통전 경로	③ 계절 등 주위환경
④ 전원의 종류(교류, 직류)	
⑤ 주파수 및 파형	

120 클램쉘(Clam shell)의 용도로 옳지 않은 것은?

① 잠함 안의 굴착에 사용된다.
② 수면 아래의 자갈, 모래를 굴착하고 준설선에 많이 사용된다.
③ 건축구조물의 기초 등 정해진 범위의 깊은 굴착에 적합하다.
④ 단단한 지반의 작업도 가능하며 작업속도가 빠르고 특히 암반굴착에 적합하다.

해설 클램쉘(clam shell) : 좁은 장소의 깊은 굴삭에 효과적. 정확한 굴삭과 단단한 지반의 작업은 어려움. 수중굴착 공사에 가장 적합한 건설기계
〈클램쉘(Clam shell)의 용도〉
① 잠함 안의 굴착에 사용된다.
② 수면하의 자갈, 실트 혹은 모래를 굴착하고 준설선에 많이 사용한다.
③ 건축구조물의 기초 등 정해진 범위의 깊은 굴착에 적합하다.
④ 교량 하부공사의 정통(井筒)침하 작업에 사용하면 유리하다.
⑤ 높은 깔대기에 재료를 투입할 때, 콘크리트 배치 플랜트 등에 사용한다.

정답 117. ④ 118. ② 119. ① 120. ④

산업안전기사

2020

- 2020년 제1·2회 기출문제
  (6월 7일 시행)
- 2020년 제3회 기출문제
  (8월 22일 시행)
- 2020년 제4회 기출문제
  (9월 26일 시행)

2020년 제1·2회 산업안전기사 기출문제

제1과목 안전관리론

01 산업안전보건법령상 안전보건표지의 종류 중 경고표지에 해당하지 않는 것은?

① 레이저광선 경고
② 급성독성물질 경고
③ 매달린 물체 경고
④ 차량통행 경고

해설 안전보건표지 종류[별표 7]
(2) 경고표지 : 1. 인화성물질경고 2. 산화성물질 경고 3. 폭발성물질 경고 4. 급성독성물질 경고 5. 부식성물질 경고 6. 방사성물질 경고 7. 고압전기 경고 8. 매달린 물체 경고 9. 낙하물체 경고 10. 고온 경고 11. 저온 경고 12. 몸균형 상실 경고 13. 레이저광선 경고 14. 발암성·변이원성·생식독성·전신독성·호흡기과민성물질 경고 15. 위험장소 경고

02 몇 사람의 전문가에 의하여 과제에 관한 견해를 발표한 뒤에 참가자로 하여금 의견이나 질문을 하게 하여 토의하는 방법을 무엇이라 하는가?

① 심포지엄(symposium)
② 버즈 세션(buzz session)
③ 케이스 메소드(case method)
④ 패널 디스커션(panel discussion)

해설 토의식 교육방법
(가) 포럼(forum) : 새로운 자료나 교재를 제시하고, 피교육자로 하여금 문제점을 제기하도록 하거나 의견을 여러 가지 방법으로 발표하게 하여 청중과 토론자 간 활발한 의견 개진과 합의를 도출해 가는 토의방법(깊이 파고들어 토의하는 방법)

(나) 심포지엄(symposium) : 몇 사람의 전문가에 의하여 과정에 관한 견해를 발표한 뒤 참가자로 하여금 의견이나 질문을 하게 하는 토의법
(다) 패널 디스커션(panel discussion) : 패널 멤버(교육과제에 정통한 전문가 4~5명)가 피교육자 앞에서 자유로이 토의하고 뒤에 피교육자 전원이 참가하여 사회자의 사회에 따라 토의하는 방법
(라) 버즈 세션(buzz session) : 6-6 회의라고도 하며, 참가자가 다수인 경우에 전원을 토의에 참가시키기 위한 방법으로 소집단을 구성하여 회의를 진행시키는 방법
(마) 사례연구법(case method, case study) : 먼저 사례를 제시하고 문제적 사실들과 상호관계에 대하여 검토하고 대책을 토의하는 방법
(바) 자유토의법(free discussion method) : 참가자는 고정적인 규칙이나 리더에게 얽매이지 않고 자유로이 의견이나 태도를 표명하며, 지식이나 정보를 상호 제공, 교환함으로써 참가자 상호 간의 의견이나 견해의 차이를 상호작용으로 조정하여 집단으로 의견을 요약해 나가는 방법

03 작업을 하고 있을 때 긴급 이상상태 또는 돌발 사태가 되면 순간적으로 긴장하게 되어 판단능력의 둔화 또는 정지상태가 되는 것은?

① 의식의 우회
② 의식의 과잉
③ 의식의 단절
④ 의식의 수준 저하

04 A 사업장의 2019년 도수율이 10이라 할 때 연천인율은 얼마인가?

① 2.4
② 5
③ 12
④ 24

정답 01. ④ 02. ① 03. ② 04. ④

해설 연천인율
① 연천인율은 근로자 1,000명을 1년간 기준으로 한 재해자 수의 비율
② 연천인율 = $\frac{\text{연간 재해자 수}}{\text{연평균 근로자 수}} \times 1,000$
③ 연천인율 = 도수율 × 2.4(도수율과 상관관계)
← 근로시간 1일 8시간 연 300일인 경우에 적용됨(* 도수율 = 연천인율 ÷ 2.4)
⇨ 연천인율 = 도수율 × 2.4 = 10 × 2.4 = 24

05 산업안전보건법령상 산업안전보건위원회의 사용자위원에 해당되지 않는 사람은? (단, 각 사업장은 해당하는 사람을 선임하여야 하는 대상 사업장으로 한다.)

① 안전관리자
② 산업보건의
③ 명예산업안전감독관
④ 해당 사업장 부서의 장

해설 산업안전보건위원회의 구성(노사 동수로 구성)

구성	내용
근로자 위원	1. 근로자대표 2. 근로자대표가 지명하는 1명 이상의 명예감독관(위촉되어 있는 사업장의 경우) 3. 근로자대표가 지명하는 9명 이내의 근로자(명예감독관이 지명되어 있는 경우 그 수를 제외)

구성	내용
사용자 위원	1. 사업의 대표자(사업장의 최고책임자) 2. 안전관리자 1명(안전관리전문기관에 위탁 시 해당 사업장 담당자) 3. 보건관리자 1명(보건관리전문기관에 위탁 시 해당 사업장 담당자) 4. 산업보건의(선임되어 있는 경우) 5. 해당 사업의 대표자가 지명하는 9명 이내의 사업장 부서의 장

06 산업안전보건법상 안전관리자의 업무는?

① 직업성 질환 발생의 원인조사 및 대책수립
② 해당 사업장 안전교육계획의 수립 및 안전교육 실시에 관한 보좌 및 지도·조언
③ 근로자의 건강장해의 원인조사와 재발방지를 위한 의학적 조치
④ 당해 작업에서 발생한 산업재해에 관한보고 및 이에 대한 응급조치

해설 안전관리자의 업무 : 안전에 관한 기술적인 사항에 관하여 사업주 또는 안전보건관리책임자를 보좌하고 관리감독자에게 지도·조언하는 업무

07 어느 사업장에서 물적손실이 수반된 무상해 사고가 180건 발생하였다면 중상은 몇 건이나 발생할 수 있는가? (단, 버드의 재해구성 비율 법칙에 따른다.)

① 6건 ② 18건
③ 20건 ④ 29건

해설 버드의 1 : 10 : 30 : 600 법칙 [중상 : 경상해 : 물적만의 사고 : 무상해, 무손실 사고]
물적손실이 수반된 무상해 사고(물적만의 사고) 180건/30 = 6배 ⇨ 중상 1 × 6배 = 6건

08 안전보건교육 계획에 포함해야 할 사항이 아닌 것은?

① 교육지도안
② 교육장소 및 교육방법
③ 교육의 종류 및 대상
④ 교육의 과목 및 교육내용

해설 안전교육계획 수립 시 포함하여야 할 사항
① 교육목표(교육 및 훈련의 범위)
② 교육의 종류 및 교육대상
③ 교육의 과목 및 교육내용
④ 교육기간 및 시간
⑤ 교육장소와 방법
⑥ 교육담당자 및 강사
⑦ 소요예산 산정

정답 05. ③ 06. ② 07. ① 08. ①

09 Y·G 성격검사에서 "안전, 적응, 적극형"에 해당하는 형의 종류는?

① A형　　② B형
③ C형　　④ D형

해설 Y·G 성격검사(Yatabe-Guilford) : 질문에 대하여 3지선다(예, 아니오, 어느 쪽도 아님)로 회답하는 방식
(가) A형(평균형) : 조화적, 적응적
(나) B형(우편형) : 정서불안정, 활동적, 외향적(부적응, 적극형)
(다) C형(좌편형) : 안전, 비활동적, 내향적(소극형)
(라) D형(우하형) : 안전, 적응, 적극형(활동적, 사회적응)
(마) E형(좌하형) : 불안정, 부적응, 수동형

10 안전교육에 대한 설명으로 옳은 것은?

① 사례중심과 실연을 통하여 기능적 이해를 돕는다.
② 사무직과 기능직은 그 업무가 판이하게 다르므로 분리하여 교육한다.
③ 현장 작업자는 이해력이 낮으므로 단순 반복 및 암기를 시킨다.
④ 안전교육에 건성으로 참여하는 것을 방지하기 위하여 인사고과에 필히 반영한다.

해설 안전보건교육의 3단계 : 지식 - 기능 - 태도교육
(1) 지식교육(제1단계) : 강의, 시청각교육을 통한 지식의 전달과 이해
(2) 기능교육(제2단계) : 시범, 견학, 실습, 현장실습교육을 통한 경험 체득과 이해
　① 교육 대상자가 그것을 스스로 행함으로 얻어짐.
　② 개인의 반복적 시행착오에 의해서만 얻어짐.
(3) 태도교육(제3단계) : 작업동작지도, 생활지도 등을 통한 안전의 습관화(올바른 행동의 습관화 및 가치관을 형성)

11 산업안전보건법령에 따라 환기가 극히 불량한 좁은 밀폐된 장소에서 용접작업을 하는 근로자를 대상으로 한 특별안전·보건교육 내용에 포함되지 않는 것은? (단, 일반적인 안전·보건에 필요한 사항은 제외한다.)

① 환기설비에 관한 사항
② 질식 시 응급조치에 관한 사항
③ 작업순서, 안전작업방법 및 수칙에 관한 사항
④ 폭발 한계점, 발화점 및 인화점 등에 관한 사항

해설 밀폐된 장소(탱크 내 또는 환기가 극히 불량한 좁은 장소를 말한다)에서 하는 용접작업 또는 습한 장소에서 하는 전기용접 작업
· 작업순서, 안전작업방법 및 수칙에 관한 사항
· 환기설비에 관한 사항
· 전격 방지 및 보호구 착용에 관한 사항
· 질식 시 응급조치에 관한 사항
· 작업환경 점검에 관한 사항
· 그 밖에 안전·보건 관리에 필요한 사항

12 크레인, 리프트 및 곤돌라는 사업장에 설치가 끝난 날부터 몇 년 이내에 최초의 안전검사를 실시해야 하는가? (단, 이동식 크레인, 이삿짐운반용 리프트는 제외한다.)

① 1년　　② 2년
③ 3년　　④ 4년

해설 안전검사의 주기 : 안전검사대상 유해·위험기계 등의 검사 주기는 다음 각호와 같다.
1. 크레인(이동식 크레인은 제외한다), 리프트(이삿짐운반용 리프트는 제외한다) 및 곤돌라 : 사업장에 설치가 끝난 날부터 3년 이내에 최초 안전검사를 실시하되, 그 이후부터 2년마다(건설현장에서 사용하는 것은 최초로 설치한 날부터 6개월마다)

정답 09. ④　10. ①　11. ④　12. ③

13 재해 코스트 산정에 있어 시몬즈(R.H. Simonds) 방식에 의한 재해코스트 산정법으로 옳은 것은?

① 직접비 + 간접비
② 간접비 + 비보험코스트
③ 보험코스트 + 비보험코스트
④ 보험코스트 + 사업부보상금 지급액

해설 시몬즈(R.H. Simonds) 방식에 의한 재해코스트 산정법
1) 총재해코스트 : 보험코스트 + 비보험코스트
2) 보험코스트 : 사업장에서 지출한 산재보험료
3) 비보험코스트 = (A × 휴업상해 건수) + (B × 통원상해 건수) + (C × 구급조치 건수) + (D × 무상해사고 건수)
   (* A, B, C, D는 장해 정도에 따라 결정)
① 휴업상해 : 영구 부분노동 불능, 일시 전노동 불능
② 통원상해 : 일시 부분노동 불능, 의사의 조치를 필요로 하는 통원상해
③ 구급(응급)조치상해 : 20달러 미만의 손실 또는 8시간 미만의 휴업이 되는 정도의 의료조치 상해
④ 무상해사고 : 의료조치를 필요로 하지 않는 정도의 극미한 상해사고나 무상해사고(20달러 이상의 손실 또는 8시간 이상의 시간 손실을 가져온 사고)

14 다음 중 맥그리거(McGregor)의 Y 이론과 가장 거리가 먼 것은?

① 성선설
② 상호신뢰
③ 선진국형
④ 권위주의적 리더십

15 생체 리듬(Bio Rhythm) 중 일반적으로 28일을 주기로 반복되며, 주의력·창조력·예감 및 통찰력 등을 좌우하는 리듬은?

① 육체적 리듬   ② 지성적 리듬
③ 감성적 리듬   ④ 정신적 리듬

해설 생체 리듬(Bio Rhythm) : 인간의 생리적 주기 또는 리듬에 관한 이론
(가) 생체 리듬 구분

종류	곡선표시	영역	주기
육체 리듬 (Physical)	P, 청색, 실선	식욕, 소화력, 활동력, 지구력 등이 증가(신체적 컨디션의 율동적 발현)	23일
감성 리듬 (Sensitivity)	S, 적색, 점선	감정, 주의력, 창조력, 예감, 희로애락 등이 증가	28일
지성 리듬 (Intellectual)	I, 녹색, 일점쇄선	상상력, 사고력, 판단력, 기억력, 인지력, 추리능력 등이 증가	33일

16 재해예방의 4원칙에 해당하지 않는 것은?

① 예방가능의 원칙
② 손실가능의 원칙
③ 원인연계의 원칙
④ 대책선정의 원칙

해설 하인리히의 재해예방 4원칙
① 손실우연의 원칙 : 재해발생 결과 손실(재해)의 유무, 형태와 크기는 우연적이다(사고의 발생과 손실의 발생에는 우연적 관계임. 손실은 우연에 의해 결정되기 때문에 예측할 수 없음. 따라서 예방이 최선)
② 원인연계(연쇄, 계기)의 원칙 : 재해의 발생에는 반드시 그 원인이 있으며 원인이 연쇄적으로 이어진다(손실은 우연적이지만 사고와 원인의 관계는 필연적으로 인과관계가 있다.).
③ 예방가능의 원칙 : 재해는 사전 예방이 가능하다.
④ 대책선정(강구)의 원칙 : 사고의 원인이나 불안전 요소가 발견되면 반드시 대책은 선정 실시되어야 하며 대책 선정이 가능하다.(안전대책이 강구되어야 함.)

17 관리감독자를 대상으로 교육하는 TWI의 교육내용이 아닌 것은?

① 문제해결훈련   ② 작업지도훈련
③ 인간관계훈련   ④ 작업방법훈련

정답 13. ③ 14. ④ 15. ③ 16. ② 17. ①

해설 TWI(Training Within Industry)
직장에서 제일선 감독자(관리감독자)에 대해서 감독 능력을 높이고 부하 직원과의 인간관계를 개선해서 생산성을 높이기 위한 훈련방법

18 위험예지훈련 4R(라운드)기법의 진행방법에서 3R에 해당하는 것은?

① 목표설정 ② 대책수립
③ 본질추구 ④ 현상파악

해설 위험예지훈련 제4단계(4라운드) – 문제해결 4단계
① 제1단계(1R) 현상파악 : 위험요인 항목 도출
② 제2단계(2R) 본질추구 : 위험의 포인트 결정 및 지적확인(문제점을 발견하고 중요 문제를 결정)
③ 제3단계(3R) 대책수립 : 결정된 위험 포인트에 대한 대책수립
④ 제4단계(4R) 목표설정 : 팀의 행동 목표설정 및 지적확인(가장 우수한 대책에 합의하고, 행동계획을 결정)

19 무재해운동의 기본이념 3원칙 중 다음에서 설명하는 것은?

> 직장 내의 모든 잠재위험요인을 적극적으로 사전에 발견, 파악, 해결함으로써 뿌리에서부터 산업재해를 제거하는 것

① 무의 원칙 ② 선취의 원칙
③ 참가의 원칙 ④ 확인의 원칙

해설 무재해운동의(이념) 3대 원칙
① 무(zero)의 원칙 : 재해는 물론 일체의 잠재요인을 적극적으로 사전에 발견하고 파악, 해결함으로써 산업재해의 근원적인 요소들을 제거(근본적으로 위험요인 제거)
② 선취(안전제일, 선취해결)의 원칙 : 잠재위험요인을 사전에 미리 발견하고 파악, 해결하여 재해를 예방
③ 참가의 원칙 : 근로자 전원이 참가하여 문제해결 등을 실천

20 방진마스크의 사용 조건 중 산소농도의 최소 기준으로 옳은 것은?

① 16% ② 18%
③ 21% ④ 23.5%

해설 방진마스크 사용 조건 : 산소농도 18% 이상인 장소에서 사용

제2과목 인간공학 및 시스템안전공학

21 인체 계측 자료의 응용 원칙이 아닌 것은?

① 기존 동일 제품을 기준으로 한 설계
② 최대치수와 최소치수를 기준으로 한 설계
③ 조절 범위를 기준으로 한 설계
④ 평균치를 기준으로 한 설계

22 인체에서 뼈의 주요 기능이 아닌 것은?

① 인체의 지주 ② 장기의 보호
③ 골수의 조혈 ④ 근육의 대사

해설 뼈의 주요 기능
① 인체의 지주
② 장기의 보호
③ 골수의 조혈
④ 신체 기능에 필요한 미네랄 저장

23 각 부품의 신뢰도가 다음과 같을 때 시스템의 전체 신뢰도는 약 얼마인가?

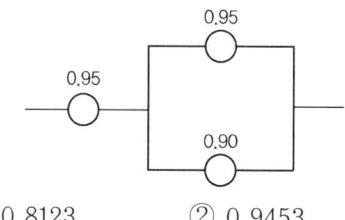

① 0.8123 ② 0.9453
③ 0.9553 ④ 0.9953

정답 18.② 19.① 20.② 21.① 22.④ 23.②

해설 시스템의 신뢰도
= 0.95 × {1 − (1 − 0.95)(1 − 0.90)} = 0.9453

24 손이나 특정 신체 부위에 발생하는 누적손상장애(CTD)의 발생인자와 가장 거리가 먼 것은?

① 무리한 힘
② 다습한 환경
③ 장시간의 진동
④ 반복도가 높은 작업

해설 누적외상성질환(Cumulative Trauma Disorders, CTDs. − 누적손상장애) : 외부의 스트레스에 의해 (Trauma), 오랜 시간을 두고 반복 발생하는(Cumulative), 육체적인 질환(Disorders)들을 말함.
① 특정 신체 부위 및 근육의 과도한 사용으로 인해 근육, 관절, 혈관, 신경 등에 미세한 손상이 발생하여 목, 어깨, 팔, 손 및 손가락 등 상지에 만성적 건강장애인 누적외상성질환이 발생
② 원인
  ㉠ 부자연스러운 작업자세
  ㉡ 과도한 힘의 발휘
  ㉢ 높은 반복 및 작업 빈도
  ㉣ 부적절한 휴식
  ㉤ 기타 진동, 저온

25 인간공학 연구조사에 사용되는 기준의 구비 조건과 가장 거리가 먼 것은?

① 다양성
② 적절성
③ 무오염성
④ 기준 척도의 신뢰성

해설 인간공학 연구조사에 사용하는 기준의 요건
① 적절성 : 의도된 목적에 부합하여야 한다.
② 신뢰성 : 반복 실험 시 재현성이 있어야 한다.
③ 무오염성 : 측정하고자 하는 변수 이 외의 다른 변수의 영향을 받아서는 안 된다.
④ 민감도 : 피실험자 사이에서 볼 수 있는 예상 차이점에 비례하는 단위로 측정해야 한다.

26 의자 설계 시 고려해야 할 일반적인 원리와 가장 거리가 먼 것은?

① 자세 고정을 줄인다.
② 조정이 용이해야 한다.
③ 디스크가 받는 압력을 줄인다.
④ 요추 부위의 후만곡선을 유지한다.

해설 의자 설계의 일반 원칙 : 의자를 설계하는 데 있어 적용할 수 있는 일반적인 인간공학적 원칙
① 조절을 용이하게 함.
② 요부 전만(腰部前灣)을 유지할 수 있도록 함 : 허리 S라인 유지
③ 등근육의 정적 부하를 줄이는 구조
④ 추간판(디스크)에 가해지는 압력을 줄일 수 있도록 함.
⑤ 고정된 자세로 장시간 유지되지 않도록 함(자세 고정 줄임).

27 다음 FT도에서 시스템에 고장이 발생할 확률은 약 얼마인가? (단, X_1과 X_2의 발생 확률은 각각 0.05, 0.03이다.)

① 0.0015
② 0.0785
③ 0.9215
④ 0.9985

해설 시스템에서 고장이 발생할 확률
(※ OR 게이트 : 입력 X_1과 X_2의 어느 한쪽이 일어나면 출력 T가 생기는 경우를 논리합의 관계)
$T = 1 − (1 − X_1)(1 − X_2) = 1 − (1 − 0.05)(1 − 0.03)$
$= 0.0785$

28 반사율이 85%, 글자의 밝기가 400cd/m²인 VDT 화면에 350lux의 조명이 있다면 대비는 약 얼마인가?

① −6.0
② −5.0
③ −4.2
④ −2.8

정답 24. ② 25. ① 26. ④ 27. ② 28. ③

해설 대비 : 표적의 광속발산도(휘도)와 배경의 광속발산도의 차

$$대비 = \frac{L_b - L_t}{L_b} \times 100$$

(L_b : 배경의 광속발산도, L_t : 표적의 광속발산도)

① 배경의 휘도(L_b)
   휘도(cd/m²) = (반사율 × 조도) / π
   = (0.85 × 350) / π = 94.7

② 표적의 휘도(L_t)
   표적의 전체 휘도(cd/m²) = 400 + 94.7 = 494.7

⇨ 대비 = {(94.7 − 494.7) / 94.7} × 100
   = −4.223 ≒ −4.2%

29 화학설비에 대한 안전성 평가 중 정량적 평가 항목에 해당되지 않는 것은?

① 공정   ② 취급물질
③ 압력   ④ 화학설비용량

30 시각장치와 비교하여 청각장치 사용이 유리한 경우는?

① 메시지가 길 때
② 메시지가 복잡할 때
③ 정보 전달 장소가 너무 소란할 때
④ 메시지에 대한 즉각적인 반응이 필요할 때

31 산업안전보건법령상 사업주가 유해위험방지계획서를 제출할 때에는 사업장별로 관련 서류를 첨부하여 해당 작업 시작 며칠 전까지 해당기관에 제출하여야 하는가?

① 7일   ② 15일
③ 30일 ④ 60일

해설 유해 · 위험방지계획서의 제출
① 제조업 : 해당 작업 시작 15일 전까지 공단에 2부 제출
② 건설업 : 해당 공사의 착공 전날까지 공단에 2부 제출

32 인간-기계 시스템을 설계할 때에는 특정기능을 기계에 할당하거나 인간에게 할당하게 된다. 이러한 기능할당과 관련된 사항으로 옳지 않은 것은? (단, 인공지능과 관련된 사항은 제외한다.)

① 인간은 원칙을 적용하여 다양한 문제를 해결하는 능력이 기계에 비해 우월하다.
② 일반적으로 기계는 장시간 일관성이 있는 작업을 수행하는 능력이 인간에 비해 우월하다.
③ 인간은 소음, 이상온도 등의 환경에서 작업을 수행하는 능력이 기계에 비해 우월하다.
④ 일반적으로 인간은 주위가 이상하거나 예기치 못한 사건을 감지하여 대처하는 능력이 기계에 비해 우월하다.

33 모든 시스템 안전분석에서 제일 첫 번째 단계의 분석으로, 실행되고 있는 시스템을 포함한 모든 것의 상태를 인식하고 시스템의 개발단계에서 시스템 고유의 위험상태를 식별하여 예상되고 있는 재해의 위험 수준을 결정하는 것을 목적으로 하는 위험분석기법은?

① 결함위험분석(FHA : Fault Hazard Analysis)
② 시스템위험분석(SHA : System Hazard Analysis)
③ 예비위험분석(PHA : Preliminary Hazard Analysis)
④ 운용위험분석(OHA : Operating Hazard Analysis)

해설 예비위험분석(PHA : Preliminary Hazards Analysis) : 모든 시스템 안전 프로그램에서의 최초 단계 분석 방법으로 시스템의 위험요소가 어떤 위험 상태에 있는가를 정성적으로 평가하는 분석 방법

정답 29. ① 30. ④ 31. ② 32. ③ 33. ③

① 예비위험분석(PHA)의 목적 : 시스템의 구상단계에서 시스템 고유의 위험상태를 식별하여 예상되는 위험수준을 결정하기 위한 것
② 복잡한 시스템을 설계, 가동하기 전의 구상단계에서 시스템의 근본적인 위험성을 평가하는 가장 기초적인 위험도 분석기법

34 컷셋(cut set)과 패스셋(pass set)에 관한 설명으로 옳은 것은?

① 동일한 시스템에서 패스셋의 개수와 컷셋의 개수는 같다.
② 패스셋은 동시에 발생했을 때 정상사상을 유발하는 사상들의 집합이다.
③ 일반적으로 시스템에서 최소 컷셋의 개수가 늘어나면 위험 수준이 높아진다.
④ 최소 컷셋은 어떤 고장이나 실수를 일으키지 않으면 재해는 일어나지 않는다고 하는 것이다.

해설 **컷셋과 패스셋**
(1) 컷셋(cut set) : 특정 조합의 기본사상들이 동시에 결함을 발생하였을 때 정상사상(결함사상)을 일으키는 기본사상의 집합(정상사상이 일어나기 위한 기본사상의 집합)
(2) 최소 컷셋(Minimal cut set) : 컷셋 가운데 그 부분집합만으로 정상사상(결함 발생)을 일으키기 위한 최소의 컷셋(정상사상이 일어나기 위한 기본사상의 필요한 최소의 것)
(3) 패스셋(path set) : 시스템이 고장 나지 않도록 하는 사상의 조합
(4) 최소 패스셋(minimal path set) : 어떤 고장이나 실수를 일으키지 않으면 재해가 발생하지 않는 것으로 시스템의 신뢰성을 표시하며 시스템이 기능을 살리는데 필요한 최소 요인의 집합
(5) 컷셋과 패스셋의 설명
① 일반적으로 시스템에서 최소 컷셋의 개수가 늘어나면 위험수준이 높아짐.
② 최소 컷셋은 사상 개수와 무관하게 위험수준은 높음.
③ 동일한 시스템에서 패스셋의 개수와 컷셋의 개수는 틀림.

④ 최소 패스셋(minimal path set)은 어떤 고장이나 실수를 일으키지 않으면 재해가 발생하지 않는 것으로 시스템이 기능을 살리는데 필요한 최소 요인의 집합

35 조종장치를 촉각적으로 식별하기 위하여 사용되는 촉각적 코드화의 방법으로 옳지 않은 것은?

① 색감을 활용한 코드화
② 크기를 이용한 코드화
③ 조종장치의 형상 코드화
④ 표면 촉감을 이용한 코드화

해설 **정보의 촉각적 암호(code)화 방법**
① 표면 촉감을 사용하는 경우 - 점자, 진동, 온도
② 형상을 구별하여 사용하는 경우
③ 크기를 구별하여 사용하는 경우

36 FT도에서 사용하는 기호 중 다음 그림과 같이 OR 게이트이지만 2개 또는 그 이상의 입력이 동시에 존재할 때 출력이 생기지 않는 경우 사용하는 것은?〈문제 오류로 문제(기호) 수정〉

① 부정 OR 게이트
② 배타적 OR 게이트
③ 억제 게이트
④ 조합 OR 게이트

해설 **배타적 OR 게이트**

| 15 | 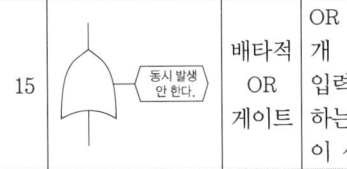 | 배타적 OR 게이트 | OR 게이트이지만 2개 또는 2 이상의 입력이 동시에 존재하는 경우에는 출력이 생기지 않음. |

정답 34. ③ 35. ① 36. ②

37 휴먼 에러(Human error)의 요인을 심리적 요인과 물리적 요인으로 구분할 때, 심리적 요인에 해당하는 것은?

① 일이 너무 복잡한 경우
② 일의 생산성이 너무 강조될 경우
③ 동일 형상의 것이 나란히 있을 경우
④ 서두르거나 절박한 상황에 놓여 있을 경우

해설 휴먼 에러(Human error)의 요인

심리적 요인(내적 요인)	물리적 요인(외적 요인)
① 일에 대한 지식이 부족할 경우	① 일이 단조로운 경우
② 의욕이나 사기가 결여되어 있을 경우	② 일이 너무 복잡한 경우
③ 서두르거나 절박한 상황에 놓여 있을 경우	③ 일의 생산성이 너무 강조되는 경우
④ 무엇인가의 체험이 습관적으로 되어 있을 경우	④ 동일 형상의 것이 나란히 있는 경우
⑤ 선입관, 주의소홀, 과대 과소 자극, 피로 등의 경우	⑤ 공간적 배치 원칙에 위배되는 경우(스위치를 반대로 설치하는 경우)
	⑥ 양립성에 맞지 않는 경우

38 적절한 온도의 작업환경에서 추운 환경으로 온도가 변할 때 우리의 신체가 수행하는 조절 작용이 아닌 것은?

① 발한(發汗)이 시작된다.
② 피부의 온도가 내려간다.
③ 직장(直腸) 온도가 약간 올라간다.
④ 혈액의 많은 양이 몸의 중심부 위주로 순환한다.

해설 온도변화에 따른 인체의 적응
(1) 적정온도에서 추운 환경으로 바뀔 때의 현상
  ① 피부 온도가 내려간다.
  ② 피부를 경유하는 혈액 순환량이 감소한다. (혈액의 많은 양이 몸의 중심부를 순환한다.)
  ③ 직장(直腸) 온도가 약간 올라간다.
  ④ 몸이 떨리고 소름이 돋는다.

(2) 적정온도에서 더운 환경으로 바뀔 때의 현상
  ① 피부 온도가 올라간다.
  ② 많은 양의 혈액이 피부를 경유한다.
  ③ 직장 온도가 내려간다.
  ④ 발한이 시작된다.

39 시스템 안전 MIL-STD-882B 분류기준의 위험성 평가 매트릭스에서 발생빈도에 속하지 않는 것은?

① 거의 발생하지 않는(remote)
② 전혀 발생하지 않는(impossible)
③ 보통 발생하는(reasonably probable)
④ 극히 발생하지 않을 것 같은(extremely improbable)

해설 미국방성 위험성평가 중 위험도(MIL-STD-882B)
① category Ⅰ : 파국적
② category Ⅱ : 위기적
③ category Ⅲ : 한계적
④ category Ⅳ : 무시 가능

분류	범주 (category)	해당재난
파국적 (catastrophic)	category Ⅰ	사망 또는 시스템 상실
위기적 (critical)	category Ⅱ	중상, 직업병 또는 중요 시스템 손상
한계적 (marginal)	category Ⅲ	경상, 경미한 직업병 또는 시스템의 가벼운 손상
무시 가능 (neglligible)	category Ⅳ	사소한 상처, 직업병 또는 사소한 시스템 손상

40 FTA에 의한 재해사례 연구순서 중 2단계에 해당하는 것은?

① FT도의 작성
② 톱 사상의 선정
③ 개선계획의 작성
④ 사상의 재해원인을 규명

정답 37. ④ 38. ① 39. ② 40. ④

해설 결함수분석(FTA) 절차(FTA에 의한 재해사례의 연구 순서)
(가) 제1단계 : TOP 사상의 선정
(나) 제2단계 : 사상의 재해 원인 규명
(다) 제3단계 : FT(Fault Tree)도 작성
(라) 제4단계 : 개선 계획 작성
(마) 제5단계 : 개선안 실시계획

제3과목 기계위험방지기술

41 산업안전보건법령상 로봇에 설치되는 제어장치의 조건에 적합하지 않은 것은?

① 누름버튼은 오작동 방지를 위한 가드를 설치하는 등 불시기동을 방지할 수 있는 구조로 제작·설치되어야 한다.
② 로봇에는 외부 보호 장치와 연결하기 위한 하나 이상의 보호정지회로를 구비해야 한다.
③ 전원공급램프, 자동운전, 결함검출 등 작동제어의 상태를 확인할 수 있는 표시장치를 설치해야 한다.
④ 조작버튼 및 선택스위치 등 제어장치에는 해당 기능을 명확하게 구분할 수 있도록 표시해야 한다.

해설 산업용 로봇의 제어장치 설계·제작 요건〈위험기계기구 자율안전확인 고시〉
① 누름버튼은 오작동 방지를 위한 가드를 설치하는 등 불시기동을 방지할 수 있는 구조로 제작·설치되어야 한다.
② 전원공급램프, 자동운전, 결함검출 등 작동제어의 상태를 확인할 수 있는 표시장치를 설치해야 한다.
③ 조작버튼 및 선택스위치 등 제어장치에는 해당 기능을 명확하게 구분할 수 있도록 표시해야 한다.
* 보호정지회로 : 로봇에 공급되는 동력원을 차단시킴으로써 관련 작동부위를 모두 정지시킬 수 있는 기능(로봇에는 외부보호장치와 연결하기 위한 하나 이상의 보호정지회로를 구비해야 한다.)

42 컨베이어의 제작 및 안전기준상 작업구역 및 통행구역에 덮개, 울 등을 설치해야 하는 부위에 해당하지 않는 것은?

① 컨베이어의 동력전달 부분
② 컨베이어의 제동장치 부분
③ 호퍼, 슈트의 개구부 및 장력 유지장치
④ 컨베이어 벨트, 풀리, 롤러, 체인, 스프라켓, 스크류 등

해설 컨베이어에 덮개, 울 등의 설치 부위
① 컨베이어의 동력전달 부분
② 컨베이어 벨트, 풀리, 롤러, 체인, 스프라켓, 스크류 등
③ 호퍼, 슈트의 개구부 및 장력 유지장치

43 산업안전보건법령상 탁상용 연삭기의 덮개에는 작업 받침대와 연삭숫돌과의 간격을 몇 mm 이하로 조정할 수 있어야 하는가?

① 3
② 4
③ 5
④ 10

해설 작업 받침대와 연삭숫돌과의 간격
탁상용 연삭기의 덮개에는 워크레스트(작업받침대)와 조정편을 구비하여야 하며, 워크레스트는 연삭숫돌과의 간격을 3mm 이하로 조정할 수 있는 구조이어야 한다.

44 다음 중 회전축, 커플링 등 회전하는 물체에 작업복 등이 말려드는 위험을 초래하는 위험점은?

① 협착점
② 접선물림점
③ 절단점
④ 회전말림점

해설 기계설비의 위험점
(1) 협착점(squeeze point) : 왕복운동을 하는 동작 부분과 움직임이 없는 고정부분 사이에 형성되는 위험점(프레스 금형조립부위 등)
(2) 끼임점(shear point) : 회전하는 동작 부분과 고정 부분이 함께 만드는 위험점(연삭숫돌과 작업대, 반복 동작되는 링크기구, 교반기의 날개와 몸체사이, 풀리와 베드사이 등)

정답 41.② 42.② 43.① 44.④

(3) 절단점(cutting point) : 회전하는 운동부분 자체의 위험이나 운동하는 기계부분 자체의 위험에서 초래되는 위험점(목공용 띠톱 부분, 밀링 컷터 부분, 둥근톱날 등)
(4) 물림점(nip point) : 회전하는 두 개의 회전체에 물려 들어가는 위험성이 있는 곳을 말하며, 위험점이 발생되는 조건은 회전체가 서로 반대 방향으로 맞물려 회전되어야 함(기어 물림점, 롤러 회전에 의한 물림점 등).
(5) 접선 물림점(tangential point) : 회전하는 부분의 접선방향으로 물려 들어갈 위험이 존재하는 점(풀리와 벨트, 스프로킷과 체인 등)
(6) 회전 말림점(trapping point) : 회전하는 물체에 작업복 등이 말려드는 위험이 존재하는 점(나사 회전부, 드릴, 회전축, 커플링)

45 가공기계에 쓰이는 주된 풀 푸르프(Fool Proof)에서 가드(Guard)의 형식으로 틀린 것은?

① 인터록 가드(Interlock Guard)
② 안내 가드(Guide Guard)
③ 조정 가드(Adjustable Guard)
④ 고정 가드(Fixed Guard)

해설 풀 푸르프(Fool Proof)의 가드(Guard)의 형식(종류)
① 인터록 가드(Interlock Guard)
② 조절(조정) 가드(Adjustable Guard)
③ 고정 가드(Fixed Guard)

46 밀링 작업 시 안전수칙으로 틀린 것은?

① 보안경을 착용한다.
② 칩은 기계를 정지시킨 다음에 브러시로 제거한다.
③ 가공 중에는 손으로 가공면을 점검하지 않는다.
④ 면장갑을 착용하여 작업한다.

47 크레인의 방호장치에 해당되지 않은 것은?

① 권과방지장치 ② 과부하방지장치
③ 비상정지장치 ④ 자동보수장치

해설 양중기의 방호장치〈산업안전보건기준에 관한 규칙〉 제134조(방호장치의 조정)
① 사업주는 다음 각호의 양중기에 과부하방지장치, 권과방지장치(捲過防止裝置), 비상정지장치 및 제동장치, 그 밖의 방호장치[승강기의 파이널 리미트 스위치(final limit switch), 속도조절기, 출입문 인터 록(inter lock) 등을 말한다]가 정상적으로 작동될 수 있도록 미리 조정해 두어야 한다.

48 무부하 상태에서 지게차로 20km/h의 속도로 주행할 때, 좌우 안정도는 몇 % 이내이어야 하는가?

① 37%   ② 39%
③ 41%   ④ 43%

해설 주행 시의 좌우 안정도
= (15 + 1.1 · V)% (V : 최고속도 km/h)
= (15 + 1.1 × 20) = 37%

49 선반가공 시 연속적으로 발생되는 칩으로 인해 작업자가 다치는 것을 방지하기 위하여 칩을 짧게 절단시켜 주는 안전장치는?

① 커버   ② 브레이크
③ 보안경   ④ 칩 브레이커

해설 칩 브레이크(Chip Breaker) : 선반 작업 시 발생되는 칩(chip)으로 인한 재해를 예방하기 위하여 칩을 짧게 끊어지도록 공구(바이트)에 설치되어 있는 방호장치의 일종인 칩 제거기구

50 아세틸렌 용접장치에 관한 설명 중 틀린 것은?

① 아세틸렌 발생기로부터 5m 이내, 발생기실로부터 3m 이내에는 흡연 및 화기 사용을 금지한다.
② 발생기실에는 관계 근로자가 아닌 사람이 출입하는 것을 금지한다.
③ 아세틸렌 용기는 뉘어서 사용한다.
④ 건식안전기의 형식으로 소결금속식과 우회로식이 있다.

정답 45. ② 46. ④ 47. ④ 48. ① 49. ④ 50. ③

51 산업안전보건법령상 프레스의 작업 시작 전 점검사항이 아닌 것은?

① 금형 및 고정볼트 상태
② 방호장치의 기능
③ 전단기의 칼날 및 테이블의 상태
④ 트롤리(trolley)가 횡행하는 레일의 상태

해설 작업 시작 전 점검사항 : 프레스 등을 사용하여 작업을 할 때〈산업안전보건기준에 관한 규칙 [별표 3]〉
가. 클러치 및 브레이크의 기능
나. 크랭크축·플라이휠·슬라이드·연결봉 및 연결 나사의 풀림 여부
다. 1행정 1정지기구·급정지장치 및 비상정지장치의 기능
라. 슬라이드 또는 칼날에 의한 위험방지 기구의 기능
마. 프레스의 금형 및 고정볼트 상태
바. 방호장치의 기능
사. 전단기(剪斷機)의 칼날 및 테이블의 상태

52 프레스 양수조작식 방호장치 누름버튼의 상호 간 내측거리는 몇 mm 이상인가?

① 50   ② 100
③ 200   ④ 300

해설 양수조작식 방호장치에서 누름버튼 상호 간 최소 내측거리 : 300mm 이상

53 산업안전보건법령상 승강기의 종류에 해당하지 않는 것은?

① 리프트
② 에스컬레이터
③ 화물용 엘리베이터
④ 승객용 엘리베이터

54 롤러기의 앞면 롤의 지름이 300mm, 분당 회전수가 30회일 경우 허용되는 급정지장치의 급정지거리는 약 몇 mm 이내이어야 하는가?

① 37.7   ② 31.4
③ 377   ④ 314

해설 급정지장치의 급정지거리

① $V(\text{표면속도}) = \dfrac{\pi DN}{1,000}$
$= (\pi \times 300 \times 30)/1,000$
$= 28.27 \text{m/min}$

② 급정지거리 기준 : 표면속도가 30m/min 미만으로 원주(πD)의 $\dfrac{1}{3}$ 이내

③ 급정지거리 $= \pi D \times \dfrac{1}{3} = \pi \times 300 \times \dfrac{1}{3}$
$= 314.16 \text{mm} (약\ 314 \text{mm})$

55 어떤 로프의 최대하중이 700N이고, 정격하중은 100N이다. 이때 안전계수는 얼마인가?

① 5   ② 6
③ 7   ④ 8

해설 안전계수(안전율)

안전율 $= \dfrac{파단(최대)하중}{안전(정격)하중} = 700/100 = 7$

56 다음 중 설비의 진단방법에 있어 비파괴시험이나 검사에 해당하지 않는 것은?

① 피로시험
② 음향탐상검사
③ 방사선투과시험
④ 초음파탐상검사

해설 비파괴시험의 종류 구분
(1) 표면결함 검출을 위한 비파괴시험방법
① 외관검사
② 침투탐상시험
③ 자분탐상시험
④ 와류탐상법
(2) 내부결함 검출을 위한 비파괴시험방법
① 초음파탐상시험
② 방사선투과시험
③ 음향탐상시험(음향방출시험)

정답 51.④ 52.④ 53.① 54.④ 55.③ 56.①

57 지름 5cm 이상을 갖는 회전 중인 연삭숫돌이 근로자들에게 위험을 미칠 우려가 있는 경우에 필요한 방호장치는?

① 받침대　　② 과부하 방지장치
③ 덮개　　　④ 프레임

해설 연삭숫돌을 사용하는 작업의 안전수칙〈산업안전보건기준에 관한 규칙〉
제122조(연삭숫돌의 덮개 등)
① 사업주는 회전 중인 연삭숫돌(지름이 5센티미터 이상인 것으로 한정한다.)이 근로자에게 위험을 미칠 우려가 있는 경우에 그 부위에 덮개를 설치하여야 한다.

58 프레스 금형의 파손에 의한 위험방지 방법이 아닌 것은?

① 금형에 사용하는 스프링은 반드시 인장형으로 할 것
② 작업 중 진동 및 충격에 의해 볼트 및 너트의 헐거워짐이 없도록 할 것
③ 금형의 하중 중심은 원칙적으로 프레스 기계의 하중 중심과 일치하도록 할 것
④ 캠, 기타 충격이 반복해서 가해지는 부분에는 완충장치를 설치할 것

해설 프레스 금형의 파손에 의한 위험방지
① 금형에 사용하는 스프링은 압축형으로 할 것
② 작업 중 진동 및 충격에 의해 볼트 및 너트의 헐거워짐이 없도록 할 것
③ 금형의 하중 중심은 원칙적으로 프레스 기계의 하중 중심과 일치하도록 할 것
④ 캠, 기타 충격이 반복해서 가해지는 부분에는 완충장치를 설치할 것

59 기계설비의 작업능률과 안전을 위해 공장의 설비 배치 3단계를 올바른 순서대로 나열한 것은?

① 지역배치 → 건물배치 → 기계배치
② 건물배치 → 지역배치 → 기계배치
③ 기계배치 → 건물배치 → 지역배치
④ 지역배치 → 기계배치 → 건물배치

해설 기계설비의 작업능률과 안전을 위한 배치(layout)의 3단계 순서 : 지역배치 → 건물배치 → 기계배치
① 지역배치 : 제품 원료 확보에서 판매까지의 지역배치
② 건물배치 : 공장, 사무실, 창고, 부대시설의 위치
③ 기계배치 : 분야별 기계배치

60 다음 중 연삭숫돌의 파괴원인으로 거리가 먼 것은?

① 플랜지가 현저히 클 때
② 숫돌에 균열이 있을 때
③ 숫돌의 측면을 사용할 때
④ 숫돌의 치수 특히 내경의 크기가 적당하지 않을 때

해설 연삭작업에서 숫돌의 파괴원인
① 숫돌의 회전속도가 너무 빠를 때
② 숫돌에 균열이 있을 때
③ 플랜지의 지름이 현저히 작을 때
④ 외부의 충격을 받았을 때
⑤ 회전력이 결합력보다 클 때
⑥ 숫돌의 측면을 사용할 때
⑦ 숫돌의 치수 특히 내경의 크기가 적당하지 않을 때

제4과목　전기위험방지기술

61 충격전압시험 시의 표준충격파형을 $1.2 \times 50 \mu s$로 나타내는 경우 1.2와 50이 뜻하는 것은?

① 파두장 – 파미장
② 최초섬락시간 – 최종섬락시간
③ 라이징타임 – 스테이블타임
④ 라이징타임 – 충격전압인가시간

해설 충격전압시험 시의 표준충격파형 : $1.2 \times 50 \mu s$
$1.2 \mu s$는 파두장, $50 \mu s$는 파미장을 뜻함.

정답　57. ③　58. ①　59. ①　60. ①　61. ①

※ 충격파(서지, surge) : 가공 송전선로에서 낙뢰의 직격을 받았을 때 발생하는 낙뢰 전압이나 개폐서지 등과 같은 이상 고전압은 일반적으로 충격파라 부름.
- 표시 방법 : 파두시간 × 파미부분에서 파고치의 50%로 감소할 때까지의 시간

62 폭발위험장소의 분류 중 인화성 액체의 증기 또는 가연성 가스에 의한 폭발위험이 지속적으로 또는 장기간 존재하는 장소는 몇 종 장소로 분류되는가?

① 0종 장소 ② 1종 장소
③ 2종 장소 ④ 3종 장소

해설 위험장소 구분

구분	위험장소 구분
0종 장소	* 위험분위기가 지속적으로 또는 장기간 존재하는 것(용기내부, 장치 및 배관의 내부 등의 장소) ① 설비의 내부(인화성 또는 가연성 물질을 취급하는 설비의 내부) ② 인화성 또는 가연성 액체가 존재하는 피트(PIT) 등의 내부 ③ 인화성 또는 가연성의 가스나 증기가 지속적으로 또는 장기간 체류하는 곳

63 활선 작업 시 사용할 수 없는 전기작업용 안전장구는?

① 전기안전모
② 절연장갑
③ 검전기
④ 승주용 가제

해설 절연용 안전장구
① 절연용 보호구 : 전기안전모(절연모), 절연장갑(절연고무장갑), 절연용 고무소매, 절연화(안전화), 절연복(절연상의, 하의, 어깨받이) 등
② 저압 및 고압용 검전기(검출용구) : 전기기기, 설비 및 전선로 등의 충전 유무를 확인하기 위한 장비

64 인체의 전기저항을 500Ω 이라 한다면 심실세동을 일으키는 위험에너지(J)는? (단, 심실세동전류 $I = \frac{165}{\sqrt{T}}$ mA, 통전시간은 1초이다.)

① 13.61 ② 23.21
③ 33.42 ④ 44.63

해설 위험한계에너지 : 감전전류가 인체저항을 통해 흐르면 그 부위에는 열이 발생하는데 이 열에 의해서 화상을 입고 세포조직이 파괴됨.
줄(Joule)열 $H = I^2RT$[J]
$$= \left(\frac{165}{\sqrt{T}} \times 10^{-3}\right)^2 \times R \times T$$
$$= \left(\frac{165}{\sqrt{1}} \times 10^{-3}\right)^2 \times 500 \times 1$$
$$= 13.61 J$$
(* 심실세동전류 $I = \frac{165}{\sqrt{T}}$ mA
→ $I = \frac{165}{\sqrt{T}} \times 10^{-3}$ A)

65 피뢰침의 제한전압이 800kV, 충격절연강도가 1000kV라 할 때, 보호여유도는 몇 %인가?

① 25 ② 33
③ 47 ④ 63

해설 보호여유도(%) = $\frac{충격절연강도 - 제한전압}{제한전압} \times 100$
$= (1000 - 800)/800 \times 100 = 25\%$

66 감전사고를 일으키는 주된 형태가 아닌 것은?

① 충전전로에 인체가 접촉되는 경우
② 이중절연구조로 된 전기 기계·기구를 사용하는 경우
③ 고전압의 전선로에 인체가 근접하여 섬락이 발생된 경우
④ 충전 전기회로에 인체가 단락회로의 일부를 형성하는 경우

정답 62. ① 63. ④ 64. ① 65. ① 66. ②

해설 **감전사고를 일으키는 주된 형태**
① 충전전로에 인체가 접촉되는 경우
② 고전압의 전선로에 인체가 근접하여 섬락이 발생된 경우
③ 충전 전기회로에 인체가 단락회로의 일부를 형성하는 경우
* 이중절연구조 : 전동기계·기구에 의한 감전사고를 예방하기 위해 충전부와 외함 사이에 충전부에 대한 기능절연(기초절연)과 보호절연(부가절연)이 추가 되어 2중으로 된 절연의 구조

67 화재가 발생하였을 때 조사해야 하는 내용으로 가장 관계가 먼 것은?

① 발화원 ② 착화물
③ 출화의 경과 ④ 응고물

해설 **전기화재 발생원인의 3요건(화재발생 시 조사 사항)**
① 발화원
② 착화물
③ 출화의 경과(발화의 형태)

68 정전기에 관한 설명으로 옳은 것은?

① 정전기는 발생에서부터 억제 – 축적방지 – 안전한 방전이 재해를 방지할 수 있다.
② 정전기 발생은 고체의 분쇄공정에서 가장 많이 발생한다.
③ 액체의 이송 시는 그 속도(유속)를 7m/s 이상 빠르게 하여 정전기의 발생을 억제한다.
④ 접지값은 10Ω 이하로 하되 플라스틱 같은 절연도가 높은 부도체를 사용한다.

해설 **정전기에 관한 설명**
① 정전기는 발생에서부터 억제 – 축적방지 – 안전한 방전이 재해를 방지할 수 있다.
② 저항률이 10^{10}Ω·cm 미만의 도전성 위험물의 배관유속은 7m/s 이하로 한다.
③ 정전기 제거만을 목적으로 하는 접지는 10^6Ω 이하이면 가능하고 도전성 재료를 사용한다.

69 전기설비의 필요한 부분에 반드시 보호접지를 실시하여야 한다. 접지공사의 종류에 따른 접지저항과 접지선의 굵기가 틀린 것은?

① 제1종 : 10Ω 이하, 공칭단면적 $6mm^2$ 이상의 연동선
② 제2종 : $\dfrac{150}{1선 지락전류}$ Ω 이하, 공칭단면적 $2.5mm^2$ 이상의 연동선
③ 제3종 : 100Ω이하, 공칭단면적 $2.5mm^2$ 이상의 연동선
④ 특별 제3종 : 10Ω이하, 공칭단면적 $2.5mm^2$ 이상의 연동선

해설 **접지공사의 종류**

종류	기기의 구분	접지저항값	접지선의 굵기
제1종	고압용 또는 특고압용 (피뢰기 등)	10Ω 이하	공칭단면적 $6mm^2$ 이상의 연동선
제2종	고압 또는 특고압과 저압을 결합하는 변압기의 중성점	$\dfrac{150}{1선 지락전류}$ Ω 이하	공칭단면적 $16mm^2$ 이상의 연동선
제3종	400V 미만의 저압용의 것	100Ω 이하	공칭단면적 $2.5mm^2$ 이상의 연동선
특별 제3종	400V 이상의 저압용의 것	10Ω 이하	공칭단면적 $2.5mm^2$ 이상의 연동선

70 교류아크 용접기에 전격 방지기를 설치하는 요령 중 틀린 것은?

① 이완 방지 조치를 한다.
② 직각으로만 부착해야 한다.
③ 동작 상태를 알기 쉬운 곳에 설치한다.
④ 테스트 스위치는 조작이 용이한 곳에 위치시킨다.

정답 67. ④ 68. ① 69. ② 70. ②

해설 전격 방지기를 설치하는 요령
① 직각으로 부착할 것 단, 직각이 어려울 때는 직각에 대해 20도를 넘지 않을 것
② 이완 방지 조치를 한다.
③ 동작 상태를 알기 쉬운 곳에 설치한다.
④ 테스트 스위치는 조작이 용이한 곳에 위치시킨다.

71 전기기기의 Y종 절연물의 최고허용온도는?
① 80℃ ② 85℃
③ 90℃ ④ 105℃

해설 전기절연재료의 허용온도(절연물의 절연계급)

종별	Y	A	E	B	F	H	C
최고허용 온도[℃]	90	105	120	130	155	180	180 이상

72 내압 방폭구조의 기본적 성능에 관한 사항으로 틀린 것은?
① 내부에서 폭발할 경우 그 압력에 견딜 것
② 폭발 화염이 외부로 유출되지 않을 것
③ 습기침투에 대한 보호가 될 것
④ 외함 표면 온도가 주위의 가연성 가스에 점화하지 않을 것

해설 내압(d) 방폭구조 : 용기 내부에서 폭발성 가스 또는 증기가 폭발하였을 때 용기가 그 압력에 견디며 또한 접합면, 개구부 등을 통해서 외부의 폭발성 가스·증기에 인화되지 않도록 한 구조(점화원 격리)
(* 방폭형 기기에 폭발성 가스가 내부로 침입하여 내부에서 폭발이 발생하여도 이 압력에 견디도록 제작한 방폭구조이며, 전기설비 내부에서 발생한 폭발이 설비 주변에 존재하는 가연성 물질에 파급되지 않도록 한 구조)
① 내부에서 폭발할 경우 그 압력에 견딜 것
② 폭발 화염이 외부로 유출되지 않을 것
③ 외함 표면 온도가 주위의 가연성 가스에 점화되지 않을 것

73 온도조절용 바이메탈과 온도 퓨즈가 회로에 조합되어 있는 다리미를 사용한 가정에서 화재가 발생했다. 다리미에 부착되어 있던 바이메탈과 온도 퓨즈를 대상으로 화재사고를 분석하려 하는데 논리기호를 사용하여 표현하고자 한다. 어느 기호가 적당하겠는가? (단, 바이메탈의 작동과 온도 퓨즈가 끊어졌을 경우를 0, 그렇지 않을 경우를 1이라 한다.)

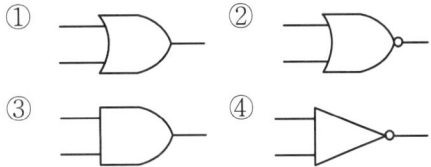

해설 AND 게이트(직렬연결)
① 바이메탈이 작동하거나 온도 퓨즈가 끊어졌을 경우에는 화재가 발생하지 않음.
② 바이메탈이 작동하지 않고 온도 퓨즈가 끊어지지 않을 경우에는 화재가 발생

74 화염일주한계에 대한 설명으로 옳은 것은?
① 폭발성 가스와 공기의 혼합기에 온도를 높인 경우 화염이 발생할 때까지의 시간 한계치
② 폭발성 분위기에 있는 용기의 접합면 틈새를 통해 화염이 내부에서 외부로 전파되는 것을 저지할 수 있는 틈새의 최대 간격치
③ 폭발성 분위기 속에서 전기불꽃에 의하여 폭발을 일으킬 수 있는 화염을 발생시키기에 충분한 교류파형의 1주기치
④ 방폭설비에서 이상이 발생하여 불꽃이 생성된 경우에 그것이 점화원으로 작용하지 않도록 화염의 에너지를 억제하여 폭발하한계로 되도록 화염 크기를 조정하는 한계치

정답 71.③ 72.③ 73.③ 74.②

해설 화염일주한계[안전간극(safe gap), MESG(최대안전틈새)] : 최대안전틈새이며, 이 틈새를 작게 하면 화염은 좁은 틈을 통과하면서 발생된 열을 냉각시켜 소멸시키므로, 용기 내부에서 폭발해도 화염이 용기 외부로 확산되지 않음.
① 폭발성 분위기가 형성된 표준용기의 접합면 틈새를 통해 폭발화염이 내부에서 외부로 전파되는 것을 저지(최소점화 에너지 이하)할 수 있는 틈새의 최대 간격치이며 폭발가스의 종류에 따라 다름.
② 대상으로 한 가스 또는 증기와 공기와의 혼합가스에 대하여 화염일주가 일어나지 않는 틈새의 최대치

75 폭발위험이 있는 장소의 설정 및 관리와 가장 관계가 먼 것은?
① 인화성 액체의 증기 사용
② 가연성 가스의 제조
③ 가연성 분진 제조
④ 종이 등 가연성 물질 취급

해설 폭발위험이 있는 장소의 설정
① 인화성 액체의 증기 사용
② 가연성 가스의 제조
③ 가연성 분진 제조
* 화재폭발 위험분위기의 생성 방지 : 가연성 물질 누설 및 방출 방지, 가연성 물질의 체류 방지

76 인체의 표면적이 0.5m²이고 정전용량은 0.02pF/cm²이다. 3300V의 전압이 인가되어 있는 전선에 접근하여 작업을 할 때 인체에 축척되는 정전기 에너지(J)는?
① 5.445×10^{-2} ② 5.445×10^{-4}
③ 2.723×10^{-2} ④ 2.723×10^{-4}

해설 정전기 에너지(W)-단위 J
$W = 1/2CV^2 = 1/2 \times (100 \times 10^{-12}) \times 3300^2$
$= 5.445 \times 10^{-4} J$ (* p 피코 → 10^{-12})
※ 정전 용량(capacity, C - 단위 F
$C = (0.02/0.012) \times 0.5$
$= 100pF$ (* 1cm² → 0.012m²)

77 제3종 접지공사를 시설하여야 하는 장소가 아닌 것은?
① 금속몰드 배선에 사용하는 몰드
② 고압계기용 변압기의 2차 측 전로
③ 고압용 금속제, 케이블 트레이 계통의 금속 트레이
④ 400V 미만의 저압용 기계기구의 철대 및 금속제 외함

해설 제3종 접지공사를 시설하여야 하는 장소
① 400V 미만의 저압용 기계기구의 철대 및 금속제 외함
② 고압계기용 변압기의 2차 측 전로
③ 금속몰드 배선에 사용하는 몰드
④ 400V 미만의 금속제 케이블 계통의 금속제 트레이
* 제1종 접지공사 : 고압용 금속제, 케이블 트레이 계통의 금속 트레이

78 전자파 중에서 광량자 에너지가 가장 큰 것은?
① 극저주파   ② 마이크로파
③ 가시광선   ④ 적외선

해설 광량자(빛 입자) 에너지 : 광량자 파장이 길수록(진동수는 작을수록) 광량자 에너지가 작아지고, 짧을수록(진동수가 많을수록) 커진다.
- 가시광선 : 사람의 눈에 보이는 전자기파의 영역으로, 극저주파, 마이크로파, 적외선보다 파장이 짧다.

79 다음 중 폭발위험장소에 전기설비를 설치할 때 전기적인 방호조치로 적절하지 않은 것은?
① 다상 전기기기는 결상운전으로 인한 과열방지 조치를 한다.
② 배선은 단락·지락 사고 시의 영향과 과부하로부터 보호한다.
③ 자동차단이 점화의 위험보다 클 때는 경보장치를 사용한다.
④ 단락보호장치는 고장상태에서 자동복구되도록 한다.

정답 75.④ 76.② 77.③ 78.③ 79.④

[해설] 폭발위험장소에 전기설비를 설치할 때 전기적인 방호조치
① 다상 전기기기는 결상운전으로 인한 과열방지 조치를 함.
② 배선은 단락·지락 사고 시의 영향과 과부하로부터 보호해야 함.
③ 자동차단이 점화의 위험보다 클 때는 경보장치를 사용함.
④ 단락보호장치 자동복구 시 스파크 발생으로 인한 폭발에 위험이 있으므로 고장발생 시 수동복구를 원칙으로 함.

80 감전사고방지대책으로 틀린 것은?

① 설비의 필요한 부분에 보호접지 실시
② 노출된 충전부에 통전망 설치
③ 안전전압 이하의 전기기기 사용
④ 전기기기 및 설비의 정비

[해설] 감전사고방지대책
① 전기기기 및 설비의 정비
② 안전전압 이하의 전기기기 사용
③ 설비의 필요 부분에 보호접지의 실시
④ 노출된 충전부에 절연 방호구를 설치, 작업자는 보호구를 착용
⑤ 유자격자 이외는 전기기계·기구에 전기적인 접촉 금지
⑥ 사고 회로의 신속한 차단(누전차단기 설치)
⑦ 보호절연
⑧ 이중절연구조

[제5과목] 화학설비 위험방지기술

81 다음 관(pipe) 부속품 중 관로의 방향을 변경하기 위하여 사용하는 부속품은?

① 니플(nipple)
② 유니온(union)
③ 플랜지(flange)
④ 엘보(elbow)

[해설] 배관 및 피팅류
① 관의 지름을 변경하고자 할 때 필요한 관 부속품 : 리듀셔(reducer), 부싱(bushing)
② 관로의 방향을 변경 : 엘보(elbow), Y자관, 티이(T), 십자관(cross)
③ 유로 차단 : 플러그(Plug), 캡, 밸브(valve)

82 산업안전보건기준에 관한 규칙상 국소배기장치의 후드 설치 기준이 아닌 것은?

① 유해물질이 발생하는 곳마다 설치할 것
② 후드의 개구부 면적은 가능한 한 크게 할 것
③ 외부식 또는 리시버식 후드는 해당 분진 등의 발산원에 가장 가까운 위치에 설치할 것
④ 후드 형식은 가능하면 포위식 또는 부스식 후드를 설치할 것

[해설] 국소배기시설의 후드(hood) : 작업환경 중 발생되는 오염공기를 발생원에서 직접 포집하기 위한 국소배기장치의 입구부
① 유해물질이 발생하는 곳마다 설치한다.
② 후드의 개구부 면적은 작게 한다.
③ 후드를 가능한 한 발생원에 접근시킨다.(발생원에 가깝게 한다.)
④ 후드(hood) 형식은 가능하면 포위식 또는 부스식 후드를 설치한다.

83 산업안전보건기준에 관한 규칙에 따르면 쥐에 대한 경구투입실험에 의하여 실험동물의 50퍼센트를 사망시킬 수 있는 물질의 양, 즉 LD50(경구, 쥐)이 킬로그램당 몇 밀리그램-(체중) 이하인 화학물질이 급성 독성 물질에 해당하는가?

① 25
② 100
③ 300
④ 500

정답 80.② 81.④ 82.② 83.③

84 반응성 화학물질의 위험성은 실험에 의한 평가 대신 문헌조사 등을 통해 계산에 의해 평가하는 방법을 사용할 수 있다. 이에 관한 설명으로 옳지 않은 것은?

① 위험성이 너무 커서 물성을 측정할 수 없는 경우 계산에 의한 평가 방법을 사용할 수도 있다.
② 연소열, 분해열, 폭발열 등의 크기에 의해 그 물질의 폭발 또는 발화의 위험 예측이 가능하다.
③ 계산에 의한 평가를 하기 위해서는 폭발 또는 분해에 따른 생성물의 예측이 이루어져야 한다.
④ 계산에 의한 위험성 예측은 모든 물질에 대해 정확성이 있으므로 더 이상의 실험을 필요로 하지 않는다.

해설 반응성 화학물질의 위험성을 평가하는 방법 : 실험에 의한 평가 보다 문헌조사 등을 통해 계산에 의한 평가방법 사용
① 위험성이 너무 커서 물성을 측정할 수 없는 경우 계산에 의한 평가방법을 사용할 수도 있다.
② 연소열, 분해열, 폭발열 등의 크기에 의해 그 물질의 폭발 또는 발화의 위험 예측이 가능하다.
③ 계산에 의한 평가를 하기 위해서는 폭발 또는 분해에 따른 생성물의 예측이 이루어져야 한다.
④ 계산에 의한 위험성 예측은 물질 변화에 따라 변할 수 있으므로 실험을 통해 더 정확한 값을 구한다.

85 압축기와 송풍의 관로에 심한 공기의 맥동과 진동을 발생하면서 불안정한 운전이 되는 서어징(surging) 현상의 방지법으로 옳지 않은 것은?

① 풍량을 감소시킨다.
② 배관의 경사를 완만하게 한다.
③ 교축밸브를 기계에서 멀리 설치한다.
④ 토출가스를 흡입 측에 바이패스시키거나 방출밸브에 의해 대기로 방출시킨다.

해설 맥동현상(surging) 방지대책
① 풍량을 감소시킨다.
② 배관의 경사를 완만하게 한다.
③ 교축밸브를 기계(송풍기)에 근접해서 설치한다.
  * 교축밸브 : 통로의 단면적을 바꿔 교축 작용으로 감압과 유량 조절을 하는 밸브(유량조절 밸브)
④ 토출가스를 흡입 측에 바이패스시키거나 방출밸브에 의해 대기로 방출시킨다.

86 다음 중 독성이 가장 강한 가스는?
① NH_3
② $COCl_2$
③ $C_6H_5CH_3$
④ H_2S

해설 화재 시 발생하는 유해가스 중 가장 독성이 큰 것 : $COCl_2$(포스겐) – 허용농도 0.1ppm

물질명	화학식	노출기준(TWA)
황화수소	H_2S	10ppm
암모니아	NH_3	25ppm
톨루엔	$C_6H_5CH_3$	50ppm
포스겐	$COCl_2$	0.1ppm

87 다음 중 분해 폭발의 위험성이 있는 아세틸렌의 용제로 가장 적절한 것은?
① 에테르
② 에틸알코올
③ 아세톤
④ 아세트알데히드

해설 아세틸렌을 용해가스로 만들 때 사용되는 용제 : 아세톤
① 아세틸렌이 아세톤에 용해되는 성질을 이용해서 다량의 아세틸렌을 쉽게 저장함. 이 방법에 의해서 저장하는 것을 용해아세틸렌이라고 함.
② 규조토에 스며들게 한 아세톤(아세톤에 잘 녹음)에 가압하여 녹여서 봄베로 운반
  * 용제(溶劑) : 물질을 녹이는 데 쓰는 액체

정답 84.④ 85.③ 86.② 87.③

88 분진폭발의 발생 순서로 옳은 것은?

① 비산 → 분산 → 퇴적분진 → 발화원 → 2차 폭발 → 전면 폭발
② 비산 → 퇴적분진 → 분산 → 발화원 → 2차 폭발 → 전면 폭발
③ 퇴적분진 → 발화원 → 분산 → 비산 → 전면 폭발 → 2차 폭발
④ 퇴적분진 → 비산 → 분산 → 발화원 → 전면 폭발 → 2차 폭발

해설 분진폭발
① 가연성 고체의 미분이나 가연성 액체의 액적에 의한 폭발
② 분진폭발의 발생 순서 : 퇴적분진 → 비산 → 분산 → 발화원 → 전면 폭발 → 2차 폭발

89 폭발방호대책 중 이상 또는 과잉압력에 대한 안전장치로 볼 수 없는 것은?

① 안전밸브(safety valve)
② 릴리프 밸브(relief valve)
③ 파열판(bursting disk)
④ 플레임 어레스터(flame arrester)

해설 이상압력 또는 과잉압력에 대한 안전장치
① 안전밸브 : 안전밸브는 설비나 배관의 압력이 설정압력에 도달하면 자동적으로 내부압력이 분출되고, 일정 압력 이하가 되면 정상 상태로 복원하는 밸브
② 릴리프 밸브(relief valve) : 과도한 압력상승의 방출을 위해 압력상승에 비례하여 개방되는 밸브
③ 파열판(rupture) : 입구 측의 압력이 설정 압력에 도달하면 판이 파열하면서 유체가 분출하도록 용기 등에 설치된 얇은 판으로 된 안전장치(짧은 시간 내에 급격하게 압력이 변화는 경우 적합)
※ 화염방지기(flame arrester) : 비교적 저압 또는 상압에서 가연성의 증기를 발생하는 유류를 저장하는 탱크에서 외부에 그 증기를 방출하기도 하고, 탱크 내에 외기를 흡입하기도 하는 부분에 설치하며, 가는 눈금의 금망이 여러 개 겹쳐진 구조로 된 안전장치(화염의 역화를 방지하기 위한 안전장치)

90 다음 인화성 가스 중 가장 가벼운 물질은?

① 아세틸렌
② 수소
③ 부탄
④ 에틸렌

해설 수소(H) : 공기보다 가볍고, 지구상에서 가장 가벼운 원소로 무색·무미·무취의 기체
※ 인화성 가스
  가. 수소
  나. 아세틸렌
  다. 에틸렌
  라. 메탄
  마. 에탄
  바. 프로판
  사. 부탄
  아. 법령에 따른 인화성 가스

91 가연성 가스 및 증기의 위험도에 따른 방폭전기기기의 분류로 폭발등급을 사용하는데, 이러한 폭발등급을 결정하는 것은?

① 발화도
② 화염일주한계
③ 폭발한계
④ 최소 발화에너지

해설 화염일주한계[안전간극(safe gap), MESG(최대안전틈새)] : 내측의 가스 점화 시 외측의 폭발성 혼합가스까지 화염이 전달되지 않는 한계의 틈
– 가연성 가스 및 증기의 위험도에 따른 방폭전기기기의 분류로 폭발등급을 사용하는데, 이러한 폭발등급을 결정하는 것

92 다음 중 메타인산(HPO_3)에 의한 소화효과를 가진 분말소화약제의 종류는?

① 제1종 분말소화약제
② 제2종 분말소화약제
③ 제3종 분말소화약제
④ 제4종 분말소화약제

정답 88. ④ 89. ④ 90. ② 91. ② 92. ③

해설 **분말소화약제의 종별 주성분**
① 제1종 분말 : 탄산수소나트륨(중탄산나트륨. $NaHCO_3$) → BC 화재
- 탄산수소나트륨(중탄산나트륨. $NaHCO_3$)을 주성분으로 하고 분말의 유동성을 높이기 위해 탄산마그네슘($MgCO_3$), 인산삼칼슘($Ca_3(PO_4)_2$) 등의 분산제를 첨가
② 제2종 분말 : 탄산수소칼륨(중탄산칼륨, $KHCO_3$) → BC 화재
③ 제3종 분말 : 제1인산암모늄($NH_4H_2PO_4$) → ABC 화재
- 메타인산(HPO_3)에 의한 방진효과를 가진 분말 소화약제 : 메타인산이 발생하여 소화력 우수
④ 제4종 분말 : 탄산수소칼륨과 요소($KHCO_3$ + $(NH_2)_2CO$)의 반응물 → BC 화재

93 다음 중 파열판에 관한 설명으로 틀린 것은?
① 압력 방출속도가 빠르다.
② 한번 파열되면 재사용할 수 없다.
③ 한번 부착한 후에는 교환할 필요가 없다.
④ 높은 점성의 슬러리나 부식성 유체에 적용할 수 있다.

해설 **파열판(Rupture)** : 입구 측의 압력이 설정 압력에 도달하면 판이 파열하면서 유체가 분출하도록 용기 등에 설치된 얇은 판으로 된 안전장치(짧은 시간 내에 급격하게 압력이 변화는 경우 적합)
① 압력 방출속도가 빠르다.
② 설정 파열압력 이하에서 파열될 수 있다.
③ 높은 점성의 슬러리나 부식성 유체에 적용할 수 있다.
④ 한번 파열되면 재사용할 수 없다.

94 공기 중에서 폭발범위가 12.5~74vol%인 일산화탄소의 위험도는 얼마인가?
① 4.92 ② 5.26
③ 6.261 ④ 7.05

해설 **위험도** : 기체의 폭발위험 수준을 나타냄
$H = \dfrac{U-L}{L}$ [H : 위험도, L : 폭발하한계 값(%). U : 폭발상한계 값(%)]
⇨ 위험도 = (74 − 12.5) / 12.5 = 4.92

95 산업안전보건법령에 따라 유해하거나 위험한 설비의 설치·이전 또는 주요 구조 부분의 변경 공사 시 공정안전보고서의 제출시기는 착공일 며칠 전까지 관련기관에 제출하여야 하는가?
① 15일 ② 30일
③ 60일 ④ 90일

해설 **공정안전보고서의 제출 시기**〈산업안전보건법시행규칙〉제51조(공정안전보고서의 제출 시기) 유해하거나 위험한 설비의 설치·이전 또는 주요 구조 부분의 변경공사의 착공일 30일 전까지 공정안전보고서를 2부 작성하여 공단에 제출하여야 한다.

96 소화약제 IG-100의 구성 성분은?
① 질소 ② 산소
③ 이산화탄소 ④ 수소

해설 **불활성 가스 소화약제 IG-100** : 질소(N_2) 100%로 구성

97 프로판(C_3H_8)의 연소에 필요한 최소산소농도의 값은 약 얼마인가? (단, 프로판의 폭발하한은 Jone식에 의해 추산한다.)
① 8.1%v/v ② 11.1%v/v
③ 15.1%v/v ④ 20.1%v/v

해설 **최소산소농도(MOC)**
최소산소농도 = 산소농도 × 폭발하한계
= 5 × 2.21 = 11.1%v/v
① 산소농도(O_2) = $n + \dfrac{m-f-2\lambda}{4}$ = 3 + (8/4)
= 5 (C_3H_8 : $n=3$, $m=8$, $f=0$, $\lambda=0$)
($C_nH_mO_\lambda Cl_f$ 분자식 → n : 탄소, m : 수소, f : 할로겐원자의 원자 수, λ : 산소의 원자 수)
(* $C_3H_8 + 5O_2 \rightarrow 3CO_2 + 4H_2O$)
② 폭발하한계(LEL) : Jone식에 의해 추산
Jone식 : LEL = 0.55 × C_{st} = 0.55 × 4.02
= 2.21vol%
③ 화학양론 농도(C_{st}) = $\dfrac{1}{1+4.773\,O_2} \times 100$
= 100 / (1 + 4.773 × 5) = 4.02%

정답 93. ③ 94. ① 95. ② 96. ① 97. ②

98 다음 중 물과 반응하여 아세틸렌을 발생시키는 물질은?

① Zn ② Mg
③ Al ④ CaC₂

해설 탄화칼슘(CaC₂) : 탄화칼슘(카바이트)은 물과 반응하여 아세틸렌가스를 발생하므로, 밀폐 용기에 저장하고 불연성 가스로 봉입함.
CaC₂(탄화칼슘) + 2H₂O → Ca(OH)₂(수산화칼슘) + C₂H₂(아세틸렌)
* 물과 반응하여 수소가스를 발생시키는 물질 : Mg(마그네슘), Zn(아연), Li(리튬), Na(나트륨), Al(알루미늄) 등

99 메탄 1vol%, 헥산 2vol%, 에틸렌 2vol%, 공기 95vol%로 된 혼합가스의 폭발하한계 값(vol%)은 약 얼마인가? (단, 메탄, 헥산, 에틸렌의 폭발하한계 값은 각각 5.0, 1.1, 2.7vol%이다.)

① 1.8 ② 3.5
③ 12.8 ④ 21.7

해설 혼합가스의 폭발하한계 값(vol%)
혼합가스가 공기와 섞여 있을 경우
$$L = \frac{V_1 + V_2 + \cdots + V_n}{\frac{V_1}{L_1} + \frac{V_2}{L_2} + \cdots + \frac{V_n}{L_n}}$$
$= (1+2+2)/(1/5 + 2/1.1 + 2/2.7) = 1.8 vol\%$

L : 혼합가스의 폭발한계(%) – 폭발상한, 폭발하한 모두 적용 가능
$L_1 + L_2 + \cdots + L_n$: 각 성분가스의 폭발한계(%) – 폭발상한계, 폭발하한계
$V_1 + V_2 + \cdots + V_n$: 전체 혼합가스 중 각 성분가스의 비율(%) – 부피비

100 가열·마찰·충격 또는 다른 화학물질과의 접촉 등으로 인하여 산소나 산화제의 공급이 없더라도 폭발 등 격렬한 반응을 일으킬 수 있는 물질은?

① 에틸알코올 ② 인화성 고체
③ 니트로화합물 ④ 테레핀유

해설 폭발성 물질 및 유기과산화물〈산업안전보건기준에 관한 규칙〉: 자기반응성 물질(제5류 위험물)
가. 질산에스테르류
나. 니트로화합물
다. 니트로소화합물
라. 아조화합물
마. 디아조화합물
바. 하이드라진 유도체
사. 유기과산화물
아. 그 밖에 가목부터 사목까지의 물질과 같은 정도의 폭발 위험이 있는 물질
자. 가목부터 아목까지의 물질을 함유한 물질

제6과목 건설안전기술

101 사업주가 유해·위험방지계획서 제출 후 건설공사 중 6개월 이내마다 안전보건공단의 확인을 받아야 할 내용이 아닌 것은?

① 유해·위험방지계획서의 내용과 실제 공사 내용이 부합하는 지 여부
② 유해·위험방지계획서 변경 내용의 적정성
③ 자율안전관리 업체 유해·위험방지계획서 제출·심사 면제
④ 추가적인 유해·위험요인의 존재여부

해설 유해·위험방지계획서 확인〈산업안전보건법 시행규칙〉
제46조(확인) ① 유해·위험방지계획서를 제출한 사업주(*제조업)는 해당 건설물·기계·기구 및 설비의 시운전단계에서, (*건설업) 사업주는 건설공사 중 6개월 이내마다 다음 각호의 사항에 관하여 공단의 확인을 받아야 한다.
1. 유해·위험방지계획서의 내용과 실제공사 내용이 부합하는지 여부
2. 유해·위험방지계획서 변경내용의 적정성
3. 추가적인 유해·위험요인의 존재 여부

정답 98.④ 99.① 100.③ 101.③

102 철골공사 시 안전작업방법 및 준수사항으로 옳지 않은 것은?

① 강풍, 폭우 등과 같은 악천우 시에는 작업을 중지하여야 하며 특히 강풍 시에는 높은 곳에 있는 부재나 공구류가 낙하비래하지 않도록 조치하여야 한다.
② 철골부재 반입 시 시공순서가 빠른 부재는 상단부에 위치하도록 한다.
③ 구명줄 설치 시 마닐라 로프 직경 10mm를 기준하여 설치하고 작업방법을 충분히 검토하여야 한다.
④ 철골보의 두 곳을 매어 인양시킬 때 와이어로프의 내각은 60° 이하이어야 한다.

해설 **철골공사 시의 안전작업방법 및 준수사항**〈철골공사 표준안전작업지침〉
제16조(재해방지 설비) 철골공사 중 재해방지를 위하여 다음 각호의 사항을 준수하여야 한다.
3. 구명줄을 설치할 경우에는 1가닥의 구명줄을 여러 명이 동시에 사용하지 않도록 하여야 하며 구명줄을 마닐라 로프 직경 16밀리미터를 기준하여 설치하고 작업방법을 충분히 검토하여야 한다.

103 지면보다 낮은 땅을 파는데 적합하고 수중굴착도 가능한 굴착기계는?

① 백호우
② 파워쇼벨
③ 가이데릭
④ 파일드라이버

해설 **백호우(backhoe)** : 장비가 위치한 지면보다 낮은 장소를 굴착하는데 적합한 장비
– 단단한 토질의 굴삭이 가능하고 Trench, Ditch, 배관작업 등에 편리. 수중굴착도 가능

104 산업안전보건법령에 따른 지반의 종류별 굴착면의 기울기 기준으로 옳지 않은 것은?

① 보통흙 습지 – 1 : 1~1 : 1.5
② 보통흙 건지 – 1 : 0.3~1 : 1
③ 풍화암 – 1 : 1.0
④ 연암 – 1 : 1.0

해설 **굴착면의 기울기 기준**〈산업안전보건기준에 관한 규칙〉

구분	지반의 종류	기울기
보통흙	습지	1 : 1~1 : 1.5
	건지	1 : 0.5~1 : 1
암반	풍화암	1 : 1.0
	연암	1 : 1.0
	경암	1 : 0.5

105 콘크리트 타설 시 거푸집 측압에 관한 설명으로 옳지 않은 것은?

① 기온이 높을수록 측압은 크다.
② 타설속도가 클수록 측압은 크다.
③ 슬럼프가 클수록 측압은 크다.
④ 다짐이 과할수록 측압은 크다.

해설 **콘크리트의 측압** : 콘크리트 타설 시 기둥, 벽체에 가해지는 콘크리트 수평방향의 압력. 콘크리트의 타설높이가 증가함에 따라 측압이 증가하나 일정 높이 이상이 되면 측압은 감소
① 거푸집 수밀성이 클수록 측압이 커진다.(거푸집의 투수성이 낮을수록 측압은 커진다.)
② 철근량이 적을수록 측압이 커진다.
③ 부어넣기가 빠를수록 측압이 커진다.
④ 외기의 온·습도가 낮을수록 측압은 크다.
⑤ 슬럼프가 클수록 측압이 커진다.
⑥ 콘크리트의 단위 중량(밀도)이 클수록 측압이 커진다.
⑦ 거푸집 표면이 평활할수록 측압이 커진다.
⑧ 거푸집의 수평단면이 클수록 크다.
⑨ 시공연도(workability)가 좋을수록 측압이 커진다.
⑩ 거푸집의 강성이 클수록 크다.
⑪ 다짐이 좋을수록 측압이 커진다.
⑫ 벽 두께가 두꺼울수록 측압은 커진다.

정답 102. ③ 103. ① 104. ② 105. ①

106 강관비계의 수직방향 벽이음 조립간격(m)으로 옳은 것은? (단, 틀비계이며 높이가 5m 이상일 경우)

① 2m   ② 4m
③ 6m   ④ 9m

해설 강관비계의 벽이음에 대한 조립간격 기준

강관비계의 종류	조립간격(단위 : m)	
	수직방향	수평방향
단관비계	5	5
틀비계(높이가 5m 미만인 것은 제외한다.)	6	8

107 굴착과 싣기를 동시에 할 수 있는 토공기계가 아닌 것은?

① Power shovel   ② Tractor shovel
③ Back hoe   ④ Motor grader

해설 굴착과 싣기를 동시에 할 수 있는 토공기계 : 쇼벨, 백호
* 모터그레이더 : 엔진이나 유압에 의해 주행할 수 있는 그레이더로 고무타이어의 전륜과 후륜 사이에 토공판(블레이드, blade)을 부착하여 주로 노면을 평활하게 깎아 내는 작업을 수행(정지 작업용 장비)

108 구축물에 안전진단 등 안전성 평가를 실시하여 근로자에게 미칠 위험성을 미리 제거하여야 하는 경우가 아닌 것은?

① 구축물 또는 이와 유사한 시설물의 인근에서 굴착·항타작업 등으로 침하·균열 등이 발생하여 붕괴의 위험이 예상될 경우
② 구조물, 건축물, 그 밖의 시설물이 그 자체의 무게·적설·풍압 또는 그 밖에 부가되는 하중 등으로 붕괴 등의 위험이 있을 경우
③ 화재 등으로 구축물 또는 이와 유사한 시설물의 내력(耐力)이 심하게 저하되었을 경우
④ 구축물의 구조체가 과도한 안전 측으로 설계가 되었을 경우

해설 구축물 또는 이와 유사한 시설물의 위험방지〈산업안전보건기준에 관한 규칙〉
제52조(구축물 또는 이와 유사한 시설물의 안전성 평가)
사업주는 구축물 또는 이와 유사한 시설물이 다음 각호의 어느 하나에 해당하는 경우 안전진단 등 안전성 평가를 하여 근로자에게 미칠 위험성을 미리 제거하여야 한다.
1. 구축물 또는 이와 유사한 시설물의 인근에서 굴착·항타작업 등으로 침하·균열 등이 발생하여 붕괴의 위험이 예상될 경우
2. 구축물 또는 이와 유사한 시설물에 지진, 동해(凍害), 부동침하(不同沈下) 등으로 균열·비틀림 등이 발생하였을 경우
3. 구조물, 건축물, 그 밖의 시설물이 그 자체의 무게·적설·풍압 또는 그 밖에 부가되는 하중 등으로 붕괴 등의 위험이 있을 경우
4. 화재 등으로 구축물 또는 이와 유사한 시설물의 내력(耐力)이 심하게 저하되었을 경우
5. 오랜 기간 사용하지 아니하던 구축물 또는 이와 유사한 시설물을 재사용하게 되어 안전성을 검토하여야 하는 경우
6. 그 밖의 잠재위험이 예상될 경우

109 다음 중 방망사의 폐기 시 인장강도에 해당하는 것은? (단, 그물코의 크기는 10cm이며 매듭 없는 방망의 경우임)

① 50kg   ② 100kg
③ 150kg   ④ 20kg

해설 추락방지망의 인장강도〈방망사의 신품에 대한 인장강도〉   ※ ( )는 방망사의 폐기 시 인장강도

그물코의 크기 (단위 : 센티미터)	방망의 종류(단위 : 킬로그램)	
	매듭 없는 방망	매듭 방망
10	240(150)	200(135)
5		110(60)

정답 106. ③ 107. ④ 108. ④ 109. ③

110 작업장에 계단 및 계단참을 설치하는 경우 매제곱미터당 최소 몇 킬로그램 이상의 하중에 견딜 수 있는 강도를 가진 구조로 설치하여야 하는가?

① 300kg ② 400kg
③ 500kg ④ 600kg

[해설] 계단의 설치〈산업안전보건기준에 관한 규칙〉
제26조(계단의 강도)
① 사업주는 계단 및 계단참을 설치하는 경우 매제곱미터당 500킬로그램 이상의 하중에 견딜 수 있는 강도를 가진 구조로 설치하여야 하며, 안전율[안전의 정도를 표시하는 것으로서 재료의 파괴응력도(破壞應力度)와 허용응력도(許容應力度)의 비율을 말한다.]은 4 이상으로 하여야 한다.
② 사업주는 계단 및 승강구 바닥을 구멍이 있는 재료로 만드는 경우 렌치나 그 밖의 공구 등이 낙하할 위험이 없는 구조로 하여야 한다.

111 굴착공사에서 비탈면 또는 비탈면 하단을 성토하여 붕괴를 방지하는 공법은?

① 배수공
② 배토공
③ 공작물에 의한 방지공
④ 압성토공

[해설] 압성토공 : 굴착공사에서 비탈면 또는 비탈면 하단을 성토하여 붕괴를 방지하는 공법

112 공정률이 65%인 건설현장의 경우 공사 진척에 따른 산업안전보건관리비의 최소 사용기준으로 옳은 것은? (단, 공정률은 기성공정률을 기준으로 함)

① 40% 이상 ② 50% 이상
③ 60% 이상 ④ 70% 이상

[해설] 공사 진척에 따른 안전관리비 사용기준

공정률	50퍼센트 이상 70퍼센트 미만	70퍼센트 이상 90퍼센트 미만	90퍼센트 이상
사용기준	50퍼센트 이상	70퍼센트 이상	90퍼센트 이상

113 해체공사 시 작업용 기계기구의 취급 안전기준에 관한 설명으로 옳지 않은 것은?

① 철제 해머와 와이어로프의 결속은 경험이 많은 사람으로서 선임된 자에 한하여 실시하도록 하여야 한다.
② 팽창제 천공간격은 콘크리트 강도에 의하여 결정되나 70~120cm 정도를 유지하도록 한다.
③ 쐐기타입으로 해체 시 천공구멍은 타입기 삽입부분의 직경과 거의 같아야 한다.
④ 화염방사기로 해체작업 시 용기 내 압력은 온도에 의해 상승하기 때문에 항상 40℃ 이하로 보존해야 한다.

[해설] 해체공사 시 작업용 기계기구의 취급 안전기준〈해체공사표준안전작업지침〉
① 철제 해머와 와이어로프의 결속은 경험이 많은 사람으로서 선임된 자에 한하여 실시하도록 하여야 한다.
② 팽창제 천공간격은 콘크리트 강도에 의하여 결정되나 30~70cm 정도를 유지하도록 한다.
③ 쐐기타입기로 해체 시 천공구멍은 타입기 삽입부분의 직경과 거의 같아야 한다.
④ 화염방사기로 해체작업 시 용기 내 압력은 온도에 의해 상승하기 때문에 항상 40℃ 이하로 보존해야 한다.

114 가설통로의 설치에 관한 기준으로 옳지 않은 것은?

① 경사는 30° 이하로 한다.
② 건설공사에 사용하는 높이 8m 이상인 비계다리에는 7m 이내마다 계단참을 설치한다.
③ 작업상 부득이 한 경우에는 필요한 부분에 한하여 안전난간을 임시로 해체할 수 있다.
④ 수직갱에 가설된 통로의 길이가 10m 이상인 경우에는 5m 이내마다 계단참을 설치한다.

정답 110.③ 111.④ 112.② 113.② 114.④

해설 **가설통로의 구조** 〈산업안전보건기준에 관한 규칙〉
제23조(가설통로의 구조)
사업주는 가설통로를 설치하는 경우 다음 각호의 사항을 준수하여야 한다.
1. 견고한 구조로 할 것
2. 경사는 30도 이하로 할 것. 다만, 계단을 설치하거나 높이 2미터 미만의 가설통로로서 튼튼한 손잡이를 설치한 경우에는 그러하지 아니하다.
3. 경사가 15도를 초과하는 경우에는 미끄러지지 아니하는 구조로 할 것
4. 추락할 위험이 있는 장소에는 안전난간을 설치할 것. 다만, 작업상 부득이 한 경우에는 필요한 부분만 임시로 해체할 수 있다.
5. 수직갱에 가설된 통로의 길이가 15미터 이상인 경우에는 10미터 이내마다 계단참을 설치할 것
6. 건설공사에 사용하는 높이 8미터 이상인 비계다리에는 7미터 이내마다 계단참을 설치할 것

115 작업으로 인하여 물체가 떨어지거나 날아올 위험이 있는 경우 필요한 조치와 가장 거리가 먼 것은?

① 투하설비 설치
② 낙하물 방지망 설치
③ 수직보호망 설치
④ 출입금지구역 설정

해설 **낙하물에 의한 위험의 방지** 〈산업안전보건기준에 관한 규칙〉
제14조(낙하물에 의한 위험의 방지)
② 사업주는 작업으로 인하여 물체가 떨어지거나 날아올 위험이 있는 경우 낙하물 방지망, 수직보호망 또는 방호선반의 설치, 출입금지구역의 설정, 보호구의 착용 등 위험을 방지하기 위하여 필요한 조치를 하여야 한다.

116 다음은 안전대와 관련된 설명이다. 아래 내용에 해당되는 용어로 옳은 것은?

> 로프 또는 레일 등과 같은 유연하거나 단단한 고정줄로서 추락발생 시 추락을 저지시키는 추락방지대를 지탱해 주는 줄모양의 부품

① 안전블록 ② 수직구명줄
③ 죔줄 ④ 보조죔줄

해설 **수직구명줄** 〈보호구 안전인증 고시〉
– 수직구명줄이란 로프 또는 레일 등과 같은 유연하거나 단단한 고정줄로서 추락발생시 추락을 저지시키는 추락방지대를 지탱해 주는 줄모양의 부품을 말한다.

117 크레인의 운전실 또는 운전대를 통하는 통로의 끝과 건설물 등의 벽체의 간격은 최대 얼마 이하로 하여야 하는가?

① 0.2m ② 0.3m
③ 0.4m ④ 0.5m

해설 **건설물 등과의 사이 통로 등** 〈산업안전보건기준에 관한 규칙〉
제145조(건설물 등의 벽체와 통로의 간격 등)
사업주는 다음 각호의 간격을 0.3미터 이하로 하여야 한다. 다만, 근로자가 추락할 위험이 없는 경우에는 그 간격을 0.3미터 이하로 유지하지 아니할 수 있다.
1. 크레인의 운전실 또는 운전대를 통하는 통로의 끝과 건설물 등의 벽체의 간격
2. 크레인 거더(girder)의 통로 끝과 크레인 거더의 간격
3. 크레인 거더의 통로로 통하는 통로의 끝과 건설물 등의 벽체의 간격

118 달비계의 최대 적재하중을 정하는 경우 그 안전계수 기준으로 옳지 않은 것은?

① 달기 와이어로프 및 달기 강선의 안전계수 : 10 이상
② 달기 체인 및 달기 훅의 안전계수 : 5 이상
③ 달기 강대와 달비계의 하부 및 상부 지점의 안전계수 : 강재의 경우 3 이상
④ 달기 강대와 달비계의 하부 및 상부 지점의 안전계수 : 목재의 경우 5 이상

해설 **달기 와이어로프 및 달기 강선의 안전계수 기준** 〈산업안전보건기준에 관한 규칙〉
제55조(작업발판의 최대적재하중)

정답 115. ① 116. ② 117. ② 118. ③

② 달비계의 최대 적재하중을 정하는 경우 그 안전계수는 다음 각호와 같다.
1. 달기 와이어로프 및 달기 강선의 안전계수: 10 이상
2. 달기 체인 및 달기 훅의 안전계수: 5 이상
3. 달기 강대와 달비계의 하부 및 상부 지점의 안전계수: 강재(鋼材)의 경우 2.5 이상, 목재의 경우 5 이상

119 달비계에 사용이 불가한 와이어로프의 기준으로 옳지 않은 것은?

① 이음매가 있는 것
② 와이어로프의 한 꼬임에서 끊어진 소선의 수가 7% 이상인 것
③ 지름의 감소가 공칭지름의 7%를 초과하는 것
④ 심하게 변형되거나 부식된 것

해설 권상용 와이어로프의 준수사항〈산업안전보건기준에 관한 규칙〉
제63조(달비계의 구조)
사업주는 달비계를 설치하는 경우에 다음 각호의 사항을 준수하여야 한다.
1. 다음 각 목의 어느 하나에 해당하는 와이어로프를 달비계에 사용해서는 아니 된다.
   가. 이음매가 있는 것
   나. 와이어로프의 한 꼬임에서 끊어진 소선(素線)의 수가 10퍼센트 이상인 것
   다. 지름의 감소가 공칭지름의 7퍼센트를 초과하는 것
   라. 꼬인 것
   마. 심하게 변형되거나 부식된 것
   바. 열과 전기충격에 의해 손상된 것

120 흙막이 지보공을 설치하였을 때 정기적으로 점검하여 이상 발견 시 즉시 보수하여야 할 사항이 아닌 것은?

① 굴착 깊이의 정도
② 버팀대의 긴압의 정도
③ 부재의 접속부·부착부 및 교차부의 상태
④ 부재의 손상·변형·부식·변위 및 탈락의 유무와 상태

해설 흙막이 지보공 붕괴 등의 위험 방지〈산업안전보건기준에 관한 규칙〉
제347조(붕괴 등의 위험 방지)
① 사업주는 흙막이 지보공을 설치하였을 때에는 정기적으로 다음 각호의 사항을 점검하고 이상을 발견하면 즉시 보수하여야 한다.
1. 부재의 손상·변형·부식·변위 및 탈락의 유무와 상태
2. 버팀대의 긴압(緊壓)의 정도
3. 부재의 접속부·부착부 및 교차부의 상태
4. 침하의 정도

정답 119. ② 120. ①

2020년 제3회 산업안전기사 기출문제

[제1과목] 안전관리론

01 레윈(Lewin)의 인간 행동 특성을 다음과 같이 표현하였다. 변수 "E"가 의미하는 것은?

$$B = f(P \cdot E)$$

① 연령 ② 성격
③ 환경 ④ 지능

해설 인간의 행동 특성
(1) 레윈(Lewin.K)의 법칙 : 인간행동은 사람이 가진 자질, 즉 개체와 심리학적 환경과의 상호 함수관계에 있다고 정의 함.
(2) $B = f(P \cdot E)$
  B : behavior(인간의 행동)
  P : person(개체 : 연령, 경험, 심신 상태, 성격, 지능, 소질 등)
  E : environment(심리적 환경 : 인간관계, 작업환경 등)
  f : function(함수관계 : P와 E에 영향을 주는 조건)

02 다음 중 안전교육의 형태 중 OJT(On the Job Training) 교육에 대한 설명과 거리가 먼 것은?

① 다수의 근로자에게 조직적 훈련이 가능하다.
② 직장의 실정에 맞게 실제적인 훈련이 가능하다.
③ 훈련에 필요한 업무의 지속성이 유지된다.
④ 직장의 직속상사에 의한 교육이 가능하다.

해설 OJT 교육과 Off JT 교육의 특징

OJT 교육의 특징	Off JT 교육의 특징
㉮ 개개인에게 적절한 지도훈련이 가능하다.	㉮ 다수의 근로자에게 조직적 훈련이 가능하다.
㉯ 직장의 실정에 맞는 실제적 훈련이 가능하다.	㉯ 훈련에만 전념할 수 있다.
㉰ 즉시 업무에 연결될 수 있다.	㉰ 외부 전문가를 강사로 초빙하는 것이 가능하다.
㉱ 훈련에 필요한 업무의 지속성이 유지된다.	㉱ 특별교재, 교구, 시설을 유효하게 활용할 수 있다.
㉲ 효과가 곧 업무에 나타나며 결과에 따른 개선이 쉽다.	㉲ 타 직장의 근로자와 지식이나 경험을 교류할 수 있다.
㉳ 훈련 효과에 의해 상호 신뢰 이해도가 높아진다.	㉳ 교육 훈련 목표에 대하여 집단적 노력이 흐트러질 수도 있다.

03 다음 중 안전교육의 기본 방향과 가장 거리가 먼 것은?

① 생산성 향상을 위한 교육
② 사고사례 중심의 안전교육
③ 안전작업을 위한 교육
④ 안전의식 향상을 위한 교육

해설 안전교육의 기본 방향
(1) 안전작업(표준안전작업)을 위한 안전교육
(2) 사고사례 중심의 안전교육
(3) 안전의식 향상을 위한 안전교육

정답 01. ③ 02. ① 03. ①

04 다음 설명의 학습지도 형태는 어떤 토의법 유형인가?

> 6-6 회의라고도 하며, 6명씩 소집단으로 구분하고, 집단별로 각각의 사회자를 선발하여 6분간씩 자유토의를 행하여 의견을 종합하는 방법

① 포럼(Forum)
② 버즈 세션(Buzz session)
③ 케이스 메소드(case method)
④ 패널 디스커션(Panel discussion)

05 안전점검의 종류 중 태풍, 폭우 등에 의한 침수, 지진 등의 천재지변이 발생한 경우나 이상사태 발생 시 관리자나 감독자가 기계·기구, 설비 등의 기능상 이상 유무에 대하여 점검하는 것은?

① 일상점검　② 정기점검
③ 특별점검　④ 수시점검

해설 점검 시기에 따른 구분
특별점검 : 비정기적인 특정 점검으로 안전강조 기간, 방화점검 기간에 실시하는 점검. 신설, 변경 내지는 고장, 수리 등을 할 경우의 부정기 점검
– 태풍, 폭우 등에 의한 침수, 지진 등의 천재지변이 발생한 경우나 이상사태 발생 시 관리자나 감독자가 기계·기구, 설비 등의 기능상 이상 유무에 대하여 점검하는 것

06 다음 중 산업재해의 원인으로 간접적 원인에 해당하지 않는 것은?

① 기술적 원인　② 물적 원인
③ 관리적 원인　④ 교육적 원인

해설 간접 원인
① 기술적 원인
② 교육적 원인
③ 신체적 원인
④ 정신적 원인
⑤ 작업관리상 원인 : 안전관리조직 결함, 설비 불량, 안전수칙 미제정, 작업준비 불충분(정리정돈 미실시), 인원배치 부적당, 작업지시 부적당(작업량 과다)
* 직접 원인 : 불안전한 행동(인적 원인), 불안전한 상태(물적 원인)

07 산업안전보건법령상 안전보건관리책임자 등에 대한 교육시간 기준으로 틀린 것은?

① 보건관리자, 보건관리전문기관의 종사자 보수교육 : 24시간 이상
② 안전관리자, 안전관리전문기관의 종사자 신규교육 : 34시간 이상
③ 안전보건관리책임자의 보수교육 : 6시간 이상
④ 건설재해예방전문지도기관의 종사자 신규교육 : 24시간 이상

해설 안전보건관리책임자 등에 대한 교육

교육대상	교육시간	
	신규교육	보수교육
가. 안전보건관리책임자	6시간 이상	6시간 이상
나. 안전관리자	34시간 이상	24시간 이상
다. 보건관리자	34시간 이상	24시간 이상
라. 재해예방 전문지도기관 종사자	34시간 이상	24시간 이상
마. 석면조사기관의 종사자	34시간 이상	24시간 이상
바. 안전보건관리담당자	–	8시간 이상
사. 안전검사기관, 자율안전검사기관 종사자	34시간 이상	24시간 이상

08 매슬로(Maslow)의 욕구단계 이론 중 제2단계 욕구에 해당하는 것은?

① 자아실현의 욕구
② 안전에 대한 욕구
③ 사회적 욕구
④ 생리적 욕구

정답 04. ② 05. ③ 06. ② 07. ④ 08. ②

09 다음 중 재해예방의 4원칙과 관련이 가장 적은 것은?

① 모든 재해의 발생 원인은 우연적인 상황에서 발생한다.
② 재해손실은 사고가 발생할 때 사고 대상의 조건에 따라 달라진다.
③ 재해예방을 위한 가능한 안전대책은 반드시 존재한다.
④ 재해는 원칙적으로 원인만 제거되면 예방이 가능하다.

10 파블로프(Pavlov)의 조건반사설에 의한 학습이론의 원리가 아닌 것은?

① 일관성의 원리
② 계속성의 원리
③ 준비성의 원리
④ 강도의 원리

해설 파블로프(Pavlov)의 조건반사설(반응설) : 후천적으로 얻게 되는 반사작용으로 행동을 발생시킨다는 것
〈조건반사설에 의한 학습이론의 원리〉
① 시간의 원리 : 조건자극(파블로프 개 실험의 종소리)은 무조건자극(음식물)과 시간적으로 동시에 혹은 조금 앞서서 주어야 한다는 것
② 강도의 원리 : 나중의 자극이 먼저의 자극보다 강도가 강하거나 동일하여야만 조건반사가 성립
③ 일관성의 원리 : 조건자극은 일관된 자극이어야 함.
④ 계속성의 원리 : 자극과 반응 간에 반복되는 횟수가 많을수록 효과가 있음.

11 인간의 동작 특성 중 판단과정의 착오요인이 아닌 것은?

① 합리화
② 정서불안정
③ 작업조건불량
④ 정보부족

해설 인간의 착오요인(대뇌의 human error로 인한 착오요인)

인지과정 착오	판단과정 착오	조치과정 착오
① 생리·심리적 능력의 한계 ② 정보량 저장의 한계 ③ 감각 차단 현상 ④ 정서적 불안정	① 자기 합리화 ② 정보부족 ③ 능력부족 ④ 작업조건 불량	① 잘못된 정보의 입수 ② 합리적 조치의 미숙

12 산업안전보건법령상 안전/보건표지의 색채와 사용 사례의 연결로 틀린 것은?

① 노란색 - 정지신호, 소화설비 및 그 장소, 유해행위의 금지
② 파란색 - 특정 행위의 지시 및 사실의 고지
③ 빨간색 - 화학물질 취급장소에서의 유해·위험 경고
④ 녹색 - 비상구 및 피난소, 사람 또는 차량의 통행표지

해설 안전·보건표지의 색채, 색도 기준 및 용도〈산업안전보건법 시행규칙〉

색채	색도 기준	용도	사용례
빨간색	7.5R 4/14	금지	정지신호, 소화설비 및 그 장소, 유해행위의 금지
		경고	화학물질 취급장소에서의 유해·위험경고
노란색	5Y 8.5/12	경고	화학물질 취급장소에서의 유해·위험경고 이외의 위험경고, 주의표지 또는 기계방호물
파란색	2.5PB 4/10	지시	특정 행위의 지시 및 사실의 고지
녹색	2.5G 4/10	안내	비상구 및 피난소, 사람 또는 차량의 통행표지
흰색	N9.5		파란색 또는 녹색에 대한 보조색
검은색	N0.5		문자 및 빨간색 또는 노란색에 대한 보조색

정답 09.① 10.③ 11.② 12.①

13 산업안전보건법령상 안전·보건표지의 종류 중 다음 표지의 명칭은? (단, 마름모 테두리는 빨간색이며, 안의 내용은 검은색이다.)

① 폭발성물질 경고
② 산화성물질 경고
③ 부식성물질 경고
④ 급성독성물질 경고

해설 급성독성물질 경고 : 급성독성물질이 있는 장소
(*사용장소 예시 : 농약 제조·보관소)

14 하인리히의 재해발생 이론이 다음과 같이 표현될 때, α가 의미하는 것으로 옳은 것은?

재해의 발생 = 설비적 결함 + 관리적 결함 + α

① 노출된 위험의 상태
② 재해의 직접적인 원인
③ 물적 불안전 상태
④ 잠재된 위험의 상태

해설 재해의 발생(하인리히 재해발생 이론의 표현)
재해의 발생 = 물적불안전상태 + 인적불안전행위 + α(잠재된 위험의 상태)
= 설비적결함 + 관리적결함 + α(잠재된 위험의 상태)

15 허즈버그(Herzberg)의 위생-동기 이론에서 동기요인에 해당하는 것은?

① 감독
② 안전
③ 책임감
④ 작업조건

해설 허즈버그(Herzberg)의 위생·동기이론
(1) 위생요인(유지욕구) : 인간의 동물적 욕구. 매슬로우의 생리적, 안전, 사회적 욕구와 유사
  ① 위생요인은 직무 불만족의 요인과 관계가 있으며 급여의 인상, 감독, 관리규칙, 기업의 정책, 작업조건, 대인관계 등
  ② 위생요인의 충족은 직무에 대해 불만족이 감소되지만 직무 만족을 가져 오지는 못함.

(2) 동기요인(만족욕구) : 자아실현. 매슬로우의 자아실현 욕구와 유사
  ① 동기요인은 직무에 대한 만족의 요인이며 상사로부터의 인정, 직무에 대한 개인적 성취, 책임, 발전 등이 있음.
    ㉠ 인정은 상사 등으로부터의 칭찬, 신임, 수용, 보상 등
    ㉡ 성취는 목표의 달성 등
    ㉢ 책임은 간섭 없이 재량권을 가지며 결과에 대해 책임을 짐.
    ㉣ 발전은 지위나 직위의 변화 등
  ② 동기요인이 충족하게 되면 직무에 대해 만족하고 일에 대한 긍정적인 태도를 갖게 함.

16 재해분석도구 중 재해발생의 유형을 어골상(魚骨像)으로 분류하여 분석하는 것은?

① 파레토도
② 특성요인도
③ 관리도
④ 클로즈분석

해설 재해통계 분석기법 : 통계화된 재해별로 원인분석
(가) 파레토도(pareto chart)
  ① 관리대상이 많은 경우 최소의 노력으로 최대의 효과를 얻을 수 있는 방법
  ② 사고의 유형, 기인물 등 분류 항목을 큰 순서대로 도표화하는데 편리
  ③ 그 크기를 막대그래프로 나타냄.
(나) 특성요인도(cause & effect diagram, cause-reason diagram)
  ① 특성과 요인 관계를 어골상(魚骨象: 물고기 뼈 모양)으로 세분하여 연쇄 관계를 나타내는 방법
  ② 원인요소와의 관계를 상호의 인과관계만으로 결부
(다) 크로스 분석(close analysis)
  ① 두 가지 이상의 요인이 서로 밀접한 상호관계를 유지할 때 사용하는 방법
  ② 데이터를 집계하고 표로 표시하여 요인별 결과 내역을 교차한 크로스 그림을 작성하여 분석
(라) 관리도(control chart) : 재해 발생 건수 등의 추이를 파악하여 목표 관리를 행하는데 필요한 월별 재해 발생수를 그래프화하여 관리선(한계선)을 설정 관리하는 방법

정답 13. ④ 14. ④ 15. ③ 16. ②

17 다음 중 안전모의 성능시험에 있어서 AE, ABE종에만 한하여 실시하는 시험은?

① 내관통성시험, 충격흡수성시험
② 난연성시험, 내수성시험
③ 내관통성시험, 내전압성시험
④ 내전압성시험, 내수성시험

18 플리커 검사(flicker test)의 목적으로 가장 적절한 것은?

① 혈중 알코올 농도 측정
② 체내 산소량 측정
③ 작업강도 측정
④ 피로의 정도 측정

해설 **플리커 검사(Flicker Fusion Frequency, 점멸융합주파수)** : 빛이 점멸하는데도 연속으로 켜 있는 것 같아 보이는 주파수. 정신적 피로도, 휘도, 암조응 상태인지 여부에 영향을 받음.

19 강도율에 관한 설명 중 틀린 것은?

① 사망 및 영구 전노동불능(신체장해등급 1~3급)의 근로손실일수는 7,500일로 환산한다.
② 신체장해등급 중 제14급은 근로손실일수를 50일로 환산한다.
③ 영구 일부 노동불능은 신체 장해등급에 따른 근로손실일수에 $\frac{300}{365}$을 곱하여 환산한다.
④ 일시 전노동 불능은 휴업일수에 $\frac{300}{365}$을 곱하여 근로손실일수를 환산한다.

해설 **강도율(Severity Rate of Injury : S.R)**
① 강도율은 근로시간 합계 1,000시간당 재해로 인한 근로손실일수를 나타냄(재해발생의 경중, 즉 강도를 나타냄.).
② 강도율 = $\frac{근로손실일수}{연근로 시간수} \times 1,000$

[표] 근로손실일수 산정요령

구분	사망	신체장해자 등급											
		1~3	4	5	6	7	8	9	10	11	12	13	14
근로손실일수(일)	7,500	7,500	5,500	4,000	3,000	2,200	1,500	1,000	600	400	200	100	50

* 사망, 장해등급 1-3급의 근로손실일수는 7,500일
* 입원 등으로 휴업시의 근로손실일수 = 휴업일수(요양일수) × 300/365

20 다음 중 브레인스토밍의 4원칙과 가장 거리가 먼 것은?

① 자유로운 비평
② 자유분방한 발언
③ 대량적인 발언
④ 타인 의견의 수정 발언

해설 **브레인스토밍 4원칙**
① 비판금지 : 타인의 의견에 대하여 장·단점을 비판하지 않음
② 자유분방 : 지정된 표현방식을 벗어나 자유롭게 의견을 제시
③ 대량발언 : 사소한 아이디어라도 가능한 한 많이 제시하도록 함.
④ 수정발언 : 타인의 의견에 대하여는 수정하여 발표할 수 있음.

제2과목 인간공학 및 시스템안전공학

21 화학설비의 안전성 평가에서 정량적 평가의 항목에 해당되지 않는 것은?

① 훈련
② 조작
③ 취급물질
④ 화학설비용량

22 인간 에러(human error)에 관한 설명으로 틀린 것은?

① omission error : 필요한 작업 또는 절차를 수행하지 않는데 기인한 에러
② commission error : 필요한 작업 또는 절차의 수행지연으로 인한 에러
③ extraneous error : 불필요한 작업 또는 절차를 수행함으로써 기인한 에러
④ sequential error : 필요한 작업 또는 절차의 순서 착오로 인한 에러

해설 휴먼 에러에 관한 분류 : 심리적 행위에 의한 분류 (Swain의 독립행동에 관한 분류)
① omission error(생략 에러) : 필요한 작업 또는 절차를 수행하지 않는데 기인한 에러(부작위 오류)
② commission error(실행 에러) : 필요한 작업 또는 절차를 불확실하게 수행함으로써 기인한 에러(작위 오류)
③ extraneous error(과잉행동 에러) : 불필요한 작업 또는 절차를 수행함으로써 기인한 에러
④ sequential error(순서 에러) : 필요한 작업 또는 절차의 순서 착오로 인한 에러
⑤ time error(시간 에러) : 필요한 직무 또는 절차의 수행의 지연(혹은 빨리)으로 인한 에러

23 다음은 유해위험방지계획서의 제출에 관한 설명이다. ( ) 안에 들어갈 내용으로 옳은 것은?

산업안전보건법령상 "대통령령으로 정하는 사업의 종류 및 규모에 해당하는 사업으로서 해당 제품의 생산 공정과 직접적으로 관련된 건설물·기계·기구 및 설비 등 일체를 설치·이전하거나 그 주요 구조 부분을 변경하려는 경우"에 해당하는 사업주는 유해위험방지 계획서에 관련 서류를 첨부하여 해당 작업 시작 (㉠)까지 공단에 (㉡)부를 제출하여야 한다.

① ㉠ : 7일 전, ㉡ : 2
② ㉠ : 7일 전, ㉡ : 4
③ ㉠ : 15일 전, ㉡ : 2
④ ㉠ : 15일 전, ㉡ : 4

해설 유해·위험방지계획서의 제출
① 제조업 : 해당 작업 시작 15일 전까지 공단에 2부 제출
② 건설업 : 해당 공사의 착공 전날까지 공단에 2부 제출

24 그림과 같이 FTA로 분석된 시스템에서 현재 모든 기본사상에 대한 부품이 고장 난 상태이다. 부품 X_1부터 부품 X_5까지 순서대로 복구한다면 어느 부품을 수리 완료하는 시점에서 시스템이 정상 가동되는가?

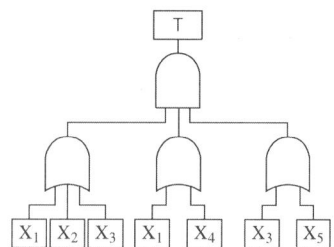

① 부품 X_2 ② 부품 X_3
③ 부품 X_4 ④ 부품 X_5

해설 시스템은 정상가동 : T가 AND 게이트이므로 정상가동을 위해 하위 OR 게이트 3개 전체가 복구되어야 함.
- OR 게이트는 1개씩만 복구되면 됨.
  따라서 $X_1 \rightarrow X_2 \rightarrow X_3$까지 복구되면 정상가동

25 눈과 물체의 거리가 23cm, 시선과 직각으로 측정한 물체의 크기가 0.03cm일 때 시각(분)은 얼마인가? (단, 시각은 600 이하이며, radian 단위를 분으로 환산하기 위한 상수값은 57.3과 60을 모두 적용하여 계산하도록 한다.)

① 0.001   ② 0.007
③ 4.48   ④ 24.55

해설 시각 : 물체의 한 점과 눈을 연결하는 선이 방향선이며, 2개의 방향선 사이의 각을 시각이라 하고, 시각을 역수로 시력이라 함. (시각 : 보는 물체에 대한 눈의 대각)

시각[분] = $\frac{H \times 57.3 \times 60}{D}$ {H : 란돌트 고리의 틈 간격(시각자극의 높이), D : 거리}
= (0.03 × 57.3 × 60) / 23 = 4.48

26 Sanders와 McCormick의 의자 설계의 일반적인 원칙으로 옳지 않은 것은?

① 요부 후반을 유지한다.
② 조정이 용이해야 한다.
③ 등근육의 정적부하를 줄인다.
④ 디스크가 받는 압력을 줄인다.

27 후각적 표시장치(olfactory display)와 관련된 내용으로 옳지 않은 것은?

① 냄새의 확산을 제어할 수 없다.
② 시각적 표시장치에 비해 널리 사용되지 않는다.
③ 냄새에 대한 민감도의 개별적 차이가 존재한다.
④ 경보 장치로서 실용성이 없기 때문에 사용되지 않는다.

28 그림과 같은 FT도에서 F_1 = 0.015, F_2 = 0.02, F_3 = 0.05이면, 정상사상 T가 발생할 확률은 약 얼마인가?

① 0.0002
② 0.0283
③ 0.0503
④ 0.9500

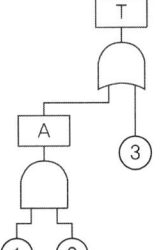

해설 정상사상 T가 발생할 확률
A = ① × ② = 0.015 × 0.02 = 0.0003
T = 1 − [(1 − A)(1 − ③)]
= 1 − [(1 − 0.0003)(1 − 0.05)]
= 0.05028 ≒ 0.0503

29 NOISH lifting guideline에서 권장무게한계(RWL) 산출에 사용되는 계수가 아닌 것은?

① 휴식계수   ② 수평계수
③ 수직계수   ④ 비대칭계수

해설 NIOSH lifting guideline에서 권장무게한계(RWL, Recommended Weight Limit) : 건강한 작업자가 어떤 작업조건에서 작업을 최대 8시간 계속해도 요통의 발생위험이 증대되지 않는 취급물 중량의 한계값
RWL = LC × HM × VM × DM × AM × FM × CM
(LC : 부하상수(23kg), HM : 수평계수, VM : 수직계수, DM : 거리계수, AM : 비대칭계수, FM : 빈도계수, CM : 커플링계수)
① 수평계수 : 몸에서 붙어 있는 정도
② 수직계수 : 들기 작업에서의 적절한 높이
③ 거리계수 : 물건을 수직이동시킨 거리
④ 비대칭계수 : 신체 중심에서 물건 중심까지의 각도
⑤ 빈도계수 : 1분 동안 반복된 회수
⑥ 커플링(결합)계수 : 붙잡기 편한 손잡이의 형태)
* NIOSH : 미국국립산업안전보건연구원

30 인간공학을 기업에 적용할 때의 기대효과로 볼 수 없는 것은?

① 노사 간의 신뢰 저하
② 작업손실시간의 감소
③ 제품과 작업의 질 향상
④ 작업자의 건강 및 안전 향상

해설 인간공학을 기업에 적용 시 기대효과
① 작업자의 건강 및 안전 향상
② 제품과 작업의 질 향상
③ 작업손실시간의 감소
④ 노사 간의 신뢰 강화

정답 26. ① 27. ④ 28. ③ 29. ① 30. ①

31 THERP(Technique for Human Error Rate Prediction)의 특징에 대한 설명으로 옳은 것을 모두 고른 것은?

㉠ 인간-기계 계(system)에서 여러 가지의 인간의 에러와 이에 의해 발생할 수 있는 위험성의 예측과 개선을 위한 기법
㉡ 인간의 과오를 정성적으로 평가하기 위하여 개발된 기법
㉢ 가지처럼 갈라지는 형태의 논리구조와 나무형태의 그래프를 이용

① ㉠, ㉡
② ㉠, ㉢
③ ㉡, ㉢
④ ㉠, ㉡, ㉢

해설 THERP(Technique for Human Error Rate Prediction, 인간 과오율 예측기법) : 인간의 과오(Human error)에 기인된 원인분석, 확률을 계산함으로써 제품의 결함을 감소시키고, 인간 공학적 대책을 수립하는데 사용되는 분석기법
① 작업자의 실수 확률을 예측하는 데 가장 적합한 기법
② 인간의 과오를 정량적으로 평가하고 분석
③ 가지처럼 갈라지는 형태의 논리구조와 나무형태의 그래프를 이용

32 차폐효과에 대한 설명으로 옳지 않은 것은?

① 차폐음과 배경음의 주파수가 가까울 때 차폐효과가 크다.
② 헤어드라이어 소음 때문에 전화 음을 듣지 못한 것과 관련이 있다.
③ 유의적 신호와 배경 소음의 차이를 신호/소음(S/N)비로 나타낸다.
④ 차폐효과는 어느 한 음 때문에 다른 음에 대한 감도가 증가되는 현상이다.

해설 은폐효과(Masking, 차폐효과)
① 음의 한 성분이 다른 성분에 대한 귀의 감수성을 감소시키는 상황
② 사무실의 자판 소리 때문에 말소리가 묻히는 경우에 해당(배경음악에 실내소음이 묻히는 것)
 - 두 가지 음이 동시에 들릴 때 한 가지 음 때문에 다른 음이 작게 들리는 현상
③ 피 은폐된 한 음의 가청역치가 다른 은폐된 음 때문에 높아지는 현상
 - 다른 소리에 의해 소리의 가청역치가 높아진 상태(최저 가청한계가 상승해 소리가 잘 들리지 않음.)
④ 두 소리의 주파수가 비슷하면 은폐효과가 가장 크다.
⑤ 유의적 신호와 배경 소음의 차이를 신호/소음(S/N)비로 나타낸다.

33 산업안전보건기준에 관한 규칙상 '강렬한 소음 작업'에 해당하는 기준은?

① 85데시벨 이상의 소음이 1일 4시간 이상 발생하는 작업
② 85데시벨 이상의 소음이 1일 8시간 이상 발생하는 작업
③ 90데시벨 이상의 소음이 1일 4시간 이상 발생하는 작업
④ 90데시벨 이상의 소음이 1일 8시간 이상 발생하는 작업

해설 소음의 1일 노출시간과 소음강도의 기준〈산업안전보건기준에 관한 규칙〉
제512조 이 장에서 사용하는 용어의 뜻은 다음과 같다.
1. '소음작업'이란 1일 8시간 작업을 기준으로 85데시벨 이상의 소음이 발생하는 작업을 말한다.
2. '강렬한 소음작업'이란 다음 각 목의 어느 하나에 해당하는 작업을 말한다.
 가. 90데시벨 이상의 소음이 1일 8시간 이상 발생하는 작업
 나. 95데시벨 이상의 소음이 1일 4시간 이상 발생하는 작업
 다. 100데시벨 이상의 소음이 1일 2시간 이상 발생하는 작업
 라. 105데시벨 이상의 소음이 1일 1시간 이상 발생하는 작업
 마. 110데시벨 이상의 소음이 1일 30분 이상 발생하는 작업
 바. 115데시벨 이상의 소음이 1일 15분 이상 발생하는 작업

정답 31.② 32.④ 33.④

34 HAZOP 기법에서 사용하는 가이드 워드와 의미가 잘못 연결된 것은?

① No/Not – 설계 의도의 완전한 부정
② More/Less – 정량적인 증가 또는 감소
③ Part of – 성질상의 감소
④ Other than – 기타 환경적인 요인

해설 HAZOP 기법에서 사용하는 가이드 워드와 의미
* 유인어(guide word) : 간단한 말로서 창조적 사고를 유도하고 자극하여 이상(deviation)을 발견하고 의도를 한정하기 위해 사용하는 것

가이드 워드 (유인어)	의미
No 또는 Not	설계 의도의 완전한 부정
As Well As	성질상의 증가
Part of	성질상의 감소
More/Less	정량적인(양) 증가 또는 감소
Other Than	완전한 대체의 사용
Reverse	설계 의도의 논리적인 역

35 그림과 같이 신뢰도 95%인 펌프 A가 각각 신뢰도 90%인 밸브 B와 밸브 C의 병렬밸브계와 직렬계를 이룬 시스템의 실패 확률은 약 얼마인가?

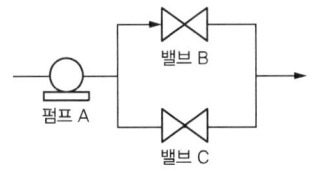

① 0.0091   ② 0.0595
③ 0.9405   ④ 0.9811

해설 시스템의 실패 확률(불신뢰도 $F(t) = 1 - R(t)$)
① 신뢰도 $R(t) = 0.95 \times \{1 - (1 - 0.9)(1 - 0.9)\}$
   $= 0.9405$
② 실패 확률 $= 1 - R(t) = 1 - 0.9405 = 0.0595$

36 인간이 기계보다 우수한 기능으로 옳지 않은 것은? (단, 인공지능은 제외한다.)

① 암호화된 정보를 신속하게 대량으로 보관할 수 있다.
② 관찰을 통해서 일반화하여 귀납적으로 추리한다.
③ 항공사진의 피사체나 말소리처럼 상황에 따라 변화하는 복잡한 자극의 형태를 식별할 수 있다.
④ 수신 상태가 나쁜 음극선관에 나타나는 영상과 같이 배경 잡음이 심한 경우에도 신호를 인지할 수 있다.

37 FTA에서 사용되는 최소 컷셋에 대한 설명으로 옳지 않은 것은?

① 일반적으로 Fussell Algorithm을 이용한다.
② 정상사상(Top event)을 일으키는 최소한의 집합이다.
③ 반복되는 사건이 많은 경우 Limnios와 Ziani Algorithm을 이용하는 것이 유리하다.
④ 시스템에 고장이 발생하지 않도록 하는 모든 사상의 집합이다.

38 직무에 대하여 청각적 자극 제시에 대한 음성 응답을 하도록 할 때 가장 관련 있는 양립성은?

① 공간적 양립성   ② 양식 양립성
③ 운동 양립성   ④ 개념적 양립성

해설 양립성(compatibility) : 외부의 자극과 인간의 기대가 서로 모순되지 않아야 하는 것으로 제어장치와 표시장치 사이의 연관성이 인간의 예상과 어느 정도 일치하는가 여부

(가) 공간적 양립성 : 표시장치나 조정장치의 물리적 형태나 공간적인 배치의 양립성
  ① 오른쪽 버튼을 누르면, 오른쪽 기계가 작동하는 것
(나) 운동적 양립성 : 표시장치, 조정장치 등의 운동방향 양립성
  ① 자동차 핸들 조작 방향으로 바퀴가 회전하는 것
(다) 개념적 양립성 : 어떠한 신호가 전달하려는 내용과 연관성이 있어야 하는 것
  ① 위험신호는 빨간색, 주의신호는 노란색, 안전신호는 파란색으로 표시
  ② 온수 손잡이는 빨간색, 냉수 손잡이는 파란색의 경우
(라) 양식 양립성 : 청각적 자극 제시와 이에 대한 음성 응답 과업에서 갖는 양립성

39 컴퓨터 스크린 상에 있는 버튼을 선택하기 위해 커서를 이동시키는데 걸리는 시간을 예측하는 가장 적합한 법칙은?

① Fitts의 법칙
② Lewin의 법칙
③ Hick의 법칙
④ Weber의 법칙

[해설] 피츠(Fitts) 법칙 : 인간의 손이나 발을 이동시켜 조작장치를 조작하는데 걸리는 시간을 표적까지의 거리와 표적 크기의 함수로 나타내는 모형
① 표적의 크기가 작고 이동거리(움직이는 거리)가 증가할수록 이동시간(운동시간)이 증가함. 정확성이 많이 요구될수록 운동 속도가 느려지고, 속도가 증가하면 정확성이 줄어듦.
② 자동차 가속 페달과 브레이크 페달 간의 간격, 브레이크 폭 등을 결정하는데 사용할 수 있는 가장 적합한 인간공학 이론

40 설비의 고장과 같이 발생확률이 낮은 사건의 특정시간 또는 구간에서의 발생횟수를 측정하는데 가장 적합한 확률분포는?

① 이항 분포(binomial distribution)
② 푸아송 분포(Poisson distribution)
③ 와이블 분포(Weibulll distribution)
④ 지수 분포(exponential distribution)

[해설] 푸아송 분포(Poisson distribution)
설비의 고장과 같이 특정시간 또는 구간에 어떤 사건의 발생확률이 적은 경우 그 사건의 발생횟수를 측정하는데 가장 적합한 확률분포

제3과목 기계위험방지기술

41 산업안전보건법령상 양중기를 사용하여 작업하는 운전자 또는 작업자가 보기 쉬운 곳에 해당 양중기에 대해 표시하여야 할 내용으로 가장 거리가 먼 것은? (단, 승강기는 제외한다.)

① 정격하중   ② 운전속도
③ 경고표시   ④ 최대 인양 높이

[해설] 양중기에 대한 표시〈산업안전보건기준에 관한 규칙〉 제133조(정격하중 등의 표시) 사업주는 양중기(승강기는 제외한다) 및 달기구를 사용하여 작업하는 운전자 또는 작업자가 보기 쉬운 곳에 해당 기계의 정격하중, 운전속도, 경고표시 등을 부착하여야 한다. 다만, 달기구는 정격하중만 표시한다.

42 롤러기의 급정지장치에 관한 설명으로 가장 적절하지 않은 것은?

① 복부조작식은 조작부 중심점을 기준으로 밑면으로부터 1.2~1.4m 이내의 높이로 설치한다.
② 손조작식은 조작부 중심점을 기준으로 밑면으로부터 1.8m 이내의 높이로 설치한다.
③ 급정지장치의 조작부에 사용하는 줄은 사용 중에 늘어져서는 안 된다.
④ 급정지장치의 조작부에 사용하는 줄은 충분한 인장강도를 가져야 한다.

정답 39.① 40.② 41.④ 42.①

해설 롤러기의 급정지장치 설치방법

조작부의 종류	설치위치	비고
손조작식	밑면에서 1.8m 이내	위치는 급정지 장치 조작부의 중심점을 기준
복부조작식	밑면에서 0.8m 이상 1.1m 이내	
무릎조작식	밑면에서 (0.4m 이상) 0.6m 이내	

43 연삭기의 안전작업수칙에 대한 설명 중 가장 거리가 먼 것은?

① 숫돌의 정면에 서서 숫돌 원주면을 사용한다.
② 숫돌 교체 시 3분 이상 시운전을 한다.
③ 숫돌의 회전은 최고 사용 원주속도를 초과하여 사용하지 않는다.
④ 연삭숫돌에 충격을 가하지 않는다.

해설 **연삭숫돌을 사용하는 작업의 안전수칙**〈산업안전보건기준에 관한 규칙〉
제122조(연삭숫돌의 덮개 등)
① 사업주는 회전 중인 연삭숫돌(지름이 5센티미터 이상인 것으로 한정한다)이 근로자에게 위험을 미칠 우려가 있는 경우에 그 부위에 덮개를 설치하여야 한다.
② 사업주는 연삭숫돌을 사용하는 작업의 경우 작업을 시작하기 전에는 1분 이상, 연삭숫돌을 교체한 후에는 3분 이상 시험운전을 하고 해당 기계에 이상이 있는지를 확인하여야 한다.
③ 제2항에 따른 시험운전에 사용하는 연삭숫돌은 작업 시작 전에 결함이 있는지를 확인한 후 사용하여야 한다.
④ 사업주는 연삭숫돌의 최고 사용회전속도를 초과하여 사용하도록 해서는 아니 된다.
⑤ 사업주는 측면을 사용하는 것을 목적으로 하지 않는 연삭숫돌을 사용하는 경우 측면을 사용하도록 해서는 아니 된다.

44 롤러기의 가드와 위험점 간의 거리가 100mm일 경우 ILO 규정에 의한 가드 개구부의 안전간격은?

① 11mm ② 21mm
③ 26mm ④ 31mm

해설 가드를 설치할 때 롤러기의 물림점(nip point)의 가드 개구부의 간격(위험점이 전동체가 아닌 경우)
$Y = 6 + 0.15X (X < 160mm)$
(단 $X \geq 160mm$이면 $Y = 30$)
[Y : 개구부의 간격(mm), X : 개구부에서 위험점까지의 최단거리(mm)]
⇨ $Y = 6 + 0.15 \cdot X = 6 + 0.15 \times 100 = 21mm$

45 지게차의 포크에 적재된 화물이 마스트 후방으로 낙하함으로써 근로자에게 미치는 위험을 방지하기 위하여 설치하는 것은?

① 헤드가드 ② 백레스트
③ 낙하방지장치 ④ 과부하방지장치

해설 **백레스트(backrest)** : 포크 위의 짐이 마스트 후방으로 낙하할 위험을 방지하기 위해 짐받이 틀
〈산업안전보건기준에 관한 규칙〉
제181조(백레스트) 사업주는 백레스트(backrest)를 갖추지 아니한 지게차를 사용해서는 아니 된다. 다만, 마스트의 후방에서 화물이 낙하함으로써 근로자가 위험해질 우려가 없는 경우에는 그러하지 아니하다.

46 산업안전보건법령상 프레스 및 전단기에서 안전 블록을 사용해야 하는 작업으로 가장 거리가 먼 것은?

① 금형 가공작업 ② 금형 해체작업
③ 금형 부착작업 ④ 금형 조정작업

해설 **금형해체, 부착, 조정작업의 위험 방지** : 안전 블록 사용〈산업안전보건기준에 관한 규칙〉
제104조(금형조정작업의 위험 방지) 사업주는 프레스 등의 금형을 부착·해체 또는 조정하는 작업을 할 때에 해당 작업에 종사하는 근로자의 신체가 위험한계 내에 있는 경우 슬라이드가 갑자기 작동함으로써 근로자에게 발생할 우려가 있는 위험을 방지하기 위하여 안전 블록을 사용하는 등 필요한 조치를 하여야 한다.

정답 43. ① 44. ② 45. ② 46. ①

47 다음 중 기계 설비의 안전조건에서 안전화의 종류로 가장 거리가 먼 것은?

① 재질의 안전화
② 작업의 안전화
③ 기능의 안전화
④ 외형의 안전화

48 다음 중 비파괴검사법으로 틀린 것은?

① 인장검사
② 자기탐상검사
③ 초음파탐상검사
④ 침투탐상검사

[해설] 비파괴시험의 종류 구분
(1) 표면결함 검출을 위한 비파괴시험 방법
  ① 외관검사
  ② 침투탐상시험
  ③ 자분(자기)탐상시험
  ④ 와류탐상법
(2) 내부결함 검출을 위한 비파괴시험 방법
  ① 초음파탐상시험
  ② 방사선투과시험
  ③ 음향탐상시험(음향방출시험)

49 산업안전보건법령상 아세틸렌 용접장치를 사용하여 금속의 용접·용단 또는 가열작업을 하는 경우 게이지 압력은 얼마를 초과하는 압력의 아세틸렌을 발생시켜 사용하면 안 되는가?

① 98kPa   ② 127kPa
③ 147kPa   ④ 196kPa

[해설] 압력의 제한〈산업안전보건기준에 관한 규칙〉
제285조(압력의 제한) 사업주는 아세틸렌 용접장치를 사용하여 금속의 용접·용단 또는 가열작업을 하는 경우에는 게이지 압력이 127킬로파스칼을 초과하는 압력의 아세틸렌을 발생시켜 사용해서는 아니 된다
(* 127kPa : 매 제곱센티미터당 1.3킬로그램)

50 산업안전보건법령상 산업용 로봇으로 인하여 근로자에게 발생할 수 있는 부상 등의 위험이 있는 경우 위험을 방지하기 위하여 울타리를 설치할 때 높이는 최소 몇 m 이상으로 해야 하는가? (단, 산업표준화법 및 국제적으로 통용되는 안전기준은 제외한다.)

① 1.8   ② 2.1
③ 2.4   ④ 1.2

[해설] 산업용 로봇 운전 중 위험 방지〈산업안전보건기준에 관한 규칙〉
제223조(운전 중 위험 방지) 사업주는 로봇의 운전으로 인하여 근로자에게 발생할 수 있는 부상 등의 위험을 방지하기 위하여 높이 1.8미터 이상의 울타리(로봇의 가동범위 등을 고려하여 높이로 인한 위험성이 없는 경우에는 높이를 그 이하로 조절할 수 있다)를 설치하여야 하며, 컨베이어 시스템의 설치 등으로 울타리를 설치할 수 없는 일부 구간에 대해서는 안전매트 또는 광전자식 방호장치 등 감응형(感應形) 방호장치를 설치하여야 한다.

51 크레인의 사용 중 하중이 정격을 초과하였을 때 자동적으로 상승이 정지되는 장치는?

① 해지장치
② 이탈방지장치
③ 아우트리거
④ 과부하방지장치

[해설] 과부하방지장치 : 하중이 정격을 초과하였을 때 자동적으로 상승이 정지되는 장치

52 인간이 기계 등의 취급을 잘못해도 그것이 바로 사고나 재해와 연결되는 일이 없는 기능을 의미하는 것은?

① fail safe
② fail active
③ fail operational
④ fool proof

정답 47.① 48.① 49.② 50.① 51.④ 52.④

해설 풀 프루프(fool proof) : 인간이 기계 등의 취급을 잘못해도 기계설비의 안전기능이 작용하여 사고나 재해를 방지할 수 있는 기능
① 휴먼 에러가 일어나도 사고나 재해로 연결되지 않도록 기계장치의 설계단계에서부터 안전화를 도모하는 기본적 개념(인간의 착각, 착오, 실수 등 인간과오를 방지하는 목적)
② 계기나 표시를 보기 쉽게 하거나 이른바 인체공학적 설계도 넓은 의미의 풀 프루프에 해당된다.
③ 인간이 에러를 일으키기 어려운 구조나 기능을 가진다.
④ 조작순서가 잘못되어도 올바르게 작동한다.

53 산업안전보건법령상 컨베이어를 사용하여 작업을 할 때 작업 시작 전 점검사항으로 가장 거리가 먼 것은?
① 원동기 및 풀리(pulley) 기능의 이상 유무
② 이탈 등의 방지장치 기능의 이상 유무
③ 유압장치 기능의 이상 유무
④ 비상정지장치 기능의 이상 유무

해설 컨베이어 작업 시작 전 점검사항〈산업안전보건기준에 관한 규칙 [별표 3]〉
① 원동기 및 풀리(pulley) 기능의 이상 유무
② 이탈 등의 방지장치 기능의 이상 유무
③ 비상정지장치 기능의 이상 유무
④ 원동기·회전축·기어 및 풀리 등의 덮개 또는 울 등의 이상 유무

54 다음 중 기계설비에서 반대로 회전하는 두 개의 회전체가 맞닿는 사이에 발생하는 위험점으로 가장 적절한 것은?
① 물림점 ② 협착점
③ 끼임점 ④ 절단점

해설 기계설비의 위험점
- 물림점(nip point) : 회전하는 두 개의 회전체에 물려 들어가는 위험성이 있는 곳을 말하며, 위험점이 발생되는 조건은 회전체가 서로 반대 방향으로 맞물려 회전되어야 함(기어 물림점, 롤러회전에 의한 물림점 등)

55 선반 작업 시 안전수칙으로 가장 적절하지 않은 것은?
① 기계에 주유 및 청소 시 반드시 기계를 정지시키고 한다.
② 칩 제거 시 브러시를 사용한다.
③ 바이트에는 칩 브레이커를 설치한다.
④ 선반의 바이트는 끝을 길게 장치한다.

해설 선반 작업 시 유의사항
① 면장갑을 사용하지 않는다.(회전체에는 장갑착용 금지)
② 가공물의 길이가 지름의 12배 이상일 때는 방진구를 사용하여 작업한다.
③ 선반의 베드 위에는 공구를 올려놓지 않는다.(공작물 세팅에 필요한 공구는 세팅이 끝난 후 바로 제거한다.)
④ 칩 브레이커는 바이트에 직접 설치한다.
⑤ 선반의 바이트는 가급적 짧게 장착한다.
⑥ 선반 주축의 변속은 기계를 정지시킨 후 한다.
⑦ 보안경을 착용한다.
⑧ 브러시 또는 갈퀴를 사용하여 절삭 칩을 제거한다.
⑨ 척을 알맞게 조정한 후에 즉시 척 렌치를 치우도록 한다.
⑩ 수리·정비작업 시에는 운전을 정지한 후 작업한다.
⑪ 가공물의 표면 점검 및 측정 시는 회전을 정지 후 실시한다.
⑫ 공작물은 전원스위치를 끄고 바이트를 충분히 멀리 위치시킨 후 고정한다.

56 산업안전보건법령상 산업용 로봇의 작업 시작 전 점검 사항으로 가장 거리가 먼 것은?
① 외부 전선의 피복 또는 외장의 손상 유무
② 압력방출장치의 이상 유무
③ 매니퓰레이터 작동 이상 유무
④ 제동장치 및 비상정지장치의 기능

해설 산업용 로봇의 작업 시작 전 점검사항〈산업안전보건기준에 관한 규칙 [별표 3]〉
① 외부 전선의 피복 또는 외장의 손상 유무
② 매니퓰레이터(manipulator) 작동의 이상 유무
③ 제동장치 및 비상정지장치의 기능

정답 53.③ 54.① 55.④ 56.②

57 산업안전보건법령상 보일러의 과열을 방지하기 위하여 최고사용압력과 상용압력 사이에서 보일러의 버너 연소를 차단하여 정상압력으로 유도하는 방호장치로 가장 적절한 것은?

① 압력방출장치
② 고저수위조절장치
③ 언로드밸브
④ 압력제한스위치

58 프레스 작동 후 슬라이드가 하사점에 도달할 때까지의 소요시간이 0.5s일 때 양수기동식 방호장치의 안전거리는 최소 얼마인가?

① 200mm
② 400mm
③ 600mm
④ 800mm

해설 양수기동식 안전장치의 안전거리
$D_m = 1,600 \times T_m$
$= 1,600 \times 0.5 = 800mm$
(* T_m : 양손으로 누름단추를 조작하고 슬라이드가 하사점에 도달하기까지의 소요 최대시간(초))

59 둥근톱기계의 방호장치 중 반발예방장치의 종류로 틀린 것은?

① 분할날
② 반발방지 기구(finger)
③ 보조 안내판
④ 안전덮개

해설 반발예방장치 : 가공 중인 목재가 튀어 오르는 것을 방지할 수 있는 구조의 장치
① 반발방지 기구(finger)
② 분할날(spreader)
③ 반발방지 롤러(roll)
④ 보조 안내판

60 산업안전보건법령상 형삭기(slotter, shaper)의 주요 구조부로 가장 거리가 먼 것은? (단, 수치 제어식은 제외)

① 공구대
② 공작물 테이블
③ 램
④ 아버

해설 셰이퍼(shaper, 형삭기) : 바이트를 램(ram)에 장치하여 왕복운동시키고 일감은 테이블에 고정하여 좌우방향으로 이송함으로 주로 평면가공함(주요구조부 : 공구대, 공작물테이블, 램).
* 아버(arbor) : 밀링 커터를 밀링 머신의 주축에 장치하기 위해 사용하는 축. 주축에 아버를 고정하고 아버에 고정된 밀링 커터를 회전시켜 일감을 가공

제4과목 전기위험방지기술

61 피뢰기가 구비하여야 할 조건으로 틀린 것은?

① 제한전압이 낮아야 한다.
② 상용 주파 방전 개시 전압이 높아야 한다.
③ 충격방전 개시전압이 높아야 한다.
④ 속류 차단 능력이 충분하여야 한다.

해설 피뢰기가 갖추어야 할 성능
① 충격방전 개시전압이 낮아야 한다.
② 제한전압이 낮아야 한다.
③ 뇌전류의 방전 능력이 크고 속류의 차단이 확실하여야 한다.
④ 상용 주파 방전 개시 전압이 높아야 한다.
⑤ 반복동작이 가능하여야 한다.

62 다음 중 정전기의 발생 현상에 포함되지 않는 것은?

① 파괴에 의한 발생
② 분출에 의한 발생
③ 전도 대전
④ 유동에 의한 대전

정답 57. ④ 58. ④ 59. ④ 60. ④ 61. ③ 62. ③

해설 정전기 발생형태

종류	대전현상
마찰대전	• 두 물체에 마찰이나 마찰에 의한 접촉 위치의 이동으로 전하의 분리, 재배열이 일어나서 정전기 발생 • 고체, 액체, 분체류에 의하여 발생하는 정전기
유동대전	• 액체류가 파이프 등 내부에서 유동 시 액체와 관벽 사이에서 발생 • 정전기 발생에 큰 영향은 액체 유동 속도이고 흐름의 상태 등도 영향을 줌
분출대전	• 기체, 액체, 분체류가 단면적이 작은 분출구로부터 분출할 때 분출하는 물질과 분출구와의 마찰로 발생 • 실제로 더 큰 요인은 분출되는 구성 입자들 간의 상호충돌에 의해 발생
파괴대전	물체 파괴로 전하분리 또는 부전하의 균형이 깨지면서 발생

63 방폭기기에 별도의 주위 온도 표시가 없을 때 방폭기기의 주위 온도 범위는? (단, 기호 'X'의 표시가 없는 기기이다.)

① 20~40℃ ② -20~40℃
③ 10~50℃ ④ -10~50℃

해설 방폭전기설비의 표준환경 조건〈사업장방폭구조전기 기계·기구·배선 등의 선정·설치 및 보수 등에 관한 기준〉
제4조(전기설비의 표준환경 조건) 이 고시에서 적용되는 전기설비가 설치되는 표준환경조건은 다음 각호와 같다.
1. 주변온도 : -20~40℃
2. 표고 : 1,000m 이하
3. 상대습도 : 45~85%
4. 전기설비에 특별한 고려를 필요로 하는 정도의 공해, 부식성 가스, 진동 등이 존재하지 않는 환경

64 정전기로 인한 화재 및 폭발을 방지하기 위하여 조치가 필요한 설비가 아닌 것은?

① 드라이클리닝 설비
② 위험물 건조설비
③ 화약류 제조설비
④ 위험기구의 제전설비

해설 제전기 : 물체에 대전된 정전기를 공기이온(ion)을 이용하여 정전기를 중화(中和)시키는 기계

65 300A의 전류가 흐르는 저압 가공전선로의 1선에서 허용 가능한 누설전류(mA)는?

① 600 ② 450
③ 300 ④ 150

해설 누설전류 : 절연부분의 전선과 대지 간의 절연저항은 사용전압에 대한 누설전류가 최대공급전류의 1/2,000이 넘지 않도록 해야 함.
누설전류 Ig = I × 1/2,000 = 300 × 1/2,000
= 0.15 A = 150mA

66 산업안전보건기준에 관한 규칙 제319조에 따라 감전될 우려가 있는 장소에서 작업을 하기 위해서는 전로를 차단하여야 한다. 전로 차단을 위한 시행 절차 중 틀린 것은?

① 전기기기 등에 공급되는 모든 전원을 관련 도면, 배선도 등으로 확인
② 각 단로기를 개방한 후 전원 차단
③ 단로기 개방 후 차단장치나 단로기 등에 잠금장치 및 꼬리표를 부착
④ 잔류 전하 방전 후 검전기를 이용하여 작업 대상기기가 충전되어 있는 지 확인

해설 정전작업의 안전〈산업안전보건기준에 관한 규칙〉
제319조(정전전로에서의 전기작업) ② 전로 차단은 다음 각호의 절차에 따라 시행하여야 한다.
1. 전기기기 등에 공급되는 모든 전원을 관련 도면, 배선도 등으로 확인할 것
2. 전원을 차단한 후 각 단로기 등을 개방하고 확인할 것
3. 차단장치나 단로기 등에 잠금장치 및 꼬리표를 부착할 것
4. 개로된 전로에서 유도전압 또는 전기에너지가 축적되어 근로자에게 전기위험을 끼칠 수 있는 전기기기 등은 접촉하기 전에 잔류전하를 완전히 방전시킬 것

정답 63. ② 64. ④ 65. ④ 66. ②

5. 검전기를 이용하여 작업 대상 기기가 충전되었는지를 확인할 것
6. 전기기기 등이 다른 노출 충전부와의 접촉, 유도 또는 예비동력원의 역송전 등으로 전압이 발생할 우려가 있는 경우에는 충분한 용량을 가진 단락 접지기구를 이용하여 접지할 것

67 유자격자가 아닌 근로자가 방호되지 않은 충전전로 인근의 높은 곳에서 작업할 때에 근로자의 몸은 충전전로에서 몇 cm 이내로 접근할 수 없도록 하여야 하는가? (단, 대지전압이 50kV이다.)

① 50　　　　② 100
③ 200　　　④ 300

해설 유자격자가 아닌 근로자의 충전전로에서의 전기작업〈산업안전보건기준에 관한 규칙〉
제321조(충전전로에서의 전기작업) ① 사업주는 근로자가 충전전로를 취급하거나 그 인근에서 작업하는 경우에는 다음 각호의 조치를 하여야 한다.
7. 유자격자가 아닌 근로자가 충전전로 인근의 높은 곳에서 작업할 때에 근로자의 몸 또는 긴 도전성 물체가 방호되지 않은 충전전로에서 대지전압이 50킬로볼트 이하인 경우에는 300센티미터 이내로, 대지전압이 50킬로볼트를 넘는 경우에는 10킬로볼트당 10센티미터씩 더한 거리 이내로 각각 접근할 수 없도록 할 것

68 다음 중 정전기의 재해방지대책으로 틀린 것은?

① 설비의 도체 부분을 접지
② 작업자는 정전화를 착용
③ 작업장의 습도를 30% 이하로 유지
④ 배관 내 액체의 유속 제한

해설 정전기 재해의 방지대책(대전된 정전기의 제거 방법)
① 대전하기 쉬운 금속부분에 접지한다.(금속 도체와 대지 사이의 전위를 최소화하기 위하여 접지한다.)
② 도전성을 부여하여 대전된 전하를 누설시킨다.(도전성 재료를 도포하여 대전을 감소 : 카본블랙을 도포하여 도전성을 부여)
③ 작업장 내 습도를 높여 방전을 촉진한다.(작업장 내에서 가습한다.)
④ 작업장 내의 온도를 높여 방전을 촉진시킨다.
⑤ 공기를 이온화하여 (+)는 (−)로 중화시킨다.(공기를 이온화하여 (+) 대전은 (−) 전하를 주어 중화시킨다.)
⑥ 제전기를 이용해 물체에 대전된 정전기를 제거한다.
⑦ 대전방지제를 사용하여 대전되는 것을 방지한다.(정전기 발생 방지 도장을 실시한다.)
⑧ 배관 내 액체가 흐를 경우 유속을 제한한다.

69 가스(발화온도 120℃)가 존재하는 지역에 방폭기기를 설치하고자 한다. 설치가 가능한 기기의 온도 등급은?

① T2　　　② T3
③ T4　　　④ T5

해설 방폭전기기기에 대한 최고표면온도의 분류

온도등급	최고표면온도(℃)
T1	450 이하
T2	300 이하
T3	200 이하
T4	135 이하
T5	100 이하
T6	85 이하

* 발화온도가 120℃이므로 T4 등급(표면온도 135℃)의 설치 시 화재·폭발 위험이 있으므로, T5(표면온도 100℃)나 T6 등급의 방폭기기 설치

70 변압기의 중성점을 제2종 접지한 수전전압 22.9kV, 사용전압 220V인 공장에서 외함을 제3종 접지공사를 한 전동기가 운전 중에 누전되었을 경우에 작업자가 접촉될 수 있는 최소 전압은 약 몇 V인가? (단, 1선 지락전류 10A, 제3종 접지저항 30Ω, 인체저항 : 10000Ω이다.)

① 116.7　　② 127.5
③ 146.7　　④ 165.6

정답　67.④　68.③　69.④　70.③

해설 한 전동기가 운전 중에 누전되었을 경우에 작업자가 접촉될 수 있는 최소전압

① 인체가 접촉하지 않을 경우 지락전류(전체 전류)

$$I = V/R = \frac{E(V)}{R_2 + R_3} = 220/(15+30)$$
$$= 4.89A \text{ (* 전체 저항 } R = R_2 + R_3)$$

* 2종 접지저항 $R_2 = \frac{150}{1\text{선 지락전류}}$
$= 150/10 = 15\Omega$

② 외함에 걸리는 전압 V_1
$V_1 = IR_3 = 4.89 \times 30 = 146.7V$

71 제전기의 종류가 아닌 것은?

① 전압인가식 제전기
② 정전식 제전기
③ 방사선식 제전기
④ 자기방전식 제전기

해설 제전기의 종류

① 전압인가식 ② 자기방전식 ③ 이온식(방사선식)

〈제전기의 종류 및 특징〉
(가) 전압인가식 제전기 : 방전침에 교류 약 7000V의 전압을 인가하면 공기가 전리되어 코로나 방전을 일으킴으로써 발생한 이온으로 대전체의 전하를 중화시키는 방법(다른 제전기에 비해 제전 능력이 큼. 설치 및 취급이 복잡)
(나) 자기방전식 제전기 : 금속프레임, 브러쉬 형태의 전도성 섬유를 이용하여 발생된 작은 코로나 방전으로 공기를 이온화시켜 전하를 제전시키는 방법
(다) 방사선식 제전기(이온식) : 방사선 동위원소의 전리 작용에 의해 제전에 필요한 이온(α 입자 β 입자)을 만드는 제전기

72 정전기방전 현상에 해당되지 않는 것은?

① 연면방전 ② 코로나방전
③ 낙뢰방전 ④ 스팀방전

해설 정전기방전의 형태 및 영향

(1) 코로나방전 : 도체 주위의 유체 이온화로 인해 발생하는 전기적 방전이며, 전위 경도(전기장의 세기)가 특정값을 초과하지만 완전한 절연 파괴나 아크를 발생하기에는 불충분한 조건일 때 발생

(2) 스트리머 방전 : 기체 방전에서 방전로가 긴 줄을 형성하면서 방전하는 현상을 Streamer 방전
(3) 연면방전(표면방전) : 대전이 큰 엷은 층상의 부도체를 박리할 때 또는 엷은 층상의 대전된 부도체의 뒷면에 밀접한 접지체가 있을 때 표면에 연한 복수의 수지상 발광을 수반하여 발생하는 방전(코로나 방전이 절연체의 면 위를 따라서 발생하는 현상)
(4) 불꽃방전 : 도체가 대전되었을 때 접지된 도체 사이에서 발생하는 강한 발광과 파괴음을 수반하는 방전
(5) 뇌상방전(낙뇌방전) : 번개와 같은 수지상의 발광을 수반하고 강력하게 대전한 입자군이 대전운으로 확산되어 발생하는 방전

73 전로에 지락이 생겼을 때에 자동적으로 전로를 차단하는 장치를 시설해야 하는 전기기계의 사용전압 기준은? (단, 금속제 외함을 가지는 저압의 기계기구로서 사람이 쉽게 접촉할 우려가 있는 곳에 시설되어 있다.)

① 30V 초과 ② 50V 초과
③ 90V 초과 ④ 150V 초과

해설 지락차단장치의 설치〈전기설비기술기준의 판단기준〉
제41조(지락차단장치 등의 시설) ① 금속제 외함을 가지는 사용전압이 50V를 초과하는 저압의 기계기구로서 사람이 쉽게 접촉할 우려가 있는 곳에 시설하는 것에 전기를 공급하는 전로에는 전로에 지락이 생겼을 때에 자동적으로 전로를 차단하는 장치를 하여야 한다.

74 정전용량 $C = 20\mu F$, 방전 시 전압 $V = 2kV$일 때 정전에너지(J)는 얼마인가?

① 40   ② 80
③ 400   ④ 800

해설 정전기 방전에너지(W) - 단위 J

$W = \frac{1}{2}CV^2$ [C : 도체의 정전용량(단위 패럿 F), V : 대전전위]

⇨ $W = 1/2 \times (20 \times 10^{-6}) \times (2000)^2 = 40J$
(* μ 마이크로 → 10^{-6}, k 킬로 → 10^3)

정답 71.② 72.④ 73.② 74.①

75 전로에 시설하는 기계기구의 금속제 외함에 접지공사를 하지 않아도 되는 경우로 틀린 것은?

① 저압용의 기계기구를 건조한 목재의 마루 위에서 취급하도록 시설한 경우
② 외함 주위에 적당한 절연대를 설치한 경우
③ 교류 대지 전압이 300V 이하인 기계기구를 건조한 곳에 시설한 경우
④ 전기용품 및 생활용품 안전관리법의 적용을 받는 2중 절연구조로 되어 있는 기계기구를 시설하는 경우

76 Dalziel에 의하여 동물 실험을 통해 얻어진 전룟값을 인체에 적용했을 때 심실세동을 일으키는 전기에너지[J]는 약 얼마인가? (단, 인체 전기저항은 500Ω으로 보며, 흐르는 전류 $I = \dfrac{165}{\sqrt{T}}$[mA]로 한다.)

① 9.8　　② 13.6
③ 19.6　　④ 27

해설 **위험한계에너지**: 감전전류가 인체저항을 통해 흐르면 그 부위에는 열이 발생하는데 이 열에 의해서 화상을 입고 세포 조직이 파괴됨.

줄(Joule)열 $H = I^2RT$[J]
$= \left(\dfrac{165}{\sqrt{T}} \times 10^{-3}\right)^2 \times R \times T$
$= \left(\dfrac{165}{\sqrt{1}} \times 10^{-3}\right)^2 \times 500 \times 1$
$= 13.6J$

(* 심실세동전류 $I = \dfrac{165}{\sqrt{T}}$ mA
$\Rightarrow I = \dfrac{165}{\sqrt{T}} \times 10^{-3}$A)

77 전기설비의 방폭구조의 종류가 아닌 것은?

① 근본 방폭구조
② 압력 방폭구조
③ 안전증 방폭구조
④ 본질안전 방폭구조

해설 **방폭구조의 종류와 기호**

종류	기호	종류	기호
내압 방폭구조	d	비점화 방폭구조	n
압력 방폭구조	p	몰드 방폭구조	m
안전증 방폭구조	e	충전 방폭구조	q
유입 방폭구조	o	특수 방폭구조	s
본질안전 방폭구조	ia, ib		

78 작업자가 교류전압 7,000V 이하의 전로에 활선 근접작업 시 감전사고 방지를 위한 절연용 보호구는?

① 고무절연관　② 절연시트
③ 절연커버　　④ 절연안전모

해설 **절연안전모**
① 안전모의 내전압성: 7,000V 이하의 전압에 견딜 수 있는 것
② 절연안전모를 착용할 시기
　㉠ 고압 충전부에 접근하여 머리에 전기충격을 받을 염려가 있는 작업을 할 때 등
　㉡ 특고압작업에서는 전격을 방지하는 목적으로 사용할 수 없음.

79 방폭전기기기에 "Ex ia IIC T4 Ga"라고 표시되어 있다. 해당 기기에 대한 설명으로 틀린 것은?

① 정상 작동, 예상된 오작동에 또는 드문 오작동 중에 점화원이 될 수 없는 "매우 높음" 보호 등급의 기기이다.
② 온도 등급이 T4이므로 최고표면온도가 150℃를 초과해서는 안 된다.

정답　75. ③　76. ②　77. ①　78. ④　79. ②

③ 본질안전 방폭구조로 0종 장소에서 사용이 가능하다.
④ 수소 및 아세틸렌 등의 가스가 존재하는 곳에서 사용이 가능하다.

해설 **방폭전기기기의 구조별 표기방법**
(1) IEC 표기방식 : 현재 국내 및 일본, 유럽 지역에서 사용
(2) 표기 : Ex ia IIC T4 Ga

Ex	ia	II	C	T4	Ga
방폭 기기	방폭 구조	방폭 기기 분류	폭발 등급	최고 표면 온도의 분류	기기 방호 수준

(3) 방폭구조 선정

위험장소	방폭구조
0종 장소	본질안전 방폭구조(ia)
1종 장소	내압 방폭구조(d) 압력 방폭구조(p) 충전 방폭구조(q) 유입 방폭구조(o) 안전증 방폭구조(e) 본질안전 방폭구조(ia, ib) 몰드 방폭구조(m)
2종 장소	0종 장소 및 1종 장소에 사용 가능한 방폭구조 비점화 방폭구조(n)

(4) 방폭기기의 분류
 (가) 그룹 I : 폭발성 메탄가스 위험 분위기에서 사용되는 광산용 전기기기
 (나) 그룹 II : 1) 이외의 잠재적 폭발성 위험 분위기에서 사용되는 전기기기
(5) 가스등급(Gas Group A, B, C)

	폭발등급	I	IIA	IIB	IIC
IEC	최대 안전 틈새	광산용	0.9mm 이상	0.5mm 초과 0.9mm 미만	0.5mm 이하
	해당 가스	메탄	프로판, 아세톤, 벤젠, 부탄	에틸렌, 부타디엔	수소, 아세틸렌

(6) 그룹 II 전기기기에 대한 최고표면온도의 분류

온도등급	최고표면온도(℃)
T1	450 이하
T2	300 이하
T3	200 이하
T4	135 이하
T5	100 이하
T6	85 이하

(7) 기기 방호 수준(EPL)
 (가) 폭발성 가스 대기에 사용되는 기기로서 방호 수준
  ① Ga : 폭발성 가스 대기에 사용되는 기기로서 방호 수준이 "매우 높음." 정상 작동할 시, 예상되는 오작동이나 매우 드문 오작동이 발생할 시 발화원이 되지 않는 기기
  ② Gb : 방호 수준이 "높음." 정상 작동할 시, 예상되는 오작동이 발생할 시 발화원이 되지 않는 기기
  ③ Gc : 방호 수준이 "향상"되어 있음. 정상 작동 시 발화원이 되지 않으며, 주기적으로 발생하는 문제가 나타날 때도 발화원이 되지 않도록 추가 방호 조치가 취해질 수 있는 기기
 (나) 폭발성 가스에 취약한 광산에 설치되는 기기로서 방호 수준 : Ma, Mb, Mc
 (다) 폭발성 분진 대기에서 사용되는 기기로서 방호 수준 : Da, Db, Dc

80 전기기계·기구의 기능 설명으로 옳은 것은?
① CB는 부하전류를 개폐시킬 수 있다.
② ACB는 진공 중에서 차단 동작을 한다.
③ DS는 회로의 개폐 및 대용량 부하를 개폐시킨다.
④ 피뢰침은 뇌나 계통의 개폐에 의해 발생하는 이상 전압을 대지로 방전시킨다.

해설 **차단기**(CB : Circuit Breaker) : 전류를 개폐함과 함께 과부하, 단락(短絡) 등의 이상 상태에 대해 회로를 차단해 안전을 유지하는 장치(고장전류와 같은 대전류를 차단할 수 있는 것)
 – 유입 차단기(OCB), 진공 차단기(VCB), 가스 차단기(GCB), 공기 차단기(ABB), 자기 차단기(MBB), 기중 차단기(ACB) 등이 있음.

정답 80. ①

※ 단로기(D.S : Disconnecting Switch) : 단로기는 개폐기의 일종으로 수용가 구내 인입구에 설치하여 무부하 상태의 전로를 개폐하는 역할을 하거나 차단기, 변압기, 피뢰기 등 고전압 기기의 1차 측에 설치하여 기기를 점검, 수리할 때 전원으로부터 이들 기기를 분리하기 위해 사용(부하전류를 차단하는 능력이 없으므로 부하전류가 흐르는 상태에서 차단하면 매우 위험)

제5과목 화학설비 위험방지기술

81 다음 중 압축기 운전 시 토출압력이 갑자기 증가하는 이유로 가장 적절한 것은?

① 윤활유의 과다
② 피스톤 링의 가스 누설
③ 토출관 내에 저항 발생
④ 저장조 내 가스압의 감소

해설 압축기 운전 시 토출압력이 갑자기 증가하는 이유 : 토출관 내에 저항 발생

82 진한 질산이 공기 중에서 햇빛에 의해 분해되었을 때 발생하는 갈색증기는?

① N_2
② NO_2
③ NH_3
④ NH_2

해설 이산화질소(NO_2) : 진한 질산이 공기 중에서 햇빛에 의해 분해되었을 때 자극성 냄새와 갈색 증기를 발생하는 유해한 기체이며 과산화질소라고도 함.

83 고온에서 완전 열분해하였을 때 산소를 발생하는 물질은?

① 황화수소
② 과염소산칼륨
③ 메틸리튬
④ 적린

해설 과염소산칼륨($KClO_4$) : 400°C 이상으로 가열하면 염화칼륨(KCl)과 산소로 분해됨(KCl + $2O_2$).

84 다음 중 분진 폭발에 관한 설명으로 틀린 것은?

① 폭발한계 내에서 분진의 휘발 성분이 많으면 폭발 위험성이 높다.
② 분진이 발화 폭발하기 위한 조건은 가연성, 미분상태, 공기 중에서의 교반과 유동 및 점화원의 존재이다.
③ 가스폭발과 비교하여 연소의 속도나 폭발의 압력이 크고, 연소시간이 짧으며, 발생에너지가 작다.
④ 폭발한계는 입자의 크기, 입도분포, 산소농도, 함유수분, 가연성 가스의 혼입 등에 의해 같은 물질의 분진에서도 달라진다.

85 다음 중 유류화재의 화재급수에 해당하는 것은?

① A급
② B급
③ C급
④ D급

해설 화재의 종류

종류	등급	가연물	표현색	소화방법
일반화재	A급	목재, 종이, 섬유 등	백색	냉각소화
유류 및 가스화재	B급	각종 유류 및 가스	황색	질식소화
전기화재	C급	전기기기, 기계, 전선 등	청색	질식소화
금속화재	D급	가연성금속(Mg 분말, Al 분말 등)	무색	피복에 의한 질식

86 증기 배관 내에 생성하는 응축수를 제거할 때 증기가 배출되지 않도록 하면서 응축수를 자동적으로 배출하기 위한 장치를 무엇이라 하는가?

① Vent stack
② Steam trap
③ Blow down
④ Relief valve

정답 81. ③ 82. ② 83. ② 84. ③ 85. ② 86. ②

해설 Steam trap(증기 트랩) : 증기 배관 내에 생성하는 응축수를 제거할 때 증기가 배출되지 않도록 하면서 응축수를 자동적으로 배출하기 위한 장치

87 다음 중 수분(H_2O)과 반응하여 유독성 가스인 포스핀이 발생되는 물질은?

① 금속나트륨   ② 알루미늄 분발
③ 인화칼슘   ④ 수소화리튬

해설 인화칼슘(Ca_3P_2) : 물이나 약산과 반응하여 포스핀(PH_3)의 유독성 가스 발생(제3류 위험물질)

88 대기압에서 사용하나 증발에 의한 액체의 손실을 방지함과 동시에 액면 위의 공간에 폭발성 위험가스를 형성할 위험이 적은 구조의 저장탱크는?

① 유동형 지붕 탱크
② 원추형 지붕 탱크
③ 원통형 저장 탱크
④ 구형 저장 탱크

해설 유동형 지붕 탱크(floating roof tank) : 탱크 천정이 고정되어 있지 않고 상하로 움직이는 형으로 대기압에서 사용하나 증발에 의한 액체의 손실을 방지함과 동시에 액면 위의 공간에 폭발성 위험 가스를 형성할 위험이 적은 구조의 저장 탱크

89 자동화재탐지설비의 감지기 종류 중 열감지기가 아닌 것은?

① 차동식   ② 정온식
③ 보상식   ④ 광전식

해설 감지기 종류
(가) 열감지기
① 차동식 : 분포형(공기식, 열전대식, 열반도체식), 스포트형
② 정온식 : 감지선형, 스포트형(바이메탈식, 열반도체식)
③ 보상식

(나) 연기감지기
① 이온식   ② 광전식   ③ 감광식

90 산업안전보건법령에서 규정하고 있는 위험물질의 종류 중 부식성 염기류로 분류되기 위하여 농도가 40% 이상이어야 하는 물질은?

① 염산   ② 아세트산
③ 불산   ④ 수산화칼륨

해설 부식성 물질
가. 부식성 산류
(1) 농도가 20퍼센트 이상인 염산, 황산, 질산, 그 밖에 이와 같은 정도 이상의 부식성을 가지는 물질
(2) 농도가 60퍼센트 이상인 인산, 아세트산, 불산, 그 밖에 이와 같은 정도 이상의 부식성을 가지는 물질
나. 부식성 염기류 : 농도가 40퍼센트 이상인 수산화나트륨, 수산화칼륨, 그 밖에 이와 같은 정도 이상의 부식성을 가지는 염기류

91 인화점이 각 온도 범위에 포함되지 않는 물질은?

① −30℃ 미만 : 디에틸에테르
② −30℃ 이상 0℃ 미만 : 아세톤
③ 0℃ 이상 30℃ 미만 : 벤젠
④ 30℃ 이상 65℃ 이하 : 아세트산

해설 인화점(flash point) : 가연성 증기에 점화원을 주었을 때 연소가 시작되는 최저온도

물질	인화점	물질	인화점
이황화탄소 (CS_2)	−30℃	아세톤 (CH_3COCH_3)	−18℃
에틸알코올 (C_2H_5OH)	13℃	아세트산에틸 ($CH_3COOC_2H_5$)	−4℃
아세트산 (CH_3COOH)	41.7℃	등유	40℃
벤젠(C_6H_6)	−11.10℃	경유	50℃
메탄올 (CH_3OH)	16℃	디에틸에테르 ($C_2H_5OC_2H_5$, $(C_2H_5)_2O$)	−45℃

정답 87. ③ 88. ① 89. ④ 90. ④ 91. ③

92 다음 중 아세틸렌을 용해가스로 만들 때 사용되는 용제로 가장 적합한 것은?

① 아세톤　　② 메탄
③ 부탄　　　④ 프로판

해설 아세틸렌을 용해가스로 만들 때 사용되는 용제
: 아세톤
① 아세틸렌이 아세톤에 용해되는 성질을 이용해서 다량의 아세틸렌을 쉽게 저장함. 이 방법에 의해서 저장하는 것을 용해아세틸렌이라고 함.
② 규조토에 스며들게 한 아세톤(아세톤에 잘 녹음)에 가압하여 녹여서 봄베로 운반
　＊ 용제(溶劑) : 물질을 녹이는 데 쓰는 액체

93 다음 중 산업안전보건법령상 화학설비의 부속설비로만 이루어진 것은?

① 사이클론, 백필터, 전기집진기 등 분진 처리설비
② 응축기, 냉각기, 가열기, 증발기 등 열교환기류
③ 고로 등 점화기를 직접 사용하는 열교환기류
④ 혼합기, 발포기, 압출기 등 화학제품 가공설비

94 다음 중 밀폐 공간 내 작업 시의 조치사항으로 가장 거리가 먼 것은?

① 산소결핍이나 유해가스로 인한 질식의 우려가 있으면 진행 중인 작업에 방해되지 않도록 주의하면서 환기를 강화하여야 한다.
② 해당 작업장을 적정한 공기상태로 유지되도록 환기하여야 한다.
③ 그 장소에 근로자를 입장시킬 때와 퇴장시킬 때마다 인원을 점검하여야 한다.
④ 그 작업장과 외부의 감시인 간에 항상 연락을 취할 수 있는 설비를 설치하여야 한다.

해설 밀폐공간 내 작업 시의 조치〈산업안전보건기준에 관한 규칙 제619-625조〉
(1) 산소 및 유해가스 농도의 측정 : 해당 밀폐공간의 산소 및 유해가스 농도를 측정하여 적정공기가 유지되고 있는지를 평가하도록 하여야 한다.
(2) 환기 : 작업을 시작하기 전과 작업 중에 해당 작업장을 적정공기 상태가 유지되도록 환기하여야 한다.
(3) 인원의 점검 : 그 장소에 근로자를 입장시킬 때와 퇴장시킬 때마다 인원을 점검하여야 한다.
(4) 출입의 금지 : 사업장 내 밀폐공간을 사전에 파악하여 밀폐공간에는 관계 근로자가 아닌 사람의 출입을 금지하고, 출입금지 표지를 밀폐공간 근처의 보기 쉬운 장소에 게시하여야 한다.
(5) 감시인의 배치 및 외부 연락 설비 설치 : 작업 상황을 감시할 수 있는 감시인을 지정하여 밀폐공간 외부에 배치하고, 작업장과 외부의 감시인 간에 항상 연락을 취할 수 있는 설비를 설치하여야 한다.
(6) 안전대 등 지급 및 착용 : 근로자가 산소결핍이나 유해가스로 인하여 추락할 우려가 있는 경우에는 해당 근로자에게 안전대나 구명밧줄, 공기호흡기 또는 송기마스크를 지급하여 착용하도록 하여야 한다.
(7) 대피용 기구의 비치 : 공기호흡기 또는 송기마스크, 사다리 및 섬유로프 등 비상 시에 근로자를 피난시키거나 구출하기 위하여 필요한 기구를 갖추어 두어야 한다.

95 산업안전보건법령상 폭발성 물질을 취급하는 화학설비를 설치하는 경우에 단위공정설비로부터 다른 단위공정설비 사이의 안전거리는 설비 바깥 면으로부터 몇 m 이상이어야 하는가?

① 10　　② 15
③ 20　　④ 30

정답 92. ① 93. ① 94. ① 95. ①

해설 안전거리〈산업안전보건기준에 관한 규칙〉 제271조(안전거리)

구분	안전거리
1. 단위공정시설 및 설비로부터 다른 단위공정시설 및 설비의 사이	설비의 바깥면으로부터 10미터 이상
2. 플레어 스택으로부터 단위공정시설 및 설비, 위험물질 저장 탱크 또는 위험물질 하역설비의 사이	플레어 스택으로부터 반경 20미터 이상. 다만, 단위공정시설 등이 불연재로 시공된 지붕 아래에 설치된 경우에는 그러하지 아니하다.
3. 위험물질 저장 탱크로부터 단위공정시설 및 설비, 보일러 또는 가열로의 사이	저장 탱크의 바깥면으로부터 20미터 이상. 다만, 저장 탱크의 방호벽, 원격조종설비 또는 살수설비를 설치한 경우에는 그러하지 아니하다.
4. 사무실·연구실·실험실·정비실 또는 식당으로부터 단위공정시설 및 설비, 위험물질 저장 탱크, 위험물질 하역설비, 보일러 또는 가열로의 사이	사무실 등의 바깥면으로부터 20미터 이상. 다만, 난방용 보일러인 경우 또는 사무실 등의 벽을 방호구조로 설치한 경우에는 그러하지 아니하다.

96 탄화수소 증기의 연소하한값 추정식은 연료의 양론농도(C_{st})의 0.55배이다. 프로판 1몰의 연소반응식이 다음과 같을 때 연소하한값은 약 몇 vol%인가?

$$C_3H_8 + 5O_2 \rightarrow 3CO_2 + 4H_2O$$

① 2.21　　② 4.03
③ 4.44　　④ 8.06

해설 연소하한값
LFL = 0.55 × C_{st}{C_{st} : 완전연소가 일어나기 위한 연료와 공기의 혼합기체 중 연료의 부피(%)}
= 0.55 × 4.02 = 2.21vol%

① 화학양론 농도(C_{st}) = $\dfrac{1}{1+4.773\,O_2} \times 100$
= 100 / (1 + 4.773 × 5) = 4.02Vol%

② 산소농도(O_2) : 5(화학양론식을 이용하여 추정)
($C_3H_8 + 5O_2 \rightarrow 3CO_2 + 4H_2O$)

97 에틸알코올(C_2H_5OH) 1몰이 완전연소할 때 생성되는 CO_2의 몰수로 옳은 것은?

① 1　　② 2
③ 3　　④ 4

98 프로판과 메탄의 폭발하한계가 각각 2.5, 5.0vol%이라고 할 때 프로판과 메탄이 3:1의 체적비로 혼합되어 있다면 이 혼합가스의 폭발하한계는 약 몇 vol%인가? (단, 상온, 상압 상태이다.)

① 2.9　　② 3.3
③ 3.8　　④ 4.0

해설 혼합가스의 폭발하한값(순수한 혼합가스일 경우)

$$L = \dfrac{100}{\dfrac{V_1}{L_1} + \dfrac{V_2}{L_2} + \cdots + \dfrac{V_n}{L_n}}$$

$$= \dfrac{100}{\dfrac{75}{2.5} + \dfrac{25}{5.0}} = 2.857 = 2.9\text{vol}\%$$

(* 프로판과 메탄이 3 : 1 = 75% : 25%)
L : 혼합가스의 폭발한계(%) – 폭발상한, 폭발하한 모두 적용 가능
$L_1 + L_2 + \cdots + L_n$: 각 성분가스의 폭발한계(%) – 폭발상한계, 폭발하한계
$V_1 + V_2 + \cdots + V_n$: 전체 혼합가스 중 각 성분가스의 비율(%) – 부피비

99 다음 중 소화약제로 사용되는 이산화탄소에 관한 설명으로 틀린 것은?

① 사용 후에 오염의 영향이 거의 없다.
② 장시간 저장하여도 변화가 없다.
③ 주된 소화효과는 억제소화이다.
④ 자체 압력으로 방사가 가능하다.

정답 96.① 97.② 98.① 99.③

해설 이산화탄소 소화약제
① 소화 후 소화약제에 의한 오손이 없다.
② 액화하여 용기에 보관할 수 있다.
③ 전기에 대해 부도체이다.
④ 자체 증기압이 높기 때문에 자체 압력으로 방사가 가능하다.
⑤ 동결될 염려가 없고 장시간 저장해도 변화가 없다.
⑥ 주된 소화작용은 질식작용이다.

100 다음 중 물질의 자연발화를 촉진시키는 요인으로 가장 거리가 먼 것은?

① 표면적이 넓고, 발열량이 클 것
② 열전도율이 클 것
③ 주위 온도가 높을 것
④ 적당한 수분을 보유할 것

해설 자연발화가 가장 쉽게 일어나기 위한 조건 : 고온, 다습한 환경
① 발열량이 클 것
② 주변의 온도가 높을 것
③ 물질의 열전도율이 작을 것
④ 표면적이 넓을 것
⑤ 적당량의 수분이 존재할 것

제6과목 건설안전기술

101 콘크리트 타설을 위한 거푸집동바리의 구조 검토 시 가장 선행되어야 할 작업은?

① 각 부재에 생기는 응력에 대하여 안전한 단면을 산정한다.
② 가설물에 작용하는 하중 및 외력의 종류, 크기를 산정한다.
③ 하중 및 외력에 의하여 각 부재에 생기는 응력을 구한다.
④ 사용할 거푸집동바리의 설치 간격을 결정한다.

해설 거푸집동바리의 구조 검토 시 가장 선행되어야 할 작업 : 가설물에 작용하는 하중 및 외력의 종류, 크기 산정

102 다음 중 해체 작업용 기계·기구로 가장 거리가 먼 것은?

① 압쇄기   ② 핸드 브레이커
③ 철제 해머   ④ 진동 롤러

해설 건물 해체용 기구
① 압쇄기   ② 대형 브레이커
③ 철제 해머   ④ 핸드 브레이커
⑤ 절단기(톱)   ⑥ 잭

103 거푸집동바리 등을 조립하는 경우에 준수하여야 할 안전조치기준으로 옳지 않은 것은?

① 동바리로 사용하는 강관은 높이 2m 이내마다 수평연결재를 2개 방향으로 만들고 수평연결재의 변위를 방지할 것
② 동바리로 사용하는 파이프 서포트는 3개 이상 이어서 사용하지 않도록 할 것
③ 동바리로 사용하는 파이프 서포트를 이어서 사용하는 경우에는 3개 이상의 볼트 또는 전용철물을 사용하여 이을 것
④ 동바리로 사용하는 강관틀과 강관틀 사이에는 교차 가새를 설치할 것

해설 거푸집동바리 등의 안전조치〈산업안전보건법 시행규칙〉 제332조(거푸집동바리 등의 안전조치) 사업주는 거푸집동바리 등을 조립하는 경우에는 다음 각호의 사항을 준수하여야 한다.
7. 동바리로 사용하는 강관[파이프 서포트(pipe support)는 제외한다.]에 대해서는 다음 각 목의 사항을 따를 것
  가. 높이 2미터 이내마다 수평연결재를 2개 방향으로 만들고 수평연결재의 변위를 방지할 것
8. 동바리로 사용하는 파이프 서포트에 대해서는 다음 각 목의 사항을 따를 것
  가. 파이프 서포트를 3개 이상 이어서 사용하지 않도록 할 것
  나. 파이프 서포트를 이어서 사용하는 경우에는 4개 이상의 볼트 또는 전용 철물을 사용하여 이을 것

정답 100.② 101.② 102.④ 103.③

9. 동바리로 사용하는 강관틀에 대해서는 다음 각 목의 사항을 따를 것
   가. 강관틀과 강관틀 사이에 교차 가새를 설치할 것

104 다음은 말비계를 조립하여 사용하는 경우에 관한 준수사항이다. ( )안에 들어갈 내용으로 옳은 것은?

> - 지주부재와 수평면의 기울기를 (A)° 이하로 하고, 지주부재와 지주부재 사이를 고정시키는 보조부재를 설치할 것
> - 말비계의 높이가 2m를 초과하는 경우에는 작업발판의 폭을 (B)cm 이상으로 할 것

① A : 75, B : 30 ② A : 75, B : 40
③ A : 85, B : 30 ④ A : 85, B : 40

해설 **말비계**〈산업안전보건기준에 관한 규칙〉
제67조(말비계) 사업주는 말비계를 조립하여 사용하는 경우에 다음 각호의 사항을 준수하여야 한다.
1. 지주부재(支柱部材)의 하단에는 미끄럼 방지장치를 하고, 근로자가 양측 끝부분에 올라서서 작업하지 않도록 할 것
2. 지주부재와 수평면의 기울기를 75도 이하로 하고, 지주부재와 지주부재 사이를 고정시키는 보조부재를 설치할 것
3. 말비계의 높이가 2미터를 초과하는 경우에는 작업발판의 폭을 40센티미터 이상으로 할 것

105 산업안전보건관리비 계상기준에 따른 일반건설공사(갑), 대상액 「5억 원 이상~50억 원 미만」의 안전관리비 비율 및 기초액으로 옳은 것은?

① 비율 : 1.86%, 기초액 : 5,349,000원
② 비율 : 1.99%, 기초액 : 5,449,000원
③ 비율 : 2.35%, 기초액 : 5,400,000원
④ 비율 : 1.57%, 기초액 : 4,411,000원

해설 **공사종류 및 규모별 안전관리비 계상기준표**
(단위 : 원)

공사종류 \ 대상액	5억 원 미만	5억 원 이상 50억 원 미만 비율	5억 원 이상 50억 원 미만 기초액	50억 원 이상
일반건설공사(갑)	2.93%	1.86%	5,349,000원	1.97%
일반건설공사(을)	3.09%	1.99%	5,499,000원	2.10%
중건설공사	3.43%	2.35%	5,400,000원	2.44%
철도·궤도신설공사	2.45%	1.57%	4,411,000원	1.66%
특수및기타건설공사	1.85%	1.20%	3,250,000원	1.27%

106 터널작업 시 자동경보장치에 대하여 당일의 작업 시작 전 점검하여야 할 사항으로 옳지 않은 것은?

① 검지부의 이상 유무
② 조명시설의 이상 유무
③ 경보장치의 작동 상태
④ 계기의 이상 유무

해설 **자동경보장치 작업 시작 전 점검**〈산업안전보건기준에 관한 규칙〉
제350조(인화성 가스의 농도측정 등)
④ 사업주는 제자동경보장치에 대하여 당일 작업 시작 전 다음 각호의 사항을 점검하고 이상을 발견하면 즉시 보수하여야 한다.
1. 계기의 이상 유무
2. 검지부의 이상 유무
3. 경보장치의 작동상태

107 다음은 강관틀비계를 조립하여 사용하는 경우 준수해야 할 기준이다. ( )안에 알맞은 숫자를 나열한 것은?

> 길이가 띠장 방향으로 (A)미터 이하이고 높이가 (B)미터를 초과하는 경우에는 (C)미터 이내마다 띠장 방향으로 버팀기둥을 설치할 것

① A : 4, B : 10, C : 5
② A : 4, B : 10, C : 10
③ A : 5, B : 10, C : 5
④ A : 5, B : 10, C : 10

정답 104. ② 105. ① 106. ② 107. ②

해설 강관틀비계〈산업안전보건기준에 관한 규칙〉
제62조(강관틀비계) 사업주는 강관틀비계를 조립하여 사용하는 경우 다음 각호의 사항을 준수하여야 한다.
5. 길이가 띠장 방향으로 4미터 이하이고 높이가 10미터를 초과하는 경우에는 10미터 이내마다 띠장 방향으로 버팀기 등을 설치할 것

108 지반의 종류가 다음과 같을 때 굴착면의 기울기 기준으로 옳은 것은?

> 보통흙의 습지

① 1 : 0.5~1 : 1 ② 1 : 1~1 : 1.5
③ 1 : 0.8 ④ 1 : 0.5

해설 굴착면의 기울기 기준〈산업안전보건기준에 관한 규칙〉

구분	지반의 종류	기울기
보통흙	습지	1 : 1~1 : 1.5
	건지	1 : 0.5~1 : 1
암반	풍화암	1 : 1.0
	연암	1 : 1.0
	경암	1 : 0.5

109 동력을 사용하는 항타기 또는 항발기에 대하여 무너짐을 방지하기 위하여 준수하여야 할 기준으로 옳지 않은 것은?

① 연약한 지반에 설치하는 경우에는 아웃트리거·받침 등 지지구조물의 침하를 방지하기 위하여 깔판·깔목 등을 사용할 것
② 아웃트리거·받침 등 지지구조물이 미끄러질 우려가 있는 경우에는 말뚝 또는 쐐기 등을 사용하여 각부나 가대를 고정시킬 것
③ 버팀대만으로 상단 부분을 안정시키는 경우에는 버팀대는 3개 이상으로 하고 그 하단 부분은 견고한 버팀·말뚝 또

는 철골 등으로 고정시킬 것
④ 버팀줄만으로 상단 부분을 안정시키는 경우에는 버팀줄을 2개 이상으로 하고 같은 간격으로 배치할 것

해설 항타기 또는 항발기의 무너짐의 방지〈산업안전보건기준에 관한 규칙〉
제209조(무너짐의 방지) 사업주는 동력을 사용하는 항타기 또는 항발기에 대하여 무너짐을 방지하기 위하여 다음 각호의 사항을 준수해야 한다.
1. 연약한 지반에 설치하는 경우에는 아웃트리거·받침 등 지지구조물의 침하를 방지하기 위하여 깔판·깔목 등을 사용할 것
2. 시설 또는 가설물 등에 설치하는 경우에는 그 내력을 확인하고 내력이 부족하면 그 내력을 보강할 것
3. 아웃트리거·받침 등 지지구조물이 미끄러질 우려가 있는 경우에는 말뚝 또는 쐐기 등을 사용하여 해당 지지구조물을 고정시킬 것
4. 궤도 또는 차로 이동하는 항타기 또는 항발기에 대해서는 불시에 이동하는 것을 방지하기 위하여 레일 클램프(rail clamp) 및 쐐기 등으로 고정시킬 것
5. 버팀대만으로 상단 부분을 안정시키는 경우에는 버팀대는 3개 이상으로 하고 그 하단 부분은 견고한 버팀·말뚝 또는 철골 등으로 고정시킬 것

110 운반작업을 인력운반작업과 기계운반작업으로 분류할 때 기계운반작업으로 실시하기에 부적당한 대상은?

① 단순하고 반복적인 작업
② 표준화되어 있어 지속적이고 운반량이 많은 작업
③ 취급물의 형상, 성질, 크기 등이 다양한 작업
④ 취급물이 중량인 작업

해설 기계운반작업으로의 실시
① 취급물이 중량인 작업
② 표준화되어 있어 지속적이고 운반량이 많은 작업
③ 단순하고 반복적인 작업

정답 108. ② 109. ④ 110. ③

111 터널 등의 건설작업을 하는 경우에 낙반 등에 의하여 근로자가 위험해질 우려가 있는 경우에 필요한 직접적인 조치사항과 거리가 먼 것은?

① 터널지보공 설치
② 부석의 제거
③ 울 설치
④ 록볼트 설치

[해설] 터널작업 중 낙반 등에 의한 위험방지〈산업안전보건기준에 관한 규칙〉
제351조(낙반 등에 의한 위험의 방지) 사업주는 터널 등의 건설작업을 하는 경우에 낙반 등에 의하여 근로자가 위험해질 우려가 있는 경우에 터널 지보공 및 록볼트의 설치, 부석(浮石)의 제거 등 위험을 방지하기 위하여 필요한 조치를 하여야 한다.

112 장비 자체보다 높은 장소의 땅을 굴착하는 데 적합한 장비는?

① 파워 쇼벨(power shovel)
② 불도저(bulldozer)
③ 드래그라인(drag line)
④ 클램 쉘(clam shell)

[해설] 파워 쇼벨(power shovel)
장비 자체보다 높은 장소의 땅을 굴착하는데 적합한 장비. 적재, 석산작업에 편리(산지에서의 토공사 및 암반으로부터의 점토질까지 굴착할 수 있는 건설장비)

113 사다리식 통로의 길이가 10m 이상일 때 얼마 이내마다 계단참을 설치하여야 하는가?

① 3m 이내마다
② 4m 이내마다
③ 5m 이내마다
④ 6m 이내마다

[해설] 사다리식 통로 등의 구조〈산업안전보건법 시행규칙〉
제24조(사다리식 통로 등의 구조)
① 사업주는 사다리식 통로 등을 설치하는 경우 다음 각호의 사항을 준수하여야 한다.
8. 사다리식 통로의 길이가 10미터 이상인 경우에는 5미터 이내마다 계단참을 설치할 것

114 추락방지망 설치 시 그물코의 크기가 10cm인 매듭 있는 방망의 신품에 대한 인장강도 기준으로 옳은 것은?

① 100kgf 이상
② 200kgf 이상
③ 300kgf 이상
④ 400kgf 이상

[해설] 추락방지망의 인장강도(방망사의 신품에 대한 인장강도) ※ ( )는 방망사의 폐기 시 인장강도

그물코의 크기 (단위 : 센티미터)	방망의 종류(단위 : 킬로그램)	
	매듭 없는 방망	매듭 방망
10	240(150)	200(135)
5		110(60)

115 타워크레인을 자립고(自立高) 이상의 높이로 설치할 때 지지벽체가 없어 와이어로프로 지지하는 경우의 준수사항으로 옳지 않은 것은?

① 와이어로프를 고정하기 위한 전용 지지프레임을 사용할 것
② 와이어로프 설치 각도는 수평면에서 60° 이내로 하되, 지지점은 4개소 이상으로 하고, 같은 각도로 설치할 것
③ 와이어로프와 그 고정부위는 충분한 강도와 장력을 갖도록 설치하되, 와이어로프를 클립·샤클(shackle) 등의 기구를 사용하여 고정하지 않도록 유의할 것
④ 와이어로프가 가공전선에 근접하지 않도록 할 것

[해설] 타워크레인의 지지〈산업안전보건기준에 관한 규칙〉
제142조(타워크레인의 지지)
③ 사업주는 타워크레인을 와이어로프로 지지하는 경우 다음 각호의 사항을 준수해야 한다.

정답 111. ③ 112. ① 113. ③ 114. ② 115. ③

2. 와이어로프를 고정하기 위한 전용 지지프레임을 사용할 것
3. 와이어로프 설치각도는 수평면에서 60도 이내로 하되, 지지점은 4개소 이상으로 하고, 같은 각도로 설치할 것
4. 와이어로프와 그 고정부위는 충분한 강도와 장력을 갖도록 설치하고, 와이어로프를 클립·샤클(shackle) 등의 고정기구를 사용하여 견고하게 고정시켜 풀리지 않도록 하며, 사용 중에는 충분한 강도와 장력을 유지하도록 할 것
5. 와이어로프가 가공전선(架空電線)에 근접하지 않도록 할 것

116 토질시험 중 연약한 점토 지반의 점착력을 판별하기 위하여 실시하는 현장시험은?

① 베인테스트(Vane Test)
② 표준관입시험(SPT)
③ 하중재하시험
④ 삼축압축시험

해설 베인테스트(Vane Test) : 로드의 선단에 설치한 +자형 날개를 지반 속에 삽입하고 이것을 회전시켜 점토의 전단 강도를 측정하는 시험
① 토질시험 중 연약한 점토 지반의 점착력을 판별하기 위하여 실시하는 현장시험
② 흙의 전단강도, 흙 Moment를 측정하는 시험
③ 깊이 10m 이내에 있는 연약점토의 전단강도를 구하기 위한 가장 적당한 시험

117 비계의 부재 중 기둥과 기둥을 연결시키는 부재가 아닌 것은?

① 띠장   ② 장선
③ 가새   ④ 작업발판

해설 비계의 부재 중 기둥과 기둥을 연결시키는 부재
① 띠장 : 비계기둥에 수평으로 설치하는 부재
② 장선 : 쌍줄비계에서 띠장 사이에 수평으로 걸쳐 작업발판을 지지하는 가로재
③ 가새 : 기둥의 상부와 다른 기둥 하부를 대각선으로 잇는 경사재로서 강관비계 조립 시 비계기둥과 띠장을 일체화하고 비계의 도괴에 대한 저항력을 증대시키기 위해 비계 전면에 설치

118 항만하역작업에서의 선박승강설비 설치기준으로 옳지 않은 것은?

① 200톤급 이상의 선박에서 하역작업을 하는 경우에 근로자들이 안전하게 오르내릴 수 있는 현문(舷門) 사다리를 설치하여야 하며, 이 사다리 밑에 안전망을 설치하여야 한다.
② 현문 사다리는 견고한 재료로 제작된 것으로 너비는 55cm 이상이어야 한다.
③ 현문 사다리의 양측에는 82cm 이상의 높이로 울타리를 설치하여야 한다.
④ 현문 사다리는 근로자의 통행에만 사용하여야 하며, 화물용 발판 또는 화물용 보관으로 사용하도록 해서는 아니 된다.

해설 항만하역 작업 시 안전〈산업안전보건기준에 관한 규칙〉 제397조(선박승강설비의 설치)
① 사업주는 300톤급 이상의 선박에서 하역작업을 하는 경우에 근로자들이 안전하게 오르내릴 수 있는 현문(舷門) 사다리를 설치하여야 하며, 이 사다리 밑에 안전망을 설치하여야 한다.
② 현문 사다리는 견고한 재료로 제작된 것으로 너비는 55센티미터 이상이어야 하고, 양측에 82센티미터 이상의 높이로 방책을 설치하여야 하며, 바닥은 미끄러지지 않도록 적합한 재질로 처리되어야 한다.
③ 현문 사다리는 근로자의 통행에만 사용하여야 하며, 화물용 발판 또는 화물용 보관으로 사용하도록 해서는 아니 된다.

119 다음 중 유해·위험방지계획서 제출대상 공사가 아닌 것은?

① 지상 높이가 30m인 건축물건설공사
② 최대지간 길이가 50m인 교량건설공사
③ 터널건설공사
④ 깊이가 11m인 굴착공사

정답 116. ① 117. ④ 118. ① 119. ①

120 본 터널(main tunnel)을 시공하기 전에 터널에서 약간 떨어진 곳에 지질조사, 환기, 배수, 운반 등의 상태를 알아보기 위하여 설치하는 터널은?

① 프리패브(prefab) 터널
② 사이드(side) 터널
③ 쉴드(shield) 터널
④ 파일럿(pilot) 터널

해설 **파일럿(pilot) 터널**
본 터널(main tunnel)을 시공하기 전에 터널에서 약간 떨어진 곳에 지질조사, 환기, 배수, 운반 등의 상태를 알아보기 위하여 설치하는 터널

정답 120. ④

2020년 제4회 산업안전기사 기출문제

[제1과목] **안전관리론**

01 라인(Line)형 안전관리 조직의 특징으로 옳은 것은?

① 안전에 관한 기술의 축적이 용이하다.
② 안전에 관한 지시나 조치가 신속하다.
③ 조직원 전원을 자율적으로 안전활동에 참여시킬 수 있다.
④ 권한 다툼이나 조정 때문에 통제수속이 복잡해지며, 시간과 노력이 소모된다.

02 레빈(Lewin)의 인간 행동 특성을 다음과 같이 표현하였다. 변수 'P'가 의미하는 것은?

$$B = f(P \cdot E)$$

① 행동 ② 소질
③ 환경 ④ 함수

해설 인간의 행동특성
(1) 레윈(Lewin.K)의 법칙
인간행동은 사람이 가진 자질, 즉 개체와 심리학적 환경과의 상호 함수관계에 있다고 정의함
(2) $B = f(P \cdot E)$
  B : behavior(인간의 행동)
  P : person(개체 : 연령, 경험, 심신 상태, 성격, 지능, 소질 등)
  E : environment(심리적 환경 : 인간관계, 작업환경 등)
  f : function(함수관계 : P와 E에 영향을 주는 조건)

03 Y-K(Yutaka-Kohate) 성격검사에 관한 사항으로 옳은 것은?

① C, C'형은 적응이 빠르다.
② M, M'형은 내구성, 집념이 부족하다.
③ S, S'형은 담력, 자신감이 강하다.
④ P, P'형은 운동, 결단이 빠르다.

해설 Y-K(Yutaka-Kohate) 적성검사
① C, C'형 : 적응, 운동, 결단(활동성)이 빠르고, 내구성, 집념이 부족하나 담력, 자신감이 강하다.
② M, M'형 : 적응, 운동, 결단(활동성)이 느리나 내구성, 집념이 강하고 담력, 자신감이 강하다.
③ S, S'형 : 적응, 운동, 결단(활동성)이 빠르나, 내구성, 집념이 부족하며 담력, 자신감도 약하다.
④ P, P'형 : 적응, 운동, 결단(활동성)이 느리나 내구성, 집념이 강하고 담력, 자신감은 약하다.
⑤ A, M형 : 모든 것이 나쁘다.

04 재해예방의 4원칙이 아닌 것은?

① 손실우연의 원칙
② 사전준비의 원칙
③ 원인계기의 원칙
④ 대책선정의 원칙

해설 하인리히의 재해예방 4원칙
① 손실우연의 원칙 : 재해발생 결과 손실(재해)의 유무, 형태와 크기는 우연적이다.(사고의 발생과 손실의 발생에는 우연적 관계임. 손실은 우연에 의해 결정되기 때문에 예측할수 없음. 따라서 예방이 최선)
② 원인연계(연쇄, 계기)의 원칙 : 재해의 발생에는 반드시 그 원인이 있으며 원인이 연쇄적으로 이어진다.(손실은 우연이지만 사고와 원인의 관계는 필연적으로 인과관계가 있다.)
③ 예방가능의 원칙 : 재해는 사전 예방이 가능하다.(재해는 원칙적으로 원인만 제거되면 예방이 가능하다.)

정답 01. ② 02. ② 03. ① 04. ②

④ 대책선정(강구)의 원칙 : 사고의 원인이나 불안전 요소가 발견되면 반드시 안전대책이 선정되어 실시 되어야 한다.(재해예방을 위한 가능한 안전대책은 반드시 존재하고 대책선정은 가능하다. 안전대책이 강구되어야 함.)

05 재해의 발생확률은 개인적 특성이 아니라 그 사람이 종사하는 작업의 위험성에 기초한다는 이론은?

① 암시설
② 경향설
③ 미숙설
④ 기회설

해설 기회설 : 재해의 발생확률은 개인적 특성이 아니라 그 사람이 종사하는 작업의 위험성에 기초한다는 이론
* 암시설 : 재해를 한 번 경험한 사람은 신경과민 등 심리적인 압박을 받게 되어 대처능력이 떨어져 재해가 빈번하게 발생한다는 설(設)

06 타인의 비판 없이 자유로운 토론을 통하여 다량의 독창적인 아이디어를 이끌어내고, 대안적 해결안을 찾기 위한 집단적 사고기법은?

① Role playing
② Brain storming
③ Action playing
④ Fish Bowl playing

해설 브레인 스토밍(brain-storming)으로 아이디어 개발
• 브레인 스토밍(brain-storming) : 다수의 팀원이 마음놓고 편안한 분위기 속에서 공상과 연상의 연쇄반응을 일으키면서 자유분망하게 아이디어를 대량으로 발언하여 나가는 방법(토의식 아이디어 개발 기법)
- 6~12명의 구성원으로 타인의 비판 없이 자유로운 토론을 통하여 다량의 독창적인 아이디어를 이끌어내고, 대안적 해결안을 찾기 위한 집단적 사고기법

07 강도율 7인 사업장에서 한 작업자가 평생 동안 작업을 한다면 산업재해로 인한 근로손실일수는 며칠로 예상되는가? (단, 이 사업장의 연근로시간과 한 작업자의 평생근로시간은 100000시간으로 가정한다.)

① 500
② 600
③ 700
④ 800

해설 환산 강도율 : 한 사람의 작업자가 평생 작업 시 발생할 수 있는 근로손실일

환산 강도율 = 강도율 × $\frac{평생근로시간(100,000)}{1,000}$
= 강도율 × 100
⇒ 환산 강도율 = 강도율 × 100 = 7 × 100
= 700일

08 산업안전보건법령상 유해·위험 방지를 위한 방호 조치가 필요한 기계·기구가 아닌 것은?

① 예초기
② 지게차
③ 금속절단기
④ 금속탐지기

해설 유해·위험방지를 위한 방호조치가 필요한 기계·기구 〈산업안전보건법 시행규칙 제98조〉
1. 예초기 : 날접촉 예방장치
2. 원심기 : 회전체 접촉 예방장치
3. 공기압축기 : 압력방출장치
4. 금속절단기 : 날접촉 예방장치
5. 지게차 : 헤드 가드, 백레스트(backrest), 전조등, 후미등, 안전벨트
6. 포장기계 : 구동부 방호 연동장치

09 산업안전보건법령상 안전·보건표지의 색채와 사용사례의 연결로 틀린 것은?

① 노란색 - 화학물질 취급장소에서의 유해·위험경고 이외의 위험경고
② 파란색 - 특정 행위의 지시 및 사실의 고지
③ 빨간색 - 화학물질 취급장소에서의 유해·위험경고
④ 녹색 - 정지신호, 소화설비 및 그 장소, 유해행위의 금지

정답 05. ④ 06. ② 07. ③ 08. ④ 09. ④

해설 안전·보건표지의 색채, 색도 기준 및 용도 〈산업안전보건법 시행규칙〉

색채	색도 기준	용도	사용례
빨간색	7.5R 4/14	금지	정지신호, 소화설비 및 그 장소, 유해행위의 금지
		경고	화학물질 취급장소에서의 유해·위험경고
노란색	5Y 8.5/12	경고	화학물질 취급장소에서의 유해·위험경고 이외의 위험경고, 주의표지 또는 기계방호물
파란색	2.5PB 4/10	지시	특정 행위의 지시 및 사실의 고지
녹색	2.5G 4/10	안내	비상구 및 피난소, 사람 또는 차량의 통행표지
흰색	N9.5		파란색 또는 녹색에 대한 보조색
검은색	N0.5		문자 및 빨간색 또는 노란색에 대한 보조색

10 재해의 발생형태 중 다음 그림이 나타내는 것은?

① 단순연쇄형
② 복합연쇄형
③ 단순자극형
④ 복합형

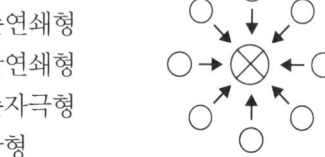

해설 산업 재해의 발생 유형(재해 발생 3형태)(등치성이론 : 재해가 여러 가지 사고요인의 결합에 의해 발생)
① 집중형 : 상호 자극에 의해 순간적으로 재해가 발생 (단순 자극형)
  - 일어난 장소나 그 시점에 일시적으로 요인이 집중하여 재해가 발생하는 경우
② 연쇄형 : 요소 간에 연쇄적으로 진전해 나가는 형태 (Ex. 도미노이론)
  - 단순연쇄형/ 복합연쇄형
③ 복합형 : 집중형과 연쇄형이 복합된 것이며 현대사회의 산업재해는 대부분 복합형

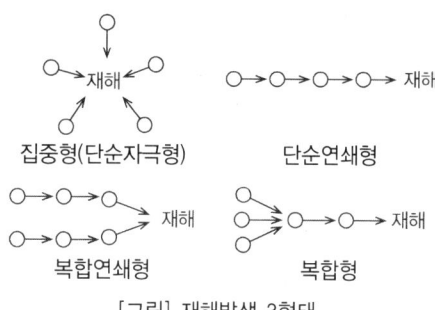

[그림] 재해발생 3형태

11 생체 리듬의 변화에 대한 설명으로 틀린 것은?

① 야간에는 체중이 감소한다.
② 야간에는 말초운동 기능이 증가된다.
③ 체온, 혈압, 맥박수는 주간에 상승하고 야간에 감소한다
④ 혈액의 수분과 염분량은 주간에 감소하고 야간에 상승한다.

해설 생체 리듬과 피로 현상
1) 혈액의 수분과 염분량 : 주간에 감소하고 야간에 증가
2) 체온, 혈압, 맥박수 : 주간에 상승하고 야간에 저하
3) 야간에는 소화분비액 불량, 체중이 감소
4) 야간에는 말초운동 기능이 저하, 피로의 자각증상이 증가

12 무재해 운동을 추진하기 위한 조직의 세 기둥으로 볼 수 없는 것은?

① 최고경영자의 경영자세
② 소집단 자주활동의 활성화
③ 전 종업원의 안전요원화
④ 라인관리자에 의한 안전보건의 추진

해설 무재해 운동 추진의 3요소(3기둥)
(가) 최고경영자의 안전경영자세
(나) 관리감독자의 적극적인 안전보건 활동(안전관리의 라인화)
(다) 직장 자주 안전보건활동의 활성화(근로자)

정답 10. ③ 11. ② 12. ③

13 안전인증 절연장갑에 안전인증 표시 외에 추가로 표시하여야 하는 등급별 색상의 연결로 옳은 것은? (단, 고용노동부 고시를 기준으로 한다.)

① 00등급 : 갈색
② 0등급 : 흰색
③ 1등급 : 노란색
④ 2등급 : 빨강색

해설 절연장갑의 등급별 색상

등급	00급	0급	1급	2급	3급	4급
색상	갈색	빨간색	흰색	노란색	녹색	등색

14 안전교육방법 중 구안법(Project Method)의 4단계의 순서로 옳은 것은?

① 계획수립 → 목적결정 → 활동 → 평가
② 평가 → 계획수립 → 목적결정 → 활동
③ 목적결정 → 계획수립 → 활동 → 평가
④ 활동 → 계획수립 → 목적결정 → 평가

해설 킬페트릭의 구안법(Project Method) : 학습자 스스로 계획하고 구상하여 문제를 해결하고 지식과 경험을 종합적으로 체득시키려는 학습 지도 방법
① 학습 목표 설정 → ② 계획수립 → ③ 실행(활동) 또는 수행 → ④ 평가

15 산업안전보건법령상 사업 내 안전보건교육 중 관리감독자 정기교육의 내용이 아닌 것은?

① 유해·위험 작업환경 관리에 관한 사항
② 표준안전작업방법 및 지도 요령에 관한 사항
③ 작업공정의 유해·위험과 재해 예방대책에 관한 사항
④ 기계·기구의 위험성과 작업의 순서 및 동선에 관한 사항

16 다음 재해원인 중 간접 원인에 해당하지 않는 것은?

① 기술적 원인   ② 교육적 원인
③ 관리적 원인   ④ 인적 원인

해설 간접 원인
① 기술적 원인   ② 교육적 원인
③ 신체적 원인   ④ 정신적 원인
⑤ 작업관리상 원인 : 안전관리조직 결함, 설비 불량, 안전수칙 미제정, 작업준비 불충분(정리정돈 미실시), 인원배치 부적당, 작업지시 부적당(작업량 과다)
 * 직접 원인 : 불안전한 행동(인적 원인), 불안전한 상태(물적 원인)

17 재해원인 분석방법의 통계적 원인분석 중 사고의 유형, 기인물 등 분류항목을 큰 순서대로 도표화한 것은?

① 파레토도   ② 특성요인도
③ 크로스도   ④ 관리도

해설 재해통계 분석기법 : 통계화된 재해별로 원인분석
(가) 파레토도(pareto chart)
 ① 관리 대상이 많은 경우 최소의 노력으로 최대의 효과를 얻을 수 있는 방법
 ② 사고의 유형, 기인물 등 분류 항목을 큰 순서대로 도표화하는 데 편리
 ③ 그 크기를 막대그래프로 나타냄.
(나) 특성 요인도(cause & effect diagram, cause-reason diagram)
 ① 특성과 요인 관계를 어골상(魚骨象: 물고기 뼈 모양)으로 세분하여 연쇄 관계를 나타내는 방법
 ② 원인요소와의 관계를 상호의 인과관계만으로 결부
(다) 크로스 분석(close analysis)
 ① 두 가지 이상의 요인이 서로 밀접한 상호관계를 유지할 때 사용하는 방법
 ② 데이터를 집계하고 표로 표시하여 요인별 결과 내역을 교차한 크로스 그림을 작성하여 분석
(라) 관리도(control chart) : 재해 발생 건수 등의 추이를 파악하여 목표 관리를 행하는 데 필요한 월별 재해 발생 수를 그래프화하여 관리선(한계선)을 설정 관리하는 방법

정답 13.① 14.③ 15.④ 16.④ 17.①

18 다음 중 헤드십(headship)에 관한 설명과 가장 거리가 먼 것은?

① 권한의 근거는 공식적이다.
② 지휘의 형태는 민주주의적이다.
③ 상사와 부하와의 사회적 간격은 넓다.
④ 상사와 부하와의 관계는 지배적이다.

해설 헤드십(head-ship)
(가) 헤드십 : 임명된 지도자로서 권위주의적이고 지배적임.
(나) 헤드십(head-ship)의 특성
   1) 권한의 근거는 공식적이다.
   2) 권한 행사는 임명된 헤드이다.
   3) 지휘형태는 권위주의적이다.
   4) 상사와 부하와의 관계는 지배적이다.
   5) 부하와의 사회적 간격은 넓다.(관계 원활하지 않음)

19 다음 설명에 해당하는 학습 지도의 원리는?

> 학습자가 지니고 있는 각자의 요구와 능력 등에 알맞은 학습활동의 기회를 마련해 주어야 한다는 원리

① 직관의 원리
② 자기활동의 원리
③ 개별화의 원리
④ 사회화의 원리

해설 학습(교육) 지도의 원리
① 직관의 원리 : 구체적 사물을 제시하거나 경험시킴으로써 효과를 볼 수 있다는 원리
② 자기활동의 원리(자발성의 원리) : 학습자 자신이 스스로 자발적으로 학습에 참여하는 데 중점을 둔 원리
③ 개별화의 원리 : 학습자 각자의 요구와 능력 등에 알맞은 학습활동의 기회를 마련하여 주어야 한다는 원리
④ 사회화의 원리 : 학교에서 배운 것과 사회에서 경험한 것을 교류시키고 공동 학습을 통해서 협력적이고 우호적인 학습을 진행하는 원리
⑤ 통합의 원리 : 학습을 총합적인 전체로서 지도하는 원리(동시학습원리)

20 안전교육의 단계에 있어 교육대상자가 스스로 행함으로써 습득하게 하는 교육은?

① 의식교육   ② 기능교육
③ 지식교육   ④ 태도교육

해설 안전보건교육의 3단계 : 지식 – 기능 – 태도교육
(1) 지식교육(제1단계) : 강의, 시청각교육을 통한 지식의 전달과 이해
(2) 기능교육(제2단계) : 시범, 견학, 실습, 현장실습교육을 통한 경험 체득과 이해
   ① 교육대상자가 그것을 스스로 행하므로 얻어짐.
   ② 개인의 반복적 시행착오에 의해서만 얻어짐.
(3) 태도교육(제3단계) : 작업 동작지도, 생활지도 등을 통한 안전의 습관화(올바른 행동의 습관화 및 가치관을 형성)

[제2과목] **인간공학 및 시스템안전공학**

21 결함수분석의 기호 중 입력사상이 어느 하나라도 발생할 경우 출력사상이 발생하는 것은?

① NOR GATE   ② AND GATE
③ OR GATE   ④ NAND GATE

해설 OR GATE : 입력사상이 어느 하나라도 발생할 경우 출력사상이 발생하는 것. 기호는 (+)를 붙임.

22 가스밸브를 잠그는 것을 잊어 사고가 발생했다면 작업자는 어떤 인적 오류를 범한 것인가?

① 생략 오류(omission error)
② 시간지연 오류(time error)
③ 순서 오류(sequential error)
④ 작위적 오류(commission error)

해설 휴먼 에러에 관한 분류 : 심리적 행위에 의한 분류(Swain의 독립행동에 관한 분류)
① omission error(생략 에러) : 필요한 작업 또는 절차를 수행하지 않는 데 기인한 에러(부작위 오류)

② commission error(실행 에러) : 필요한 작업 또는 절차를 불확실하게 수행함으로써 기인한 에러(작위 오류)
③ extraneous error(과잉행동 에러) : 불필요한 작업 또는 절차를 수행함으로써 기인한 에러
④ sequential error(순서 에러) : 필요한 작업 또는 절차의 순서 착오로 인한 에러
⑤ time error(시간 에러) : 필요한 직무 또는 절차의 수행의 지연(혹은 빨리)으로 인한 에러

23 어떤 소리가 1000Hz, 60dB인 음과 같은 높이임에도 4배 더 크게 들린다면, 이 소리의 음압 수준은 얼마인가?

① 70dB ② 80dB
③ 90dB ④ 100dB

해설 음의 크기의 수준
- Phon : 1,000Hz 순음의 음압 수준(dB)을 나타냄
- sone : 40dB의 음압 수준을 가진 순음의 크기를 1sone이라 함
- sone과 Phon의 관계식 : sone = $2^{(Phon-40)/10}$

① 어떤 소리 1000Hz, 60dB은 60phon. 음량수준이 60phon인 음을 sone으로 환산
$$sone = 2^{\frac{phon-40}{10}} = 2^{\frac{60-40}{10}} = 4sone$$
② 4배 더 크게 들림 : 4sone × 4배 = 16sone
③ 16sone을 phon으로 환산
$16 = 2^{(Phon-40)/10} \rightarrow 2^4 = 2^{(Phon-40)/10}$
$\rightarrow$ Phon = 80
④ 따라서 80phon은 1,000Hz 순음에 80dB

24 시스템 안전분석 방법 중 예비위험분석(PHA) 단계에서 식별하는 4가지 범주에 속하지 않는 것은?

① 위기상태 ② 무시가능상태
③ 파국적상태 ④ 예비조처상태

해설 예비위험분석(PHA : Preliminary Hazards Analysis)
모든 시스템 안전 프로그램에서의 최초단계 분석 방법으로 시스템의 위험요소가 어떤 위험 상태에 있는가를 정성적으로 평가하는 분석 방법

(가) 예비위험분석(PHA)의 목적 : 시스템의 구상단계에서 시스템 고유의 위험 상태를 식별하여 예상되는 위험수준을 결정하기 위한 것
(나) 예비위험분석(PHA)의 식별된 4가지 사고 카테고리(Category)
1) 파국적(Catastropic) : 사망, 시스템 손실
   - 시스템의 성능을 현저히 저하시키며 그 결과로 인한 시스템의 손실, 인원의 사망 또는 다수의 부상자를 내는 상태
2) 중대(위기적, Critical) : 심각한 상해, 시스템 중대 손상
   - 작업자의 부상 및 시스템의 중대한 손해를 초래하거나 작업자의 생존 및 시스템의 유지를 위하여 즉시 수정 조치를 필요로 하는 상태
3) 한계적(Marginal) : 경미한 상해, 시스템 성능 저하
   - 작업자의 경미한 상해 및 시스템의 중대한 손해를 초래하지 않고 대처 또는 제어할 수 있는 상태
4) 무시(Negligible) : 무시할 수 있는 상처, 시스템 저하 없음
   - 시스템의 성능, 기능이나 인적 손실이 없는 상태

25 다음은 불꽃놀이용 화학물질 취급설비에 대한 정량적 평가이다. 해당 항목에 대한 위험 등급이 올바르게 연결된 것은?

항목	A (10점)	B (5점)	C (2점)	D (0점)
취급물질	○	○	○	
조작		○		○
화학설비의 용량	○		○	
온도	○	○		
압력		○	○	○

① 취급물질 - Ⅰ등급, 화학설비의 용량 - Ⅰ등급
② 온도 - Ⅰ등급, 화학설비의 용량 - Ⅱ등급
③ 취급물질 - Ⅰ등급, 조작 - Ⅳ등급
④ 온도 - Ⅱ등급, 압력 - Ⅲ등급

해설 위험 등급 구분

등급	점수	내용
위험 등급 Ⅰ	합산점수 16점 이상	위험도가 높음
위험 등급 Ⅱ	합산점수 11~15점	
위험 등급 Ⅲ	합산점수 10점 이하	위험도가 낮음

⇨ ① 취급물질 : 10 + 5 + 2 = 17점
　② 조작 : 5 + 0 = 5점
　③ 화학설비의 용량 : 10 + 2 = 12점
　④ 온도 : 10 + 5 = 15점
　⑤ 압력 : 5 + 2 + 0 = 7점

26 산업안전보건법령상 유해위험방지계획서의 제출 대상 제조업은 전기 계약 용량이 얼마 이상인 경우에 해당하는가? (단, 기타 예외 사항은 제외한다)

① 50kW　　② 100kW
③ 200kW　　④ 300kW

해설 유해위험방지계획서의 제출대상 사업으로서 전기 계약용량 : 전기 계약용량이 300킬로와트 이상인 사업

27 인간-기계 시스템에서 시스템의 설계를 다음과 같이 구분할 때 제3단계인 기본설계에 해당하지 않는 것은?

　1단계 : 시스템의 목표와 성능 명세 결정
　2단계 : 시스템의 정의
　3단계 : 기본설계
　4단계 : 인터페이스설계
　5단계 : 보조물 설계
　6단계 : 시험 및 평가

① 화면 설계　　② 작업 설계
③ 직무 분석　　④ 기능 할당

해설 인간-기계 시스템의 설계
(가) 제1단계 – 시스템의 목표 및 성능 명세 결정
(나) 제2단계 – 시스템의 정의
(다) 제3단계 – 기본설계
　1) 인간·하드웨어·소프트웨어의 기능 할당
　2) 인간 성능 요건 명세
　　– 인간의 성능 특성(human performance requirements)
　　　① 속도
　　　② 정확성
　　　③ 사용자 만족
　　　④ 유일한 기술을 개발하는 데 필요한 시간
　3) 직무 분석
　4) 작업 설계
(라) 제4단계 – 인터페이스(계면) 설계
　인간-기계의 경계를 이루는 면과 인간-소프트웨어 경계를 이루는 면의 특성에 초점 둠. (작업공간, 표시장치, 조종장치, 제어, 컴퓨터 대화 등이 포함)
(마) 제5단계 – 보조물(촉진물) 설계
　인간의 능력을 증진 시킬 수 있는 보조물에 대한 계획에 초점(지시수첩, 성능보조자료 및 훈련도구와 계획)
(바) 제6단계 : 시험 및 평가

28 결함수분석법에서 Path set에 관한 설명으로 옳은 것은?

① 시스템의 약점을 표현한 것이다.
② Top 사상을 발생시키는 조합이다.
③ 시스템이 고장 나지 않도록 하는 사상의 조합이다.
④ 시스템 고장을 유발시키는 필요불가결한 기본사상들의 집합이다.

해설 컷셋과 패스셋
(1) 컷셋(cut set) : 특정 조합의 기본사상들이 동시에 결함을 발생하였을 때 정상사상을 일으키는 기본사상의 집합(정상사상이 일어나기 위한 기본사상의 집합)
(2) 최소 컷셋(Minimal cut set) : 컷셋 가운데 그 부분 집합만으로 정상사상(결함 발생)을 일으키기 위한 최소의 컷셋(정상 사상이 일어나기 위한 기본사상의 필요한 최소의 것)

정답 26. ④　27. ①　28. ③

(3) 패스셋(path set) : 시스템이 고장 나지 않도록 하는 사상의 조합
- 최초로 정상사상이 일어나지 않는 기본사상의 집합(일정 조합 안에 포함되어 있는 기본사상들이 모두 발생하지 않으면 틀림없이 정상사상(top event)이 발생되지 않는 조합)

(4) 최소 패스셋(minimal path set) : 어떤 고장이나 실수를 일으키지 않으면 재해가 발생하지 않는 것으로 시스템의 신뢰성을 표시하는 것
- 시스템이 기능을 살리는 데 필요한 최소 요인의 집합

29 연구 기준의 요건과 내용이 옳은 것은?

① 무오염성 : 실제로 의도하는 바와 부합해야 한다.
② 적절성 : 반복 실험 시 재현성이 있어야 한다.
③ 신뢰성 : 측정하고자 하는 변수 이외의 다른 변수의 영향을 받아서는 안 된다.
④ 민감도 : 피실험자 사이에서 볼 수 있는 예상 차이점에 비례하는 단위로 측정해야 한다.

30 FTA 결과 다음과 같은 패스셋을 구하였다. 최소 패스셋(minimal path sets)으로 맞는 것은?

{X$_2$, X$_3$, X$_4$}
{X$_1$, X$_3$, X$_4$}
{X$_3$, X$_4$}

① {X$_3$, X$_4$}
② {X$_1$, X$_3$, X$_4$}
③ {X$_2$, X$_3$, X$_4$}
④ {X$_2$, X$_3$, X$_4$}와 {X$_3$, X$_4$}

해설 미니멀 패스셋 : 어떤 고장이나 실수를 일으키지 않으면 재해가 발생하지 않는 것으로 시스템의 신뢰성을 표시하는 것
- 시스템이 기능을 살리는 데 필요한 최소 요인의 집합

31 인체 측정에 대한 설명으로 옳은 것은?

① 인체 측정은 동적 측정과 정적 측정이 있다.
② 인체 측정학은 인체의 생화학적 특징을 다룬다.
③ 자세에 따른 인체 치수의 변화는 없다고 가정한다
④ 측정 항목에 무게, 둘레, 두께, 길이는 포함되지 않는다.

32 실린더 블록에 사용하는 개스킷의 수명 분포는 X~N(10000, 200²)인 정규분포를 따른다. t=9600시간일 경우에 신뢰도($R(t)$)는? (단, P(Z≤1)=0.8413, P(Z≤1.5)=0.9332, P(Z≤2)=0.9772, P(Z≤3)=0.9987이다.)

① 84.13%
② 93.32%
③ 97.72%
④ 99.87%

해설 개스킷의 신뢰도

신뢰도 $= P\left(Z \leq \dfrac{\overline{X}-M}{\sigma}\right)\left[\dfrac{확률변수-평균}{표준편차}\right]$

$= P(Z \leq \dfrac{9600-10000}{200}) = P(Z \leq -2)$

⇨ 이 문제에서는 극단에서 2까지 0.9772(Z_2 =0.9772)임. 반대로의 극단에서 -2까지도 0.9772임.
따라서 97.72%

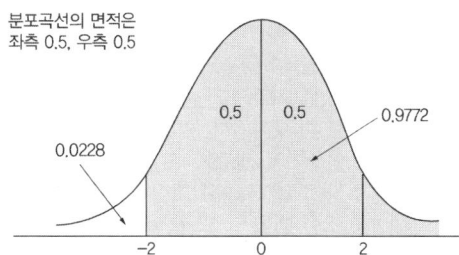
분포곡선의 면적은 좌측 0.5, 우측 0.5

33 다음 중 열중독증(heat illness)의 강도를 올바르게 나열한 것은?

ⓐ 열소모(heat exhaustion)
ⓑ 열발진(heat rash)
ⓒ 열경련(heat cramp)
ⓓ 열사병(heat stroke)

① ⓒ < ⓑ < ⓐ < ⓓ
② ⓒ < ⓑ < ⓓ < ⓐ
③ ⓑ < ⓒ < ⓐ < ⓓ
④ ⓑ < ⓓ < ⓐ < ⓒ

해설 열중독증(heat illness)의 강도
열발진 < 열경련 < 열소모 < 열사병

34 사무실 의자나 책상에 적용할 인체 측정 자료의 설계 원칙으로 가장 적합한 것은?

① 평균치 설계   ② 조절식 설계
③ 최대치 설계   ④ 최소치 설계

해설 인체 계측 자료의 응용원칙
(1) 최대치수와 최소치수(극단적) : 최대치수(거의 모든 사람이 수용할 수 있는 경우 : 문, 통로, 그네의 지지하중, 위험 구역 울타리 등)와 최소치수(선반의 높이, 조정 장치까지의 거리, 조작에 필요한 힘)를 기준으로 설계
 ① 최소치수 : 하위 백분위수(Percentile 퍼센타일) 기준 1, 5, 10% – 여성 5 백분위수를 기준으로 설계
 ② 최대치수 : 상위 백분위수(Percentile 퍼센타일) 기준 90, 95, 99% – 남성 95백분위수를 기준으로 설계
(2) 조절 범위(가변적, 조절식) : 체격이 다른 여러 사람들에게 맞도록 조절하게 만든 것(의자의 상하 조절, 자동차 좌석의 전후 조절)
 ① 조절 범위 5~95%tile(Percentile 퍼센타일)
(3) 평균치를 기준으로 한 설계 : 최대치수와 최소치수, 조절식으로 하기 어려울 때 평균치를 기준으로 하여 설계
 ① 은행 창구나 슈퍼마켓의 계산대에 적용하기 적합한 인체 측정 자료의 응용원칙

35 암호 체계의 사용 시 고려해야 될 사항과 거리가 먼 것은?

① 정보를 암호화한 자극은 검출이 가능하여야 한다.
② 다차원의 암호보다 단일 차원화된 암호가 정보 전달이 촉진된다.
③ 암호를 사용할 때는 사용자가 그 뜻을 분명히 알 수 있어야 한다
④ 모든 암호 표시는 감지장치에 의해 검출될 수 있고, 다른 암호 표시와 구별될 수 있어야 한다.

해설 시각적 암호, 부호, 기호를 사용할 때에 고려사항 (암호 체계 사용상의 일반적인 지침)
① 암호의 검출성   ② 암호의 판별성
③ 부호의 양립성   ④ 부호의 의미
⑤ 암호의 표준화   ⑥ 다차원 암호의 사용

36 신호검출이론(SDT)의 판정결과 중 신호가 없었는데도 있었다고 말하는 경우는?

① 긍정(hit)
② 누락(miss)
③ 허위(false alarm)
④ 부정(correct rejection)

37 촉감의 일반적인 척도의 하나인 2점 문턱값(two-point threshold)이 감소하는 순서대로 나열된 것은?

① 손가락 → 손바닥 → 손가락 끝
② 손바닥 → 손가락 → 손가락 끝
③ 손가락 끝 → 손가락 → 손바닥
④ 손가락 끝 → 손바닥 → 손가락

해설 2점 문턱값(two-point threshold) : 촉감의 일반적인 척도의 하나
• 2점 문턱값이 감소하는 순서
 : 손바닥 → 손가락 → 손가락 끝

정답 33. ③ 34. ② 35. ② 36. ③ 37. ②

38 시스템 안전분석 방법 중 HAZOP에서 "완전 대체"를 의미하는 것은?

① NOT　　　② REVERSE
③ PART OF　④ OTHER THAN

해설 HAZOP 기법에서 사용하는 가이드 워드와 의미
* 유인어(guide word) : 간단한 말로서 창조적 사고를 유도하고 자극하여 이상(deviation)을 발견하고 의도를 한정하기 위해 사용하는 것

가이드 워드(유인어)	의미
No 또는 Not	설계 의도의 완전한 부정
As Well As	성질상의 증가
Part of	성질상의 감소
More/Less	정량적인(양) 증가 또는 감소
Other Than	완전한 대체의 사용
Reverse	설계 의도의 논리적인 역

39 어느 부품 1,000개를 100,000시간 동안 가동하였을 때 5개의 불량품이 발생하였을 경우 평균동작시간(MTTF)은?

① 1×10^6시간　② 2×10^7시간
③ 1×10^8시간　④ 2×10^9시간

해설 평균동작시간(MTTF)

$MTTF = \dfrac{1}{\lambda}$

$\lambda(고장률) = \dfrac{고장건수}{가동시간} = \dfrac{5}{(1,000 \times 100,000)}$
$= 5 \times 10^{-8}$

$MTTF = \dfrac{1}{(5 \times 10^{-8})} = 2 \times 10^7$ 시간

40 신체활동의 생리학적 측정법 중 전신의 육체적인 활동을 측정하는데 가장 적합한 방법은?

① Flicker 측정
② 산소 소비량 측정
③ 근전도(EMG) 측정
④ 피부전기반사(GSR) 측정

제3과목　기계위험방지기술

41 산업안전보건법령상 롤러기의 방호장치 중 롤러의 앞면 표면 속도가 30m/min 이상일 때 무부하 동작에서 급정지거리는?

① 앞면 롤러 원주의 1/2.5 이내
② 앞면 롤러 원주의 1/3 이내
③ 앞면 롤러 원주의 1/3.5 이내
④ 앞면 롤러 원주의 1/5.5 이내

해설 급정지장치의 제동거리

앞면 롤러의 표면속도(m/min)	급정지 거리
30 미만	앞면 롤러 원주의 1/3
30 이상	앞면 롤러 원주의 1/2.5

42 극한하중이 600N인 체인에 안전계수가 4일 때 체인의 정격하중(N)은?

① 130　② 140
③ 150　④ 160

해설 체인의 정격하중

안전계수 $= \dfrac{극한하중}{정격하중} \rightarrow$ 정격하중 $= \dfrac{극한하중}{안전계수}$

$\Rightarrow$ 정격하중 $= \dfrac{600}{4} = 150\,N$

43 연삭작업에서 숫돌의 파괴원인으로 가장 적절하지 않은 것은?

① 숫돌의 회전속도가 너무 빠를 때
② 연삭작업 시 숫돌의 정면을 사용할 때
③ 숫돌에 큰 충격을 줬을 때
④ 숫돌의 회전중심이 제대로 잡히지 않았을 때

해설 연삭작업에서 숫돌의 파괴원인
① 숫돌의 회전속도가 너무 빠를 때
② 숫돌에 균열이 있을 때
③ 플랜지의 지름이 현저히 작을 때
④ 외부의 충격을 받았을 때

정답 38.④ 39.② 40.② 41.① 42.③ 43.②

⑤ 회전력이 결합력보다 클 때
⑥ 숫돌의 측면을 사용할 때
⑦ 숫돌의 치수 특히 내경의 크기가 적당하지 않을 때

44 산업안전보건법령상 용접장치의 안전에 관한 준수사항으로 옳은 것은?

① 아세틸렌 용접장치의 발생기실을 옥외에 설치한 경우에는 그 개구부를 다른 건축물로부터 1m 이상 떨어지도록 하여야 한다.
② 가스집합장치로부터 7m 이내의 장소에서는 화기의 사용을 금지시킨다.
③ 아세틸렌 발생기에서 10m 이내 또는 발생기실에서 4m 이내의 장소에서는 화기의 사용을 금지시킨다.
④ 아세틸렌 용접장치를 사용하여 용접작업을 할 경우 게이지 압력이 127kPa을 초과하는 압력의 아세틸렌을 발생시켜 사용해서는 아니 된다.

해설 용접장치의 안전에 관한 준수사항 〈산업안전기준에 관한 규칙〉
(1) 압력의 제한 : 제285조(압력의 제한) 사업주는 아세틸렌 용접장치를 사용하여 금속의 용접·용단 또는 가열작업을 하는 경우에는 게이지 압력이 127킬로파스칼을 초과하는 압력의 아세틸렌을 발생시켜 사용해서는 아니 된다.
(* 127kPa : 매 제곱센티미터당 1.3킬로그램)
(2) 아세틸렌 용접장치의 발생기실의 설치장소 : 제286조(발생기실의 설치장소 등)
② 발생기실은 건물의 최상층에 위치하여야 하며, 화기를 사용하는 설비로부터 3미터를 초과하는 장소에 설치하여야 한다.
③ 발생기실을 옥외에 설치한 경우에는 그 개구부를 다른 건축물로부터 1.5미터 이상 떨어지도록 하여야 한다.
(3) 아세틸렌 용접장치의 관리 : 제290조(아세틸렌 용접장치의 관리 등) 사업주는 아세틸렌 용접장치를 사용하여 금속의 용접·용단(溶斷) 또는 가열작업을 하는 경우에 다음 각 호의 사항을 준수하여야 한다.

3. 발생기에서 5미터 이내 또는 발생기실에서 3미터 이내의 장소에서는 흡연, 화기의 사용 또는 불꽃이 발생할 위험한 행위를 금지시킬 것
(4) 가스집합 용접장치의 위험 방지 : 제291조(가스집합장치의 위험 방지)
① 사업주는 가스집합장치에 대해서는 화기를 사용하는 설비로부터 5미터 이상 떨어진 장소에 설치하여야 한다.

45 500rpm으로 회전하는 연삭숫돌의 지름이 300mm일 때 원주속도(m/min)는?

① 약 748   ② 약 650
③ 약 532   ④ 약 471

해설 숫돌의 원주속도 $= \dfrac{\pi \times 300 \times 500}{1{,}000} = 471\,m/min$

※ 원주속도(V)
$= \dfrac{\pi DN}{1{,}000}\,(m/min) = \pi DN\,(mm/min)$

여기서, D : 지름(mm), N : 회전수(rpm)

46 산업안전보건법령상 로봇을 운전하는 경우 근로자가 로봇에 부딪칠 위험이 있을 때 높이는 최소 얼마 이상의 울타리를 설치하여야 하는가? (단, 로봇의 가동범위 등을 고려하여 높이로 인한 위험성이 없는 경우는 제외)

① 0.9m   ② 1.2m
③ 1.5m   ④ 1.8m

해설 산업용 로봇 운전 중 위험 방지 〈산업안전보건기준에 관한 규칙〉
제223조(운전 중 위험 방지) 사업주는 로봇의 운전으로 인하여 근로자에게 발생할 수 있는 부상 등의 위험을 방지하기 위하여 높이 1.8미터 이상의 울타리(로봇의 가동범위 등을 고려하여 높이로 인한 위험성이 없는 경우에는 높이를 그 이하로 조절할 수 있다)를 설치하여야 하며, 컨베이어 시스템의 설치 등으로 울타리를 설치할 수 없는 일부 구간에 대해서는 안전매트 또는 광전자식 방호장치 등 감응형(感應形) 방호장치를 설치하여야 한다.

정답 44.④ 45.④ 46.④

47 일반적으로 전류가 과대하고, 용접속도가 너무 빠르며, 아크를 짧게 유지하기 어려운 경우 모재 및 용접부의 일부가 녹아서 홈 또는 오목한 부분이 생기는 용접부 결함은?

① 잔류응력　② 융합불량
③ 기공　　　④ 언더 컷

해설 언더 컷(under cut) : 일반적으로 전류가 과대하고, 용접속도가 너무 빠르며, 아크를 짧게 유지하기 어려운 경우 모재 및 용접부의 일부가 녹아서 홈 또는 오목한 부분이 생기는 용접부 결함
- 용접 시 모재가 녹아 용착금속에 채워지지 않고 홈으로 남게 된 것. 비드(bead)의 가장자리에서 모재가 깊이 먹어들어 간 모양으로 된 것

48 산업안전보건법령상 승강기의 종류로 옳지 않은 것은?

① 승객용 엘리베이터
② 리프트
③ 화물용 엘리베이터
④ 승객화물용 엘리베이터

해설 승강기의 종류 〈산업안전보건기준에 관한 규칙〉 제132조(양중기) 5. "승강기"란 건축물이나 고정된 시설물에 설치되어 일정한 경로에 따라 사람이나 화물을 승강장으로 옮기는 데에 사용되는 설비로서 다음 각 목의 것을 말한다.
가. 승객용 엘리베이터 : 사람의 운송에 적합하게 제조·설치된 엘리베이터
나. 승객화물용 엘리베이터 : 사람의 운송과 화물 운반을 겸용하는 데 적합하게 제조·설치된 엘리베이터
다. 화물용 엘리베이터 : 화물 운반에 적합하게 제조·설치된 엘리베이터로서 조작자 또는 화물취급자 1명은 탑승할 수 있는 것(적재용량이 300킬로그램 미만인 것은 제외한다)
라. 소형화물용 엘리베이터 : 음식물이나 서적 등 소형 화물의 운반에 적합하게 제조·설치된 엘리베이터로서 사람의 탑승이 금지된 것
마. 에스컬레이터 : 일정한 경사로 또는 수평로를 따라 위·아래 또는 옆으로 움직이는 디딤판을 통해 사람이나 화물을 승강장으로 운송시키는 설비

49 다음 중 선반의 방호장치로 가장 거리가 먼 것은?

① 쉴드(Shield)
② 슬라이딩
③ 척 커버
④ 칩 브레이커

50 산업안전보건법령상 목재가공용 둥근톱 작업에서 분할날과 톱날 원주면과의 간격은 최대 얼마 이내가 되도록 조정하는가?

① 10mm　② 12mm
③ 14mm　④ 16mm

51 기계설비에서 기계 고장률의 기본 모형으로 옳지 않은 것은?

① 조립 고장　② 초기 고장
③ 우발 고장　④ 마모 고장

해설 기계설비의 일반적인 고장형태
(1) 초기 고장(감소형 고장) : 설계상, 구조상 결함, 불량제조·생산 과정 등의 품질관리 미비로 생기는 고장
  ① 점검 작업이나 시운전 작업 등으로 사전에 방지
  ② 디버깅 기간(debugging) : 기계의 결함을 찾아내 고장률을 안정시키는 기간
  ③ 번인기간(burn-in) : 실제로 장시간 가동하여 그동안 고장을 제거하는 기간
(2) 우발 고장(일정형) : 초기고장기간을 지나 마모고장기간에 이르기 전의 시기에 예측할 수 없을 때 우발적으로 생기는 고장으로 점검 작업이나 시운전 작업으로 재해를 방지할 수 없음(순간적 외력에 의한 파손)
  ① 고장률이 시간에 따라 일정한 형태를 이룬다.
(3) 마모 고장(증가형) : 장치의 일부가 수명을 다해서 생기는 고장으로, 안전진단 및 적당한 보수에 의해서 방지(부품, 부재의 마모, 열화에 생기는 고장, 부품, 부재의 피복 피로)

정답 47. ④　48. ②　49. ②　50. ②　51. ①

52 산업안전보건법령상 화물의 낙하에 의해 운전자가 위험을 미칠 경우 지게차의 헤드가드(head guard)는 지게차의 최대하중의 몇 배가 되는 등분포정하중에 견디는 강도를 가져야 하는가? (단, 4톤을 넘는 값은 제외)

① 1배 ② 1.5배
③ 2배 ④ 3배

해설 헤드가드(head guard) 〈산업안전보건기준에 관한 규칙〉 제180조(헤드가드) 사업주는 다음 각 호에 따른 적합한 헤드가드(head guard)를 갖추지 아니한 지게차를 사용해서는 안 된다.
1. 강도는 지게차의 최대하중의 2배 값(4톤을 넘는 값에 대해서는 4톤으로 한다)의 등분포정하중(等分布靜荷重)에 견딜 수 있을 것
2. 상부틀의 각 개구의 폭 또는 길이가 16센티미터 미만일 것

53 다음 중 컨베이어의 안전장치로 옳지 않은 것은?

① 비상정지장치 ② 반발예방장치
③ 역회전방지장치 ④ 이탈방지장치

54 크레인에 돌발 상황이 발생한 경우 안전을 유지하기 위하여 모든 전원을 차단하여 크레인을 급정지시키는 방호장치는?

① 호이스트 ② 이탈방지장치
③ 비상정지장치 ④ 아우트리거

해설 비상정지장치 : 크레인 등에 돌발 상황이 발생한 경우 안전을 유지하기 위하여 모든 전원을 차단하여 크레인 등을 급정지시키는 방호장치

55 산업안전보건법령상 프레스 등을 사용하여 작업할 때에 작업 시작 전 점검 사항으로 가장 거리가 먼 것은?

① 압력방출장치의 기능
② 클러치 및 브레이크의 기능
③ 프레스의 금형 및 고정볼트 상태
④ 1행정 1정지기구·급정지장치 및 비상정지장치의 기능

해설 작업 시작 전 점검사항 : 프레스 등을 사용하여 작업할 때 〈산업안전보건기준에 관한 규칙 [별표 3]〉
가. 클러치 및 브레이크의 기능
나. 크랭크축·플라이휠·슬라이드·연결봉 및 연결 나사의 풀림 여부
다. 1행정 1정지기구·급정지장치 및 비상정지장치의 기능
라. 슬라이드 또는 칼날에 의한 위험방지 기구의 기능
마. 프레스의 금형 및 고정볼트 상태
바. 방호장치의 기능
사. 전단기(剪斷機)의 칼날 및 테이블의 상태

56 다음 중 프레스 방호장치에서 게이트 가드식 방호장치의 종류를 작동방식에 따라 분류할 때 가장 거리가 먼 것은?

① 경사식 ② 하강식
③ 도립식 ④ 횡 슬라이드 식

해설 게이트가드(Gate Guard)식 방호장치
(가) 가드의 개폐를 이용한 방호장치로서 기계의 작동과 연동하여 가드가 열려 있는 상태에서 기계가 작동하지 않게 함.
(나) 게이트가드식 방호장치의 종류 : 게이트의 작동 방식에 따라 하강식, 상승식, 횡슬라이드식, 도립식이 있음.

57 선반작업의 안전수칙으로 가장 거리가 먼 것은?

① 기계에 주유 및 청소를 할 때에는 저속 회전에서 한다.
② 일반적으로 가공물의 길이가 지름의 12배 이상일 때는 방진구를 사용하여 선반작업을 한다.
③ 바이트는 가급적 짧게 설치한다.
④ 면장갑을 사용하지 않는다.

정답 52.③ 53.② 54.③ 55.① 56.① 57.①

해설 선반 작업 시 유의사항
① 면장갑을 사용하지 않는다.(회전체에는 장갑착용 금지)
② 가공물의 길이가 지름의 12배 이상일 때는 방진구를 사용하여 작업한다.
③ 선반의 베드 위에는 공구를 올려놓지 않는다. (공작물 세팅에 필요한 공구는 세팅이 끝난 후 바로 제거한다.)
④ 칩 브레이커는 바이트에 직접 설치한다.
⑤ 선반의 바이트는 가급적 짧게 장착한다.
⑥ 선반 주축의 변속은 기계를 정지시킨 후 한다.
⑦ 보안경을 착용한다.
⑧ 브러시 또는 갈퀴를 사용하여 절삭 칩을 제거한다.
⑨ 척을 알맞게 조정한 후에 즉시 척 렌치를 치우도록 한다.
⑩ 수리·정비작업 시에는 운전을 정지한 후 작업한다.
⑪ 가공물의 표면 점검 및 측정 시는 회전을 정지 후 실시 한다.
⑫ 공작물은 전원스위치를 끄고 바이트를 충분히 멀리 위치시킨 후 고정한다.

58 다음 중 보일러 운전 시 안전수칙으로 가장 적절하지 않은 것은?

① 가동 중인 보일러에는 작업자가 항상 정위치를 떠나지 아니할 것
② 보일러의 각종 부속장치의 누설상태를 점검할 것
③ 압력방출장치는 매 7년마다 정기적으로 작동시험을 할 것
④ 노 내의 환기 및 통풍장치를 점검할 것

59 산업안전보건법령상 크레인에서 권과방지장치의 달기구 윗면이 권상장치의 아랫면과 접촉할 우려가 있는 경우 최소 몇 m 이상 간격이 되도록 조정하여야 하는가? (단, 직동식 권과방지장치의 경우는 제외)

① 0.1 ② 0.15
③ 0.25 ④ 0.3

60 슬라이드가 내려옴에 따라 손을 쳐내는 막대가 좌우로 왕복하면서 위험한계에 있는 손을 보호하는 프레스 방호장치는?

① 수인식 ② 게이트 가드식
③ 반발예방장치 ④ 손쳐내기식

해설 손쳐내기식(Push Away, Sweep Guard) 방호장치
슬라이드의 작동에 연동시켜 위험 상태로 되기 전에 손을 위험 영역에서 밀어내거나 쳐내는 방호장치

제4과목 전기위험방지기술

61 KS C IEC 60079-0에 따른 방폭기기에 대한 설명이다. 다음 빈칸에 들어갈 알맞은 용어는?

> (ⓐ)은/는 EPL로 표현되며 점화원이 될 수 있는 가능성에 기초하여 기기에 부여된 보호등급이다. EPL의 등급 중 (ⓑ)은/는 정상작동, 예상된 오작동, 드문 오작동 중에 점화원이 될 수 없는 "매우 높은" 보호등급의 기기이다.

① ⓐ Explosion Protection Level,
  ⓑ EPL Ga
② ⓐ Explosion Protection Level,
  ⓑ EPL Gc
③ ⓐ Equipment Protection Level,
  ⓑ EPL Ga
④ ⓐ Equipment Protection Level,
  ⓑ EPL Gc

해설 기기 방호 수준(EPL, Equipment Protection Level, 보호등급)
(가) 폭발성 가스 대기에 사용되는 기기로서 방호 수준
① Ga : 폭발성 가스 대기에 사용되는 기기로서 방호 수준이 "매우 높음" 정상 작동할 시, 예상되는 오작동이나 매우 드문 오작동이 발생할 시 발화원이 되지 않는 기기

정답 58. ③ 59. ③ 60. ④ 61. ③

② Gb : 방호 수준이 "높음" 정상 작동할 시, 예상되는 오작동이 발생할 시 발화원이 되지 않는 기기
③ Gc : 방호 수준이 "향상"되어 있음. 정상 작동 시 발화원이 되지 않으며, 주기적으로 발생하는 문제가 나타날 때도 발화원이 되지 않도록 추가 방호 조치가 취해질 수 있는 기기

(나) 폭발성 가스에 취약한 광산에 설치되는 기기로서 방호 수준 : Ma, Mb, Mc
(다) 폭발성 분진 대기에서 사용되는 기기로서 방호 수준 : Da, Db, Dc

62. 접지계통 분류에서 TN 접지방식이 아닌 것은?

① TN-S 방식　② TN-C 방식
③ TN-T 방식　④ TN-C-S 방식

해설 전기기기를 접지하는 방식 : TN-S, TN-C, TN-C-S, TT(Terra-Terra), IT(Insert-Terra) 방식이 있음.
- TN(Terra-Neutral) 접지방식 :
  TN-S(Separator), TN-C(Combine), TN-C-S

63. 접지공사의 종류에 따른 접지선(연동선)의 굵기 기준으로 옳은 것은?

① 제1종 : 공칭단면적 6mm² 이상
② 제2종 : 공칭단면적 12mm² 이상
③ 제3종 : 공칭단면적 5mm² 이상
④ 특별 제3종 : 공칭단면적 3.5mm² 이상

해설 접지공사의 종류

종류	기기의 구분	접지저항값	접지선의 굵기
제1종	고압용 또는 특고압용 (피뢰기 등)	10Ω 이하	공칭단면적 6mm² 이상의 연동선
제2종	고압 또는 특고압과 저압을 결합하는 변압기의 중성점	$\frac{150}{1\text{선 지락전류}}\Omega$ 이하	공칭단면적 16mm² 이상의 연동선
제3종	400V 미만의 저압용의 것	100Ω 이하	공칭단면적 2.5mm² 이상의 연동선
특별 제3종	400V 이상의 저압용의 것	10Ω 이하	공칭단면적 2.5mm² 이상의 연동선

64. 최소 착화에너지가 0.26mJ인 가스에 정전용량이 100pF인 대전 물체로부터 정전기 방전에 의하여 착화할 수 있는 전압은 약 몇 V인가?

① 2240　② 2260
③ 2280　④ 2300

해설 대전전위
정전기 방전에너지(W) - [단위 J]
$W = \frac{1}{2}CV^2$
[C : 도체의 정전용량(단위 패럿 F), V : 대전전위]
⇒ 대전전위
$V = \sqrt{\frac{2W}{C}} = \sqrt{\frac{2 \times 0.26 \times 10^{-3}}{100 \times 10^{-12}}} = 2280\text{ V}$

* 인체의 정전용량 100pF = 100 × 10⁻¹²F
  (m 밀리 → 10⁻³, p 피코 → 10⁻¹²)

65. 누전차단기의 구성요소가 아닌 것은?

① 누전 검출부　② 영상변류기
③ 차단장치　　④ 전력 퓨즈

해설 누전차단기의 구성요소
① 누전 검출부　② 영상변류기
③ 차단장치　　④ 트립 코일

66. 우리나라의 안전전압으로 볼 수 있는 것은 약 몇 V인가?

① 30　② 50
③ 60　④ 70

정답 62. ③ 63. ① 64. ③ 65. ④ 66. ①

해설 안전전압
주위의 작업환경과 밀접한 관계가 있으며(수중에서의 안전전압), 일반사업장의 경우 산업안전보건법에서 30V로 규정(일반 작업장에 전기위험 방지 조치를 취하지 않아도 되는 전압)

67 산업안전보건기준에 관한 규칙에 따라 누전에 의한 감전의 위험을 방지하기 위하여 접지를 하여야 하는 대상의 기준으로 틀린 것은? (단, 예외조건은 고려하지 않는다)

① 전기기계·기구의 금속제 외함
② 고압 이상의 전기를 사용하는 전기기계·기구 주변의 금속제 칸막이
③ 고정배선에 접속된 전기기계·기구 중 사용전압이 대지 전압 100V를 넘는 비충전 금속체
④ 코드와 플러그를 접속하여 사용하는 전기기계·기구 중 휴대형 전동기계·기구의 노출된 비충전 금속체

해설 접지 적용대상 〈산업안전보건기준에 관한 규칙〉
제302조(전기 기계·기구의 접지) ① 사업주는 누전에 의한 감전의 위험을 방지하기 위하여 다음 각 호의 부분에 대하여 접지를 하여야 한다.
1. 전기 기계·기구의 금속제 외함, 금속제 외피 및 철대
2. 고정 설치되거나 고정배선에 접속된 전기기계·기구의 노출된 비충전 금속체 중 충전될 우려가 있는 다음 각 목의 어느 하나에 해당하는 비충전 금속체
   가. 지면이나 접지된 금속체로부터 수직거리 2.4미터, 수평거리 1.5미터 이내인 것
   나. 물기 또는 습기가 있는 장소에 설치되어 있는 것
   다. 금속으로 되어 있는 기기접지용 전선의 피복·외장 또는 배선관 등
   라. 사용전압이 대지전압 150볼트를 넘는 것
3. 전기를 사용하지 아니하는 설비 중 다음 각 목의 어느 하나에 해당하는 금속체
   가. 전동식 양중기의 프레임과 궤도
   나. 전선이 붙어 있는 비전동식 양중기의 프레임
   다. 고압(750볼트 초과 7천 볼트 이하의 직류전압 또는 600볼트 초과 7천 볼트 이하의 교류전압을 말한다. 이하 같다) 이상의 전기를 사용하는 전기 기계·기구 주변의 금속제 칸막이·망 및 이와 유사한 장치
4. 코드와 플러그를 접속하여 사용하는 전기 기계·기구 중 다음 각 목의 어느 하나에 해당하는 노출된 비충전 금속체
   가. 사용전압이 대지전압 150볼트를 넘는 것
   나. 냉장고·세탁기·컴퓨터 및 주변기기 등과 같은 고정형 전기기계·기구
   다. 고정형·이동형 또는 휴대형 전동기계·기구
   라. 물 또는 도전성(導電性)이 높은 곳에서 사용하는 전기기계·기구, 비접지형 콘센트
   마. 휴대형 손전등
5. 수중펌프를 금속제 물탱크 등의 내부에 설치하여 사용하는 경우 그 탱크(이 경우 탱크를 수중펌프의 접지선과 접속하여야 한다.)

68 정전유도를 받고있는 접지되어 있지 않는 도전성 물체에 접촉한 경우 전격을 당하게 되는데, 이때 물체에 유도된 전압 V(V)를 옳게 나타낸 것은? (단, E는 송전선의 대지전압, C_1은 송전선과 물체 사이의 정전용량, C_2는 물체와 대지 사이의 정전용량이며, 물체와 대지 사이의 저항은 무시한다.)

① $V = \dfrac{C_1}{C_1 + C_2} \cdot E$

② $V = \dfrac{C_1 + C_2}{C_1} \cdot E$

③ $V = \dfrac{C_1}{C_1 \cdot C_2} \cdot E$

④ $V = \dfrac{C_1 \cdot C_2}{C_1} \cdot E$

해설 물체에 유도된 전압
$V = \dfrac{C_1}{C_1 + C_2} \cdot E$

정답 67. ③ 68. ①

69 교류 아크 용접기의 자동전격방지장치는 전격의 위험을 방지하기 위하여 아크 발생이 중단된 후 약 1초 이내에 출력 측 무부하 전압을 자동적으로 몇 V 이하로 저하시켜야 하는가?

① 85 ② 70
③ 50 ④ 25

해설 자동전격방지장치의 기능 : 용접 작업 시에만 주회로를 형성하고 그 외에는 출력 측의 2차 무부하 전압을 저하시키는 장치
① 아크발생을 정지시켰을 때에 주 회로가 개로(OFF)되고 단시간 내에(1.5초 이내)에 용접기의 출력 측 무부하 전압을 자동적으로 25~30V 이하의 안전전압으로 강하(산업안전보건법 25V 이하)
 – 사용전압이 220V인 경우 : 출력 측의 무부하 전압(실효값) 25V, 지동시간 1.0초 이내
② 제어장치 : SCR 등의 개폐용 반도체 소자를 이용한 무접점 방식이 많이 사용되고 있음.
③ 용접봉을 모재에 접촉할 때 용접기 2차 측은 폐회로(ON)가 되며. 이때 흐르는 전류를 감지함
 – 무부하 상태에서 용접봉을 모재에 접촉하면 무부하 전압(25V)으로 감지된 전류에 의하여 용접을 시작하고자 하는 것을 감지하였기 때문에 곧바로 1차 측을 폐로(ON)하여 본 용접을 진행하도록 전환하는 것

70 정전기 발생에 영향을 주는 요인으로 가장 적절하지 않은 것은?

① 분리속도
② 물체의 질량
③ 접촉면적 및 압력
④ 물체의 표면상태

해설 정전기 발생에 영향을 주는 요인
(가) 물체의 특성 : 정전기의 발생은 일반적으로 접촉, 분리하는 두 가지 물체의 상호 특성에 의해 지배되며, 대전량은 접촉, 분리하는 두 가지 물체가 대전서열 중에서 가까운 위치에 있으면 작고, 떨어져 있으면 큰 경향이 있음
(나) 물체의 표면상태 : 물체표면이 원활하면 정전기의 발생이 적고, 물질의 표면이 수분, 기름 등에 의해 오염되어 있으면 산화, 부식에 의해 발생이 큼
(다) 물체의 이력 : 정전기 발생은 일반적으로 처음 접촉, 분리가 일어날 때 최대가 되며, 접촉, 분리가 반복되어짐에 따라 발생량이 점차 감소됨
(라) 물체의 접촉면적 및 압력 : 접촉면적 및 접촉압력이 클수록 정전기의 발생량도 증가
(마) 물체의 분리속도
 ① 분리 과정에서 전하의 완화시간에 따라 정전기 발생량이 좌우되며 전하 완화시간이 길면 전하분리에 주는 에너지도 커져서 발생량이 증가함.
 ② 일반적으로 분리속도가 빠를수록 정전기의 발생량 증가

71 다음에서 설명하고 있는 방폭구조는?

> 전기기기의 정상 사용 조건 및 특정 비정상 상태에서 과도한 온도 상승, 아크 또는 스파크의 발생위험을 방지하기 위해 추가적인 안전조치를 취한 것으로 Ex e 라고 표시한다.

① 유입 방폭구조 ② 압력 방폭구조
③ 내압 방폭구조 ④ 안전증 방폭구조

해설 안전증 방폭구조(e) : 전기기구의 권선, 에어캡, 접점부, 단자부등과 같이 정상적인 운전 중에 불꽃, 아크 또는 과열이 생겨서는 안 될 부분에 대하여 이를 방지하거나 온도 상승을 제한하기 위하여 전기기기의 안전도를 증가시킨 구조로 내압 방폭 구조보다 용량이 적음(점화원 격리와 무관 : 전기설비의 안전도 증강)
– 정상운전 중에 폭발성 가스 또는 증기에 점화원이 될 전기불꽃, 아크 또는 고온 부분 등의 발생을 방지하기 위하여 기계적, 전기적 구조상 또는 온도상승에 대해서 특히 안전도를 증가시킨 구조

72 KS C IEC 60079-6에 따른 유입방폭구조 "o" 방폭장비의 최소 IP 등급은?

① IP44 ② IP54
③ IP55 ④ IP66

정답 69.④ 70.② 71.④ 72.④

해설 IP 등급(Ingress Protection Classification)
IEC 규정을 통해 외부의 접촉이나 먼지, 물(습기), 충격으로부터 보호하는 정도에 따라 등급을 분류. 첫 번째 숫자(6단계)는 고체나 분진에 대한 보호등급을 나타내고, 두 번째 숫자(8단계)는 액체, 물에 대한 등급을 나타냄.
– 유입방폭구조 "o" 방폭장비의 최소 IP 등급 : IP66

73. 20Ω의 저항 중에 5A의 전류를 3분간 흘렸을 때의 발열량(cal)은?

① 4320 ② 90000
③ 21600 ④ 376560

해설 줄(Joule)열
$H = I^2RT[J] = 0.24I^2RT[cal]$
$= 0.24 \times 5^2 \times 20 \times 180초 = 21,600\,cal$
(*1J = 0.24cal)

74. 다음은 어떤 방전에 대한 설명인가?

> 정전기가 대전되어 있는 부도체에 접지체가 접근한 경우 대전물체와 접지체 사이에 발생하는 방전과 거의 동시에 부도체의 표면을 따라서 발생하는 나뭇가지 형태의 발광을 수반하는 방전

① 코로나 방전 ② 뇌상 방전
③ 연면방전 ④ 불꽃 방전

75. 가연성 가스가 있는 곳에 저압 옥내전기설비를 금속관 공사에 의해 시설하고자 한다. 관 상호 간 또는 관과 전기기계기구와는 몇 턱 이상 나사조임으로 접속하여야 하는가?

① 2턱 ② 3턱
③ 4턱 ④ 5턱

해설 전선관의 접속 : 가스증기위험장소의 금속관(후강) 배선에 의하여 시설하는 경우 관 상호 및 관과 박스 기타의 부속품, 풀 박스 또는 전기기계기구와는 5턱 이상(나사산이 5산 이상) 나사 조임으로 접속하는 방법에 의하여 견고하게 접속하여야 함.

76. 전기시설의 직접 접촉에 의한 감전방지 방법으로 적절하지 않은 것은?

① 충전부는 내구성이 있는 절연물로 완전히 덮어 감쌀 것
② 충전부가 노출되지 않도록 폐쇄형 외함이 있는 구조로 할 것
③ 충전부에 충분한 절연효과가 있는 방호망 또는 절연 덮개를 설치할 것
④ 충전부는 출입이 용이한 전개된 장소에 설치하고, 위험표시 등의 방법으로 방호를 강화할 것

해설 직접 접촉에 의한 감전방지 〈산업안전보건기준에 관한 규칙〉
제301조(전기 기계·기구 등의 충전부 방호)
① 사업주는 근로자가 작업이나 통행 등으로 인하여 전기기계, 기구 또는 전로 등의 충전부분에 접촉하거나 접근함으로써 감전 위험이 있는 충전부분에 대하여 감전을 방지하기 위하여 다음 각 호의 방법 중 하나 이상의 방법으로 방호하여야 한다.
1. 충전부가 노출되지 않도록 폐쇄형 외함(外函)이 있는 구조로 할 것
2. 충전부에 충분한 절연효과가 있는 방호망이나 절연덮개를 설치할 것
3. 충전부는 내구성이 있는 절연물로 완전히 덮어 감쌀 것
4. 발전소·변전소 및 개폐소 등 구획되어 있는 장소로서 관계 근로자가 아닌 사람의 출입이 금지되는 장소에 충전부를 설치하고, 위험표시 등의 방법으로 방호를 강화할 것
5. 전주 위 및 철탑 위 등 격리되어 있는 장소로서 관계 근로자가 아닌 사람이 접근할 우려가 없는 장소에 충전부를 설치할 것

정답 73.③ 74.③ 75.④ 76.④

77 심실세동을 일으키는 위험한계 에너지는 약 몇 J인가? (단, 심실세동 전류 $I=\dfrac{165}{\sqrt{T}}$ mA, 통전시간 $T=1$초, 인체의 전기저항 $R=800\Omega$ 이다.)

① 12　② 22
③ 32　④ 42

[해설] 위험한계에너지
줄(Joule)열
$$H = I^2RT[J] = (\dfrac{165}{\sqrt{T}} \times 10^{-3})^2 \times R \times T$$
$$= (\dfrac{165}{\sqrt{1}} \times 10^{-3})^2 \times 800 \times 1$$
$$= 21.78J \doteq 22J$$

* 심실세동전류
$$I = \dfrac{165}{\sqrt{T}} \text{mA} \Rightarrow I = \dfrac{165}{\sqrt{T}} \times 10^{-3} \text{A}$$

78 전기기계·기구에 설치되어 있는 감전방지용 누전차단기의 정격감도전류 및 작동시간으로 옳은 것은? (단, 정격전부하전류가 50A 미만이다.)

① 15mA 이하, 0.1초 이내
② 30mA 이하, 0.03초 이내
③ 50mA 이하, 0.5초 이내
④ 100mA 이하, 0.05초 이내

[해설] 감전방지용 누전차단기의 정격감도전류 및 작동시간
: 30mA 이하, 0.03초 이내 〈산업안전보건기준에 관한 규칙〉
제304조(누전차단기에 의한 감전방지)
⑤ 사업주는 제1항에 따라 설치한 누전차단기를 접속하는 경우에 다음 각 호의 사항을 준수하여야 한다.
1. 전기기계·기구에 설치되어 있는 누전차단기는 정격감도전류가 30밀리암페어 이하이고 작동시간은 0.03초 이내일 것. 다만, 정격전부하전류가 50암페어 이상인 전기기계·기구에 접속되는 누전차단기는 오작동을 방지하기 위하여 정격감도전류는 200밀리암페어 이하로, 작동시간은 0.1초 이내로 할 수 있다.

79 피뢰레벨에 따른 회전구체 반경이 틀린 것은?

① 피뢰레벨 Ⅰ: 20m
② 피뢰레벨 Ⅱ: 30m
③ 피뢰레벨 Ⅲ: 50m
④ 피뢰레벨 Ⅳ: 60m

[해설] 피뢰레벨(LPL : Lightning Protection Level)에 따른 회전구체 반경

구분	피뢰 레벨(LPL)			
	Ⅰ	Ⅱ	Ⅲ	Ⅳ
회전구체 반지름(m)	20	30	45	60

80 지락사고 시 1초를 초과하고 2초 이내에 고압전로를 자동차단하는 장치가 설치되어 있는 고압전로에 제2종 접지공사를 하였다. 접지저항은 몇 Ω 이하로 유지해야 하는가? (단, 변압기의 고압 측 전로의 1선 지락전류는 10A이다.)

① 10Ω　② 20Ω
③ 30Ω　④ 40Ω

[해설] 제2종 접지공사 : 고저압 혼촉방지를 위해 변압기의 2차 측(저압 측)에 시설하는 접지공사(고압 또는 특고압과 저압을 결합하는 변압기의 중성점)

접지저항값 $= \dfrac{150}{1선 지락전류} \Omega$ 이하

(* 단, 전로를 자동 차단하는 장치가 설치되어 1초 이내 동작하면 접지저항값은 $\dfrac{600}{1선 지락전류} \Omega$ 이하, 1초를 초과하고 2초 이내 동작하면 $\dfrac{300}{1선 지락전류} \Omega$ 이하)

⇒ 접지저항값 $= \dfrac{300}{1선 지락전류} \Omega = \dfrac{300}{10} = 30\Omega$

정답 77.② 78.② 79.③ 80.③

제5과목 화학설비 위험방지기술

81 사업주는 가스폭발 위험장소 또는 분진폭발 위험장소에 설치되는 건축물 등에 대해서는 규정에서 정한 부분을 내화구조로 하여야 한다. 다음 중 내화구조로 하여야 하는 부분에 대한 기준이 틀린 것은?

① 건축물의 기둥 : 지상 1층(지상 1층의 높이가 6미터를 초과하는 경우에는 6미터)까지
② 위험물 저장·취급용기의 지지대(높이가 30센티미터 이하인 것은 제외) : 지상으로부터 지지대의 끝부분까지
③ 건축물의 보 : 지상 2층(지상 2층의 높이가 10미터를 초과하는 경우에는 10미터)까지
④ 배관·전선관 등의 지지대 : 지상으로부터 1단(1단의 높이가 6미터를 초과하는 경우에는 6미터)까지

해설 내화기준 〈산업안전보건기준에 관한 규칙〉
제270조(내화기준) ① 사업주는 가스폭발 위험장소 또는 분진폭발 위험장소에 설치되는 건축물 등에 대해서는 다음 각 호에 해당하는 부분을 내화구조로 하여야 하며, 그 성능이 항상 유지될 수 있도록 점검·보수 등 적절한 조치를 하여야 한다.
1. 건축물의 기둥 및 보: 지상 1층(지상 1층의 높이가 6미터를 초과하는 경우에는 6미터)까지
2. 위험물 저장·취급용기의 지지대(높이가 30센티미터 이하인 것은 제외한다): 지상으로부터 지지대의 끝부분까지
3. 배관·전선관 등의 지지대: 지상으로부터 1단(1단의 높이가 6미터를 초과하는 경우에는 6미터)까지

82 다음 물질 중 인화점이 가장 낮은 물질은?
① 이황화탄소 ② 아세톤
③ 크실렌   ④ 경유

해설 인화점(Flash Point) : 가연성 증기에 점화원을 주었을 때 연소가 시작되는 최저온도

물질	인화점	물질	인화점
이황화탄소 (CS_2)	-30℃	아세톤 (CH_3COCH_3)	-18℃
에틸알코올 (C_2H_5OH)	13℃	아세트산에틸 ($CH_3COOC_2H_5$)	-4℃
아세트산 (CH_3COOH)	41.7℃	등유	40℃
벤젠 (C_6H_6)	-11.10℃	경유	50℃
메탄올 (CH_3OH)	16℃	크실렌	29℃

83 물의 소화력을 높이기 위하여 물에 탄산칼륨(K_2CO_3)과 같은 염류를 첨가한 소화약제를 일반적으로 무엇이라 하는가?

① 포 소화약제
② 분말 소화약제
③ 강화액 소화약제
④ 산알칼리 소화약제

해설 강화액 소화약제 : 물 소화약제의 단점을 보완하기 위하여 물에 탄산칼륨(K^2CO^3) 등을 녹인 수용액으로 부동성이 높은 알칼리성 소화약제(물의 소화력을 높이기 위하여 물에 탄산칼륨과 같은 염류를 첨가한 소화약제)

84 다음 중 분진의 폭발위험성을 증대시키는 조건에 해당하는 것은?

① 분진의 온도가 낮을수록
② 분위기 중 산소 농도가 작을수록
③ 분진 내의 수분농도가 작을수록
④ 분진의 표면적이 입자체적에 비교하여 작을수록

해설 분진의 폭발위험성을 증대시키는 조건
① 분진의 발열량이 클수록 폭발성이 커진다.
② 분진의 표면적이 입자체적에 비하여 커지면 열의 발생속도가 확산속도보다 상회하여 폭발이 증대한다.

정답 81.③ 82.① 83.③ 84.③

③ 분진 입자의 형상이 복잡하면 폭발이 잘 된다.
④ 분진의 수분함량이나 주위의 습도가 높으면 점화되기 어렵고 점화되어도 폭발압력이 작게 된다.
⑤ 초기온도가 높을수록 최소폭발농도가 낮아져 폭발위험성이 커진다.
⑥ 분체 중에 휘발성분이 많고 휘발성분의 발화온도가 낮을수록 폭발이 일어나기 쉽다.
⑦ 입자의 직경이 작아지면 폭발하한농도는 낮아지고 발화온도도 낮아지며 폭발압력은 상승하게 된다.
⑧ 밀도가 적어 부유성이 클수록 공기 중에 장시간 부유될 수 있어 분진폭발 위험성이 증가한다.

85 다음 중 관의 지름을 변경하는 데 사용되는 관의 부속품으로 가장 적절한 것은?

① 엘보우(Elbow) ② 커플링(Coupling)
③ 유니온(Union) ④ 리듀서(Reducer)

해설 배관 및 피팅류
① 관의 지름을 변경하고자 할 때 필요한 관 부속품 : 리듀셔(reducer), 부싱(bushing)
② 관로의 방향을 변경 : 엘보우(elbow), Y자관, 티이(T), 십자관(cross)
③ 유로차단 : 플러그(Plug), 캡, 밸브(valve)

86 가연성 물질의 저장 시 산소 농도를 일정한 값 이하로 낮추어 연소를 방지할 수 있는데 이때 첨가하는 물질로 적합하지 않은 것은?

① 질소   ② 이산화탄소
③ 헬륨   ④ 일산화탄소

해설 불연성 가스(연소하지 않는 가스) : 헬륨(He), 이산화탄소(CO_2), 질소(N_2, 화학공장에서 많이 사용하는 불연성 가스), 아르곤(Ar), 네온(Ne)

87 다음 중 물과의 반응성이 가장 큰 물질은?

① 니트로글리세린 ② 이황화탄소
③ 금속나트륨   ④ 석유

해설 금수성 물질 : 물과 접촉하여 발화하거나 가연성 가스의 발생 위험성이 있는 것
① 리튬(Li)
② 칼륨(K) · 나트륨
③ 알킬알루미늄 · 알킬리튬
④ 마그네슘
⑤ 철분
⑥ 금속분
⑦ 칼슘(Ca)

88 산업안전보건법령상 위험물질의 종류에서 폭발성 물질에 해당하는 것은?

① 니트로화합물   ② 등유
③ 황   ④ 질산

해설 폭발성 물질 및 유기과산화물 〈산업안전보건기준에 관한 규칙〉 : 자기반응성 물질(제5류 위험물)
가. 질산에스테르류
나. 니트로화합물
다. 니트로소화합물
라. 아조화합물
마. 디아조화합물
바. 하이드라진 유도체
사. 유기과산화물
아. 그 밖에 가목부터 사목까지의 물질과 같은 정도의 폭발 위험이 있는 물질
자. 가목부터 아목까지의 물질을 함유한 물질

89 어떤 습한 고체재료 10kg을 완전 건조 후 무게를 측정하였더니 6.8kg이었다. 이 재료의 건량 기준 함수율은 몇 kg · H_2O/kg인가?

① 0.25   ② 0.36
③ 0.47   ④ 0.58

해설 $함수율 = \dfrac{W1-W2}{W2} = \dfrac{(10-6.8)}{6.8}$
$= 0.47 kg \cdot H_2O/kg$
($W1$: 건조 전 질량, $W2$: 건조 후 질량)

90 대기압하에서 인화점이 0℃ 이하인 물질이 아닌 것은?

① 메탄올   ② 이황화탄소
③ 산화프로필렌 ④ 디에틸에테르

정답 85.④ 86.④ 87.③ 88.① 89.③ 90.①

해설 **인화점(Flash Point)** : 가연성 증기에 점화원을 주었을 때 연소가 시작되는 최저온도

물질	인화점	물질	인화점
이황화탄소 (CS_2)	-30℃	아세톤 (CH_3COCH_3)	-18℃
에틸알코올 (C_2H_5OH)	13℃	아세트산에틸 ($CH_3COOC_2H_5$)	-4℃
아세트산 (CH_3COOH)	41.7℃	등유	40℃
벤젠(C_6H_6)	-11.10℃	경유	50℃
메탄올 (CH_3OH)	16℃	디에틸에테르 ($C_2H_5OC_2H_5$, $(C_2H_5)_2O$)	-45℃

※ 산화프로필렌 : -37℃

91 가연성 가스의 폭발범위에 관한 설명으로 틀린 것은?

① 압력 증가에 따라 폭발 상한계와 하한계가 모두 현저히 증가한다.
② 불활성 가스를 주입하면 폭발범위는 좁아진다.
③ 온도의 상승과 함께 폭발범위는 넓어진다.
④ 산소 중에서 폭발범위는 공기 중에서 보다 넓어진다.

해설 **가연성 가스의 연소범위(폭발범위)** : 공기 중에 가연성 가스가 일정 범위 이내로 함유되었을 경우에만 연소가 가능함. 이것은 물질의 고유한 특성으로서 연소범위 또는 폭발범위라고 함(가연성 가스와 공기와의 혼합가스에 점화원을 주었을 때 폭발이 일어나는 혼합가스의 농도 범위)
① 상한값과 하한값이 존재한다.
② 폭발범위는 온도상승에 의하여 넓어진다.(온도가 상승하면 폭발하한계는 감소, 폭발상한계는 증가)
③ 가연성 가스의 종류에 따라 각각 다른 값을 갖는다.
④ 공기와 혼합된 가연성 가스의 체적 농도로 나타낸다.
⑤ 압력이 상승하면 폭발하한계는 영향없으며 폭발상한계는 증가한다.
⑥ 산소 중에서의 폭발범위는 공기 중에서 보다 넓어진다.
⑦ 산소 중에서의 폭발하한계는 공기 중에서와 같다.

92 열교환기의 정기적 점검을 일상점검과 개방점검으로 구분할 때 개방점검 항목에 해당하는 것은?

① 보냉재의 파손 상황
② 플랜지부나 용접부에서의 누출 여부
③ 기초볼트의 체결 상태
④ 생성물, 부착물에 의한 오염 상황

해설 **열교환기의 보수에 있어서 일상점검항목**
① 보온재 및 보냉재의 파손 상황
② 도장의 노후 상황
③ flange부 등의 외부 누출 여부
④ 기초부 및 기초 고정부 상태(기초볼트의 체결 정도 등)
  * 부식의 형태 및 정도는 일상점검(외관)으로 파악하기 어려움

93 다음 중 분진폭발을 일으킬 위험이 가장 높은 물질은?

① 염소   ② 마그네슘
③ 산화칼슘   ④ 에틸렌

해설 **폭발위험 분진의 종류**
(1) 폭연성 분진 : 공기 중의 산소가 적은 분위기 중에서나 이산화탄소 중에서도 폭발을 하는 금속성 분진
  • 마그네슘, 알루미늄, 알루미늄 브론즈 등 금속성 분진
(2) 가연성 분진 : 공기 중 산소와 발열반응을 일으키고 폭발하는 분진
  ① 전도성 : 소맥분, 전분 등과 같은 곡물 분진, 합성수지류, 화학약품 등
  ② 비전도성 : 카본블랙, 코크스, 아연, 철, 석탄 등

94 산업안전보건법령에서 인화성 액체를 정의할 때 기준이 되는 표준압력은 몇 kPa인가?

① 1   ② 100
③ 101.3   ④ 273.15

정답 91.① 92.④ 93.② 94.③

[해설] 인화성액체 〈산업안전보건법 시행규칙 [별표 18]〉
표준압력(101.3kPa)에서 인화점이 93℃ 이하인 액체

95 다음 중 C급 화재에 해당하는 것은?
① 금속화재 ② 전기화재
③ 일반화재 ④ 유류화재

[해설] 화재의 종류

종류	등급	가연물	표현색	소화방법
일반화재	A급	목재, 종이, 섬유 등	백색	냉각소화
유류 및 가스화재	B급	각종 유류 및 가스	황색	질식소화
전기화재	C급	전기기기, 기계, 전선 등	청색	질식소화
금속화재	D급	가연성금속 (Mg 분말, Al 분말 등)	무색	피복에 의한 질식

96 액화 프로판 310kg을 내용적 50L 용기에 충전할 때 필요한 소요 용기의 수는 몇 개인가? (단, 액화 프로판의 가스정수는 2.35이다.)
① 15 ② 17
③ 19 ④ 21

[해설] 가스용기의 수 : 1개 가스용기 액화가스의 충전용량

$G = \dfrac{V}{C} = \dfrac{50}{2.35} = 21.276 \, kg$

여기서, G : 액화가스의 충전용량(kg)
V : 용기 내용적(ℓ) – 1개 용기의 부피
C : 가스 정수

(* 50리터 가스용기에 액화프로판가스 21.276kg를 충전 가능 : 나머지는 폭발방지 위한 안전공간)

⇨ 가스용기의 수 $= \dfrac{\text{충전해야 할 가스용량}}{\text{1개 가스용기의 충전용량}}$
$= \dfrac{310kg}{21.276kg} = 14.57 ≒ 15$개

97 다음 중 가연성 가스의 연소 형태에 해당하는 것은?
① 분해연소 ② 증발연소
③ 표면연소 ④ 확산연소

[해설] 기체의 연소 형태
1) 확산연소 : 가연성 가스가 공기 중의 지연성 가스와 접촉하여 접촉면에서 연소가 일어나는 현상(기체의 일반적 연소 형태)
    ① 기체연료인 프로판 가스, LPG 등이 공기의 확산에 의하여 반응하는 연소
    ② 아세틸렌, LPG, LNG
2) 예혼합연소(豫混合燃燒) : 미리 공기와 혼합된 연료(혼합가스)가 연소 확산하는 연소 형태

98 다음 중 산업안전보건법령상 위험물질의 종류에 있어 인화성 가스에 해당하지 않는 것은?
① 수소 ② 부탄
③ 에틸렌 ④ 과산화수소

[해설] 인화성 가스 〈산업안전보건기준에 관한 규칙〉
가. 수소 나. 아세틸렌 다. 에틸렌 라. 메탄
마. 에탄 바. 프로판 사. 부탄

99 반응폭주 등 급격한 압력상승의 우려가 있는 경우에 설치하여야 하는 것은?
① 파열판
② 통기밸브
③ 체크밸브
④ Flame arrester

100 다음 중 응상폭발이 아닌 것은?
① 분해폭발
② 수증기폭발
③ 전선폭발
④ 고상 간의 전이에 의한 폭발

정답 95. ② 96. ① 97. ④ 98. ④ 99. ① 100. ①

해설 폭발의 종류
(가) 기상폭발 : 혼합가스(산화), 가스분해, 분진, 분무, 증기운 폭발
  * 기상폭발 피해예측 시 압력상승에 기인하는 경우에 검토를 요하는 사항
    ① 가연성 혼합기의 형성 상황
    ② 압력 상승 시의 취약부 파괴
    ③ 개구부가 있는 공간 내의 화염전파와 압력 상승
(나) 응상폭발(액상폭발) : 수증기, 증기폭발, 전선(도선)폭발, 고상 간의 전이에 의한 폭발(전이에 의한 발열), 혼합위험에 의한 폭발(산화성과 환원성 물질 혼합 시 폭발)
  * 액상폭발(산화성과 환원성 물질 혼합 시 폭발) 시 폭발에 영향을 주는 요인 :
    ① 온도 ② 압력 ③ 농도
  * 응상(凝相, condensed phase) : 고체 상태(고상) 및 액체 상태(액상)의 총칭

제6과목 건설안전기술

101 건설재해대책의 사면보호공법 중 식물을 생육시켜 그 뿌리로 사면의 표층토를 고정하여 빗물에 의한 침식, 동상, 이완 등을 방지하고, 녹화에 의한 경관조성을 목적으로 시공하는 것은?

① 식생공 ② 쉴드공
③ 뿜어 붙이기공 ④ 블록공

해설 **식생공** : 건설재해대책의 사면보호공법 중 식물을 생육시켜 그 뿌리로 사면의 표층토를 고정하여 빗물에 의한 침식, 동상, 이완 등을 방지하고, 녹화에 의한 경관조성을 목적으로 시공하는 것
※ 사면 보호 공법
  (가) 사면을 보호하기 위한 구조물에 의한 보호 공법
    ① 현장타설 콘크리트 격자공
    ② 블록공
    ③ (돌, 블록) 쌓기공
    ④ (돌, 블록, 콘크리트) 붙임공
    ⑤ 뿜칠공법
  (나) 사면을 식물로 피복함으로써 침식, 세굴 등을 방지 : 식생공

102 산업안전보건법령에 따른 양중기의 종류에 해당하지 않는 것은?

① 곤돌라 ② 리프트
③ 클램쉘 ④ 크레인

해설 **양중기의 종류** 〈산업안전보건기준에 관한 규칙〉
제132조(양중기) ① 양중기란 다음 각 호의 기계를 말한다.
1. 크레인[호이스트(hoist)를 포함한다]
2. 이동식 크레인
3. 리프트(이삿짐운반용 리프트의 경우에는 적재하중이 0.1톤 이상인 것으로 한정한다)
4. 곤돌라
5. 승강기

103 화물취급작업과 관련한 위험방지를 위해 조치하여야 할 사항으로 옳지 않은 것은?

① 하역작업을 하는 장소에서 작업장 및 통로의 위험한 부분에는 안전하게 작업할 수 있는 조명을 유지할 것
② 하역작업을 하는 장소에서 부두 또는 안벽의 선을 따라 통로를 설치하는 경우에는 폭을 50cm 이상으로 할 것
③ 차량 등에서 화물을 내리는 작업을 하는 경우에 해당 작업에 종사하는 근로자에게 쌓여 있는 화물 중간에서 화물을 빼내도록 하지 말 것
④ 꼬임이 끊어진 섬유로프 등을 화물운반용 또는 고정용으로 사용하지 말 것

해설 **하역작업장의 조치기준** 〈산업안전보건기준에 관한 규칙〉
제390조(하역작업장의 조치기준) 사업주는 부두·안벽 등 하역작업을 하는 장소에 다음 각 호의 조치를 하여야 한다.
1. 작업장 및 통로의 위험한 부분에는 안전하게 작업할 수 있는 조명을 유지할 것
2. 부두 또는 안벽의 선을 따라 통로를 설치하는 경우에는 폭을 90센티미터 이상으로 할 것
3. 육상에서의 통로 및 작업장소로서 다리 또는 선거(船渠) 갑문(閘門)을 넘는 보도(步道) 등의 위험한 부분에는 안전 난간 또는 울타리 등을 설치할 것

정답 101. ① 102. ③ 103. ②

104 표준관입시험에 관한 설명으로 옳지 않은 것은?

① N치(N-value)는 지반을 30cm 굴진하는데 필요한 타격횟수를 의미한다.
② N치 4~10일 경우 모래의 상대밀도는 매우 단단한 편이다.
③ 63.5kg 무게의 추를 76cm 높이에서 자유낙하하여 타격하는 시험이다.
④ 사질지반에 적용하며, 점토지반에서는 편차가 커서 신뢰성이 떨어진다.

해설 표준관입시험(SPT, standard penetration test)
보링공을 이용하여 로드 끝에 표준샘플러를 설치하고 무게 63.5kg의 해머를 76cm의 높이에서 자유낙하시킨 타격으로 30cm 관입시키는 데 필요로 하는 타격횟수 N을 측정하여 토층의 경연을 조사하는 원위치 시험임.
① N치(N-value)는 지반을 30cm 굴진하는 데 필요한 타격횟수를 의미한다.
② 63.5kg 무게의 추를 76cm 높이에서 자유낙하하여 타격하는 시험이다.
③ 50/3의 표기에서 50은 타격횟수, 3은 굴진수치를 의미한다.
④ 사질지반에 적용하며, 점토지반에서는 편차가 커서 신뢰성이 떨어진다.
 - 사질토 이외에 연약점성토층, 자갈층, 풍화암층을 대상으로 적용할 때 주의 필요
⑤ N치는 지반특성을 판별 또는 결정하거나 지반구조물을 설계하고 해석하는 데 활용된다.
 - N치가 클수록 토질이 밀실

사질토에서의 N값	모래의 상대밀도
0 ~ 4	몹시 느슨
4 ~ 10	느슨
10 ~ 30	보통
30 ~ 50	조밀
50 이상	대단히 조밀

105 근로자의 추락 등의 위험을 방지하기 위한 안전난간의 설치요건에서 상부난간대를 120cm 이상 지점에 설치하는 경우 중간난간대를 최소 몇 단 이상 균등하게 설치하여야 하는가?

① 2단　② 3단
③ 4단　④ 5단

해설 안전난간〈산업안전보건기준에 관한 규칙〉
제13조(안전난간의 구조 및 설치요건) 사업주는 근로자의 추락 등의 위험을 방지하기 위하여 안전난간을 설치하는 경우 다음 각 호의 기준에 맞는 구조로 설치하여야 한다.
2. 상부 난간대는 바닥면·발판 또는 경사로의 표면(이하 "바닥면 등"이라 한다)으로부터 90센티미터 이상 지점에 설치하고, 상부 난간대를 120센티미터 이하에 설치하는 경우에는 중간 난간대는 상부 난간대와 바닥면 등의 중간에 설치하여야 하며, 120센티미터 이상 지점에 설치하는 경우에는 중간 난간대를 2단 이상으로 균등하게 설치하고 난간의 상하 간격은 60센티미터 이하가 되도록 할 것

106 건설현장에 설치하는 사다리식 통로의 설치기준으로 옳지 않은 것은?

① 발판과 벽과의 사이는 15cm 이상의 간격을 유지할 것
② 발판의 간격은 일정하게 할 것
③ 사다리의 상단은 걸쳐놓은 지점으로부터 60cm 이상 올라가도록 할 것
④ 사다리식 통로의 길이가 10m 이상인 경우에는 3m 이내마다 계단참을 설치할 것

107 불도저를 이용한 작업 중 안전조치사항으로 옳지 않은 것은?

① 작업종료와 동시에 삽날을 지면에서 띄우고 주차 제동장치를 건다.
② 모든 조종간은 엔진 시동전에 중립 위치에 놓는다.
③ 장비의 승차 및 하차 시 뛰어내리거나 오르지 말고 안전하게 잡고 오르내린다.
④ 야간작업 시 자주 장비에서 내려와 장비 주위를 살피며 점검하여야 한다.

정답 104. ② 105. ① 106. ④ 107. ①

해설 차량계 건설기계 안전작업 지침 : 운전석 이탈 시 원동기를 정지시키고 브레이크를 작동시키는 등 이탈방지조치를 하여야 하며, 버킷, 리퍼등 작업장치를 지면에 내려 놓아야 한다.

108 건설공사의 산업안전보건관리비 계상 시 대상액이 구분되어 있지 않은 공사는 도급계약 또는 자체사업 계획 상의 총 공사금액 중 얼마를 대상액으로 하는가?

① 50% ② 60%
③ 70% ④ 80%

해설 산업안전보건관리비의 계상방법
(1) 공사내역이 구분되어 있는 경우
  산업안전보건관리비 = 대상액(재료비 + 직접노무비) × 요율
(2) 공사내역이 구분되어 있고, 대상액이 5억 원~50억 원 미만인 경우
  산업안전보건관리비 = 대상액(재료비 + 직접노무비) × 요율 + 기초액(C)
(3) 재료를 발주자가 제공(관급)하거나 완제품의 형태로 제작 또는 납품되어 설치되는 경우
  ① 산업안전보건관리비 = 대상액[재료비(관급자재비 및 사급자재비 포함) + 직접노무비] × 요율
  ② 산업안전보건관리비 = 대상액[재료비(사급자재비 포함) + 직접노무비] × 요율 × 1.2배
  ③ 계산 후 "①〉②"이나 "①〈②"이면 작은 금액으로 산정(1.2배를 초과할 수 없다.)
(4) 공사내역이 구분되어 있지 않은 경우
  ① 대상액 = 총공사금액 × 70%
  ② 산업안전보건관리비 = 대상액(총공사금액 × 70%) × 요율(+ 기초액(C))

109 도심지 폭파해체공법에 관한 설명으로 옳지 않은 것은?

① 장기간 발생하는 진동, 소음이 적다.
② 해체 속도가 빠르다.
③ 주위의 구조물에 끼치는 영향이 적다.
④ 많은 분진 발생으로 민원을 발생시킬 우려가 있다.

해설 도심지 폭파해체공법
① 장기간 발생하는 진동, 소음이 적다.(지속적 소음의 최소화)
② 해체 속도가 빠르다.(공사기간 단축, 공사비 절감)
③ 주위 구조물의 안전에 영향을 미칠수 있다.
④ 많은 분진 발생으로 민원을 발생시킬 우려가 있다.(대량의 분진 발생)

110 NATM 공법 터널공사의 경우 록 볼트 작업과 관련된 계측결과에 해당하지 않은 것은?

① 내공변위 측정 결과
② 천단침하 측정 결과
③ 인발시험 결과
④ 진동 측정 결과

해설 록 볼트 작업과 관련된 계측 : 내공변위 측정, 천단침하 측정, 인발시험, 지중변위 측정 등의 결과로부터 추가 시공 등의 조치를 함

111 거푸집동바리 등을 조립하는 경우에 준수하여야 할 사항으로 옳지 않은 것은?

① 깔목의 사용, 콘크리트 타설, 말뚝박기 등 동바리의 침하를 방지하기 위한 조치를 할 것
② 개구부 상부에 동바리를 설치하는 경우에는 상부하중을 견딜 수 있는 견고한 받침대를 설치할 것
③ 거푸집이 곡면인 경우에는 버팀대의 부착 등 그 거푸집의 부상(浮上)을 방지하기 위한 조치를 할 것
④ 동바리의 이음은 맞댄이음이나 장부이음을 피할 것

해설 거푸집동바리 등의 안전조치 〈산업안전보건기준에 관한 규칙〉
제332조(거푸집동바리 등의 안전조치) 사업주는 거푸집동바리 등을 조립하는 경우에는 다음 각 호의 사항을 준수하여야 한다.
1. 깔목의 사용, 콘크리트 타설, 말뚝박기 등 동바리의 침하를 방지하기 위한 조치를 할 것

정답 108.③ 109.③ 110.④ 111.④

2. 개구부 상부에 동바리를 설치하는 경우에는 상부 하중을 견딜 수 있는 견고한 받침대를 설치할 것
3. 동바리의 상하 고정 및 미끄러짐 방지 조치를 하고, 하중의 지지상태를 유지할 것
4. 동바리의 이음은 맞댄 이음이나 장부 이음으로 하고 같은 품질의 재료를 사용할 것
5. 강재와 강재의 접속부 및 교차부는 볼트·클램프 등 전용철물을 사용하여 단단히 연결할 것
6. 거푸집이 곡면인 경우에는 버팀대의 부착 등 그 거푸집의 부상(浮上)을 방지하기 위한 조치를 할 것

112 비계의 높이가 2m 이상인 작업장소에 설치하는 작업발판의 설치기준으로 옳지 않은 것은? (단, 달비계, 달대비계 및 말비계는 제외)

① 작업발판의 폭은 40cm 이상으로 한다.
② 작업발판재료는 뒤집히거나 떨어지지 않도록 하나 이상의 지지물에 연결하거나 고정시킨다.
③ 발판재료 간의 틈은 3cm 이하로 한다.
④ 작업발판의 지지물은 하중에 의하여 파괴될 우려가 없는 것을 사용한다.

해설 비계 작업발판의 구조 〈산업안전보건기준에 관한 규칙〉
제56조(작업발판의 구조) 사업주는 비계(달비계, 달대비계 및 말비계는 제외한다)의 높이가 2미터 이상인 작업장소에 다음 각 호의 기준에 맞는 작업발판을 설치하여야 한다.
1. 발판재료는 작업할 때의 하중을 견딜 수 있도록 견고한 것으로 할 것
2. 작업발판의 폭은 40센티미터 이상으로 하고, 발판재료 간의 틈은 3센티미터 이하로 할 것. 다만, 외줄비계의 경우에는 고용노동부장관이 별도로 정하는 기준에 따른다.
3. 추락의 위험이 있는 장소에는 안전난간을 설치할 것
4. 작업발판의 지지물은 하중에 의하여 파괴될 우려가 없는 것을 사용할 것
5. 작업발판재료는 뒤집히거나 떨어지지 않도록 둘 이상의 지지물에 연결하거나 고정시킬 것
6. 작업발판을 작업에 따라 이동시킬 경우에는 위험 방지에 필요한 조치를 할 것

113 흙막이 지보공을 설치하였을 경우 정기적으로 점검하고 이상을 발견하면 즉시 보수하여야 하는 사항과 가장 거리가 먼 것은?

① 부재의 접속부·부착부 및 교차부의 상태
② 버팀대의 긴압(緊壓)의 정도
③ 부재의 손상·변형·부식·변위 및 탈락의 유무와 상태
④ 지표수의 흐름 상태

해설 흙막이 지보공 붕괴 등의 위험 방지 〈산업안전보건기준에 관한 규칙〉
제347조(붕괴 등의 위험 방지) ① 사업주는 흙막이 지보공을 설치하였을 때에는 정기적으로 다음 각 호의 사항을 점검하고 이상을 발견하면 즉시 보수하여야 한다.
1. 부재의 손상·변형·부식·변위 및 탈락의 유무와 상태
2. 버팀대의 긴압(緊壓)의 정도
3. 부재의 접속부·부착부 및 교차부의 상태
4. 침하의 정도

114 말비계를 조립하여 사용하는 경우 지주부재와 수평면의 기울기는 얼마 이하로 하여야 하는가?

① 65°
② 70°
③ 75°
④ 80°

115 지반 등의 굴착 시 위험을 방지하기 위한 연암 지반 굴착면의 기울기 기준으로 옳은 것은? 〈법령 개정으로 문제 수정〉

① 1 : 0.3
② 1 : 0.4
③ 1 : 1.0
④ 1 : 0.6

정답 112. ② 113. ④ 114. ③ 115. ③

[해설] 굴착면의 기울기 기준 〈산업안전보건기준에 관한 규칙〉

구분	지반의 종류	기울기
보통흙	습지	1 : 1~1 : 1.5
	건지	1 : 0.5~1 : 1
암반	풍화암	1 : 1.0
	연암	1 : 1.0
	경암	1 : 0.5

116 작업발판 및 통로의 끝이나 개구부로서 근로자가 추락할 위험이 있는 장소에서 난간 등의 설치가 매우 곤란하거나 작업의 필요상 임시로 난간 등을 해체하여야 하는 경우에 설치하여야 하는 것은?

① 구명구
② 수직보호망
③ 석면포
④ 추락방호망

117 흙막이 공법을 흙막이 지지방식에 의한 분류와 구조방식에 의한 분류로 나눌 때 다음 중 지지방식에 의한 분류에 해당하는 것은?

① 수평 버팀대식 흙막이 공법
② H-Pile 공법
③ 지하연속벽 공법
④ Top down method 공법

[해설] 흙막이 공법
(가) 흙막이 지지방식에 의한 분류
① 자립공법
② 버팀대식공법
③ 어스앵커공법
④ 타이로드공법
(* 개착식 굴착방법 : ① 버팀대식공법 ② 어스앵커공법 ③ 타이로드공법)
(나) 구조방식에 의한 분류
① H-Pile 공법
③ 널말뚝 공법
③ 지하연속벽 공법(벽식, 주열식)
④ 탑다운공법(Top down method)

118 철골용접부의 결함을 검사하는 방법으로 가장 거리가 먼 것은? 〈문제 오류로 문제 수정〉

① 알칼리 반응 시험
② 방사선 투과시험
③ 자기분말 탐상시험
④ 침투 탐상시험

[해설] 비파괴 검사법의 종류 구분
(1) 표면결함 검출을 위한 비파괴시험방법
① 외관검사
② 침투탐상검사(PT, Penetrant Testing)
시험체 표면에 개구해 있는 결함에 침투한 침투액을 흡출시켜 결함지시 모양을 식별
③ 자분탐상검사(MT, Magnetic Particle Testing)
표면 또는 표층에 결함이 있을 경우 누설자속을 이용하여 육안으로 결함을 검출하는 시험법
④ 와류탐상검사(ET, Eddy Current Test)
금속 등의 도체에 교류를 통한 코일을 접근시켰을 때 결함이 존재하면 코일에 유기되는 전압이나 전류가 변하는 것을 이용한 검사방법
(2) 내부결함 검출을 위한 비파괴시험방법
① 초음파탐상검사(UT, Ultrasonic Testing)
용접부의 내부결함 검출을 위하여 실시하는 검사로써 빠르고 경제적이어서 현장에서 주로 사용하는 초음파를 이용한 비파괴 검사법
② 방사선투과검사(RT, Radiograpic Testing)
가장 널리 사용되는 검사방법으로 방사선을 투과하여 재료 및 용접부의 내부결함 검사

119 유해위험방지 계획서를 제출하려고 할 때 그 첨부서류와 가장 거리가 먼 것은?

① 공사개요서
② 산업안전보건관리비 작성요령
③ 전체 공정표
④ 재해 발생 위험 시 연락 및 대피방법

[해설] 유해·위험방지계획서 첨부서류 〈산업안전보건법 시행규칙 [별표 10]〉
1. 공사개요 및 안전보건관리계획
가. 공사개요서
나. 공사현장의 주변 현황 및 주변과의 관계를 나타내는 도면(매설물 현황을 포함한다)

정답 116. ④ 117. ① 118. ① 119. ②

다. 건설물, 사용 기계설비 등의 배치를 나타내는 도면
라. 전체 공정표
마. 산업안전보건관리비 사용계획
바. 안전관리 조직표
사. 재해 발생 위험 시 연락 및 대피방법

120. 콘크리트 타설작업과 관련하여 준수하여야 할 사항으로 가장 거리가 먼 것은?

① 당일의 작업을 시작하기 전에 해당 작업에 관한 거푸집 동바리 등의 변형·변위 및 지반의 침하 유무 등을 점검하고 이상이 있으면 보수할 것
② 콘크리트를 타설하는 경우에는 편심이 발생하지 않도록 골고루 분산하여 타설할 것
③ 진동기의 사용은 많이 할수록 균일한 콘크리트를 얻을 수 있으므로 가급적 많이 사용할 것
④ 설계도서상의 콘크리트 양생기간을 준수하여 거푸집동바리 등을 해체할 것

해설 콘크리트의 타설작업 시 준수사항 〈산업안전보건기준에 관한 규칙〉
제334조(콘크리트의 타설작업) 사업주는 콘크리트 타설작업을 하는 경우에는 다음 각 호의 사항을 준수하여야 한다.
1. 당일의 작업을 시작하기 전에 해당 작업에 관한 거푸집동바리 등의 변형·변위 및 지반의 침하 유무 등을 점검하고 이상이 있으면 보수할 것
2. 작업 중에는 거푸집동바리 등의 변형·변위 및 침하 유무 등을 감시할 수 있는 감시자를 배치하여 이상이 있으면 작업을 중지하고 근로자를 대피시킬 것
3. 콘크리트 타설작업 시 거푸집 붕괴의 위험이 발생할 우려가 있으면 충분한 보강조치를 할 것
4. 설계도서상의 콘크리트 양생기간을 준수하여 거푸집동바리 등을 해체할 것
5. 콘크리트를 타설하는 경우에는 편심이 발생하지 않도록 골고루 분산하여 타설할 것
  ※ 진동기의 사용 : 진동시간이 과다하게 되면 재료분리를 일으킴.

정답 120. ③

산업안전기사

2021

- 2021년 제1회 기출문제
  (3월 7일 시행)
- 2021년 제2회 기출문제
  (5월 15일 시행)
- 2021년 제3회 기출문제
  (8월 14일 시행)

2021년 제1회 산업안전기사 기출문제

제1과목 안전관리론

01 참가자에게 일정한 역할을 주어 실제적으로 연기를 시켜봄으로써 자기의 역할을 보다 확실히 인식할 수 있도록 체험학습을 시키는 교육방법은?

① Symposium
② Brain Storming
③ Role Playing
④ Fish Bowl Playing

해설 역할연기법(Role playing) : 참가자에 일정한 역할을 주어 실제적으로 연기를 시켜봄으로써 자기의 역할을 보다 확실히 인식할 수 있도록 체험학습을 시키는 교육방법(절충능력이나 협조성을 높여 태도의 변용에도 도움)

02 일반적으로 시간의 변화에 따라 야간에 상승하는 생체 리듬은?

① 혈압
② 맥박수
③ 체중
④ 혈액의 수분

해설 생체 리듬과 피로현상
1) 혈액의 수분과 염분량 : 주간에 감소하고 야간에 증가
2) 체온, 혈압, 맥박수 : 주간에 상승하고 야간에 저하
3) 야간에는 소화분비액 불량, 체중이 감소
4) 야간에는 말초운동 기능이 저하, 피로의 자각증상이 증가

03 하인리히의 재해구성비율 "1 : 29 : 300"에서 "29"에 해당하는 사고발생비율은?

① 8.8%
② 9.8%
③ 10.8%
④ 11.8%

해설 하인리히의 재해구성비율 1 : 29 : 300
[중상해 : 경상해 : 무상해사고]
총 사고발생건수 : 1 + 29 + 300 = 330건

무상해 사고	(300/330)×100=90.9%
경상해	(29/330)×100=8.8%
중상해(중상 또는 사망)	(1/330)×100=0.3%

04 무재해 운동의 3원칙에 해당하지 않는 것은?

① 무의 원칙
② 참가의 원칙
③ 선취의 원칙
④ 대책선정의 원칙

해설 무재해 운동의(이념) 3대원칙
① 무(zero)의 원칙 : 재해는 물론 일체의 잠재요인을 적극적으로 사전에 발견하고 파악, 해결함으로써 산업재해의 근 원적인 요소들을 제거(뿌리에서부터 산업재해를 제거)
② 선취(안전제일, 선취해결)의 원칙 : 잠재위험요인을 사전에 미리 발견하고 파악, 해결하여 재해를 예방(위험요인을 행동하기 전에 예지하여 해결)
③ 참가의 원칙 : 근로자 전원이 참가하여 문제해결 등을 실천

05 안전보건관리조직의 형태 중 라인-스태프(Line-Staff)형에 관한 설명으로 틀린 것은?

① 조직원 전원을 자율적으로 안전활동에 참여시킬 수 있다.
② 라인의 관리, 감독자에게도 안전에 관한 책임과 권한이 부여된다.
③ 중규모 사업장(100명 이상~500명 미만)에 적합하다.
④ 안전 활동과 생산업무가 유리될 우려가 없기 때문에 균형을 유지할 수 있어 이상적인 조직형태이다.

정답 01. ③ 02. ④ 03. ① 04. ④ 05. ③

해설 안전관리 조직
(가) 라인(Line, 직계식)형 : 안전보건관리의 계획에서부터 실시에 이르기까지 생산 라인을 통하여 이루어지도록 편성된 조직(※ 근로자 100인 미만 사업장에 적합)
(나) 스태프(Staff, 참모식)형 : 안전보건 업무를 관장하는 스태프를 별도로 구성·주관(※ 근로자 100인 이상 ~ 1,000인 미만 사업장에 적합)
(다) 라인-스태프(Line-staff) 혼합형 : 라인이 안전보건 업무를 주관·수행하고, 전문 스태프를 별도로 구성하여 안전보건 대책 수립 및 라인의 안전보건업무 지도·지원(우리나라 산업안전보건법에 의해 권장)
(※ 근로자 1,000인 이상 사업장에 적합)
① 라인형과 스태프형의 장점을 취한 절충식 조직 형태이며 대규모(1,000명 이상) 사업장에 적용
② 라인의 관리, 감독자에게도 안전에 관한 책임과 권한이 부여
③ 단점 : 명령계통과 조언 권고적 참여가 혼동되기 쉬움

06 브레인스토밍 기법에 관한 설명으로 옳은 것은?

① 타인의 의견을 수정하지 않는다.
② 지정된 표현방식에서 벗어나 자유롭게 의견을 제시한다.
③ 참여자에게는 동일한 횟수의 의견제시 기회가 부여된다.
④ 주제와 내용이 다르거나 잘못된 의견은 지적하여 조정한다.

해설 브레인스토밍(brain-storming)으로 아이디어 개발
(1) 브레인스토밍(brain-storming) : 다수의 팀원이 마음놓고 편안한 분위기 속에서 공상과 연상의 연쇄반응을 일으키면서 자유분망하게 아이디어를 대량으로 발언하여 나가는 방법(토의식 아이디어 개발 기법)
  - 6~12명의 구성원으로 타인의 비판 없이 자유로운 토론을 통하여 다량의 독창적인 아이디어를 이끌어내고, 대안적 해결안을 찾기 위한 집단적 사고기법

(2) 브레인 스토밍 4원칙
① 비판금지 : 타인의 의견에 대하여 장, 단점을 비판하지 않음
② 자유분방 : 지정된 표현방식을 벗어나 자유롭게 의견을 제시
③ 대량발언 : 사소한 아이디어라도 가능한 한 많이 제시하도록 함.
④ 수정발언 : 타인의 의견에 대하여는 수정하여 발표할 수 있음

07 산업안전보건법령상 안전인증대상기계 등에 포함되는 기계, 설비, 방호장치에 해당하지 않는 것은?

① 롤러기
② 크레인
③ 동력식 수동대패용 칼날 접촉 방지장치
④ 방폭구조(防爆構造) 전기기계·기구 및 부품

08 안전교육 중 같은 것을 반복하여 개인의 시행착오에 의해서만 점차 그 사람에게 형성되는 것은?

① 안전기술의 교육
② 안전지식의 교육
③ 안전기능의 교육
④ 안전태도의 교육

해설 안전보건교육의 3단계 : 지식 - 기능 - 태도교육
(1) 지식교육(제1단계) : 강의, 시청각교육을 통한 지식의 전달과 이해
(2) 기능교육(제2단계) : 시범, 견학, 실습, 현장실습교육을 통한 경험 체득과 이해
① 교육대상자가 그것을 스스로 행함으로써 얻어짐.
② 개인의 반복적 시행착오에 의해서만 얻어짐.
(3) 태도교육(제3단계) : 작업동작지도, 생활지도 등을 통한 안전의 습관화(올바른 행동의 습관화 및 가치관을 형성)

정답 06. ② 07. ③ 08. ③

09 상황성 누발자의 재해 유발 원인과 가장 거리가 먼 것은?

① 작업이 어렵기 때문이다.
② 심신에 근심이 있기 때문이다.
③ 기계설비의 결함이 있기 때문이다.
④ 도덕성이 결여되어 있기 때문이다.

[해설] **재해누발자의 유형**
(가) 상황성 누발자 – 주변 상황
  ① 작업이 어렵기 때문에
  ② 기계·설비의 결함이 있기 때문에
  ③ 심신에 근심이 있기 때문에
  ④ 환경상 주의력의 집중 혼란
(나) 습관성 누발자 – 재해의 경험, 슬럼프(slump) 상태
(다) 소질성 누발자 – 개인의 능력
(라) 미숙성 누발자 – 기능 미숙, 환경에 익숙지 못함

10 작업자 적성의 요인이 아닌 것은?

① 지능   ② 인간성
③ 흥미   ④ 연령

[해설] **적성의 요인(적성의 기본요소)**
① 지능
② 직업 적성(기계적 적성과 사무적 적성)
③ 흥미
④ 인간성(성격)

11 재해로 인한 직접비용으로 8000만 원의 산재보상비가 지급되었을 때, 하인리히 방식에 따른 총 손실비용은?

① 16000만 원   ② 24000만 원
③ 32000만 원   ④ 40000만 원

[해설] **하인리히 방식에 의한 재해코스트 산정법**
1) 총재해 코스트 : 직접비 + 간접비
  [직접비(산재보상금)의 5배(= 직접비용×5)]
2) 직접비 : 간접비 = 1 : 4
  ⇨ 총손실비용 = 직접비용 × 5 = 8000만 원 × 5
       = 40000만 원

12 재해조사의 목적과 가장 거리가 먼 것은?

① 재해예방 자료수집
② 재해관련 책임자 문책
③ 동종 및 유사재해 재발방지
④ 재해발생 원인 및 결함 규명

[해설] **재해조사의 목적** : 재해 발생의 원인 규명으로 동종 및 유사재해 예방(재발 방지)
① 재해 발생 원인 및 결함 규명
② 재해 예방 자료수집
③ 동종 및 유사재해 재발 방지

13 교육훈련기법 중 Off.J.T(Off the Job Training)의 장점이 아닌 것은?

① 업무의 계속성이 유지된다.
② 외부의 전문가를 강사로 활용할 수 있다.
③ 특별교재, 시설을 유효하게 사용할 수 있다.
④ 다수의 대상자에게 조직적 훈련이 가능하다.

[해설] **OJT 교육과 Off JT 교육의 특징**

OJT 교육의 특징	Off JT 교육의 특징
㉮ 개개인에게 적절한 지도훈련이 가능하다.	㉮ 다수의 근로자에게 조직적 훈련이 가능하다.
㉯ 직장의 실정에 맞는 실제적 훈련이 가능하다.	㉯ 훈련에만 전념할 수 있다.
㉰ 즉시 업무에 연결될 수 있다.	㉰ 외부 전문가를 강사로 초빙하는 것이 가능하다.
㉱ 훈련에 필요한 업무의 지속성이 유지된다.	㉱ 특별교재, 교구, 시설을 유효하게 활용할 수 있다.
㉲ 효과가 곧 업무에 나타나며 결과에 따른 개선이 쉽다.	㉲ 타 직장의 근로자와 지식이나 경험을 교류할 수 있다.
㉳ 훈련 효과에 의해 상호 신뢰 이해도가 높아진다.(상사와 부하 간의 의사소통과 신뢰감이 깊게 된다.)	㉳ 교육 훈련 목표에 대하여 집단적 노력이 흐트러질 수도 있다.

정답 09.④ 10.④ 11.④ 12.② 13.①

14 산업안전보건법령상 중대재해의 범위에 해당하지 않는 것은?

① 1명의 사망자가 발생한 재해
② 1개월의 요양을 요하는 부상자가 동시에 5명 발생한 재해
③ 3개월의 요양을 요하는 부상자가 동시에 3명 발생한 재해
④ 10명의 직업성 질병자가 동시에 발생한 재해

해설 중대재해 : 산업재해 중 사망 등 재해 정도가 심하거나 다수의 재해자가 발생한 경우로서 다음 각 호의 어느 하나에 해당하는 재해를 말한다.
(1) 사망자가 1명 이상 발생한 재해
(2) 3개월 이상의 요양이 필요한 부상자가 동시에 2명 이상 발생한 재해
(3) 부상자 또는 직업성 질병자가 동시에 10명 이상 발생한 재해

15 Thorndike의 시행착오설에 의한 학습의 원칙이 아닌 것은?

① 연습의 원칙　② 효과의 원칙
③ 동일성의 원칙　④ 준비성의 원칙

16 산업안전보건법령상 보안경 착용을 포함하는 안전보건표지의 종류는?

① 지시표지　② 안내표지
③ 금지표지　④ 경고표지

해설 안전보건표지 종류
(1) 지시표지 : 1. 보안경 착용 2. 방독마스크 착용 3. 방진마스크 착용 4. 보안면 착용 5. 안전모 착용 6. 귀마개 착용 7. 안전화 착용 8. 안전장갑 착용 9. 안전복착용

17 보호구에 관한 설명으로 옳은 것은?

① 유해물질이 발생하는 산소결핍지역에서는 필히 방독마스크를 착용하여야 한다.
② 차광용보안경의 사용구분에 따른 종류에는 자외선용, 적외선용, 복합용, 용접용이 있다.
③ 선반작업과 같이 손에 재해가 많이 발생하는 작업장에서는 장갑 착용을 의무화한다.
④ 귀마개는 처음에는 저음만을 차단하는 제품부터 사용하며, 일정 기간이 지난 후 고음까지 모두 차단할 수 있는 제품을 사용한다.

18 산업안전보건법령상 사업 내 안전보건교육의 교육시간에 관한 설명으로 옳은 것은?

① 일용근로자의 작업내용 변경 시의 교육은 2시간 이상이다.
② 사무직에 종사하는 근로자의 정기교육은 매분기 3시간 이상이다.
③ 일용근로자를 제외한 근로자의 채용 시 교육은 4시간 이상이다.
④ 관리감독자의 지위에 있는 사람의 정기교육은 연간 8시간 이상이다.

해설 사업 내 안전·보건교육

교육과정	교육대상		교육시간
가. 정기 교육	사무직 종사 근로자		매분기 3시간 이상
	사무직 종사 근로자 외의 근로자	판매 업무에 직접 종사하는 근로자	매분기 3시간 이상
		판매 업무에 직접 종사하는 근로자 외의 근로자	매분기 6시간 이상
	관리감독자의 지위에 있는 사람		연간 16시간 이상
나. 채용 시의 교육	일용근로자		1시간 이상
	일용근로자를 제외한 근로자		8시간 이상
다. 작업 내용 변경 시의 교육	일용근로자		1시간 이상
	일용근로자를 제외한 근로자		2시간 이상

정답　14. ②　15. ③　16. ①　17. ②　18. ②

19 집단에서의 인간관계 메커니즘(Mechanism)과 가장 거리가 먼 것은?

① 분열, 강박
② 모방, 암시
③ 동일화, 일체화
④ 커뮤니케이션, 공감

20 재해의 빈도와 상해의 강약도를 혼합하여 집계하는 지표로 옳은 것은?

① 강도율
② 종합재해지수
③ 안전활동률
④ Safe-T-Score

해설 종합재해지수(Frequency Severity Indicator : F.S.I)
① 재해의 빈도와 강도(상해의 강약도)를 혼합하여 집계하는 지표(도수율과 강도율을 동시에 비교)
② 종합재해지수(F.S.I) = $\sqrt{도수율 \times 강도율}$

제2과목 인간공학 및 시스템안전공학

21 인체 측정 자료를 장비, 설비 등의 설계에 적용하기 위한 응용원칙에 해당하지 않는 것은?

① 조절식 설계
② 극단치를 이용한 설계
③ 구조적 치수 기준의 설계
④ 평균치를 기준으로 한 설계

해설 인체 계측 자료의 응용원칙
(1) 최대치수와 최소치수(극단적) : 최대치수(거의 모든 사람이 수용할 수 있는 경우 : 문, 통로, 그네의 지지하중, 위험 구역 울타리 등)와 최소치수(선반의 높이, 조정 장치까지의 거리, 조작에 필요한 힘)를 기준으로 설계
(2) 조절 범위(가변적, 조절식) : 체격이 다른 여러 사람들에게 맞도록 조절하게 만든 것(의자의 상하 조절, 자동차 좌석의 전후 조절)
  ① 조절 범위 5~95%tile(Percentile 퍼센타일)
(3) 평균치를 기준으로 한 설계 : 최대치수와 최소치수, 조절식으로 하기 어려울 때 평균치를 기준으로 하여 설계

① 은행 창구나 슈퍼마켓의 계산대에 적용하기 적합한 인체 측정 자료의 응용원칙

22 컷셋(Cut Sets)과 최소 패스셋(Minimal Path Sets)의 정의로 옳은 것은?

① 컷셋은 시스템 고장을 유발시키는 필요 최소한의 고장들의 집합이며, 최소 패스셋은 시스템의 신뢰성을 표시한다.
② 컷셋은 시스템 고장을 유발시키는 기본 고장들의 집합이며, 최소 패스셋은 시스템의 불신뢰도를 표시한다.
③ 컷셋은 그 속에 포함되어 있는 모든 기본 사상이 일어났을 때 정상사상을 일으키는 기본사상의 집합이며, 최소 패스셋은 시스템의 신뢰성을 표시한다.
④ 컷셋은 그 속에 포함되어 있는 모든 기본 사상이 일어났을 때 정상사상을 일으키는 기본사상의 집합이며, 최소 패스셋은 시스템의 성공을 유발하는 기본 사상의 집합이다.

해설 컷셋과 패스셋
(1) 컷셋(cut set) : 특정 조합의 모든 기본사상들이 동시에 결함을 발생하였을 때 정상사상(결함사상)을 일으키는 기본 사상의 집합(정상사상이 일어나기 위한 기본사상의 집합)
(2) 최소 컷셋(Minimal cut set) : 컷셋 가운데 그 부분집합만으로 정상사상(결함 발생)을 일으키기 위한 최소의 컷셋(정상 사상이 일어나기 위한 기본사상의 필요 최소의 것)
(3) 패스셋(path set) : 시스템이 고장나지 않도록 하는 사상의 조합
  – 최초로 정상사상이 일어나지 않는 기본사상의 집합(일정 조합 안에 포함되어 있는 기본사상들이 모두 발생하지 않으면 틀림없이 정상사상(top event)이 발생되지 않는 조합)
(4) 최소 패스셋(minimal path set) : 어떤 고장이나 실수를 일으키지 않으면 재해가 발생하지 않는 것으로 시스템의 신뢰성을 표시하는 것
  – 시스템이 기능을 살리는 데 필요한 최소 요인의 집합

정답 19. ① 20. ② 21. ③ 22. ③

23 작업공간의 배치에 있어 구성요소 배치의 원칙에 해당하지 않는 것은?

① 기능성의 원칙
② 사용빈도의 원칙
③ 사용순서의 원칙
④ 사용방법의 원칙

해설 부품(공간)배치의 원칙
(가) 중요성(기능성)의 원칙 : 부품의 작동성능이 목표 달성에 긴요한 정도에 따라 우선순위를 결정
(나) 사용빈도의 원칙 : 부품이 사용되는 빈도에 따라 우선순위를 결정
(다) 기능별 배치의 원칙 : 기능적으로 관련된 부품을 모아서 배치
(라) 사용순서의 배치 : 사용순서에 맞게 배치

24 시스템의 수명 및 신뢰성에 관한 설명으로 틀린 것은?

① 병렬설계 및 디레이팅 기술로 시스템의 신뢰성을 증가시킬 수 있다.
② 직렬시스템에서는 부품들 중 최소 수명을 갖는 부품에 의해 시스템 수명이 정해진다.
③ 수리가 가능한 시스템의 평균 수명(MTBF)은 평균 고장률(λ)과 정비례 관계가 성립한다.
④ 수리가 불가능한 구성요소로 병렬구조를 갖는 설비는 중복도가 늘어날수록 시스템 수명이 길어진다.

25 자동차를 생산하는 공장의 어떤 근로자가 95dB(A)의 소음수준에서 하루 8시간 작업하며, 매 시간 조용한 휴게실에서 20분씩 휴식을 취한다고 가정하였을 때 8시간 시간가중평균(TWA)은? (단, 소음은 누적소음 노출량 측정기로 측정하였으며, OSHA에서 정한 95dB(A)의 허용시간은 4시간이라 가정한다.)

① 약 91dB(A)   ② 약 92dB(A)
③ 약 93dB(A)   ④ 약 94dB(A)

해설 시간가중평균(TWA) : 누적소음 노출지수를 8시간 동안의 평균 소음수준값으로 변환
① (누적)소음 노출지수
$$D(\%) = \left(\frac{C_1}{T_1} + \frac{C_2}{T_2} + \cdots + \frac{C_n}{T_n}\right) \times 100$$
[C : 노출된 총시간, T : 허용 노출 기준시간]
⇒ 누적소음 노출지수
$$D(\%) = \left(\frac{5.333}{4}\right) \times 100 = 133\%$$
[$C = \frac{(40분 \times 8)}{60분} = 5.333$, $T = 4$]
② $TWA = 16.61\log(\frac{D}{100}) + 90\,dB(A)$
$= 16.61\log(\frac{133}{100}) + 90 = 92\,dB(A)$

26 화학설비에 대한 안정성 평가 중 정성적 평가방법의 주요 진단 항목으로 볼 수 없는 것은?

① 건조물
② 취급물질
③ 입지 조건
④ 공장 내 배치

해설 안전성 평가의 6단계
(가) 제1단계 : 관계 자료의 작성준비
(나) 제2단계 : 정성적 평가
 1) 설계 관계
  ① 공장 내 배치
  ② 공자의 입지 조건
  ③ 건조물
  ④ 소방설비
 2) 운전 관계
  ① 원재료, 중간제품 등
  ② 수송, 저장 등
  ③ 공정기기
  ④ 공정(공정 작업을 위한 작업규정 유무 등)
(다) 제3단계 : 정량적 평가
(라) 제4단계 : 안전 대책
(마) 제5단계 : 재해 정보에 의한 재평가
(바) 제6단계 : FTA에 의한 재평가

정답   23. ④ 24. ③ 25. ② 26. ②

27 작업면상의 필요한 장소만 높은 조도를 취하는 조명은?

① 완화조명 ② 전반조명
③ 투명조명 ④ 국소조명

해설 **국소조명** : 작업면상의 필요한 장소만 높은 조도를 취하는 조명 방법
* 전반조명 : 실내 전체를 일률적으로 밝히는 조명 방법으로 실내 전체가 밝아지므로 기분이 명랑해지고 눈의 피로가 적어져서 사고나 재해가 적어지는 조명 방식

28 동작경제의 원칙에 해당하지 않는 것은?

① 공구의 기능을 각각 분리하여 사용하도록 한다.
② 두 팔의 동작은 동시에 서로 반대 방향으로 대칭적으로 움직이도록 한다.
③ 공구나 재료는 작업동작이 원활하게 수행되도록 그 위치를 정해준다.
④ 가능하다면 쉽고도 자연스러운 리듬이 작업동작에 생기도록 작업을 배치한다.

29 인간이 기계보다 우수한 기능이라 할 수 있는 것은? (단, 인공지능은 제외한다.)

① 일반화 및 귀납적 추리
② 신뢰성 있는 반복 작업
③ 신속하고 일관성 있는 반응
④ 대량의 암호화된 정보의 신속한 보관

해설 인간과 기계의 기능 비교

인간이 우수한 기능	기계가 우수한 기능
• 낮은 수준의 시각, 청각, 촉각, 후각, 미각적인 자극을 감지	• 인간 감지 범위 밖의 자극 감지
• 상황에 따라 변화하는 복잡 다양한 자극의 형태 식별	• 인간 및 기계에 대한 모니터 감지
• 다양한 경험을 통한 의사 결정	• 드물게 발생하는 사상 감지
• 주위가 이상하거나 예기치 못한 사건을 감지하여 대처하는 업무를 수행	
• 배경 잡음이 심한 경우에도 신호를 인지	
• 많은 양의 정보를 장기간 보관	• 암호화된 정보를 신속하게 대량 보관
• 관찰을 통한 일반화하여 귀납적 추리	• 관찰을 통해서 특수화하고 연역적으로 추리
• 과부하 상황에서는 중요한 일에만 전념	• 과부하 시에도 효율적으로 작동
• 원칙을 적용하여 다양한 문제를 해결하는 능력	• 명시된 절차에 따라 신속하고, 정량적 정보처리
• 임기응변, 융통성, 원칙 적용, 주관적 추산, 독창력 발휘 등의 기능	• 장시간 중량 작업, 반복 작업, 동시 작업 수행 기능
• 주관적인 추산과 평가 작업을 수행	• 장시간 일관성이 있는 작업을 수행
• 어떤 운용방법이 실패할 경우 완전히 새로운 해결책(방법) 찾을 수 있음	• 소음, 이상온도 등의 환경에서 수행

30 시각적 표시장치보다 청각적 표시장치를 사용하는 것이 더 유리한 경우는?

① 정보의 내용이 복잡하고 긴 경우
② 정보가 공간적인 위치를 다룬 경우
③ 직무상 수신자가 한 곳에 머무르는 경우
④ 수신 장소가 너무 밝거나 암순응이 요구될 경우

31 다음 시스템의 신뢰도 값은?

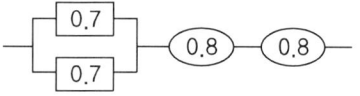

① 0.5824 ② 0.6682
③ 0.7855 ④ 0.8642

해설 시스템의 신뢰도
= {1 − (1 − 0.7)(1 − 0.7)} × 0.8 × 0.8
= 0.5824

정답 27.④ 28.① 29.① 30.④ 31.①

32 다음 현상을 설명한 이론은?

> 인간이 감지할 수 있는 외부의 물리적 자극 변화의 최소범위는 표준자극의 크기에 비례한다.

① 피츠(Fitts) 법칙
② 웨버(Weber) 법칙
③ 신호검출이론(SDT)
④ 힉-하이만(Hick-Hyman) 법칙

[해설] **웨버(Weber)의 법칙(Weber비)** : 인간이 감지할 수 있는 외부의 물리적 자극 변화의 최소범위는 기준이 되는 자극(표준 자극)의 크기에 비례하는 현상을 설명한 이론
– 물리적 자극을 상대적으로 판단하는 데 있어 특정감각의 변화감지역은 사용되는 기준자극(표준자극) 크기에 비례

Weber비 $= \frac{\triangle I}{I}$

($\triangle I$: 변화감지역, I : 기준자극크기)

33 그림과 같은 FT도에서 정상사상 T의 발생 확률은? (단, X_1, X_2, X_3의 발생 확률은 각각 0.1, 0.15, 0.10이다.)

① 0.3115
② 0.35
③ 0.496
④ 0.9985

[해설] **정상사상 T의 발생 확률**
(※ OR 게이트 : 입력 X_1, X_2, X_3의 어느 한쪽이 일어나면 출력 T가 생기는 경우를 논리합의 관계)
T = 1 – (1 – X_1)(1 – X_2)(1 – X_3)
 = 1 – (1 – 0.1)(1 – 0.15)(1 – 0.1)
 = 0.3115

34 산업안전보건법령상 해당 사업주가 유해위험방지계획서를 작성하여 제출해야 하는 대상은?

① 시·도지사
② 관할 구청장
③ 고용노동부장관
④ 행정안전부장관

[해설] **유해위험방지계획서의 작성·제출 대상** 〈산업안전보건법〉
제42조(유해위험방지계획서의 작성·제출 등)
① 사업주는 이 법 또는 이 법에 따른 명령에서 정하는 유해·위험 방지에 관한 사항을 적은 계획서(유해위험방지계획서)를 작성하여 고용노동부령으로 정하는 바에 따라 고용노동부장관에게 제출하고 심사를 받아야 한다.

35 인간의 위치 동작에 있어 눈으로 보지 않고 손을 수평면상에서 움직이는 경우 짧은 거리는 지나치고, 긴 거리는 못 미치는 경향이 있는데 이를 무엇이라고 하는가?

① 사정효과(range effect)
② 반응효과(reaction effect)
③ 간격효과(distance effect)
④ 손동작효과(hand action effect)

[해설] **사정효과(Range effect)**
① 눈으로 보지 않고 손을 수평면상에서 움직이는 경우 짧은 거리는 지나치고 긴 거리는 못 미치는 경향이 있는데 이를 사정효과라 함
② 조작자는 작은 오차에는 과잉 반응을 큰 오차에는 과소 반응하는 경향이 있음

36 정신작업 부하를 측정하는 척도를 크게 4가지로 분류할 때 심박수의 변동, 뇌 전위, 동공 반응 등 정보처리에 중추신경계 활동이 관여하고 그 활동이나 징후를 측정하는 것은?

① 주관적(subjective) 척도
② 생리적(physiological) 척도
③ 주 임무(primary task) 척도
④ 부 임무(secondary task) 척도

[해설] **생리적(physiological) 척도**
정신작업 부하를 측정하는 척도를 크게 4가지로 분류할 때 심박수의 변동, 뇌 전위, 동공 반응 등 정보처리에 중추신경계 활동이 관여하고 그 활동이나 징후를 측정하는 것

정답 32.② 33.① 34.③ 35.① 36.②

37 서브시스템, 구성요소, 기능 등의 잠재적 고장 형태에 따른 시스템의 위험을 파악하는 위험 분석 기법으로 옳은 것은?

① ETA(Event Tree Analysis)
② HEA(Human Error Analysis)
③ PHA(Preliminary Hazard Analysis)
④ FMEA(Failure Mode and Effect Analysis)

해설 FMEA(Failure Mode and Effect Analysis, 고장형태와 영향분석) : 시스템에 영향을 미치는 모든 요소의 고장을 형태별로 분석하고 영향을 검토하는 것. 전형적인 정성적, 귀납적 분석방법
- 서브시스템, 구성요소, 기능 등의 잠재적 고장 형태에 따른 시스템의 위험을 파악하는 위험 분석 기법

38 불필요한 작업을 수행함으로써 발생하는 오류로 옳은 것은?

① Command error
② Extraneous error
③ Secondary error
④ Commission error

해설 휴먼 에러에 관한 분류 : 심리적 행위에 의한 분류(Swain의 독립행동에 관한 분류)
① omission error(생략 에러) : 필요한 작업 또는 절차를 수행하지 않는데 기인한 에러(부작위 오류)
② commission error(실행 에러) : 필요한 작업 또는 절차를 불확실하게 수행함으로써 기인한 에러(작위 오류)
③ extraneous error(과잉행동 에러) : 불필요한 작업 또는 절차를 수행함으로써 기인한 에러
④ sequential error(순서 에러) : 필요한 작업 또는 절차의 순서 착오로 인한 에러
⑤ time error(시간 에러) : 필요한 직무 또는 절차의 수행의 지연(혹은 빨리)으로 인한 에러

39 다음 중 불(Bool) 대수의 정리를 나타낸 관계식으로 틀린 것은?

① $A \cdot A = A$
② $A + \overline{A} = 0$
③ $A + AB = A$
④ $A + A = A$

해설 불(Bool) 대수의 기본지수

$A+0=A$	$A+A=A$	$\overline{\overline{A}}=A$
$A+1=1$	$A+\overline{A}=1$	$A+AB=A$
$A \cdot 0=0$	$A \cdot A=A$	$A+\overline{A}B=A+B$
$A \cdot 1=A$	$A \cdot \overline{A}=0$	$(A+B) \cdot (A+C)=A+BC$

40 Chapanis가 정의한 위험의 확률수준과 그에 따른 위험 발생률로 옳은 것은?

① 전혀 발생하지 않는(impossible) 발생빈도 : 10^{-8}/day
② 극히 발생할 것 같지 않는(extremely unlikely) 발생빈도 : 10^{-7}/day
③ 거의 발생하지 않은(remote) 발생빈도 : 10^{-6}/day
④ 가끔 발생하는(occasional) 발생빈도 : 10^{-5}/day

해설 Chapanis의 위험분석
① 발생이 불가능한 경우의 위험 발생률 : impossible > 10^{-8}/day
② 거의 가능성이 없는 위험 발생률 : extremely unlikely > 10^{-6}/day
③ 아주 적은 위험 발생률 : remote > 10^{-5}/day
④ 가끔, 때때로의 위험 발생률 : occasional > 10^{-4}/day
⑤ 꽤 가능성이 있는 위험 발생률 : reasonably probable > 10^{-3}/day

정답 37. ④ 38. ② 39. ② 40. ①

제3과목 기계위험방지기술

41 휴대형 연삭기 사용 시 안전사항에 대한 설명으로 가장 적절하지 않은 것은?

① 잘 안 맞는 장갑이나 옷은 착용하지 말 것
② 긴 머리는 묶고 모자를 착용하고 작업할 것
③ 연삭숫돌을 설치하거나 교체하기 전에 전선과 압축공기 호스를 설치할 것
④ 연삭작업 시 클램핑 장치를 사용하여 공작물을 확실히 고정할 것

해설 휴대형 연삭기 사용 시 안전사항
① 잘 안 맞는 장갑이나 옷은 착용하지 말 것
② 긴 머리는 묶고 모자를 착용하고 작업할 것
③ 연삭숫돌을 설치하거나 교체한 후에 전선과 압축공기 호스를 설치할 것
④ 연삭작업 시 클램핑 장치를 사용하여 공작물을 확실히 고정할 것

42 선반 작업에 대한 안전수칙으로 가장 적절하지 않은 것은?

① 선반의 바이트는 끝을 짧게 장치한다.
② 작업 중에는 면장갑을 착용하지 않도록 한다.
③ 작업이 끝난 후 절삭 칩의 제거는 반드시 브러시 등의 도구를 사용한다.
④ 작업 중 일감의 치수 측정 시 기계 운전 상태를 저속으로 하고 측정한다.

43 다음 중 금형을 설치 및 조정할 때 안전수칙으로 가장 적절하지 않은 것은?

① 금형을 체결할 때에는 적합한 공구를 사용한다.
② 금형의 설치 및 조정은 전원을 끄고 실시한다.
③ 금형을 부착하기 전에 하사점을 확인하고 설치한다.
④ 금형을 체결할 때에는 안전블록을 잠시 제거하고 실시한다.

해설 금형을 설치 및 조정할 때 안전수칙
① 금형을 체결할 때에는 적합한 공구를 사용한다.
② 금형의 설치 및 조정은 전원을 끄고 실시한다.
③ 금형을 부착하기 전에 하사점을 확인하고 설치한다.
④ 금형을 체결할 때에는 안전블록을 사용한다.

44 지게차의 방호장치에 해당하는 것은?

① 버킷   ② 포크
③ 마스트   ④ 헤드가드

해설 지게차의 안전장치 〈산업안전보건기준에 관한 규칙〉
제180조(헤드가드)
사업주는 다음 각 호에 따른 적합한 헤드가드(head guard)를 갖추지 아니한 지게차를 사용해서는 안 된다.
제179조(전조등 및 후미등)
사업주는 전조과 후미등을 갖추지 아니한 지게차를 사용해서는 아니 된다.
제181조(백레스트)
사업주는 백레스트(backrest)를 갖추지 아니한 지게차를 사용해서는 아니 된다. 다만, 마스트의 후방에서 화물이 낙하함으로써 근로자가 위험해질 우려가 없는 경우에는 그러하지 아니하다.

45 다음 중 절삭가공으로 틀린 것은?

① 선반   ② 밀링
③ 프레스   ④ 보링

해설 절삭(切削, cutting)가공
금속 등의 재료를 절삭 공구를 사용하여 소정의 치수로 깎거나 잘라 내는 가공(선반, 밀링, 보링 등)

정답 41.③ 42.④ 43.④ 44.④ 45.③

46 산업안전보건법령상 롤러기의 방호장치 설치 시 유의해야 할 사항으로 가장 적절하지 않은 것은?

① 손으로 조작하는 급정지장치의 조작부는 롤러기의 전면 및 후면에 각각 1개씩 수평으로 설치하여야 한다.
② 앞면 롤러의 표면속도가 30m/min 미만인 경우 급정지 거리는 앞면 롤러 원주의 1/2.5 이하로 한다.
③ 급정지장치의 조작부에 사용하는 줄은 사용 중 늘어져서는 안 된다.
④ 급정지장치의 조작부에 사용하는 줄은 충분한 인장강도를 가져야 한다.

해설 급정지장치의 제동거리

앞면 롤러의 표면속도(m/min)	급정지 거리
30 미만	앞면 롤러 원주의 1/3
30 이상	앞면 롤러 원주의 1/2.5

47 보일러 부하의 급변, 수위의 과상승 등에 의해 수분이 증기와 분리되지 않아 보일러 수면이 심하게 솟아올라 올바른 수위를 판단하지 못하는 현상은?

① 프라이밍
② 모세관
③ 워터해머
④ 역화

해설 발생증기의 이상 현상
① 프라이밍(priming) : 보일러 과부하로 수위가 급상승하거나 기계적 결함으로 보일러 수가 끓어 수면에 격심한 물방울이 비산하고 증기부가 물방울로 충만하여 수위가 불안전하게 되는 현상 (보일러 부하의 급변, 수위의 과상승 등에 의해 수분이 증기와 분리되지 않아 보일러 수면이 심하게 솟아올라 올 바른 수위를 판단하지 못하는 현상)

48 자동화 설비를 사용하고자 할 때 기능의 안전화를 위하여 검토할 사항으로 거리가 가장 먼 것은?

① 재료 및 가공 결함에 의한 오동작
② 사용압력 변동 시의 오동작
③ 전압강하 및 정전에 따른 오동작
④ 단락 또는 스위치 고장 시의 오동작

해설 기능적 안전화 : 기계설비가 이상이 있을 때 기계를 급정지시키거나 방호 장치가 작동되도록 하는 것과 전기회로를 개선하여 오동작을 방지하거나 별도의 완전한 회로에 의해 정상기능을 찾을 수 있도록 하는 것(사용압력 변동 시의 오동작, 전압강하 및 정전에 따른 오동작, 단락 또는 스위치 고장 시의 오동작 등을 검토하여 자동화설비를 사용)

49 산업안전보건법령상 금속의 용접, 용단에 사용하는 가스용기를 취급할 때 유의사항으로 틀린 것은?

① 밸브의 개폐는 서서히 할 것
② 운반하는 경우에는 캡을 벗길 것
③ 용기의 온도는 40℃ 이하로 유지할 것
④ 통풍이나 환기가 불충분한 장소에는 설치하지 말 것

해설 가스의 용기를 취급할 시 유의사항
제234조(가스 등의 용기) 사업주는 금속의 용접·용단 또는 가열에 사용되는 가스 등의 용기를 취급하는 경우에 다음 각 호의 사항을 준수하여야 한다.
1. 다음 각 목의 어느 하나에 해당하는 장소에서 사용하거나 해당 장소에 설치·저장 또는 방치하지 않도록 할 것
  가. 통풍이나 환기가 불충분한 장소
  나. 화기를 사용하는 장소 및 그 부근
  다. 위험물 또는 제236조에 따른 인화성 액체를 취급하는 장소 및 그 부근
2. 용기의 온도를 섭씨 40도 이하로 유지할 것
3. 전도의 위험이 없도록 할 것
4. 충격을 가하지 않도록 할 것
5. 운반하는 경우에는 캡을 씌울 것
6. 사용하는 경우에는 용기의 마개에 부착되어 있는 유류 및 먼지를 제거할 것

정답 46. ② 47. ① 48. ① 49. ②

7. 밸브의 개폐는 서서히 할 것
8. 사용 전 또는 사용 중인 용기와 그 밖의 용기를 명확히 구별하여 보관할 것
9. 용해아세틸렌의 용기는 세워 둘 것
10. 용기의 부식·마모 또는 변형상태를 점검한 후 사용할 것

50. 크레인 로프에 질량 2000kg의 물건을 $10m/s^2$의 가속도로 감아올릴 때, 로프에 걸리는 총 하중(kN)은? (단, 중력가속도는 $9.8m/s^2$)

① 9.6
② 19.6
③ 29.6
④ 39.6

해설 권상중의 하중
① 동하중(W_2) = 정하중/중력가속도 × 가속도
② 총하중(W) = 정하중(W_1) + 동하중(W_2)
③ 장력(N) = 총하중(kg) × 중력가속도(m/s^2)
 (* 중력가속도 : 중력의 작용으로 인해 생기는 가속도. 물체에 작용하는 중력을 그 물체의 질량으로 나눈 값으로, 약 $9.8m/s^2$이다.)
⇨ 로프에 걸리는 총하중
① 동하중(W_2) = (정하중/중력가속도) × 가속도
 = (2,000/9.8) × 10
 = 2,040.81kg
  ← (중력가속도 : 약 $9.8m/s^2$)
② 총하중(W) = 정하중(W_1) + 동하중(W_2)
 = 2,000 + 2,040.81
 = 4,040.81kg
③ 장력(N) = 총하중(kg) × 중력가속도(m/s^2)
 = 4,040.81 × 9.8 = 39,599N
 = 39,599kN ≒ 39.6kN
  ← ($1kN/m^2 = 1,000N/m^2$)

51. 산업안전보건법령상 보일러에 설치해야 하는 안전장치로 거리가 가장 먼 것은?

① 해지장치
② 압력방출장치
③ 압력제한스위치
④ 고·저수위조절장치

해설 보일러 방호장치 : 압력방출장치, 압력제한스위치, 고저수위 조절장치, 화염 검출기 등

(1) 압력방출장치(안전밸브 및 압력릴리프 장치) : 보일러 내부의 압력이 최고사용 압력을 초과할 때 그 과잉의 압력을 외부로 자동적으로 배출시킴으로써 과도한 압력 상승을 저지하여 사고를 방지하는 장치
(2) 압력제한스위치 : 상용운전압력 이상으로 압력이 상승할 경우 보일러의 파열을 방지하기 위하여 버너의 연소를 차단하여 열원을 제거함으로써 정상압력으로 유도하는 장치
(3) 고저수위 조절장치 : 보일러의 수위가 안전을 확보할 수 있는 최저수위(안전수위)까지 내려가기 직전에 자동적으로 경보가 울리고 안전수위까지 내려가는 즉시 연소실 내에 공급하는 연료를 자동적으로 차단하는 장치

52. 프레스 작동 후 작업점까지의 도달시간이 0.3초인 경우 위험한계로부터 양수조작식 방호장치의 최단 설치거리는?

① 48cm 이상
② 58cm 이상
③ 68cm 이상
④ 78cm 이상

해설 양수조작식 안전장치의 안전거리
$D_m = 1,600 × T_m = 1,600 × 0.3 = 480mm = 48cm$
(* T_m : 양손으로 누름단추를 조작하고 슬라이드가 하사점에 도달하기까지의 소요 최대시간(초))

53. 산업안전보건법령상 고속회전체의 회전시험을 하는 경우 미리 회전축의 재질 및 형상 등에 상응하는 종류의 비파괴검사를 해서 결함 유무를 확인해야 한다. 이때 검사 대상이 되는 고속회전체의 기준은?

① 회전축의 중량이 0.5톤을 초과하고, 원주속도가 100m/s 이내인 것
② 회전축의 중량이 0.5톤을 초과하고, 원주속도가 120m/s 이상인 것
③ 회전축의 중량이 1톤을 초과하고, 원주속도가 100m/s 이내인 것
④ 회전축의 중량이 1톤을 초과하고, 원주속도가 120m/s 이상인 것

정답 50.④ 51.① 52.① 53.④

해설 비파괴검사의 실시 〈산업안전보건기준에 관한 규칙〉
제115조(비파괴검사의 실시)
사업주는 고속회전체(회전축의 중량이 1톤을 초과하고 원주속도가 초당 120미터 이상인 것으로 한정한다)의 회전시험을 하는 경우 미리 회전축의 재질 및 형상 등에 상응하는 종류의 비파괴검사를 해서 결함 유무(有無)를 확인하여야 한다.

54 프레스의 손쳐내기식 방호장치 설치기준으로 틀린 것은?
① 방호판의 폭이 금형 폭의 1/2 이상이어야 한다.
② 슬라이드 행정 수가 300SPM 이상의 것에 사용한다.
③ 손쳐내기봉의 행정(Stroke) 길이를 금형의 높이에 따라 조정할 수 있고 진동 폭은 금형 폭 이상이어야 한다.
④ 슬라이드 하 행정거리의 3/4 위치에서 손을 완전히 밀어내야 한다.

55 산업안전보건법령상 컨베이어에 설치하는 방호장치로 거리가 가장 먼 것은?
① 건널다리 ② 반발예방장치
③ 비상정지장치 ④ 역주행방지장치

해설 컨베이어(conveyor)의 방호장치
① 이탈방지장치 : 구동부 측면에 롤러 안내 가이드 등의 이탈방지장치를 설치
② 역전방지장치(역회전방지장치) : 일반적으로 정상 방향의 회전에 대해서 반대로 회전하는 것을 방지하는 장치이며 형식으로 라쳇식, 롤러식, 밴드식, 전기식(전자식)이 있음
③ 비상정지장치 : 근로자가 위험해질 우려가 있는 경우 및 비상시에는 즉시 운전을 정지시킬 수 있는 장치를 설치
④ 낙하물에 의한 위험 방지 : 화물이 떨어져 근로자가 위험해질 우려가 있는 경우에는 덮개 또는 울을 설치하는 등 낙하 방지를 위한 조치
⑤ 통행의 제한 등 : 건널다리를 설치, 중량물 충돌에 대비한 스토퍼를 설치, 작업자 출입을 금지

* 컨베이어(conveyor)의 방호장치
① 이탈 및 역주행을 방지하는 장치
② 비상정지장치
③ 덮개 또는 울
④ 건널다리를 설치
⑤ 중량물 충돌에 대비한 스토퍼를 설치

56 산업안전보건법령상 숫돌 지름이 60cm인 경우 숫돌 고정 장치인 평형 플랜지의 지름은 최소 몇 cm 이상인가?
① 10 ② 20
③ 30 ④ 60

해설 플랜지의 지름 : 플랜지의 지름은 숫돌직경의 1/3 이상인 것이 적당함.
• 플랜지의 지름 = 숫돌의 지름 × 1/3
= 60 × 1/3 = 20mm

57 기계설비의 위험점 중 연삭숫돌과 작업받침대, 교반기의 날개와 하우스 등 고정 부분과 회전하는 동작 부분 사이에서 형성되는 위험점은?
① 끼임점 ② 물림점
③ 협착점 ④ 절단점

해설 끼임점(Shear Point)
회전하는 동작 부분과 고정 부분이 함께 만드는 위험점(연삭숫돌과 작업대, 반복 동작되는 링크기구, 교반기의 날개와 몸체 사이, 풀리와 베드 사이 등)

58 500rpm으로 회전하는 연삭숫돌의 지름이 300mm일 때 회전속도(m/min)는?
① 471 ② 551
③ 751 ④ 1025

해설 숫돌의 원주속도 $= \dfrac{\pi \times 300 \times 500}{1,000} = 471\,\text{m/min}$

※ 원주속도(V)
$= \dfrac{\pi DN}{1,000}\,(\text{m/min}) = \pi DN\,(\text{mm/min})$
여기서, D : 지름(mm), N : 회전수(rpm)

정답 54. ② 55. ② 56. ② 57. ① 58. ①

59 산업안전보건법령상 정상적으로 작동될 수 있도록 미리 조정해 두어야 할 이동식 크레인의 방호장치로 가장 적절하지 않은 것은?

① 제동장치
② 권과방지장치
③ 과부하방지장치
④ 파이널 리미트 스위치

60 비파괴 검사 방법으로 틀린 것은?

① 인장 시험
② 음향 탐상 시험
③ 와류 탐상 시험
④ 초음파 탐상 시험

해설 비파괴 시험의 종류 구분
(1) 표면결함 검출을 위한 비파괴시험방법
　① 외관검사
　② 침투 탐상시험
　③ 자분(자기) 탐상시험
　④ 와류 탐상법
(2) 내부결함 검출을 위한 비파괴시험방법
　① 초음파 탐상시험
　② 방사선 투과시험
　③ 음향탐상시험(음향방출시험)

제4과목 전기위험방지기술

61 속류를 차단할 수 있는 최고의 교류전압을 피뢰기의 정격전압이라고 하는데 이 값은 통상적으로 어떤 값으로 나타내고 있는가?

① 최대값
② 평균값
③ 실효값
④ 파고값

해설 피뢰기의 정격전압 : 속류를 차단할 수 있는 최고의 교류전압(실효값으로 나타냄)

62 전로에 시설하는 기계기구의 철대 및 금속제 외함에 접지공사를 생략할 수 없는 경우는?

① 30V 이하의 기계기구를 건조한 곳에 시설하는 경우
② 물기 없는 장소에 설치하는 저압용 기계기구를 위한 전로에 정격감도전류 40mA 이하, 동작시간 2초 이하의 전류동작형 누전차단기를 시설하는 경우
③ 철대 또는 외함의 주위에 적당한 절연대를 설치하는 경우
④ 「전기용품 및 생활용품 안전관리법」의 적용을 받는 이중절연구조로 되어 있는 기계기구를 시설하는 경우

63 인체의 전기저항을 500Ω으로 하는 경우 심실세동을 일으킬 수 있는 에너지는 약 얼마인가?

(단, 심실세동전류 $I = \dfrac{165}{\sqrt{T}}$ mA로 한다.)

① 13.6J
② 19.0J
③ 13.6mJ
④ 19.0mJ

해설 위험한계에너지
감전전류가 인체저항을 통해 흐르면 그 부위에는 열이 발생하는데, 이 열에 의해서 화상을 입고 세포 조직이 파괴됨.
줄(Joule)열

$$H = I^2 RT[J] = (\dfrac{165}{\sqrt{T}} \times 10^{-3})^2 \times R \times T$$

$$= (\dfrac{165}{\sqrt{1}} \times 10^{-3})^2 \times 500 \times 1 = 13.6J$$

* 심실세동전류

$$I = \dfrac{165}{\sqrt{T}} \text{ mA} \Rightarrow I = \dfrac{165}{\sqrt{T}} \times 10^{-3} \text{A}$$

정답 59. ④ 60. ① 61. ③ 62. ② 63. ①

64 전기설비에 접지를 하는 목적으로 틀린 것은?

① 누설전류에 의한 감전방지
② 낙뢰에 의한 피해방지
③ 지락사고 시 대지전위 상승유도 및 절연강도 증가
④ 지락사고 시 보호계전기 신속동작

해설 전기설비에 접지를 하는 목적
① 누설전류에 의한 감전방지
② 낙뢰에 의한 피해방지(전기기기의 손상 방지)
③ 기기 및 배전선에서 이상 고전압이 발생하였을 때 대지전위를 억제하고 절연강도를 경감
④ 지락사고 시 보호계전기 신속동작(계전기의 신속하고 확실한 동작 확보)
 - 송배전선, 고전압 모선 등에서 지락사고의 발생 시 보호 계전기를 신속하게 작동시킴.

65 한국전기설비규정에 따라 과전류차단기로 저압전로에 사용하는 범용 퓨즈(gG)의 용단전류는 정격전류의 몇 배인가? (단, 정격전류가 4A 이하인 경우이다.)

① 1.5배 ② 1.6배
③ 1.9배 ④ 2.1배

해설 과전류차단기로 저압전로에 사용하는 범용의 퓨즈 (gG)의 용단전류 〈한국전기설비규정〉

정격전류의 구분	시간	정격전류의 배수	
		불용단전류	용단전류
4A 이하	60분	1.5배	2.1배
4A 초과 16A 미만	60분	1.5배	1.9배
16A 이상 63A 이하	60분	1.25배	1.6배
63A 초과 160A 이하	120분	1.25배	1.6배
160A 초과 400A 이하	180분	1.25배	1.6배
400A 초과	240분	1.25배	1.6배

66 정전기가 대전된 물체를 제전시키려고 한다. 다음 중 대전된 물체의 절연저항이 증가되어 제전의 효과를 감소시키는 것은?

① 접지한다.
② 건조시킨다.
③ 도전성 재료를 첨가한다.
④ 주위를 가습한다.

67 감전 등의 재해를 예방하기 위하여 특고압용 기계·기구 주위에 관계자 외 출입을 금하도록 울타리를 설치할 때, 울타리의 높이와 울타리로부터 충전부분까지의 거리의 합이 최소 몇 m 이상이 되어야 하는가? (단, 사용전압이 35kV 이하인 특고압용 기계기구이다.)

① 5m ② 6m
③ 7m ④ 9m

해설 울타리·담 등의 높이와 울타리·담 등으로부터 충전 부분까지의 거리의 합계

사용전압의 구분	울타리·담 등의 높이와 울타리·담 등으로부터 충전 부분까지의 거리의 합계
35kV 이하	5m
35kV 초과 160kV 이하	6m
160kV 초과	6m에 160kV를 초과하는 10kV 또는 그 단수마다 12cm를 더한 값

68 개폐기로 인한 발화는 스파크에 의한 가연물의 착화화재가 많이 발생한다. 이를 방지하기 위한 대책으로 틀린 것은?

① 가연성 증기, 분진 등이 있는 곳은 방폭형을 사용한다.
② 개폐기를 불연성 상자 안에 수납한다.
③ 비포장 퓨즈를 사용한다.
④ 접속 부분의 나사풀림이 없도록 한다.

정답 64.③ 65.④ 66.② 67.① 68.③

해설 스파크에 의한 화재를 방지하기 위한 대책
① 개폐기를 불연성의 외함 내에 내장시킬 것
② 통형퓨즈를 사용할 것
③ 가연성 증기, 분진 등 위험한 물질이 있는 곳에는 방폭형 개폐기를 사용할 것
④ 접촉 부분의 산화, 나사풀림으로 접촉저항이 증가하지 않도록 할 것
⑤ 과전류 차단용 퓨즈는 포장 퓨즈로 할 것
⑥ 유입개폐기는 절연유의 열화 정도와 유량에 주의하고 유입개폐기 주위에 내화벽을 설치할 것

69 극간 정전용량이 1000pF이고, 착화에너지가 0.019mJ인 가스에서 폭발한계 전압(V)은 약 얼마인가? (단, 소수점 이하는 반올림한다.)

① 3900
② 1950
③ 390
④ 195

해설 폭발한계 전압
정전기 방전에너지(W) – [단위 J]

$W = \dfrac{1}{2}CV^2$

[C : 도체의 정전용량(단위 패럿 F), V : 대전전위]

$\Rightarrow V = \sqrt{\dfrac{2W}{C}} = \sqrt{\dfrac{2 \times 0.019 \times 10^{-3}}{1000 \times 10^{-12}}}$
$= 194.935V \approx 195V$

* 인체의 정전용량 1000pF = 1000 × 10^{-12}F
 (m 밀리 → 10^{-3}, p 피코 → 10^{-12})

70 개폐기, 차단기, 유도 전압조정기의 최대 사용전압이 7kV 이하인 전로의 경우 절연 내력 시험은 최대 사용전압의 1.5배의 전압을 몇 분간 가하는가?

① 10
② 15
③ 20
④ 25

해설 절연 내력 시험 〈전기설비기술기준의 판단기준〉
제13조(전로의 절연저항 및 절연내력)
② 고압 및 특고압의 전로는 표 13-1에서 정한 시험전압을 전로와 대지 사이(다심케이블은 심선 상호 간 및 심선과 대지 사이)에 연속하여 10분간 가하여 절연내력을 시험하였을 때에 이에 견디어야 한다.

전로의 종류	시험전압
1. 최대 사용전압 7kV 이하인 전로	최대 사용전압의 1.5배의 전압

71 한국전기설비규정에 따라 욕조나 샤워시설이 있는 욕실 등 인체가 물에 젖어있는 상태에서 전기를 사용하는 장소에 인체감전보호용 누전차단기가 부착된 콘센트를 시설하는 경우 누전차단기의 정격감도전류 및 동작시간은?

① 15mA 이하, 0.01초 이하
② 15mA 이하, 0.03초 이하
③ 30mA 이하, 0.01초 이하
④ 30mA 이하, 0.03초 이하

해설 욕실 등 물기가 많은 장소에서의 인체감전보호형 누전차단기의 정격감도전류와 동작시간 : 정격감도전류 15mA, 동작시간 0.03초 이내
* 감전방지용 누전차단기의 정격감도전류 및 작동시간 : 30mA 이하, 0.03초 이내

72 불활성화할 수 없는 탱크, 탱크롤리 등에 위험물을 주입하는 배관은 정전기 재해방지를 위하여 배관 내 액체의 유속제한을 한다. 배관 내 유속제한에 대한 설명으로 틀린 것은?

① 물이나 기체를 혼합하는 비수용성 위험물의 배관 내 유속은 1m/s 이하로 할 것
② 저항률이 10^{10} Ω·cm 미만의 도전성 위험물의 배관 내 유속은 7m/s 이하로 할 것
③ 저항률이 10^{10} Ω·cm 이상인 위험물의 배관 내 유속은 관 내경이 0.05m이면 3.5m/s 이하로 할 것
④ 이황화탄소 등과 같이 유동대전이 심하고 폭발 위험성이 높은 것은 배관 내 유속을 3m/s 이하로 할 것

정답 69.④ 70.① 71.② 72.④

해설 배관 내 액체의 유속제한
① 저항률이 $10^{10}\,\Omega\cdot cm$ 미만의 도전성 위험물의 배관유속은 7m/s 이하로 할 것
② 에텔, 이황화탄소 등과 같이 유동대전이 심하고 폭발 위험성이 높으면 배관유속을 1m/s 이하로 할 것
③ 물이나 기체를 혼합하는 비수용성 위험물의 배관 내 유속은 1m/s 이하로 할 것
④ 저항률 $10^{10}\,\Omega\cdot cm$ 이상인 위험물의 배관 내 유속은 표값 이하로 할 것. 단, 주입구가 액면 밑에 충분히 침하할 때까지의 배관 내 유속은 1m/s 이하로 할 것

관 내경		유속	관 내경		유속
inch	mm	(m/s)	inch	mm	(m/s)
0.5	10	8	8	200	1.8
1	25	4.9	16	400	1.3
2	50	3.5	24	600	1.0
4	100	2.5			

73 절연물의 절연계급을 최고허용온도가 낮은 온도에서 높은 온도 순으로 배치한 것은?

① Y종 → A종 → E종 → B종
② A종 → B종 → E종 → Y종
③ Y종 → E종 → B종 → A종
④ B종 → Y종 → A종 → E종

해설 전기절연재료의 허용온도(절연물의 절연계급)

종별	Y	A	E	B	F	H	C
최고허용온도[℃]	90	105	120	130	155	180	180 이상

74 다른 두 물체가 접촉할 때 접촉 전위차가 발생하는 원인으로 옳은 것은?

① 두 물체의 온도 차
② 두 물체의 습도 차
③ 두 물체의 밀도 차
④ 두 물체의 일함수 차

해설 두 물체가 접촉할 때 정전기 발생 원인(접촉 전위차 발생 원인) : 두 종류의 다른 물체를 접촉시키면 접촉면에서 두 물체의 일함수의 차로서 접촉 전위가 발생

(* 일함수 : 정전기 발생에 기여하는 자유전자에 외부에서 물리적 힘을 가하면 자유전자는 입자 외부로 방출되는데 이때 필요한 최소에너지)

75 방폭인증서에서 방폭부품을 나타내는 데 사용되는 인증번호의 접미사는?

① G ② X
③ D ④ U

해설 X 또는 U 기호
① X 기호 : 특별 사용 조건을 나타내기 위해 사용하는 기호
② U 기호 : 방폭 부품을 나타내는 데 사용되는 기호

76 고압 및 특고압 전로에 시설하는 피뢰기의 설치장소로 잘못된 곳은?

① 가공전선로와 지중전선로가 접속되는 곳
② 발전소, 변전소의 가공전선 인입구 및 인출구
③ 고압 가공전선로에 접속하는 배전용 변압기의 저압 측
④ 고압 가공전선로로부터 공급을 받는 수용장소의 인입구

해설 피뢰기의 설치장소
(1) 발전소, 변전소의 가공전선 입입구 및 인출구
(2) 가공전선로에 접속하는 배전용 변압기의 고압 측 및 특별고압 측
(3) 가공전선로의 지중전선로가 접속하는 곳
(4) 고압 또는 특고압 가공전선로로부터 공급을 받는 수용장소의 인입구(특별고압 수용가의 인입구)

77 산업안전보건기준에 관한 규칙 제319조에 의한 정전전로에서의 정전 작업을 마친 후 전원을 공급하는 경우에 사업주가 작업에 종사하는 근로자 및 전기기기와 접촉할 우려가 있는 근로자에게 감전의 위험이 없도록 준수해야할 사항이 아닌 것은?

정답 73.① 74.④ 75.④ 76.③ 77.③

① 단락 접지기구 및 작업기구를 제거하고 전기기기 등이 안전하게 통전될 수 있는지 확인한다.
② 모든 작업자가 작업이 완료된 전기기기에서 떨어져 있는지 확인한다.
③ 잠금장치와 꼬리표를 근로자가 직접 설치한다.
④ 모든 이상 유무를 확인한 후 전기기기 등의 전원을 투입한다.

해설 **정전작업의 안전** 〈산업안전보건기준에 관한 규칙〉
제319조(정전전로에서의 전기작업) ③ 사업주는 작업 중 또는 작업을 마친 후 전원을 공급하는 경우에는 작업에 종사하는 근로자 또는 그 인근에서 작업하거나 정전된 전기기기 등(고정 설치된 것으로 한정한다)과 접촉할 우려가 있는 근로자에게 감전의 위험이 없도록 다음 각 호의 사항을 준수하여야 한다.
1. 작업기구, 단락 접지기구 등을 제거하고 전기기기등이 안전하게 통전될 수 있는지를 확인할 것
2. 모든 작업자가 작업이 완료된 전기기기 등에서 떨어져 있는지를 확인할 것
3. 잠금장치와 꼬리표는 설치한 근로자가 직접 철거할 것
4. 모든 이상 유무를 확인한 후 전기기기 등의 전원을 투입할 것

78 변압기의 최소 IP 등급은? (단, 유입 방폭구조의 변압기이다.)

① IP55 ② IP56
③ IP65 ④ IP66

해설 **IP 등급(Ingress Protection Classification)**
IEC 규정을 통해 외부의 접촉이나 먼지, 물(습기), 충격으로부터 보호하는 정도에 따라 등급을 분류. 첫 번째 숫자(6단계)는 고체나 분진에 대한 보호등급을 나타내고, 두 번째 숫자(8단계)는 액체, 물에 대한 등급을 나타냄.
- 유입방폭구조 "o" 방폭장비의 최소 IP 등급 : IP66

79 가스그룹이 ⅡB인 지역에 내압 방폭구조 "d"의 방폭기기가 설치되어 있다. 기기의 플랜지 개구부에서 장애물까지의 최소 거리(mm)는?

① 10 ② 20
③ 30 ④ 40

해설 내압 방폭구조 플랜지접합부와 장애물 간 최소이격거리

가스그룹	ⅡA	ⅡB	ⅡC
최소이격거리(mm)	10	30	40

80 방폭전기설비의 용기 내부에서 폭발성 가스 또는 증기가 폭발하였을 때 용기가 그 압력에 견디고 접합면이나 개구부를 통해서 외부의 폭발성 가스나 증기에 인화되지 않도록 한 방폭구조는?

① 내압 방폭구조
② 압력 방폭구조
③ 유입 방포구조
④ 본질안전 방폭구조

해설 **내압(d) 방폭구조** : 용기 내부에서 폭발성 가스 또는 증기가 폭발하였을 때 용기가 그 압력에 견디며 또한 접합면, 개구부 등을 통해서 외부의 폭발성 가스·증기에 인화되지 않도록 한 구조(점화원 격리)
(* 방폭형 기기에 폭발성 가스가 내부로 침입하여 내부에서 폭발이 발생하여도 이 압력에 견디도록 제작한 방폭구조이며, 전기설비 내부에서 발생한 폭발이 설비주변에 존재하는 가연성 물질에 파급되지 않도록 한 구조)
① 내부에서 폭발할 경우 그 압력에 견딜 것
② 폭발화염이 외부로 유출되지 않을 것
③ 외함 표면온도가 주위의 가연성 가스에 점화되지 않을 것

제5과목 화학설비 위험방지기술

81 포스겐가스 누설 검지의 시험지로 사용되는 것은?

① 연당지   ② 염화파라듐지
③ 하리슨시험지   ④ 초산벤젠지

해설 포스겐(Phosgen, COCl₂), 포스젠(Phosgene, CG)
무색이며 자극성 냄새가 있는 유독한 질식성 기체. 염화카르보닐이 라고도 함. 흡입하면 최루(催淚)·재채기·호흡곤란 등 급성증상을 나타내며, 수시간 후에 폐수종(肺水腫)을 일으켜 사망
- 포스겐가스 누출 검지법(시험지법) : 하리슨시험지[반응(변색): 심등색(오렌지색)]
(* 시험지법 : 시약을 흡수시킨 시험지의 변색으로 가스 검지)

82 안전밸브 전단·후단에 자물쇠형 또는 이에 준하는 형식의 차단밸브 설치를 할 수 있는 경우에 해당하지 않는 것은?

① 자동압력조절밸브와 안전밸브 등이 직렬로 연결된 경우
② 화학설비 및 그 부속설비에 안전밸브 등이 복수방식으로 설치되어 있는 경우
③ 열팽창에 의하여 상승된 압력을 낮추기 위한 목적으로 안전밸브가 설치된 경우
④ 인접한 화학설비 및 그 부속설비에 안전밸브 등이 각각 설치되어 있고, 해당 화학설비 및 그 부속설비의 연결배관에 차단밸브가 없는 경우

해설 차단밸브의 설치 금지 〈산업안전보건기준에 관한 규칙〉 제266조(차단밸브의 설치 금지)
사업주는 안전밸브 등의 전단·후단에 차단밸브를 설치해서는 아니 된다. 다만, 다음 각 호의 어느 하나에 해당하는 경 우에는 자물쇠형 또는 이에 준하는 형식의 차단밸브를 설치할 수 있다.
1. 인접한 화학설비 및 그 부속설비에 안전밸브 등이 각각 설치되어 있고, 해당 화학설비 및 그 부속설비의 연결배관에 차단밸브가 없는 경우
2. 안전밸브 등의 배출용량의 2분의 1 이상에 해당하는 용량의 자동압력조절밸브(구동용 동력원의 공급을 차단하는 경우 열리는 구조인 것으로 한정한다)와 안전밸브 등이 병렬로 연결된 경우
3. 화학설비 및 그 부속설비에 안전밸브 등이 복수방식으로 설치되어 있는 경우
4. 예비용 설비를 설치하고 각각의 설비에 안전밸브 등이 설치되어 있는 경우
5. 열팽창창에 의하여 상승된 압력을 낮추기 위한 목적으로 안전밸브가 설치된 경우
6. 하나의 플레어 스택(flare stack)에 둘 이상의 단위공정의 플레어 헤더(flare header)를 연결하여 사용하는 경우로서 각각의 단위공정의 플레어헤더에 설치된 차단밸브의 열림·닫힘 상태를 중앙제어실에서 알 수 있도록 조치한 경우

83 압축하면 폭발할 위험성이 높아 아세톤 등에 용해시켜 다공성 물질과 함께 저장하는 물질은?

① 염소   ② 아세틸렌
③ 에탄   ④ 수소

해설 아세틸렌
압축하면 폭발할 위험성이 높아 아세톤 등에 용해시켜 다공성 물질과 함께 저장함.
① 아세틸렌을 용해가스로 만들 때 사용되는 용제 : 아세톤(* 용제(溶劑) : 물질을 녹이는 데 쓰는 액체)
② 아세틸렌이 아세톤에 용해되는 성질을 이용해서 다량의 아세틸렌을 쉽게 저장함. 이 방법에 의해서 저장하는 것을 용해아세틸렌이라고 함
③ 규조토에 스며들게 한 아세톤(아세톤에 잘 녹음)에 가입하여 녹여서 봄베로 운반

84 산업안전보건법령상 대상 설비에 설치된 안전밸브에 대해서는 경우에 따라 구분된 검사주기마다 안전밸브가 적정하게 작동하는지 검사하여야 한다. 화학공정 유체와 안전밸브의 디스크 또는 시트가 직접 접촉될 수 있도록 설치된 경우의 검사주기로 옳은 것은?

① 매년 1회 이상

정답 81. ③ 82. ① 83. ② 84. ①

② 2년마다 1회 이상
③ 3년마다 1회 이상
④ 4년마다 1회 이상

해설 **안전밸브 또는 파열판 설치** 〈산업안전보건기준에 관한 규칙〉
제261조(안전밸브 등의 설치)
③ 제1항에 따라 설치된 안전밸브에 대해서는 다음 각 호의 구분에 따른 검사주기마다 국가교정기관에서 교정을 받은 압력계를 이용하여 설정압력에서 안전밸브가 적정하게 작동하는지를 검사한 후 납으로 봉인하여 사용하여야 한다.
1. 화학공정 유체와 안전밸브의 디스크 또는 시트가 직접 접촉될 수 있도록 설치된 경우 : 매년 1회 이상
2. 안전밸브 전단에 파열판이 설치된 경우 : 2년마다 1회 이상
3. 공정안전보고서 제출 대상으로서 고용노동부장관이 실시하는 공정안전보고서 이행상태 평가 결과가 우수한 사업장의 안전밸브의 경우 : 4년마다 1회 이상

85 위험물을 산업안전보건법령에서 정한 기준량 이상으로 제조하거나 취급하는 설비로서 특수화학설비에 해당하는 것은?

① 가열시켜 주는 물질의 온도가 가열되는 위험물질의 분해온도보다 높은 상태에서 운전되는 설비
② 상온에서 게이지 압력으로 200kPa의 압력으로 운전되는 설비
③ 대기압하에서 300℃로 운전되는 설비
④ 흡열반응이 행하여지는 반응설비

해설 **특수화학설비** 〈산업안전보건기준에 관한 규칙〉
제273조(계측장치 등의 설치)
위험물을 정한 기준량 이상으로 제조하거나 취급하는 다음 각 호의 어느 하나에 해당하는 화학설비(이하 "특수화학설 비"라 한다)를 설치하는 경우에는 내부의 이상 상태를 조기에 파악하기 위하여 필요한 온도계·유량계·압력계 등의 계측장치를 설치하여야 한다.
1. 발열반응이 일어나는 반응장치
2. 증류·정류·증발·추출 등 분리를 하는 장치
3. 가열시켜 주는 물질의 온도가 가열되는 위험물질의 분해온도 또는 발화점보다 높은 상태에서 운전되는 설비
4. 반응폭주 등 이상 화학반응에 의하여 위험물질이 발생할 우려가 있는 설비
5. 온도가 섭씨 350도 이상이거나 게이지 압력이 980킬로파스칼 이상인 상태에서 운전되는 설비
6. 가열로 또는 가열기

86 산업안전보건법상 다음 내용에 해당하는 폭발위험 요소는?

> 20종 장소 밖으로서, 분진운 형태의 가연성 분진이 폭발농도를 형성할 정도의 충분한 양이 정상작동 중에 존재할 수 있는 장소를 말한다.

① 21종 장소　② 22종 장소
③ 0종 장소　④ 1종 장소

해설 분진폭발위험장소

분류	적요
20종 장소	공기 중에 가연성 분진운의 형태가 연속적으로 장기간 존재하거나, 단기간 내에 폭발성 분진분위기가 자주 존재하는 장소 – 분진운 형태의 가연성 분진이 폭발 농도를 형성할 정도로 충분한 양이 정상작동 중에 연속적으로 또는 자주 존재하거나, 제어할 수 없을 정도의 양 및 두께의 분진층이 형성될 수 있는 장소
21종 장소	공기 중에 가연성 분진운의 형태가 정상작동 중 빈번하게 폭발성 분진분위기를 형성할 수 있는 장소(분진운 형태의 가연성 분진이 폭발 농도를 형성할 정도의 충분한 양이 정상작동 중에 존재할 수 있는 장소)
22종 장소	공기 중에 가연성 분진운의 형태가 정상작동 중 폭발성 분진분위기를 거의 형성하지 않고, 발생한다 하더라도 단기간만 지속되는 장소

정답　85. ① 86. ①

87 Li과 Na에 관한 설명으로 틀린 것은?

① 두 금속 모두 실온에서 자연발화의 위험성이 있으므로 알코올 속에 저장해야 한다.
② 두 금속은 물과 반응하여 수소기체를 발생한다.
③ Li은 비중 값이 물보다 작다.
④ Na는 은백색의 무른 금속이다.

해설 Li과 Na에 관한 설명
(1) 리튬(Li)
① 실온에서는 산소와 반응하지 않지만, 200℃로 가열하면 연소하여 산화물이 된다.
② 염산과 반응하여 수소를 발생한다.
③ 물과 반응하여 수소를 발생한다.
④ 화재발생 시 소화방법으로는 건조된 마른 모래 등을 이용한다.
(2) Na(나트륨)
① 은백색의 부드러운 금속이다.
② 상온에서는 자연 발화는 하지 않지만 녹는점 이상으로 가열하면 연소하여 과산화나트륨이 된다.
③ 물과 반응하여 수소를 발생한다.
④ 벤젠, 가솔린, 등유에 녹지 않으므로 석유계 용매 중에 저장한다.
※ 물과 반응하여 수소가스를 발생시키는 물질 : Mg(마그네슘), Zn(아연), Li(리튬), Na(나트륨)

88 다음 중 누설 발화형 폭발재해의 예방대책으로 가장 거리가 먼 것은?

① 발화원 관리
② 밸브의 오동작 방지
③ 가연성 가스의 연소
④ 누설물질의 검지 경보

해설 누설 발화형 폭발재해의 예방 대책
① 발화원 관리
② 밸브의 오동작 방지
③ 누설물질의 검지 경보

89 수분을 함유하는 에탄올에서 순수한 에탄올을 얻기 위해 벤젠과 같은 물질은 첨가하여 수분을 제거하는 증류 방법은?

① 공비증류 ② 추출증류
③ 가압증류 ④ 감압증류

해설 특수 증류방법
① 감압증류(진공증류) : 낮은 압력에서 물질의 끓는점이 내려가는 현상을 이용하여 시행하는 분리법으로 온도를 높여서 가열할 경우 원료가 분해될 우려가 있는 물질을 증류할 때 사용하는 방법
② 추출증류 : 끓는점이 비슷한 혼합물이나 공비혼합물(共沸混合物) 성분의 분리를 쉽게 하기 위하여 사용되는 증류법
③ 공비증류 : 공비혼합물 또는 끓는점이 비슷하여 분리하기 어려운 액체혼합물의 성분을 완전히 분리시키기 위해 쓰이는 증류법
  – 수분을 함유하는 에탄올에서 순수한 에탄올을 얻기 위해 벤젠과 같은 물질은 첨가하여 수분을 제거하는 증류 방법
④ 수증기증류 : 끓는점이 높고 물에 거의 녹지 않는 유기화합물에 수증기를 넣어 수증기와 함께 유출되어 나오는 물질의 증기를 냉각하여 물과의 혼합물로서 응축시키고 그것을 분리시키는 증류법

90 다음 중 인화점에 관한 설명으로 옳은 것은?

① 액체의 표면에서 발생한 증기농도가 공기중에서 연소하한 농도가 될 수 있는 가장 높은 액체온도
② 액체의 표면에서 발생한 증기농도가 공기중에서 연소상한 농도가 될 수 있는 가장 낮은 액체온도
③ 액체의 표면에 발생한 증기농도가 공기 중에서 연소하한 농도가 될 수 있는 가장 낮은 액체온도
④ 액체의 표면에서 발생한 증기농도가 공기 중에서 연소상한 농도가 될 수 있는 가장 높은 액체온도

정답 87.① 88.③ 89.① 90.③

해설 **인화점(Flash Point)** : 가연성 증기에 점화원을 주었을 때 연소가 시작되는 최저온도
- 액체의 경우 액체 표면에서 발생한 증기농도가 공기 중에서 연소 하한 농도가 될 수 있는 가장 낮은 액체온도(인화점이 낮을수록 위험하다.)

91 분진폭발의 특징에 관한 설명으로 옳은 것은?
① 가스폭발보다 발생에너지가 작다.
② 폭발압력과 연소속도는 가스폭발보다 크다.
③ 입자의 크기, 부유성 등이 분진폭발에 영향을 준다.
④ 불완전연소로 인한 가스중독의 위험성은 작다.

해설 **분진폭발의 특징**
① 가스폭발에 비해 연소속도나 폭발압력은 작으나 연소시간이 길고 발생에너지가 크기 때문에 파괴력과 연소 정도가 크다.
② 가스폭발에 비하여 불완전 연소를 일으키기 쉬우므로 연소 후 가스에 의한 중독 위험이 있다.
③ 화염의 파급속도보다 압력의 파급속도가 크다.
④ 최초의 부분적인 폭발이 분진의 비산으로 2차, 3차 폭발로 파급되어 피해가 커진다.
⑤ 폭발 시 입자가 비산하므로 이것에 부딪치는 가연물은 국부적으로 심한 탄화를 일으킨다.
⑥ 단위체적당 탄화수소의 양이 많기 때문에 폭발 시 온도가 높다.
⑦ 폭발한계 내에서 분진의 휘발성분이 많을수록 폭발하기 쉽다.
⑧ 분진이 발화 폭발하기 위한 조건은 가연성, 미분상태, 공기 중에서의 교반과 유동 및 점화원의 존재이다.
⑨ 폭발한계는 입자의 크기, 입도분포, 산소농도, 함유수분, 가연성 가스의 혼입 등에 의해 같은 물질의 분진에서도 달라진다.

92 위험물안전관리법령상 제1류 위험물에 해당하는 것은?
① 과염소산나트륨
② 과염소산
③ 과산화수소
④ 과산화벤조일

해설 **제1류 위험물 산화성 고체**

위험물		
유별	성질	품명
제1류	산화성 고체	1. 아염소산염류 2. 염소산염류 3. 과염소산염류(*과염소산칼륨, 과염소산나트륨, 과염소산암모늄) 4. 무기과산화물 5. 브롬산염류 6. 질산염류 7. 요오드산염류 8. 과망간산염류 9. 중크롬산염류 10. 그 밖에 총리령으로 정하는 것 11. 제1호 내지 제10호의 1에 해당하는 어느 하나 이상을 함유한 것

93 다음 중 질식소화에 해당하는 것은?
① 가연성 기체의 분출 화재 시 주 밸브를 닫는다.
② 가연성 기체의 연쇄반응을 차단하여 소화한다.
③ 연료 탱크를 냉각하여 가연성 가스의 발생속도를 작게 한다.
④ 연소하고 있는 가연물이 존재하는 장소를 기계적으로 폐쇄하여 공기의 공급을 차단한다.

94 산업안전보건기준에 관한 규칙에서 정한 위험물질의 종류에서 "물반응성 물질 및 인화성 고체"에 해당하는 것은?
① 질산에스테르류
② 니트로화합물
③ 칼륨·나트륨
④ 니트로소화합물

정답 91. ③ 92. ① 93. ④ 94. ③

95 공기 중 아세톤의 농도가 20ppm(TLV 500ppm), 메틸에틸케톤(MEK)의 농도가 100ppm(TLV 200ppm)일 때 혼합물질의 허용농도(ppm)는? (단, 두 물질은 서로 상가작용을 하는 것으로 가정한다.)

① 150 ② 200
③ 270 ④ 333

해설 혼합물의 허용농도(TLV)
$$= \frac{C_1 + C_2 + \cdots + C_n}{R} = \frac{(200+100)}{0.9} = 333\,\text{ppm}$$

- 혼합물인 경우의 노출기준(위험도, R)

$$R = \frac{C_1}{T_1} + \frac{C_2}{T_2} + \cdots + \frac{C_n}{T_n}$$

→ 노출지수 $R = \frac{200}{500} + \frac{100}{200} = 0.9$

 C : 화학물질 각각의 측정치(*위험물질에서는 취급 또는 저장량)
 T : 화학물질 각각의 노출기준(*위험물질에서는 규정 수량)
 * 상가작용(相加作用) : 두 가지 이상의 약물을 함께 투여하였을 때에, 그 작용이 각 작용의 합과 같은 현상

96 다음 중 폭발한계(vol%)의 범위가 가장 넓은 것은?

① 메탄 ② 부탄
③ 톨루엔 ④ 아세틸렌

해설 물질을 폭발 범위

구분	폭발하한계 (vol%)	폭발상한계 (vol%)	비고
수소(H_2)	4.0	75	
프로판(C_3H_8)	2.1	9.5	
메탄(CH_4)	5.0	15	
부탄(C_4H_{10})	1.8	8.4	
톨루엔($C_6H_5CH_3$)	1.3	6.7	
아세틸렌(C_2H_2)	2.5	81	폭발 범위 78.5
벤젠(C_6H_6)	1.4	6.7	

97 다음 중 분진이 발화 폭발하기 위한 조건으로 거리가 먼 것은?

① 불연성질 ② 미분상태
③ 점화원의 존재 ④ 산소 공급

해설 분진이 발화 폭발하기 위한 조건 : 가연성, 미분상태, 공기 중에서의 교반과 유동, 점화원의 존재이다.

98 다음 중 최소발화에너지(E[J])를 구하는 식으로 옳은 것은? (단, I는 전류(A), R은 저항(Ω), V는 전압(V), C는 콘덴서 용량(F), T는 시간(초)이라 한다.)

① $E = I^2 RT$ ② $E = 0.24 I^2 RT$
③ $E = \frac{1}{2}CV^2$ ④ $E = \frac{1}{2}\sqrt{CV}$

해설 최소발화에너지(방전에너지) – 단위 J
최소발화에너지는 매우 적으므로 Joule의 1/1,000인 mJ의 단위를 사용

$$E = \frac{1}{2}CV^2$$

(C : 콘덴서 용량(단위 패럿 F), V : 전압)

99 공기 중에서 A 물질의 폭발하한계가 4vol%, 상한계가 75vol%라면 이 물질의 위험도는?

① 16.75 ② 17.75
③ 18.75 ④ 19.75

해설 위험도 : 기체의 폭발위험 수준을 나타냄.

$$H = \frac{U-L}{L}$$

[H : 위험도, L : 폭발하한계 값(%), U : 폭발상한계 값(%)]

⇨ 위험도 $= \frac{(75-4)}{4} = 17.75$

100 다음 중 관의 지름을 변경하고자 할 때 필요한 관 부속품은?

① elbow ② reducer
③ plug ④ valve

정답 95.④ 96.④ 97.① 98.③ 99.② 100.②

해설 배관 및 피팅류
① 관의 지름을 변경하고자 할 때 필요한 관 부속품 : 리듀셔(reducer), 부싱(bushing)
② 관로의 방향을 변경 : 엘보우(elbow), Y자관, 티이(T), 십자관(cross)
③ 유로 차단 : 플러그(Plug), 캡, 밸브(valve)

제6과목 건설안전기술

101 다음 중 배면 연약지반에 설치하여 굴착에 따른 과잉 간극수압의 변화를 측정하여 안정성 판단하는 계측기는? 〈문제 오류로 문제 수정〉

① Load Cell   ② Inclinometer
③ Extensometer   ④ Piezometer

해설 흙막이 가시설 공사시 사용되는 각 계측기 설치 및 사용목적
① Strain gauge(변형률계) : 흙막이 가시설의 버팀대(Strut)의 변형을 측정하는 계측기(응력 변화를 측정하여 변형을 파악)
② Water level meter(지하수위계) : 토류벽 배면 지반에 설치하여 지하수위의 변화를 측정하는 계측기
③ Piezometer(간극수압계) : 배면 연약지반에 설치하여 굴착에 따른 과잉 간극수압의 변화를 측정하여 안정성 판단
④ Load cell(하중계) : Rock Bolt 또는 Earth Anchor에 하중계를 설치하여 토류벽의 하중을 계측하여 시공설계조사와 안정도 예측(부재의 안정성 여부 판단)
  ㉠ 버팀대(strut)의 축 하중 변화 상태를 측정하는 계측기
  ㉡ 토류벽에 거치된 어스앵커의 인장력을 측정하기 위한 계측기
⑤ 지중경사계(Inclino meter) : 토류벽 또는 배면 지반에 설치하여 기울기 측정(지중의 수평 변위량 측정)-주변 지반의 변형을 측정

102 이동식비계를 조립하여 작업을 하는 경우에 준수하여야 할 기준으로 옳지 않은 것은?

① 승강용 사다리는 견고하게 설치할 것
② 비계의 최상부에서 작업을 하는 경우에는 안전난간을 설치할 것
③ 작업발판의 최대적재하중은 400kg을 초과하지 않도록 할 것
④ 작업발판은 항상 수평을 유지하고 작업발판 위에서 안전난간을 딛고 작업을 하거나 받침대 또는 사다리를 사용하여 작업하지 않도록 할 것

해설 이동식비계 〈산업안전보건기준에 관한 규칙〉
제68조(이동식비계)
사업주는 이동식비계를 조립하여 작업을 하는 경우에는 다음 각 호의 사항을 준수하여야 한다.
1. 이동식비계의 바퀴에는 뜻밖의 갑작스러운 이동 또는 전도를 방지하기 위하여 브레이크·쐐기 등으로 바퀴를 고정시킨 다음 비계의 일부를 견고한 시설물에 고정하거나 아웃트리거(outrigger)를 설치하는 등 필요한 조치를 할 것
2. 승강용사다리는 견고하게 설치할 것
3. 비계의 최상부에서 작업을 하는 경우에는 안전난간을 설치할 것
4. 작업발판은 항상 수평을 유지하고 작업발판 위에서 안전난간을 딛고 작업을 하거나 받침대 또는 사다리를 사용하여 작업하지 않도록 할 것
5. 작업발판의 최대적재하중은 250킬로그램을 초과하지 않도록 할 것

103 터널 지보공을 조립하거나 변경하는 경우에 조치하여야 하는 사항으로 옳지 않은 것은?

① 목재의 터널 지보공은 그 터널 지보공의 각 부재에 작용하는 긴압 정도를 체크하여 그 정도가 최대한 차이나도록 할 것
② 강(鋼) 아치 지보공의 조립은 연결볼트 및 띠장 등을 사용하여 주재 상호 간을 튼튼하게 연결할 것
③ 기둥에는 침하를 방지하기 위하여 받침목을 사용하는 등의 조치를 할 것
④ 주재(主材)를 구성하는 1세트의 부재는 동일 평면 내에 배치할 것

정답 101. ④ 102. ③ 103. ①

104 거푸집동바리 등을 조립하는 경우에 준수하여야 하는 기준으로 옳지 않은 것은?

① 동바리로 사용하는 파이프 서포트를 이어서 사용하는 경우에는 3개 이상의 볼트 또는 전용철물을 사용하여 이을 것
② 동바리로 사용하는 강관은 높이 2m 이내마다 수평연결재를 2개 방향으로 만들 것
③ 깔목의 사용, 콘크리트 타설, 말뚝박기 등 동바리의 침하를 방지하기 위한 조치를 할 것
④ 동바리로 사용하는 파이프 서포트를 3개 이상 이어서 사용하지 않도록 할 것

105 가설통로를 설치하는 경우 준수하여야 할 기준으로 옳지 않은 것은?

① 경사는 30° 이하로 할 것
② 경사가 15°를 초과하는 경우에는 미끄러지지 아니하는 구조로 할 것
③ 추락할 위험이 있는 장소에는 안전난간을 설치할 것
④ 수직갱에 가설된 통로의 길이가 15m 이상인 경우에는 7m 이내마다 계단참을 설치할 것

해설 가설통로의 구조 〈산업안전보건기준에 관한 규칙〉
제23조(가설통로의 구조)
사업주는 가설통로를 설치하는 경우 다음 각 호의 사항을 준수하여야 한다.
1. 견고한 구조로 할 것
2. 경사는 30도 이하로 할 것. 다만, 계단을 설치하거나 높이 2미터 미만의 가설통로로서 튼튼한 손잡이를 설치한 경우에는 그러하지 아니하다.
3. 경사가 15도를 초과하는 경우에는 미끄러지지 아니하는 구조로 할 것
4. 추락할 위험이 있는 장소에는 안전난간을 설치할 것. 다만, 작업상 부득이한 경우에는 필요한 부분만 임시로 해체할 수 있다.
5. 수직갱에 가설된 통로의 길이가 15미터 이상인 경우에는 10미터 이내마다 계단참을 설치할 것
6. 건설공사에 사용하는 높이 8미터 이상인 비계다리에는 7미터 이내마다 계단참을 설치할 것

106 사면 보호 공법 중 구조물에 의한 보호 공법에 해당하지 않는 것은?

① 블록공
② 식생구멍공
③ 돌쌓기공
④ 현장타설 콘크리트 격자공

해설 사면 보호 공법
(가) 사면을 보호하기 위한 구조물에 의한 보호 공법
① 현장타설 콘크리트 격자공
② 블록공
③ (돌, 블록) 쌓기공
④ (돌, 블록, 콘크리트) 붙임공
⑤ 뿜칠공법
(나) 사면을 식물로 피복함으로써 침식, 세굴 등을 방지 : 식생공

107 안전계수가 4이고 2000MPa의 인장강도를 갖는 강선의 최대허용응력은?

① 500MPa   ② 1000MPa
③ 1500MPa   ④ 2000MPa

해설 강선의 최대허용응력

안전계수 = $\dfrac{\text{인장강도}}{\text{최대허용응력}}$

⇨ 최대허용응력 = $\dfrac{\text{인장강도}}{\text{안전계수}} = \dfrac{2000}{4} = 500\,\text{MPa}$

108 터널공사의 전기발파작업에 관한 설명으로 옳지 않은 것은?

① 전선은 점화하기 전에 화약류를 충진한 장소로부터 30m 이상 떨어진 안전한 장소에서 도통시험 및 저항시험을 하여야 한다.

정답 104. ① 105. ④ 106. ② 107. ① 108. ③

② 점화는 충분한 허용량을 갖는 발파기를 사용하고 규정된 스위치를 반드시 사용하여야 한다.
③ 발파 후 발파기와 발파모선의 연결을 유지한 채 그 단부를 절연시킨다.
④ 점화는 선임된 발파책임자가 행하고 발파기의 핸들을 점화할 때 이외는 시건장치를 하거나 모선을 분리하여야 하며 발파책임자의 엄중한 관리하에 두어야 한다.

해설 터널공사의 전기발파작업에 대한 설명 〈터널공사표준안전작업지침-NATM공법〉
제8조(전기발파) 사업주는 전기발파 작업 시 다음 각 호의 사항을 준수하도록하여야 한다.
7. 전선은 점화하기 전에 화약류를 충진한 장소로부터 30m 이상 떨어진 안전한 장소에서 도통시험 및 저항시험을 하여야 한다.
8. 점화는 충분한 허용량을 갖는 발파기를 사용하고 규정된 스위치를 반드시 사용하여야 한다.
9. 점화는 선임된 발파책임자가 행하고 발파기의 핸들을 점화할 때 이외는 시건장치를 하거나 모선을 분리하여야 하며 발파책임자의 엄중한 관리하에 두어야 한다.
10. 발파 후 즉시 발파모선을 발파기로부터 분리하고 그 단부를 절연시킨 후 재점화가 되지 않도록 하여야 한다.
11. 발파 후 30분 이상 경과한 후가 아니면 발파장소에 접근하지 않아야 한다.

109. 화물을 적재하는 경우의 준수사항으로 옳지 않은 것은?

① 침하 우려가 없는 튼튼한 기반 위에 적재할 것
② 건물의 칸막이나 벽 등이 화물의 압력에 견딜 만큼의 강도를 지니지 아니한 경우에는 칸막이나 벽에 기대어 적재하지 않도록 할 것
③ 불안정한 정도로 높이 쌓아 올리지 말 것
④ 하중을 한쪽으로 치우치더라도 화물을 최대한 효율적으로 적재할 것

해설 화물의 적재시 준수사항 〈산업안전보건기준에 관한 규칙〉
제393조(화물의 적재)
사업주는 화물을 적재하는 경우에 다음 각 호의 사항을 준수하여야 한다.
1. 침하 우려가 없는 튼튼한 기반 위에 적재할 것
2. 건물의 칸막이나 벽 등이 화물의 압력에 견딜 만큼의 강도를 지니지 아니한 경우에는 칸막이나 벽에 기대어 적재하지 않도록 할 것
3. 불안정할 정도로 높이 쌓아 올리지 말 것
4. 하중이 한쪽으로 치우치지 않도록 쌓을 것

110. 발파구간 인접구조물에 대한 피해 및 손상을 예방하기 위한 건물기초에서의 허용진동치(cm/sec) 기준으로 옳지 않은 것은? (단, 기존 구조물에 금이 가 있거나 노후구조물 대상일 경우 등은 고려하지 않는다.)

① 문화재 : 0.2cm/sec
② 주택, 아파트 : 0.5cm/sec
③ 상가 : 1.0cm/sec
④ 철골콘크리트 빌딩 : 0.8 ~ 1.0cm/sec

해설 건물기초에서 발파허용 진동치 규제 기준 〈발파작업 표준안전작업지침〉

구분	문화재	주택·아파트	상가(금이 없는 상태)	철골 콘크리트 빌딩 및 상가
건물기초에서의 허용진동치 [cm/sec]	0.2	0.5	1.0	1.0~4.0

111. 지하수위 상승으로 포화된 사질토 지반의 액상화 현상을 방지하기 위한 가장 직접적이고 효과적인 대책은?

① well point 공법 적용
② 동다짐 공법 적용
③ 입도가 불량한 재료를 입도가 양호한 재료로 치환
④ 밀도를 증가시켜 한계간극비 이하로 상대밀도를 유지하는 방법 강구

정답 109. ④ 110. ④ 111. ①

해설 **웰포인트(well point) 공법** : 사질토 지반 탈수공법
① 사질지반, 모래 지반에서 사용하는 가장 경제적인 지하수위 저하 공법
② 지중에 필터가 달린 흡수기를 1~2m 간격으로 설치하고 펌프로 지하수를 빨아 올림으로써 지하수위를 낮추는 공법
③ 지하수위 상승으로 포화된 사질토 지반의 액상화 현상을 방지하기 위한 가장 직접적이고 효과적인 대책

112 거푸집동바리 등을 조립 또는 해체하는 작업을 하는 경우의 준수사항으로 옳지 않은 것은?

① 재료, 기구 또는 공구 등을 올리거나 내리는 경우에는 근로자로 하여금 달줄·달포대 등의 사용을 금하도록 할 것
② 낙하·충격에 의한 돌발적 재해를 방지하기 위하여 버팀목을 설치하고 거푸집동바리 등을 인양장비에 매단 후에 작업을 하도록 하는 등 필요한 조치를 할 것
③ 비, 눈, 그 밖의 기상상태의 불안정으로 날씨가 몹시 나쁜 경우에는 그 작업을 중지할 것
④ 해당 작업을 하는 구역에는 관계 근로자가 아닌 사람의 출입을 금지할 것

113 강관을 사용하여 비계를 구성하는 경우 준수하여야 할 기준으로 옳지 않은 것은?

① 비계기둥의 간격은 띠장 방향에서는 1.85m 이하, 장선(長線) 방향에서는 1.5m 이하로 할 것
② 띠장 간격은 2.0m 이하로 할 것
③ 비계기둥의 제일 윗부분으로부터 31m 되는 지점 밑부분의 비계기둥은 3개의 강관으로 묶어 세울 것
④ 비계기둥 간의 적재하중은 400kg을 초과하지 않도록 할 것

해설 **강관비계의 구조** 〈산업안전보건기준에 관한 규칙〉
제60조(강관비계의 구조)
사업주는 강관을 사용하여 비계를 구성하는 경우 다음 각 호의 사항을 준수하여야 한다.
1. 비계기둥의 간격은 띠장 방향에서는 1.85미터 이하, 장선(長線) 방향에서는 1.5미터 이하로 할 것
2. 띠장 간격은 2.0미터 이하로 할 것
3. 비계기둥의 제일 윗부분으로부터 31미터되는 지점 밑부분의 비계기둥은 2개의 강관으로 묶어 세울 것. 다만, 브라켓(bracket, 까치발) 등으로 보강하여 2개의 강관으로 묶을 경우 이상의 강도가 유지되는 경우에는 그러하지 아니 하다.
4. 비계기둥 간의 적재하중은 400킬로그램을 초과하지 않도록 할 것

114 크레인 등 건설장비의 가공전선로 접근 시 안전대책으로 옳지 않은 것은?

① 안전 이격거리를 유지하고 작업한다.
② 장비를 가공전선로 밑에 보관한다.
③ 장비의 조립, 준비 시부터 가공전선로에 대한 감전 방지 수단을 강구한다.
④ 장비 사용 현장의 장애물, 위험물 등을 점검 후 작업계획을 수립한다.

해설 **크레인 등 건설장비의 가공전선로 접근 시 안전대책**
(1) 장비 사용현장의 장애물, 위험물 등을 점검 후 작업을 위한 계획을 수립한다.
(2) 장비 사용을 위한 신호수를 선정한다.
(3) 장비의 조립, 준비 시부터 가공선로에 대한 감전방지 수단을 강구한다.(가공선로를 정전시킨 후 단락 접지를 해야 하나, 정전작업이 곤란한 경우 가공선로에 방호구를 설치)
(4) 상기 조치를 취하지 못할 경우, 안전 이격거리를 유지하고 작업한다.(전압 50KV 이하 : 이격거리 3m, 154 KV : 4.3m, 345 KV : 6.8m)
(5) 가공전선로 아래 작업하는 건설장비는 이격거리를 지키기 위하여 붐대가 일정한도 이상 올라가지 않도록 하는 등의 조치를 한다.
(6) 가급적 자재를 가공전선로 아래에 보관하지 않도록 한다.

정답 112. ① 113. ③ 114. ②

115 흙의 투수계수에 영향을 주는 인자에 관한 설명으로 옳지 않은 것은?

① 포화도 : 포화도가 클수록 투수계수도 크다.
② 공극비 : 공극비가 클수록 투수계수는 작다.
③ 유체의 점성계수 : 점성계수가 클수록 투수계수는 작다.
④ 유체의 밀도 : 유체의 밀도가 클수록 투수계수는 크다.

해설 흙의 투수계수에 영향을 주는 인자
① 공극비 : 공극비가 클수록 투수계수는 크다.
② 포화도 : 포화도가 클수록 투수계수는 크다.
③ 유체의 점성계수 : 점성계수가 클수록 투수계수는 작다.
④ 유체의 밀도 및 농도 : 유체의 밀도가 클수록 투수계수는 크다.
⑤ 물의 온도가 클수록 투수계수는 크다.
⑥ 흙 입자의 모양과 크기

116 산업안전보건법령에서 규정하는 철골작업을 중지하여야 하는 기후조건에 해당하지 않는 것은?

① 풍속이 초당 10m 이상인 경우
② 강우량이 시간당 1mm 이상인 경우
③ 강설량이 시간당 1cm 이상인 경우
④ 기온이 영하 5℃ 이하인 경우

해설 작업의 제한 〈산업안전보건 기준에 관한 규칙〉
제383조(작업의 제한)
사업주는 다음 각 호의 어느 하나에 해당하는 경우에 철골작업을 중지하여야 한다.
1. 풍속이 초당 10미터 이상인 경우
2. 강우량이 시간당 1밀리미터 이상인 경우
3. 강설량이 시간당 1센티미터 이상인 경우

117 차량계 건설기계를 사용하여 작업을 하는 경우 작업계획서 내용에 포함되지 않는 사항은?

① 사용하는 차량계 건설기계의 종류 및 성능
② 차량계 건설기계의 운행경로
③ 차량계 건설기계에 의한 작업방법
④ 차량계 건설기계 사용 시 유도자 배치 위치

해설 차량계 건설기계를 사용하는 작업의 작업계획서 내용
〈산업안전보건 기준에 관한 규칙〉
가. 사용하는 차량계 건설기계의 종류 및 성능
나. 차량계 건설기계의 운행경로
다. 차량계 건설기계에 의한 작업방법

118 유해위험방지계획서를 고용노동부장관에게 제출하고 심사를 받아야 하는 대상 건설공사 기준으로 옳지 않은 것은?

① 최대 지간길이가 50m 이상인 다리의 건설 등 공사
② 지상높이 25m 이상인 건축물 또는 인공구조물의 건설 등 공사
③ 깊이 10m 이상인 굴착공사
④ 다목적댐, 발전용댐, 저수용량 2천만 톤 이상의 용수 전용 댐 및 지방상수도 전용 댐의 건설 등 공사

해설 유해·위험방지계획서 제출대상 건설공사 〈산업안전보건법 시행령 제42조〉
다음 각 호의 어느 하나에 해당하는 공사를 말한다.
1. 다음 각 목의 어느 하나에 해당하는 건축물 또는 시설 등의 건설·개조 또는 해체 공사
   가. 지상높이가 31미터 이상인 건축물 또는 인공구조물
2. 연면적 5천 제곱미터 이상인 냉동·냉장 창고시설의 설비공사 및 단열공사
3. 최대 지간(支間)길이(다리의 기둥과 기둥의 중심사이의 거리)가 50미터 이상인 다리의 건설 등 공사
4. 터널의 건설 등 공사
5. 다목적댐, 발전용댐, 저수용량 2천만 톤 이상의 용수 전용 댐 및 지방상수도 전용 댐의 건설 등 공사
6. 깊이 10미터 이상인 굴착공사

정답 115. ② 116. ④ 117. ④ 118. ②

119 공사진척에 따른 공정률이 다음과 같을 때 안전관리비 사용기준으로 옳은 것은?(단, 공정률은 기성공정률을 기준으로 함)

> 공정률 : 70퍼센트 이상, 90퍼센트 미만

① 50퍼센트 이상 ② 60퍼센트 이상
③ 70퍼센트 이상 ④ 80퍼센트 이상

해설 공사진척에 따른 안전관리비 사용기준

공정률	50퍼센트 이상 70퍼센트 미만	70퍼센트 이상 90퍼센트 미만	90퍼센트 이상
사용 기준	50퍼센트 이상	70퍼센트 이상	90퍼센트 이상

120 미리 작업장소의 지형 및 지반상태 등에 적합한 제한속도를 정하지 않아도 되는 차량계 건설기계의 속도 기준은?

① 최대 제한 속도가 10km/h 이하
② 최대 제한 속도가 20km/h 이하
③ 최대 제한 속도가 30km/h 이하
④ 최대 제한 속도가 40km/h 이하

해설 제한속도의 지정 〈산업안전보건기준에 관한 규칙〉
제98조(제한속도의 지정 등)
① 사업주는 차량계 하역운반기계, 차량계 건설기계(최대제한속도가 시속 10킬로미터 이하인 것은 제외한다)를 사용하여 작업을 하는 경우 미리 작업장소의 지형 및 지반 상태 등에 적합한 제한속도를 정하고, 운전자로 하여금 준수하도록 하여야 한다.

정답 119. ③ 120. ①

2021년 제2회 산업안전기사 기출문제

제1과목 안전관리론

01 학습자가 자신의 학습속도에 적합하도록 프로그램 자료를 가지고 단독으로 학습하도록 하는 안전교육 방법은?

① 실연법   ② 모의법
③ 토의법   ④ 프로그램 학습법

해설 **프로그램 학습법** : 학생이 자기 학습속도에 따른 학습이 허용되어 있는 상태에서 학습자가 프로그램 자료를 가지고 단독으로 학습하도록 하는 교육 방법

02 헤드십의 특성이 아닌 것은?

① 지휘형태는 권위주의적이다.
② 권한행사는 임명된 헤드이다.
③ 구성원과의 사회적 간격은 넓다.
④ 상관과 부하와의 관계는 개인적인 영향이다.

해설 **헤드십(head-ship)**
(가) 헤드십 : 임명된 지도자로서 권위주의적이고 지배적임
(나) 헤드십(head-ship)의 특성
  1) 권한의 근거는 공식적이다.
  2) 권한행사는 임명된 헤드이다.
  3) 지휘형태는 권위주의적이다.
  4) 상사와 부하와의 관계는 지배적이다.
  5) 부하와의 사회적 간격은 넓다.(관계 원활하지 않음)

03 산업안전보건법령상 특정 행위의 지시 및 사실의 고지에 사용되는 안전·보건표지의 색도 기준으로 옳은 것은?

① 2.5G 4/10   ② 5Y 8.5/12
③ 2.5PB 4/10   ④ 7.5R 4/14

04 인간관계의 메커니즘 중 다른 사람의 행동양식이나 태도를 투입시키거나 다른 사람 가운데서 자기와 비슷한 것을 발견하는 것은?

① 공감   ② 모방
③ 동일화   ④ 일체화

05 다음의 교육내용과 관련 있는 교육은?

> - 작업동작 및 표준작업방법의 습관화
> - 공구·보호구 등의 관리 및 취급태도의 확립
> - 작업 전후의 점검, 검사요령의 정확화 및 습관화

① 지식교육   ② 기능교육
③ 태도교육   ④ 문제해결교육

해설 **단계별 교육내용**
(1) 지식교육(제1단계) : 강의, 시청각교육을 통한 지식의 전달과 이해
(2) 기능교육(제2단계) : 시범, 견학, 실습, 현장실습교육을 통한 경험 체득과 이해
(3) 태도교육(제3단계) : 작업동작지도, 생활지도 등을 통한 안전의 습관화
  ① 작업동작 및 표준작업방법의 습관화
  ② 공구·보호구 등의 관리 및 취급태도의 확립
  ③ 작업 전후의 점검, 검사요령의 정확화 및 습관화
  ④ 작업지시·전달·확인 등의 언어태도의 습관화 및 정확화

정답   01.④   02.④   03.③   04.③   05.③

06 데이비스(K.Davis)의 동기부여 이론에 관한 등식에서 그 관계가 틀린 것은?

① 지식×기능=능력
② 상황×능력=동기유발
③ 능력×동기유발=인간의 성과
④ 인간의 성과×물질의 성과=경영의 성과

해설 데이비스(K. Davis)의 동기부여 이론(등식)
① 인간의 성과×물질의 성과=경영의 성과
② 지식(knowledge)×기능(skill)=능력(ability)
③ 상황(situation)×태도(attitude)=동기유발(motivation)
④ 인간의 능력(ability)×동기유발(motivation)=인간의 성과(human performance)

07 산업안전보건법령상 보호구 안전인증 대상 방독마스크의 유기화합물용 정화통 외부 측면 표시 색으로 옳은 것은?

① 갈색   ② 녹색
③ 회색   ④ 노랑색

해설 방독마스크 정화통(흡수관) 종류와 시험가스

종류	시험가스	정화통 외부측면 표시 색
유기화합물용	시클로헥산(C_6H_{12})	갈색
할로겐용	염소가스 또는 증기(Cl_2)	회색
황화수소용	황화수소가스(H_2S)	회색
시안화수소용	시안화수소가스(HCN)	회색
아황산용	아황산가스(SO_2)	노란색
암모니아용	암모니아가스(NH_3)	녹색

* 복합용의 정화통은 해당 가스 모두 표시(2층 분리), 겸용은 백색과 해당 가스 모두 표시(2층 분리)
* 유기화합물용 방독마스크 시험가스의 종류
  - 시클로헥산(C_6H_{12})
  - 디메틸에테르(CH_3OCH_3)
  - 이소부탄(C_4H_{10})

08 재해원인 분석기법의 하나인 특성요인도의 작성 방법에 대한 설명으로 틀린 것은?

① 큰뼈는 특성이 일어나는 요인이라고 생각되는 것을 크게 분류하여 기입한다.
② 등뼈는 원칙적에서 우측에서 좌측으로 향하여 가는 화살표를 기입한다.
③ 특성의 결정은 무엇에 대한 특성요인도를 작성할 것인가를 결정하고 기입한다.
④ 중뼈는 특성이 일어나는 큰뼈의 요인마다 다시 미세하게 원인을 결정하여 기입한다.

해설 특성요인도의 작성법
① 특성(문제점)을 정한다.
   - 무엇에 대한 특성요인도를 작성하는가를 분명히 한다.
② 등뼈를 기입한다.
   - 특성을 오른쪽에 작성하고, 왼쪽에서 오른쪽으로 굵은 화살표(등뼈)를 기입한다.
③ 큰뼈를 기입한다.
   - 특성이 생기는 원인이라고 생각되는 것을 크게 분류하면 어떤 것이 있는가를 찾아내어 그것을 큰뼈로서 화살표로 기입한다.
④ 중뼈, 잔뼈를 기입한다.
   - 큰뼈의 하나 하나에 대해서 특성이 발생하는 원인이 되는 것을 생각하여 중 뼈를 화살표로 기입하고, 같은 방법으로 잔뼈를 기입한다.
⑤ 기입누락이 없는가를 체크한다.
⑥ 영향이 큰 것에 표시를 한다.
⑦ 필요한 이력을 기입한다.

09 TWI의 교육 내용 중 인간관계 관리방법 즉 부하 통솔법을 주로 다루는 것은?

① JST(Job Safety Training)
② JMT(Job Method Training)
③ JRT(Job Relation Training)
④ JIT(Job Instruction Training)

정답 06.② 07.① 08.② 09.③

해설 TWI(Training Within Industry)
직장에서 제일선 감독자(관리감독자)에 대해서 감독능력을 높이고 부하 직원과의 인간관계를 개선해서 생산성을 높이기 위한 훈련방법
① 작업방법(개선)훈련(Job Method Training ; JMT) : 작업개선 방법
② 작업지도훈련(Job Instruction Training ; JIT) 작업지도, 지시(작업 가르치는 기술)
  - 직장 내 부하 직원에 대하여 가르치는 기술과 관련이 가장 깊은 기법
③ 인간관계 훈련(Job Relations Training ; JRT) : 인간관계 관리(부하통솔)
④ 작업안전 훈련(Job Safety Training ; JST) : 작업안전

10 산업안전보건법령상 안전보건관리규정에 반드시 포함되어야 할 사항이 아닌 것은? (단, 그 밖에 안전 및 보건에 관한 사항은 제외한다.)

① 재해코스트 분석 방법
② 사고 조사 및 대책 수립
③ 작업장 안전 및 보건관리
④ 안전 및 보건 관리조직과 그 직무

해설 안전·보건관리규정 작성내용
① 안전·보건 관리조직과 그 직무에 관한 사항
② 안전·보건교육에 관한 사항
③ 작업장 안전관리에 관한 사항
④ 작업장 보건관리에 관한 사항
⑤ 사고 조사 및 대책 수립에 관한 사항
⑥ 위험성 평가에 관한 사항
⑦ 그 밖에 안전·보건에 관한 사항

11 재해조사에 관한 설명으로 틀린 것은?
① 조사목적에 무관한 조사는 피한다.
② 조사는 현장을 정리한 후에 실시한다.
③ 목격자나 현장 책임자의 진술을 듣는다.
④ 조사자는 객관적이고 공정한 입장을 취해야 한다.

해설 재해조사 시 유의사항
① 가급적 재해 현장이 변형되지 않은 상태에서 실시하여 사실을 있는 그대로 수집한다.
② 객관적인 입장에서 공정하게 조사하며, 조사는 2인 이상이 한다.
③ 사람, 기계설비, 양면의 재해요인을 모두 도출한다.
④ 과거 사고 발생 경향 등을 참고하여 조사한다.
⑤ 목격자의 증언 등 사실 이외의 추측의 말은 참고로만 한다.
⑥ 조사는 신속하게 행하고, 긴급 조치하여 2차 재해의 방지를 도모한다.

12 산업안전보건법령상 안전보건표지의 종류 중 경고표지의 기본모형(형태)이 다른 것은?
① 고압전기 경고
② 방사성 물질 경고
③ 폭발성 물질 경고
④ 매달린 물체 경고

해설 경고표지 기본형태
• 화학물질 취급장소 경고(1~5, 14) – 마름모,
• 방사성 물질 경고등(6~13,15) – 삼각형
• 안전보건표지 종류
(2) 경고표지 : 1. 인화성 물질 경고 2. 산화성 물질 경고 3. 폭발성 물질 경고 4. 급성독성물질 경고 5. 부식성 물질 경고 6. 방사성 물질 경고 7. 고압전기 경고 8. 매달린 물체 경고 9. 낙하물체 경고 10. 고온 경고 11. 저온 경고 12. 몸균형 상실 경고 13. 레이저광선 경고 14. 발암성 · 변이원성 · 생식독성 · 전신독성 · 호흡기 과민성 물질 경고 15. 위험장소 경고

13 도수율이 24.5이고, 강도율이 1.15인 사업장에서 한 근로자가 입사하여 퇴직할 때까지의 근로손실일 수는?

① 2.45일   ② 115일
③ 215일   ④ 245일

해설 환산 강도율
한 사람의 작업자가 평생작업 시 발생할 수 있는 근로손실일

정답 10.① 11.② 12.③ 13.②

* 환산 강도율 = 강도율 × $\frac{평생근로시간(100,000)}{1,000}$
  = 강도율 × 100
* 평생근로시간은 별도 시간 제시가 없는 경우는 100,000시간으로 함(잔업 4,000시간 포함)
* 근로자 1명당 근로시간 수 : 1일 8시간, 1월 25일, 1년 300일(년간 2,400시간)
  ⇨ 환산강도율 = 강도율 × 100
  = 1.15 × 100
  = 115일

14 무재해운동 추진의 3요소에 관한 설명이 아닌 것은?

① 안전보건은 최고경영자의 무재해 및 무질병에 대한 확고한 경영자세로 시작된다.
② 안전보건을 추진하는 데에는 관리감독자들의 생산 활동 속에 안전보건을 실천하는 것이 중요하다.
③ 모든 재해는 잠재요인을 사전에 발견·파악·해결함으로써 근원적으로 산업재해를 없애야 한다.
④ 안전보건은 각자 자신의 문제이며, 동시에 동료의 문제로서 직장의 팀 멤버와 협동 노력하여 자주적으로 추진하는 것이 필요하다.

해설 무재해운동 추진의 3요소(3기둥)
(가) 최고경영자의 안전경영 자세
(나) 관리감독자의 적극적인 안전보건 활동(안전관리의 라인화)
(다) 직장 자주 안전보건활동의 활성화(근로자)

15 헤링(Hering)의 착시현상에 해당하는 것은?

①

②

③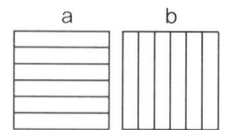

④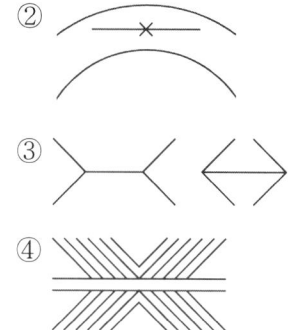

해설 착시현상(Illusions)
① 헤링(Hering)의 착시
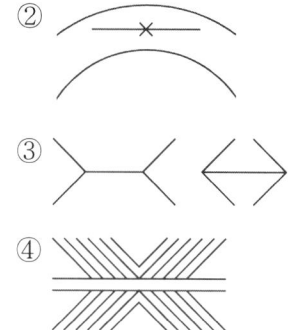

② 헬홀츠(Helmholz)의 착시

③ 퀼러(Köhler)의 착시
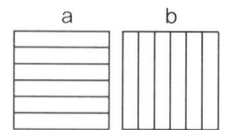

④ 뮬러-라이어(Müller-Lyer)의 착시
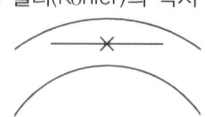

⑤ 졸러(Zöller)의 착시
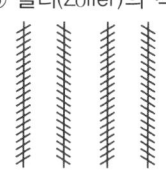

⑥ 포겐도르프(Poggendorf)의 착시
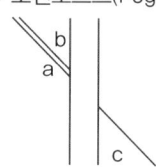

정답 14. ③ 15. ④

16 학습을 자극(Stimulus)에 의한 반응(Response)으로 보는 이론에 해당하는 것은?

① 장설(Field Theory)
② 통찰설(Insight Theory)
③ 기호형태설(Sign-gestalt Theory)
④ 시행착오설(Trial and Error Theory)

17 하인리히의 사고방지 기본원리 5단계 중 시정방법의 선정 단계에 있어서 필요한 조치가 아닌 것은?

① 인사조정
② 안전행정의 개선
③ 교육 및 훈련의 개선
④ 안전점검 및 사고조사

18 산업안전보건법령상 안전보건교육 교육대상별 교육내용 중 관리감독자 정기교육의 내용으로 틀린 것은?

① 정리정돈 및 청소에 관한 사항
② 유해·위험 작업환경 관리에 관한 사항
③ 표준안전작업방법 및 지도 요령에 관한 사항
④ 작업공정의 유해·위험과 재해 예방대책에 관한 사항

해설 관리감독자교육 정기교육
- 산업안전 및 사고 예방에 관한 사항
- 산업보건 및 직업병 예방에 관한 사항
- 유해·위험 작업환경 관리에 관한 사항
- 산업안전보건법령 및 산업재해보상보험 제도에 관한 사항
- 직무스트레스 예방 및 관리에 관한 사항
- 직장 내 괴롭힘, 고객의 폭언 등으로 인한 건강장해 예방 및 관리에 관한 사항
- 작업공정의 유해·위험과 재해 예방대책에 관한 사항
- 표준안전 작업방법 및 지도 요령에 관한 사항
- 관리감독자의 역할과 임무에 관한 사항
- 안전보건교육 능력 배양에 관한 사항
  - 현장근로자와의 의사소통능력 향상, 강의능력 향상, 기타 안전보건교육 능력 배양 등에 관한 사항
  (※ 안전보건교육 능력 배양 내용은 전체 관리감독자 교육시간의 1/3 이하에서 할 수 있다.)

19 산업안전보건법령상 협의체 구성 및 운영에 관한 사항으로 ( )에 알맞은 내용은?

> 도급인은 관계수급인 근로자가 도급인의 사업장에서 작업을 하는 경우 도급인과 수급인을 구성원으로 하는 안전 및 보건에 관한 협의체를 구성 및 운영하여야 한다. 이 협의체는 ( ) 정기적으로 회의를 개최하고 그 결과를 기록·보존하여야 한다.

① 매월 1회 이상   ② 2개월마다 1회
③ 3개월마다 1회   ④ 6개월마다 1회

해설 도급사업에 있어서 협의체 구성 및 운영(도급사업 안전 및 보건에 관한 협의체)
① 협의체는 도급인인 사업주 및 그의 수급인인 사업주 전원으로 구성
② 협의체는 매월 1회 이상 정기적으로 회의를 개최하고, 결과를 기록·보존하여야 함
③ 협의 사항
  1. 작업의 시작 시간
  2. 작업 또는 작업장 간의 연락 방법
  3. 재해 발생 위험이 있는 경우 대피 방법
  4. 작업장 위험성 평가의 실시에 관한 사항
  5. 사업주와 수급인 또는 수급인 상호 간의 연락 방법 및 작업공정의 조정

20 산업안전보건법령상 프레스를 사용하여 작업을 할 때 작업시작 전 점검사항으로 틀린 것은?

① 방호장치의 기능
② 언로드밸브의 기능
③ 금형 및 고정볼트 상태
④ 클러치 및 브레이크의 기능

정답 16.④ 17.④ 18.① 19.① 20.②

제2과목 인간공학 및 시스템안전공학

21 일반적으로 은행의 접수대 높이나 공원의 벤치를 설계할 때 가장 적합한 인체 측정 자료의 응용원칙은?

① 조절식 설계
② 평균치를 이용한 설계
③ 최대치수를 이용한 설계
④ 최소치수를 이용한 설계

해설 인체 계측 자료의 응용원칙
(1) 최대치수와 최소치수(극단적) : 최대치수(거의 모든 사람이 수용할 수 있는 경우 : 문, 통로, 그네의 지지하중, 위험 구역 울타리 등)와 최소치수(선반의 높이, 조정 장치까지의 거리, 조작에 필요한 힘)를 기준으로 설계
(2) 조절범위(가변적, 조절식) : 체격이 다른 여러 사람들에게 맞도록 조절하게 만든 것(의자의 상하 조절, 자동차 좌석의 전후 조절)
　① 조절범위 5~95%tile(Percentile 퍼센타일)
(3) 평균치를 기준으로 한 설계 : 최대치수와 최소치수, 조절식으로 하기 어려울 때 평균치를 기준으로 하여 설계
　① 은행 창구나 슈퍼마켓의 계산대에 적용하기 적합한 인체 측정 자료의 응용원칙

22 위험분석기법 중 고장이 시스템의 손실과 인명의 사상에 연결되는 높은 위험도를 가진 요소나 고장의 형태에 따른 분석법은?

① CA
② ETA
③ FHA
④ FTA

해설 위험도분석(CA, Criticality Analysis)
① 고장이 시스템의 손실과 인명의 사상에 연결되는 높은 위험도를 가진 요소나 고장의 형태에 따른 분석법
② 높은 고장 등급을 갖고 고장모드가 기기 전체의 고장에 어느 정도 영향을 주는가를 정량적으로 평가하는 해석 기법

23 작업장의 설비 3대에서 각각 80dB, 86dB, 78dB의 소음이 발생되고 있을 때 작업장의 음압 수준은?

① 약 81.3dB
② 약 85.5dB
③ 약 87.5dB
④ 약 90.3dB

해설 소음이 합쳐질 경우 음압 수준
$$\text{SPL(dB)} = 10\log(10^{A_1/10} + 10^{A_2/10} + 10^{A_3/10} + \cdots)$$
(A_1, A_2, A_3 : 소음)
⇨ 전체소음 = $10\log(10^8 + 10^{8.6} + 10^{7.8})$ = 87.49
　　　　　= 87.5dB

24 일반적인 화학설비에 대한 안전성 평가(safety assessment) 절차에 있어 안전대책 단계에 해당하지 않는 것은?

① 보전
② 위험도 평가
③ 설비적 대책
④ 관리적 대책

25 욕조곡선에서의 고장 형태에서 일정한 형태의 고장률이 나타나는 구간은?

① 초기 고장구간
② 마모 고장구간
③ 피로 고장구간
④ 우발 고장구간

해설 기계설비의 고장유형
(1) 초기 고장(감소형 고장) : 설계상, 구조상 결함, 불량제조·생산과정 등의 품질관리 미비로 생기는 고장
　① 점검 작업이나 시운전 작업 등으로 사전에 방지
　② 디버깅 기간(debugging) : 기계의 결함을 찾아내 고장률을 안정시키는 기간
　③ 번인기간(burn-in) : 장시간 가동하면서 고장을 제거하는 기간
(2) 우발 고장(일정형) : 예측할 수 없을 때 생기는 고장으로 점검 작업이나 시운전 작업으로 재해를 방지할 수 없음
(3) 마모 고장(증가형) : 장치의 일부가 수명을 다해서 생기는 고장으로, 안전진단 및 적당한 보수에 의해서 방지

정답 21. ② 22. ① 23. ③ 24. ② 25. ④

26 음량 수준을 평가하는 척도와 관계없는 것은?

① dB ② HSI
③ phon ④ sone

해설 음의 크기의 수준
① dB(decibel) : 소음의 크기를 나타내는 단위
② Phon : 1,000Hz 순음의 음압 수준(dB)을 나타냄
③ sone : 40dB의 음압 수준을 가진 순음의 크기를 1sone이라 함
④ sone과 Phon의 관계식
 : sone = $2^{(Phon-40)/10}$

* HSI : 항공분야의 수평자세 지시계(Horizontal Situation Indicator), 디지털 신호 처리(DSP) 분야에서의 컬러 모델을 가리키며 Hue(색상), Saturation(채도), Intensity(명도)의 약자, 인간-시스템 인터페이스(human-system Interface)의 약자

27 실효 온도(effective temperature)에 영향을 주는 요인이 아닌 것은?

① 온도 ② 습도
③ 복사열 ④ 공기 유동

해설 실효 온도(effective temperature)에 영향을 주는 인자 : ① 온도, ② 습도, ③ 공기유동(대류)

* 실효온도(Effective Temperature)
온도와 습도 및 공기 유동이 인체에 미치는 열효과를 하나의 수치로 통합한 경험적 감각지수로, 상대습도 100%일 때의 건구 온도에서 느끼는 것과 동일한 온감

28 FT도에서 시스템의 신뢰도는 얼마인가? (단, 모든 부품의 발생 확률은 0.1이다.)

① 0.0033
② 0.0062
③ 0.9981
④ 0.9936

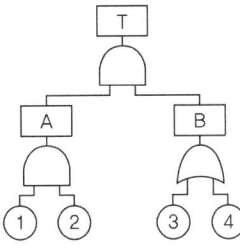

해설 시스템의 신뢰도
(1) T 사상의 발생 확률
 T = A · B (A = ① · ②, B = ③ + ④)
 A = ① · ② = 0.1 × 0.1 = 0.01
 B = 1 - (1-③)(1-④) = 1 - (1-0.1)(1-0.1) = 0.19
 T = 0.01 × 0.19 = 0.0019
(2) 신뢰도 = 1 - 발생 확률 = 1 - 0.0019 = 0.9981

29 인간공학 연구방법 중 실제의 제품이나 시스템이 추구하는 특성 및 수준이 달성되는지를 비교하고 분석하는 연구는?

① 조사연구 ② 실험연구
③ 분석연구 ④ 평가연구

해설 평가연구
인간공학 연구방법 중 실제의 제품이나 시스템이 추구하는 특성 및 수준이 달성되는지를 비교하고 분석하는 연구방법

30 어떤 설비의 시간당 고장률이 일정하다고 할 때 이 설비의 고장간격은 다음 중 어떤 확률 분포를 따르는가?

① t 분포
② 와이블 분포
③ 지수 분포
④ 아이링(Eyring) 분포

해설 지수 분포
어떤 설비의 시간당 고장률이 일정하다고 할 때 이 설비의 고장 간격을 나타내는 확률분포

31 시스템 수명주기에 있어서 예비위험분석(PHA)이 이루어지는 단계에 해당하는 것은?

① 구상단계 ② 점검단계
③ 운전단계 ④ 생산단계

정답 26. ② 27. ③ 28. ③ 29. ④ 30. ③ 31. ①

32 FTA에서 사용하는 다음 사상기호에 대한 설명으로 옳은 것은?

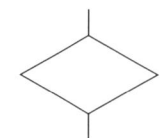

① 시스템 분석에서 좀 더 발전시켜야 하는 사상
② 시스템의 정상적인 가동상태에서 일어날 것이 기대되는 사상
③ 불충분한 자료로 결론을 내릴 수 없어 더 이상 전개할 수 없는 사상
④ 주어진 시스템의 기본사상으로 고장원인이 분석되었기 때문에 더 이상 분석할 필요가 없는 사상

해설 생략사상 : 불충분한 자료로 결론을 내릴 수 없어 더 이상 전개할 수 없는 사상

33 정보를 전송하기 위해 청각적 표시장치보다 시각적 표시장치를 사용하는 것이 더 효과적인 경우는?

① 정보의 내용이 간단한 경우
② 정보가 후에 재참조되는 경우
③ 정보가 즉각적인 행동을 요구하는 경우
④ 정보의 내용이 시간적인 사건을 다루는 경우

해설 시각적 표시장치와 청각적 표시장치의 비교(정보전달)

시각적 표시장치 사용 유리	청각적 표시장치 사용 유리
① 정보의 내용이 복잡한 경우	① 정보의 내용이 간단한 경우
② 정보의 내용이 긴 경우	② 정보의 내용이 짧은 경우
③ 정보가 후에 다시 참조되는 경우	③ 정보가 후에 다시 참조되지 않는 경우
④ 정보가 공간적인 위치를 다루는 경우	④ 정보의 내용이 시간적인 사상(event 사건)을 다루는 경우(메시지가 그때의 사건을 다룬다.)
⑤ 정보의 내용이 즉각적인 행동을 요구하지 않는 경우	⑤ 정보의 내용이 즉각적인 행동을 요구하는 경우
⑥ 수신자의 청각 계통이 과부하 상태일 때	⑥ 수신자의 시각 계통이 과부하 상태일 때(시각장치가 지나치게 많다.)
⑦ 수신 장소가 너무 시끄러울 때	⑦ 수신 장소가 너무 밝거나 암조응 유지가 필요할 때
⑧ 직무상 수신자가 한 곳에 머무르는 경우	⑧ 직무상 수신자가 자주 움직이는 경우

34 감각저장으로부터 정보를 작업기억으로 전달하기 위한 코드화 분류에 해당하지 않는 것은?

① 시각 코드   ② 촉각 코드
③ 음성 코드   ④ 의미 코드

해설 작업기억에서 일어나는 정보 코드화
① 의미 코드화 ② 음성 코드화 ③ 시각 코드화
* 작업 기억(working memory) : 감각기관을 통해 입력된 정보를 일시적으로 보유하고 단기적으로 기억하며 능동적으로 이해하고 조작하는 작업장에서의 기능을 수행하는 단기적 기억

35 인간-기계 시스템 설계과정 중 직무분석을 하는 단계는?

① 제1단계 : 시스템의 목표와 성능명세 결정
② 제2단계 : 시스템의 정의
③ 제3단계 : 기본 설계
④ 제4단계 : 인터페이스 설계

36 중량물 들기 작업 시 5분간의 산소소비량을 측정한 결과 90ℓ의 배기량 중에 산소가 16%, 이산화탄소가 4%로 분석되었다. 해당 작업에 대한 산소소비량(ℓ/min)은 약 얼마인가? (단, 공기 중 질소는 79vol%, 산소는 21vol%이다.)

정답 32.③ 33.② 34.② 35.③ 36.①

① 0.948　　② 1.948
③ 4.74　　　④ 5.74

해설 산소소비량 측정

산소소비량 = (흡기 시 산소농도 21% × 흡기량)
　　　　　 - (배기 시 산소농도% × 배기량)

① 공기의 성분은 질소 78.08%와 산소20.95%, 그 외 이산화탄소 등으로 구성 : 일반적으로 공기 중 질소는 79%, 산소는 21%으로 계산

② $N_2\% = 100 - O_2\% - CO_2\%$

　흡기량 = 배기량 × $\dfrac{(100 - O_2 - CO_2)}{79}$

　※ 에너지소비량, 에너지가(價)(kcal/min)
　　 = 분당산소소비량(ℓ)×5kcal
　　 (산소 1리터가 몸속에서 소비될 때 5kcal의 에너지가 소모됨)

⇨ 분당 산소소비량[ℓ/분]
　= (분당 흡기량×21%) - (분당 배기량×16%)
　= (18.23×0.21) - (18×0.16) = 0.948[ℓ/분]

① 분당 흡기량 = $\dfrac{(100-16-4)}{79} \times 18 = 18.227$
　　　　　　　 = 18.23[ℓ/분]

② 분당 배기량 = $\dfrac{총배기량}{시간} = \dfrac{90}{5} = 18[\ell/분]$

37 의도는 올바른 것이었지만, 행동이 의도한 것과는 다르게 나타나는 오류는?

① Slip　　　② Mistake
③ Lapse　　④ Violation

해설 인간의 오류모형

(가) 착오(Mistake) : 상황해석을 잘못하거나 목표를 잘못 이해하고 착각하여 행하는 경우
(나) 실수(Slip) : 상황이나 목표의 해석을 제대로 했으나 의도와는 다른 행동을 하는 경우
(다) 건망증(Lapse) : 여러 과정이 연계적으로 일어나는 행동에서 일부를 잊어버리고 하지 않거나 또는 기억의 실패에 의하여 발생하는 오류
(라) 위반(Violation) : 정해진 규칙을 알고 있음에도 고의로 따르지 않거나 무시하는 행위

38 동작경제의 원칙과 가장 거리가 먼 것은?

① 급작스런 방향의 전환은 피하도록 할 것
② 가능한 관성을 이용하여 작업하도록 할 것
③ 두 손의 동작은 같이 시작하고 같이 끝나도록 할 것
④ 두 팔의 동작은 동시에 같은 방향으로 움직일 것

39 두 가지 상태 중 하나가 고장 또는 결함으로 나타나는 비정상적인 사상은?

① 톱사상　　　② 결함사상
③ 정상적인 사상　④ 기본적인 사상

해설 논리기호

구분	기호	명칭	설명
1		결함 사상	시스템 분석에서 좀 더 발전시켜야 하는 사상(개별적인 결함사상) - 두 가지 상태 중 하나가 고장 또는 결함으로 나타나는 비정상적인 사상
2		기본 사상	더 이상 전개되지 않는 기본 사상 (더 이상의 세부적인 분류가 필요 없는 사상)
3		통상 사상	시스템의 정상적인 가동상태에서 일어날 것이 기대되는 사상 (통상발생이 예상되는 사상) - 정상적인 사상

40 설비보전 방법 중 설비의 열화를 방지하고 그 진행을 지연시켜 수명을 연장하기 위한 점검, 청소, 주유 및 교체 등의 활동은?

① 사후 보전　　② 개량 보전
③ 일상 보전　　④ 보전 예방

해설 일상 보전

설비의 열화를 방지하고 그 진행을 지연시켜 수명을 연장하기 위한 설비의 점검, 청소, 주유 및 교체 등의 활동을 뜻하는 보전

정답 37.① 38.④ 39.② 40.③

제3과목 기계위험방지기술

41 산업안전보건법령상 보일러 수위가 이상현상으로 인해 위험수위로 변하면 작업자가 쉽게 감지할 수 있도록 경보등, 경보음을 발하고 자동적으로 급수 또는 단수되어 수위를 조절하는 방호장치는?

① 압력방출장치
② 고저수위 조절장치
③ 압력제한스위치
④ 과부하방지장치

해설 보일러 방호장치 : 압력방출장치, 압력제한스위치, 고저수위 조절장치, 화염 검출기 등
(1) 압력방출장치(안전밸브 및 압력릴리프 장치) : 보일러 내부의 압력이 최고사용 압력을 초과할 때 그 과잉의 압력을 외부로 자동적으로 배출시킴으로써 과도한 압력 상승을 저지하여 사고를 방지하는 장치
(2) 압력제한스위치 : 상용운전압력 이상으로 압력이 상승할 경우 보일러의 파열을 방지하기 위하여 버너의 연소를 차단하여 열원을 제거함으로써 정상압력으로 유도하는 장치
(3) 고저수위 조절장치 : 보일러의 수위가 안전을 확보할 수 있는 최저수위(안전수위)까지 내려가기 직전에 자동적으로 경보가 울리고 안전수위까지 내려가는 즉시 연소실 내에 공급하는 연료를 자동적으로 차단하는 장치

42 프레스 작업에서 제품 및 스크랩을 자동적으로 위험한계 밖으로 배출하기 위한 장치로 틀린 것은?

① 피더
② 키커
③ 이젝터
④ 공기 분사 장치

해설 프레스의 송급 및 배출장치 : 프레스 작업에서 금형 안에 손을 넣을 필요가 없도록 한 장치

- 작업자가 직접 소재를 공급하거나 꺼내지 않도록 언코일러(uncoiler), 레벨러(leveller), 피더(feeder) 등을 설치
(1) 언코일러(uncoiler) : 말린 철판을 풀어주는 장치(적재장치)
(2) 레벨러(leveller) : 교정장치
(3) 피더(feeder) : 롤 피더, 다이얼 피더, 퓨셔 피더 등(이송장치)
(4) 이젝터(ejector) : 금형 안에 가공품을 밖으로 밀어내는 장치
(5) 키커 장치(Kicter actuator) : 가공품을 금형에서 차내는 제거 장치
(6) 슈트, 공기 분사 장치

43 산업안전보건법령상 로봇의 작동범위 내에서 그 로봇에 관하여 교시 등 작업을 행하는 때 작업시작 전 점검 사항으로 옳은 것은? (단, 로봇의 동력원을 차단하고 행하는 것은 제외)

① 과부하방지장치의 이상 유무
② 압력제한스위치의 이상 유무
③ 외부 전선의 피복 또는 외장의 손상 유무
④ 권과방지장치의 이상 유무

해설 산업용 로봇의 작업시작 전 점검사항 〈산업안전보건기준에 관한 규칙 [별표 3]〉
① 외부 전선의 피복 또는 외장의 손상 유무
② 매니퓰레이터(manipulator) 작동의 이상 유무
③ 제동장치 및 비상정지장치의 기능

44 산업안전보건법령상 지게차 작업시작 전 점검사항으로 거리가 가장 먼 것은?

① 제동장치 및 조종장치 기능의 이상 유무
② 압력방출장치의 작동 이상 유무
③ 바퀴의 이상 유무
④ 전조등·후미등·방향지시기 및 경보장치 기능의 이상 유무

정답 41. ② 42. ① 43. ③ 44. ②

해설 **작업시작 전 점검사항** 〈산업안전보건기준에 관한 규칙〉

작업의 종류	점검내용
9. 지게차를 사용하여 작업을 하는 때	가. 제동장치 및 조종장치 기능의 이상 유무 나. 하역장치 및 유압장치 기능의 이상 유무 다. 바퀴의 이상 유무 라. 전조등·후미등·방향지시기 및 경보장치 기능의 이상 유무

45 다음 중 가공재료의 칩이나 절삭유 등이 비산되어 나오는 위험으로부터 보호하기 위한 선반의 방호장치는?

① 바이트
② 권과방지장치
③ 압력제한스위치
④ 쉴드(shield)

해설 **선반의 안전장치**
(가) 칩 브레이크(Chip Breaker) : 선반 작업 시 발생되는 칩(chip)으로 인한 재해를 예방하기 위하여 칩을 짧게 끊어지도록 공구(바이트)에 설치되어 있는 방호장치의 일종인 칩 제거기구
(나) 방진구(Center Rest) : 길이가 직경의 12배 이상인 가늘고 긴 공작물을 고정하는 장치(작업 시 공작물의 휘거나 처짐 방지)
(다) 척커버(chuck cover) : 척이나 척에 물린 가공물의 돌출부에 작업복 등이 말려 들어가는 걸 방지하는 장치
(라) 실드(shield, 덮개) : 칩이나 절삭유의 비산방지를 위하여 이동 가능한 덮개 설치
(마) 브레이크 : 작업 중 선반을 급정지 시킬 수 있는 장치

46 산업안전보건법령상 보일러의 압력방출장치가 2개 설치된 경우 그중 1개는 최고사용압력이하에서 작동된다고 할 때 다른 압력방출장치는 최고사용압력의 최대 몇 배 이하에서 작동되도록 하여야 하는가?

① 0.5
② 1
③ 1.05
④ 2

해설 **안전밸브**(Safety Valve & Relief Valve)
〈산업안전보건기준에 관한 규칙〉
제264조(안전밸브 등의 작동요건)
사업주는 설치한 안전밸브 등이 안전밸브 등을 통하여 보호하려는 설비의 최고사용압력 이하에서 작동되도록 하여야 한다. 다만, 안전밸브 등이 2개 이상 설치된 경우에 1개는 최고사용압력의 1.05배(외부화재를 대비한 경우에는 1.1배) 이하에서 작동되도록 설치할 수 있다.

47 상용운전압력 이상으로 압력이 상승할 경우 보일러의 파열을 방지하기 위하여 버너의 연소를 차단하여 정상압력으로 유도하는 장치는?

① 압력방출장치
② 고저수위조절장치
③ 압력제한스위치
④ 통풍제어스위치

해설 **보일러 방호장치** : 압력방출장치, 압력제한스위치, 고저수위 조절장치, 화염 검출기 등
(1) 압력방출장치(안전밸브 및 압력릴리프 장치) : 보일러 내부의 압력이 최고사용 압력을 초과할 때 그 과잉의 압력을 외부로 자동적으로 배출시킴으로써 과도한 압력 상승을 저지하여 사고를 방지하는 장치
(2) 압력제한스위치 : 상용운전압력 이상으로 압력이 상승할 경우 보일러의 파열을 방지하기 위하여 버너의 연소를 차단하여 열원을 제거함으로써 정상압력으로 유도하는 장치
(3) 고저수위조절장치 : 보일러의 수위가 안전을 확보할 수 있는 최저수위(안전수위)까지 내려가기 직전에 자동적으로 경보가 울리고 안전수위까지 내려가는 즉시 연소실 내에 공급하는 연료를 자동적으로 차단하는 장치

정답 45.④ 46.③ 47.③

48 용접부 결함에서 전류가 과대하고, 용접속도가 너무 빨라 용접부의 일부가 홈 또는 오목하게 생기는 결함은?

① 언더 컷 ② 기공
③ 균열   ④ 융합불량

해설 언더 컷(under cut)
일반적으로 전류가 과대하고, 용접속도가 너무 빠르며, 아크를 짧게 유지하기 어려운 경우 모재 및 용접부의 일부가 녹아서 홈 또는 오목한 부분이 생기는 용접부 결함
- 용접시 모재가 녹아 용착금속에 채워지지 않고 홈으로 남게 된 것. 비드(bead)의 가장자리에서 모재가 깊이 먹어 들어간 모양으로 된 것

49 물체의 표면에 침투력이 강한 적색 또는 형광성의 침투액을 표면 개구 결함에 침투시켜 직접 또는 자외선 등으로 관찰하여 결함장소와 크기를 판별하는 비파괴시험은?

① 피로시험   ② 음향탐상시험
③ 와류탐상시험 ④ 침투탐상시험

해설 침투탐상검사(PT, Penetrant Testing)
시험체 표면에 개구해 있는 결함에 침투한 침투액을 흡출시켜 결함지시 모양을 식별(물체의 표면에 침투력이 강한 적색 또는 형광성의 침투액을 표면 개구 결함에 침투시켜 직접 또는 자외선 등으로 관찰하여 결함장소와 크기를 판별하는 비파괴시험)
- 검사물 표면의 균열이나 피트 등의 결함을 비교적 간단하고 신속하게 검출할 수 있고, 특히 비자성 금속재료의 검사에 자주 이용되는 비파괴검사법

50 연삭숫돌의 파괴원인으로 거리가 가장 먼 것은?

① 숫돌이 외부의 큰 충격을 받았을 때
② 숫돌의 회전속도가 너무 빠를 때
③ 숫돌 자체에 이미 균열이 있을 때
④ 플랜지 직경이 숫돌 직경의 1/3 이상일 때

해설 연삭작업에서 숫돌의 파괴원인
① 숫돌의 회전속도가 너무 빠를 때
② 숫돌에 균열이 있을 때
③ 플랜지의 지름이 현저히 작을 때
④ 외부의 충격을 받았을 때
⑤ 회전력이 결합력보다 클 때
⑥ 숫돌의 측면을 사용할 때
⑦ 숫돌의 치수 특히 내경의 크기가 적당하지 않을 때

51 산업안전보건법령상 프레스 등 금형을 부착·해체 또는 조정하는 작업을 할 때, 슬라이드가 갑자기 작동함으로써 근로자에게 발생할 우려가 있는 위험을 방지하기 위해 사용해야 하는 것은? (단, 해당 작업에 종사하는 근로자의 신체가 위험한계 내에 있는 경우)

① 방진구   ② 안전블록
③ 시건장치   ④ 날접촉예방장치

해설 금형해체, 부착, 조정작업의 위험 방지 : 안전블록 사용 〈산업안전보건기준에 관한 규칙〉
제104조(금형조정작업의 위험 방지) 사업주는 프레스 등의 금형을 부착·해체 또는 조정하는 작업을 할 때에 해당 작업에 종사하는 근로자의 신체가 위험한계 내에 있는 경우 슬라이드가 갑자기 작동함으로써 근로자에게 발생할 우려가 있는 위험을 방지하기 위하여 안전블록을 사용하는 등 필요한 조치를 하여야 한다.

52 페일 세이프(fail safe)의 기능적인 면에서 분류할 때 거리가 가장 먼 것은?

① Fool proof   ② Fail passive
③ Fail active ④ Fail operational

해설 페일 세이프(fail safe) : 인간 또는 기계에 과오나 동작상의 실수가 있어도 사고를 발생시키지 않도록 2중, 3중으로 통제를 가하는 것
① fail-passive : 부품이 고장 나면 통상적으로 기계는 정지하는 방향으로 이동한다.
② fail-active : 부품이 고장 나면 기계는 경보를 울리는 가운데 짧은 시간 동안의 운전이 가능하다.

정답 48.① 49.④ 50.④ 51.② 52.①

③ fail-operational : 부품의 고장이 있어도 기계는 추후의 보수가 될 때까지 안전한 기능을 유지하며 이것은 병렬계통 또는 대기여분(Stand-by redundancy) 계통으로 한 것이다.
* 풀 프루프(pool proof) : 인간이 기계 등의 취급을 잘못해도 그것이 바로 사고나 재해와 연결되는 일이 없는 기능을 말함.

53. 산업안전보건법령상 크레인에서 정격하중에 대한 정의는? (단, 지브가 있는 크레인은 제외)

① 부하할 수 있는 최대하중
② 부하할 수 있는 최대하중에서 달기기구의 중량에 상당하는 하중을 뺀 하중
③ 짐을 싣고 상승할 수 있는 최대하중
④ 가장 위험한 상태에서 부하할 수 있는 최대하중

해설 정격하중
이동식 크레인의 지브나 붐의 경사각 및 길이에 따라 부하할 수 있는 최대 하중에서 인양기구(훅, 그래브 등)의 무게를 뺀 하중을 말한다.

54. 기계설비의 안전조건인 구조의 안전화와 거리가 가장 먼 것은?

① 전압 강하에 따른 오동작 방지
② 재료의 결함 방지
③ 설계상의 결함 방지
④ 가공 결함 방지

해설 구조적 안전화 : 재료, 설계, 가공의 결함제거(방지)
① 강도의 열화를 생각하여 안전율을 최대로 고려하여 설계
② 열처리를 통하여 기계의 강도와 인성을 향상

55. 공기압축기의 작업안전수칙으로 가장 적절하지 않은 것은?

① 공기압축기의 점검 및 청소는 반드시 전원을 차단한 후에 실시한다.
② 운전 중에 어떠한 부품도 건드려서는 안 된다.
③ 공기압축기 분해 시 내부의 압축공기를 이용하여 분해한다.
④ 최대공기압력을 초과한 공기압력으로는 절대로 운전하여서는 안 된다.

해설 공기압축기의 작업안전수칙으로 가장 적절하지 않은 것은
① 공기압축기의 점검 및 청소는 반드시 전원을 차단한 후에 실시한다.
② 운전 중에 어떠한 부품도 건드려서는 안 된다.
③ 분해 시에는 공기압축기, 공기탱크 및 관로 안의 압축공기를 배출한 후에 분해한다.
④ 최대공기압력을 초과한 공기압력으로는 절대로 운전하여서는 안 된다.

56. 산업안전보건법령상 컨베이어, 이송용 롤러 등을 사용하는 경우 정전·전압강하 등에 의한 위험을 방지하기 위하여 설치하는 안전장치는?

① 권과방지장치
② 동력전달장치
③ 과부하방지장치
④ 화물의 이탈 및 역주행 방지장치

해설 컨베이어 안전장치 〈산업안전보건기준에 관한 규칙〉
제191조(이탈 등의 방지)
사업주는 컨베이어, 이송용 롤러 등을 사용하는 경우에는 정전·전압강하 등에 따른 화물 또는 운반구의 이탈 및 역주행을 방지하는 장치를 갖추어야 한다. 다만, 무동력상태 또는 수평상태로만 사용하여 근로자가 위험해질 우려가 없는 경우에는 그러하지 아니하다.(*역전방지장치)

57. 회전하는 동작 부분과 고정 부분이 함께 만드는 위험점으로 주로 연삭숫돌과 작업대, 교반기의 교반날개와 몸체 사이에서 형성되는 위험점은?

① 협착점 ② 절단점
③ 물림점 ④ 끼임점

정답 53.② 54.① 55.③ 56.④ 57.④

해설 끼임점(Shear Point)
회전하는 동작 부분과 고정 부분이 함께 만드는 위험점(연삭숫돌과 작업대, 반복 동작되는 링크기구, 교반기의 날개와 몸체 사이, 풀리와 베드 사이 등)

58 다음 중 드릴 작업의 안전사항으로 틀린 것은?

① 옷소매가 길거나 찢어진 옷은 입지 않는다.
② 작고, 길이가 긴 물건은 손으로 잡고 뚫는다.
③ 회전하는 드릴에 걸레 등을 가까이 하지 않는다.
④ 스핀들에서 드릴을 뽑아낼 때에는 드릴 아래에 손을 내밀지 않는다.

59 산업안전보건법령상 양중기의 과부하방지장치에서 요구하는 일반적인 성능기준으로 가장 적절하지 않은 것은?

① 과부하방지장치 작동 시 경보음과 경보램프가 작동되어야 하며 양중기는 작동이 되지 않아야 한다.
② 외함의 전선 접촉부분은 고무 등으로 밀폐되어 물과 먼지 등이 들어가지 않도록 한다.
③ 과부하방지장치와 타 방호장치는 기능에 서로 장애를 주지 않도록 부착할 수 있는 구조이어야 한다.
④ 방호장치의 기능을 정지 및 제거할 때 양중기의 기능이 동시에 원활하게 작동하는 구조이며 정지해서는 안 된다.

60 프레스기의 SPM(stroke per minute)이 200이고, 클러치의 맞물림 개수가 6인 경우 양수기동식 방호장치의 안전거리는?

① 120mm ② 200mm
③ 320mm ④ 400mm

해설 안전거리

$D_m(mm) = 1,600 \times T_m(sec) = 1.6 \times T_m(ms)$

$T_m = \left(\dfrac{1}{\text{클러치 개수}} + \dfrac{1}{2}\right) \times \dfrac{60}{\text{매분 행정수(SPM)}}$

여기서, T_m : 양손으로 누름단추를 조작하고 슬라이드가 하사점에 도달하기까지의 소요최대시간(sec)

① $T_m = \left(\dfrac{1}{\text{클러치개수}} + \dfrac{1}{2}\right) \times \left(\dfrac{60}{\text{매분행정수}}\right)$
$= \left(\dfrac{1}{6} + \dfrac{1}{2}\right) \times \dfrac{60}{200} = 0.2$

② $D = 1600 \times T_m = 1600 \times 0.2 = 320 mm$

제4과목 전기위험방지기술

61 폭발한계에 도달한 메탄가스가 공기에 혼합되었을 경우 착화한계전압(V)은 약 얼마인가? (단, 메탄의 착화최소에너지는 0.2mJ, 극간용량은 10pF으로 한다.)

① 6325 ② 5225
③ 4135 ④ 3035

해설 대전전위
정전기 방전에너지(W) - [단위 J]
$W = \dfrac{1}{2}CV^2$
[C : 도체의 정전용량(단위 패럿 F), V : 대전전위]
⇨ 대전전위
$V = \sqrt{\dfrac{2W}{C}} = \sqrt{\dfrac{2 \times 0.2 \times 10^{-3}}{10 \times 10^{-12}}} = 6,325 V$

* 정전용량 10pF = 10×10^{-12}F
  (m 밀리 → 10^{-3}, p 피코 → 10^{-12})

정답 58.② 59.④ 60.③ 61.①

62 $Q = 2 \times 10^{-7}$[C]으로 대전하고 있는 반경 25cm 도체구의 전위는 약 몇 kV인가?

① 7.2
② 12.5
③ 14.4
④ 25

해설 대전된 도체구의 전위

$$E = \frac{Q}{4\pi\varepsilon_0 r}[V] = \frac{1}{4\pi\varepsilon_0} \times \frac{Q}{r}$$

$$= \frac{1}{4\pi \times (8.855 \times 10^{-12})} \times \frac{2 \times 10^{-7}}{0.25}$$

$$= (9 \times 10^9) \times \frac{2 \times 10^{-7}}{0.25} = 7,200V = 7.2kV$$

(전하 Q[C], 유전율 $\varepsilon_0 = 8.855 \times 10^{-12}$ F/m, 반경 $r = 25cm = 0.25m$)

* 유전율(誘電率, permittivity)
  - 매질 안에서 전기장이 형성될 때 접하는 저항 (전하의 저장 능력)
  - 매질 사이에 아무런 물체가 없는 경우의 진공의 유전율 ε_0는 진공에서 이 둘 사이의 관계를 나타내는 변환값(scale factor).
  ε_0는 국제단위로 $\varepsilon_0 = 8.855 \times 10^{-12}$ F/m

63 다음 중 누전차단기를 시설하지 않아도 되는 전로가 아닌 것은? (단, 전로는 금속제 외함을 가지는 사용전압이 50V를 초과하는 저압의 기계기구에 전기를 공급하는 전로이며, 기계기구에는 사람이 쉽게 접촉할 우려가 있다.)

① 기계기구를 건조한 장소에 시설하는 경우
② 기계기구가 고무, 합성수지, 기타 절연물로 피복된 경우
③ 대지전압 200V 이하인 기계기구를 물기가 있는 곳 이외의 곳에 시설하는 경우
④ 「전기용품 및 생활용품 안전관리법」의 적용을 받는 이중절연구조의 기계기구를 시설하는 경우

해설 누전차단기의 설치 제외 장소
① 기계기구 고무, 합성수지 기타 절연물로 피복된 것일 경우
② 기계기구가 유도전동기의 2차 측 전로에 접속된 저항기일 경우
③ 기계기구를 발전소, 변전소에 준하는 곳에 시설하는 경우로서 취급자 이외의 자가 임의로 출입할 수 없는 경우
④ 전기용품 및 생활용품 안전관리법의 적용을 받는 이중절연구조의 기계기구를 시설하는 경우
⑤ 대지 전압 150V 이하의 기계기구를 물기가 없는 장소에 시설하는 경우
⑥ 기계기구를 건조한 장소에 시설하고 습한 장소에서 조작하는 경우로 제어용 전압이 교류 30V, 직류 40V 이하인 경우
⑦ 절연 TR 시설, 부하 측 비접지하는 경우
⑧ 기계·기구를 건조한 곳에 시설하는 경우
⑨ 전기욕기, 전기로, 전해조 등 기술상 절연이 불가능한 경우
⑩ 전로의 비상승강기, 유도등, 비상조명, 탄약고 등에 누전차단기 대신 누전경보기 설치

64 고압전로에 설치된 전동기용 고압전류 제한퓨즈의 불용단 전류의 조건은?

① 정격전류 1.3배의 전류로 1시간 이내에 용단되지 않을 것
② 정격전류 1.3배의 전류로 2시간 이내에 용단되지 않을 것
③ 정격전류 2배의 전류로 1시간 이내에 용단되지 않을 것
④ 정격전류 2배의 전류로 2시간 이내에 용단되지 않을 것

해설 고압전류 제한퓨즈의 불용단 전류의 조건

퓨즈의 종류	불용단전류
변압기용(T) 전동기용(M) 일반부하용(G)	정격전류 1.3배의 전류로 2시간 이내에 불용단
콘덴서용(C)	정격전류 2배의 전류로 2시간 이내에 불용단

정답 62.① 63.③ 64.②

65 누전차단기의 시설방법 중 옳지 않은 것은?

① 시설장소는 배전반 또는 분전반 내에 설치한다.
② 정격전류용량은 해당 전로의 부하전류값 이상이어야 한다.
③ 정격감도전류는 정상의 사용 상태에서 불필요하게 동작하지 않도록 한다.
④ 인체감전보호형은 0.05초 이내에 동작하는 고감도고속형이어야 한다.

해설 **누전차단기의 시설방법**
① 정격감도 전류 30mA 이하, 동작시간은 0.03초 이내일 것
② 누전차단기는 분기회로마다 설치를 원칙으로 한다.
 – 분기회로 또는 전기기계 기구마다 누전 차단기를 접속할 것
③ 파손이나 감전사고를 방지할 수 있는 장소에 접속할 것
④ 누전차단기는 배전반 또는 분전반 내에 설치하는 것을 원칙으로 한다
⑤ 지락보호전용 기능만 있는 누전차단기는 과전류를 차단하는 퓨즈나 차단기 등과 조합하여 접속할 것
⑥ 정격전류용량은 해당 전로의 부하전륫값 이상이어야 한다.
⑦ 정격감도전류는 정상의 사용상태에서 불필요하게 동작하지 않도록 한다.

66 정전기 방지대책 중 적합하지 않은 것은?

① 대전서열이 가급적 먼 것으로 구성한다.
② 카본 블랙을 도포하여 도전성을 부여한다.
③ 유속을 저감시킨다.
④ 도전성 재료를 도포하여 대전을 감소시킨다.

67 다음 중 방폭전기기기의 구조별 표시방법으로 틀린 것은?

① 내압 방폭구조 : p
② 본질안전 방폭구조 : ia, ib
③ 유입 방폭구조 : o
④ 안전증 방폭구조 : e

해설 **방폭구조의 종류와 기호**

내압 방폭구조	d	비점화 방폭구조	n
압력 방폭구조	p	몰드 방폭구조	m
안전증 방폭구조	e	충전 방폭구조	q
유입 방폭구조	o	특수 방폭구조	s
본질안전 방폭구조	ia, ib		

68 내접압용 절연장갑의 등급에 따른 최대사용전압이 틀린 것은? (단, 교류 전압은 실효값이다.)

① 등급 00 : 교류 500V
② 등급 1 : 교류 7,500V
③ 등급 2 : 직류 17,000V
④ 등급 3 : 직류 39,750V

해설 **절연장갑의 등급**

등급	최대사용전압		비고
	교류(V, 실효값)	직류(V)	
00	500	750	
0	1,000	1,500	
1	7,500	11,250	
2	17,000	25,500	
3	26,500	39,750	
4	36,000	54,000	

* 직류는 교류값에 1.5를 곱해준다.

69 저압 전로의 절연성능에 관한 설명으로 적합하지 않는 것은?

① 전로의 사용전압이 SELV 및 PELV일 때 절연저항은 0.5MΩ 이상이어야 한다.
② 전로의 사용전압이 FELV일 때 절연저항은 1MΩ 이상이어야 한다.
③ 전로의 사용전압이 FELV일 때 DC 시험전압은 500V이다.
④ 전로의 사용전압이 600V일 때 절연저항은 0.5MΩ 이상이어야 한다.

정답 65.④ 66.① 67.① 68.③ 69.④

해설 저압전로의 절연저항 수치

전로의 사용전압 V	DC시험전압 V	절연저항 MΩ
SELV 및 PELV	250	0.5
FELV, 500V 이하	500	1.0
500V 초과	1,000	1.0

[주] 특별저압(extralowvoltage : 2차 전압이 AC 50V, DC 120V 이하)으로 SELV(비접지회로 구성) 및 PELV(접지회로 구성)은 1차와 2차가 전기적으로 절연된 회로, FELV는 1차와 2차가 전기적으로 절연되지 않은 회로

70 다음 중 0종 장소에 사용될 수 있는 방폭구조의 기호는?

① Ex ia ② Ex ib
③ Ex d   ④ Ex e

해설 방폭구조 선정

위험장소	방폭구조
0종 장소	본질안전 방폭구조(ia)
1종 장소	내압 방폭구조(d) 압력 방폭구조(p) 충전 방폭구조(q) 유입 방폭구조(o) 안전증 방폭구조(e) 본질안전 방폭구조(ia, ib) 몰드 방폭구조(m)
2종 장소	0종 장소 및 1종 장소에 사용 가능한 방폭구조 비점화 방폭구조(n)

71 다음 중 전기화재의 주요 원인이라고 할 수 없는 것은?

① 절연전선의 열화
② 정전기 발생
③ 과전류 발생
④ 절연저항값의 증가

해설 전기화재의 원인
① 단락(합선, Short) : 단락하는 순간 폭음과 함께 스파크가 발생하고 단락점이 용융됨.
② 누전(지락)
③ 과전류 : 허용전류를 초과하는 전류
④ 스파크(Spark, 전기불꽃) : 개폐기로 전기회로를 개폐할 때, 퓨즈가 용단할 때 스파크 발생
⑤ 접촉부 과열 : 접촉이 불안전 상태에서 전류가 흐르면 접촉저항에 의해서 접촉부가 발열
⑥ 절연열화 : 절연물은 여러 가지 원인으로 전기저항이 저하되어 절연불량을 일으켜 위험한 상태가 됨.
⑦ 낙뢰(벼락)
⑧ 정전기 스파크

72 배전선로에 정전작업 중 단락 접지기구를 사용하는 목적으로 가장 적합한 것은?

① 통신선 유도 장해 방지
② 배전용 기계 기구의 보호
③ 배전선 통전 시 전위경도 저감
④ 혼촉 또는 오동작에 의한 감전방지

해설 정전작업 중 단락 접지기구를 사용하는 목적 : 혼촉 또는 오동작에 의한 감전방지

73 어느 변전소에서 고장전류가 유입되었을 때 도전성 구조물과 그 부근 지표상의 점과의 사이(약 1m)의 허용접촉전압은 약 몇 V인가? (단, 심실세동전류 : $I_k = \dfrac{0.165}{\sqrt{t}}[A]$, 인체의 저항 : 1000Ω, 지표면의 저항률 : 150Ω·m, 통전시간을 1초로 한다.)

① 164   ② 186
③ 202   ④ 228

해설 허용접촉전압과 허용보폭전압

허용접촉전압	허용보폭전압
$E = I_k \times \left(R_b + \dfrac{3}{2}\rho_s\right)$	$E = I_k \times (R_b + 6\rho_s)$

(심실세동전류 : $I_k = \dfrac{0.165}{\sqrt{t}}[A]$, R_b =인체의 저항(Ω), ρ_s =지표면의 저항률(Ω·m), 통전시간을 t초)

$\Rightarrow E = I_k \times \left(R_b + \dfrac{3}{2}\rho_s\right) = \dfrac{0.165}{\sqrt{1}} \times \left(1,000 + \dfrac{3}{2} \times 150\right)$
$= 202V$

정답 70.① 71.④ 72.④ 73.③

74 방폭기기 그룹에 관한 설명으로 틀린 것은?

① 그룹 I, 그룹 II, 그룹 III가 있다.
② 그룹 I의 기기는 폭발성 갱 내 가스에 취약한 광산에서의 사용을 목적으로 한다.
③ 그룹 II의 세부 분류로 IIA, IIB, IIC가 있다.
④ IIA로 표시된 기기는 그룹 IIB 기기를 필요로 하는 지역에 사용할 수 있다.

해설 가스등급(Gas Group A, B, C)

	폭발등급	I	IIA	IIB	IIC
IEC	최대안전틈새	광산용	0.9mm 이상	0.5mm 초과 0.9mm 미만	0.5mm 이하
	해당가스	메탄	프로판, 아세톤, 벤젠, 부탄	에틸렌, 부타디엔	수소, 아세틸렌

75 한국전기설비규정에 따라 피뢰설비에서 외부피뢰시스템의 수뢰부시스템으로 적합하지 않는 것은?

① 돌침   ② 수평도체
③ 메시도체   ④ 환상도체

해설 피뢰설비에서 외부피뢰시스템의 수뢰부시스템 선정
〈한국전기설비규정〉: 돌침, 수평도체, 메시도체의 요소 중에 한가지 또는 이를 조합한 형식으로 시설하여야 한다.

76 정전기 재해의 방지를 위하여 배관 내 액체의 유속 제한이 필요하다. 배관의 내경과 유속 제한 값으로 적절하지 않은 것은?

① 관 내경(mm): 25, 제한 유속(m/s): 6.5
② 관 내경(mm): 50, 제한 유속(m/s): 3.5
③ 관 내경(mm): 100, 제한 유속(m/s): 2.5
④ 관 내경(mm): 200, 제한 유속(m/s): 1.8

해설 배관 내 액체의 유속제한
① 저항률이 $10^{10} \Omega \cdot cm$ 미만의 도전성 위험물의 배관유속은 7m/s 이하로 할 것
② 에텔, 이황화탄소 등과 같이 유동대전이 심하고 폭발 위험성이 높으면 배관유속을 1m/s 이하로 할 것
③ 물이나 기체를 혼합하는 비수용성 위험물의 배관 내 유속은 1m/s 이하로 할 것
④ 저항률 $10^{10} \Omega \cdot cm$ 이상인 위험물의 배관 내 유속은 표값 이하로 할 것. 단, 주입구가 액면 밑에 충분히 침차할 때까지의 배관 내 유속은 1m/s 이하로 할 것

관 내경		유속	관 내경		유속
inch	mm	(m/s)	inch	mm	(m/s)
0.5	10	8	8	200	1.8
1	25	4.9	16	400	1.3
2	50	3.5	24	600	1.0
4	100	2.5			

77 지락이 생긴 경우 접촉상태에 따라 접촉전압을 제한할 필요가 있다. 인체의 접촉상태에 따른 허용접촉전압을 나타낸 것으로 다음 중 옳지 않은 것은?

① 제1종 : 2.5V 이하
② 제2종 : 25V 이하
③ 제3종 : 35V 이하
④ 제4종 : 제한 없음

해설 종별 허용접촉전압

종별	접촉상태	허용접촉전압
제1종	• 인체의 대부분이 수중에 있는 상태	2.5[V] 이하
제2종	• 인체가 현저히 젖어 있는 상태 • 금속성의 전기·기계장치나 구조물에 인체의 일부가 상시 접촉되어 있는 상태	25[V] 이하

정답 74.④ 75.④ 76.① 77.③

제3종	• 제1종, 제2종 이외의 경우로서 통상의 인체 상태에 접촉 전압이 가해지면 위험성이 높은 상태	50[V] 이하
제4종	• 제1종, 제2종 이외의 경우로서 통상의 인체 상태에 접촉 전압이 가해지더라도 위험성이 낮은 상태 • 접촉 전압이 가해질 우려가 없는 경우	제한 없음

78 계통접지로 적합하지 않는 것은?
① TN 계통 ② TT 계통
③ IN 계통 ④ IT 계통

해설 전기기기를 접지하는 방식 : TN-S, TN-C, TN-C-S, TT(Terra-Terra), IT(Insert-Terra) 방식이 있음.
• TN(Terra-Neutral) 접지방식 :
   TN-S(Separator), TN-C(Combine), TN-C-S

79 정전기 발생에 영향을 주는 요인이 아닌 것은?
① 물체의 분리속도
② 물체의 특성
③ 물체의 접촉시간
④ 물체의 표면상태

해설 정전기 발생에 영향을 주는 요인
(가) 물체의 특성 : 정전기의 발생은 일반적으로 접촉, 분리하는 두 가지 물체의 상호 특성에 의해 지배되며, 대전량은 접촉, 분리하는 두 가지 물체가 대전서열 중에서 가까운 위치에 있으면 작고, 떨어져 있으면 큰 경향이 있음.
(나) 물체의 표면상태 : 물체표면이 원활하면 정전기의 발생이 적고, 물질의 표면이 수분, 기름 등에 의해 오염되어 있으면 산화, 부식에 의해 발생이 큼.
(다) 물체의 이력 : 정전기 발생은 일반적으로 처음 접촉, 분리가 일어날 때 최대가 되며, 접촉, 분리가 반복되어짐에 따라 발생량이 점차 감소됨.

(라) 물체의 접촉면적 및 압력 : 접촉면적 및 접촉압력이 클수록 정전기의 발생량도 증가
(마) 물체의 분리속도
① 분리 과정에서 전하의 완화시간에 따라 정전기 발생량이 좌우되며 전하 완화시간이 길면 전하분리에 주어지는 에너지도 커져서 발생량이 증가함
② 일반적으로 분리속도가 빠를수록 정전기의 발생량 증가

80 정전기 재해의 방지대책에 대한 설명으로 적합하지 않는 것은?
① 접지의 접속은 납땜, 용접 또는 멈춤나사로 실시한다.
② 회전부품의 유막저항이 높으면 도전성의 윤활제를 사용한다.
③ 이동식의 용기는 절연성 고무제 바퀴를 달아서 폭발위험을 제거한다.
④ 폭발의 위험이 있는 구역은 도전성 고무류로 바닥 처리를 한다.

해설 정전기 재해의 방지대책
① 접지의 접속은 납땜, 용접 또는 멈춤나사로 실시한다.
② 회전부품의 유막저항이 높으면 도전성의 윤활제를 사용한다.
③ 이동식의 용기는 도전성 바퀴를 달아서 폭발위험을 제거한다.
④ 폭발의 위험이 있는 구역은 도전성 고무류로 바닥 처리를 한다.

제5과목　화학설비 위험방지기술

81 산업안전보건법령상 특수화학설비를 설치할 때 내부의 이상상태를 조기에 파악하기 위하여 필요한 계측장치를 설치하여야 한다. 이러한 계측장치로 거리가 먼 것은?
① 압력계　② 유량계
③ 온도계　④ 비중계

정답 78.③ 79.③ 80.③ 81.④

해설 특수화학설비〈산업안전보건기준에 관한 규칙〉
제273조(계측장치 등의 설치)
위험물을 정한 기준량 이상으로 제조하거나 취급하는 다음 각 호의 어느 하나에 해당하는 화학설비(이하 "특수화학설 비"라 한다)를 설치하는 경우에는 내부의 이상 상태를 조기에 파악하기 위하여 필요한 온도계·유량계·압력계 등의 계측장치를 설치하여야 한다.
1. 발열반응이 일어나는 반응장치
2. 증류·정류·증발·추출 등 분리를 하는 장치
3. 가열시켜 주는 물질의 온도가 가열되는 위험물질의 분해온도 또는 발화점보다 높은 상태에서 운전되는 설비
4. 반응폭주 등 이상 화학반응에 의하여 위험물질이 발생할 우려가 있는 설비
5. 온도가 섭씨 350도 이상이거나 게이지 압력이 980킬로파스칼 이상인 상태에서 운전되는 설비
6. 가열로 또는 가열기

82 불연성이지만 다른 물질의 연소를 돕는 산화성 액체 물질에 해당하는 것은?

① 히드라진 ② 과염소산
③ 벤젠   ④ 암모니아

해설 과염소산($HClO_4$) : 흡습성이 매우 강한 무색의 액체이고 강한 산(酸)이다. 물과 혼합하면 다량의 열을 발생한다.
- 불연성이지만 다른 물질의 연소를 돕는 산화성 액체 물질에 해당

83 아세톤에 대한 설명으로 틀린 것은?

① 증기는 유독하므로 흡입하지 않도록 주의해야 한다.
② 무색이고 휘발성이 강한 액체이다.
③ 비중이 0.79이므로 물보다 가볍다.
④ 인화점이 20℃이므로 여름철에 인화 위험이 더 높다.

해설 아세톤(acetone) – 화학식 CH_3COCH_3
① 인화점 -20℃, 에테르 냄새를 풍기는 무색의 휘발성 액체이다.
② 물이나 알코올에 잘 녹으며, 유기용매로서 다른 유기물질과도 잘 섞인다.
③ 인화성이 강하고 폭발성이 높기 때문에 화기에 주의해야 하며 장기적인 피부 접촉은 심한 염증을 일으킬 수 있다. 독성물질에 속한다.(증기는 유독함으로 흡입하지 않도록 주의해야 한다.)
④ 일광이나 공기에 노출되면 과산화물을 생성하여 폭발성으로 된다.
⑤ 비중이 0.79이므로 물보다 가볍다.

84 화학물질 및 물리적 인자의 노출기준에서 정한 유해인자에 대한 노출기준의 표시단위가 잘못 연결된 것은?

① 에어로졸 : ppm
② 증기 : ppm
③ 가스 : ppm
④ 고온 : 습구흑구온도지수(WBGT)

85 다음 [표]를 참조하여 메탄 70vol%, 프로판 21vol%, 부탄 9vol%인 혼합가스의 폭발범위를 구하면 약 몇 vol%인가?

가스	폭발하한계 (vol%)	폭발상한계 (vol%)
C_4H_{10}	1.8	8.4
C_3H_8	2.1	9.5
C_2H_6	3.0	12.4
CH_4	5.0	15.0

① 3.45~9.11   ② 3.45~12.58
③ 3.85~9.11   ④ 3.85~12.58

해설 혼합가스의 폭발범위(순수한 혼합가스일 경우)

$$L = \frac{100}{\frac{V_1}{L_1} + \frac{V_2}{L_2} + \cdots + \frac{V_n}{L_n}}$$

여기서, L : 혼합가스의 폭발한계(%) – 폭발상한, 폭발하한 모두 적용 가능
$L_1 + L_2 + \cdots + L_n$: 각 성분가스의 폭발한계(%) – 폭발상한계, 폭발하한계
$V_1 + V_2 + \cdots + V_n$: 전체 혼합가스중 각 성분가스의 비율(%) – 부피비

정답 82. ② 83. ④ 84. ① 85. ②

(* C$_4$H$_{10}$: 부탄, C$_3$H$_8$: 프로판, C$_2$H$_6$: 벤젠, CH$_4$: 메탄)

① 혼합가스의 폭발하한계
$$= \frac{100}{(70/5 + 21/2.1 + 9/1.8)} = 3.45\,\text{vol\%}$$

② 혼합가스의 폭발상한계
$$= \frac{100}{(70/15 + 21/9.8 + 9/8.4)} = 12.58\,\text{vol\%}$$

⇨ 혼합가스의 폭발범위는 3.45 ~ 12.58

86 산업안전보건법령상 위험물질의 종류를 구분할 때 다음 물질들이 해당하는 것은?

> 리튬, 칼륨·나트륨, 황, 황린, 황화인·적린

① 폭발성 물질 및 유기과산화물
② 산화성 액체 및 산화성 고체
③ 물반응성 물질 및 인화성 고체
④ 급성 독성 물질

87 제1종 분말소화약제의 주성분에 해당하는 것은?

① 사염화탄소
② 브롬화메탄
③ 수산화암모늄
④ 탄산수소나트륨

해설 분말소화약제의 종별 주성분
① 제1종 분말 : 탄산수소나트륨(중탄산나트륨, NaHCO$_3$) → BC 화재
 - 탄산수소나트륨(중탄산나트륨, NaHCO$_3$)을 주성분으로 하고 분말의 유동성을 높이기 위해 탄산마그네슘(MgCO$_3$), 인산삼칼슘(Ca$_3$(PO$_4$)$_2$) 등의 분산제를 첨가
② 제2종 분말 : 탄산수소칼륨(중탄산칼륨, KHCO$_3$) → BC 화재
③ 제3종 분말 : 제1인산암모늄(NH$_4$H$_2$PO$_4$) → ABC 화재
 - 메타인산(HPO$_3$)에 의한 방진효과를 가진 분말소화약제 : 메타인산이 발생하여 소화력 우수
④ 제4종 분말 : 탄산수소칼륨과 요소(KHCO$_3$ + (NH$_2$)$_2$CO)의 반응물 → BC 화재

88 탄화칼슘이 물과 반응하였을 때 생성물을 옳게 나타낸 것은?

① 수산화칼슘 + 아세틸렌
② 수산화칼슘 + 수소
③ 염화칼슘 + 아세틸렌
④ 염화칼슘 + 수소

해설 탄화칼슘(CaC$_2$)
탄화칼슘(카바이트)은 물과 반응하여 아세틸렌가스를 발생하므로, 밀폐 용기에 저장하고 불연성가스로 봉입함.
CaC$_2$(탄화칼슘) + 2H$_2$O
→ Ca(OH)$_2$(수산화칼슘) + C$_2$H$_2$(아세틸렌)
* 물과 반응하여 수소가스를 발생시키는 물질 : Mg(마그네슘), Zn(아연), Li(리튬), Na(나트륨), Al(알루미늄) 등

89 다음 중 분진 폭발의 특징으로 옳은 것은?

① 가스폭발보다 연소시간이 짧고, 발생에너지가 작다.
② 압력의 파급속도보다 화염의 파급속도가 빠르다.
③ 가스폭발에 비하여 불완전 연소의 발생이 없다.
④ 주의의 분진에 의해 2차, 3차의 폭발로 파급될 수 있다.

90 가연성 가스 A의 연소범위를 2.2~9.5vol%라 할 때 가스 A의 위험도는 얼마인가?

① 2.52 ② 3.32
③ 4.91 ④ 5.64

해설 위험도 : 기체의 폭발위험 수준을 나타냄.
$$H = \frac{U-L}{L} \quad \Rightarrow \quad 위험도 = \frac{(9.5-2.2)}{2.2} = 3.32$$
[H : 위험도, L : 폭발하한계 값(%), U : 폭발상한계 값(%)]

정답 86.③ 87.④ 88.① 89.④ 90.②

91 다음 중 증기 배관 내에 생성된 증기의 누설을 막고 응축수를 자동적으로 배출하기 위한 안전장치는?

① Steam trap
② Vent stack
③ Blow down
④ Flame arrester

[해설] Steam trap(증기 트랩)
증기 배관 내에 생성하는 응축수를 제거할 때 증기가 배출되지 않도록 하면서 응축수를 자동적으로 배출하기 위한 장치

92 CF_3Br 소화약제의 할론 번호를 옳게 나타낸 것은?

① 할론 1031
② 할론 1311
③ 할론 1301
④ 할론 1310

[해설] 할로겐화합물소화기(증발성 액체 소화기) 소화약제

소화약제	화학식	소화약제	화학식
할론 1040	CCl_4	할론 2402	$C_2F_4Br_2$
할론 1301	CF_3Br	할론 1211	CF_2ClBr

93 산업안전보건법령에 따라 공정안전보고서에 포함해야 할 세부내용 중 공정안전자료에 해당하지 않는 것은?

① 안전운전지침서
② 각종 건물·설비의 배치도
③ 유해하거나 위험한 설비의 목록 및 사양
④ 위험설비의 안전설계·제작 및 설치관련 지침서

[해설] 공정안전자료의 세부 내용 〈산업안전보건법 시행규칙〉
제50조(공정안전보고서의 세부 내용 등)
1. 공정안전자료
   가. 취급·저장하고 있거나 취급·저장하려는 유해·위험물질의 종류 및 수량
   나. 유해·위험물질에 대한 물질안전보건자료
   다. 유해·위험설비의 목록 및 사양
   라. 유해·위험설비의 운전방법을 알 수 있는 공정도면
   마. 각종 건물·설비의 배치도
   바. 폭발위험장소 구분도 및 전기단선도
   사. 위험설비의 안전설계·제작 및 설치 관련 지침서

94 산업안전보건법령상 단위공정시설 및 설비로부터 다른 단위공정 시설 및 설비 사이의 안전거리는 설비의 바깥 면부터 얼마 이상이 되어야 하는가?

① 5m
② 10m
③ 15m
④ 20m

[해설] 안전거리 〈산업안전보건기준에 관한 규칙〉
제271조(안전거리)

구분	안전거리
1. 단위공정시설 및 설비로부터 다른 단위공정시설 및 설비의 사이	설비의 바깥 면으로부터 10미터 이상
2. 플레어스택으로부터 단위공정시설 및 설비, 위험물질 저장탱크 또는 위험물질 하역설비의 사이	플레어스택으로부터 반경 20미터 이상. 다만, 단위공정시설 등이 불연재로 시공된 지붕 아래에 설치된 경우에는 그러하지 아니하다.
3. 위험물질 저장탱크로부터 단위공정시설 및 설비, 보일러 또는 가열로의 사이	저장탱크의 바깥 면으로부터 20미터 이상. 다만, 저장탱크의 방호벽, 원격조종화 설비 또는 살수설비를 설치한 경우에는 그러하지 아니하다.
4. 사무실·연구실·실험실·정비실 또는 식당으로부터 단위공정시설 및 설비, 위험물질 저장탱크, 위험물질 하역설비, 보일러 또는 가열로의 사이	사무실 등의 바깥 면으로부터 20미터 이상. 다만, 난방용 보일러인 경우 또는 사무실 등의 벽을 방호구조로 설치한 경우에는 그러하지 아니하다.

95 자연발화 성질을 갖는 물질이 아닌 것은?

① 질화면
② 목탄 분말
③ 아마인유
④ 과염소산

정답 91.① 92.③ 93.① 94.② 95.④

해설 자연발화 성질을 갖는 물질 : 질화면, 목탄 분말, 아마인유
* 과염소산($HClO_4$) : 불연성이지만 다른 물질의 연소를 돕는 산화성 액체 물질에 해당

96 다음 중 왕복펌프에 속하지 않는 것은?
① 피스톤 펌프
② 플런저 펌프
③ 기어 펌프
④ 격막 펌프

해설 왕복 펌프
① 피스톤 펌프
② 플런저 펌프
③ 버킷 펌프
④ 격막 펌프
- 실린더 내의 피스톤, 버킷 등의 왕복운동으로 액체를 수송하는 용적형 펌프

97 두 물질을 혼합하면 위험성이 커지는 경우가 아닌 것은?
① 이황화탄소 + 물
② 나트륨 + 물
③ 과산화나트륨 + 염산
④ 염소산칼륨 + 적린

해설 이황화탄소(CS_2) : 물에는 조금 밖에 녹지 않고 녹기 어려운 무색 투명한 인화성 액체로서 가연성이 크고 독성이 강함. 공기 중에서 가연성 증기를 발생함으로 물속에 보관.
* 물과의 접촉을 금지하여야 하는 물질
① 리튬(Li)
② 칼륨(K)·나트륨
③ 알킬알루미늄·알킬리튬
④ 마그네슘
⑤ 철분
⑥ 금속분
⑦ 칼슘(Ca)
* 염소산칼륨 : 적린 또는 황과 혼합하는 경우 폭발적으로 연소속도를 증가시키게 됨.

98 5% NaOH 수용액과 10% NaOH 수용액을 반응기에 혼합하여 6% 100kg의 NaOH 수용액을 만들려면 각각 몇 kg의 NaOH 수용액이 필요한가?
① 5% NaOH 수용액: 33.3, 10% NaOH 수용액: 66.7
② 5% NaOH 수용액: 50, 10% NaOH 수용액: 50
③ 5% NaOH 수용액: 66.7, 10% NaOH 수용액: 33.3
④ 5% NaOH 수용액: 80, 10% NaOH 수용액: 20

해설 NaOH(수산화나트륨) 수용액
$0.05x + 0.1y = 0.06 \times 100$ (5% NaOH 수용액의 양 : x, 10% NaOH 수용액의 양 : y)
$x + y = 100 \rightarrow y = 100 - x$
⇨ x값 : $0.05x + 0.1(100-x) = 6 \rightarrow$ 80kg
  y값 : $100 - 80 = 20$kg

99 다음 중 노출기준(TWA, ppm) 값이 가장 작은 물질은?
① 염소
② 암모니아
③ 에탄올
④ 메탄올

해설 유해물질의 노출기준 〈화학물질 및 물리적 인자의 노출기준〉
* 시간가중 평균 노출 기준(TWA, Time Weight Average) : 매일 8시간씩 일하는 근로자에게 노출되어도 영향을 주지 않는 최고 평균농도

유해물질의 명칭		화학식	노출기준			
			TWA		STEL	
국문표기	영문표기		ppm	mg/m³	ppm	mg/m³
톨루엔	Toluene	$C_6H_5CH_3$	50	188	150	560
니트로벤젠	Nitrobenzene	$C_6H_5NO_2$	1	5		
메탄올	Methanol	CH_3OH	200	260	250	310
불소	Fluorine	F_2	0.1	0.2		
암모니아	Ammonia	NH_3	25	18	35	27
에탄올	Ethanol	C_2H_5OH	1,000	1,900		
염소	Chlorine	Cl_2	0.5	1.5	1	3

정답 96.③ 97.① 98.④ 99.①

유해물질의 명칭		화학식	노출기준			
			TWA		STEL	
국문표기	영문표기		ppm	mg/m³	ppm	mg/m³
황화수소	Hydrogen sulfide	H_2S	10	14	15	21
염화수소		HCl	1	1.5	2	3
이산화탄소		CO_2	5,000	9,000	30,000	54,000
일산화탄소		CO	30	34	200	220
포스겐		$COCl_2$	0.1	0.4	–	–

100 산업안전보건법령에 따라 위험물 건조설비 중 건조실을 설치하는 건축물의 구조를 독립된 단층 건물로 하여야 하는 건조설비가 아닌 것은?

① 위험물 또는 위험물이 발생하는 물질을 가열·건조하는 경우 내용적이 $2m^3$인 건조설비
② 위험물이 아닌 물질을 가열·건조하는 경우 액체연료의 최대사용량이 5kg/h인 건조설비
③ 위험물이 아닌 물질을 가열·건조하는 경우 기체연료의 최대사용량이 $2m^3$/h인 건조설비
④ 위험물이 아닌 물질을 가열·건조하는 경우 전기사용 정격용량이 20kW인 건조설비

해설 건조설비를 설치하는 건축물의 구조 〈산업안전기준에 관한 규칙〉
제280조(위험물 건조설비를 설치하는 건축물의 구조)
다음 각 호의 어느 하나에 해당하는 위험물 건조설비 중 건조실을 설치하는 건축물의 구조는 독립된 단층건물로 하여야 한다. 다만, 해당 건조실을 건축물의 최상층에 설치하거나 건축물이 내화 구조인 경우에는 그러하지 아니하다.
1. 위험물 또는 위험물이 발생하는 물질을 가열·건조하는 경우 내용적이 1세제곱미터 이상인 건조설비
2. 위험물이 아닌 물질을 가열·건조하는 경우로서 다음 각 목의 어느 하나의 용량에 해당하는 건조설비
  가. 고체 또는 액체연료의 최대사용량이 시간당 10킬로그램 이상
  나. 기체연료의 최대사용량이 시간당 1세제곱미터 이상
  다. 전기사용 정격용량이 10킬로와트 이상

제6과목 건설안전기술

101 부두·안벽 등 하역작업을 하는 장소에서 부두 또는 안벽의 선을 따라 통로를 설치하는 경우에는 폭을 최소 얼마 이상으로 하여야 하는가?

① 85cm   ② 90cm
③ 100cm   ④ 120cm

해설 화물취급 작업 〈산업안전보건기준에 관한 규칙〉
제390조(하역작업장의 조치기준)
사업주는 부두·안벽 등 하역작업을 하는 장소에 다음 각 호의 조치를 하여야 한다.
1. 작업장 및 통로의 위험한 부분에는 안전하게 작업할 수 있는 조명을 유지할 것
2. 부두 또는 안벽의 선을 따라 통로를 설치하는 경우에는 폭을 90센티미터 이상으로 할 것
3. 육상에서의 통로 및 작업장소로서 다리 또는 선거(船渠) 갑문(閘門)을 넘는 보도(步道) 등의 위험한 부분에는 안전 난간 또는 울타리 등을 설치할 것

102 지반의 굴착 작업에 있어서 비가 올 경우를 대비한 직접적인 대책으로 옳은 것은?

① 측구 설치
② 낙하물 방지망 설치
③ 추락 방호망 설치
④ 매설물 등의 유무 또는 상태 확인

해설 지반의 굴착 작업에서 비가 올 경우의 대책 〈산업안전보건기준에 관한 규칙〉
제340조(지반의 붕괴 등에 의한 위험방지)
① 사업주는 굴착작업에 있어서 지반의 붕괴 또는 토석의 낙하에 의하여 근로자에게 위험을 미칠 우려가 있는 경우에는 미리 흙막이 지보공의

정답 100. ② 101. ② 102. ①

설치, 방호망의 설치 및 근로자의 출입 금지 등 그 위험을 방지하기 위하여 필요한 조치를 하여야 한다.

② 사업주는 비가 올 경우를 대비하여 측구(側溝)를 설치하거나 굴착사면에 비닐을 덮는 등 빗물 등의 침투에 의한 붕괴재해를 예방하기 위하여 필요한 조치를 하여야 한다.

103 다음은 산업안전보건법령에 따른 산업안전보건관리비의 사용에 관한 규정이다. ( ) 안에 들어갈 내용을 순서대로 옳게 작성한 것은?

> 건설공사도급인은 고용노동부장관이 정하는 바에 따라 해당 건설공사를 위하여 계상된 산업안전보건관리비를 그가 사용하는 근로자와 그의 관계수급인이 사용하는 근로자의 산업재해 및 건강장해 예방에 사용하고 그 사용명세서를 ( ) 작성하고 건설공사 종료 후 ( )간 보존하여야 한다.

① 매월, 6개월
② 매월, 1년
③ 2개월 마다, 6개월
④ 2개월 마다, 1년

해설 산업안전보건관리비 사용명세서 보존〈산업안전보건법 시행규칙〉
제91조(산업안전보건관리비의 사용)
건설공사도급인은 고용노동부장관이 정하는 바에 따라 해당 건설공사를 위하여 계상된 산업안전보건관리비를 그가 사용하는 근로자와 그의 관계수급인이 사용하는 근로자의 산업재해 및 건강장해 예방에 사용하고 그 사용명세서를 매월(공사가 1개월 이내에 종료되는 사업의 경우에는 해당 공사 종료 시) 작성하고 건설공사 종료 후 1년간 보존하여야 한다.

104 강관틀비계(높이 5m 이상)의 넘어짐을 방지하기 위하여 사용하는 벽이음 및 버팀의 설치간격 기준으로 옳은 것은?

① 수직방향 5m, 수평방향 5m
② 수직방향 6m, 수평방향 7m
③ 수직방향 6m, 수평방향 8m
④ 수직방향 7m, 수평방향 8m

해설 강관비계의 벽이음에 대한 조립간격 기준

강관비계의 종류	조립간격(단위: m)	
	수직방향	수평방향
단관비계	5	5
틀비계(높이가 5m 미만인 것은 제외한다)	6	8

105 굴착공사에 있어서 비탈면붕괴를 방지하기 위하여 실시하는 대책으로 옳지 않은 것은?

① 지표수의 침투를 막기 위해 표면배수공을 한다.
② 지하수위를 내리기 위해 수평배수공을 설치한다.
③ 비탈면 하단을 성토한다.
④ 비탈면 상부에 토사를 적재한다.

해설 굴착공사 비탈면붕괴 방지대책
① 적절한 경사면의 기울기를 계획하여야 함(굴착면 기울기 기준 준수)
② 경사면의 기울기가 당초 계획과 차이가 발생되면 즉시 재검토하여 계획을 변경시켜야 함
③ 활동할 가능성이 있는 토석은 제거하여야 함
④ 경사면의 하단부에 압성토 등 보강공법으로 활동에 대한 저항 대책을 강구
  ㉠ 비탈면 하단을 성토함
⑤ 말뚝(강관, H형강, 철근콘크리트)을 타입하여 강화
⑥ 지표수와 지하수의 침투를 방지
  ㉠ 지표수의 침투를 막기 위해 표면배수공을 한다.
  ㉡ 지하수위를 내리기 위해 수평배수공을 한다.
⑦ 비탈면 상부의 토사를 제거하여 비탈면의 안전성 유지

정답 103. ② 104. ③ 105. ④

106 강관을 사용하여 비계를 구성하는 경우 준수해야 할 사항으로 옳지 않은 것은?

① 비계기둥의 간격은 띠장 방향에서는 1.85m 이하, 장선(長線) 방향에서는 1.5m 이하로 할 것
② 띠장 간격은 2.0m 이하로 할 것
③ 비계기둥의 제일 윗부분으로부터 31m 되는 지점 밑부분의 비계기둥은 3개의 강관으로 묶어 세울 것
④ 비계기둥 간의 적재하중은 400kg을 초과하지 않도록 할 것

107 다음은 산업안전보건법령에 따른 시스템 비계의 구조에 관한 사항이다. ( ) 안에 들어갈 내용으로 옳은 것은?

> 비계 밑단의 수직재와 받침철물은 밀착되도록 설치하고, 수직재와 받침철물의 연결부의 겹침길이는 받침철물 전체길이의 ( ) 이상이 되도록 할 것

① 2분의 1　　② 3분의 1
③ 4분의 1　　④ 5분의 1

[해설] 시스템 비계 〈산업안전보건법 시행규칙〉
제69조(시스템 비계의 구조)
사업주는 시스템 비계를 사용하여 비계를 구성하는 경우에 다음 각 호의 사항을 준수하여야 한다.
1. 수직재·수평재·가새재를 견고하게 연결하는 구조가 되도록 할 것
2. 비계 밑단의 수직재와 받침철물은 밀착되도록 설치하고, 수직재와 받침철물의 연결부의 겹침길이는 받침철물 전체 길이의 3분의 1 이상이 되도록 할 것

108 건설현장에서 작업으로 인하여 물체가 떨어지거나 날아올 위험이 있는 경우에 대한 안전조치에 해당하지 않는 것은?

① 수직보호망 설치
② 방호선반 설치
③ 울타리설치
④ 낙하물 방지망 설치

[해설] 낙하물에 의한 위험의 방지 〈산업안전보건기준에 관한 규칙〉
제14조(낙하물에 의한 위험의 방지)
② 사업주는 작업으로 인하여 물체가 떨어지거나 날아올 위험이 있는 경우 낙하물 방지망, 수직보호망 또는 방호선반의 설치, 출입금지구역의 설정, 보호구의 착용 등 위험을 방지하기 위하여 필요한 조치를 하여야 한다.

109 흙막이 가시설 공사 중 발생할 수 있는 보일링(Boiling) 현상에 관한 설명으로 옳지 않은 것은?

① 이 현상이 발생하면 흙막이 벽의 지지력이 상실된다.
② 지하수위가 높은 지반을 굴착할 때 주로 발생된다.
③ 흙막이벽의 근입장 깊이가 부족할 경우 발생한다.
④ 연약한 점토지반에서 굴착면의 융기로 발생한다.

[해설] 보일링(boiling) 현상: 투수성이 좋은 사질지반에서 흙파기 공사를 할때 흙막이벽 배면의 지하 수위가 굴착저면보다 높아 굴착저면 위로 모래와 지하수가 부풀어 오르는 현상(굴착부와 배면부의 지하수위의 수두차)

〈형상 및 발생 원인〉
① 이 현상이 발생하면 흙막이 벽의 지지력이 상실된다.
② 연약 사질토 지반에서 주로 발생한다.
③ 지반을 굴착 시, 굴착부와 지하수위 차가 있을 때 주로 발생한다.(지하수위가 높은 지반을 굴착할 때 주로 발생)
④ 흙막이벽의 근입장 깊이가 부족할 경우 발생한다.
⑤ 굴착저면에서 액상화 현상에 기인하여 발생한다.
⑥ 시트파일(sheet pile) 등의 저면에 분사현상이 발생한다.

정답 106. ③　107. ②　108. ③　109. ④

110 거푸집동바리 등을 조립하는 경우에 준수해야 할 기준으로 옳지 않은 것은?

① 동바리의 상하 고정 및 미끄러짐 방지 조치를 하고, 하중의 지지상태를 유지한다.
② 강재와 강재의 접속부 및 교차부는 볼트·클램프 등 전용철물을 사용하여 단단히 연결한다.
③ 파이프 서포트를 제외한 동바리로 사용하는 강관은 높이 2m마다 수평연결재를 2개 방향으로 만들고 수평연결재의 변위를 방지할 것
④ 동바리로 사용하는 파이프 서포트는 4개 이상이어서 사용하지 않도록 할 것

해설 거푸집동바리 등의 안전조치 〈산업안전보건기준에 관한 규칙〉
제332조(거푸집동바리 등의 안전조치) 사업주는 거푸집동바리 등을 조립하는 경우에는 다음 각 호의 사항을 준수하여야 한다.
3. 동바리의 상하 고정 및 미끄러짐 방지 조치를 하고, 하중의 지지상태를 유지할 것
4. 동바리의 이음은 맞댄이음이나 장부이음으로 하고 같은 품질의 재료를 사용할 것
5. 강재와 강재의 접속부 및 교차부는 볼트·클램프 등 전용철물을 사용하여 단단히 연결할 것
6. 거푸집이 곡면인 경우에는 버팀대의 부착 등 그 거푸집의 부상(浮上)을 방지하기 위한 조치를 할 것
7. 동바리로 사용하는 강관[파이프 서포트(pipe support)는 제외한다]에 대해서는 다음 각 목의 사항을 따를 것
    가. 높이 2미터 이내마다 수평연결재를 2개 방향으로 만들고 수평연결재의 변위를 방지할 것
    나. 멍에 등을 상단에 올릴 경우에는 해당 상단에 강재의 단판을 붙여 멍에 등을 고정시킬 것
8. 동바리로 사용하는 파이프 서포트에 대해서는 다음 각 목의 사항을 따를 것
    가. 파이프 서포트를 3개 이상이어서 사용하지 않도록 할 것

111 장비가 위치한 지면보다 낮은 장소를 굴착하는 데 적합한 장비는?

① 트럭크레인   ② 파워셔블
③ 백호   ④ 진폴

해설 백호우(backhoe)
장비가 위치한 지면보다 낮은 장소를 굴착하는 데 적합한 장비
- 단단한 토질의 굴삭이 가능하고 Trench, Ditch, 배관작업 등에 편리. 수중굴착도 가능

112 건설공사도급인은 건설공사 중에 가설구조물의 붕괴 등 산업재해가 발생할 위험이 있다고 판단되면 건축·토목 분야의 전문가의 의견을 들어 건설공사 발주자에게 해당 건설공사의 설계변경을 요청할 수 있는데, 이러한 가설구조물의 기준으로 옳지 않은 것은?

① 높이 20m 이상인 비계
② 작업발판 일체형 거푸집 또는 높이 6m 이상인 거푸집 동바리
③ 터널의 지보공 또는 높이 2m 이상인 흙막이 지보공
④ 동력을 이용하여 움직이는 가설구조물

해설 가설구조물의 구조적 안전성 확인 〈건설기술진흥법 시행령〉
제101조의2(가설구조물의 구조적 안전성 확인)
① 건설사업자 또는 주택건설등록업자가 관계전문가로부터 구조적 안전성을 확인받아야 하는 가설구조물은 다음 각 호와 같다.
1. 높이가 31미터 이상인 비계
1의2. 브라켓(bracket) 비계
2. 작업발판 일체형 거푸집 또는 높이가 5미터 이상인 거푸집 및 동바리
3. 터널의 지보공(支保工) 또는 높이가 2미터 이상인 흙막이 지보공
4. 동력을 이용하여 움직이는 가설구조물

113 콘크리트 타설 시 안전수칙으로 옳지 않은 것은?

① 타설 순서는 계획에 의하여 실시하여야 한다.
② 진동기는 최대한 많이 사용하여야 한다.
③ 콘크리트를 치는 도중에는 거푸집, 지보공 등의 이상유무를 확인하여야 한다.
④ 손수레로 콘크리트를 운반할 때에는 손수레를 타설하는 위치까지 천천히 운반하여 거푸집에 충격을 주지 아니하도록 타설하여야 한다.

해설 콘크리트 타설 시 안전수칙 준수 〈콘크리트공사표준안전작업지침〉
제13조(타설) 사업주는 콘크리트 타설 시 다음 각호에 정하는 안전수칙을 준수하여야 한다.
1. 타설 순서는 계획에 의하여 실시하여야 한다.
2. 콘크리트를 치는 도중에는 거푸집, 지보공 등의 이상 유무를 확인하여야 하고, 담당자를 배치하여 이상이 발생한 때 에는 신속한 처리를 하여야 한다.
3. 타설속도는 건설부 제정 콘크리트 표준시방서에 의한다.
4. 손수레를 이용하여 콘크리트를 운반할 때에는 다음 각 목의 사항을 준수하여야 한다.
   가. 손수레를 타설하는 위치까지 천천히 운반하여 거푸집에 충격을 주지 아니하도록 타설하여야 한다.
   나. 손수레에 의하여 운반할 때에는 적당한 간격을 유지하여야 하고 뛰어서는 안 되며, 통로구분을 명확히 하여야 한다.
   다. 운반 통로에 방해가 되는 것은 즉시 제거하여야 한다.
7. 전동기는 적절히 사용되어야 하며, 지나친 진동은 거푸집 도괴의 원인이 될 수 있으므로 각별히 주의하여야 한다.

114 산업안전보건법령에 따른 작업발판 일체형 거푸집에 해당하지 않는 것은?

① 갱 폼(Gang Form)
② 슬립 폼(Slip Form)
③ 유로 폼(Euro Form)
④ 클라이밍 폼(Climbing Form)

해설 작업발판 일체형 거푸집 〈산업안전보건기준에 관한 규칙〉
제337조(작업발판 일체형 거푸집의 안전조치)
① "작업발판 일체형 거푸집"이란 거푸집의 설치·해체, 철근 조립, 콘크리트 타설, 콘크리트 면처리 작업 등을 위하여 거푸집을 작업발판과 일체로 제작하여 사용하는 거푸집으로서 다음 각 호의 거푸집을 말한다.
1. 갱 폼(gang form)
2. 슬립 폼(slip form)
3. 클라이밍 폼(climbing form)
4. 터널 라이닝 폼(tunnel lining form)
5. 그 밖에 거푸집과 작업발판이 일체로 제작된 거푸집

115 터널 지보공을 조립하는 경우에는 미리 그 구조를 검토한 후 조립도를 작성하고, 그 조립도에 따라 조립하도록 하여야 하는데 이 조립도에 명시하여야할 사항과 가장 거리가 먼 것은?

① 이음방법   ② 단면규격
③ 재료의 재질   ④ 재료의 구입처

해설 터널 지보공의 조립도 〈산업안전보건기준에 관한 규칙〉
제363조(조립도)
① 사업주는 터널 지보공을 조립하는 경우에는 미리 그 구조를 검토한 후 조립도를 작성하고, 그 조립도에 따라 조립하도록 하여야 한다.
② 제1항의 조립도에는 재료의 재질, 단면규격, 설치간격 및 이음방법 등을 명시하여야 한다.

116 산업안전보건법령에 따른 건설공사 중 다리 건설공사의 경우 유해위험방지계획서를 제출하여야 하는 기준으로 옳은 것은?

① 최대 지간길이가 40m 이상인 다리의 건설 등 공사
② 최대 지간길이가 50m 이상인 다리의 건설 등 공사

정답 113.② 114.③ 115.④ 116.②

③ 최대 지간길이가 60m 이상인 다리의 건설 등 공사
④ 최대 지간길이가 70m 이상인 다리의 건설 등 공사

117 가설통로 설치에 있어 경사가 최소 얼마를 초과하는 경우에는 미끄러지지 아니하는 구조로 하여야 하는가?

① 15도 ② 20도
③ 30도 ④ 40도

해설 **가설통로의 구조** 〈산업안전보건기준에 관한 규칙〉
제23조(가설통로의 구조) 사업주는 가설통로를 설치하는 경우 다음 각 호의 사항을 준수하여야 한다.
1. 견고한 구조로 할 것
2. 경사는 30도 이하로 할 것. 다만, 계단을 설치하거나 높이 2미터 미만의 가설통로로서 튼튼한 손잡이를 설치한 경우에는 그러하지 아니하다.
3. 경사가 15도를 초과하는 경우에는 미끄러지지 아니하는 구조로 할 것

118 굴착과 싣기를 동시에 할 수 있는 토공기계가 아닌 것은?

① 트랙터 셔블(tractor shovel)
② 백호(back hoe)
③ 파워 셔블(power shovel)
④ 모터 그레이더(motor grader)

해설 **굴착과 싣기를 동시에 할 수 있는 토공기계**
: 쇼벨, 백호
* 모터그레이더 : 엔진이나 유압에 의해 주행할 수 있는 그레이더로 고무타이어의 전륜과 후륜 사이에 토공판(블레이드, blade)을 부착하여 주로 노면을 평활하게 깎아 내는 작업을 수행(정지작업용 장비)

119 강관틀 비계를 조립하여 사용하는 경우 준수하여야 할 사항으로 옳지 않은 것은?

① 비계기둥의 밑둥에는 밑받침 철물을 사용할 것
② 높이가 20m를 초과하거나 중량물의 적재를 수반하는 작업을 할 경우에는 주틀 간의 간격을 1.8m 이하로 할 것
③ 주틀 간에 교차 가새를 설치하고 최하층 및 3층 이내마다 수평재를 설치할 것
④ 길이가 띠장 방향으로 4m 이하이고 높이가 10m를 초과하는 경우에는 10m 이내마다 띠장 방향으로 버팀기둥을 설치할 것

해설 **강관틀비계** 〈산업안전보건기준에 관한 규칙〉
제62조(강관틀비계) 사업주는 강관틀 비계를 조립하여 사용하는 경우 다음 각 호의 사항을 준수하여야 한다.
1. 비계기둥의 밑둥에는 밑받침 철물을 사용하여야 하며 밑받침에 고저차(高低差)가 있는 경우에는 조절형 밑받침철물 을 사용하여 각각의 강관틀비계가 항상 수평 및 수직을 유지하도록 할 것
2. 높이가 20미터를 초과하거나 중량물의 적재를 수반하는 작업을 할 경우에는 주틀 간의 간격을 1.8미터 이하로 할 것
3. 주틀 간에 교차 가새를 설치하고 최상층 및 5층 이내마다 수평재를 설치할 것
4. 수직 방향으로 6미터, 수평 방향으로 8미터 이내마다 벽이음을 할 것
5. 길이가 띠장 방향으로 4미터 이하이고 높이가 10미터를 초과하는 경우에는 10미터 이내마다 띠장 방향으로 버팀기 둥을 설치할 것

120 산업안전보건법령에 따른 양중기의 종류에 해당하지 않는 것은?

① 고소작업차 ② 이동식 크레인
③ 승강기 ④ 리프트(Lift)

해설 **양중기의 종류** 〈산업안전보건기준에 관한 규칙〉
제132조(양중기) ① 양중기란 다음 각 호의 기계를 말한다.
1. 크레인[호이스트(hoist)를 포함한다]
2. 이동식 크레인
3. 리프트(이삿짐운반용 리프트의 경우에는 적재하중이 0.1톤 이상인 것으로 한정한다)
4. 곤돌라
5. 승강기

정답 117.① 118.④ 119.③ 120.①

2021년 제3회 산업안전기사 기출문제

제1과목 안전관리론

01 안전점검표(체크리스트) 항목 작성 시 유의사항으로 틀린 것은?

① 정기적으로 검토하여 설비나 작업방법이 타당성 있게 개조된 내용일 것
② 사업장에 적합한 독자적 내용을 가지고 작성할 것
③ 위험성이 낮은 순서 또는 긴급을 요하는 순서대로 작성할 것
④ 점검항목을 이해하기 쉽게 구체적으로 표현할 것

해설 안전점검 체크리스트 작성시 유의해야 할 사항
① 사업장에 적합한 독자적인 내용으로 작성한다.
② 점검표는 이해하기 쉽게 표현하고 구체적으로 작성한다.
③ 관계의 의견을 통하여 정기적으로 검토·보안 작성한다.
④ 위험성이 높고, 긴급을 요하는 순으로 작성한다.

02 안전교육에 있어서 동기부여 방법으로 가장 거리가 먼 것은?

① 책임감을 느끼게 한다.
② 관리감독을 철저히 한다.
③ 자기 보존본능을 자극한다.
④ 물질적 이해관계에 관심을 두도록 한다.

해설 학습에 대한 동기유발 방법
① 내적 동기유발 방법
  ㉠ 학습자의 요구 수준에 맞는 적절한 교재의 제시
  ㉡ 지적 호기심의 제고
  ㉢ 목표의 인식
  ㉣ 성취의욕의 고취
  ㉤ 흥미 등의 방법

② 외적 동기유발 방법
  ㉠ 학습결과를 알게 하고 성공감, 만족감을 갖게 할 것
  ㉡ 적절한 상벌에 의하여 학습의욕을 환기 시킬 것
  ㉢ 경쟁심을 이용할 것

03 교육과정 중 학습경험조직의 원리에 해당하지 않는 것은?

① 기회의 원리   ② 계속성의 원리
③ 계열성의 원리 ④ 통합성의 원리

04 근로자 1000명 이상의 대규모 사업장에 적합한 안전관리 조직의 유형은?

① 직계식 조직
② 참모식 조직
③ 병렬식 조직
④ 직계참모식 조직

05 산업안전보건법령상 안전보건표지의 종류와 형태 중 관계자 외 출입금지에 해당하지 않는 것은?

① 관리대상물질 작업장
② 허가대상물질 작업장
③ 석면취급·해체 작업장
④ 금지대상물질의 취급 실험실

해설 안전보건 표지의 종류와 형태 〈산업안전보건법 시행규칙 [별표 7]〉
• 관계자외 출입금지표지
  ① 허가대상물질 작업장
  ② 석면취급·해체 작업장
  ③ 금지대상물질의 취급 실험실 등

정답 01. ③ 02. ② 03. ① 04. ④ 05. ①

06 산업안전보건법령상 명시된 타워크레인을 사용하는 작업에서 신호업무를 하는 작업 시 특별교육 대상 작업별 교육 내용이 아닌 것은? (단, 그 밖에 안전·보건관리에 필요한 사항은 제외한다.)

① 신호방법 및 요령에 관한 사항
② 걸고리·와이어로프 점검에 관한 사항
③ 화물의 취급 및 안전작업방법에 관한 사항
④ 인양물이 적재될 지반의 조건, 인양하중, 풍압 등이 인양물과 타워크레인에 미치는 영향

해설 타워크레인을 사용하는 작업에서 신호업무를 하는 작업 시 특별교육 〈산업안전보건법 시행규칙〉
- 타워크레인의 기계적 특성 및 방호장치 등에 관한 사항
- 화물의 취급 및 안전작업방법에 관한 사항
- 신호방법 및 요령에 관한 사항
- 인양 물건의 위험성 및 낙하·비래·충돌재해 예방에 관한 사항
- 인양물이 적재될 지반의 조건, 인양하중, 풍압 등이 인양물과 타워크레인에 미치는 영향
- 그 밖에 안전·보건관리에 필요한 사항

07 보호구 안전인증 고시상 추락방지대가 부착된 안전대 일반구조에 관한 내용 중 틀린 것은?

① 죔줄은 합성섬유로프를 사용해서는 안 된다.
② 고정된 추락방지대의 수직구명줄은 와이어로프 등으로 하며 최소지름이 8mm 이상이어야 한다.
③ 수직구명줄에서 걸이설비와의 연결 부위는 훅 또는 카라비너 등이 장착되어 길이설비와 확실히 연결되어야 한다.
④ 추락방지대를 부착하여 사용하는 안전대는 신체지지의 방법으로 안전그네만을 사용하여야 하며 수직구명줄이 포함되어야 한다.

해설 추락방지대가 부착된 안전대의 구조 〈보호구 안전인증 고시〉
1) 추락방지대를 부착하여 사용하는 안전대는 신체지지의 방법으로 안전그네만을 사용하여야 하며 수직구명줄이 포함될 것
2) 수직구명줄에서 걸이설비와의 연결 부위는 훅 또는 카라비너 등이 장착되어 걸이설비와 확실히 연결될 것
3) 유연한 수직구명줄은 합성섬유로프 또는 와이어로프 등이어야 하며, 구명줄이 고정되지 않아 흔들림에 의한 추락방지대의 오작동을 막기 위하여 적절한 긴장수단을 이용, 팽팽히 당겨질 것
4) 죔줄은 합성섬유로프, 웨빙, 와이어로프 등일 것
5) 고정된 추락방지대의 수직구명줄은 와이어로프 등으로 하며 최소지름이 8mm 이상일 것
6) 고정 와이어로프에는 하단부에 무게추가 부착되어 있을 것

08 하인리히 재해구성 비율 중 무상해 사고가 600건이라면 사망 또는 중상 발생 건수는?

① 1 ② 2
③ 29 ④ 58

해설 하인리히의 1 : 29 : 300 재해법칙
[중상해 : 경상해 : 무상해 사고]
- 사고 330건이 발생했을 때 무상해 사고 300건, 경상해 29건, 중상해 1건의 재해가 발생한다는 이론
⇒ 무상해 사고 600건/300 = 2배 발생
사망 또는 중상 발생 건수 : 중상해 1×2배 = 2건

09 강의식 교육지도에서 가장 많은 시간을 소비하는 단계는?

① 도입 ② 제시
③ 적용 ④ 확인

해설 교육진행 4단계별 시간

교육진행 4단계	강의식 (1시간)	토의식 (1시간)
제1단계 : 도입(준비)	5분	5분
제2단계 : 제시(설명)	40분	10분
제3단계 : 적용(응용)	10분	40분
제4단계 : 확인(총괄, 평가)	5분	5분

정답 06. ② 07. ① 08. ② 09. ②

10 재해사례연구 순서로 옳은 것은?

> 재해상황의 파악 → (㉠) → (㉡) → 근본 문제점의 결정 → (㉢)

① ㉠ 문제점의 발견, ㉡ 대책수립, ㉢ 사실의 확인
② ㉠ 문제점의 발견, ㉡ 사실의 확인, ㉢ 대책수립
③ ㉠ 사실의 확인, ㉡ 대책수립, ㉢ 문제점의 발견
④ ㉠ 사실의 확인, ㉡ 문제점의 발견, ㉢ 대책수립

11 위험예지훈련 4단계의 진행 순서를 바르게 나열한 것은?

① 목표설정 → 현상파악 → 대책수립 → 본질추구
② 목표설정 → 현상파악 → 본질추구 → 대책수립
③ 현상파악 → 본질추구 → 대책수립 → 목표설정
④ 현상파악 → 본질추구 → 목표설정 → 대책수립

[해설] 위험예지훈련 제4단계(4라운드) – 문제해결 4단계
① 제1단계(1R) 현상파악 : 위험요인 항목 도출
② 제2단계(2R) 본질추구 : 위험의 포인트 결정 및 지적 확인(문제점을 발견하고 중요 문제를 결정)
③ 제3단계(3R) 대책수립 : 결정된 위험 포인트에 대한 대책 수립
④ 제4단계(4R) 목표설정 : 팀의 행동 목표 설정 및 지적 확인(가장 우수한 대책에 합의하고, 행동계획을 결정)

12 레윈(Lewin.K)에 의하여 제시된 인간의 행동에 관한 식을 올바르게 표현한 것은? (단, B는 인간의 행동, P는 개체, E는 환경, f는 함수관계를 의미한다.)

① $B=f(P \cdot E)$
② $B=f(P+1)E$
③ $P=E \cdot f(B)$
④ $E=f(P \cdot B)$

[해설] 인간의 행동특성
(1) 레윈(Lewin.K)의 법칙 : 인간행동은 사람이 가진 자질, 즉 개체와 심리학적 환경과의 상호 함수관계에 있다고 정의함.
(2) $B = f(P \cdot E)$
  B : behavior(인간의 행동)
  P : person(개체 : 연령, 경험, 심신 상태, 성격, 지능, 소질 등)
  E : environment(심리적 환경 : 인간관계, 작업환경 등)
  f : function(함수관계 : P와 E에 영향을 주는 조건)

13 산업안전보건법령상 근로자에 대한 일반 건강진단의 실시 시기 기준으로 옳은 것은?

① 사무직에 종사하는 근로자 : 1년에 1회 이상
② 사무직에 종사하는 근로자 : 2년에 1회 이상
③ 사무직 외의 업무에 종사하는 근로자 : 6월에 1회 이상
④ 사무직 외의 업무에 종사하는 근로자 : 2년에 1회 이상

[해설] 건강진단의 실시 : 사무직 2`3년에 1회(그 외 1년에 1회), 특수건강진단 대상업무는 유해인자별 정한 시기 및 주기에 따라 정기적으로 실시

14 매슬로우(Maslow)의 욕구 5단계 이론 중 안전욕구의 단계는?

① 제1단계
② 제2단계
③ 제3단계
④ 제4단계

[해설] 매슬로우(Abraham Maslow)의 욕구 5단계 이론
(1) 1단계 생리적 욕구(Physiological Needs)
  ① 인간의 가장 기본적인 욕구(의식주 및 성적 욕구 등)
  ② 인간이 충족시키고자 추구하는 욕구에 있어 가장 강력한 욕구

정답 10. ④ 11. ③ 12. ① 13. ② 14. ②

(2) 2단계 안전의 욕구(Safety Needs) : 자기 보전적 욕구(안전과 보호, 경제적 안정, 질서 등)
(3) 3단계 사회적 욕구(Belonging and Love Needs) : 소속감, 애정욕구 등
(4) 4단계 존경의 욕구(Esteem Needs) : 다른 사람들로부터도 인정받고자 하는 욕구(존경받고 싶은 욕구, 자존심, 명예, 지위 등에 대한 욕구)
(5) 5단계 자아실현의 욕구(Self-actualization Needs)
① 잠재적 능력을 실현하고자 하는 욕구
② 편견없이 받아들이는 성향, 타인과의 거리를 유지하며 사생활을 즐기거나 창의적 성격으로 봉사, 특별히 좋아하는 사람과 긴밀한 관계를 유지하려는 인간의 욕구에 해당

15 교육계획 수립 시 가장 먼저 실시하여야 하는 것은?

① 교육내용의 결정
② 실행 교육계획서 작성
③ 교육의 요구사항 파악
④ 교육실행을 위한 순서, 방법, 자료의 검토

해설 교육계획서의 수립 단계
① 1단계 : 교육의 요구사항 파악
② 2단계 : 교육내용의 결정
③ 3단계 : 교육실행을 위한 순서, 방법, 자료의 검토
④ 4단계 : 실행 교육계획서 작성

16 상황성 누발자의 재해유발원인이 아닌 것은?

① 심신의 근심
② 작업의 어려움
③ 도덕성의 결여
④ 기계설비의 결함

해설 재해누발자의 유형
(가) 상황성 누발자 - 주변 상황
① 작업이 어렵기 때문에
② 기계·설비의 결함이 있기 때문에
③ 심신에 근심이 있기 때문에
④ 환경상 주의력의 집중 혼란
(나) 습관성 누발자 - 재해의 경험, 슬럼프(slump) 상태
(다) 소질성 누발자 - 개인의 능력
(라) 미숙성 누발자 - 기능 미숙, 환경에 익숙지 못함

17 인간의 의식 수준을 5단계로 구분할 때 의식이 몽롱한 상태의 단계는?

① Phase Ⅰ
② Phase Ⅱ
③ Phase Ⅲ
④ Phase Ⅳ

18 산업안전보건법령상 사업장에서 산업재해 발생 시 사업주가 기록·보존하여야 하는 사항을 모두 고른 것은? (단, 산업재해조사표와 요양신청서의 사본은 보존하지 않았다.)

ㄱ. 사업장의 개요 및 근로자의 인적사항
ㄴ. 재해 발생의 일시 및 장소
ㄷ. 재해 발생의 원인 및 과정
ㄹ. 재해 재발 방지 계획

① ㄱ, ㄹ
② ㄴ, ㄷ, ㄹ
③ ㄱ, ㄴ, ㄷ
④ ㄱ, ㄴ, ㄷ, ㄹ

19 A 사업장의 조건이 다음과 같을 때 A 사업장에서 연간 재해 발생으로 인한 근로손실일 수는?

- 강도율 : 0.4
- 근로자 수 : 1000명
- 연근로시간 수 : 2400시간

① 480
② 720
③ 960
④ 1440

해설 강도율(Severity Rate of Injury ; S.R)
① 강도율은 근로시간 합계 1,000시간당 재해로 인한 근로손실일 수를 나타냄(재해 발생의 경중, 즉 강도를 나타냄)

② 강도율 = $\frac{근로손실일수}{연근로시간수} \times 1,000$

⇨ 근로손실일수 = $\frac{강도율 \times 연근로시간수}{1000}$
= $\frac{0.4 \times (1000명 \times 2400시간)}{1000}$
= 960일

20 무재해운동의 이념 중 선취의 원칙에 대한 설명으로 옳은 것은?

① 사고의 잠재요인을 사후에 파악하는 것
② 근로자 전원이 일체감을 조성하여 참여하는 것
③ 위험요소를 사전에 발견, 파악하여 재해를 예방 또는 방지하는 것
④ 관리감독자 또는 경영층에서의 자발적 참여로 안전 활동을 촉진하는 것

[해설] 무재해운동의 (이념) 3대 원칙
① 무(zero)의 원칙 : 재해는 물론 일체의 잠재요인을 적극적으로 사전에 발견하고 파악, 해결함으로써 산업재해의 근원적인 요소들을 제거 (뿌리에서부터 산업재해를 제거)
② 선취(안전제일, 선취해결)의 원칙 : 잠재위험요인을 사전에 미리 발견하고 파악, 해결하여 재해를 예방(위험요인을 행동하기 전에 예지하여 해결)
③ 참가의 원칙 : 근로자 전원이 참가하여 문제해결 등을 실천

[제2과목] **인간공학 및 시스템안전공학**

21 다음 상황은 인간실수의 분류 중 어느 것에 해당하는가?

> 전자기기 수리공이 어떤 제품의 분해·조립 과정을 거쳐서 수리를 마친 후 부품 하나가 남았다.

① time error
② omission error
③ command error
④ extraneous error

[해설] 휴먼에러에 관한 분류 : 심리적 행위에 의한 분류 (Swain의 독립행동에 관한 분류)
① omission error(생략 에러) : 필요한 작업 또는 절차를 수행하지 않는 데 기인한 에러(부작위 오류)
② commission error(실행 에러) : 필요한 작업 또는 절차를 불확실하게 수행함으로써 기인한 에러(작위 오류)
③ extraneous error(과잉행동 에러) : 불필요한 작업 또는 절차를 수행함으로써 기인한 에러
④ sequential error(순서 에러) : 필요한 작업 또는 절차의 순서 착오로 인한 에러
⑤ time error(시간 에러) : 필요한 직무 또는 절차의 수행의 지연(혹은 빨리)으로 인한 에러

22 스트레스의 영향으로 발생된 신체 반응의 결과인 스트레인(strain)을 측정하는 척도가 잘못 연결된 것은?

① 인지적 활동 – EEG
② 육체적 동적 활동 – GSR
③ 정신 운동적 활동 – EOG
④ 국부적 근육 활동 – EMG

[해설] 스트레인(strain)을 측정하는 척도
① 근전도(EMG, Electromyogram) : 근육활동의 전위차를 기록한 것(국부적 근육 활동). 운동기능의 이상을 진단
  – 간헐적인 페달을 조작할 때 다리에 걸리는 부하를 평가하기에 가장 적당한 측정 변수
② 심전도(ECG, Electrocardiogram) : 심장
  – 심근의 흥분으로 인한 심장의 주기적 박동에 따른 전기변화를 기록한 것(심장 근육의 활동 정도를 측정하는 전기 생리신호로 신체적 작업 부하 평가 등에 사용할 수 있는 것)
③ 뇌전도(EEG, Electroencephalography) : 대뇌피질. 인지적 활동
  – 신경계에서 뇌신경 사이에 신호가 전달될 때 생기는 전기의 흐름. 뇌의 활동 상황을 측정하는 가장 중요한 지표

[정답] 20. ③ 21. ② 22. ②

④ 안전도, 안구전도(EOG, Electro-Oculogram) : 안구 운동. 정신 운동적 활동
  - 어떤 일정한 거리의 2점을 교대로 보게 하면서 안구 운동에 의한 뇌파를 기록하는 방법
⑤ 신경전도(ENG, Electroneurogram) : 신경 활동 전위차의 기록
  - 말초 신경에 전기 자극을 주어 신경 또는 근육에서 형성되는 활동을 기록하는 검사방법입니다. 크게 운동신경전도 검사와 감각신경전도 검사, 그리고 혼합신경전도 검사로 나누어짐.
⑥ 피부전기반사(GSR, Galavanic Skin Relex) : 작업 부하의 정신적 부담도가 피로와 함께 증대하는 양상을 전기저항 변화로 측정하는 것(피부전기저항, 정신전류현상). 손바닥 안쪽의 전기저항의 변화를 이용해 측정

23. 일반적인 시스템의 수명곡선(욕조곡선)에서 고장 형태 중 증가형 고장률을 나타내는 기간으로 옳은 것은?

① 우발 고장기간
② 마모 고장기간
③ 초기 고장기간
④ Burn-in 고장기간

해설 기계설비의 고장 유형
(1) 초기 고장(감소형 고장) : 설계상, 구조상 결함, 불량제조·생산과정 등의 품질관리 미비로 생기는 고장
  ① 점검 작업이나 시운전 작업 등으로 사전에 방지
  ② 디버깅 기간(debugging) : 기계의 결함을 찾아내 고장률을 안정시키는 기간
  ③ 번인기간(burn-in) : 장시간 가동하면서 고장을 제거하는 기간
(2) 우발 고장(일정형) : 예측할 수 없을 때 생기는 고장으로 점검 작업이나 시운전 작업으로 재해를 방지할 수 없음
(3) 마모 고장(증가형) : 장치의 일부가 수명을 다해서 생기는 고장으로, 안전진단 및 적당한 보수에 의해서 방지

24. 청각적 표시장치의 설계 시 적용하는 일반 원리에 대한 설명으로 틀린 것은?

① 양립성이란 긴급용 신호일 때는 낮은 주파수를 사용하는 것을 의미한다.
② 검약성이란 조작자에 대한 입력신호는 꼭 필요한 정보만을 제공하는 것이다.
③ 근사성이란 복잡한 정보를 나타내고자 할 때 2단계의 신호를 고려하는 것이다.
④ 분리성이란 두 가지 이상의 채널을 듣고 있다면 각 채널의 주파수가 분리되어 있어야 한다는 의미이다.

해설 청각적 표시장치의 설계시 적용하는 일반 원리
① 양립성 : 가능한 한 사용자가 알고 있거나 자연스러운 신호차원과 코드 선택
② 근사성 : 복잡한 정보를 나타내고자 할 때 2단계의 신호를 고려하는 것
  ㉠ 주의신호 : 주의를 끌어서 정보의 일반적 부류를 식별
  ㉡ 지정신호 : 주의신호로 식별된 신호에 정확한 정보를 지정
③ 분리성: 두 가지 이상의 채널을 듣고 있다면 각 채널의 주파수가 분리되어 있어야 한다는 의미
④ 검약성 : 조작자에 대한 입력신호는 꼭 필요한 정보만을 제공하는 것
⑤ 불변성 : 동일한 신호는 항상 동일한 정보를 지정

25. FTA에 대한 설명으로 가장 거리가 먼 것은?

① 정성적 분석만 가능
② 하향식(top-down) 방법
③ 복잡하고 대형화된 시스템에 활용
④ 논리게이트를 이용하여 도해적으로 표현하여 분석하는 방법

26. 발생 확률이 동일한 64가지의 대안이 있을 때 얻을 수 있는 총 정보량은?

① 6bit
② 16bit
③ 32bit
④ 64bit

정답 23.② 24.① 25.① 26.①

해설 정보량 $(H) = \log_2 n = \log_2 \frac{1}{p}$ $(p = \frac{1}{n})$

$H = \log_2 64 = \frac{\log 64}{\log 2} = 6 \text{bit}$

27. 인간-기계 시스템의 설계 과정을 [보기]와 같이 분류할 때 다음 중 인간, 기계의 기능을 할당하는 단계는?

```
1단계 : 시스템의 목표와 성능 명세 결정
2단계 : 시스템의 정의
3단계 : 기본 설계
4단계 : 인터페이스 설계
5단계 : 보조물 설계 혹은 편의수단 설계
6단계 : 평가
```

① 기본 설계
② 인터페이스 설계
③ 시스템의 목표와 성능명세 결정
④ 보조물 설계 혹은 편의수단 설계

해설 인간-기계 시스템의 설계
(가) 제1단계 – 시스템의 목표 및 성능 명세 결정
(나) 제2단계 – 시스템의 정의
(다) 제3단계 – 기본 설계
  1) 인간·하드웨어·소프트웨어의 기능 할당
  2) 인간 성능 요건 명세
    – 인간의 성능 특성(human performance requirements)
      ① 속도
      ② 정확성
      ③ 사용자 만족
      ④ 유일한 기술을 개발하는 데 필요한 시간
  3) 직무 분석
  4) 작업 설계
(라) 제4단계 – 인터페이스(계면) 설계
  인간-기계의 경계를 이루는 면과 인간-소프트웨어 경계를 이루는 면 특성에 초점 둠. (작업공간, 표시장치, 조종장치, 제어, 컴퓨터 대화 등이 포함)
(마) 제5단계 – 보조물(촉진물) 설계
  인간의 능력을 증진시킬 수 있는 보조물에 대한 계획에 초점(지시 수첩, 성능 보조 자료 및 훈련 도구와 계획)
(바) 제6단계 : 시험 및 평가

28. 다음 FT도에서 최소 컷셋을 올바르게 구한 것은?

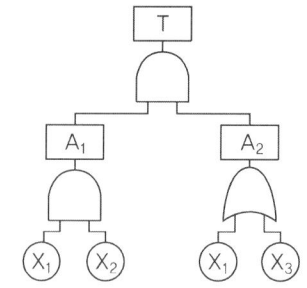

① (X_1, X_2)
② (X_1, X_3)
③ (X_2, X_3)
④ (X_1, X_2, X_3)

해설 FT도의 최소컷셋
$T = A_1 \cdot A_2 (A_1 = X_1 \cdot X_2, A_2 = X_1 + X_3)$
$T = (X_1 \cdot X_2) \cdot (X_1 + X_3)$
$= (X_1 \; X_1 \; X_2) + (X_1 \; X_2 \; X_3)$ ← 불 대수 $A \cdot A = A$
따라서 컷셋 $(X_1 \; X_2)$
$(X_1 \; X_2 \; X_3)$
최소컷셋 $(X_1 \; X_2)$

29. 일반적으로 인체 측정치의 최대집단치를 기준으로 설계하는 것은?

① 선반의 높이
② 공구의 크기
③ 출입문의 크기
④ 안내 데스크의 높이

30. 인간공학의 궁극적인 목적과 가장 관계가 깊은 것은?

① 경제성 향상
② 인간 능력의 극대화
③ 설비의 가동률 향상
④ 안전성 및 효율성 향상

해설 인간공학에 대한 설명 : 인간의 특성과 한계 능력을 공학적으로 분석, 평가하여 이를 복잡한 체계의 설계에 응용하므로 효율을 최대로 활용할 수 있도록 하는 학문 분야

정답 27.① 28.① 29.③ 30.④

① 인간공학이란 인간이 사용할 수 있도록 설계하는 과정(차파니스)
② 인간이 사용하는 물건, 설비, 환경의 설계에 작용된다.
③ 인간의 생리적, 심리적인 면에서의 특성이나 한계점을 고려한다.
④ 인간 기계 시스템의 안전성과 편리성, 효율성을 높인다.(* 인간공학의 궁극적인 목적)

31 '화재 발생'이라는 시작(초기)사상에 대하여, 화재감지기, 화재 경보, 스프링클러 등의 성공 또는 실패 작동 여부와 그 확률에 따른 피해 결과를 분석하는 데 가장 적합한 위험 분석 기법은?

① FTA
② ETA
③ FHA
④ THERP

해설 ETA(event tree analysis) : 사고 시나리오에서 연속된 사건들의 발생경로를 파악하고 평가하기 위한 귀납적이고 정량적인 시스템 안전 프로그램 (디시전 트리를 재해사고의 분석에 이용할 경우의 분석법)
① 사고의 발단이 되는 초기 사상이 발생할 경우 그 영향이 시스템에서 어떤 결과(정상 또는 고장)로 진전해 가는지를 나뭇가지가 갈라지는 형태로 분석하는 방법
② '화재 발생'이라는 시작(초기)사상에 대하여, 화재 감지기, 화재 경보, 스프링클러 등의 성공 또는 실패 작동 여부와 그 확률에 따른 피해 결과를 분석하는 데 가장 적합한 위험 분석 기법

32 여러 사람이 사용하는 의자의 좌판 높이 설계 기준으로 옳은 것은?

① 5% 오금높이
② 50% 오금높이
③ 75% 오금높이
④ 95% 오금높이

33 FTA에서 사용되는 사상기호 중 결함사상을 나타낸 기호로 옳은 것은?

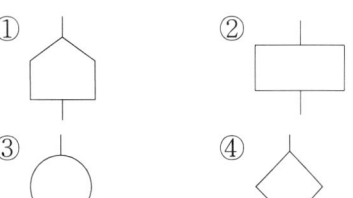

해설 논리기호

구분	기호	명칭	설명
1	□	결함 사상	시스템분석에서 좀 더 발전시켜야 하는 사상(개별적인 결함사상) -두 가지 상태 중 하나가 고장 또는 결함으로 나타나는 비정상적인 사상
2	○	기본 사상	더 이상 전개되지 않는 기본 사상 (더 이상의 세부적인 분류가 필요 없는 사상)
3	⌂	통상 사상	시스템의 정상적인 가동상태에서 일어날 것이 기대되는 사상 (통상발생이 예상되는 사상)-정상적인 사상
4	◇	생략 사상	불충분한 자료로 결론을 내릴 수 없어 더 이상 전개할 수 없는 사상

34 기술개발과정에서 효율성과 위험성을 종합적으로 분석·판단할 수 있는 평가방법으로 가장 적절한 것은?

① Risk Assessment
② Risk Management
③ Safety Assessment
④ Technology Assessment

해설 Technology Assessment : 기술개발과정에서 효율성과 위험성을 종합적으로 분석·판단할 수 있는 평가방법

35 자동차를 타이어가 4개인 하나의 시스템으로 볼 때, 타이어 1개가 파열될 확률이 0.01이라면, 이 자동차의 신뢰도는 약 얼마인가?

① 0.91 ② 0.93
③ 0.96 ④ 0.99

해설 자동차를 타이어 신뢰도(직렬)
신뢰도 = $(1 - 0.01)^4$ = 0.96
* 타이어 1개가 파열이 안 될 신뢰도 : $(1 - 0.01)$
* 직렬연결 : 시스템의 어느 한 부품이 고장나면 시스템이 고장나는 구조(신뢰도 $R_s = r_1 \cdot r_2 \cdot r_3 \cdots r_n$)

36 다음 그림에서 명료도 지수는?

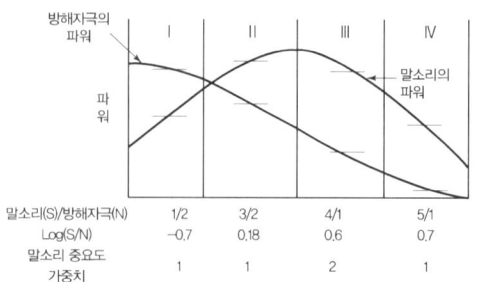

① 0.38 ② 0.68
③ 1.38 ④ 5.68

해설 명료도 지수(articulation index)
통화이해도를 추정할 수 있는 근거로 명료도 지수를 사용하는데, 각 옥타브 대의 음성과 소음의 dB 값에 가중치를 곱하여 합계를 구한 것
⇨ 명료도 지수
 = (−0.7×1) + (0.18×1) + (0.6×2) + (0.7×1)
 = 1.38

37 정보수용을 위한 작업자의 시각 영역에 대한 설명으로 옳은 것은?

① 판별시야 - 안구 운동만으로 정보를 주시하고 순간적으로 특정 정보를 수용할 수 있는 범위
② 유효시야 - 시력, 색판별 등의 시각 기능이 뛰어나며 정밀도가 높은 정보를 수용할 수 있는 범위
③ 보조시야 - 머리 부분의 운동이 안구 운동을 돕는 형태로 발생하며 무리 없이 주시가 가능한 범위
④ 유도시야 - 제시된 정보의 존재를 판별할 수 있는 정도의 식별 능력밖에 없지만 인간의 공간좌표 감각에 영향을 미치는 범위

해설 정보수용을 위한 작업자의 시각 영역
(* 시야(Visual field) : 머리와 안구를 움직이지 않고 볼 수 있는 범위)
① 판별시야 : 시력, 색판별 등의 시각 기능이 뛰어나며 정밀도가 높은 정보를 수용할 수 있는 범위
② 유효시야 : 안구 운동만으로 정보를 주시하고 순간적으로 특정 정보를 수용할 수 있는 범위
③ 보조시야(주변시야) : 시감 색채계의 관측 시야의 주변 시야
④ 유도시야 : 제시된 정보의 존재를 판별할 수 있는 정도의 식별 능력밖에 없지만 인간의 공간좌표 감각에 영향을 미치는 범위

38 FMEA 분석 시 고장평점법의 5가지 평가요소에 해당하지 않는 것은?

① 고장 발생의 빈도
② 신규설계의 가능성
③ 기능적 고장 영향의 중요도
④ 영향을 미치는 시스템의 범위

해설 고장형태 및 영향분석(FMEA)에서 고장 등급의 평가요소(고장평점법) : 고장 평점을 결정하는 5가지 평가요소
① 영향을 미치는 시스템의 범위
② 기능적 고장 영향의 중요도
③ 고장 발생의 빈도
④ 고장 방지의 가능성
⑤ 신규설계 여부

정답 35.③ 36.③ 37.④ 38.②

39 건구온도 30℃, 습구온도 35℃ 일 때의 옥스포드(Oxford) 지수는 얼마인가?

① 20.75℃ ② 24.58℃
③ 32.78℃ ④ 34.25℃

해설 Oxford 지수 : 습건(WD)지수. 습구, 건구 가중 평균치 (습구온도와 건구온도의 단순가중치를 나타냄)
WD = 0.85 · W(습구온도) + 0.15 · D(건구온도)
    = (0.85 × 35) + (0.15 × 30)
    = 34.25℃

40 설비보전에서 평균수리시간을 나타내는 것은?

① MTBF ② MTTR
③ MTTF ④ MTBP

해설 MTTR(평균수리시간, Mean Time To Repair)
수리시간의 평균치. 사후보전에 필요한 평균수리시간을 나타냄
* MTBF(평균고장간격, Mean Time Between Failure) : 고장 간의 동작시간 평균치(무고장 시간의 평균). MTBF가 길수록 신뢰성 높음.
* MTTF(평균고장시간, Mean Time To Failure) : 고장 발생까지의 고장시간의 평균치, 평균수명

제3과목　기계위험방지기술

41 산업안전보건법령상 사업장 내 근로자 작업환경 중 '강렬한 소음작업'에 해당하지 않는 것은?

① 85데시벨 이상의 소음이 1일 10시간 이상 발생하는 작업
② 90데시벨 이상의 소음이 1일 8시간 이상 발생하는 작업
③ 95데이벨 이상의 소음이 1일 4시간 이상 발생하는 작업
④ 100데시벨 이상의 소음이 1일 2시간 이상 발생하는 작업

해설 소음의 1일 노출시간과 소음강도의 기준 〈산업안전보건기준에 관한 규칙〉
제512조(정의) 이 장에서 사용하는 용어의 뜻은 다음과 같다.
1. "소음작업"이란 1일 8시간 작업을 기준으로 85데시벨 이상의 소음이 발생하는 작업을 말한다.
2. "강렬한 소음작업"이란 다음 각목의 어느 하나에 해당하는 작업을 말한다.
　가. 90데시벨 이상의 소음이 1일 8시간 이상 발생하는 작업
　나. 95데시벨 이상의 소음이 1일 4시간 이상 발생하는 작업
　다. 100데시벨 이상의 소음이 1일 2시간 이상 발생하는 작업
　라. 105데시벨 이상의 소음이 1일 1시간 이상 발생하는 작업
　마. 110데시벨 이상의 소음이 1일 30분 이상 발생하는 작업
　바. 115데시벨 이상의 소음이 1일 15분 이상 발생하는 작업

42 산업안전보건법령상 프레스의 작업 시작 전 점검 사항이 아닌 것은?

① 슬라이드 또는 칼날에 의한 위험방지 기구의 기능
② 프레스의 금형 및 고정볼트 상태
③ 전단기의 칼날 및 테이블의 상태
④ 권과방지장치 및 그 밖의 경보장치의 기능

해설 작업시작 전 점검사항 : 프레스 등을 사용하여 작업을 할 때 〈산업안전보건기준에 관한 규칙〉
가. 클러치 및 브레이크의 기능
나. 크랭크축·플라이휠·슬라이드·연결봉 및 연결 나사의 풀림 여부
다. 1행정 1정지 기구·급정지장치 및 비상정지장치의 기능
라. 슬라이드 또는 칼날에 의한 위험방지 기구의 기능
마. 프레스의 금형 및 고정볼트 상태
바. 방호장치의 기능
사. 전단기(剪斷機)의 칼날 및 테이블의 상태

정답 39.④ 40.② 41.① 42.④

43 동력전달 부분의 전방 35cm 위치에 일반 평형보호망을 설치하고자 한다. 보호망의 최대 구멍의 크기는 몇 mm인가?

① 41　　② 45
③ 51　　④ 55

해설 롤러기의 가드 설치방법 : 가드를 설치할 때 롤러기의 물림점(Nip Point)의 가드 개구부의 간격
(1) 위험점이 전동체가 아닌 경우(비 전동체)
　Y = 6 + 0.15X (X < 160mm)
　(단, X ≥ 160mm이면 Y = 30)
　Y : 개구부의 간격(mm)
　X : 개구부에서 위험점까지의 최단거리(mm)
(2) 위험점이 전동체인 경우
　Y = 6 + 0.1X (단, X < 760mm에서 유효)
　⇨ Y = 6 + 0.1 × 350mm = 41mm

44 다음 연삭숫돌의 파괴원인 중 가장 적절하지 않은 것은?

① 숫돌의 회전속도가 너무 빠른 경우
② 플랜지의 직경이 숫돌 직경의 1/3 이상으로 고정된 경우
③ 숫돌 자체에 균열 및 파손이 있는 경우
④ 숫돌에 과대한 충격을 준 경우

해설 연삭작업에서 숫돌의 파괴원인
① 숫돌의 회전속도가 너무 빠를 때
② 숫돌에 균열이 있을 때
③ 플랜지의 지름이 현저히 작을 때
④ 외부의 충격을 받았을 때
⑤ 회전력이 결합력보다 클 때
⑥ 숫돌의 측면을 사용할 때
⑦ 숫돌의 치수 특히 내경의 크기가 적당하지 않을 때

45 화물중량이 200kgf, 지게차의 중량이 400kgf, 앞바퀴에서 화물의 무게중심까지의 최단거리가 1m일 때 지게차가 안정되기 위하여 앞바퀴에서 지게차의 무게중심까지 최단거리는 최소 몇 m를 초과해야 하는가?

① 0.2m　　② 0.5m
③ 1m　　④ 2m

해설 지게차 안정도
W : 포크중심에서의 화물의 중량(kg)
G : 지게차 중심에서의 지게차 중량(kg)
a : 앞 바퀴에서 화물 중심까지의 최단거리(cm)
b : 앞 바퀴에서 지게차 중심까지의 최단거리(cm)
지게차의 모멘트 : $M_2 = G × b$
화물의 모멘트 : $M_1 = W × a$
⇨ $M_1 ≤ M_2$
　① $M_1 = W × a = 200 × 1 = 200$
　② $M_2 = G × b = 400 × b = 400b$
⇨ $M_1 ≤ M_2 → 200 ≤ 400b → b ≥ 0.5m$

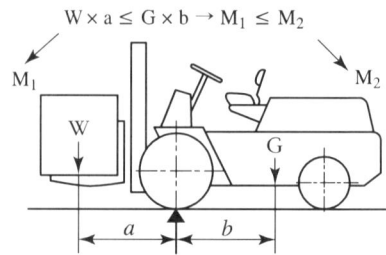

46 산업안전보건법령상 압력용기에서 안전인증된 파열판에 안전인증 표시 외에 추가로 나타내어야 하는 사항이 아닌 것은?

① 분출차(%)
② 호칭지름
③ 용도(요구성능)
④ 유체의 흐름 방향 지시

해설 파열판의 추가표시 〈방호장치 안전인증고시〉
안전인증 파열판에는 규칙 제114조(안전인증의 표시)에 따른 표시 외에 다음 각 목의 내용을 추가로 표시해야 한다.
가. 호칭지름
나. 용도(요구성능)
다. 설정파열압력(MPa) 및 설정온도(℃)
라. 분출용량(kg/h) 또는 공칭분출계수
마. 파열판의 재질
바. 유체의 흐름 방향 지시

정답 43.① 44.② 45.② 46.①

47 선반에서 일감의 길이가 지름에 비하여 상당히 길 때 사용하는 부속품으로 절삭 시 절삭저항에 의한 일감의 진동을 방지하는 장치는?
① 칩 브레이커 ② 척 커버
③ 방진구 ④ 실드

48 산업안전보건법령상 프레스를 제외한 사출성형기·주형조형기 및 형단조기 등에 관한 안전조치 사항으로 틀린 것은?
① 근로자의 신체 일부가 말려들어갈 우려가 있는 경우에는 양수조작식 방호장치를 설치하여 사용한다.
② 게이트가드식 방호장치를 설치할 경우에는 연동구조를 적용하여 문을 닫지 않아도 동작할 수 있도록 한다.
③ 사출성형기의 전면에 작업용 발판을 설치할 경우 근로자가 쉽게 미끄러지지 않는 구조여야 한다.
④ 기계의 히터 등의 가열 부위, 감전 우려가 있는 부위에는 방호덮개를 설치하여 사용한다.

49 연강의 인장강도가 420MPa이고, 허용응력이 140MPa이라면 안전율은?
① 1 ② 2
③ 3 ④ 4

[해설] 안전율 = $\dfrac{\text{인장강도}}{\text{허용응력}} = \dfrac{420}{140} = 3$

50 밀링 작업 시 안전 수칙에 관한 설명으로 틀린 것은?
① 칩은 기계를 정지시킨 다음에 브러시 등으로 제거한다.
② 일감 또는 부속장치 등을 설치하거나 제거할 때는 반드시 기계를 정지시키고 작업한다.
③ 면장갑을 반드시 끼고 작업한다.
④ 강력 절삭을 할 때는 일감을 바이스에 깊게 물린다.

51 다음 중 프레스기에 사용되는 방호장치에 있어 원칙적으로 급정지 기구가 부착되어야만 사용할 수 있는 방식은?
① 양수조작식 ② 손쳐내기식
③ 가드식 ④ 수인식

[해설] **양수조작식 방호장치의 일반구조** : 원칙적으로 급정지 기구가 부착되어야만 사용할 수 있는 방식
* 양수조작식 방호장치와 급정지 기구 : 누름 버튼에서 한 손이 떨어지면 급정지기구가 작동을 개시하여 슬라이드가 정지

52 산업안전보건법령상 지게차의 최대하중의 2배 값이 6톤일 경우 헤드가드의 강도는 몇 톤의 등분포정하중에 견딜 수 있어야 하는가?
① 4 ② 6
③ 8 ④ 10

[해설] **지게차의 헤드가드** 〈산업안전보건기준에 관한 규칙〉
제180조(헤드가드)
사업주는 다음 각 호에 따른 적합한 헤드가드(head guard)를 갖추지 아니한 지게차를 사용해서는 아니 된다.
1. 강도는 지게차의 최대하중의 2배 값(4톤을 넘는 값에 대해서는 4톤으로 한다)의 등분포정하중(等分布靜荷重)에 견딜 수 있을 것
2. 상부틀의 각 개구의 폭 또는 길이가 16센티미터 미만일 것
3. 운전자가 앉아서 조작하거나 서서 조작하는 지게차의 헤드가드는 「산업표준화법」 제12조에 따른 한국산업표준에서 정하는 높이 기준 이상일 것

정답 47.③ 48.② 49.③ 50.③ 51.① 52.①

53 강자성체를 자화하여 표면의 누설자속을 검출하는 비파괴 검사 방법은?

① 방사선 투과 시험
② 인장시험
③ 초음파 탐상 시험
④ 자분 탐상 시험

54 산업안전보건법령상 보일러 방호장치로 거리가 가장 먼 것은?

① 고저수위 조절장치
② 아우트리거
③ 압력방출장치
④ 압력제한스위치

해설 보일러 방호장치 : 압력방출장치, 압력제한스위치, 고저수위 조절장치, 화염 검출기 등
(1) 압력방출장치(안전밸브 및 압력릴리프 장치) : 보일러 내부의 압력이 최고사용 압력을 초과할 때 그 과잉의 압력을 외부로 자동적으로 배출시킴으로써 과도한 압력 상승을 저지하여 사고를 방지하는 장치
(2) 압력제한스위치 : 상용운전압력 이상으로 압력이 상승할 경우 보일러의 파열을 방지하기 위하여 버너의 연소를 차 단하여 열원을 제거함으로써 정상압력으로 유도하는 장치
(3) 고저수위조절장치 : 보일러의 수위가 안전을 확보할 수 있는 최저수위(안전수위)까지 내려가기 직전에 자동적으로 경보가 울리고 안전수위까지 내려가는 즉시 연소실 내에 공급하는 연료를 자동적으로 차단하는 장치

55 프레스기의 안전대책 중 손을 금형 사이에 집어 넣을 수 없도록 하는 본질적 안전화를 위한 방식(no-hand in die)에 해당하는 것은?

① 수인식   ② 광전자식
③ 방호울식   ④ 손쳐내기식

해설 프레스에 대한 방호방법
(1) No-hand in die 방식(본질적 안전화) : 금형 안에 손이 들어가지 않는 구조
① 안전한 금형의 사용
② 안전울을 부착한 프레스
③ 전용프레스 사용
④ 자동프레스의 도입
(2) hand in die 방식 : 금형 안에 손이 들어가는 구조
① 가드식 방호장치
② 손쳐내기식 방호장치
③ 수인식 방호장치
④ 양수 조작식 방호장치
⑤ 광전자식 방호장치

56 산업안전보건법령상 아세틸렌 용접장치에 관한 설명이다. ( ) 안에 공통으로 들어갈 내용으로 옳은 것은?

> • 사업주는 아세틸렌 용접장치의 취관마다 ( )을/를 설치하여야 한다.
> • 사업주는 가스용기가 발생기와 분리되어 있는 아세틸렌 용접장치에 대하여 발생기와 가스용기 사이에 ( )을/를 설치하여야 한다.

① 분기장치   ② 자동발생 확인장치
③ 유수 분리장치   ④ 안전기

해설 안전기의 설치 〈산업안전보건기준에 관한 규칙〉
제289조(안전기의 설치)
① 사업주는 아세틸렌 용접장치의 취관마다 안전기를 설치하여야 한다. 다만, 주관 및 취관에 가장 가까운 분기관(分岐管)마다 안전기를 부착한 경우에는 그러하지 아니하다.
② 사업주는 가스용기가 발생기와 분리되어 있는 아세틸렌 용접장치에 대하여 발생기와 가스용기 사이에 안전기를 설치하여야 한다.

57 회전하는 부분의 접선 방향으로 물려 들어갈 위험이 존재하는 점으로 주로 체인, 풀리, 벨트, 기어와 랙 등에서 형성되는 위험점은?

① 끼임점   ② 협착점
③ 절단점   ④ 접선물림점

정답 53. ④ 54. ② 55. ③ 56. ④ 57. ④

해설 접선 물림점(Tangential point) : 회전하는 부분의 접선 방향으로 물려 들어갈 위험이 존재하는 점(풀리와 벨트, 스프로킷과 체인 등)

58 산업안전보건법령상 양중기에 해당하지 않는 것은?

① 곤돌라
② 이동식 크레인
③ 적재하중 0.05톤의 이삿짐운반용 리프트 화물용 엘리베이터
④ 화물용 엘리베이터

해설 양중기 종류 〈산업안전보건기준에 관한 규칙〉
제132조(양중기) ① 양중기란 다음 각 호의 기계를 말한다.
1. 크레인[호이스트(hoist)를 포함한다]
2. 이동식 크레인
3. 리프트(이삿짐운반용 리프트의 경우에는 적재하중이 0.1톤 이상인 것으로 한정한다)
4. 곤돌라
5. 승강기

59 다음 설명 중 ( ) 안에 알맞은 내용은?

> 산업안전보건법령상 롤러기의 급정지장치는 롤러를 무부하로 회전시킨 상태에서 앞면 롤러의 표면속도가 30m/min 미만일 때에는 급정지거리가 앞면 롤러 원주의 ( ) 이내에서 롤러를 정지시킬 수 있는 성능을 보유해야 한다.

① 1/2
② 1/4
③ 1/3
④ 1/2.5

해설 급정지장치의 제동거리

앞면 롤러의 표면속도(m/min)	급정지 거리
30 미만	앞면 롤러 원주의 1/3
30 이상	앞면 롤러 원주의 1/2.5

60 산업안전보건법령상 지게차에서 통상적으로 갖추고 있어야 하나, 마스트의 후방에서 화물이 낙하함으로써 근로자에게 위험을 미칠 우려가 없는 때에는 반드시 갖추지 않아도 되는 것은?

① 전조등
② 헤드가드
③ 백레스트
④ 포크

해설 지게차의 안전장치 〈산업안전보건기준에 관한 규칙〉
제181조(백레스트)
사업주는 백레스트(backrest)를 갖추지 아니한 지게차를 사용해서는 아니 된다. 다만, 마스트의 후방에서 화물이 낙하함으로써 근로자가 위험해질 우려가 없는 경우에는 그러하지 아니하다.
* 백레스트(backrest) : 포크 위의 짐이 마스트 후방으로 낙하할 위험을 방지하기 위해 짐받이 틀

제4과목 전기위험방지기술

61 피뢰시스템의 등급에 따른 회전구체의 반지름으로 틀린 것은?

① Ⅰ등급 : 20m
② Ⅱ등급 : 30m
③ Ⅲ등급 : 40m
④ Ⅳ등급 : 60m

해설 피뢰 레벨(LPL : Lightning Protection Level)에 따른 회전구체 반경

구분	피뢰 레벨(LPL)			
	Ⅰ	Ⅱ	Ⅲ	Ⅳ
회전구체 반지름(m)	20	30	45	60

정답 58. ③ 59. ③ 60. ③ 61. ③

62 전류가 흐르는 상태에서 단로기를 끊었을 때 여러 가지 파괴작용을 일으킨다. 다음 그림에서 유입차단기의 차단순위와 투입순위가 안전수칙에 가장 적합한 것은?

```
        DS    OCB    DS
전원 ──o  o──[  ]──o  o── 부하
        ㉮     ㉯     ㉰
```

① 차단 : ㉮ → ㉯ → ㉰, 투입 : ㉮ → ㉯ → ㉰
② 차단 : ㉯ → ㉰ → ㉮, 투입 : ㉯ → ㉰ → ㉮
③ 차단 : ㉰ → ㉯ → ㉮, 투입 : ㉯ → ㉰ → ㉮
④ 차단 : ㉯ → ㉰ → ㉮, 투입 : ㉰ → ㉮ → ㉯

해설 개폐조작의 순서
1) 전원 투입순서 : ㉰ → ㉮ → ㉯
   - 단로기(DS)를 투입한 후 차단기(VCB) 투입
2) 전원 차단순서 : ㉯ → ㉰ → ㉮
   - 차단기(VCB)를 개방한 후 단로기(DS) 개방
※ 단로기(D.S : Disconnecting Switch) : 단로기는 개폐기의 일종으로 수용가 구내 인입구에 설치하여 무부하 상태의 전로를 개폐하는 역할을 하거나 차단기, 변압기, 피뢰기 등 고전압 기기의 1차 측에 설치하여 기기를 점검, 수리할 때 전원으로부터 이들 기기를 분리하기 위해 사용
   - 부하전류를 차단하는 능력이 없으므로 부하전류가 흐르는 상태에서 차단하면 매우 위험

63 다음은 무슨 현상을 설명한 것인가?

> 전위차가 있는 2개의 대전체가 특정거리에 접근하게 되면 등전위가 되기 위하여 전하가 절연공간을 깨고 순간적으로 빛과 열을 발생하며 이동하는 현상

① 대전   ② 충전
③ 방전   ④ 열전

해설 방전 : 대전체가 가지고 있던 전하를 잃어버리는 것
 - 전위차가 있는 2개의 대전체가 특정거리에 접근하게 되면 등전위가 되기 위하여 전하가 절연공간을 깨고 순간적으로 빛과 열을 발생하며 이동하는 현상

64 정전기 재해를 예방하기 위해 설치하는 제전기의 제전효율은 설치 시에 얼마 이상이 되어야 하는가?

① 40% 이상   ② 50% 이상
③ 70% 이상   ④ 90% 이상

해설 제전기의 설치
① 제전기 설치하기 전후의 대전물체의 전위를 측정하여 제전의 목표값를 만족하는 위치 또는 제전효율이 90% 이상이 되는 위치
② 제전기 설치하기 전 대전물체의 전위를 측정하여 전위가 가능한 높은 위치
③ 정전기 발생원으로부터 가까운 위치로 하며 일반적으로 5~20cm 이상 떨어진 위치

65 정전기 화재폭발 원인으로 인체대전에 대한 예방대책으로 옳지 않은 것은?

① Wrist Strap을 사용하여 접지선과 연결한다.
② 대전방지제를 넣은 제전복을 착용한다.
③ 대전방지 성능이 있는 안전화를 착용한다.
④ 바닥 재료는 고유저항이 큰 물질로 사용한다.

해설 인체대전에 대한 예방대책
① 대전물체를 금속판 등으로 차폐
② 대전방지제를 넣은 제전복을 착용
③ 대전방지 성능이 있는 안전화를 착용
④ 손목접지대, 발접지대 착용
⑤ 바닥 재료는 고유저항이 큰 물질로 사용 금지 (작업장 바닥은 도전성을 갖추도록 할 것)
 - 고유저항이 큰 물질일 경우 정전기의 축적 발생 가능

정답 62.④ 63.③ 64.④ 65.④

66 정격사용률이 30%, 정격 2차 전류가 300A인 교류 아크 용접기를 200A로 사용하는 경우의 허용사용률(%)은?

① 13.3
② 67.5
③ 110.3
④ 157.5

해설 허용사용률(%)
$= \left(\dfrac{정격2차전류}{실제용접전류}\right)^2 \times 정격사용률 \times 100$

* 정격사용률 $= \dfrac{아크발생시간}{아크발생시간 + 무부하시간} \times 100$

⇨ 허용사용률 $= \left(\dfrac{300}{200}\right)^2 \times 30\% \times 100 = 67.5\%$

67 피뢰기의 제한 전압이 752kV이고 변압기의 기준 충격절연강도가 1050kV이라면, 보호여유도(%)는 약 얼마인가?

① 18
② 28
③ 40
④ 43

해설 보호여유도(%) $= \dfrac{충격절연강도 - 제한전압}{제한전압} \times 100$
$= \dfrac{(1050 - 752)}{752} \times 100$
$= 39.62 ≒ 40\%$

68 절연물의 절연불량 주요 원인으로 거리가 먼 것은?

① 진동, 충격 등에 의한 기계적 요인
② 산화 등에 의한 화학적 용인
③ 온도상승에 의한 열적 요인
④ 정격전압에 의한 전기적 요인

해설 절연불량의 주요 원인
① 진동, 충격 등에 의한 기계적 요인
② 산화 등에 의한 화학적 요인
③ 온도상승에 의한 열적 요인
④ 높은 이상전압 등에 의한 전기적 요인

69 고장 전류를 차단할 수 있는 것은?

① 차단기(CB)
② 유입 개폐기(OS)
③ 단로기(DS)
④ 선로 개폐기(LS)

해설 차단기(CB, Circuit Breaker)
전류를 개폐함과 함께 과부하, 단락(短絡) 등의 이상 상태에 대해 회로를 차단해 안전을 유지하는 장치(고장 전류와 같은 대전류를 차단할 수 있는 것)
- 유입차단기(OCB), 진공차단기(VCB), 가스차단기(GCB), 공기차단기(ABB), 자기차단기(MBB), 기중차단기(ACB) 등이 있음.

※ 단로기(D.S : Disconnecting Switch) : 단로기는 개폐기의 일종으로 수용가 구내 인입구에 설치하여 무부하 상태의 전로를 개폐하는 역할을 하거나 차단기, 변압기, 피뢰기 등 고전압 기기의 1차 측에 설치하여 기기를 점검, 수리할 때 전원으로부터 이들 기기를 분리하기 위해 사용(부하전류를 차단하는 능력이 없으므로 부하전류가 흐르는 상태에서 차단하면 매우 위험)

70 주택용 배선차단기 B 타입의 경우 순시동작 범위는? (단, In는 차단기 정격전류이다.)

① 3In 초과 ~ 5In 이하
② 5In 초과 ~ 10In 이하
③ 10In 초과 ~ 15In 이하
④ 10In 초과 ~ 20In 이하

해설 주택용 배선차단기 B타입의 경우 순시동작 범위

형	순시 트립 범위
B	3In 초과 ~ 5In 이하
C	5In 초과 ~ 10In 이하
D	10In 초과 ~ 20In 이하

(* 순시 타입에 순시전류가 유입되면 0.1초 내에 트립 동작됨)

정답 66.② 67.③ 68.④ 69.① 70.①

71. 다음 중 방폭 구조의 종류가 아닌 것은?

① 유압 방폭구조(k)
② 내압 방폭구조(d)
③ 본질안전 방폭구조(i)
④ 압력 방폭구조(p)

해설 방폭구조의 종류와 기호

내압 방폭구조	d	비점화 방폭구조	n
압력 방폭구조	p	몰드 방폭구조	m
안전증 방폭구조	e	충전 방폭구조	q
유입 방폭구조	o	특수 방폭구조	s
본질안전 방폭구조	ia, ib		

72. 동작 시 아크가 발생하는 고압 및 특고압용 개폐기·차단기의 이격거리(목재의 벽 또는 천장, 기타 가연성 물체로부터의 거리)의 기준으로 옳은 것은? (단, 사용전압이 35kV 이하의 특고압용의 기구 등으로서 동작할 때에 생기는 아크의 방향과 길이를 화재가 발생할 우려가 없도록 제한하는 경우가 아니다.)

① 고압용 : 0.8m 이상, 특고압용 : 1.0m 이상
② 고압용 : 1.0m 이상, 특고압용 : 2.0m 이상
③ 고압용 : 2.0m 이상, 특고압용 : 3.0m 이상
④ 고압용 : 3.5m 이상, 특고압용 : 4.0m 이상

해설 아크를 발생시키는 기구와 목재의 벽 또는 천장과의 이격거리 : 고압용 1.0m 이상, 특고압용 2.0m 이상
- 고압 또는 특고압용 개폐기·차단기·피뢰기 기타 이와 유사한 기구로서 동작 시에 아크가 생기는 것과 목재의 벽 또는 천장 기타의 가연성 물체로부터의 이격거리 : 고압용 1.0m 이상, 특고압용 2.0m 이상

73. 3300/220V, 20kVA인 3상 변압기로부터 공급받고 있는 저압 전선로의 절연 부분의 전선과 대지 간의 절연저항의 최소값은 약 몇 Ω인가? (단, 변압기의 저압 측 중성점에 접지가 되어 있다.)

① 1240
② 2794
③ 4840
④ 8383

해설 절연저항 최소값
① 3상 전력
$P = \sqrt{3}\,VI$
$I = \dfrac{P}{\sqrt{3}\,V} = \dfrac{20,000}{(\sqrt{3}\times 220)} = 52.486\text{A}$

② 절연부분의 전선과 대지 간의 절연저항은 사용전압에 대한 누설전류가 최대공급전류의 1/2,000이 넘지 않도록 해야 함.

누설전류 $I_g = I \times \dfrac{1}{2,000} = 52.486 \times \dfrac{1}{2,000}$
$= 0.026243\text{A}$

⇒ 전류$(I) = \dfrac{\text{전압}(V)}{\text{저항}(R)}$

$R = \dfrac{V}{I_g} = \dfrac{220}{0.026243} = 8,383\,\Omega$

74. 감전사고로 인한 전격사의 메커니즘으로 가장 거리가 먼 것은?

① 흉부수축에 의한 질식
② 심실세동에 의한 혈액순환기능의 상실
③ 내장파열에 의한 소화기계통의 기능상실
④ 호흡중추신경 마비에 따른 호흡기능 상실

해설 감전되어 사망하는 주된 메커니즘
① 심장부에 전류가 흘러 심실세동이 발생하여 혈액순환 기능이 상실되어 일어난 것
② 뇌의 호흡중추 신경에 전류가 흘러 호흡 기능이 정지되어 일어난 것
③ 흉부에 전류가 흘러 흉부수축에 의한 질식으로 일어난 것
④ 전격으로 동맥이 절단되어 출혈되어 일어난 것
⑤ 줄(Joule)열에 의해 인체의 통전부가 화상을 입어 일어난 것

정답 71.① 72.② 73.④ 74.③

75 욕조나 샤워시설이 있는 욕실 또는 화장실에 콘센트가 시설되어 있다. 해당 전로에 설치된 누전차단기의 정격감도전류와 동작시간은?

① 정격감도전류 15mA 이하, 동작시간 0.01초 이하
② 정격감도전류 15mA 이하, 동작시간 0.03초 이하
③ 정격감도전류 30mA 이하, 동작시간 0.01초 이하
④ 정격감도전류 30mA 이하, 동작시간 0.03초 이하

해설 욕실 등 물기가 많은 장소에서의 인체감전보호형 누전차단기의 정격감도전류와 동작시간 : 정격감도전류 15mA, 동작시간 0.03초 이내
* 감전방지용 누전차단기의 정격감도전류 및 작동시간 : 30mA 이하, 0.03초 이내

76 50kW, 60Hz 3상 유도전동기가 380V 전원에 접속된 경우 흐르는 전류(A)는 약 얼마인가? (단, 역률은 80%이다.)

① 82.24   ② 94.96
③ 116.30 ④ 164.47

해설 전류
유효전력(삼상) : $P = \sqrt{3} \times$ 전압(V) $\times$ 전류(A) $\times$ 역률 $\cos\theta = \sqrt{3} VI\cos\theta$ [단위 : W, kW]
$\Rightarrow I = \dfrac{P}{(\sqrt{3} \times V \times 역률)} = \dfrac{50,000}{(\sqrt{3} \times 380 \times 80\%)}$
$= 94.96 A$

* 역률 : 피상전력에 대한 유효전력의 비율. 전기기기에 실제로 걸리는 전압과 전류가 얼마나 유효하게 일을 하는가 하는 비율을 의미함.

77 인체저항을 500Ω 이라 한다면, 심실세동을 일으키는 위험한계에너지는 약 몇 J인가?
(단, 심실세동전륫값 $I = \dfrac{165}{\sqrt{T}}$ mA의 Dalziel의 식을 이용하며, 통전시간은 1초로 한다.)

① 11.5   ② 13.6
③ 15.3   ④ 16.2

해설 위험한계에너지 : 감전전류가 인체저항을 통해 흐르면 그 부위에는 열이 발생하는데, 이 열에 의해서 화상을 입고 세포 조직이 파괴됨.
줄(Joule)열 $H = I^2RT$ [J]
$= (\dfrac{165}{\sqrt{T}} \times 10^{-3})^2 \times R \times T$
$= (\dfrac{165}{1} \times 10^{-3})^2 \times 500 \times 1 = 13.6 J$

* 심실세동전류
$I = \dfrac{165}{\sqrt{T}}$ mA $\Rightarrow I = \dfrac{165}{\sqrt{T}} \times 10^{-3}$ A

78 내압 방폭용기 "d"에 대한 설명으로 틀린 것은?

① 원통형 나사 접합부의 체결 나사산 수는 5산 이상이어야 한다.
② 가스/증기 그룹이 ⅡB일 때 내압 접합면과 장애물과의 최소 이격거리는 20mm이다.
③ 용기 내부의 폭발이 용기 주위의 폭발성 가스 분위기로 화염이 전파되지 않도록 방지하는 부분은 내압 방폭 접합부이다.
④ 가스/증기 그룹이 ⅡC일 때 내압 접합면과 장애물과의 최소 이격거리는 40mm이다.

해설 내압 방폭구조 플랜지접합부와 장애물간 최소이격거리

가스그룹	ⅡA	ⅡB	ⅡC
최소이격거리(mm)	10	30	40

* 내압(d) 방폭구조 : 용기 내부에서 폭발성 가스 또는 증기가 폭발하였을 때 용기가 그 압력에 견디며 또한 접합면, 개구부 등을 통해서 외부의 폭발성 가스·증기에 인화되지 않도록 한 구조 (점화원 격리)
(* 방폭형 기기에 폭발성 가스가 내부로 침입하여 내부에서 폭발이 발생하여도 이 압력에 견디도록 제작한 방폭구조이며, 전기설비 내부에서 발생한 폭발이 설비 주변에 존재하는 가연성 물질에 파급되지 않도록 한 구조)

79 KS C IEC 60079-0의 정의에 따라 '두 도전부 사이의 고체 절연물 표면을 따른 최단거리'를 나타내는 명칭은?

① 전기적 간격 ② 절연공간거리
③ 연면거리 ④ 충전물 통과거리

해설 연면거리(沿面距離, Creeping Distance)
전기적으로 절연된 두 도전부 사이의 고체 절연물 표면을 따른 최단거리(불꽃 방전을 일으키는 두 전극 간 거리를 고체 유전체의 표면을 따른 최단 거리)
* 절연공간거리(clearance) : 두 도체 간의 공간을 통한 최단거리

80 접지 목적에 따른 분류에서 병원설비의 의료용 전기전자(M·E)기기와 모든 금속부분 또는 도전바닥에도 접지하여 전위를 동일하게 하기 위한 접지를 무엇이라 하는가?

① 계통 접지
② 등전위 접지
③ 노이즈방지용 접지
④ 정전기 장해방지 이용 접지

해설 등전위 접지 : 병원설비의 의료용 전기전자(M·E) 기기와 모든 금속 부분 또는 도전바닥에도 접지하여 전위를 동일하게 하기 위한 접지
- 병원에 있어서의 의료 기기 사용 시의 안전(의료용 전기전자(Medical Electronics)기기의 접지방식)

제5과목 화학설비 위험방지기술

81 다음 중 고체연소의 종류에 해당하지 않는 것은?

① 표면연소 ② 증발연소
③ 분해연소 ④ 예혼합연소

해설 고체 가연물의 일반적인 4가지 연소방식
1) 표면연소 : 고체의 표면이 고온을 유지하면서 연소하는 현상
   - 숯, 코크스, 목탄, 금속분
2) 분해연소 : 고체가 가열되어 열분해가 일어나고 가연성 가스가 공기 중의 산소와 타는 것
   - 석탄, 목재, 플라스틱, 종이, 합성수지, 중유
3) 증발연소 : 고체 가연물이 가열하여 가연성 증기가 발생. 공기와 혼합하여 연소범위 내에서 열원에 의하여 연소하는 현상
   - 황, 나프탈렌, 파라핀(양초), 왁스, 휘발유 등
4) 자기연소 : 공기 중 산소를 필요로 하지 않고 자신이 분해되며 타는 것(연소에 필요한 산소를 포함하고 있는 물질이 연소하는 것)
   - 질화면(니트로셀룰로오스), TNT, 셀룰로이드, 니트로글리세린 등 제5류 위험물(폭발성 물질)
* 예혼합연소(豫混合燃燒) : 미리 공기와 혼합된 연료(혼합가스)가 연소 확산하는 연소 형태

82 가연성 물질을 취급하는 장치를 퍼지하고자 할 때 잘못된 것은?

① 대상물질의 물성을 파악한다.
② 사용하는 불활성 가스의 물성을 파악한다.
③ 퍼지용 가스를 가능한 한 빠른 속도로 단시간에 다량 송입한다.
④ 장치 내부를 세정한 후 퍼지용 가스를 송입한다.

해설 불활성화(Inerting)의 퍼지(purge) 방법
(* 불활성화란 산소농도를 안전한 농도로 낮추기 위하여 불활성 가스를 용기에 주입하는 것이며, 폭발할 우려가 있는 연소되지 않은 가스를 용기 밖으로 배출하기 위하여 환기시키는 것을 퍼지라 함)

정답 79. ③ 80. ② 81. ④ 82. ③

① 대상물질의 물성을 파악한다.
② 사용하는 불활성 가스의 물성을 파악한다.
③ 장치 내부를 세정한 후 퍼지용 가스를 송입한다.

83 위험물질에 대한 설명 중 틀린 것은?
① 과산화나트륨에 물이 접촉하는 것은 위험하다.
② 황린은 물속에 저장한다.
③ 염소산나트륨은 물과 반응하여 폭발성의 수소기체를 발생한다.
④ 아세트알데히드는 0℃ 이하의 온도에서도 인화할 수 있다.

해설 위험물질에 대한 설명
① 과산화나트륨(Na_2O_2) : 상온에서 물과 심하게 반응하여 수산화나트륨(NaOH)과 산소를 생성한다. 유기물이나 산화성 물질에 접촉하면 폭발 위험이 있다.(과산화나트륨에 물이 접촉하는 것은 위험하다.)
② 황린 : 황린(P_4)은 공기 중에 발화하므로 물속에 보관한다.(자연발화하여 포스핀을 생성한다.)
③ 염소산나트륨($NaClO_3$) : 물에 쉽게 용해되며 300℃ 이상 가열하면 산소와 염화나트륨으로 분해한다. 약간 흡습성이 있으며, 물 알코올에는 녹고 산성 수용액에서는 강한 산화작용을 보인다.
④ 아세트알데히드(C_2H_4O) : 아세트알데히드는 0℃ 이하의 온도에서도 인화할 수 있다. 휘발성이 강한 무색 액체로, 자극적인 냄새가 난다.

84 공정안전보고서 중 공정안전자료에 포함하여야 할 세부 내용에 해당하는 것은?
① 비상조치계획에 따른 교육계획
② 안전운전지침서
③ 각종 건물·설비의 배치도
④ 도급업체 안전관리계획

85 디에틸에테르의 연소범위에 가장 가까운 값은?
① 2~10.4% ② 1.9~48%
③ 2.5~15% ④ 1.5~7.8%

해설 디에틸에테르($C_2H_5OC_2H_5$, $(C_2H_5)_2O$)
: 연소범위 1.9~48%
산소 원자에 에틸기가 2개(디-, di-) 결합한 화합물. 무색의 액체로 인화성(引火性)이 크며 마취제나 용제(溶劑)로 사용한다.

86 공기 중에서 A가스의 폭발하한계는 2.2vol%이다. 이 폭발하한계 값을 기준으로 하여 표준 상태에서 A가스와 공기의 혼합기체 $1m^3$에 함유되어 있는 A가스의 질량을 구하면 약 몇 g인가? (단, A가스의 분자량은 26이다.)
① 19.02 ② 25.54
③ 29.02 ④ 35.54

해설 표준 상태에서 A가스와 공기의 혼합기체 $1m^3$에 함유되어 있는 A가스의 질량
① 폭발하한계가 2.2vol%인 A가스의 $1m^3$(=1,000ℓ)에서의 부피(*$1m^3$ = 1,000ℓ)
1,000ℓ × 2.2vol% = 22ℓ
② 표준상태 : 0℃, 1기압상태(기체 1몰의 부피 22.4ℓ)
분자량 = 밀도 × 22.4ℓ
= (질량 / 부피) × 22.4
(*밀도는 물질의 질량을 부피로 나눈 값)
⇨ 질량 = $\frac{(분자량 × 부피)}{22.4ℓ} = \frac{(26 × 22)}{22.4ℓ} = 25.54g$

〈해설2〉
② 표준상태 : 0℃, 1기압상태(기체 1몰의 부피 22.4ℓ)
분자량은 부피 22.4ℓ에서의 질량으로 A가스의 질량은 26g(A가스의 분자량은 26)
⇨ 따라서 표준상태에서 부피 22.4ℓ에 질량은 26g이므로 22ℓ에서 질량 x를 구함.
$\frac{26}{22.4} = \frac{x}{22} \rightarrow x = \frac{26 × 22}{22.4} = 25.54g$

87 다음 물질 중 물에 가장 잘 융해되는 것은?
① 아세톤 ② 벤젠
③ 톨루엔 ④ 휘발유

해설 물에 융해 정도
① 아세톤 : 물이나 알코올에 잘 녹으며, 유기용매로서 다른 유기물질과도 잘 섞인다.

정답 83.③ 84.③ 85.② 86.② 87.①

② 벤젠 : 물보다 밀도가 낮고 약한 수용성을 가져 물에 잘 녹지 않고 물에 뜬다.
③ 톨루엔 : 물보다 밀도가 낮으면서 물에 불용성이므로 물에 뜬다.

88 가스누출감지경보기 설치에 관한 기술상의 지침으로 틀린 것은?

① 암모니아를 제외한 가연성 가스 누출감지경보기는 방폭 성능을 갖는 것이어야 한다.
② 독성가스 누출감지경보기는 해당 독성가스 허용농도의 25% 이하에서 경보가 울리도록 설정하여야 한다.
③ 하나의 감지대상가스가 가연성이면서 독성인 경우에는 독성가스를 기준하여 가스누출감지경보기를 선정하여야 한다.
④ 건축물 내에 설치되는 경우, 감지대상가스의 비중이 공기보다 무거운 경우에는 건축물 내의 하부에 설치하여야 한다.

[해설] 가스누출감지경보기의 선정기준, 구조 및 설치 방법
① 암모니아를 제외한 가연성 가스 누출감지경보기는 방폭성능을 갖는 것이어야 한다.
② 하나의 감지대상가스가 가연성이면서 독성인 경우에는 독성가스를 기준하여 가스누출감지경보기를 선정하여야 한다.
③ 건축물 내에 설치되는 경우, 감지대상가스의 비중이 공기보다 무거운 경우에는 건축물 내의 하부에 설치하여야 한다.
④ 경보설정점
  ㉠ 가연성 물질용 가스누출감지경보기는 감지대상 가스의 폭발하한계 25% 이하, 독성가스용 가스누출감지경보기는 해당 독성 가스의 허용농도 이하에서 경보가 울리도록 설정하여야 한다.
  ㉡ 가스누출감지경보기의 감지부 정밀도는 경보설정점에 대하여 가연성 가스 누출감지경보기는 ±25% 이하, 독성가스 누출감지경보기는 ±30% 이하이어야 한다.

89 폭발을 기상폭발과 응상폭발로 분류할 때 기상폭발에 해당하지 않는 것은?

① 분진 폭발 ② 혼합가스폭발
③ 분무폭발 ④ 수증기폭발

[해설] 폭발의 종류
(가) 기상폭발 : 혼합가스(산화), 가스분해, 분진, 분무, 증기운 폭발
(나) 응상폭발(액상폭발) : 수증기, 증기폭발, 전선(도선)폭발, 고상 간의 전이에 의한 폭발(전이에 의한 발열), 혼합위험에 의한 폭발(산화성과 환원성 물질 혼합 시 폭발)
  * 응상(凝相, condensed phase) : 고체상태(고상) 및 액체상태(액상)의 총칭

90 다음 가스 중 가장 독성이 큰 것은?

① CO ② $COCl_2$
③ NH_3 ④ H_2S

[해설] 화재 시 발생하는 유해가스 중 가장 독성이 큰 것
: $COCl_2$(포스겐) – 허용농도 0.1ppm

물질명	화학식	노출기준(TWA)
황화수소	H_2S	10ppm
암모니아	NH_3	25ppm
일산화탄소	CO	30ppm
포스겐	$COCl_2$	0.1ppm

91 처음 온도가 20℃인 공기를 절대압력 1기압에서 3기압으로 단열압축하면 최종온도는 약 몇 도인가? (단, 공기의 비열비 1.40이다.)

① 68℃ ② 75℃
③ 128℃ ④ 164℃

[해설] 단열변화 : 외부와의 열출입 없이 기체가 팽창 또는 수축하는 것
* 단열팽창 : 공기가 상승하면, 기압이 낮아지므로 부피가 팽창함(온도하강)
* 단열압축 : 공기가 하강하면, 기압이 높아지므로 부피가 압축됨(온도상승)

정답 88. ② 89. ④ 90. ② 91. ③

$$\frac{T_2}{T_1}=\left(\frac{V_1}{V_2}\right)^{r-1}=\left(\frac{P_2}{P_1}\right)^{\frac{r-1}{r}}$$

[T: 절대온도(K), V: 부피(L), P: 압력(atm), r: 비열비]

$$\Rightarrow T_2 = T_1 \times \left(\frac{P_2}{P_1}\right)^{\frac{r-1}{r}} = (273+20) \times \left(\frac{3}{1}\right)^{\frac{1.4-1}{1.4}}$$
$$= 401K \rightarrow 128℃$$

* 절대온도(K): 절대 영도에 기초를 둔 온도의 측정단위를 말한다. 단위는 K이다. 섭씨온도와 관계는 섭씨온도에 273.15를 더하면 된다.
[절대온도(K): K = 섭씨온도(℃) + 273]

92 물질의 누출방지용으로써 접합면을 상호 밀착시키기 위하여 사용하는 것은?

① 개스킷 ② 체크밸브
③ 플러그 ④ 콕

해설 **개스킷**: 물질의 누출방지용으로서 접합면을 상호 밀착시키기 위하여 사용하는 패킹
제257조(덮개 등의 접합부) 〈산업안전보건기준에 관한 규칙〉
사업주는 화학설비 또는 그 배관의 덮개·플랜지·밸브 및 콕의 접합부에 대해서는 접합부에서 위험물질등이 누출되어 폭발·화재 또는 위험물이 누출되는 것을 방지하기 위하여 적절한 개스킷(gasket)을 사용하고 접합면을 서로 밀착시키는 등 적절한 조치를 하여야 한다.

93 건조설비의 구조를 구조부분, 가열장치, 부속설비로 구분할 때 다음 중 "부속설비"에 속하는 것은?

① 보온판 ② 열원장치
③ 소화장치 ④ 철골부

해설 **건조설비의 구성**: 건조설비의 구조는 구조 부분, 가열장치, 부속설비로 구성
① 구조부분: 바닥콘크리트, 철골부, 보온판 등 기초 부분, shell부, 몸체 등
② 가열장치: 열원장치, 순환용 송풍기 등
③ 부속설비: 전기설비, 환기장치, 온도조절장치, 안전장치, 소화장치 등

94 에틸렌(C_2H_4)이 완전연소하는 경우 다음의 Jone식을 이용하여 계산할 경우 연소하한계는 약 몇 vol%인가?

Jone식: LFL = $0.55 \times C_{st}$

① 0.55 ② 3.6
③ 6.3 ④ 8.5

해설 **폭발하한계**
LFL = $0.55 \times C_{st} = 0.55 \times 6.53 = 3.6 \, vol\%$
여기서, C_{st}: 완전연소가 일어나기 위한 연료와 공기의 혼합기체 중 연료의 부피(%)

① 화학양론농도(C_{st}) = $\frac{1}{1+4.773 O_2} \times 100$
$= \frac{100}{(1+4.773 \times 3)} = 6.53\%$

② 산소농도(O_2) = $n + \frac{m-f-2\lambda}{4} = 2 + \left(\frac{4}{4}\right) = 3$
(C_2H_4: $n=2$, $m=4$, $f=0$, $\lambda=0$)
(* $C_nH_mO_\lambda Cl_f$ 분자식 → n: 탄소, m: 수소, f: 할로겐원자의 원자수, λ: 산소의 원자수)
[* $C_2H_4 + 3O_2 \rightarrow 2CO_2 + 2H_2O$]

95 [보기]의 물질을 폭발 범위가 넓은 것부터 좁은 순서로 옳게 배열한 것은?

H_2　C_3H_8　CH_4　CO

① $CO > H_2 > C_3H_8 > CH_4$
② $H_2 > CO > CH_4 > C_3H_8$
③ $C_3H_8 > CO > CH_4 > H_2$
④ $CH_4 > H_2 > CO > C_3H_8$

해설 **물질을 폭발 범위**

구분	폭발하한계 (vol%)	폭발상한계 (vol%)	폭발 범위
수소(H_2)	4.0	75	75-4=71
프로판(C_3H_8)	2.1	9.5	9.5-2.1=7.4
메탄(CH_4)	5.0	15	15-5=10
일산화탄소(CO)	12.5	74	74-12.5=61.5

정답 92. ① 93. ③ 94. ② 95. ②

96 산업안전보건법령상 위험물질의 종류에서 "폭발성 물질 및 유기과산화물"에 해당하는 것은?

① 디아조화합물 ② 황린
③ 알킬알루미늄 ④ 마그네슘 분말

해설 폭발성 물질 및 유기과산화물 〈산업안전보건기준에 관한 규칙〉: 자기반응성 물질(제5류 위험물)
가. 질산에스테르류
나. 니트로화합물
다. 니트로소화합물
라. 아조화합물
마. 디아조화합물
바. 하이드라진 유도체
사. 유기과산화물
아. 그 밖에 가목부터 사목까지의 물질과 같은 정도의 폭발 위험이 있는 물질
자. 가목부터 아목까지의 물질을 함유한 물질

97 화염방지기의 설치에 관한 사항으로 (　)에 알맞은 것은?

> 사업주는 인화성 액체 및 인화성 가스를 저장 취급하는 화학설비에서 증기나 가스를 대기로 방출하는 경우에는 외부로부터의 화염을 방지하기 위하여 화염방지기를 그 설비 (　)에 설치하여야 한다.

① 상단 ② 하단
③ 중앙 ④ 무게중심

98 다음 중 인화성 가스가 아닌 것은?

① 부탄 ② 메탄
③ 수소 ④ 산소

해설 인화성 가스 〈산업안전보건기준에 관한 규칙〉
가. 수소   나. 아세틸렌
다. 에틸렌   라. 메탄
마. 에탄   바. 프로판
사. 부탄

99 반응기를 조작방식에 따라 분류할 때 해당하지 않는 것은?

① 회분식 반응기
② 반회분식 반응기
③ 연속식 반응기
④ 관형식 반응기

해설 반응기의 분류
(가) 반응기의 조작 방식에 의한 분류
① 회분식 반응기
② 반회분식 반응기
③ 연속식 반응기
(나) 반응기의 구조 방식에 의한 분류
① 교반조형 반응기
② 관형 반응기
③ 탑형 반응기
④ 유동층형 반응기

100 다음 중 가연성 물질과 산화성 고체가 혼합하고 있을 때 연소에 미치는 현상으로 옳은 것은?

① 착화온도(발화점)가 높아진다.
② 최소점화에너지가 감소하며, 폭발의 위험성이 증가한다.
③ 가스나 가연성 증기의 경우 공기혼합보다 연소범위가 축소된다.
④ 공기 중에서 보다 산화작용이 약하게 발생하여 화염온도가 감소하며 연소속도가 늦어진다.

해설 가연성 물질과 산화성 고체가 혼합하고 있을때 연소에 미치는 현상: 산화성 고체(다량의 산소 함유)가 산소 공급원이 되어 최소점화에너지가 감소하며, 폭발의 위험성이 증가한다.

정답 96.① 97.① 98.④ 99.④ 100.②

제6과목 건설안전기술

101 건설현장에서 사용되는 작업발판 일체형 거푸집의 종류에 해당하지 않는 것은?

① 갱폼(gang form)
② 슬립폼(slip form)
③ 클라이밍 폼(climbing form)
④ 유로폼(euro form)

[해설] 작업발판 일체형 거푸집 〈산업안전보건기준에 관한 규칙〉
제337조(작업발판 일체형 거푸집의 안전조치)
① "작업발판 일체형 거푸집"이란 거푸집의 설치·해체, 철근 조립, 콘크리트 타설, 콘크리트 면처리 작업 등을 위하여 거푸집을 작업발판과 일체로 제작하여 사용하는 거푸집으로서 다음 각 호의 거푸집을 말한다.
1. 갱 폼(gang form)
2. 슬립 폼(slip form)
3. 클라이밍 폼(climbing form)
4. 터널 라이닝 폼(tunnel lining form)
5. 그 밖에 거푸집과 작업발판이 일체로 제작된 거푸집

102 콘크리트 타설작업을 하는 경우 준수하여야 할 사항으로 옳지 않은 것은?

① 당일의 작업을 시작하기 전에 해당 작업에 관한 거푸집동바리 등의 변형·변위 및 지반의 침하 유무 등을 점검하고 이상이 있으면 보수할 것
② 콘크리트를 타설하는 경우에는 편심이 발생하지 않도록 골고루 분산하여 타설할 것
③ 설계도서상의 콘크리트 양생기간을 준수하여 거푸집동바리 등을 해체할 것
④ 작업 중에는 거푸집동바리 등의 변형·변위 및 침하 유무 등을 감시할 수 있는 감시자를 배치하여 이상이 있으면 작업을 중지하지 아니하고, 즉시 충분한 보강조치를 실시할 것

[해설] 콘크리트의 타설작업시 준수사항 〈산업안전보건기준에 관한 규칙〉
제334조(콘크리트의 타설작업) 사업주는 콘크리트 타설작업을 하는 경우에는 다음 각 호의 사항을 준수하여야 한다.
1. 당일의 작업을 시작하기 전에 해당 작업에 관한 거푸집동바리 등의 변형·변위 및 지반의 침하 유무 등을 점검하고 이상이 있으면 보수할 것
2. 작업 중에는 거푸집동바리 등의 변형·변위 및 침하 유무 등을 감시할 수 있는 감시자를 배치하여 이상이 있으면 작업을 중지하고 근로자를 대피시킬 것
3. 콘크리트 타설작업 시 거푸집 붕괴의 위험이 발생할 우려가 있으면 충분한 보강조치를 할 것
4. 설계도서상의 콘크리트 양생기간을 준수하여 거푸집동바리 등을 해체할 것
5. 콘크리트를 타설하는 경우에는 편심이 발생하지 않도록 골고루 분산하여 타설할 것

103 버팀보, 앵커 등의 축하중 변화상태를 측정하여 이들 부재의 지지효과 및 그 변화 추이를 파악하는 데 사용되는 계측기기는?

① water level meter
② load cell
③ piezo meter
④ strain gauge

104 차량계 건설기계를 사용하여 작업을 하는 경우 작업계획서 내용에 포함되지 않는 사항은?

① 사용하는 차량계 건설기계의 종류 및 성능
② 차량계 건설기계의 운행경로
③ 차량계 건설기계에 의한 작업방법
④ 차량계 건설기계의 유지보수방법

[해설] 차량계 건설기계를 사용하는 작업의 작업계획서 내용 〈산업안전보건 기준에 관한 규칙〉
가. 사용하는 차량계 건설기계의 종류 및 성능
나. 차량계 건설기계의 운행경로
다. 차량계 건설기계에 의한 작업방법

정답 101. ④ 102. ④ 103. ② 104. ④

105 근로자의 추락 등의 위험을 방지하기 위한 안전난간의 설치기준으로 옳지 않은 것은?

① 상부 난간대와 중간 난간대는 난간 길이 전체에 걸쳐 바닥면 등과 평행을 유지할 것
② 발끝막이판은 바닥면 등으로부터 20cm 이상의 높이를 유지할 것
③ 난간대는 지름 2.7cm 이상의 금속제 파이프나 그 이상의 강도가 있는 재료일 것
④ 안전난간은 구조적으로 가장 취약한 지점에서 가장 취약한 방향으로 작용하는 100kg 이상의 하중에 견딜 수 있는 튼튼한 구조일 것

해설 안전난간 〈산업안전보건기준에 관한 규칙〉
제13조(안전난간의 구조 및 설치요건)
사업주는 근로자의 추락 등의 위험을 방지하기 위하여 안전난간을 설치하는 경우 다음 각 호의 기준에 맞는 구조로 설치하여야 한다.
3. 발끝막이판은 바닥면 등으로부터 10센티미터 이상의 높이를 유지할 것. 다만, 물체가 떨어지거나 날아올 위험이 없거나 그 위험을 방지할 수 있는 망을 설치하는 등 필요한 예방 조치를 한 장소는 제외한다.
4. 난간기둥은 상부 난간대와 중간 난간대를 견고하게 떠받칠 수 있도록 적정한 간격을 유지할 것
5. 상부 난간대와 중간 난간대는 난간 길이 전체에 걸쳐 바닥면 등과 평행을 유지할 것
6. 난간대는 지름 2.7센티미터 이상의 금속제 파이프나 그 이상의 강도가 있는 재료일 것
7. 안전난간은 구조적으로 가장 취약한 지점에서 가장 취약한 방향으로 작용하는 100킬로그램 이상의 하중에 견딜 수 있는 튼튼한 구조일 것

106 흙 속의 전단응력을 증대시키는 원인에 해당하지 않는 것은?

① 자연 또는 인공에 의한 지하공동의 형성
② 함수비의 감소에 따른 흙의 단위체적 중량의 감소
③ 지진, 폭파에 의한 진동 발생
④ 균열 내에 작용하는 수압증가

해설 흙속의 전단응력을 증대시키는 원인
① 외력(건물하중, 눈 또는 물)
② 함수비의 증가에 따른 흙의 단위체적 중량의 증가
③ 균열 내에 작용하는 수압 증가
④ 인장응력에 의한 균열 발생
⑤ 지진, 폭파 등에 의한 진동 발생
⑥ 자연 또는 인공에 의한 지하공동의 형성(씽크홀)

107 다음은 산업안전보건법령에 따른 항타기 또는 항발기에 권상용 와이어로프를 사용하는 경우에 준수하여야 할 사항이다. ( ) 안에 알맞은 내용으로 옳은 것은?

> 권상용 와이어로프는 추 또는 해머가 최저의 위치에 있을 때 또는 널말뚝을 빼내기 시작할 때를 기준으로 권상장치의 드럼에 적어도 ( ) 감기고 남을 수 있는 충분한 길이일 것

① 1회　　② 2회
③ 4회　　④ 6회

해설 권상용 와이어로프 사용시 준수사항 〈산업안전보건기준에 관한 규칙〉
제212조(권상용 와이어로프의 길이 등)
사업주는 항타기 또는 항발기에 권상용 와이어로프를 사용하는 경우에 다음 각호의 사항을 준수하여야 한다.
1. 권상용 와이어로프는 추 또는 해머가 최저의 위치에 있을 때 또는 널말뚝을 빼내기 시작할 때를 기준으로 권상장치의 드럼에 적어도 2회 감기고 남을 수 있는 충분한 길이일 것
2. 권상용 와이어로프는 권상장치의 드럼에 클램프·클립 등을 사용하여 견고하게 고정할 것
3. 항타기의 권상용 와이어로프에서 추·해머 등과의 연결은 클램프·클립 등을 사용하여 견고하게 할 것

정답 105. ② 106. ② 107. ②

108 산업안전보건법령에 따른 유해위험방지계획서 제출대상 공사로 볼 수 없는 것은?

① 지상 높이가 31m 이상인 건축물의 건설공사
② 터널 건설공사
③ 깊이 10m 이상인 굴착공사
④ 다리의 전체 길이가 40m 이상인 건설공사

해설 유해·위험방지계획서 제출대상 건설공사 〈산업안전보건법 시행령 제42조〉
다음 각 호의 어느 하나에 해당하는 공사를 말한다.
1. 다음 각 목의 어느 하나에 해당하는 건축물 또는 시설 등의 건설·개조 또는 해체 공사
   가. 지상높이가 31미터 이상인 건축물 또는 인공구조물
2. 연면적 5천 제곱미터 이상인 냉동·냉장 창고시설의 설비공사 및 단열공사
3. 최대 지간(支間)길이(다리의 기둥과 기둥의 중심 사이의 거리)가 50미터 이상인 다리의 건설 등 공사
4. 터널의 건설 등 공사
5. 다목적댐, 발전용댐, 저수용량 2천만 톤 이상의 용수 전용 댐 및 지방상수도 전용 댐의 건설 등 공사
6. 깊이 10미터 이상인 굴착공사

109 사다리식 통로 등을 설치하는 경우 고정식 사다리식 통로의 기울기는 최대 몇 도 이하로 하여야 하는가?

① 60도
② 75도
③ 80도
④ 90도

해설 사다리식 통로 등의 구조 〈산업안전보건법 시행규칙〉
제24조(사다리식 통로 등의 구조) ① 사업주는 사다리식 통로 등을 설치하는 경우 다음 각 호의 사항을 준수하여야 한다.
9. 사다리식 통로의 기울기는 75도 이하로 할 것. 다만, 고정식 사다리식 통로의 기울기는 90도 이하로 하고, 그 높이가 7미터 이상인 경우에는 바닥으로부터 높이가 2.5미터되는 지점부터 등받이울을 설치할 것
10. 접이식 사다리 기둥은 사용 시 접혀지거나 펼쳐지지 않도록 철물 등을 사용하여 견고하게 조치할 것

110 거푸집동바리 구조에서 높이가 $\ell=3.5m$인 파이프서포트의 좌굴하중은? (단, 상부받이판과 하부받이판은 힌지로 가정하고, 단면 2차 모멘트 $I=8.31cm^4$, 탄성계수 $E=2.1\times10^5$MPa)

① 14060N
② 15060N
③ 16060N
④ 17060N

해설 좌굴하중 : 좌굴을 일으키기 시작하는 한계의 압력
* 가설구조물의 좌굴(buckling)현상 : 단면적에 비해 상대적으로 길이가 긴 부재가 압축력에 의해 하중 방향과 직각 방향으로 변위가 생기는 현상(가늘고 긴 기둥 등이 압축력에 의해 휘어지는 현상)
  - 좌굴 발생 요인은 압축력, 단면보다 상대적으로 긴 부재
  ⇒ 오일러(Euler)의 좌굴하중

  $$P_{cr}=\frac{\pi^2 EI}{l^2}=\frac{3.14^2\times(2.1\times10^6)\times8.31}{350^2}$$
  $$=1406kg \rightarrow 14060N$$

  [P_{cr} : 오일러 좌굴하중(kg), E : 탄성계수(kg/cm²), ℓ : 부재의 길이(cm), I : 단면 2차 모멘트(cm⁴)]

① 탄성계수 $E=2.1\times10^5$MPa → 2.1×10^6 kg/cm²
   (1MPa = 10.197162kgf/cm²(약 10))
② 부재의 길이 $\ell=3.5m$ → 350cm
③ N으로 환산
   1kgf = 9.8N(약 10N) → 1406kg × 10 = 14060N

111 하역작업 등에 의한 위험을 방지하기 위하여 준수하여야 할 사항으로 옳지 않은 것은?

① 꼬임이 끊어진 섬유 로프를 화물운반용으로 사용해서는 안 된다.
② 심하게 부식된 섬유 로프를 고정용으로 사용해서는 안 된다.
③ 차량 등에서 화물을 내리는 작업 시 해당 작업에 종사하는 근로자에게 쌓여있는 화물 중간에서 화물을 빼내도록 할 경우에는 사전 교육을 철저히 한다.
④ 부두 또는 안벽의 선을 따라 통로를 설치하는 경우에는 폭을 90cm 이상으로 한다.

정답 108. ④ 109. ④ 110. ① 111. ③

해설 화물취급 작업 〈산업안전보건기준에 관한 규칙〉
제389조(화물 중간에서 화물 빼내기 금지)
사업주는 차량 등에서 화물을 내리는 작업을 하는 경우에 해당 작업에 종사하는 근로자에게 쌓여 있는 화물 중간에서 화물을 빼내도록 해서는 아니 된다.
제390조(하역작업장의 조치기준)
사업주는 부두·안벽 등 하역작업을 하는 장소에 다음 각 호의 조치를 하여야 한다.
1. 작업장 및 통로의 위험한 부분에는 안전하게 작업할 수 있는 조명을 유지할 것
2. 부두 또는 안벽의 선을 따라 통로를 설치하는 경우에는 폭을 90센티미터 이상으로 할 것

112 추락방지용 방망 중 그물코의 크기가 5cm인 매듭방망 신품의 인장강도는 최소 몇 kg 이상이어야 하는가?

① 60   ② 110
③ 150 ④ 200

해설 추락방지망의 인장강도(방망사의 신품에 대한 인장강도)   ※ ( )는 방망사의 폐기 시 인장강도

그물코의 크기 (단위 : 센티미터)	방망의 종류(단위 : 킬로그램)	
	매듭 없는 방망	매듭 방망
10	240(150)	200(135)
5		110(60)

113 단관비계의 도괴 또는 전도를 방지하기 위하여 사용하는 벽이음의 간격기준으로 옳은 것은?

① 수직 방향 5m 이하, 수평 방향 5m 이하
② 수직 방향 6m 이하, 수평 방향 6m 이하
③ 수직 방향 7m 이하, 수평 방향 7m 이하
④ 수직 방향 8m 이하, 수평 방향 8m 이하

해설 강관비계의 벽이음에 대한 조립간격 기준

강관비계의 종류	조립간격(단위 : m)	
	수직 방향	수평 방향
단관비계	5	5
틀비계(높이가 5m 미만인 것은 제외한다)	6	8

114 인력으로 하물을 인양할 때의 몸의 자세와 관련하여 준수하여야 할 사항으로 옳지 않은 것은?

① 한쪽 발은 들어 올리는 물체를 향하여 안전하게 고정시키고 다른 발은 그 뒤에 안전하게 고정시킬 것
② 등은 항상 직립한 상태와 90도 각도를 유지하여 가능한 한 지면과 수평이 되도록 할 것
③ 팔은 몸에 밀착시키고 끌어당기는 자세를 취하며 가능한 한 수평거리를 짧게 할 것
④ 손가락으로만 인양물을 잡아서는 아니 되며 손바닥으로 인양물 전체를 잡을 것

해설 인력으로 하물을 인양할 때의 준수사항 〈운반하역 표준안전 작업지침〉
제7조(인양) 하물을 인양할 때에는 다음 각 호의 사항을 준수하여야 한다.
3. 인양할 때의 몸의 자세는 다음 각 목의 사항을 준수하여야 한다.
  가. 한쪽 발은 들어올리는 물체를 향하여 안전하게 고정시키고 다른 발은 그 뒤에 안전하게 고정시킬 것
  나. 등은 항상 직립을 유지하여 가능한 한 지면과 수직이 되도록 할 것
  다. 무릎은 직각자세를 취하고 몸은 가능한 한 인양물에 근접하여 정면에서 인양할 것
  라. 턱은 안으로 당겨 척추와 일직선이 되도록 할 것
  마. 팔은 몸에 밀착시키고 끌어당기는 자세를 취하며 가능한 한 수평거리를 짧게 할 것
  바. 손가락으로만 인양물을 잡아서는 아니 되며 손바닥으로 인양물 전체를 잡을 것
  사. 체중의 중심은 항상 양 다리 중심에 있게 하여 균형을 유지할 것
  아. 인양하는 최초의 힘은 뒷발쪽에 두고 인양할 것

정답   112. ② 113. ① 114. ②

115 산업안전보건관리비 항목 중 안전시설비로 사용가능한 것은? 〈법령 개정으로 문제 수정〉

① 원활한 공사수행을 위한 가설시설 중 비계설치 비용
② 소음 관련 민원예방을 위한 건설현장 소음방지용 방음시설 설치 비용
③ 근로자의 재해예방을 위한 목적으로만 사용하는 CCTV에 사용되는 비용
④ 안전장치가 기계·기구 등과 일체형으로 된 기계·기구의 구입 비용

해설 **안전보건관리비의 사용기준** 〈건설업 산업안전보건관리비 계상 및 사용기준 제7조〉
- 안전시설비 등: 산업재해 예방을 위한 안전난간, 추락방호망, 안전대 부착설비, 방호장치(기계·기구와 방호장치가 일체로 제작된 경우, 방호장치 부분의 가액에 한함) 등 안전시설의 구입·임대 및 설치를 위해 소요되는 비용

116 유한사면에서 원형활동면에 의해 발생하는 일반적인 사면 파괴의 종류에 해당하지 않는 것은?

① 사면내파괴(Slope failure)
② 사면선단파괴(Toe failure)
③ 사면인장파괴(Tension failure)
④ 사면저부파괴(Base failure)

해설 **사면의 붕괴형태의 종류**(유한사면에서 원형활동면에 의해 발생 경우)
① 사면저부 붕괴 : 토질이 비교적 연약하고 경사가 완만한 경우(사면 기울기가 비교적 완만한 점성토에서 주로 발생)
② 사면선단 붕괴 : 비점착성 사질토의 급경사에서 발생(사면의 하단을 통과하는 활동면을 따라 파괴되는 사면 파괴)
③ 사면 내 붕괴 : 하부지반이 비교적 단단한 경우(사면경사가 53°보다 급하면 발생한다.) – 얕은 표층의 붕괴
* 유한사면 : 활동하는 토층의 깊이가 사면의 높이에 비해 비교적 큰 경우
* 원호활동 : 지반 파괴 활동면의 형태가 원형으로 가정

117 강관비계를 사용하여 비계를 구성하는 경우 준수해야할 기준으로 옳지 않은 것은?

① 비계기둥의 간격은 띠장 방향에서는 1.85m 이하, 장선(長線) 방향에서는 1.5m 이하로 할 것
② 띠장 간격은 2.0m 이하로 할 것
③ 비계기둥의 제일 윗부분으로부터 31m 되는 지점 밑부분의 비계기둥은 2개의 강관으로 묶어 세울 것
④ 비계기둥 간의 적재하중은 600kg을 초과하지 않도록 할 것

118 다음은 산업안전보건법령에 따른 화물자동차의 승강설비에 관한 사항이다. ( ) 안에 알맞은 내용으로 옳은 것은?

> 사업주는 바닥으로부터 짐 윗면까지의 높이가 ( ) 이상인 화물자동차에 짐을 싣는 작업 또는 내리는 작업을 하는 경우에는 근로자의 추가 위험을 방지하기 위하여 해당 작업에 종사하는 근로자가 바닥과 적재함의 짐 윗면 간을 안전하게 오르내리기 위한 설비를 설치하여야 한다.

① 2m   ② 4m
③ 6m   ④ 8m

해설 **화물자동차 승강설비** 〈산업안전보건기준에 관한 규칙〉 제187조(승강설비)
사업주는 바닥으로부터 짐 윗면까지의 높이가 2미터 이상인 화물자동차에 짐을 싣는 작업 또는 내리는 작업을 하는 경우에는 근로자의 추가 위험을 방지하기 위하여 해당 작업에 종사하는 근로자가 바닥과 적재함의 짐 윗면 간을 안전하게 오르내리기 위한 설비를 설치하여야 한다.

정답 115. ③ 116. ③ 117. ④ 118. ①

119 달비계의 최대 적재하중을 정함에 있어서 활용하는 안전계수의 기준으로 옳은 것은? (단, 곤돌라의 달비계를 제외한다.)

① 달기 훅 : 5 이상
② 달기 강선 : 5 이상
③ 달기 체인 : 3 이상
④ 달기 와이어로프 : 5 이상

해설 달기와이어로프 및 달기강선의 안전계수 기준 〈산업안전보건기준에 관한 규칙〉
제55조(작업발판의 최대적재하중)
② 달비계(곤돌라의 달비계는 제외한다)의 최대 적재하중을 정하는 경우 그 안전계수는 다음 각 호와 같다.
  1. 달기 와이어로프 및 달기 강선의 안전계수 : 10 이상
  2. 달기 체인 및 달기 훅의 안전계수 : 5 이상
  3. 달기 강대와 달비계의 하부 및 상부 지점의 안전계수 : 강재(鋼材)의 경우 2.5 이상, 목재의 경우 5 이상

120 발파작업 시 암질변화 구간 및 이상암질의 출현 시 반드시 암질판별을 실시하여야 하는데, 이와 관련된 암질판별기준과 가장 거리가 먼 것은?

① R.Q.D(%)
② 탄성파속도(m/sec)
③ 전단강도(kg/cm^2)
④ R.M.R

해설 암질의 판별 기준 〈터널공사표준안전작업지침-NATM공법〉
굴착공사(발파공사) 중 암질변화구간 및 이상암질 출현 시에는 암질판별시험을 수행하는데 이 시험의 기준
① R.Q.D(Rock Quality Designation, 암질지수) : 암질의 상태를 나타내는 데 사용(%)
② R.M.R(Rock Mass Rating) : 현장이나 시추자료에서 구할 수 있는 6가지 변수에 의해 암반을 분류하고 평가(%)
③ 탄성파속도(seismic velocity, 彈性波速度) : 단단한 암석일수록 전달 속도가 빠름(kg/cm^2)
④ 일축압축강도(단축압축강도) : 암석시료 축 방향으로 하중을 가하여 파괴가 일어날 때의 응력(km/sec)

정답 119. ① 120. ③

산업안전기사

2022

- 2022년 제1회 기출문제
  (3월 5일 시행)
- 2022년 제2회 기출문제
  (4월 24일 시행)

2022년 제1회 산업안전기사 기출문제

[제1과목] **안전관리론**

01 산업안전보건법령상 산업안전보건위원회의 구성·운영에 관한 설명 중 틀린 것은?

① 정기회의는 분기마다 소집한다.
② 위원장은 위원 중에서 호선(互選)한다.
③ 근로자대표가 지명하는 명예산업안전감독관은 근로자 위원에 속한다.
④ 공사금액 100억 원 이상의 건설업의 경우 산업안전보건위원회를 구성·운영해야 한다.

해설 산업안전보건위원회
1) 설치대상 사업
   ① 상시 근로자 100인 이상을 사용하는 사업장
   ② 건설업의 경우에는 공사금액이 120억 원 이상인 사업장(단, 건설산업기본법 시행령 별표 1의 규정에 의한 토목공사업에 해당되는 경우에는 150억 원 이상인 사업장)
   ③ 상시 근로자 50인 이상을 사용하는 유해·위험사업(자동차 및 트레일러 제조업 등)
2) 구성 : 노사 동수로 구성. 위원장은 위원 중에서 호선(互選)함
3) 회의 등 : 산업안전보건위원회의 회의는 정기회의와 임시 회의로 구분하되, 정기회의는 분기마다 위원장이 소집하며, 임시회의는 위원장이 필요하다고 인정할 때에 소집한다.

02 산업안전보건법령상 잠함(潛函) 또는 잠수작업 등 높은 기압에서 작업하는 근로자의 근로시간 기준은?

① 1일 6시간, 1주 32시간 초과금지
② 1일 6시간, 1주 34시간 초과금지
③ 1일 8시간, 1주 32시간 초과금지
④ 1일 8시간, 1주 34시간 초과금지

해설 근로시간 연장의 제한으로 인한 임금저하 금지
〈산업안전보건법 제139조〉
사업주는 유해하거나 위험한 작업으로서 높은 기압에서 하는 작업 등[잠함(潛艦) 또는 잠수작업 등 높은 기압에서 하는 작업]에 종사하는 근로자에게는 1일 6시간, 1주 34시간을 초과하여 근로하게 해서는 안 된다.

03 산업현장에서 재해 발생 시 조치 순서로 옳은 것은?

① 긴급처리 → 재해조사 → 원인분석 → 대책수립
② 긴급처리 → 원인분석 → 대책수립 → 재해조사
③ 재해조사 → 원인분석 → 대책수립 → 긴급처리
④ 재해조사 → 대책수립 → 원인분석 → 긴급처리

해설 재해 발생 시 조치 순서
① 산업 재해 발생 → ② 긴급처리 → ③ 재해조사 → ④ 원인강구 → ⑤ 대책수립 → ⑥ 대책 실시 계획 → ⑦ 실시 → ⑧ 평가

04 산업재해보험적용근로자 1000명인 플라스틱 제조 사업장에서 작업 중 재해 5건이 발생하였고, 1명이 사망하였을 때 이 사업장의 사망만인율은?

① 2
② 5
③ 10
④ 20

정답 01. ④ 02. ② 03. ① 04. ③

해설 사망만인율 : 근로자 10,000명을 1년간 기준으로 한 사망자 수의 비율

$$사망만인율 = \frac{사망자 수}{상시근로자 수} \times 10,000$$
$$= \frac{1}{1,000} \times 10,000 = 10$$

05 안전·보건 교육계획 수립 시 고려사항 중 틀린 것은?

① 필요한 정보를 수집한다.
② 현장의 의견을 고려하지 않는다.
③ 지도안은 교육대상을 고려하여 작성한다.
④ 법령에 의한 교육에만 그치지 않아야 한다.

해설 안전·보건교육계획의 수립 시 고려할 사항
① 현장의 의견을 충분히 반영
② 대상자의 필요한 정보를 수집
③ 안전교육시행체계와의 연관성을 고려.
④ 정부 규정(법령)에 의한 교육에 한정하지 않음

06 학습지도의 형태 중 몇 사람의 전문가가 주제에 대한 견해를 발표하고 참가자로 하여금 의견을 내거나 질문을 하게 하는 토의방식은?

① 포럼(Forum)
② 심포지엄(Symposium)
③ 버즈세션(Buzz session)
④ 자유토의법(Free discussion method)

해설 토의식 교육방법
(가) 포럼(Forum) : 새로운 자료나 교재를 제시하고, 피교육자로 하여금 문제점을 제기하도록 하거나 의견을 여러 가지 방법으로 발표하게 하여 청중과 토론자 간 활발한 의견 개진과 합의를 도출해 가는 토의방법(깊이 파고들어 토의하는 방법)
(나) 심포지엄(Symposium) : 몇 사람의 전문가에 의하여 과정에 관한 견해를 발표한 뒤 참가자로 하여금 의견이나 질문을 하게하는 토의법
(다) 패널 디스커션(Panel discussion) : 패널 멤버(교육과제에 정통한 전문가 4~5명)가 피교육자 앞에서 자유로이 토의하고 뒤에 피교육자 전원이 참가하여 사회자의 사회에 따라 토의하는 방법

(라) 버즈 세션(Buzz session) : 6-6 회의라고도 하며, 참가자가 다수인 경우에 전원을 토의에 참가시키기 위한 방법으로 소집단을 구성하여 회의를 진행시키는 방법

07 산업안전보건법령상 근로자 안전보건교육 대상에 따른 교육시간 기준 중 틀린 것은? (단, 상시작업이며, 일용근로자는 제외한다.)

① 특별교육 – 16시간 이상
② 채용 시 교육 – 8시간 이상
③ 작업내용 변경 시 교육 – 2시간 이상
④ 사무직 종사 근로자 정기교육 – 매 분기 1시간 이상

해설 사업 내 안전·보건교육

교육과정	교육대상		교육시간
가. 정기 교육	사무직 종사 근로자		매 분기 3시간 이상
	사무직 종사 근로자 외의 근로자	판매 업무에 직접 종사하는 근로자	매 분기 3시간 이상
		판매 업무에 직접 종사하는 근로자 외의 근로자	매 분기 6시간 이상
	관리감독자의 지위에 있는 사람		연간 16시간 이상
나. 채용 시의 교육	일용근로자		1시간 이상
	일용근로자를 제외한 근로자		8시간 이상
다. 작업 내용 변경 시의 교육	일용근로자		1시간 이상
	일용근로자를 제외한 근로자		2시간 이상

08 버드(Bird)의 신 도미노이론 5단계에 해당하지 않는 것은?

① 제어부족(관리)
② 직접원인(징후)
③ 간접원인(평가)
④ 기본원인(기원)

정답 05. ② 06. ② 07. ④ 08. ③

해설 재해 발생 모형(mechanism)

구분	하인리히	버드	아담스	웨버
제1단계	사회적 환경, 유전적 요소 (선천적 결함)	제어(통제)의 부족(관리)	관리구조	유전과 환경
제2단계	개인적인 결함	기본원인 (기원)	작전적 에러 (경영자, 감독자 행동)	인간의 결함
제3단계	불안전 행동 및 불안전 상태	직접원인 (징후)	전술적 에러 (불안전한 행동, 조작)	불안전한 행동과 상태
제4단계	사고	사고	사고	사고
제5단계	상해	상해	상해 또는 손실	재해 (상해)

9 재해예방의 4원칙에 해당하지 않는 것은?

① 예방가능의 원칙
② 손실우연의 원칙
③ 원인연계의 원칙
④ 재해연쇄성의 원칙

해설 하인리히의 재해예방 4원칙
① 손실우연의 원칙 : 재해 발생 결과 손실(재해)의 유무, 형태와 크기는 우연적이다(사고의 발생과 손실의 발생에는 우연적 관계임. 손실은 우연에 의해 결정되기 때문에 예측할 수 없음. 따라서 예방이 최선).
② 원인연계(연쇄, 계기)의 원칙 : 재해의 발생에는 반드시 그 원인이 있으며 원인이 연쇄적으로 이어진다(손실은 우연 적이지만 사고와 원인의 관계는 필연적으로 인과관계가 있다).
③ 예방가능의 원칙 : 재해는 사전 예방이 가능하다(재해는 원칙적으로 원인만 제거되면 예방이 가능하다).

④ 대책선정(강구)의 원칙 : 사고의 원인이나 불안전 요소가 발견되면 반드시 안전대책이 선정되어 실시되어야 한다(재해예방을 위한 가능한 안전대책은 반드시 존재하고 대책선정은 가능하다. 안전대책이 강구되어야 함).

10 안전점검을 점검 시기에 따라 구분할 때 다음에서 설명하는 안전점검은?

> 작업담당자 또는 해당 관리감독자가 맡고 있는 공정의 설비, 기계, 공구 등을 매일 작업 전 또는 작업 중에 일상적으로 실시하는 안전점검

① 정기점검 ② 수시점검
③ 특별점검 ④ 임시점검

해설 점검 시기에 따른 구분
1) 정기점검 : 일정시간마다 정기적으로 실시하는 점검으로, 기계, 기구, 시설 등에 대하여 주, 월 또는 분기 등 지정된 날짜에 실시하는 점검
2) 일상점검 : 매일 작업 전, 중, 후에 해당 작업설비에 대하여 계속적으로 실시하는 점검
3) 수시점검 : 일정기간을 정하여 실시하지 않고 비정기적으로 실시하는 점검
4) 임시점검 : 임시로 실시하는 점검의 형태
5) 특별점검 : 비정기적인 특정 점검으로 안전강조 기간, 방화점검 기간에 실시하는 점검. 신설, 변경 내지는 고장, 수리 등을 할 경우의 부정기 점검
6) 정밀점검 : 사고 발생 이후 곧바로 외부 전문가에 의하여 실시하는 점검

11 타일러(Tyler)의 교육과정 중 학습경험선정의 원리에 해당하는 것은?

① 기회의 원리   ② 계속성의 원리
③ 계열성의 원리 ④ 통합성의 원리

해설 Tyler의 학습경험선정의 원리
① 동기유발(흥미)의 원리
② 기회의 원리
③ 가능성의 원리
④ 일경험 다목적 달성의 원리
⑤ 전이(파급효과)의 원리

정답 09. ④ 10. ② 11. ①

12 주의(Attention)의 특성에 관한 설명 중 틀린 것은?

① 고도의 주의는 장시간 지속하기 어렵다.
② 한 지점에 주의를 집중하면 다른 곳의 주의는 약해진다.
③ 최고의 주의 집중은 의식의 과잉 상태에서 가능하다.
④ 여러 자극을 지각할 때 소수의 현란한 자극에 선택적 주의를 기울이는 경향이 있다.

해설 **주의의 특성**
① 방향성 : 한 지점에 주의를 집중하면 다른 곳에의 주의는 약해짐(동시에 2개 이상의 방향에 집중하지 못함)
② 변동성(단속성) : 장시간 주의를 집중하려 해도 주기적으로 부주의와의 리듬이 존재(장시간 동안 집중을 지속할 수 없음)
③ 선택성 : 여러 자극을 지각할 때 소수의 특정 자극에 선택적 주의를 기울이는 경향(인간은 한 번에 여러 종류의 자극을 지각·수용하지 못함을 말함)
- 인간의 주의력은 한계가 있어 여러 작업에 대해 선택적으로 배분된다.

13 산업재해보상보험법령상 보험급여의 종류가 아닌 것은?

① 장례비
② 간병급여
③ 직업재활급여
④ 생산손실비용

해설 **산업재해보상보험법령상 보험급여의 종류**
① 요양급여 - 병원비용
② 휴업급여 - 평균임금의 70%
③ 장해급여 - 1~14급
④ 간병급여
⑤ 유족급여 - 사망 시
⑥ 상병보상연금
⑦ 장의비
⑧ 직업재활급여

14 산업안전보건법령상 그림과 같은 기본 모형이 나타내는 안전·보건표지의 표시사항으로 옳은 것은? (단, L은 안전·보건표시를 인식할 수 있거나 인식해야 할 안전거리를 말한다.)

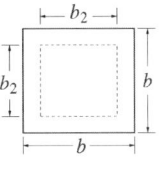

$b \geq 0.0224L$
$b_2 = 0.8b$

① 금지　　② 경고
③ 지시　　④ 안내

해설 **안전·보건표지의 기본 모형**

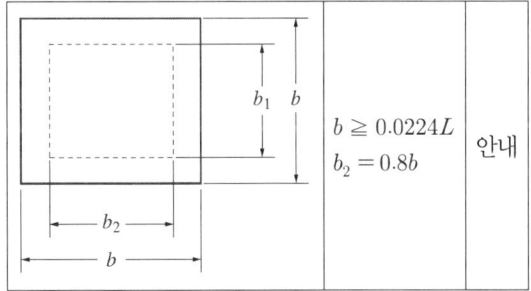

15 기업 내의 계층별 교육훈련 중 주로 관리감독자를 교육대상자로 하며 작업을 가르치는 능력, 작업방법을 개선하는 기능 등을 교육 내용으로 하는 기업 내 정형교육은?

① TWI(Training Within Industry)
② ATT(American Telephone Telegram)
③ MTP(Management Training Program)
④ ATP(Administration Training Program)

해설 TWI(Training Within Industry) : 직장에서 제일선 감독자(관리감독자)에 대해서 감독능력을 높이고 부하 직원과의 인간관계를 개선해서 생산성을 높이기 위한 훈련방법

정답 12. ③ 13. ④ 14. ④ 15. ①

① 작업방법(개선)훈련(JMT: Job Method Training)
  : 작업개선 방법
② 작업지도훈련(JIT: Job Instruction Training)
  : 작업지도, 지시(작업 가르치는 기술)
  - 직장 내 부하 직원에 대하여 가르치는 기술과 관련이 가장 깊은 기법
③ 인간관계 훈련(JRT: Job Relations Training)
  : 인간관계 관리(부하 통솔)
④ 작업안전 훈련(JST: Job Safety Training)
  : 작업안전

16 사회행동의 기본 형태가 아닌 것은?

① 모방　　② 대립
③ 도피　　④ 협력

해설 사회행동의 기본 형태
(가) 협력(cooperation) : 조력, 분업
(나) 대립(opposition) : 공격, 경쟁
(다) 도피(escape) : 고립, 정신병, 자살
(라) 융합(accomodation) : 강제, 타협, 통합

17 위험예지훈련의 문제해결 4라운드에 해당하지 않는 것은?

① 현상파악　　② 본질추구
③ 대책수립　　④ 원인결정

해설 위험예지훈련 제4단계(4라운드) – 문제해결 4단계
① 제1단계(1R) 현상파악 : 위험요인 항목 도출
② 제2단계(2R) 본질추구 : 위험의 포인트 결정 및 지적확인(문제점을 발견하고 중요 문제를 결정)
③ 제3단계(3R) 대책수립 : 결정된 위험 포인트에 대한 대책 수립
④ 제4단계(4R) 목표설정 : 팀의 행동 목표 설정 및 지적확인(가장 우수한 대책에 합의하고, 행동계획을 결정)

18 바이오리듬(생체 리듬)에 관한 설명 중 틀린 것은?

① 안정기(+)와 불안정기(-)의 교차점을 위험일이라 한다.
② 감성적 리듬은 33일을 주기로 반복하며, 주의력, 예감 등과 관련되어 있다.
③ 지성적 리듬은 "I"로 표시하며 사고력과 관련이 있다.
④ 육체적 리듬은 신체적 컨디션의 율동적 발현, 즉 식욕·활동력 등과 밀접한 관계를 갖는다.

해설 생체 리듬(Biorhythm) : 인간의 생리적 주기 또는 리듬에 관한 이론
(가) 생체 리듬 구분

종류	곡선표시	영역	주기
육체 리듬 (Physical)	P, 청색, 실선	식욕, 소화력, 활동력, 지구력 등이 증가(신체적 컨디션의 율동적 발현)	23일
감성 리듬 (Sensitivity)	S, 적색, 점선	감정, 주의력, 창조력, 예감, 희로애락 등이 증가	28일
지성 리듬 (Intellectual)	I, 녹색, 일점쇄선	상상력, 사고력, 판단력, 기억력, 인지력, 추리능력 등이 증가	33일

(나) 생체 리듬의 곡선 표시 방법 : 구체적으로 통일되어 있으며, 색 또는 선으로 표시하는 두 가지 방법이 사용
(다) 위험일 : 안정기(+)와 불안정기(-)의 교차점

19 운동의 시지각(착각현상) 중 자동운동이 발생하기 쉬운 조건에 해당하지 않는 것은?

① 광점이 작은 것
② 대상이 단순한 것
③ 광의 강도가 큰 것
④ 시야의 다른 부분이 어두운 것

해설 자동운동이 생기기 쉬운 조건
① 광점이 작을 것
② 대상이 단순할 것
③ 광의 강도가 작을 것
④ 시야의 다른 부분이 어두울 것
※ 자동운동 : 암실에서 정지된 소광점을 응시하면 광점이 움직이는 것 같이 보이는 현상

정답 16. ① 17. ④ 18. ② 19. ③

20 보호구 안전인증 고시상 안전인증 방독마스크의 정화통 종류와 외부 측면의 표시 색이 잘못 연결된 것은?

① 할로겐용 – 회색
② 황화수소용 – 회색
③ 암모니아용 – 회색
④ 시안화수소용 – 회색

해설 방독마스크 정화통(흡수관) 종류와 시험가스

종 류	시험가스	정화통 외부측면 표시 색
유기화합물용	시클로헥산(C_6H_{12})	갈색
할로겐용	염소가스 또는 증기(Cl_2)	회색
황화수소용	황화수소가스(H_2S)	회색
시안화수소용	시안화수소가스(HCN)	회색
아황산용	아황산가스(SO_2)	노란색
암모니아용	암모니아가스(NH_3)	녹색

제2과목 인간공학 및 시스템안전공학

21 인간공학적 연구에 사용되는 기준 척도의 요건 중 다음 설명에 해당하는 것은?

> 기준 척도는 측정하고자 하는 변수 외의 다른 변수들의 영향을 받아서는 안 된다.

① 신뢰성　　② 적절성
③ 검출성　　④ 무오염성

해설 인간공학 연구조사에 사용하는 기준의 요건
① 적절성 : 의도된 목적에 부합하여야 한다.
② 신뢰성 : 반복 실험 시 재현성이 있어야 한다.
③ 무오염성 : 측정하고자 하는 변수 이외의 다른 변수의 영향을 받아서는 안 된다.
④ 민감도 : 피실험자 사이에서 볼 수 있는 예상 차이점에 비례하는 단위로 측정해야 한다.

22 그림과 같은 시스템에서 부품 A, B, C, D의 신뢰도가 모두 r로 동일할 때 이 시스템의 신뢰도는?

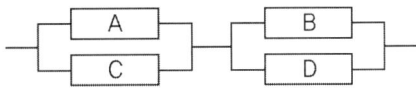

① $r(2-r^2)$　　② $r^2(2-r)^2$
③ $r^2(2-r^2)$　　④ $r^2(2-r)$

해설 시스템의 신뢰도 = (A, C) · (B, D)
신뢰도(A, C) = 1 − (1 − r)(1 − r) = 1 − (1 − 2r + r^2)
　　　　　　= 2r + r^2
신뢰도(B, D) = 1 − (1 − r)(1 − r) = 1 − (1 − 2r + r^2)
　　　　　　= 2r + r^2
⇨ 신뢰도 = (A, C) · (B, D) = $(2r + r^2)^2$
　　　　　= $4r^2 + 4r^3 + r^4 = r^2(4 + 4r + r^2)$
　　　　　= $r^2(2-r)^2$

23 서브시스템 분석에 사용되는 분석방법으로 시스템 수명주기에서 ㉠에 들어갈 위험분석 기법은?

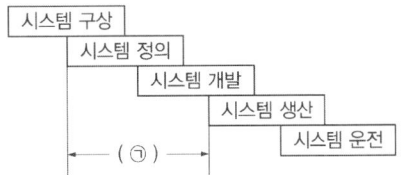

① PHA　　② FHA
③ FTA　　④ ETA

해설 시스템 수명단계(PHA와 FHA 기법의 사용단계)

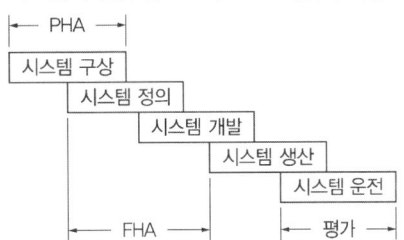

※ 결함 위험요인 분석(FHA : Fault Hazards Analysis) : 분업에 의해 분담 설계한 서브시스템(subsystem) 간의 안전성 또는 전체 시스템의 안전성에 미치는 영향을 분석하는 방법

정답 20.③ 21.④ 22.② 23.②

24 정신적 작업 부하에 관한 생리적 척도에 해당하지 않는 것은?

① 근전도 ② 뇌파도
③ 부정맥 지수 ④ 점멸융합주파수

해설 정신작업의 생리적 척도 : 심전도(ECG), 뇌전도(EEG), 플리커 검사(Flicker Fusion Frequency, 점멸융합주파수), 심박수, 부정맥 지수, 호흡수 등
* 부정맥 : 체계의 변화나 기능부전 등에 의해 초래되는 불규칙한 심박동. 일반적으로 정신적 부하가 증가하는 경우 부정맥 지수 값은 감소함
* 근전도(EMG, Electromyogram) : 근육활동의 전위차를 기록한 것(국부적 근육 활동의 척도로 운동기능의 이상을 진단)

25 A사의 안전관리자는 자사 화학 설비의 안전성 평가를 실시하고 있다. 그 중 제2단계인 정성적 평가를 진행하기 위하여 평가 항목을 설계단계 대상과 운전관계 대상으로 분류하였을 때 설계관계 항목이 아닌 것은?

① 건조물
② 공장 내 배치
③ 입지조건
④ 원재료, 중간제품

해설 안전성 평가의 6단계
(가) 제1단계 : 관계 자료의 작성 준비(관계 자료의 정비검토)
(나) 제2단계 : 정성적 평가
 1) 설계 관계
  ① 공장 내 배치
  ② 공자의 입지 조건
  ③ 건조물
  ④ 소방설비
 2) 운전 관계
  ① 원재료, 중간 제품 등
  ② 수송, 저장 등
  ③ 공정기기
  ④ 공정공정 작업을 위한 작업규정 유무 등)
(다) 제3단계 : 정량적 평가
(라) 제4단계 : 안전 대책
(마) 제5단계 : 재해 정보에 의한 재평가
(바) 제6단계 : FTA에 의한 재평가

26 불(Boole) 대수의 관계식으로 틀린 것은?

① $A + \overline{A} = 1$
② $A + AB = A$
③ $A(A+B) = A+B$
④ $A + \overline{A}B = A+B$

해설 불(Bool) 대수의 기본지수

$A+0=A$	$A+A=A$	$\overline{\overline{A}}=A$
$A+1=1$	$A+\overline{A}=1$	$A+AB=A$
$A \cdot 0 = 0$	$A \cdot A = A$	$A+\overline{A}B=A+B$
$A \cdot 1 = A$	$A \cdot \overline{A} = 0$	$(A+B) \cdot (A+C) = A+BC$

27 인간공학의 목표와 거리가 가장 먼 것은?

① 사고 감소
② 생산성 증대
③ 안전성 향상
④ 근골격계질환 증가

해설 인간공학의 목표(차파니스)
(가) 첫째 : 안전성 향상과 사고방지(에러 감소)
(나) 둘째 : 기계조작의 능률성과 생산성 증대
(다) 셋째 : 쾌적성(안락감 향상)

28 통화이해도 척도로서 통화이해도에 영향을 주는 잡음의 영향을 추정하는 지수는?

① 명료도 지수
② 통화 간섭 수준
③ 이해도 점수
④ 통화 공진 수준

해설 통화간섭수준(speech interference level) : 통화이해도 척도로서 통화이해도에 영향을 주는 잡음의 영향을 추정하는 지수. 통화이해도에 끼치는 소음의 영향을 추정하는 지수

※ 명료도 지수(articulation index) : 통화이해도를 추정할 수 있는 근거로 명료도 지수를 사용하는데, 각 옥타브대의 음성과 소음의 dB 값에 가중치를 곱하여 합계를 구한 것

정답 24.① 25.④ 26.③ 27.④ 28.②

29 예비위험분석(PHA)에서 식별된 사고의 범주가 아닌 것은?

① 중대(critical)
② 한계적(marginal)
③ 파국적(catastrophic)
④ 수용가능(acceptable)

해설 예비위험분석(PHA)의 식별된 4가지 사고 카테고리 (Category)
1) 파국적(catastropic) : 사망, 시스템 손실
   - 시스템의 성능을 현저히 저하시키며 그 결과 인한 시스템의 손실, 인원의 사망 또는 다수의 부상자를 내는 상태
2) 중대(위기적, critical) : 심각한 상해, 시스템 중대 손상
   - 작업자의 부상 및 시스템의 중대한 손해를 초래하거나 작업자의 생존 및 시스템의 유지를 위하여 즉시 수정 조치를 필요로 하는 상태
3) 한계적(marginal) : 경미한 상해, 시스템 성능 저하
   - 작업자의 경미한 상해 및 시스템의 중대한 손해를 초래하지 않고 대처 또는 제어할 수 있는 상태
4) 무시(negligible) : 무시할 수 있는 상처, 시스템 저하 없음
   - 시스템의 성능, 기능이나 인적 손실이 없는 상태

※ 예비위험분석(PHA : Preliminary Hazards Analysis) : 모든 시스템 안전 프로그램에서의 최초단계 분석 방법으로 시스템의 위험요소가 어떤 위험 상태에 있는가를 정성적으로 평가하는 분석 방법

30 어떤 결함수를 분석하여 minimal cut set을 구한 결과 다음과 같았다. 각 기본사상의 발생확률을 q_i, $i=1, 2, 3$이라 할 때 정상사상의 발생확률함수로 맞는 것은?

$$k_1 = [1,2],\ k_2 = [1,3],\ k_3 = [2,3]$$

① $q_1q_2 + q_1q_2 - q_2q_3$
② $q_1q_2 + q_1q_3 - q_2q_3$
③ $q_1q_2 + q_1q_3 + q_2q_3 - q_1q_2q_3$
④ $q_1q_2 + q_1q_3 + q_2q_3 - 2q_1q_2q_3$

해설 정상사상의 발생확률함수
⟨minimal cut set : $(q_1q_2)\ (q_1q_3)\ (q_2q_3)$⟩
$T = 1 - (1 - q_1q_2)(1 - q_1q_3)(1 - q_2q_3)$
$= 1 - (1 - q_1q_3 - q_1q_2 - q_1q_2q_1q_3)$
$\quad (1 - q_2q_3) \leftarrow$ 불 대수 $A \cdot A = A$
$= 1 - (1 - q_1q_2 - q_1q_3 + q_1q_2q_3)(1 - q_2q_3)$
$= 1 - (1 - q_1q_2 - q_1q_3 + q_1q_2q_3)(1 - q_2q_3)$
$= 1 - (1 - q_2q_3 - q_1q_2 + q_1q_2q_2q_3 - q_1q_3 + q_1q_3q_2q_3 + q_1q_2q_3 - q_1q_2q_3q_2q_3)$
$= 1 - (1 - q_2q_3 - q_1q_2 + q_1q_2q_3 - q_1q_3 + q_1q_2q_3 + q_1q_2q_3 - q_1q_2q_3) \leftarrow$ 간소화
$= 1 - (1 - q_2q_3 - q_1q_2 - q_1q_3 + 2q_1q_2q_3)$
$= 1 - 1 + q_2q_3 + q_1q_2 + q_1q_3 - 2q_1q_2q_3$
$= q_1q_2 + q_1q_3 + q_2q_3 - 2q_1q_2q_3$

31 근골격계부담작업의 범위 및 유해요인조사 방법에 관한 고시상 근골격계부담작업에 해당하지 않는 것은? (단, 상시작업을 기준으로 한다.)

① 하루에 10회 이상 25kg 이상의 물체를 드는 작업
② 하루에 총 2시간 이상 쪼그리고 앉거나 무릎을 굽힌 자세에서 이루어지는 작업
③ 하루에 총 2시간 이상 시간당 5회 이상 손 또는 무릎을 사용하여 반복적으로 충격을 가하는 작업
④ 하루에 4시간 이상 집중적으로 자료입력 등을 위해 키보다 또는 마우스를 조작하는 작업

해설 근골격계부담작업 〈근골격계부담작업의 범위 : 고용노동부 고시〉
제1조(근골격계부담작업) 근골격계부담작업이란 다음 각 호의 어느 하나에 해당하는 작업을 말한다. 다만, 단기간작업 또는 간헐적인 작업은 제외한다.
1. 하루에 4시간 이상 집중적으로 자료입력 등을 위해 키보드 또는 마우스를 조작하는 작업
2. 하루에 총 2시간 이상 목, 어깨, 팔꿈치, 손목 또는 손을 사용하여 같은 동작을 반복하는 작업

정답 29. ④ 30. ④ 31. ③

3. 하루에 총 2시간 이상 머리 위에 손이 있거나, 팔꿈치가 어깨위에 있거나, 팔꿈치를 몸통으로부터 들거나, 팔꿈치를 몸통 뒤쪽에 위치하도록 하는 상태에서 이루어지는 작업
4. 지지되지 않은 상태이거나 임의로 자세를 바꿀 수 없는 조건에서, 하루에 총 2시간 이상 목이나 허리를 구부리거나 트는 상태에서 이루어지는 작업
5. 하루에 총 2시간 이상 쪼그리고 앉거나 무릎을 굽힌 자세에서 이루어지는 작업
6. 하루에 총 2시간 이상 지지되지 않은 상태에서 1kg 이상의 물건을 한 손의 손가락으로 집어 옮기거나, 2kg 이상에 상응하는 힘을 가하여 한 손의 손가락으로 물건을 쥐는 작업
7. 하루에 총 2시간 이상 지지되지 않은 상태에서 4.5kg 이상의 물건을 한 손으로 들거나 동일한 힘으로 쥐는 작업
8. 하루에 10회 이상 25kg 이상의 물체를 드는 작업
9. 하루에 25회 이상 10kg 이상의 물체를 무릎 아래에서 들거나, 어깨 위에서 들거나, 팔을 뻗은 상태에서 드는 작업
10. 하루에 총 2시간 이상, 분당 2회 이상 4.5kg 이상의 물체를 드는 작업
11. 하루에 총 2시간 이상 시간당 10회 이상 손 또는 무릎을 사용하여 반복적으로 충격을 가하는 작업

32
반사경 없이 모든 방향으로 빛을 발하는 점광원에서 3m 떨어진 곳의 조도가 300 lux라면 2m 떨어진 곳에서 조도(lux)는?

① 375 ② 675
③ 875 ④ 975

해설 **조도** : 광원의 밝기에 비례하고, 거리의 제곱에 반비례하며, 반사체의 반사율과는 상관없이 일정한 값을 갖는 것

$$조도 = \frac{광도}{(거리)^2}, \ 광도 = 조도 \times (거리)^2$$

⇨ ① $300 \times 3^2 = 2700$
② $조도 \times 2^2 = 2700$
$$조도 = \frac{2700}{4} = 675 \ lux$$

* **광도** : 단위면적당 표면에서 반사(방출)되는 빛의 양(광원에서 어느 방향으로 나오는 빛의 세기를 나타내는 양)

33
시각적 식별에 영향을 주는 각 요소에 대한 설명 중 틀린 것은?

① 조도는 광원의 세기를 말한다.
② 휘도는 단위 면적당 표면에 반사 또는 방출되는 광량을 말한다.
③ 반사율은 물체의 표면에 도달하는 조도와 광도의 비를 말한다.
④ 광도 대비란 표적의 광도와 배경의 광도의 차이를 배경 광도로 나눈 값을 말한다.

해설 **조도** : 어떤 물체나 표면에 도달하는 빛의 밀도(빛 밝기의 정도, 대상 면에 입사하는 빛의 양)

34
부품 배치의 원칙 중 기능적으로 관련된 부품들을 모아서 배치한다는 원칙은?

① 중요성의 원칙
② 사용 빈도의 원칙
③ 사용 순서의 원칙
④ 기능별 배치의 원칙

해설 **부품(공간) 배치의 원칙**
(가) 중요성(기능성)의 원칙 : 부품의 작동성능이 목표 달성에 긴요한 정도에 따라 우선순위를 결정
(나) 사용 빈도의 원칙 : 부품이 사용되는 빈도에 따라 우선순위를 결정
(다) 기능별 배치의 원칙 : 기능적으로 관련된 부품을 모아서 배치
(라) 사용 순서의 배치 : 사용 순서에 맞게 배치

35
HAZOP 분석기법의 장점이 아닌 것은?

① 학습 및 적용이 쉽다.
② 기법 적용에 큰 전문성을 요구하지 않는다.
③ 짧은 시간에 저렴한 비용으로 분석이 가능하다.
④ 다양한 관점을 가진 팀 단위 수행이 가능하다.

정답 32. ② 33. ① 34. ④ 35. ③

[해설] **HAZOP 분석기법 장점**
① 학습(배우기 쉬움) 및 적용(활용)이 쉽다.
② 기법 적용에 큰 전문성을 요구하지 않는다.
③ 다양한 관점을 가진 팀 단위 수행이 가능하고, 팀 단위 수행으로 다른 기법보다 정확하고 포괄적이다.
④ 시스템에서 발생 가능한 알려지지 않은(모든) 위험을 파악하는 데 용이하다.
※ 단점 : 수행 시간이 많이 걸릴 수 있으며, 많은 노력이 요구된다.

36 태양광이 내리쬐지 않는 옥내의 습구흑구 온도지수(WBGT) 산출 식은?

① 0.6 × 자연습구온도 + 0.3 × 흑구온도
② 0.7 × 자연습구온도 + 0.3 × 흑구온도
③ 0.6 × 자연습구온도 + 0.4 × 흑구온도
④ 0.7 × 자연습구온도 + 0.4 × 흑구온도

[해설] **습구흑구온도(WBGT : Wet Bulb Globe Temperature) 지수** : 수정감각온도를 지수로 간단하게 표시한 온열지수(실내·외에서 활동하는 사람의 열적 스트레스를 나타내는 지수)
① 실외(태양광선이 있는 장소)
 : WBGT = 0.7WB + 0.2GT + 0.1DB
② 실내 또는 태양광선이 없는 실외
 : WBGT = 0.7WB + 0.3GT
⟨WB(Wet Bulb) : 습구온도, GT(Globe Temperature) : 흑구온도, DB(Dry Bulb) : 건구온도⟩

37 FTA에서 사용되는 논리게이트 중 입력과 반대되는 현상으로 출력되는 것은?

① 부정 게이트
② 억제 게이트
③ 배타적 OR 게이트
④ 우선적 AND 게이트

[해설] **부정 게이트**

기호	설명
	입력에 반대 현상으로 출력

38 부품 고장이 발생하여도 기계가 추후 보수될 때까지 안전한 기능을 유지할 수 있도록 하는 기능은?

① fail – soft
② fail – active
③ fail – operational
④ fail – passive

[해설] **fail-safe** : 작업방법이나 기계설비에 결함이 발생되더라도 사고가 발생되지 않도록 이중, 삼중으로 제어하는 것
(가) fail passive : 부품의 고장 시 정지 상태로 옮겨감
(나) fail operational : 병렬 또는 여분계의 부품을 구성한 경우. 부품의 고장이 있어도 다음 정기점검까지 운전이 가능 한 구조(운전상 제일 선호하는 방법)
(다) fail active : 부품이 고장 나면 경보가 울리는 가운데 짧은 시간 동안 운전이 가능

39 양립성의 종류가 아닌 것은?

① 개념의 양립성
② 감성의 양립성
③ 운동의 양립성
④ 공간의 양립성

[해설] **양립성(compatibility)** : 외부의 자극과 인간의 기대가 서로 모순되지 않아야 하는 것으로 제어장치와 표시장치 사이의 연관성이 인간의 예상과 어느 정도 일치하는가 여부
(가) 공간적 양립성 : 표시장치나 조정장치의 물리적 형태나 공간적인 배치의 양립성
 ① 오른쪽 버튼을 누르면, 오른쪽 기계가 작동하는 것
(나) 운동적 양립성 : 표시장치, 조정장치 등의 운동방향 양립성
 ① 자동차 핸들 조작 방향으로 바퀴가 회전하는 것
(다) 개념적 양립성 : 어떠한 신호가 전달하려는 내용과 연관성이 있어야 하는 것
 ① 위험신호는 빨간색, 주의신호는 노란색, 안전신호는 파란색으로 표시
 ② 온수 손잡이는 빨간색, 냉수 손잡이는 파란색의 경우
(라) 양식 양립성 : 청각적 자극 제시와 이에 대한 음성 응답 과업에서 갖는 양립성
 ① 과업에 따라 알맞은 자극 – 응답 양식의 조합

정답 36. ② 37. ① 38. ③ 39. ②

40 James Reason의 원인적 휴먼에러 종류 중 다음 설명의 휴먼에러 종류는?

> 자동차가 우측 운행하는 한국의 도로에 익숙해진 운전자가 좌측 운행을 해야 하는 일본에서 우측 운행을 하다가 교통사고를 냈다.

① 고의 사고(Violation)
② 숙련 기반 에러(Skill based error)
③ 규칙 기반 착오(Rule based mistake)
④ 지식 기반 착오(Knowledge based mistake)

해설 원인적 휴먼에러 종류(James Reason) 중 mistake(착오)
① 규칙 기반 착오(Rule based mistake)
  잘못된 규칙을 적용하거나 옳은 규칙이라도 잘못 적용하는 경우(한국의 자동차 우측통행을 좌측통행하는 일본에서 적용하는 경우)
② 지식 기반 착오(Knowledge based mistake)
  관련 지식이 없어서 지식처리 과정이 어려운 경우(외국에서 교통표지의 문자를 몰라서 교통규칙을 위반한 경우)

제3과목 기계위험방지기술

41 산업안전보건법령상 사업주가 진동 작업을 하는 근로자에게 충분히 알려야 할 사항과 거리가 가장 먼 것은?

① 인체에 미치는 영향과 증상
② 진동기계·기구 관리방법
③ 보호구 선정과 착용방법
④ 진동재해 시 비상연락체계

해설 진동 작업을 하는 근로자에게 알려야 할 사항
〈산업안전보건기준에 관한 규칙〉
제519조(유해성 등의 주지) 사업주는 근로자가 진동 작업에 종사하는 경우에 다음 각 호의 사항을 근로자에게 충분히 알려야 한다.
1. 인체에 미치는 영향과 증상
2. 보호구의 선정과 착용방법
3. 진동 기계·기구 관리방법
4. 진동 장해 예방방법

42 산업안전보건법령상 크레인에 전용탑승설비를 설치하고 근로자를 달아 올린 상태에서 작업에 종사시킬 경우 근로자의 추락 위험을 방지하기 위하여 실시해야 할 조치 사항으로 적합하지 않은 것은?

① 승차석 외의 탑승 제한
② 안전대나 구명줄의 설치
③ 탑승설비의 하강 시 동력하강방법을 사용
④ 탑승설비가 뒤집히거나 떨어지지 않도록 필요한 조치

해설 탑승의 제한 〈산업안전보건기준에 관한 규칙〉
제86조(탑승의 제한) ① 사업주는 크레인을 사용하여 근로자를 운반하거나 근로자를 달아 올린 상태에서 작업에 종사시켜서는 안 된다. 다만, 크레인에 전용 탑승설비를 설치하고 추락 위험을 방지하기 위하여 다음 각 호의 조치를 한 경우에는 그러하지 아니하다.
1. 탑승설비가 뒤집히거나 떨어지지 않도록 필요한 조치를 할 것
2. 안전대나 구명줄을 설치하고, 안전난간을 설치할 수 있는 구조인 경우에는 안전난간을 설치할 것
3. 탑승설비를 하강시킬 때에는 동력하강방법으로 할 것

43 연삭기에서 숫돌의 바깥지름이 150mm일 경우 평형플랜지 지름은 몇 mm 이상이어야 하는가?

① 30   ② 50
③ 60   ④ 90

해설 플랜지의 지름 : 플랜지의 지름은 숫돌직경의 1/3 이상인 것이 적당함
플랜지의 지름 = 숫돌의 지름 × 1/3
       = 150 × 1/3 = 50mm

정답 40.③ 41.④ 42.① 43.②

44 플레이너 작업 시의 안전대책이 아닌 것은?
① 베드 위에 다른 물건을 올려놓지 않는다.
② 바이트는 되도록 짧게 나오도록 설치한다.
③ 프레임 내의 피트(pit)에는 뚜껑을 설치한다.
④ 칩 브레이커를 사용하여 칩이 길게 되도록 한다.

해설 플레이너 작업 시의 안전대책
① 베드 위에 다른 물건을 올려놓지 않는다.
② 바이트는 되도록 짧게 나오도록 설치한다.
③ 일감은 견고하게 고정한다.
④ 일감 고정 작업 중에는 반드시 동력 스위치를 끈다.
⑤ 프레임 내의 피트(pit)에는 뚜껑을 설치한다.
⑥ 테이블의 이동범위를 나타내는 안전 방호울을 설치하여 작업한다.

45 양중기 과부하방지장치의 일반적인 공통사항에 대한 설명 중 부적합한 것은?
① 과부하방지장치와 타 방호장치는 기능에 서로 장애를 주지 않도록 부착할 수 있는 구조이어야 한다.
② 방호장치의 기능을 변형 또는 보수할 때 양중기의 기능도 동시에 정지할 수 있는 구조이어야 한다.
③ 과부하방지장치에는 정상동작 상태의 녹색 램프와 과부하 시 경고 표시를 할 수 있는 붉은색 램프와 경보음을 발하는 장치 등을 갖추어야 하며, 양중기 운전자가 확인할 수 있는 위치에 설치해야 한다.
④ 과부하방지장치 작동 시 경보음과 경보 램프가 작동되어야 하며 양중기는 작동이 되지 않아야 한다. 다만, 크레인은 과부하 상태 해지를 위하여 권상된 만큼 권하 시킬 수 있다.

해설 양중기의 과부하장치에서 요구하는 일반적인 성능기준
〈방호장치 의무안전인증 고시. [별표 2] 양중기 과부하방지장치 성능 기준〉
일반 공통사항은 다음 각 목과 같이 한다.
가. 과부하방지장치 작동 시 경보음과 경보 램프가 작동되어야 하며 양중기는 작동이 되지 않아야 한다. 다만, 크레인은 과부하 상태 해지를 위하여 권상된만큼 권하시킬 수 있다.
나. 외함은 납봉인 또는 시건 할 수 있는 구조이어야 한다.
다. 외함의 전선 접촉 부분은 고무 등으로 밀폐되어 물과 먼지 등이 들어가지 않도록 한다.
라. 과부하방지장치와 타 방호장치는 기능에 서로 장애를 주지 않도록 부착할 수 있는 구조이어야 한다.
마. 방호장치의 기능을 제거 또는 정지할 때 양중기의 기능도 동시에 정지할 수 있는 구조이어야 한다.
바. 과부하방지장치는 정격하중의 1.1배 권상 시 경보와 함께 권상동작이 정지되고 횡행과 주행 동작이 불가능한 구조이어야 한다. 다만, 타워크레인은 정격하중의 1.05배 이내로 한다.
사. 과부하방지장치에는 정상동작 상태의 녹색 램프와 과부하 시 경고 표시를 할 수 있는 붉은색 램프와 경보음을 발하는 장치 등을 갖추어야 하며, 양중기 운전자가 확인할 수 있는 위치에 설치해야 한다.
* 과부하방지장치 : 하중이 정격을 초과하였을 때 자동적으로 상승이 정지되는 장치

46 산업안전보건법령상 프레스 작업시작 전 점검해야 할 사항에 해당하는 것은?
① 와이어로프가 통하고 있는 곳 및 작업장소의 지반상태
② 하역장치 및 유압장치 기능
③ 권과방지장치 및 그 밖의 경보장치의 기능
④ 1행정 1정지기구·급정지장치 및 비상정지 장치의 기능

해설 작업 시작 전 점검사항 : 프레스 등을 사용하여 작업을 할 때 〈산업안전보건기준에 관한 규칙〉
가. 클러치 및 브레이크의 기능
나. 크랭크축·플라이휠·슬라이드·연결봉 및 연결 나사의 풀림 여부
다. 1행정 1정지기구·급정지장치 및 비상정지장치의 기능

정답 44. ④ 45. ② 46. ④

라. 슬라이드 또는 칼날에 의한 위험방지 기구의 기능
마. 프레스의 금형 및 고정볼트 상태
바. 방호장치의 기능
사. 전단기(剪斷機)의 칼날 및 테이블의 상태

47 방호장치를 분류할 때는 크게 위험장소에 대한 방호장치와 위험원에 대한 방호장치로 구분할 수 있는데, 다음 중 위험장소에 대한 방호장치가 아닌 것은?

① 격리형 방호장치
② 접근거부형 방호장치
③ 접근반응형 방호장치
④ 포집형 방호장치

해설 방호장치의 종류
(1) 위험장소에 대한 방호장치 : 격리형 방호장치, 위치 제한형 방호장치, 접근 거부형 방호장치, 접근반응형 방호장치 작업자가 작업점에 접촉하지 않도록 기계설비 외부에 차단벽이나 방호망을 설치하는 것으로 가장 많이 사용
(2) 위험원에 대한 방호장치 : 감지형 방호장치, 포집형 방호장치
 * 포집형 방호장치 : 목재가공기계의 반발예방장치와 같이 위험장소에 설치하여 위험원이 비산하거나 튀는 것을 방지하는 등 작업자로부터 위험원을 차단하는 방호장치(반발예방장치, 덮개)

48 산업안전보건법령상 목재가공용 기계에 사용되는 방호장치의 연결이 옳지 않은 것은?

① 둥근톱기계 : 톱날접촉예방장치
② 띠톱기계 : 날접촉예방장치
③ 모떼기기계 : 날접촉예방장치
④ 동력식 수동대패기계 : 반발예방장치

해설 목재가공용 기계별 방호장치
① 목재가공용 둥근톱기계 – 톱날접촉예방장치, 반발예방장치
② 동력식 수동대패기계 – 날접촉예방장치
③ 목재가공용 띠톱기계 – 날접촉예방장치
④ 모떼기 기계 – 날접촉예방장치

49 다음 중 금속 등의 도체에 교류를 통한 코일을 접근시켰을 때, 결함이 존재하면 코일에 유기되는 전압이나 전류가 변하는 것을 이용한 검사방법은?

① 자분탐상검사
② 초음파탐상검사
③ 와류탐상검사
④ 침투형광탐상검사

해설 와류탐상검사(ET, Eddy Current Test)
금속 등의 도체에 교류를 통한 코일을 접근시켰을 때, 결함이 존재하면 코일에 유기되는 전압이나 전류가 변하는 것을 이용한 검사방법

50 산업안전보건법령상에서 정한 양중기의 종류에 해당하지 않는 것은?

① 크레인[호이스트(hoist)를 포함한다]
② 도르래
③ 곤돌라
④ 승강기

해설 양중기 종류 〈산업안전보건기준에 관한 규칙〉
제132조(양중기) ① 양중기란 다음 각 호의 기계를 말한다.
1. 크레인[호이스트(hoist)를 포함한다]
2. 이동식 크레인
3. 리프트(이삿짐운반용 리프트의 경우에는 적재하중이 0.1톤 이상인 것으로 한정한다.)
4. 곤돌라
5. 승강기

51 롤러의 급정지를 위한 방호장치를 설치하고자 한다. 앞면 롤러 직경이 36cm이고, 분당 회전속도가 50rpm이라면 급정지거리는 약 얼마 이내이어야 하는가? (단, 무부하동작에 해당한다.)

① 45cm
② 50cm
③ 55cm
④ 60cm

정답 47.④ 48.④ 49.③ 50.② 51.①

해설 롤러기의 급정지장치의 제동거리(급정지거리)

① 앞면 롤러의 표면속도 : V(m/min)는 표면속도, 롤러 원통의 직경 D(mm), 1분간 롤러기가 회전되는 수 N(rpm)

$$V(표면속도) = \frac{\pi DN}{1,000}(m/min) = \frac{(\pi \times 360 \times 50)}{1,000}$$
$$= 56.52 m/min$$

② 급정지거리 기준 : 표면속도가 30[m/min] 이상으로 원주(πD)의 $\frac{1}{2.5}$ 이내

※ 비상정지장치 또는 급정지장치의 조작 시 급정지장치의 제동거리

앞면 롤러의 표면속도(m/min)	급정지 거리
30 미만	앞면 롤러 원주의 1/3
30 이상	앞면 롤러 원주의 1/2.5

③ 급정지 거리 $= \pi D \times \frac{1}{2.5} = \pi \times 360 \times \frac{1}{2.5}$
$= 452.16mm = 약 45cm$

52 다음 중 금형 설치·해체작업의 일반적인 안전사항으로 틀린 것은?

① 고정볼트는 고정 후 가능하면 나사산이 3~4개 정도 짧게 남겨 슬라이드 면과의 사이에 협착이 발생하지 않도록 해야 한다.
② 금형 고정용 브래킷(물림판)을 고정시킬 때 고정용 브래킷은 수평이 되게 하고, 고정볼트는 수직이 되게 고정하여야 한다.
③ 금형을 설치하는 프레스의 T홈 안길이는 설치 볼트 직경 이하로 한다.
④ 금형의 설치용구는 프레스의 구조에 적합한 형태로 한다.

해설 금형의 설치, 해체, 운반 시 안전사항
① 금형의 설치용구는 프레스의 구조에 적합한 형태로 한다.
② 금형을 설치하는 프레스의 T홈 안길이는 설치 볼트 직경의 2배 이상으로 한다.
③ 고정볼트는 고정 후 가능하면 나사산이 3~4개 정도 짧게 남겨 설치 또는 해체 시 슬라이드 면과의 사이에 협착 이 발생하지 않도록 해야 한다.
④ 금형 고정용 브래킷(물림판)을 고정시킬 때 고정용 브래킷은 수평이 되게 하고, 고정볼트는 수직이 되게 고정하여야 한다.

53 산업안전보건법령상 보일러에 설치하는 압력방출장치에 대하여 검사 후 봉인에 사용되는 재료에 가장 적합한 것은?

① 납
② 주석
③ 구리
④ 알루미늄

해설 압력방출장치(안전밸브 및 압력릴리프 장치)
〈산업안전보건기준에 관한 규칙〉
제116조(압력방출장치) ② 제1항의 압력방출장치는 매년 1회 이상 「국가표준기본법」에 따라 산업통상자원부장관의 지정을 받은 국가교정업무 전담기관에서 교정을 받은 압력계를 이용하여 설정압력에서 압력방출장치가 적정하게 작동하는지를 검사한 후 납으로 봉인하여 사용하여야 한다.

54 슬라이드가 내려옴에 따라 손을 쳐내는 막대가 좌우로 왕복하면서 위험점으로부터 손을 보호하여 주는 프레스의 안전장치는?

① 수인식 방호장치
② 양손조작식 방호장치
③ 손쳐내기식 방호장치
④ 게이트 가드식 방호장치

해설 손쳐내기식(push away, sweep guard) 방호장치
슬라이드의 작동에 연동시켜 위험상태로 되기 전에 손을 위험 영역에서 밀어내거나 쳐내는 방호장치

55 산업안전보건법령에 따라 사업주는 근로자가 안전하게 통행할 수 있도록 통로에 얼마 이상의 채광 또는 조명시설을 하여야 하는가?

① 50럭스
② 75럭스
③ 90럭스
④ 100럭스

정답 52. ③ 53. ① 54. ③ 55. ②

해설 통로의 조명 〈산업안전보건기준에 관한 규칙〉
제21조(통로의 조명) 사업주는 근로자가 안전하게 통행할 수 있도록 통로에 75럭스 이상의 채광 또는 조명시설을 하여야 한다.

56 산업안전보건법령상 다음 중 보일러의 방호장치와 가장 거리가 먼 것은?

① 언로드밸브
② 압력방출장치
③ 압력제한스위치
④ 고저수위 조절장치

해설 보일러 방호장치 : 압력방출장치, 압력제한스위치, 고저수위 조절장치, 화염 검출기 등
(1) 압력방출장치(안전밸브 및 압력릴리프 장치) : 보일러 내부의 압력이 최고사용 압력을 초과할 때 그 과잉의 압력을 외부로 자동적으로 배출시킴으로써 과도한 압력 상승을 저지하여 사고를 방지하는 장치
(2) 압력제한스위치 : 상용운전압력 이상으로 압력이 상승할 경우 보일러의 파열을 방지하기 위하여 버너의 연소를 차단하여 열원을 제거함으로써 정상압력으로 유도하는 장치
(3) 고저수위조절장치 : 보일러의 수위가 안전을 확보할 수 있는 최저수위(안전수위)까지 내려가기 직전에 자동적으로 경보가 울리고 안전수위까지 내려가는 즉시 연소실 내에 공급하는 연료를 자동적으로 차단하는 장치

57 다음 중 롤러기 급정지장치의 종류가 아닌 것은?

① 어깨조작식 ② 손조작식
③ 복부조작식 ④ 무릎조작식

해설 롤러기의 급정지장치 설치방법

조작부의 종류	설치위치	비고
손조작식	밑면에서 1.8m 이내	위치는 급정지 장치 조작부의 중심점을 기준
복부조작식	밑면에서 0.8m 이상 1.1m 이내	
무릎조작식	밑면에서 (0.4m 이상) 0.6m 이내	

58 산업안전보건법령에 따라 레버풀러(lever puller) 또는 체인블록(chain block)을 사용하는 경우 훅의 입구(hook mouth) 간격이 제조자가 제공하는 제품사양서 기준으로 몇 % 이상 벌어진 것은 폐기하여야 하는가?

① 3   ② 5
③ 7   ④ 10

해설 레버풀러(lever puller) 또는 체인블록(chain block)을 사용 〈산업안전보건기준에 관한 규칙〉
제96조(작업도구 등의 목적 외 사용 금지 등) ② 사업주는 레버풀러(lever puller) 또는 체인블록(chain block)을 사용하는 경우 다음 각 호의 사항을 준수하여야 한다.
5. 훅의 입구(hook mouth) 간격이 제조자가 제공하는 제품사양서 기준으로 10퍼센트 이상 벌어진 것은 폐기할 것

59 컨베이어(conveyor) 역전방지장치의 형식을 기계식과 전기식으로 구분할 때 기계식에 해당하지 않는 것은?

① 라쳇식   ② 밴드식
③ 슬러스트식 ④ 롤러식

해설 역전방지장치 : 일반적으로 정상 방향의 회전에 대해서 반대로 회전하는 것을 방지하는 장치이며 형식으로 라쳇식, 롤러식, 밴드식, 전기식(전자식)이 있음
① 기계식 : 라쳇식, 롤러식, 밴드식
② 전기식 : 스러스트 브레이크
* 라쳇식(ratchet) : 드럼에 부착된 발톱차의 치(齒)에 발톱을 걸리는 데 따라 드럼의 역전을 발톱차를 통해서 발톱으로 억제
* 스러스트 브레이크(thrust brake) : 브레이크 장치에 전기를 투입하여 유압으로 작동하는 브레이크

60 다음 중 연삭숫돌의 3요소가 아닌 것은?

① 결합제 ② 입자
③ 저항   ④ 기공

해설 연삭용 숫돌의 3요소 : ① 입자 ② 결합체 ③ 기공

정답 56.① 57.① 58.④ 59.③ 60.③

제4과목 전기위험방지기술

61 다음 ( ) 안의 알맞은 내용을 나타낸 것은?

> 폭발성 가스의 폭발등급 측정에 사용되는 표준용기는 내용적이 (㉮)cm³, 반구상의 플랜지 접합면의 안길이 (㉯)mm의 구상용기의 틈새를 통과시켜 화염일주 한계를 측정하는 장치이다.

① ㉮ 6000, ㉯ 0.4
② ㉮ 1800, ㉯ 0.6
③ ㉮ 4500, ㉯ 8
④ ㉮ 8000, ㉯ 25

해설 **폭발등급**(explosion class, 爆發等級) : 폭발등급은 표준용기에 의한 폭발시험에 의해 화염일주(火炎逸走)를 발생할 때의 최소치에 따라 분류
* 표준용기 : 폭발성 가스의 폭발등급 측정에 사용되는 표준용기는 내용적이 8000cm³, 반구상의 플렌지 접합면의 안 길이 25mm의 구상용기의 틈새를 통과시켜 화염일주 한계를 측정하는 장치이다.

62 다음 차단기는 개폐기구가 절연물의 용기 내에 일체로 조립한 것으로 과부하 및 단락사고 시에 자동적으로 전로를 차단하는 장치는?

① OS   ② VCB
③ MCCB   ④ ACB

해설 **배선용차단기(MCCB)** : 개폐기구가 절연물의 용기 내에 일체로 조립한 것으로 과부하 및 단락사고 시에 자동적으로 전로를 차단하는 장치. 과전류에 의한 선로, 기기 등의 보호가 목적

63 한국전기설비규정에 따라 보호 등전위본딩 도체로서 주접지단자에 접속하기 위한 등전위본딩 도체(구리도체)의 단면적은 몇 mm² 이상이어야 하는가? (단, 등전위본딩 도체는 설비 내에 있는 가장 큰 보호접지 도체 단면적의 1/2 이상의 단면적을 가지고 있다.)

① 2.5   ② 6
③ 16   ④ 50

해설 **등전위본딩 도체의 단면적** : 주접지단자에 접속하기 위한 등전위본딩 도체는 설비 내에 있는 가장 큰 보호접지 도체 단면적의 1/2이상의 단면적을 가져야 하고 다음의 단면적 이상이어야 한다.
가. 구리 도체 6mm²
나. 알루미늄 도체 16mm²
다. 강철 도체 50mm²

64 저압전로의 절연성능시험에서 전로의 사용전압이 380V인 경우 전로의 전선 상호간 및 전로와 대지 사이의 절연저항은 최소 몇 MΩ 이상이어야 하는가?

① 0.1   ② 0.3
③ 0.5   ④ 1

해설 **저압전로의 절연저항 수치**

전로의 사용전압 V	DC시험전압 V	절연저항 MΩ
SELV 및 PELV	250	0.5 이상
FELV, 500V 이하	500	1.0 이상
500V 초과	1,000	1.0 이상

[주] 특별저압(extralowvoltage : 2차 전압이 AC 50V, DC 120V 이하)으로 SELV(비접지회로 구성) 및 PELV(접지회로 구성)은 1차와 2차가 전기적으로 절연된 회로, FELV는 1차와 2차가 전기적으로 절연되지 않은 회로

※ 절연저항 : 전로가 대지로부터 충분히 절연되어 있지 않으면 누전에 의하여 화재나 감전의 위험이 있기 때문에 전류가 흐르는 곳에는 사용 전압에 따른 절연을 하여야 함

65 전격의 위험을 결정하는 주된 인자로 가장 거리가 먼 것은?

① 통전전류   ② 통전시간
③ 통전경로   ④ 접촉전압

해설 **전격현상의 위험도를 결정하는 인자(위험도 순)**
① 통전 전류의 크기   ② 통전 시간
③ 통전 경로   ④ 전원의 종류(교류, 직류)
⑤ 주파수 및 파형

정답 61.④ 62.③ 63.② 64.④ 65.④

66 교류 아크용접기의 허용사용률(%)은? (단, 정격사용률은 10%, 2차 정력전류는 500A, 교류 아크용접기의 사용전류는 250A이다.)

① 30 ② 40
③ 50 ④ 60

해설 허용사용률(%) = $\left(\dfrac{2차\ 정격전류}{실제\ 용접전류}\right)^2 \times 정격사용률 \times 100$

* 정격사용률 = $\dfrac{아크발생시간}{아크발생시간 + 무부하시간} \times 100$

⇒ 허용사용률 = $(500/250)^2 \times 10\% \times 100$
= 40%

67 내압방폭구조의 필요충분조건에 대한 사항으로 틀린 것은?

① 폭발화염이 외부로 유출되지 않을 것
② 습기침투에 대한 보호를 충분히 할 것
③ 내부에서 폭발한 경우 그 압력에 견딜 것
④ 외함의 표면온도가 외부의 폭발성가스를 점화되지 않을 것

해설 내압(d) 방폭구조 : 용기 내부에서 폭발성 가스 또는 증기가 폭발하였을 때 용기가 그 압력에 견디며 또한 접합면, 개구부 등을 통해서 외부의 폭발성 가스·증기에 인화되지 않도록 한 구조(점화원 격리)
(* 방폭형 기기에 폭발성 가스가 내부로 침입하여 내부에서 폭발이 발생하여도 이 압력에 견디도록 제작한 방폭구조이며, 전기설비 내부에서 발생한 폭발이 설비 주변에 존재하는 가연성 물질에 파급되지 않도록 한 구조)
① 내부에서 폭발할 경우 그 압력에 견딜 것
② 폭발화염이 외부로 유출되지 않을 것
③ 외함 표면온도가 주위의 가연성 가스에 점화되지 않을 것

68 다음 중 전동기를 운전하고자 할 때 개폐기의 조작순서로 옳은 것은?

① 메인 스위치 → 분전반 스위치 → 전동기용 개폐기
② 분전반 스위치 → 메인 스위치 → 전동기용 개폐기
③ 전동기용 개폐기 → 분전반 스위치 → 메인 스위치
④ 분전반 스위치 → 전동기용 스위치 → 메인 스위치

해설 전동기를 운전하고자 할 때 개폐기의 조작순서
메인 스위치 → 분전반 스위치 → 전동기용 개폐기

69 다음 ( ) 안에 들어갈 내용으로 알맞은 것은?

"교류 특고압 가공전선로에서 발생하는 극저주파 전자계는 지표상 1m에서 전계가 (ⓐ), 자계가 (ⓑ)가 되도록 시설하는 등 상시 정전유도 및 전자유도 작용에 의하여 사람에게 위험을 줄 우려가 없도록 시설하여야 한다."

① ⓐ 0.35kV/m 이하, ⓑ 0.833μT 이하
② ⓐ 3.5kV/m 이하, ⓑ 8.33μT 이하
③ ⓐ 3.5kV/m 이하, ⓑ 83.3μT 이하
④ ⓐ 35kV/m 이하, ⓑ 833μT 이하

해설 유도장해 방지 〈전기설비기술기준〉
교류 특고압 가공전선로에서 발생하는 극저주파 전자계는 지표상 1m에서 전계가 3.5kV/m 이하, 자계가 83.3μT 이하가 되도록 시설하는 등 상시 정전유도(靜電誘導) 및 전자유도(電磁誘導) 작용에 의하여 사람에게 위험을 줄 우려가 없도록 시설하여야 한다.

70 감전사고를 방지하기 위한 방법으로 틀린 것은?

① 전기기기 및 설비의 위험부에 위험표지
② 전기설비에 대한 누전차단기 설치
③ 전기기에 대한 정격표시
④ 무자격자는 전기계 및 기구에 전기적인 접촉 금지

정답 66. ② 67. ② 68. ① 69. ③ 70. ③

해설 감전사고 방지대책
① 전기기기 및 설비의 정비
② 안전전압 이하의 전기기기 사용
③ 설비의 필요 부분에 보호접지의 실시
④ 노출된 충전부에 절연 방호구를 설치, 작업자는 보호구를 착용
⑤ 유자격자 이외는 전기기계·기구에 전기적인 접촉 금지
⑥ 사고회로의 신속한 차단(누전차단기 설치)
⑦ 보호 절연
⑧ 이중절연구조

71 외부피뢰시스템에서 접지극은 지표면에서 몇 m 이상 깊이로 매설하여야 하는가? (단, 동결심도는 고려하지 않는 경우이다.)

① 0.5
② 0.75
③ 1
④ 1.25

해설 외부피뢰시스템 접지극의 시설
지표면에서 0.75m 이상 깊이로 매설하여야 한다. 다만 필요시는 해당 지역의 동결심도를 고려한 깊이로 할 수 있다.

72 정전기의 재해방지 대책이 아닌 것은?

① 부도체에는 도전성을 향상 또는 제전기를 설치 운영한다.
② 접촉 및 분리를 일으키는 기계적 작용으로 인한 정전기 발생을 적게 하기 위해서는 가능한 접촉 면적을 크게 하여야 한다.
③ 저항률이 $10^{10} \Omega \cdot cm$ 미만의 도전성 위험물의 배관유속은 7m/s 이하로 한다.
④ 생산공정에 별다른 문제가 없다면, 습도를 70% 정도 유지하는 것도 무방하다.

해설 정전기 발생에 영향을 주는 요인
물체의 접촉면적 및 접촉압력이 클수록 정전기의 발생량도 증가

73 어떤 부도체에서 정전용량이 10pF이고, 전압이 5kV일 때 전하량(C)은?

① 9×10^{-12}
② 6×10^{-10}
③ 5×10^{-8}
④ 2×10^{-6}

해설 전하량
$Q = CV = (10 \times 10^{-12}) \times 5000 = 5 \times 10^{-8}$ C
[C: 도체의 정전용량(단위 패럿 F), Q: 대전 전하량(단위 쿨롱 C), V: 대전전위]
* 정전용량 10pF = 10×10^{-12}F(p 피코 → 10^{-12})

74 KS C IEC 60079-0에 따른 방폭에 대한 설명으로 틀린 것은?

① 기호 "X"는 방폭기기의 특정사용조건을 나타내는 데 사용되는 인증번호의 접미사이다.
② 인화하한(LFL)과 인화상한(UFL) 사이의 범위가 클수록 폭발성 가스 분위기 형성 가능성이 크다.
③ 기기 그룹에 따라 폭발성 가스를 분류할 때 ⅡA의 대표 가스로 에틸렌이 있다.
④ 연면거리는 두 도전부 사이의 고체 절연물 표면을 따른 최단거리를 말한다.

해설 방폭기기 그룹에 따른 가스등급(Gas Group A, B, C)

	폭발등급	I	IIA	IIB	IIC
IEC	최대 안전 틈새	광산용	0.9mm 이상	0.5mm 초과 0.9mm 미만	0.5mm 이하
	해당 가스	메탄	프로판, 아세톤, 벤젠, 부탄	에틸렌, 부타디엔	수소, 아세틸렌

* 연면거리(沿面距離, Creeping Distance) : 전기적으로 절연된 두 도전부 사이의 고체 절연물 표면을 따른 최단거리(불꽃 방전을 일으키는 두 전극 간 거리를 고체 유전체의 표면을 따른 최단 거리)

정답 71.② 72.② 73.③ 74.③

75 다음 중 활선근접 작업 시의 안전조치로 적절하지 않은 것은?

① 근로자가 절연용 방호구의 설치·해체 작업을 하는 경우에는 절연용 보호구를 착용하거나 활선작업용 기구 및 장치를 사용하도록 하여야 한다.
② 저압인 경우에는 해당 전기작업자가 절연용 보호구를 착용하되, 충전전로에 접촉할 우려가 없는 경우에는 절연용 방호구를 설치하지 아니할 수 있다.
③ 유자격자가 아닌 근로자가 근로자의 몸 또는 긴 도전성 물체가 방호되지 않은 충전전로에서 대지전압이 50kV 이하인 경우에는 400cm 이내로 접근할 수 없도록 하여야 한다.
④ 고압 및 특별고압의 전로에서 전기작업을 하는 근로자에게 활선작업용 기구 및 장치를 사용하여야 한다.

해설 유자격자가 아닌 근로자의 충전전로에서의 전기작업
〈산업안전보건기준에 관한 규칙〉
제321조(충전전로에서의 전기작업) ① 사업주는 근로자가 충전전로를 취급하거나 그 인근에서 작업하는 경우에는 다음 각 호의 조치를 하여야 한다.
7. 유자격자가 아닌 근로자가 충전전로 인근의 높은 곳에서 작업할 때에 근로자의 몸 또는 긴 도전성 물체가 방호되지 않은 충전전로에서 대지전압이 50킬로볼트 이하인 경우에는 300센티미터 이내로, 대지전압이 50킬로볼트를 넘는 경우에는 10킬로볼트당 10센티미터씩 더한 거리 이내로 각각 접근할 수 없도록 할 것

76 밸브 저항형 피뢰기의 구성요소로 옳은 것은?

① 직렬갭, 특성요소
② 병렬갭, 특성요소
③ 직렬갭, 충격요소
④ 병렬갭, 충격요소

해설 피뢰기의 구성요소 : 특성요소와 직렬갭
① 특성요소 : 뇌전류 방전 시 피뢰기의 전위상승을 억제하여 절연 파괴를 방지
② 직렬갭 : 뇌전류를 대지로 방전시키고 속류를 차단

77 정전기 제거 방법으로 가장 거리가 먼 것은?

① 작업장 바닥을 도전 처리한다.
② 설비의 도체 부분은 접지시킨다.
③ 작업자는 대전방지화를 신는다.
④ 작업장을 항온으로 유지한다.

해설 정전기 제거 방법 : 작업장 내의 온도를 높여 방전을 촉진시킨다.

78 인체의 전기저항을 0.5kΩ이라고 하면 심실세동을 일으키는 위험한계 에너지는 몇 J인가? (단, 심실세동 전륫값 $I = \dfrac{165}{\sqrt{T}}$ mA의 Dalziel의 식을 이용하며, 통전시간은 1초로 한다.)

① 13.6 ② 12.6
③ 11.6 ④ 10.6

해설 위험한계에너지 : 감전전류가 인체저항을 통해 흐르면 그 부위에는 열이 발생하는데 이 열에 의해서 화상을 입고 세포 조직이 파괴됨

줄(Joule)열 $H = I^2RT[J]$

$= \left(\dfrac{165}{\sqrt{T}} \times 10^{-3}\right)^2 \times R \times T$

$= \left(\dfrac{165}{\sqrt{1}} \times 10^{-3}\right)^2 \times 500 \times 1$

$= 13.6 J$

(* 심실세동전류 $I = \dfrac{165}{\sqrt{T}}$ mA

→ $I = \dfrac{165}{\sqrt{T}} \times 10^{-3}$ A)

정답 75. ③ 76. ① 77. ④ 78. ①

79 다음 중 전기설비기술기준에 따른 전압의 구분으로 틀린 것은?

① 저압 : 직류 1kV 이하
② 고압 : 교류 1kV 초과, 7kV 이하
③ 특고압 : 직류 7kV 초과
④ 특고압 : 교류 7kV 초과

해설 전압에 따른 전원의 종류 〈전기사업법 시행규칙 제2조〉

구분	직류	교류
저압	1,500V 이하	1,000V 이하
고압	1,500V 초과 ~ 7,000V 이하	1,000V 초과 ~ 7,000V 이하
특고압	7,000V 초과	

80 가스 그룹 IIB 지역에 설치된 내압 방폭구조 "d" 장비의 플랜지 개구부에서 장애물까지의 최소 거리(mm)는?

① 10　　② 20
③ 30　　④ 40

해설 내압 방폭구조 플랜지접합부와 장애물 간 최소이격거리

가스그룹	IIA	IIB	IIC
최소이격거리(mm)	10	30	40

* 내압(d) 방폭구조 : 용기 내부에서 폭발성 가스 또는 증기가 폭발하였을 때 용기가 그 압력에 견디며 또한 접합면, 개구부 등을 통해서 외부의 폭발성 가스·증기에 인화되지 않도록 한 구조(점화원 격리)

[제5과목]　화학설비 위험방지기술

81 다음 중 전기화재의 종류에 해당하는 것은?

① A급　　② B급
③ C급　　④ D급

해설 화재의 종류

종류	등급	가연물	표현색	소화방법
일반화재	A급	목재, 종이, 섬유 등	백색	냉각소화
유류 및 가스화재	B급	각종 유류 및 가스	황색	질식소화
전기화재	C급	전기기기, 기계, 전선 등	청색	질식소화
금속화재	D급	가연성금속(Mg 분말, Al 분말 등)	무색	피복에 의한 질식

82 다음 설명이 의미하는 것은?

> 온도, 압력 등 제어상태가 규정의 조건을 벗어나는 것에 의해 반응속도가 지수함수적으로 증대되고, 반응용기 내의 온도, 압력이 급격히 이상 상승되어 규정 조건을 벗어나고, 반응이 과격화되는 현상

① 비등　　② 과열·과압
③ 폭발　　④ 반응폭주

해설 반응폭주 : 화학반응시 온도, 압력 등의 제어상태가 규정 조건을 벗어나서 반응속도가 지수함수적으로 증대되고, 반응용기 내의 온도, 압력이 급격히 증대하여 반응이 과격화되는 현상

83 다음 중 폭발범위에 관한 설명으로 틀린 것은?

① 상한값과 하한값이 존재한다.
② 온도에는 비례하지만 압력과는 무관하다.
③ 가연성 가스의 종류에 따라 각각 다른 값을 갖는다.
④ 공기와 혼합된 가연성 가스의 체적 농도로 나타낸다.

해설 가연성 가스의 연소범위(폭발범위) : 공기 중에 가연성 가스가 일정범위 이내로 함유되었을 경우에만 연소가 가능함. 이것은 물질의 고유한 특성으로서 연소범위 또는 폭발범위라고 함(가연성 가스와 공기와의 혼합가스에 점화원을 주었을 때 폭발이 일어나는 혼합가스의 농도 범위)

정답 79.① 80.③ 81.③ 82.④ 83.②

① 상한값과 하한값이 존재한다.
② 폭발범위는 온도상승에 의하여 넓어진다(온도가 상승하면 폭발하한계는 감소, 폭발상한계는 증가).
③ 가연성 가스의 종류에 따라 각각 다른 값을 갖는다.
④ 공기와 혼합된 가연성 가스의 체적 농도로 나타낸다.
⑤ 압력이 상승하면 폭발하한계는 영향 없으며 폭발상한계는 증가한다.
⑥ 산소 중에서의 폭발범위는 공기 중에서 보다 넓어진다.
⑦ 산소 중에서의 폭발하한계는 공기 중에서와 같다.

84 다음 표와 같은 혼합가스의 폭발범위(vol%)로 옳은 것은?

종류	용적비율 (vol%)	폭발하한계 (vol%)	폭발상한계 (vol%)
CH_4	70	5	15
C_2H_6	15	3	12.5
C_3H_8	5	2.1	9.5
C_4H_{10}	10	1.9	8.5

① 3.75~13.21   ② 4.33~13.21
③ 4.33~15.22   ④ 3.75~15.22

해설 혼합가스의 폭발범위(순수한 혼합가스일 경우)

$$L = \frac{100}{\frac{V_1}{L_1} + \frac{V_2}{L_2} + \cdots + \frac{V_n}{L_n}}$$

L : 혼합가스의 폭발한계(%) – 폭발상한, 폭발하한 모두 적용 가능
$L_1 + L_2 + \cdots + L_n$: 각 성분가스의 폭발한계(%) – 폭발상한계, 폭발하한계
$V_1 + V_2 + \cdots + V_n$: 전체 혼합가스 중 각 성분가스의 비율(%) – 부피비
(* C_4H_{10} : 부탄, C_3H_8 : 프로판, C_2H_6 : 에탄, CH_4 : 메탄)
① 혼합가스의 폭발하한계 = 100/(70/5 + 15/3 + 5/2.1 + 10/1.9) = 3.75vol%
② 혼합가스의 폭발상한계 = 100/(70/15 + 15/12.5 + 5/9.5+ 10/8.5)) = 13.21vol%
⇒ 혼합가스의 폭발범위는 3.75~13.21

85 위험물을 저장·취급하는 화학설비 및 그 부속설비를 설치할 때 '단위공정시설 및 설비로부터 다른 단위공정시설 및 설비의 사이'의 안전거리는 설비의 바깥 면으로부터 몇 m 이상이 되어야 하는가?

① 5   ② 10
③ 15   ④ 20

해설 안전거리 〈산업안전보건기준에 관한 규칙〉
제271조(안전거리)

구분	안전거리
1. 단위공정시설 및 설비로부터 다른 단위공정시설 및 설비의 사이	설비의 바깥 면으로부터 10미터 이상

86 열교환기의 열교환 능률을 향상시키기 위한 방법으로 거리가 먼 것은?

① 유체의 유속을 적절하게 조절한다.
② 유체의 흐르는 방향을 병류로 한다.
③ 열교환기 입구와 출구의 온도차를 크게 한다.
④ 열전도율이 좋은 재료를 사용한다.

해설 열교환기의 열교환 능률을 향상시키기 위한 방법
① 유체의 유속을 적절하게 조절한다.
② 열전도율이 높은 재료를 사용한다.
③ 열교환기 입구와 출구의 온도차를 크게 한다(열교환하는 유체의 온도차를 크게 한다).
④ 유체의 흐르는 방향을 향류로 한다.
* 병류(cocurrent) : 고온 유체와 저온 유체가 같은 방향으로 흐르는 것
* 향류(countercurrent) : 유체가 반대 방향으로 흐르는 것

87 다음 중 인화성 물질이 아닌 것은?

① 디에틸에테르   ② 아세톤
③ 에틸알코올   ④ 과염소산칼륨

해설 과염소산칼륨($KClO_4$) : 제1류 위험물 산화성고체. 400℃ 이상으로 가열하면 염화칼륨(KCl)과 산소로 분해됨

정답 84.① 85.② 86.② 87.④

88 산업안전보건법령상 위험물질의 종류에서 "폭발성 물질 및 유기과산화물"에 해당하는 것은?

① 리튬   ② 아조화합물
③ 아세틸렌   ④ 셀룰로이드류

해설 폭발성 물질 및 유기과산화물 〈산업안전보건기준에 관한 규칙〉: 자기반응성 물질(제5류 위험물)
가. 질산에스테르류
나. 니트로화합물
다. 니트로소화합물
라. 아조화합물
마. 디아조화합물
바. 하이드라진 유도체
사. 유기과산화물
아. 그 밖에 가목부터 사목까지의 물질과 같은 정도의 폭발 위험이 있는 물질
자. 가목부터 아목까지의 물질을 함유한 물질

89 건축물 공사에 사용되고 있으나, 불에 타는 성질이 있어서 화재 시 유독한 시안화수소가스가 발생되는 물질은?

① 염화비닐   ② 염화에틸렌
③ 메타크릴산메틸   ④ 우레탄

해설 시안화수소(HCN: 청산가스)
• 극소량을 흡입해도 호흡계에 치명적인 영향을 줌
• 우레탄 단열재 → 화재 → 시안화수소가스 발생 → 질식

90 반응기를 설계할 때 고려하여야 할 요인으로 가장 거리가 먼 것은?

① 부식성   ② 상의 형태
③ 온도 범위   ④ 중간생성물의 유무

해설 반응기를 설계할 때 고려하여야 할 요인
① 상(Phase)의 형태(고체, 액체, 기체)
② 온도 범위
③ 부식성
④ 운전 압력
⑤ 열전달

91 에틸알코올 1몰이 완전 연소 시 생성되는 CO_2와 H_2O의 몰수로 옳은 것은?

① CO_2 : 1, H_2O : 4
② CO_2 : 2, H_2O : 3
③ CO_2 : 3, H_2O : 2
④ CO_2 : 4, H_2O : 1

해설 화학양론(stoichiometry, 化學量論): 화학반응에서 반응물과 생성물의 양적 관계에 대한 이론. 화학반응 전후 원자의 개수와 양은 동일하게 보존
* 화학양론식
$C_2H_6O + ($ ③ $)O_2 \to ($ ① $)CO_2 + ($ ② $)H_2O$
[* $C_2H_5OH = C_2H_6O$가 O_2와 반응하여 완전연소하면 기본적으로 생성되는 화합물: $CO_2 + H_2O$]
① 반응 전 C가 2개(C_2)임으로 반응 후에도 C가 2개이어야 함. CO_2의 C앞에 2를 붙여줌
② 반응 전 H가 6개(H_6)임으로 반응 후에도 H가 6개이어야 함. H_2O의 H앞에 3을 붙여줌[2개의 H(H_2)가 3이므로 전체 6개]
③ $C_2H_6O + ($ ③ $)O_2 \to 2CO_2 + 3H_2O$
반응 후의 O가 7개($2O_2 + 3O$)이므로 반응 전의 O도 7개이어야 함. 따라서 O_2 앞에는 3을 붙임
⇨ $C_2H_6O + 3O_2 \to 2CO_2 + 3H_2O$: CO_2가 2몰, H_2O가 3몰

92 산업안전보건법령상 각 물질이 해당하는 위험물질의 종류를 옳게 연결한 것은?

① 아세트산(농도 90%) - 부식성 산류
② 아세톤(농도 90%) - 부식성 염기류
③ 이황화탄소 - 인화성 가스
④ 수산화칼륨 - 인화성 가스

해설 부식성 물질 〈산업안전보건기준에 관한 규칙〉
가. 부식성 산류
 (1) 농도가 20퍼센트 이상인 염산, 황산, 질산, 그 밖에 이와 같은 정도 이상의 부식성을 가지는 물질
 (2) 농도가 60퍼센트 이상인 인산, 아세트산, 불산, 그 밖에 이와 같은 정도 이상의 부식성을 가지는 물질
나. 부식성 염기류: 농도가 40퍼센트 이상인 수산화나트륨, 수산화칼륨, 그 밖에 이와 같은 정도

정답 88. ② 89. ④ 90. ④ 91. ② 92. ①

이상의 부식성을 가지는 염기류 인화성 가스
〈산업안전보건기준에 관한 규칙〉
가. 수소 나. 아세틸렌
다. 에틸렌 라. 메탄
마. 에탄 바. 프로판
사. 부탄

93 물과의 반응으로 유독한 포스핀가스를 발생하는 것은?

① HCl ② NaCl
③ Ca_3P_2 ④ $Al(OH)_3$

해설 인화칼슘(Ca_3P_2) : 물이나 약산과 반응하여 포스핀(PH_3)의 유독성 가스 발생(제3류 위험물질)
* HCl(염화수소), NaCl(염화나트륨), $Al(OH)_3$(수산화알루미늄)

94 분진폭발의 요인을 물리적 인자와 화학적 인자로 분류할 때 화학적 인자에 해당하는 것은?

① 연소열 ② 입도분포
③ 열전도율 ④ 입자의 형상

해설 분진폭발의 요인 : 분진의 폭발특성에 영향을 미치는 요소들로는 화학적 성질과 조성, 입도 및 입도분포, 입자의 형상과 표면상태, 열전도율, 분진운의 농도, 수분함량 및 주위 습도, 점화에너지, 난류의 영향, 온도와 압력, 불활성 물질 등 여러 가지가 있다(화학적 인자 : 연소열).

95 메탄올에 관한 설명으로 틀린 것은?

① 무색투명한 액체이다.
② 비중은 1보다 크고, 증기는 공기보다 가볍다.
③ 금속나트륨과 반응하여 수소를 발생한다.
④ 물에 잘 녹는다.

해설 메탄올(CH_3OH) : 무색투명한 액체로 비중은 0.79이고, 물에 잘 녹으며, 금속나트륨과 반응하여 수소를 발생한다.

96 다음 중 자연발화가 쉽게 일어나는 조건으로 틀린 것은?

① 주위온도가 높을수록
② 열 축적이 클수록
③ 적당량의 수분이 존재할 때
④ 표면적이 작을수록

해설 자연발화가 가장 쉽게 일어나기 위한 조건 : 고온, 다습한 환경
① 발열량이 클 것
② 주변의 온도가 높을 것
③ 물질의 열전도율이 작을 것
④ 표면적이 넓을 것
⑤ 적당량의 수분이 존재할 것

97 다음 중 인화점이 가장 낮은 것은?

① 벤젠 ② 메탄올
③ 이황화탄소 ④ 경유

해설 인화점(flash point) : 가연성 증기에 점화원을 주었을 때 연소가 시작되는 최저온도

물질	인화점	물질	인화점
이황화탄소(CS_2)	-30℃	아세톤(CH_3COCH_3)	-18℃
벤젠(C_6H_6)	-11.10℃	경유	50℃
메탄올(CH_3OH)	16℃	디에틸에테르($C_2H_5OC_2H_5$, $(C_2H_5)_2O$)	-45℃

98 자연 발화성을 가진 물질이 자연발열을 일으키는 원인으로 거리가 먼 것은?

① 분해열 ② 증발열
③ 산화열 ④ 중합열

해설 자연 발화성을 가진 물질이 자연발열을 일으키는 원인 : 자연발화는 외부로 방출하는 열보다 내부에서 발생하는 열의 양이 많은 경우에 발생. 자연발열의 원인에는 분해열, 산화열, 중합열, 발효열 등이 있음

정답 93. ③ 94. ① 95. ② 96. ④ 97. ③ 98. ②

99 비점이 낮은 가연성 액체 저장탱크 주위에 화재가 발생했을 때 저장탱크 내부의 비등현상으로 인한 압력 상승으로 탱크가 파열되어 그 내용물이 증발, 팽창하면서 발생되는 폭발현상은?

① Back Draft ② BLEVE
③ Flash Over ④ UVCE

해설 비등액 팽창증기폭발(BLEVE: Boiling Liquid Expanded Vapor Explosion) : BLEVE는 비점 이상의 압력으로 유지되는 액체가 들어있는 탱크가 파열될 때 일어나며 용기가 파열되면 탱크 내용물 중의 상당비율이 폭발적으로 증발하게 됨
- 비점이 낮은 액체 저장탱크 주위에 화재가 발생했을 때 저장탱크 내부의 비등 현상으로 인한 압력 상승으로 탱크가 파열되어 그 내용물이 증발, 팽창하면서 발생되는 폭발현상

100 사업주는 산업안전보건법령에서 정한 설비에 대해서는 과압에 따른 폭발을 방지하기 위하여 안전밸브 등을 설치하여야 한다. 다음 중 이에 해당하는 설비가 아닌 것은?

① 원심펌프
② 정변위 압축기
③ 정변위 펌프(토출축에 차단밸브가 설치된 것만 해당한다.)
④ 배관(2개 이상의 밸브에 의하여 차단되어 대기온도에서 액체의 열팽창에 의하여 파열될 우려가 있는 것으로 한정한 다.)

해설 안전밸브 등의 설치 〈산업안전보건기준에 관한 규칙〉
제261조(안전밸브 등의 설치) ① 사업주는 다음 각호의 어느 하나에 해당하는 설비에 대해서는 과압에 따른 폭발을 방지하기 위하여 폭발방지 성능과 규격을 갖춘 안전밸브 또는 파열판(이하 "안전밸브 등"이라 한다)을 설치하여야 한 다. 다만, 안전밸브 등에 상응하는 방호장치를 설치한 경우에는 그러하지 아니하다.

1. 압력용기(안지름이 150밀리미터 이하인 압력용기는 제외하며, 압력용기 중 관형 열교환기의 경우에는 관의 파열로 인하여 상승한 압력이 압력용기의 최고사용압력을 초과할 우려가 있는 경우만 해당한다)
2. 정변위 압축기
3. 정변위 펌프(토출축에 차단밸브가 설치된 것만 해당한다)
4. 배관(2개 이상의 밸브에 의하여 차단되어 대기온도에서 액체의 열팽창에 의하여 파열될 우려가 있는 것으로 한정한다)
5. 그 밖의 화학설비 및 그 부속설비로서 해당 설비의 최고사용압력을 초과할 우려가 있는 것

[제6과목] **건설안전기술**

101 유해·위험방지계획서 제출 시 첨부서류로 옳지 않은 것은?

① 공사현장의 주변 현황 및 주변과의 관계를 나타내는 도면
② 공사개요서
③ 전체공정표
④ 작업인부의 배치를 나타내는 도면 및 서류

해설 유해·위험방지계획서 첨부서류 〈산업안전보건법 시행규칙 [별표 10]〉
1. 공사개요 및 안전보건관리계획
   가. 공사개요서
   나. 공사현장의 주변 현황 및 주변과의 관계를 나타내는 도면(매설물 현황을 포함한다)
   다. 건설물, 사용 기계설비 등의 배치를 나타내는 도면
   라. 전체 공정표
   마. 산업안전보건관리비 사용계획
   바. 안전관리 조직표
   사. 재해 발생 위험 시 연락 및 대피방법

정답 99. ② 100. ① 101. ④

102 거푸집 해체작업 시 유의사항으로 옳지 않은 것은?

① 일반적으로 수평부재의 거푸집은 연직부재의 거푸집보다 빨리 떼어낸다.
② 해체된 거푸집이나 각목 등에 박혀있는 못 또는 날카로운 돌출물은 즉시 제거하여야 한다.
③ 상하 동시 작업은 원칙적으로 금지하여 부득이한 경우에는 긴밀히 연락을 위하여 작업을 하여야 한다.
④ 거푸집 해체작업장 주위에는 관계자를 제외하고는 출입을 금지시켜야 한다.

[해설] 거푸집 해체 〈콘크리트공사표준안전작업지침〉
제9조(해체) 사업주는 거푸집의 해체작업을 하여야 할 때에는 다음 각 호의 사항을 준수하여야 한다.
3. 거푸집을 해체할 때는 다음 각 목에 정하는 사항을 유념하여 작업하여야 한다.
가. 해체작업을 할 때는 안전모 등 안전 보호장구를 착용하도록 하여야 한다.
나. 거푸집 해체작업장 주위에는 관계자를 제외하고는 출입을 금지시켜야 한다.
다. 상하 동시 작업은 원칙적으로 금지하여 부득이한 경우에는 긴밀히 연락을 위하며 작업을 하여야 한다.
라. 거푸집 해체 때 구조체에 무리한 충격이나 큰 힘에 의한 지렛대 사용은 금지하여야 한다.
마. 보 또는 슬래브 거푸집을 제거할 때는 거푸집의 낙하 충격으로 인한 작업원의 돌발적 재해를 방지하여야 한다.
바. 해체된 거푸집이나 각목 등에 박혀있는 못 또는 날카로운 돌출물은 즉시 제거하여야 한다.
사. 해체된 거푸집이나 각 목은 재사용 가능한 것과 보수하여야 할 것을 선별, 분리하여 적치하고 정리정돈을 하여야 한다.
※ 일반적으로 연직부재의 거푸집은 수평부재의 거푸집보다 빨리 떼어낸다(거푸집 해체 순서 : 기둥 → 벽체 → 보 → 슬래브).

103 사다리식 통로 등을 설치하는 경우 통로 구조로서 옳지 않은 것은?

① 발판의 간격은 일정하게 한다.
② 발판과 벽과의 사이는 15cm 이상의 간격을 유지한다.
③ 사다리의 상단은 걸쳐놓은 지점으로부터 60cm 이상 올라가도록 한다.
④ 폭은 40cm 이상으로 한다.

[해설] 사다리식 통로 등의 구조 〈산업안전보건법 시행규칙〉
제24조(사다리식 통로 등의 구조) ① 사업주는 사다리식 통로 등을 설치하는 경우 다음 각 호의 사항을 준수하여야 한다.
1. 견고한 구조로 할 것
2. 심한 손상·부식 등이 없는 재료를 사용할 것
3. 발판의 간격은 일정하게 할 것
4. 발판과 벽과의 사이는 15센티미터 이상의 간격을 유지할 것
5. 폭은 30센티미터 이상으로 할 것
6. 사다리가 넘어지거나 미끄러지는 것을 방지하기 위한 조치를 할 것
7. 사다리의 상단은 걸쳐놓은 지점으로부터 60센티미터 이상 올라가도록 할 것

104 추락 재해방지 설비 중 근로자의 추락재해를 방지할 수 있는 설비로 작업발판 설치가 곤란한 경우에 필요한 설비는?

① 경사로
② 추락방호망
③ 고장사다리
④ 달비계

[해설] 추락방호망의 설치기준 〈산업안전보건기준에 관한 규칙〉
제42조(추락의 방지)
② 사업주는 제1항에 따른 작업발판을 설치하기 곤란한 경우 다음 각 호의 기준에 맞는 추락방호망을 설치하여야 한다. 다만, 추락방호망을 설치하기 곤란한 경우에는 근로자에게 안전대를 착용하도록 하는 등 추락위험을 방지하기 위하여 필요한 조치를 하여야 한다.

105 콘크리트 타설작업을 하는 경우에 준수해야 할 사항으로 옳지 않은 것은?

① 당일의 작업을 시작하기 전에 해당 작업에 관한 거푸집동바리 등의 변형·변위 및 지반의 침하 유무 등을 점검하고 이상이 있으면 보수한다.

정답 102.① 103.④ 104.② 105.②

② 작업 중에는 거푸집동바리 등의 변형·변위 및 침하 유무 등을 감시할 수 있는 감시자를 배치하여 이상이 있으면 작업을 빠른 시간 내 우선 완료하고 근로자를 대피시킨다.
③ 콘크리트 타설작업 시 거푸집붕괴의 위험이 발생할 우려가 있으면 충분한 보강조치를 한다.
④ 콘크리트를 타설하는 경우에는 편심이 발생하지 않도록 골고루 분산하여 타설한다.

해설 **콘크리트의 타설작업 시 준수사항** 〈산업안전보건기준에 관한 규칙〉
제334조(콘크리트의 타설작업) 사업주는 콘크리트 타설작업을 하는 경우에는 다음 각 호의 사항을 준수하여야 한다.
1. 당일의 작업을 시작하기 전에 해당 작업에 관한 거푸집동바리 등의 변형·변위 및 지반의 침하 유무 등을 점검하고 이상이 있으면 보수할 것
2. 작업 중에는 거푸집동바리 등의 변형·변위 및 침하 유무 등을 감시할 수 있는 감시자를 배치하여 이상이 있으면 작업을 중지하고 근로자를 대피시킬 것
3. 콘크리트 타설작업 시 거푸집 붕괴의 위험이 발생할 우려가 있으면 충분한 보강조치를 할 것
4. 설계도서상의 콘크리트 양생기간을 준수하여 거푸집동바리 등을 해체할 것
5. 콘크리트를 타설하는 경우에는 편심이 발생하지 않도록 골고루 분산하여 타설할 것

106 작업장 출입구 설치 시 준수해야 할 사항으로 옳지 않은 것은?

① 출입구의 위치·수 및 크기가 작업장의 용도와 특성에 맞도록 한다.
② 출입구에 문을 설치하는 경우에는 근로자가 쉽게 열고 닫을 수 있도록 한다.
③ 주된 목적이 하역운반기계용인 출입구에는 보행자용 출입구를 따로 설치하지 않는다.
④ 계단이 출입구와 바로 연결된 경우에는 작업자의 안전한 통행을 위하여 그 사이에 1.2m 이상 거리를 두거나 안내 표지 또는 비상벨 등을 설치한다.

해설 **작업장의 출입구** 〈산업안전보건기준에 관한 규칙〉
제11조(작업장의 출입구) 사업주는 작업장에 출입구(비상구는 제외한다. 이하 같다)를 설치하는 경우 다음 각 호의 사항을 준수하여야 한다.
1. 출입구의 위치, 수 및 크기가 작업장의 용도와 특성에 맞도록 할 것
2. 출입구에 문을 설치하는 경우에는 근로자가 쉽게 열고 닫을 수 있도록 할 것
3. 주된 목적이 하역운반기계용인 출입구에는 인접하여 보행자용 출입구를 따로 설치할 것
4. 하역운반기계의 통로와 인접하여 있는 출입구에서 접촉에 의하여 근로자에게 위험을 미칠 우려가 있는 경우에는 비상등·비상벨 등 경보장치를 할 것
5. 계단이 출입구와 바로 연결된 경우에는 작업자의 안전한 통행을 위하여 그 사이에 1.2미터 이상 거리를 두거나 안내 표지 또는 비상벨 등을 설치할 것. 다만, 출입구에 문을 설치하지 아니한 경우에는 그러하지 아니하다.

107 건설작업장에서 근로자가 상시 작업하는 장소의 작업면 조도기준으로 옳지 않은 것은? (단, 갱내 작업장과 감광재료를 취급하는 작업장의 경우는 제외)

① 초정밀작업 : 600럭스(lux) 이상
② 정밀작업 : 300럭스(lux) 이상
③ 보통작업 : 150럭스(lux) 이상
④ 초정밀, 정밀, 보통작업을 제외한 기타 작업 : 75럭스(lux) 이상

해설 **근로자가 상시 작업하는 장소의 작업면 조도**
〈산업안전보건기준에 관한 규칙〉

초정밀작업	정밀작업	보통작업	그 밖의 작업
750럭스(lux) 이상	300럭스(lux) 이상	150럭스(lux) 이상	75럭스(lux) 이상

정답 106. ③ 107. ①

108 건설업 산업안전보건관리비 계상 및 사용기준에 따른 안전관리비의 개인보호구 및 안전장구 구입비 항목에서 안전관리비로 사용이 불가능한 경우는? 〈법령 개정으로 문제 수정〉

① 법령에 따른 보호구의 구입·수리·관리 등에 소요되는 비용
② 교통 신호자 등의 업무용 피복, 기기 등을 구입하기 위한 비용
③ 근로자가 가목에 따른 보호구를 직접 구매·사용하여 합리적인 범위 내에서 보전하는 비용
④ 안전관리자 및 보건관리자가 안전보건 점검 등을 목적으로 건설공사 현장에서 사용하는 차량의 유류비·수리비·보험료

해설 보호구 등의 안전관리비의 사용기준 〈건설업 산업안전보건관리비 계상 및 사용기준〉
가. 법령에 따른 보호구의 구입·수리·관리 등에 소요되는 비용
나. 근로자가 가목에 따른 보호구를 직접 구매·사용하여 합리적인 범위 내에서 보전하는 비용
다. (제1호 가목부터 다목까지의 규정에 따른) 안전관리자 등의 업무용 피복, 기기 등을 구입하기 위한 비용
라. (제1호 가목에 따른) 안전관리자 및 보건관리자가 안전보건 점검 등을 목적으로 건설공사 현장에서 사용하는 차량 의 유류비·수리비·보험료

109 옥외에 설치되어 있는 주행크레인에 대하여 이탈방지장치를 작동시키는 등 그 이탈을 방지하기 위한 조치를 하여야 하는 순간풍속에 대한 기준으로 옳은 것은?

① 순간풍속이 초당 10m를 초과하는 바람이 불어올 우려가 있는 경우
② 순간풍속이 초당 20m를 초과하는 바람이 불어올 우려가 있는 경우
③ 순간풍속이 초당 30m를 초과하는 바람이 불어올 우려가 있는 경우
④ 순간풍속이 초당 40m를 초과하는 바람이 불어올 우려가 있는 경우

해설 폭풍에 의한 이탈 방지 〈산업안전보건기준에 관한 규칙〉
제140조(폭풍에 의한 이탈 방지)
사업주는 순간풍속이 초당 30미터를 초과하는 바람이 불어올 우려가 있는 경우 옥외에 설치되어 있는 주행 크레인에 대하여 이탈방지장치를 작동시키는 등 이탈 방지를 위한 조치를 하여야 한다.

110 지반 등의 굴착작업 시 연암의 굴착면 기울기로 옳은 것은?

① 1 : 0.3   ② 1 : 0.5
③ 1 : 0.8   ④ 1 : 1.0

해설 굴착면의 기울기 기준 〈산업안전보건기준에 관한 규칙〉

구분	지반의 종류	기울기
보통흙	습지	1 : 1~1 : 1.5
	건지	1 : 0.5~1 : 1
암반	풍화암	1 : 1.0
	연암	1 : 1.0
	경암	1 : 0.5

111 철골작업 시 철골부재에서 근로자가 수직방향으로 이동하는 경우에 설치하여야 하는 고정된 승강로의 최대 답단 간격은 얼마 이내인가?

① 20cm   ② 25cm
③ 30cm   ④ 40 cm

해설 승강로의 설치 〈산업안전보건기준에 관한 규칙〉
제381조(승강로의 설치)
사업주는 근로자가 수직 방향으로 이동하는 철골부재에는 답단 간격이 30센티미터 이내인 고정된 승강로를 설치하여야 하며, 수평 방향 철골과 수직 방향 철골이 연결되는 부분에는 연결작업을 위하여 작업발판 등을 설치하여야 한다.

정답 108. ② 109. ③ 110. ④ 111. ③

112. 흙막이벽 근입 깊이를 깊게 하고, 전면의 굴착 부분을 남겨두어 흙의 중량으로 대항하게 하거나, 굴착 예정 부분의 일부를 미리 굴착하여 기초콘크리트를 타설하는 등의 대책과 가장 관계가 깊은 것은?

① 파이핑 현상이 있을 때
② 히빙 현상이 있을 때
③ 지하수위가 높을 때
④ 굴착 깊이가 깊을 때

해설 히빙(Heaving) 현상 방지대책
① 흙막이 벽체의 근입 깊이를 깊게 한다(경질지반까지 연장).
② 흙막이 배면의 표토를 제거하여 토압을 경감시킨다.
③ 흙막이 벽체 배면의 지반을 개량하여 흙의 전단 강도를 높인다.
④ 소단(비탈면의 중간에 설치하는 작은 계단) 굴착을 실시하여 소단부 흙의 중량이 바닥을 누르게 한다.
⑤ 굴착면에 토사 등으로 하중을 가한다(전면의 굴착 부분을 남겨두어 흙의 중량으로 대항하게 하거나, 굴착 예정 부분의 일부를 미리 굴착하여 기초콘크리트를 타설한다. 부풀어 솟아오르는 바닥면의 토사를 제거하지 않는다).
⑥ Well Point, Deep Well 공법으로 지하수위를 저하시킨다.
⑦ 시멘트, 약액주입공법으로 Grounting 실시한다.
⑧ 굴착방식을 개선한다(아일랜드 컷 방식으로 개선한다).
※ 히빙(Heaving) 현상 : 연약한 점토지반의 토공사에서 흙막이 밖에 있는 흙이 안으로 밀려 들어와 내측 흙이 부풀어 오르는 현상(흙막이 벽체 내외의 토사의 중량차에 의해 발생)

113. 재해사고를 방지하기 위하여 크레인에 설치된 방호장치로 옳지 않은 것은?

① 공기정화장치   ② 비상정지장치
③ 제동장치   ④ 권과방지장치

해설 안전장치 〈산업안전보건기준에 관한 규칙〉
제134조(방호장치의 조정)
① 사업주는 다음 각 호의 양중기에 과부하방지장치, 권과방지장치(捲過防止裝置), 비상정지장치 및 제동장치, 그 밖의 방호장치[[승강기의 파이널 리미트 스위치(final limit switch), 속도조절기, 출입문 인터록(inter lock) 등을 말한다] 가 정상적으로 작동될 수 있도록 미리 조정해 두어야 한다.

114. 가설구조물의 문제점으로 옳지 않은 것은?

① 도괴재해의 가능성이 크다.
② 추락재해 가능성이 크다.
③ 부재의 결합이 간단하나 연결부가 견고하다.
④ 구조물이라는 통상의 개념이 확고하지 않으며 조립의 정밀도가 낮다.

해설 가설구조물의 문제점
① 추락, 도괴재해의 가능성이 크다.
② 부재의 결합이 간단하고 불안전한 결합이 되기 쉽다.
③ 구조물이라는 통상의 개념이 확고하지 않으며 조립의 정밀도가 낮다.

115. 강관틀비계를 조립하여 사용하는 경우 준수해야 할 기준으로 옳지 않은 것은?

① 수직 방향으로 6m, 수평 방향으로 8m 이내마다 벽이음을 할 것
② 높이가 20m를 초과하거나 중량물의 적재를 수반하는 작업을 할 경우에는 주틀 간의 간격을 2.4m 이하로 할 것
③ 길이가 띠장 방향으로 4m 이하이고 높이가 10m를 초과하는 경우에는 10m 이내마다 띠장 방향으로 버팀기둥을 설치할 것
④ 주틀 간에 교차 가새를 설치하고 최상층 및 5층 이내마다 수평재를 설치할 것

해설 강관틀비계 〈산업안전보건기준에 관한 규칙〉
제62조(강관틀비계) 사업주는 강관틀비계를 조립하여 사용하는 경우 다음 각 호의 사항을 준수하여야 한다.

정답 112. ② 113. ① 114. ③ 115. ②

1. 비계기둥의 밑둥에는 밑받침 철물을 사용하여야 하며 밑받침에 고저차가 있는 경우에는 조절형 밑받침철물을 사용하여 각각의 강관틀비계가 항상 수평 및 수직을 유지하도록 할 것
2. 높이가 20미터를 초과하거나 중량물의 적재를 수반하는 작업을 할 경우에는 주틀 간의 간격을 1.8미터 이하로 할 것
3. 주틀 간에 교차 가새를 설치하고 최상층 및 5층 이내마다 수평재를 설치할 것
4. 수직 방향으로 6미터, 수평 방향으로 8미터 이내마다 벽이음을 할 것
5. 길이가 띠장 방향으로 4미터 이하이고 높이가 10미터를 초과하는 경우에는 10미터 이내마다 띠장 방향으로 버팀기둥을 설치할 것

116 비계의 높이가 2m 이상인 작업장소에 작업발판을 설치할 경우 준수하여야 할 기준으로 옳지 않은 것은?

① 작업발판의 폭은 30cm 이상으로 한다.
② 발판재료 간의 틈은 3cm 이하로 한다.
③ 추락의 위험성이 있는 장소에는 안전난간을 설치한다.
④ 발판재료는 뒤집히거나 떨어지지 않도록 2개 이상의 지지물에 연결하거나 고정시킨다.

해설 비계 작업발판의 구조 〈산업안전보건기준에 관한 규칙〉
제56조(작업발판의 구조) 사업주는 비계(달비계, 달대비계 및 말비계는 제외한다)의 높이가 2미터 이상인 작업장소에 다음 각 호의 기준에 맞는 작업발판을 설치하여야 한다.
1. 발판재료는 작업할 때의 하중을 견딜 수 있도록 견고한 것으로 할 것
2. 작업발판의 폭은 40센티미터 이상으로 하고, 발판재료 간의 틈은 3센티미터 이하로 할 것
4. 추락의 위험이 있는 장소에는 안전난간을 설치할 것
5. 작업발판의 지지물은 하중에 의하여 파괴될 우려가 없는 것을 사용할 것
6. 작업발판재료는 뒤집히거나 떨어지지 않도록 둘 이상의 지지물에 연결하거나 고정시킬 것
7. 작업발판을 작업에 따라 이동시킬 경우에는 위험방지에 필요한 조치를 할 것

117 사면지반 개량공법에 속하지 않는 것은?

① 전기 화학적 공법
② 석회 안정처리 공법
③ 이온 교환 공법
④ 옹벽 공법

해설 비탈면 보호공법
(1) 사면 보호 공법
  (가) 사면을 보호하기 위한 구조물에 의한 보호공법
    ① 현장타설 콘크리트 격자공
    ② 블록공
    ③ (돌, 블록) 쌓기공
    ④ (돌, 블록, 콘크리트) 붙임공
    ⑤ 뿜어붙이기공
  (나) 사면을 식물로 피복함으로써 침식, 세굴 등을 방지 : 식생공
(2) 사면 보강공법
  말뚝공, 앵커공, 옹벽공, 절토공, 압성토공, 소일네일링(Soil Nailing)공
(3) 사면지반 개량공법
  ① 주입공법   ② 이온 교환 공법
  ③ 전기화학적 공법 ④ 시멘트안정 처리공법
  ⑤ 석회안정처리 공법 ⑥ 소결공법

118 법면 붕괴에 의한 재해 예방조치로서 옳은 것은?

① 지표수와 지하수의 침투를 방지한다.
② 법면의 경사를 증가한다.
③ 절토 및 성토 높이를 증가한다.
④ 토질의 상태에 관계없이 구배조건을 일정하게 한다.

해설 토석 및 토사붕괴의 원인 〈굴착공사표준안전작업지침〉
(가) 외적 원인
  ① 사면, 법면의 경사 및 기울기의 증가
  ② 절토 및 성토 높이의 증가
  ③ 공사에 의한 진동 및 반복 하중의 증가
  ④ 지표수 및 지하수의 침투에 의한 토사 중량의 증가
  ⑤ 지진, 차량, 구조물의 하중 작용
  ⑥ 토사 및 암석의 혼합층 두께

정답 116.① 117.④ 118.①

(나) 내적 원인
　① 절토 사면의 토질·암질
　② 성토 사면의 토질 구성 및 분포
　③ 토석의 강도 저하

119 취급·운반의 원칙으로 옳지 않은 것은?
　① 운반 작업을 집중하여 시킬 것
　② 생산을 최고로 하는 운반을 생각할 것
　③ 곡선 운반을 할 것
　④ 연속 운반을 할 것

해설 **취급, 운반의 원칙**
　① 직선 운반을 할 것
　② 연속 운반을 할 것
　③ 운반 작업을 집중하여 시킬 것
　④ 생산을 최고로 하는 운반을 생각할 것
　⑤ 최대한 시간과 경비를 절약할 수 있는 운반방법을 고려할 것

120 가설통로의 설치기준으로 옳지 않은 것은?
　① 경사가 15°를 초과하는 때에는 미끄러지지 않는 구조로 한다.
　② 건설공사에 사용하는 높이 8m 이상인 비계다리에는 7m 이내마다 계단참을 설치한다.
　③ 수직갱에 가설된 통로의 길이가 15m 이상일 경우에는 15m 이내마다 계단참을 설치한다.
　④ 추락의 위험이 있는 장소에는 안전난간을 설치한다.

해설 **가설통로의 구조** 〈산업안전보건기준에 관한 규칙〉
제23조(가설통로의 구조)
사업주는 가설통로를 설치하는 경우 다음 각 호의 사항을 준수하여야 한다.
3. 경사가 15도를 초과하는 경우에는 미끄러지지 아니하는 구조로 할 것
4. 추락할 위험이 있는 장소에는 안전난간을 설치할 것. 다만, 작업상 부득이한 경우에는 필요한 부분만 임시로 해체할 수 있다.
5. 수직갱에 가설된 통로의 길이가 15미터 이상인 경우에는 10미터 이내마다 계단참을 설치할 것
6. 건설공사에 사용하는 높이 8미터 이상인 비계다리에는 7미터 이내마다 계단참을 설치할 것

정답 119. ③ 120. ③

2022년 제2회 산업안전기사 기출문제

제1과목 안전관리론

01 매슬로우(Maslow)의 인간의 욕구단계 중 5번째 단계에 속하는 것은?

① 안전 욕구
② 존경의 욕구
③ 사회적 욕구
④ 자아실현의 욕구

해설 매슬로우(Abraham Maslow)의 욕구 5단계 이론
(1) 1단계 생리적 욕구(Physiological Needs)
　① 인간의 가장 기본적인 욕구(의식주 및 성적 욕구 등)
　② 인간이 충족시키고자 추구하는 욕구에 있어 가장 강력한 욕구
　(* 인간의 생리적 욕구에 대한 의식적 통제가 어려운 것(순서) : 호흡의 욕구 → 안전의 욕구 → 해갈의 욕구 → 배설의 욕구)
(2) 2단계 안전의 욕구(Safety Needs) : 자기 보전적 욕구(안전과 보호, 경제적 안정, 질서 등)
(3) 3단계 사회적 욕구(Belonging and Love Needs) : 소속감, 애정욕구 등
(4) 4단계 존경의 욕구(Esteem Needs) : 다른 사람들로부터도 인정받고자 하는 욕구(존경받고 싶은 욕구, 자존심, 명예, 지위 등에 대한 욕구)
(5) 5단계 자아실현의 욕구(Self-actualization Needs)
　① 잠재적 능력을 실현하고자 하는 욕구
　② 편견 없이 받아들이는 성향, 타인과의 거리를 유지하며 사생활을 즐기거나 창의적 성격으로 봉사, 특별히 좋아하는 사람과 긴밀한 관계를 유지하려는 인간의 욕구에 해당

02 A 사업장의 현황이 다음과 같을 때 이 사업장의 강도율은?

- 근로자 수 : 500명
- 연근로시간수 : 2400시간
- 신체장해등급
- 2급 : 3명
- 10급 : 5명
- 의사 진단에 의한 휴업일수 : 1500일

① 0.22　　② 2.22
③ 22.28　　④ 222.88

해설 강도율(S.R ; Severity Rate of Injury)
① 강도율은 근로시간 합계 1,000시간당 재해로 인한 근로손실일수를 나타냄(재해 발생의 경중, 즉 강도를 나타냄)

② 강도율 = $\dfrac{\text{근로손실일수}}{\text{연근로시간수}} \times 1,000$

$= \dfrac{(7500 \times 3명) + (600 \times 5명) + (1500 \times \dfrac{300}{365})}{500 \times 2400}$

$\times 1,000 = 22.28$

[표] 근로손실일수 산정요령

구분	사망	신체장해자 등급											
		1~3	4	5	6	7	8	9	10	11	12	13	14
근로손실일수(일)	7,500	7,500	5,500	4,000	3,000	2,200	1,500	1,000	600	400	200	100	50

* 사망, 장애등급 1~3급의 근로손실일수는 7,500일
* 입원 등으로 휴업 시의 근로손실일수 = 휴업일수(요양일수) × 300/365

정답 01. ④　02. ③

03
보호구 자율안전확인 고시상 자율안전확인 보호구에 표시하여야 하는 사항을 모두 고른 것은?

> ㄱ. 모델명 ㄴ. 제조번호
> ㄷ. 사용기간 ㄹ. 자율안전확인 번호

① ㄱ, ㄴ, ㄷ ② ㄱ, ㄴ, ㄹ
③ ㄱ, ㄷ, ㄹ ④ ㄴ, ㄷ, ㄹ

해설 보호구 자율안전확인 제품 표시사항 〈보호구 자율안전확인 고시〉
가. 형식 또는 모델명
나. 규격 또는 등급 등
다. 제조자명
라. 제조번호 및 제조연월
마. 자율안전확인 번호

04
학습지도의 형태 중 참가자에게 일정한 역할을 주어 실제적으로 연기를 시켜봄으로써 자기의 역할을 보다 확실히 인식시키는 방법은?

① 포럼(Forum)
② 심포지엄(Symposium)
③ 롤 플레잉(Role playing)
④ 사례연구법(Case study method)

해설 역할연기법(Role playing) : 참가자에 일정한 역할을 주어 실제적으로 연기를 시켜봄으로써 자기의 역할을 보다 확실히 인식할 수 있도록 체험학습을 시키는 교육방법(절충능력이나 협조성을 높여 태도의 변용에도 도움)
① 집단 심리요법의 하나로서 자기 해방과 타인 체험을 목적으로 하는 체험활동을 통해 대인관계에 있어서의 태도변용이나 통찰력, 자기 이해를 목표로 개발된 교육기법
② 관찰에 의한 학습, 실행에 의한 학습, 피드백에 의한 학습, 분석과 개념화를 통한 학습
③ 인간관계 훈련에 주로 이용되고, 관찰능력을 높임으로 감수성이 향상되며, 자기의 태도에 반성과 창조성이 생기고, 의견 발표에 자신이 생기며 표현력이 풍부해진다.

05
보호구 안전인증 고시상 전로 또는 평로 등의 작업 시 사용하는 방열두건의 차광도 번호는?

① #2 ~ #3 ② #3 ~ #5
③ #6 ~ #8 ④ #9 ~ #11

해설 방열두건의 사용구분 〈보호구 안전인증 고시 [표 2]〉

차광도 번호	사용 구분
#2~#3	고로강판가열로, 조괴(造塊) 등의 작업
#3~#5	전로 또는 평로 등의 작업
#6~#8	전기로의 작업

* 방열두건 : 내열원단으로 제조되어 안전모와 안면 렌즈가 일체형으로 부착되어 있는 형태의 두건

06
산업재해의 분석 및 평가를 위하여 재해발생 건수 등의 추이에 대해 한계선을 설정하여 목표 관리를 수행하는 재해통계 분석기법은?

① 관리도 ② 안전 T점수
③ 파레토도 ④ 특성 요인도

해설 재해통계 분석기법 : 통계화된 재해별로 원인분석
(가) 파레토도(pareto chart)
  ① 관리대상이 많은 경우 최소의 노력으로 최대의 효과를 얻을 수 있는 방법
  ② 사고의 유형, 기인물 등 분류 항목을 큰 순서대로 도표화하는 데 편리
  ③ 그 크기를 막대그래프로 나타냄
(나) 특성요인도(cause & effect diagram, cause-reason diagram)
  ① 특성과 요인 관계를 어골상(魚骨象: 물고기 뼈 모양)으로 세분하여 연쇄 관계를 나타내는 방법
  ② 원인요소와의 관계를 상호의 인과관계만으로 결부
(다) 크로스 분석(close analysis)
  ① 두 가지 이상의 요인이 서로 밀접한 상호 관계를 유지할 때 사용하는 방법
  ② 데이터를 집계하고 표로 표시하여 요인별 결과 내역을 교차한 크로스 그림을 작성하여 분석

정답 03. ② 04. ③ 05. ② 06. ①

(라) 관리도(control chart) : 재해 발생 건수 등의 추이를 파악하여 목표 관리를 행하는 데 필요한 월별 재해 발생수를 그래프화하여 관리선(한계선)을 설정 관리하는 방법

07 산업안전보건법령상 안전보건관리규정 작성 시 포함되어야 하는 사항을 모두 고른 것은? (단, 그 밖에 안전 및 보건에 관한 사항은 제외한다.)

> ㄱ. 안전보건교육에 관한 사항
> ㄴ. 재해사례 연구·토의결과에 관한 사항
> ㄷ. 사고 조사 및 대책 수립에 관한 사항
> ㄹ. 작업장의 안전 및 보건 관리에 관한 사항
> ㅁ. 안전 및 보건에 관한 관리조직과 그 직무에 관한 사항

① ㄱ, ㄴ, ㄷ, ㄹ ② ㄱ, ㄴ, ㄹ, ㅁ
③ ㄱ, ㄷ, ㄹ, ㅁ ④ ㄴ, ㄷ, ㄹ, ㅁ

해설 안전·보건관리규정 작성내용
① 안전·보건 관리조직과 그 직무에 관한 사항
② 안전·보건교육에 관한 사항
③ 작업장 안전관리에 관한 사항
④ 작업장 보건관리에 관한 사항
⑤ 사고 조사 및 대책 수립에 관한 사항
⑥ 위험성 평가에 관한 사항
⑦ 그 밖에 안전·보건에 관한 사항

08 억측판단이 발생하는 배경으로 볼 수 없는 것은?

① 정보가 불확실할 때
② 타인의 의견에 동조할 때
③ 희망적인 관측이 있을 때
④ 과거에 성공한 경험이 있을 때

해설 억측판단 : 부주의가 발생하는 경우로 건널목의 경보기가 울려도 기차가 오기까지 아직 시간이 있다고 판단하여 건널목을 건너가는 행동
① 정보가 불확실할 때
② 희망적인 관측이 있을 때
③ 과거의 성공한 경험이 있을 때
④ 초조한 심정

09 하인리히의 사고예방원리 5단계 중 교육 및 훈련의 개선, 인사조정, 안전관리규정 및 수칙의 개선 등을 행하는 단계는?

① 사실의 발견
② 분석 평가
③ 시정방법의 선정
④ 대책의 적용

해설 사고예방 대책의 5단계(하인리히의 이론)
① 제1단계 : 안전관리조직(organization)
안전조직을 통한 안전업무 수행 : 경영자의 안전목표 설정, 안전관리자의 선임, 안전활동의 방침 및 계획수립
② 제2단계 : 사실의 발견(fact finding)
현상파악 : 사고조사, 사고 및 활동 기록검토, 작업분석, 안전점검, 진단, 직원의 건의등을 통한 불안전한 상태, 행동발견, 안전회의 및 토의(자료수집, 점검, 검사 및 조사 실시, 작업분석, 위험확인)
③ 제3단계 : 분석 평가(analysis)
원인규명 : 재해분석, 안전성 진단 및 평가, 사고보고서 및 현장조사, 사고기록 및 인적물적 조건의 분석, 작업공정의 분석 등을 통한 사고의 원인 규명(직접, 간접원인 규명), 교육과 훈련의 분석
④ 제4단계 : 대책의 선정(수립)(selection of remedy)
기술개선, 교육 및 훈련의 개선, 수칙개선, 인사조정 등
⑤ 제5단계 : 대책의 적용(application of remedy)

〈3E를 통한 대책의 적용(하비, 하베이, Harvey)〉
㉮ 교육적(Education) 대책 : 교육, 훈련
㉯ 기술적(Engineering) 대책 : 기술적 조치(작업환경, 설비개선, 안전기준의 설정)
㉰ 독려적(단속)(Enforcement) 대책 : 감독, 규제. 관리 등(적합한 기준 선정, 안전규정 및 규칙 준수, 근로자의 기준 이해)

정답 07.③ 08.② 09.③

10 재해예방의 4원칙에 대한 설명으로 틀린 것은?

① 재해 발생은 반드시 원인이 있다.
② 손실과 사고와의 관계는 필연적이다.
③ 재해는 원인을 제거하면 예방이 가능하다.
④ 재해를 예방하기 위한 대책은 반드시 존재한다.

해설 하인리히의 재해예방 4원칙
① 손실우연의 원칙 : 재해 발생 결과 손실(재해)의 유무, 형태와 크기는 우연적이다(사고의 발생과 손실의 발생에는 우연적 관계임. 손실은 우연에 의해 결정되기 때문에 예측할 수 없음. 따라서 예방이 최선).
② 원인연계(연쇄, 계기)의 원칙 : 재해의 발생에는 반드시 그 원인이 있으며 원인이 연쇄적으로 이어진다(손실은 우연적이지만 사고와 원인의 관계는 필연적으로 인과관계가 있다).
③ 예방가능의 원칙 : 재해는 사전 예방이 가능하다(재해는 원칙적으로 원인만 제거되면 예방이 가능하다).
④ 대책선정(강구)의 원칙 : 사고의 원인이나 불안전 요소가 발견되면 반드시 안전대책이 선정되어 실시되어야 한다(재해예방을 위한 가능한 안전대책은 반드시 존재하고 대책선정은 가능하다. 안전대책이 강구되어야 함).

11 산업안전보건법령상 안전보건진단을 받아 안전보건개선계획의 수립 및 명령을 할 수 있는 대상이 아닌 것은?

① 유해인자의 노출기준을 초과한 사업장
② 산업재해율이 같은 업종 평균 산업재해율의 2배 이상인 사업장
③ 사업주가 필요한 안전조치 또는 보건조치를 이행하지 아니하여 중대재해가 발생한 사업장
④ 상시근로자 1천 명 이상인 사업장에서 직업성 질병자가 연간 2명 이상 발생한 사업장

해설 안전보건진단을 받아 안전보건개선계획을 수립ㆍ시행 명령을 할 수 있는 사업장 〈산업안전보건법 시행령 제49조〉
① 산업재해율이 같은 업종 평균 산업재해율의 2배 이상인 사업장
② 사업주가 필요한 안전조치 또는 보건조치를 이행하지 아니하여 발생한 중대재해가 발생한 사업장
③ 직업성 질병자가 연간 2명 이상(상시근로자 1천 명 이상 사업장의 경우 3명 이상) 발생한 사업장
④ 작업환경 불량, 화재ㆍ폭발 또는 누출사고 등으로 사회적 물의를 일으킨 사업장

12 버드(Bird)의 재해분포에 따르면 20건의 경상(물적, 인적상해) 사고가 발생했을 때 무상해ㆍ무사고(위험순간) 고장 발생 건수는?

① 200
② 600
③ 1200
④ 12000

해설 버드의 1 : 10 : 30 : 600 법칙
[중상 : 경상해 : 물적만의 사고 : 무상해, 무손실 사고]
– 경상(물적, 인적상해) 사고 20건/10 = 2배
⇨ 무상해ㆍ무사고(위험순간) 600 × 2배 = 1200건

13 산업안전보건법령상 거푸집 동바리의 조립 또는 해체작업 시 특별교육 내용이 아닌 것은? (단, 그 밖에 안전ㆍ보건관리에 필요한 사항은 제외한다.)

① 비계의 조립순서 및 방법에 관한 사항
② 조립 해체 시의 사고 예방에 관한 사항
③ 동바리의 조립방법 및 작업 절차에 관한 사항
④ 조립재료의 취급방법 및 설치기준에 관한 사항

해설 특별안전보건교육 내용

작업명	교육내용
거푸집 동바리의 조립 또는 해체작업	• 동바리의 조립방법 및 작업 절차에 관한 사항 • 조립재료의 취급방법 및 설치기준에 관한 사항 • 조립 해체 시의 사고 예방에 관한 사항 • 보호구 착용 및 점검에 관한 사항 • 그 밖에 안전ㆍ보건관리에 필요한 사항

14 산업안전보건법령상 다음의 안전보건표지 중 기본모형이 다른 것은?

① 위험장소 경고
② 레이저 광선 경고
③ 방사성 물질 경고
④ 부식성 물질 경고

해설 화학물질 취급장소 경고(1~5, 14) – 마름모, 방사성 물질경고 등(6~13,15) – 삼각형

안전보건표지 종류
(2) 경고표지 : 1. 인화성물질경고 2. 산화성물질 경고 3. 폭발성물질 경고 4. 급성독성물질 경고 5. 부식성물질 경고 6. 방사성물질 경고 7. 고압전기 경고 8. 매달린물체 경고 9. 낙하물체 경고 10. 고온 경고 11. 저온 경고 12. 몸균형 상실 경고 13. 레이저광선 경고 14. 발암성·변이원성·생식독성·전신독성·호흡기 과민성물질 경고 15. 위험장소 경고

15 학습정도(Level of learning)의 4단계를 순서대로 나열한 것은?

① 인지 → 이해 → 지각 → 적용
② 인지 → 지각 → 이해 → 적용
③ 지각 → 이해 → 인지 → 적용
④ 지각 → 인지 → 이해 → 적용

해설 학습정도(level of learning)의 4단계(4요소)(순서)
① 인지(to acquaint)
② 지각(to know)
③ 이해(to understand)
④ 적용(to apply)

16 기업 내 정형교육 중 TWI(Training Within Industry)의 교육내용이 아닌 것은?

① Job Method Training
② Job Relation Training
③ Job Instruction Training
④ Job Standardization Training

해설 TWI(Training Within Industry) : 직장에서 제일선 감독자(관리감독자)에 대해서 감독능력을 높이고 부하 직원과의 인간관계를 개선해서 생산성을 높이기 위한 훈련방법
① 작업방법(개선)훈련(JMT: Job Method Training)
 : 작업개선 방법
② 작업지도훈련(JIT: Job Instruction Training)
 : 작업지도, 지시(작업 가르치는 기술)
 – 직장 내 부하 직원에 대하여 가르치는 기술과 관련이 가장 깊은 기법
③ 인간관계 훈련(JRT: Job Relations Training)
 : 인간관계 관리(부하통솔)
④ 작업안전 훈련(JST: Job Safety Training)
 : 작업안전

17 레빈(Lewin)의 법칙 B = f(P · E) 중 B가 의미하는 것은?

① 행동   ② 경험
③ 환경   ④ 인간관계

해설 레윈(Lewin.K)의 법칙 : 인간행동은 사람이 가진 자질, 즉 개체와 심리학적 환경과의 상호 함수관계에 있다고 정의함
B = f(P · E)
B : behavior(인간의 행동)
P : person(개체 : 연령, 경험, 심신 상태, 성격, 지능, 소질 등)
E : environment(심리적 환경 : 인간관계, 작업환경 등)
f : function(함수관계 : P와 E에 영향을 주는 조건)

18 재해원인을 직접원인과 간접원인으로 분류할 때 직접원인에 해당하는 것은?

① 물적 원인   ② 교육적 원인
③ 정신적 원인   ④ 관리적 원인

해설 직접원인 : 불안전한 행동(인적 원인), 불안전한 상태(물적 원인)
* 간접원인 : ① 기술적 원인 ② 교육적 원인 ③ 신체적 원인 ④ 정신적 원인 ⑤ 작업관리상 원인

19 산업안전보건법령상 안전관리자의 업무가 아닌 것은? (단, 그 밖에 고용노동부장관이 정하는 사항은 제외한다.)

정답 14. ④ 15. ② 16. ④ 17. ① 18. ① 19. ④

① 업무 수행 내용의 기록
② 산업재해에 관한 통계의 유지·관리·분석을 위한 보좌 및 지도·조언
③ 안전교육계획의 수립 및 안전교육실시에 관한 보좌 및 지도·조언
④ 작업장 내에서 사용되는 전체 환기장치 및 국소 배기장치 등에 관한 설비의 점검

해설 **안전관리자의 업무** : 안전에 관한 기술적인 사항에 관하여 사업주 또는 안전보건관리책임자를 보좌하고 관리감독자에게 지도·조언하는 업무
① 산업안전보건위원회 또는 안전·보건에 관한 노사협의체에서 심의·의결한 업무와 해당 사업장의 안전보건관리규정 및 취업규칙에서 정한 업무
② 위험성평가에 관한 보좌 및 지도·조언
③ 안전인증대상기계 등과 자율안전확인대상기계 등 구입 시 적격품의 선정에 관한 보좌 및 지도·조언
④ 해당 사업장 안전교육계획의 수립 및 안전교육 실시에 관한 보좌 및 지도·조언
⑤ 사업장 순회점검·지도 및 조치의 건의
⑥ 산업재해 발생의 원인 조사·분석 및 재발 방지를 위한 기술적 보좌 및 지도·조언
⑦ 산업재해에 관한 통계의 유지·관리·분석을 위한 보좌 및 지도·조언
⑧ 법 또는 법에 따른 명령으로 정한 안전에 관한 사항의 이행에 관한 보좌 및 지도·조언
⑨ 업무수행 내용의 기록·유지
⑩ 그 밖에 안전에 관한 사항으로서 고용노동부 장관이 정하는 사항

20 헤드십(headship)의 특성에 관한 설명으로 틀린 것은?

① 지휘형태는 권위주의적이다.
② 상사의 권한 근거는 비공식적이다.
③ 상사와 부하의 관계는 지배적이다.
④ 상사와 부하의 사회적 간격은 넓다.

해설 **헤드십(head-ship)** : 임명된 지도자로서 권위주의적이고 지배적임
① 권한의 근거는 공식적이다.
② 권한 행사는 임명된 헤드이다.
③ 지휘형태는 권위주의적이다.
④ 상사와 부하와의 관계는 지배적이다.
⑤ 부하와의 사회적 간격은 넓다(관계 원활하지 않음).

[제2과목] 인간공학 및 시스템안전공학

21 위험분석 기법 중 시스템 수명주기 관점에서 적용 시점이 가장 빠른 것은?

① PHA　　② FHA
③ OHA　　④ SHA

해설 **시스템 수명단계(PHA와 FHA 기법의 사용단계)**

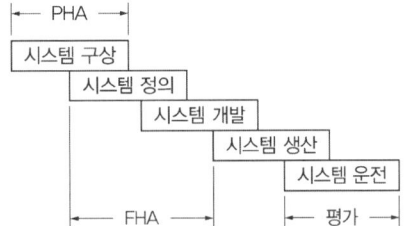

※ 예비위험분석(PHA: Preliminary Hazards Analysis) : 모든 시스템 안전 프로그램에서의 최초단계 분석 방법으로 시스템의 위험요소가 어떤 위험 상태에 있는가를 정성적으로 평가하는 분석 방법

22 상황해석을 잘못하거나 목표를 잘못 설정하여 발생하는 인간의 오류 유형은?

① 실수(Slip)　　② 착오(Mistake)
③ 위반(Violation)　④ 건망증(Lapse)

해설 **인간의 오류모형**
(가) 착오(Mistake) : 상황해석을 잘못하거나 목표를 잘못 이해하고 착각하여 행하는 경우
(나) 실수(Slip) : 상황이나 목표의 해석을 제대로 했으나 의도와는 다른 행동을 하는 경우
(다) 건망증(Lapse) : 여러 과정이 연계적으로 일어나는 행동에서 일부를 잊어버리고 하지 않거나 또는 기억의 실패에 의하여 발생하는 오류
(라) 위반(Violation) : 정해진 규칙을 알고 있음에도 고의로 따르지 않거나 무시하는 행위

정답 20. ② 21. ① 22. ②

23 A작업의 평균 에너지소비량이 다음과 같을 때, 60분간의 총 작업시간 내에 포함되어야 하는 휴식시간(분)은?

- 휴식 중 에너지소비량 : 1.5kcal/min
- A작업 시 평균 에너지소비량 : 6kcal/min
- 기초대사를 포함한 작업에 대한 평균 에너지소비량 상한 : 5kcal/min

① 10.3 ② 11.3
③ 12.3 ④ 13.3

해설 휴식시간

$$R(분) = \frac{60(E-5)}{E-1.5} (60분 기준)$$

E : 평균 에너지소비량(kcal/min)
- 작업 시 평균 에너지소비량 5kcal/min
- 휴식 시 평균 에너지소비량 1.5kcal/min

$$\Rightarrow \frac{(6-5)}{(6-1.5)} \times 60 = 13.3분$$

24 시스템의 수명곡선(욕조곡선)에 있어서 디버깅(Debugging)에 관한 설명으로 옳은 것은?

① 초기 고장의 결함을 찾아 고장률을 안정시키는 과정이다.
② 우발 고장의 결함을 찾아 고장률을 안정시키는 과정이다.
③ 마모 고장의 결함을 찾아 고장률을 안정시키는 과정이다.
④ 기계 결함을 발견하기 위해 동작시험을 하는 기간이다.

해설 기계설비의 고장 유형
(1) 초기 고장(감소형 고장) : 설계상, 구조상 결함, 불량제조·생산과정 등의 품질관리 미비로 생기는 고장
  ① 점검 작업이나 시운전 작업 등으로 사전에 방지
  ② 디버깅 기간(debugging) : 기계의 결함을 찾아내 고장률을 안정시키는 기간
  ③ 번인 기간(burn-in) : 장시간 가동하면서 고장을 제거하는 기간
(2) 우발 고장(일정형) : 예측할 수 없을 때 생기는 고장으로 점검 작업이나 시운전 작업으로 재해를 방지할 수 없음
(3) 마모 고장(증가형) : 장치의 일부가 수명을 다해서 생기는 고장으로, 안전진단 및 적당한 보수에 의해서 방지

25 밝은 곳에서 어두운 곳으로 갈 때 망막에 시홍이 형성되는 생리적 과정인 암조응이 발생하는데 완전 암조응(Dark adaptation)이 발생하는 데 소요되는 시간은?

① 약 3~5분 ② 약 10~15분
③ 약 30~40분 ④ 약 60~90분

해설 순응(adaption, 조응) : 갑자기 어두운 곳에 들어가거나 밝은 곳에 노출되면 어느 정도 시간이 지나야 사물의 형상을 알 수 있는 데, 이러한 광도수준에 대한 적응을 말함
1) 암조응 : 인간의 눈이 일반적으로 완전 암조응에 걸리는 데 소요되는 시간은 30~40분 정도
2) 명조응 : 1~3분

26 인간공학에 대한 설명으로 틀린 것은?

① 인간-기계 시스템의 안전성, 편리성, 효율성을 높인다.
② 인간을 작업과 기계에 맞추는 설계 철학이 바탕이 된다.
③ 인간이 사용하는 물건, 설비, 환경의 설계에 적용된다.
④ 인간의 생리적, 심리적인 면에서의 특성이나 한계점을 고려한다.

해설 인간공학에 대한 설명 : 인간의 특성과 한계 능력을 공학적으로 분석, 평가하여 이를 복잡한 체계의 설계에 응용함으로 효율을 최대로 활용할 수 있도록 하는 학문 분야
① 인간공학이란 인간이 사용할 수 있도록 설계하는 과정(차파니스)

정답 23.④ 24.① 25.③ 26.②

② 인간이 사용하는 물건, 설비, 환경의 설계에 작용된다.
③ 인간의 생리적, 심리적인 면에서의 특성이나 한계점을 고려한다.
④ 인간 기계 시스템의 안전성과 편리성, 효율성을 높인다(* 인간공학의 궁극적인 목적).

27 HAZOP 기법에서 사용하는 가이드워드와 그 의미가 잘못 연결된 것은?

① Part of : 성질상의 감소
② As well as : 성질상의 증가
③ Other than : 기타 환경적인 요인
④ More/Less : 정량적인 증가 또는 감소

[해설] HAZOP 기법에서 사용하는 가이드 워드와 의미
* 유인어(guide word) : 간단한 말로서 창조적 사고를 유도하고 자극하여 이상(deviation)을 발견하고 의도를 한정하기 위해 사용하는 것

가이드 워드(유인어)	의 미
No 또는 Not	설계 의도의 완전한 부정
As Well As	성질상의 증가
Part of	성질상의 감소
More/Less	정량적인(양) 증가 또는 감소
Other Than	완전한 대체의 사용
Reverse	설계 의도의 논리적인 역

28 그림과 같은 FT도에 대한 최소 컷셋(minimal cut sets)으로 옳은 것은? (단, Fussell의 알고리즘을 따른다.)

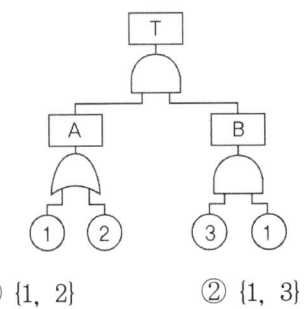

① {1, 2}
② {1, 3}
③ {2, 3}
④ {1, 2, 3}

[해설] FT도에 대한 최소 컷셋(minimal cut sets)
T = A · B(A = ① + ②, B = ③ · ①)
T = (① + ②) · (③ · ①)
　= (①①③) + (①②③) ← 불 대수 A · A = A
* (①① X3)은 (①③)
따라서 컷셋은 (①③)
　　　　　　(①②③)
미니멀 컷셋은 (①③)

29 경계 및 경보신호의 설계지침으로 틀린 것은?

① 주의를 환기시키기 위하여 변조된 신호를 사용한다.
② 배경소음의 진동수와 다른 진동수의 신호를 사용한다.
③ 귀는 중음역에 민감하므로 500~3000Hz의 진동수를 사용한다.
④ 300m 이상의 장거리용으로는 1000Hz를 초과하는 진동수를 사용한다.

[해설] 경계 및 경보신호의 설계지침
① 주의를 환기시키기 위하여 변조된 신호를 사용한다.
② 배경소음의 진동수와 다른 진동수의 신호를 사용하고 신호는 최소 0.5~1초 지속한다.
③ 귀는 중음역에 민감하므로 500~3000Hz의 진동수를 사용한다.
④ 300m 이상의 장거리용 신호는 1000Hz를 이하의 진동수를 사용한다.
⑤ 칸막이를 돌아가는 신호는 500Hz 이하의 진동수를 사용한다.

30 FTA(Fault Tree Analysis)에서 사용되는 사상기호 중 통상의 작업이나 기계의 상태에서 재해의 발생 원인이 되는 요소가 있는 것은?

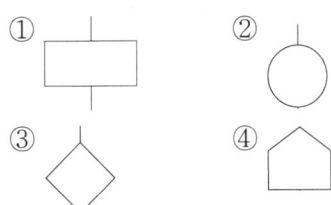

정답 27. ③ 28. ② 29. ④ 30. ④

[해설] 논리기호

구분	기호	명칭	설명
1	직사각형	결함 사상	시스템분석에서 좀 더 발전시켜야 하는 사상(개별적인 결함사상) – 두 가지 상태 중 하나가 고장 또는 결함으로 나타나는 비정상적인 사상
2	원	기본 사상	더 이상 전개되지 않는 기본 사상 (더 이상의 세부적인 분류가 필요 없는 사상)
3	오각형(집 모양)	통상 사상	시스템의 정상적인 가동상태에서 일어날 것이 기대되는 사상 (통상 발생이 예상되는 사상) – 정상적인 사상
4	마름모	생략 사상	불충분한 자료로 결론을 내릴 수 없어 더 이상 전개할 수 없는 사상

31 불(Bool) 대수의 정리를 나타낸 관계식 중 틀린 것은?

① $A \cdot 0 = 0$
② $A + 1 = 1$
③ $A + \overline{A} = 0$
④ $A(A + B) = A$

[해설] 불(Bool) 대수의 기본지수

$A + 0 = A$	$A + A = A$	$\overline{\overline{A}} = A$
$A + 1 = 1$	$A + \overline{A} = 1$	$A + AB = A$
$A \cdot 0 = 0$	$A \cdot A = A$	$A + \overline{A}B = A + B$
$A \cdot 1 = A$	$A \cdot \overline{A} = 0$	$(A+B) \cdot (A+C) = A + BC$

* $A(A + B) = A \cdot A + A \cdot B = A + A \cdot B = A(1+ B)$
  $= A \leftarrow (A \cdot A = A) \ (1+ B =1)$

32 근골격계질환 작업분석 및 평가 방법인 OWAS의 평가요소를 모두 고른 것은?

ㄱ. 상지	ㄴ. 무게(하중)
ㄷ. 하지	ㄹ. 허리

① ㄱ, ㄴ
② ㄱ, ㄷ, ㄹ
③ ㄴ, ㄷ, ㄹ
④ ㄱ, ㄴ, ㄷ, ㄹ

[해설] OWAS(Ovako Working-posture Analysis System) 기법 : 작업자세에 의하여 발생하는 작업자 신체의 유해한 정도를 허리(Back), 상지(Arms), 하지(Legs), 손으로 움직이는 대상의 무게 또는 힘(load/Use of Force)의 4개의 요소를 평가

33 다음 중 좌식작업이 가장 적합한 작업은?

① 정밀 조립 작업
② 4.5kg 이상의 중량물을 다루는 작업
③ 작업장이 서로 떨어져 있으며 작업장 간 이동이 잦은 작업
④ 작업자의 정면에서 매우 높거나 낮은 곳으로 손을 자주 뻗어야 하는 작업

[해설] 작업유형에 따른 작업자세 〈근골격계질환 예방을 위한 작업환경 개선 지침〉
(1) 서서하는 작업형태(입식 작업형태) : 작업 시 빈번하게 이동해야 하는 경우, 제한된 공간에서의 작업 중 힘을 쓰는 작업
(2) 입/좌식 작업형태 : 제한된 공간에서의 가벼운 작업 중 빈번하게 일어나야 하는 경우
(3) 앉아서 하는 작업형태(좌식 작업형태) : 제한된 공간에서의 가벼운 작업 중 일어나기가 거의 없는 경우

34 n개의 요소를 가진 병렬 시스템에 있어 요소의 수명(MTTF)이 지수 분포를 따를 경우, 이 시스템의 수명으로 옳은 것은?

① $MTTF \times n$
② $MTTF \times \dfrac{1}{n}$
③ $MTTF(1 + \dfrac{1}{2} + \dfrac{1}{3} \cdots + \dfrac{1}{n})$
④ $MTTF(1 \times \dfrac{1}{2} \times \dfrac{1}{3} \cdots \times \dfrac{1}{n})$

[해설] MTTF(평균고장시간 Mean Time To Failure) : 고장 발생까지의 고장 시간의 평균치, 평균수명

정답 31.③ 32.④ 33.① 34.③

1) 직렬계인 경우 체계(system)의 수명 $= \dfrac{\text{MTTF}}{n}$

2) 병렬계인 경우 체계(system)의 수명
$= \text{MTTF}\left(1 + \dfrac{1}{2} + \dfrac{1}{3} \cdots + \dfrac{1}{n}\right)$

35 인간-기계 시스템에 관한 설명으로 틀린 것은?

① 자동 시스템에서는 인간요소를 고려하여야 한다.
② 자동차 운전이나 전기 드릴 작업은 반자동 시스템의 예시이다.
③ 자동 시스템에서 인간은 감시, 정비유지, 프로그램 등의 작업을 담당한다.
④ 수동 시스템에서 기계는 동력원을 제공하고 인간의 통제하에서 제품을 생산한다.

해설 인간-기계 시스템의 구분
(가) 수동 시스템(manual system) : 작업자가 수공구 등을 사용하여 신체적인 힘을 동력원으로 작업을 수행하는 것, 인간의 역할은 힘을 제공하고 기계를 제어하는 것(목수와 수공구)
  - 다양성(융통성)이 많음 : 다양성 있는 체계로 역할을 할 수 있는 능력을 충분히 활용하는 인간과 기계 통합 체계
(나) 기계화 시스템(mechanical system, 반자동 시스템) : 기계는 동력원을 제공하고 인간의 통제하에서 제품을 생산(인간의 역할은 제어 기능, 조정 장치로 기계를 통제)
  - 동력 기계화 체계와 고도로 통합된 부품으로 구성
(다) 자동 시스템(automatic system) : 인간은 감시(monitoring), 경계(vigilance), 정비유지, 프로그램 등의 작업을 담당(설비 보전, 작업계획 수립, 모니터로 작업 상황 감시)
  - 인간요소를 고려해야 함

36 양식 양립성의 예시로 가장 적절한 것은?

① 자동차 설계 시 고도계 높낮이 표시
② 방사능 사업장에 방사능 폐기물 표시
③ 청각적 자극 제시와 이에 대한 음성 응답
④ 자동차 설계 시 제어장치와 표시장치의 배열

해설 양립성(compatibility) : 외부의 자극과 인간의 기대가 서로 모순되지 않아야 하는 것으로 제어장치와 표시장치 사이의 연관성이 인간의 예상과 어느 정도 일치하는가 여부
(가) 공간적 양립성 : 표시장치나 조정장치의 물리적 형태나 공간적인 배치의 양립성
  ① 오른쪽 버튼을 누르면, 오른쪽 기계가 작동하는 것
(나) 운동적 양립성 : 표시장치, 조정장치 등의 운동 방향 양립성
  ① 자동차 핸들 조작 방향으로 바퀴가 회전하는 것
(다) 개념적 양립성 : 어떠한 신호가 전달하려는 내용과 연관성이 있어야 하는 것
  ① 위험신호는 빨간색, 주의신호는 노란색, 안전신호는 파란색으로 표시
  ② 온수 손잡이는 빨간색, 냉수 손잡이는 파란색의 경우
(라) 양식 양립성 : 청각적 자극 제시와 이에 대한 음성 응답 과업에서 갖는 양립성
  ① 과업에 따라 알맞은 자극-응답 양식의 조합

37 다음에서 설명하는 용어는?

> 유해·위험요인을 파악하고 해당 유해·위험요인에 의한 부상 또는 질병의 발생 가능성(빈도)과 중대성(강도)을 추정·결정하고 감소대책을 수립하여 실행하는 일련의 과정을 말한다.

① 위험성 결정
② 위험성 평가
③ 위험빈도 추정
④ 유해·위험요인 파악

해설 위험성 평가 : 유해·위험요인을 파악하고 해당 유해·위험요인에 의한 부상 또는 질병의 발생 가능성(빈도)과 중대성(강도)을 추정·결정하고 감소대책을 수립하여 실행하는 일련의 과정

38 태양광선이 내리쬐는 옥외장소의 자연습구온도 20℃, 흑구온도 18℃, 건구온도 30℃일 때 습구흑구온도지수(WBGT)는?

① 20.6℃ ② 22.5℃
③ 25.0℃ ④ 28.5℃

해설 습구흑구온도(WBGT : Wet Bulb Globe Temperature)
지수 : 수정감각온도를 지수로 간단하게 표시한 온열지수(실내외에서 활동하는 사람의 열적 스트레스를 나타내는 지수)
① 실외(태양광선이 있는 장소) : WBGT
  = 0.7WB + 0.2GT + 0.1DB
② 실내 또는 태양광선이 없는 실외 : WBGT
  = 0.7WB + 0.3GT
〈WB(wet bulb) : 습구온도, GT(globe temperature) : 흑구온도, DB(dry bulb) : 건구온도〉
⇨ 실외(태양광선이 있는 장소) : WBGT
  = 0.7WB + 0.3GT + 0.1DB
  = (0.7×20) + (0.2×18) + (0.1×30)
  = 20.6℃

39 FTA(Fault Tree Analysis)에 관한 설명으로 옳은 것은?

① 정성적 분석만 가능하다.
② 복잡하고 대형화된 시스템의 신뢰성 분석 및 안정성 분석에 이용되는 기법이다.
③ FT에 동일한 사건이 중복되어 나타나는 경우 상향식(Bottom-up)으로 정상 사건 T의 발생 확률을 계산할 수 있다.
④ 기초사건과 생략사건의 확률값이 주어지게 되더라도 정상 사건의 최종적인 발생 확률을 계산할 수 없다.

해설 결함수분석법(FTA, Fault Tree Analysis)의 특징
: 정상사상인 재해현상으로부터 기본사상인 재해원인을 향해 연역적으로 분석하는 방법
(* 연역적 평가기법 : 일반적 원리로부터 논리의 절차를 밟아서 각각의 사실이나 명제를 이끌어내는 것)
① 톱다운(top-down) 접근방법
② 정량적, 연역적 분석방법(정량적 평가보다 정성적 평가를 먼저 실시한다.)
③ 논리기호를 사용한 특정 사상에 대한 해석
④ 기능적 결함의 원인을 분석하는 데 용이
⑤ 잠재위험을 효율적으로 분석
⑥ 복잡하고 대형화된 시스템의 신뢰성 분석에 사용(소프트웨어나 인간의 과오 포함한 고장해석 가능)
⑦ 짧은 시간에 점검할 수 있고 비전문가라도 쉽게 할 수 있다.

40 1sone에 관한 설명으로 (   )에 알맞은 수치는?

1sone : (㉠)Hz, (㉡)dB의 음압수준을 가진 순음의 크기

① ㉠ : 1000, ㉡ : 1
② ㉠ : 4000, ㉡ : 1
③ ㉠ : 1000, ㉡ : 40
④ ㉠ : 4000, ㉡ : 40

해설 음의 크기의 수준
① dB(decibel) : 소음의 크기를 나타내는 단위
② Phon : 1,000Hz 순음의 음압수준(dB)을 나타냄
③ sone : 40dB의 음압수준을 가진 순음의 크기를 1sone이라 함
  * 1sone : 1,000Hz의 순음이 40dB일 때
④ sone과 Phone의 관계식
  sone = $2^{(Phone-40)/10}$

제3과목 기계위험방지기술

41 다음 중 와이어로프의 구성요소가 아닌 것은?
① 클립
② 소선
③ 스트랜드
④ 심강

해설 와이어로프 구성(표기)
스트랜드(strand) 수×소선의 개수

정답 38. ① 39. ② 40. ③ 41. ①

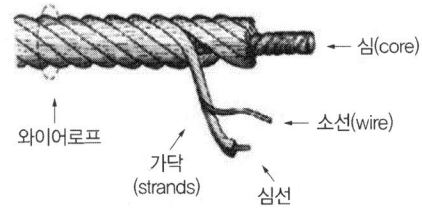

42 산업안전보건법령상 산업용 로봇에 의한 작업 시 안전조치 사항으로 적절하지 않은 것은?

① 로봇의 운전으로 인해 근로자가 로봇에 부딪칠 위험이 있을 때에는 높이 1.8m 이상의 울타리를 설치하여야 한다.
② 작업을 하고 있는 동안 로봇의 기동스위치 등은 작업에 종사하고 있는 근로자가 아닌 사람이 그 스위치 등을 조작할 수 없도록 필요한 조치를 한다.
③ 로봇의 조작방법 및 순서, 작업 중의 매니퓰레이터의 속도 등에 관한 지침에 따라 작업을 하여야 한다.
④ 작업에 종사하는 근로자가 이상을 발견하면, 관리감독자에게 우선 보고하고, 지시가 나올 때까지 작업을 진행한다.

해설 산업용 로봇에 의한 작업 시 안전조치 사항 〈산업안전보건기준에 관한 규칙〉
제222조(교시 등) 사업주는 산업용 로봇의 작동범위에서 해당 로봇에 대하여 교시(敎示) 등[매니퓰레이터(manipulator)의 작동순서, 위치·속도의 설정·변경 또는 그 결과를 확인하는 것을 말한다.]의 작업을 하는 경우에는 해당 로봇의 예기치 못한 작동 또는 오(誤)조작에 의한 위험을 방지하기 위하여 다음 각 호의 조치를 하여야 한다.
1. 다음 각 목의 사항에 관한 지침을 정하고 그 지침에 따라 작업을 시킬 것
   가. 로봇의 조작방법 및 순서
   나. 작업 중의 매니퓰레이터의 속도
2. 작업에 종사하고 있는 근로자 또는 그 근로자를 감시하는 사람이 이상을 발견하면 즉시 로봇의 운전을 정지시키기 위한 조치를 할 것
3. 작업을 하고 있는 동안 로봇의 기동스위치 등에 작업 중이라는 표시를 하는 등 작업에 종사하고 있는 근로자가 아닌 사람이 그 스위치 등을 조작할 수 없도록 필요한 조치를 할 것

제223조(운전 중 위험 방지) 사업주는 로봇의 운전으로 인하여 근로자에게 발생할 수 있는 부상 등의 위험을 방지하기 위하여 높이 1.8미터 이상의 울타리를 설치하여야 하며, 컨베이어 시스템의 설치 등으로 울타리를 설치할 수 없는 일부 구간에 대해서는 안전매트 또는 광전자식 방호장치 등 감응형(感應形) 방호장치를 설치해야 한다.

43 밀링 작업 시 안전수칙으로 옳지 않은 것은?

① 테이블 위에 공구나 기타 물건 등을 올려놓지 않는다.
② 제품 치수를 측정할 때는 절삭공구의 회전을 정지한다.
③ 강력 절삭을 할 때는 일감을 바이스에 짧게 물린다.
④ 상·하, 좌·우 이송장치의 핸들은 사용 후 풀어 둔다.

해설 밀링 작업 시 안전수칙
① 강력 절삭할 때는 공작물을 바이스에 깊게 물린다.
② 가공품을 풀어내거나 고정할 때 또는 측정할 때에는 기계를 정지시킨다.
③ 상하 좌우 이송장치의 핸들은 사용 후 풀어 둔다.
④ 커터는 될 수 있는 한 컬럼에 가깝게 설치한다.
⑤ 절삭공구 설치 및 공작물, 커터 또는 부속장치 등을 제거할 시에는 시동 레버와 접촉하지 않도록 한다.
⑥ 테이블 위에 공구나 기타 물건 등을 올려놓지 않는다.
⑦ 절삭유의 주유는 가공 부분에서 분리된 커터의 위에서부터 하도록 한다.
⑧ 칩이 비산하는 재료는 커터 부분에 방호 덮개를 설치하거나 보안경을 착용한다.
⑨ 칩은 기계를 정지시킨 후에 브러시로 제거한다.
⑩ 커터를 교환할 때는 반드시 테이블 위에 목재를 받쳐 놓는다.
⑪ 급속이송은 백래시(back lash) 제거장치가 동작하지 않고 있음을 확인한 다음 행하며, 급속이송은 한 방향으로만 한다.
⑫ 면장갑을 착용하지 않는다.
⑬ 절삭속도는 재료에 따라 달리 적용한다.
⑭ 커터를 끼울 때는 아버를 깨끗이 닦는다.

정답 42. ④ 43. ③

44 다음 중 지게차의 작업 상태별 안정도에 관한 설명으로 틀린 것은? (단, V는 최고속도(km/h)이다.)

① 기준 부하상태의 하역작업 시의 전후 안정도는 20% 이내이다.
② 기준 부하상태의 하역작업 시의 좌우 안정도는 6% 이내이다.
③ 기준 부하상태에서 주행 시의 전후 안정도는 18% 이내이다.
④ 기준 무부하상태의 주행 시의 좌우 안정도는 (15 + 1.1V)% 이내이다.

해설 지게차의 안정도 기준
① 기준 부하상태에서 주행 시의 전후 안정도는 18% 이내이다.
② 기준 부하상태에서 하역작업 시의 좌우 안정도는 최대하중상태에서 포크를 가장 높이 올리고 마스트를 가장 뒤로 기울인 상태에서 6% 이내이다.
③ 기준 부하상태에서 하역작업 시의 전후 안정도는 최대하중상태에서 포크를 가장 높이 올린 경우 4% 이내이며, 5톤 이상은 3.5% 이내이다.
④ 기준 무부하상태에서 주행 시의 좌우 안정도는 (15 + 1.1 × V)% 이내이고, V는 구내최고속도(km/h)를 의미한다.

45 산업안전보건법령상 보일러의 안전한 가동을 위하여 보일러 규격에 맞는 압력방출장치가 2개 이상 설치된 경우에 최고사용압력 이하에서 1개가 작동되고, 다른 압력방출장치는 최고사용압력의 몇 배 이하에서 작동되도록 부착하여야 하는가?

① 1.03배 ② 1.05배
③ 1.2배   ④ 1.5배

해설 압력방출장치(안전밸브 및 압력릴리프 장치) : 보일러 내부의 압력이 최고사용 압력을 초과할 때 그 과잉의 압력을 외부로 자동적으로 배출시킴으로써 과도한 압력 상승을 저지하여 사고를 방지하는 장치
제116조(압력방출장치) 〈산업안전보건기준에 관한 규칙〉
① 사업주는 보일러의 안전한 가동을 위하여 보일러 규격에 맞는 압력방출장치를 1개 또는 2개 이상 설치하고 최고사용 압력(설계압력 또는 최고허용압력을 말한다.) 이하에서 작동되도록 하여야 한다. 다만, 압력방출장치가 2개 이상 설치된 경우에는 최고사용압력 이하에서 1개가 작동되고, 다른 압력방출장치는 최고사용압력 1.05배 이하에서 작동되도록 부착하여야 한다.

46 금형의 설치, 해체, 운반 시 안전사항에 관한 설명으로 틀린 것은?

① 운반을 통하여 관통 아이볼트가 사용될 때는 구멍 틈새가 최소화되도록 한다.
② 금형을 설치하는 프레스의 T 홈 안길이는 설치 볼트 지름의 1/2 이하로 한다.
③ 고정볼트는 고정 후 가능하면 나사산을 3~4개 정도 짧게 남겨 설치 또는 해체 시 슬라이드 면과의 사이에 협착이 발생하지 않도록 해야 한다.
④ 운반 시 상부금형과 하부금형이 닿을 위험이 있을 때는 고정 패드를 이용한 스트랩, 금속 재질이나 우레탄 고무의 블록 등을 사용한다.

해설 금형의 설치, 해체, 운반 시 안전사항
① 금형의 설치 용구는 프레스의 구조에 적합한 형태로 한다.
② 금형을 설치하는 프레스의 T 홈 안길이는 설치 볼트 직경의 2배 이상으로 한다.
③ 고정볼트는 고정 후 가능하면 나사산이 3~4개 정도 짧게 남겨 설치 또는 해체 시 슬라이드 면과의 사이에 협착 이 발생하지 않도록 해야 한다.
④ 금형 고정용 브래킷(물림판)을 고정시킬 때 고정용 브래킷은 수평이 되게 하고, 고정볼트는 수직이 되게 고정하여야 한다.
⑤ 운반 시 상부금형과 하부금형이 닿을 위험이 있을 때는 고정 패드를 이용한 스트랩, 금속 재질이나 우레탄 고무의 블록 등을 사용한다.
⑥ 운반을 위하여 관통 아이볼트가 사용될 때는 구멍 틈새가 최소화되도록 한다.
⑦ 금형을 안전하게 취급하기 위해 아이볼트를 사용할 때는 숄더형으로 사용하는 것이 좋다.
⑧ 운반하기 위해 꼭 들어 올려야 할 때는 필요한 높이 이상으로 들어 올려서는 안 된다.

정답 44. ① 45. ② 46. ②

47 선반에서 절삭 가공 시 발생하는 칩을 짧게 끊어지도록 공구에 설치되어 있는 방호장치의 일종인 칩 제거 기구를 무엇이라 하는가?

① 칩 브레이커   ② 칩 받침
③ 칩 쉴드   ④ 칩 커터

해설 **선반의 안전장치**
(가) 칩 브레이크(chip breaker) : 선반 작업 시 발생되는 칩(chip)으로 인한 재해를 예방하기 위하여 칩을 짧게 끊어지도록 공구(바이트)에 설치되어 있는 방호장치의 일종인 칩 제거 기구
   * 칩 브레이커 종류 : ① 연삭형 ② 클램프형 ③ 자동조정식
(나) 방진구(center rest) : 길이가 직경의 12배 이상인 가늘고 긴 공작물을 고정하는 장치(작업 시 공작물의 휘거나 처짐 방지)
(다) 척커버(chuck cover) : 척이나 척에 물린 가공물의 돌출부에 작업복 등이 말려 들어가는 걸 방지하는 장치
(라) 실드(shield, 덮개) : 칩이나 절삭유의 비산방지를 위하여 이동 가능한 덮개 설치
(마) 브레이크 : 작업 중 선반을 급정지 시킬 수 있는 장치

48 다음 중 산업안전보건법령상 안전인증대상 방호장치에 해당하지 않는 것은?

① 연삭기 덮개
② 압력용기 압력방출용 파열판
③ 압력용기 압력방출용 안전밸브
④ 방폭구조(防爆構造) 전기기계·기구 및 부품

해설 **안전인증대상 방호장치**
㉠ 프레스 및 전단기 방호장치
㉡ 양중기용(揚重機用) 과부하방지장치
㉢ 보일러 압력방출용 안전밸브
㉣ 압력용기 압력방출용 안전밸브
㉤ 압력용기 압력방출용 파열판
㉥ 절연용 방호구 및 활선작업용(活線作業用) 기구
㉦ 방폭구조(防爆構造) 전기기계·기구 및 부품
㉧ 추락·낙하 및 붕괴 등의 위험 방지 및 보호에 필요한 가설기자재로서 고용노동부 장관이 정하여 고시하는 것

㉨ 충돌·협착 등의 위험 방지에 필요한 산업용 로봇 방호장치로서 고용노동부 장관이 정하여 고시하는 것

49 인장강도가 250N/mm²인 강판에서 안전율이 4라면 이 강판의 허용응력(N/mm²)은 얼마인가?

① 42.5   ② 62.5
③ 82.5   ④ 102.5

해설 안전율 = 인장강도/허용응력 → 허용응력 = 인장강도/안전율 = 250/4 = 62.5N/mm²

50 산업안전보건법령상 강렬한 소음작업에서 데시벨에 따른 노출시간으로 적합하지 않은 것은?

① 100데시벨 이상의 소음이 1일 2시간 이상 발생하는 직업
② 110데시벨 이상의 소음이 1일 30분 이상 발생하는 직업
③ 115데시벨 이상의 소음이 1일 15분 이상 발생하는 직업
④ 120데시벨 이상의 소음이 1일 7분 이상 발생하는 직업

해설 **소음의 1일 노출시간과 소음강도의 기준** 〈산업안전보건기준에 관한 규칙〉
제512조(정의) 이 장에서 사용하는 용어의 뜻은 다음과 같다.
1. "소음작업"이란 1일 8시간 작업을 기준으로 85데시벨 이상의 소음이 발생하는 작업을 말한다.
2. "강렬한 소음작업"이란 다음 각목의 어느 하나에 해당하는 작업을 말한다.
   가. 90데시벨 이상의 소음이 1일 8시간 이상 발생하는 작업
   나. 95데시벨 이상의 소음이 1일 4시간 이상 발생하는 작업
   다. 100데시벨 이상의 소음이 1일 2시간 이상 발생하는 작업
   라. 105데시벨 이상의 소음이 1일 1시간 이상 발생하는 작업

정답 47.① 48.① 49.② 50.④

마. 110데시벨 이상의 소음이 1일 30분 이상 발생하는 작업
바. 115데시벨 이상의 소음이 1일 15분 이상 발생하는 작업

51 방호장치 안전인증 고시에 따라 프레스 및 전단기에 사용되는 광전자식 방호장치의 일반구조에 대한 설명으로 가장 적절하지 않은 것은?

① 정상동작표시램프는 녹색, 위험표시램프는 붉은색으로 하며, 근로자가 쉽게 볼 수 있는 곳에 설치해야 한다.
② 슬라이드 하강 중 정전 또는 방호장치의 이상 시에 정지할 수 있는 구조이어야 한다.
③ 방호장치는 릴레이, 리미트 스위치 등의 전기부품의 고장, 전원전압의 변동 및 정전에 의해 슬라이드가 불시에 동작 하지 않아야 하며, 사용전원전압의 ±(100분의 10)의 변동에 대하여 정상으로 작동되어야 한다.
④ 방호장치의 감지기능은 규정한 검출영역 전체에 걸쳐 유효하여야 한다.(다만, 블랭킹 기능이 있는 경우 그렇지 않다.)

해설 **광전자식 방호장치의 일반사항**
① 정상동작표시램프는 녹색, 위험표시램프는 붉은색으로 하며, 쉽게 근로자가 볼 수 있는 곳에 설치해야 한다.
② 슬라이드 하강 중 정전 또는 방호장치의 이상 시에 정지할 수 있는 구조이어야 한다.
③ 방호장치는 릴레이, 리미트 스위치 등의 전기부품의 고장, 전원전압의 변동 및 정전에 의해 슬라이드가 불시에 동작하지 않아야 하며, 사용전원전압의 ±(100분의 20)의 변동에 대하여 정상으로 작동되어야 한다.
④ 방호장치의 정상작동 중에 감지가 이루어지거나 공급 전원이 중단되는 경우 적어도 두 개 이상의 출력 신호개폐장치가 꺼진 상태로 돼야 한다.
⑤ 방호장치를 무효화하는 기능이 있어서는 안 된다.

52 산업안전보건법령상 연삭기 작업 시 작업자가 안심하고 작업을 할 수 있는 상태는?

① 탁상용 연삭기에서 숫돌과 작업 받침대의 간격이 5mm이다.
② 덮개 재료의 인장강도는 224MPa이다.
③ 숫돌 교체 후 2분 정도 시험운전을 실시하여 해당 기계의 이상 여부를 확인하였다.
④ 작업 시작 전 1분 정도 시험운전을 실시하여 해당 기계의 이상여부를 확인하였다.

해설 **연삭작업의 안전대책**
① 작업을 시작하기 전 1분 이상, 연삭숫돌 교체한 후 3분 이상 시운전 후 이상 여부를 확인한다.
② 탁상용 연삭기의 덮개에는 워크레스트(작업받침대)와 조정편을 구비하여야 하며, 워크레스트는 연삭 숫돌과의 간격을 3mm 이하로 조정할 수 있는 구조이어야 한다.
③ 덮개 재료는 인장강도 274.5MPa 이상이고 신장도가 14% 이상이어야 하며, 인장강도의 값에 신장도의 20배를 더한 값이 754.5 이상이어야 한다.

53 보기와 같은 기계요소가 단독으로 발생시키는 위험점은?

밀링커터, 둥근톱날

① 협착점　② 끼임점
③ 절단점　④ 물림점

해설 **절단점(cutting point)**
회전하는 운동 부분 자체의 위험이나 운동하는 기계 부분 자체의 위험에서 초래되는 위험점(목공용 띠톱 부분, 밀링 커터 부분, 둥근 톱날 등)

54 다음 중 크레인의 방호장치로 가장 거리가 먼 것은?

① 권과방지장치
② 과부하방지장치

정답　51. ③　52. ④　53. ③　54. ④

③ 비상정지장치
④ 자동보수장치

해설 **양중기의 방호장치** 〈산업안전보건기준에 관한 규칙〉
제134조(방호장치의 조정)
① 사업주는 다음 각 호의 양중기에 과부하방지장치, 권과방지장치, 비상정지장치 및 제동장치, 그 밖의 방호장치[승강기의 파이널 리미트 스위치(final limit switch), 속도조절기, 출입문 인터록(inter lock) 등을 말한다]가 정상적으로 작동될 수 있도록 미리 조정해 두어야 한다.

55 산업안전보건법령상 프레스기를 사용하여 작업을 할 때 작업시작 전 점검사항으로 틀린 것은?

① 클러치 및 브레이크의 기능
② 압력방출장치의 기능
③ 크랭크축·플라이휠·슬라이드·연결봉 및 연결나사의 풀림 유무
④ 프레스의 금형 및 고정볼트의 상태

해설 **작업시작 전 점검사항** 〈산업안전보건기준에 관한 규칙〉
: 프레스 등을 사용하여 작업을 할 때
가. 클러치 및 브레이크의 기능
나. 크랭크축·플라이휠·슬라이드·연결봉 및 연결 나사의 풀림 여부
다. 1행정 1정지기구·급정지장치 및 비상정지장치의 기능
라. 슬라이드 또는 칼날에 의한 위험방지 기구의 기능
마. 프레스의 금형 및 고정볼트 상태
바. 방호장치의 기능
사. 전단기(剪斷機)의 칼날 및 테이블의 상태

56 설비보전은 예방보전과 사후보전으로 대별된다. 다음 중 예방보전의 종류가 아닌 것은?

① 시간계획보전 ② 개량보전
③ 상태기준보전 ④ 적응보전

해설 **예방보전(preventive maintenance)** : 설비의 정상 상태를 유지하고 고장이 일어나지 않도록 열화를 방지하기 위한 일상보전, 열화를 측정하기 위한 정기검사 또는 설비진단, 열화를 조기에 복원시키기 위한 정비 등을 하는 것(교체 주기와 가장 밀접한 관련성이 있는 보전방식)
* **개량보전(concentration maintenance)** : 기계 부품의 수명연장이나 고장난 경우의 수리시간 단축 등 설비에 개량 대책을 세우는 방법

57 천장크레인에 중량 3kN의 화물을 2줄로 매달았을 때 매달기용 와이어(sling wire)에 걸리는 장력은 약 몇 kN인가? (단, 매달기용 와이어(sling wire) 2줄 사이의 각도는 55°이다.)

① 1.3   ② 1.7
③ 2.0   ④ 2.3

해설 2가닥 줄걸이의 각도 변화와 하중

$$\text{장력} = \frac{\frac{W(\text{중량})}{2}}{\cos\frac{\theta(\text{2줄 사이의 각도})}{2}}$$

$$= \frac{(3/2)}{\cos(55/2)} = 1.69 = 1.7\text{kN}$$

58 다음 중 롤러의 급정지 성능으로 적합하지 않은 것은?

① 앞면 롤러 표면 원주속도가 25m/min, 앞면 롤러의 원주가 5m일 때 급정지거리 1.6m 이내
② 앞면 롤러 표면 원주속도가 35m/min, 앞면 롤러의 원주가 7m일 때 급정지거리 2.8m 이내
③ 앞면 롤러 표면 원주속도가 30m/min, 앞면 롤러의 원주가 6m일 때 급정지거리 2.6m 이내
④ 앞면 롤러 표면 원주속도가 20m/min, 앞면 롤러의 원주가 8m일 때 급정지거리 2.6m 이내

해설 비상정지장치 또는 급정지장치의 조작 시 급정지장치의 제동거리(급정지거리)

앞면 롤러의 표면속도(m/min)	급정지거리
30 미만	앞면 롤러 원주의 1/3
30 이상	앞면 롤러 원주의 1/2.5

⇨ 지문 ③번
㉠ 정지거리 기준 : 표면속도가 30m/min 이상으로 원주(πD)의 $\dfrac{1}{2.5}$ 이내
㉡ 급정지거리 = $\pi D \times \dfrac{1}{2.5} = 6 \times \dfrac{1}{2.5} = 2.4\text{m}$

59 조작자의 신체부위가 위험한계 밖에 위치하도록 기계의 조작 장치를 위험구역에서 일정거리 이상 떨어지게 하는 방호장치는?

① 덮개형 방호장치
② 차단형 방호장치
③ 위치제한형 방호장치
④ 접근반응형 방호장치

해설 방호장치의 종류
(1) 위치 제한형 방호장치
조작자의 신체부위가 위험한계 밖에 위치하도록 기계의 조작 장치를 위험구역에서 일정거리 이상 떨어지게 하는 방호장치(양수조작 시 안전장치)

60 산업안전보건법령상 아세틸렌 용접장치의 아세틸렌 발생기실을 설치하는 경우 준수하여야 하는 사항으로 옳은 것은?

① 벽은 가연성 재료로 하고 철근 콘크리트 또는 그 밖에 이와 동등하거나 그 이상의 강도를 가진 구조로 할 것
② 바닥면적의 16분의 1 이상의 단면적을 가진 배기통을 옥상으로 돌출시키고 그 개구부를 창이나 출입구로부터 1.5미터 이상 떨어지도록 할 것
③ 출입구의 문은 불연성 재료로 하고 두께 1.0밀리미터 이하의 철판이나 그 밖에 그 이상의 강도를 가진 구조로 할 것
④ 발생기실을 옥외에 설치한 경우에는 그 개구부를 다른 건축물로부터 1.0미터 이내 떨어지도록 할 것

해설 발생기실의 설치장소 〈산업안전보건기준에 관한 규칙〉
제286조(발생기실의 설치장소 등)
① 사업주는 아세틸렌 용접장치의 아세틸렌 발생기를 설치하는 경우에는 전용의 발생기실에 설치하여야 한다.
② 제1항의 발생기실은 건물의 최상층에 위치하여야 하며, 화기를 사용하는 설비로부터 3미터를 초과하는 장소에 설치하여야 한다.
③ 제1항의 발생기실을 옥외에 설치한 경우에는 그 개구부를 다른 건축물로부터 1.5미터 이상 떨어지도록 하여야 한다.
제287조(발생기실의 구조 등) 사업주는 발생기실을 설치하는 경우에 다음 각 호의 사항을 준수하여야 한다.
1. 벽은 불연성 재료로 하고 철근 콘크리트 또는 그 밖에 이와 같은 수준이거나 그 이상의 강도를 가진 구조로 할 것
2. 지붕과 천장에는 얇은 철판이나 가벼운 불연성 재료를 사용할 것
3. 바닥면적의 16분의 1 이상의 단면적을 가진 배기통을 옥상으로 돌출시키고 그 개구부를 창이나 출입구로부터 1.5미터 이상 떨어지도록 할 것
4. 출입구의 문은 불연성 재료로 하고 두께 1.5밀리미터 이상의 철판이나 그 밖에 그 이상의 강도를 가진 구조로 할 것
5. 벽과 발생기 사이에는 발생기의 조정 또는 카바이드 공급 등의 작업을 방해하지 않도록 간격을 확보할 것

정답 59. ③ 60. ②

제4과목 전기위험방지기술

61 대지에서 용접작업을 하고 있는 작업자가 용접봉에 접촉한 경우 통전전류는? (단, 용접기의 출력 측 무부하전압 : 90v, 접촉저항(손, 용접봉 등 포함) : 10kΩ, 인체의 내부저항 : 1kΩ, 발과 대지의 접촉저항 : 20kΩ 이다.)

① 약 0.19mA ② 약 0.29mA
③ 약 1.96mA ④ 약 2.90mA

해설 통전전류 : 통전전류는 인가전압에 비례하고 인체저항에 반비례함.

$$전류(I) = \frac{전압(V)}{저항(R)}$$
$$= \frac{90}{(10,000+1,000+20,000)}$$
$$= 0.00290A = 2.90mA$$

62 KS C IEC 60079-10-2에 따라 공기 중에 분진운의 형태로 폭발성 분진 분위기가 지속적으로 또는 장기간 또는 빈번히 존재하는 장소는?

① 0종 장소 ② 1종 장소
③ 20종 장소 ④ 21종 장소

해설 위험장소 구분 : 20종 장소, 21종 장소, 22종 장소

분류	적요
20종 장소	공기 중에 가연성 분진운의 형태가 연속적으로 장기간 존재하거나, 단기간 내에 폭발성 분진분위기가 자주 존재하는 장소 - 분진운 형태의 가연성 분진이 폭발농도를 형성할 정도로 충분한 양이 정상작동 중에 연속적으로 또는 자주 존재하거나, 제어할 수 없을 정도의 양 및 두께의 분진층이 형성될 수 있는 장소
21종 장소	공기 중에 가연성 분진운의 형태가 정상 작동 중 빈번하게 폭발성 분진분위기를 형성할 수 있는 장소(분진운 형태의 가연성 분진이 폭발농도를 형성할 정도의 충분한 양이 정상작동 중에 존재할 수 있는 장소)
22종 장소	공기 중에 가연성 분진운의 형태가 정상작동 중 폭발성 분진분위기를 거의 형성하지 않고, 발생한다 하더라도 단기간만 지속되는 장소

63 설비의 이상현상에 나타나는 아크(Arc)의 종류가 아닌 것은?

① 단락에 의한 아크
② 지락에 의한 아크
③ 차단기에서의 아크
④ 전선저항에 의한 아크

해설 아크(Arc) : 전기적 방전 때문에 전선 등에 불꽃이 발생하는 현상(단락, 지락에 의한 아크, 차단기에서의 아크 등)

64 정전기 재해방지에 관한 설명 중 틀린 것은?

① 이황화탄소의 수송 과정에서 배관 내의 유속을 2.5m/s 이상으로 한다.
② 포장 과정에서 용기를 도전성 재료에 접지한다.
③ 인쇄 과정에서 도포량을 소량으로 하고 접지한다.
④ 작업장의 습도를 높여 전하가 제거되기 쉽게 한다.

해설 배관 내 액체의 유속제한
① 저항률이 $10^{10} Ω \cdot cm$ 미만의 도전성 위험물의 배관유속은 7m/s 이하로 할 것
② 에텔, 이황화탄소 등과 같이 유동대전이 심하고 폭발 위험성이 높으면 배관유속은 1m/s 이하로 할 것
③ 물이나 기체를 혼합하는 비수용성 위험물의 배관 내 유속은 1m/s 이하로 할 것

정답 61.④ 62.③ 63.④ 64.①

65 한국전기설비규정에 따라 사람이 쉽게 접촉할 우려가 있는 곳에 금속제 외함을 가지는 저압의 기계기구가 시설되어 있다. 이 기계기구의 사용전압이 몇 V를 초과할 때 전기를 공급하는 전로에 누전차단기를 시설해야 하는가? (단, 누전차단기를 시설하지 않아도 되는 조건은 제외한다.)

① 30V ② 40V
③ 50V ④ 60V

해설 누전차단기의 시설 〈한국전기설비규정〉
금속제 외함을 가지는 사용전압이 50 V를 초과하는 저압의 기계 기구로서 사람이 쉽게 접촉할 우려가 있는 곳에 시설하는 것에 전기를 공급하는 전로에 시설

66 다음 중 방폭설비의 보호등급(IP)에 대한 설명으로 옳은 것은?

① 제1 특성 숫자가 "1"인 경우 지름 50mm 이상의 외부 분진에 대한 보호
② 제1 특성 숫자가 "2"인 경우 지름 10mm 이상의 외부 분진에 대한 보호
③ 제2 특성 숫자가 "1"인 경우 지름 50mm 이상의 외부 분진에 대한 보호
④ 제2 특성 숫자가 "2"인 경우 지름 10mm 이상의 외부 분진에 대한 보호

해설 IP 등급(방폭설비의 보호등급, Ingress Protection Classification) : IEC 규정을 통해 외부의 접촉이나 먼지, 물(습기), 충격으로부터 보호하는 정도에 따라 등급을 분류. 첫 번째 숫자(6단계)는 고체나 분진에 대한 보호등급을 나타내고, 두 번째 숫자(8단계)는 액체, 물에 대한 등급을 나타냄
- 첫 번째 숫자가 1인경우는 지름 50mm 이상의 외부 분진(고체)에 대한 보호
- 첫 번째 숫자가 2인경우는 지름 12mm 이상의 외부 분진(고체)에 대한 보호
* 두 번째 숫자는 액체에 대한 보호정도를 나타냄

67 정전기 발생에 영향을 주는 요인에 대한 설명으로 틀린 것은?

① 물체의 분리속도가 빠를수록 발생량은 적어진다.
② 접촉면적이 크고 접촉압력이 높을수록 발생량이 많아진다.
③ 물체 표면이 수분이나 기름으로 오염되면 산화 및 부식에 의해 발생량이 많아진다.
④ 정전기의 발생은 처음 접촉, 분리할 때가 최대로 되고 접촉, 분리가 반복됨에 따라 발생량은 감소한다.

해설 정전기 발생에 영향을 주는 요인
(가) 물체의 특성 : 정전기의 발생은 일반적으로 접촉, 분리하는 두 가지 물체의 상호 특성에 의해 지배되며, 대전량은 접 촉, 분리하는 두 가지 물체가 대전서열 중에서 가까운 위치에 있으면 작고, 떨어져 있으면 큰 경향이 있음
(나) 물체의 표면상태 : 물체 표면이 원활하면 정전기의 발생이 적고, 물질의 표면이 수분, 기름등에 의해 오염되어 있으면 산화, 부식에 의해 발생이 큼
(다) 물체의 이력 : 정전기 발생은 일반적으로 처음 접촉, 분리가 일어날 때 최대가 되며, 접촉, 분리가 반복되어짐에 따라 발생량이 점차 감소됨
(라) 물체의 접촉면적 및 압력 : 접촉면적 및 접촉 압력이 클수록 정전기의 발생량도 증가
(마) 물체의 분리속도
① 분리 과정에서 전하의 완화시간에 따라 정전기 발생량이 좌우되며 전하 완화시간이 길면 전하분리에 주는 에너지도 커져서 발생량이 증가함
② 일반적으로 분리속도가 빠를수록 정전기의 발생량 증가

68 전기기기, 설비 및 전선로 등의 충전 유무 등을 확인하기 위한 장비는?

① 위상검출기
② 디스콘 스위치

정답 65. ③ 66. ① 67. ① 68. ④

③ COS
④ 저압 및 고압용 검전기

해설 저압 및 고압용 검전기(검출용구) : 전기기기, 설비 및 전선로 등의 충전 유무를 확인하기 위한 장비

69 피뢰기로서 갖추어야 할 성능 중 틀린 것은?
① 충격방전 개시전압이 낮을 것
② 뇌전류 방전 능력이 클 것
③ 제한전압이 높을 것
④ 속류 차단을 확실하게 할 수 있을 것

해설 피뢰기가 갖추어야 할 성능
① 충격방전 개시전압이 낮아야 한다.
② 제한전압이 낮아야 한다.
③ 뇌전류의 방전능력이 크고 속류의 차단이 확실하여야 한다.
④ 상용 주파 방전 개시전압이 높아야 한다.
⑤ 반복 동작이 가능하여야 한다.

70 접지저항 저감 방법으로 틀린 것은?
① 접지극의 병렬 접지를 실시한다.
② 접지극의 매설 깊이를 증가시킨다.
③ 접지극의 크기를 최대한 작게 한다.
④ 접지극 주변의 토양을 개량하여 대지 저항률을 떨어뜨린다.

해설 접지저항 저감법 : 동판이나 접지봉을 땅속에 묻어 접지 저항값이 규정값에 도달하지 않을 때 이를 저하시키는 방법

물리적 저감법	화학적 저감법(약품법)
① 접지봉을 땅속 깊이 매설 ② 접지봉을 개수를 증가하여 병렬로 연결(다중접속방법) ③ 토양과의 접촉 면적이 넓도록 접지봉의 규격을 크게 함	① 도전성 물질을 접지극 주변의 토양에 주입 ② 수분함량, 보수율, 유기질함유량이 높은 토양을 혼합하여 토양의 질을 개선

71 교류 아크용접기의 사용에서 무부하 전압이 80V, 아크 전압 25V, 아크 전류 300A일 경우 효율은 약 몇 %인가? (단, 내부손실은 4kW이다.)
① 65.2 ② 70.5
③ 75.3 ④ 80.6

해설 효율 = $\frac{출력}{입력} \times 100 = \frac{출력}{출력+손실} \times 100$
$= \frac{7.5}{(7.5+4)} = 65.2\%$
(* 출력 P = VI = 25V × 300A = 7500W = 7.5kW)

72 아크방전의 전압전류 특성으로 가장 옳은 것은?

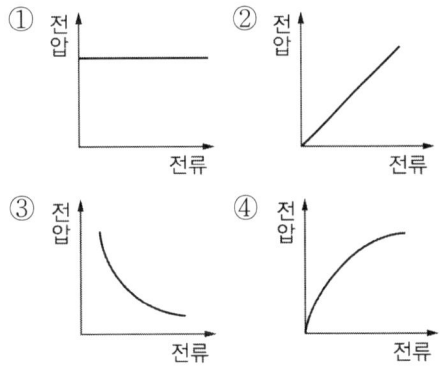

해설 아크방전 : 절연파괴의 일종으로 2개의 전극을 대립시켜 비교적 낮은 전압으로 큰 전류가 흐를 때 발생(아크전류는 아크전압에 반비례)
– 전극 양단에 전위차가 발생하여 전극 사이의 기체에 방전이 지속적으로 일어나는 것으로 일반적으로 전압은 낮지만 전류는 높음

73 다음 중 기기보호등급(EPL)에 해당하지 않는 것은?
① EPL Ga ② EPL Ma
③ EPL Dc ④ EPL Mc

[해설] **기기 방호 수준(EPL, Equipment Protection Level, 보호등급)**
(가) 폭발성 가스 대기에 사용되는 기기로서 방호 수준
① Ga : 폭발성 가스 대기에 사용되는 기기로서 방호 수준이 "매우 높음." 정상 작동할 시, 예상되는 오작동이나 매우 드문 오작동이 발생할 시 발화원이 되지 않는 기기
② Gb : 방호 수준이 "높음." 정상 작동할 시, 예상되는 오작동이 발생할 시 발화원이 되지 않는 기기
③ Gc : 방호 수준이 "향상"되어 있음. 정상 작동 시 발화원이 되지 않으며, 주기적으로 발생하는 문제가 나타날 때도 발화원이 되지 않도록 추가 방호 조치가 취해질 수 있는 기기
(나) 폭발성 가스에 취약한 광산에 설치되는 기기로서 방호 수준 : Ma, Mb
(다) 폭발성 분진 대기에서 사용되는 기기로서 방호 수준 : Da, Db, Dc

74. 다음 중 산업안전보건기준에 관한 규칙에 따라 누전차단기를 설치하지 않아도 되는 곳은?

① 철판·철골 위 등 도전성이 높은 장소에서 사용하는 이동형 전기기계·기구
② 대지전압이 220V인 휴대형 전기기계·기구
③ 임시배선이 전로가 설치되는 장소에서 사용하는 이동형 전기기계·기구
④ 절연대 위에서 사용하는 전기기계·기구

[해설] **누전차단기의 설치** 〈산업안전보건 기준에 관한 규칙〉
제304조(누전차단기에 의한 감전방지)
① 사업주는 다음 각 호의 전기 기계·기구에 대하여 누전에 의한 감전위험을 방지하기 위하여 해당 전로의 정격에 적합 하고 감도가 양호하며 확실하게 작동하는 감전방지용 누전차단기를 설치하여야 한다.
1. 대지전압이 150볼트를 초과하는 이동형 또는 휴대형 전기기계·기구
2. 물 등 도전성이 높은 액체가 있는 습윤장소에서 사용하는 저압(1.5천 볼트 이하 직류전압이나 1천 볼트 이하의 교류 전압을 말한다)용 전기기계·기구
3. 철판·철골 위 등 도전성이 높은 장소에서 사용하는 이동형 또는 휴대형 전기기계·기구
4. 임시배선의 전로가 설치되는 장소에서 사용하는 이동형 또는 휴대형 전기기계·기구

75. 다음 설명이 나타내는 현상은?

> 전압이 인가된 이극 도체 간의 고체 절연물 표면에 이물질이 부착되면 미소방전이 일어난다. 이 미소방전이 반복되면서 절연물 표면에 도전성 통로가 형성되는 현상이다.

① 흑연화현상 ② 트래킹현상
③ 반단선현상 ④ 절연이동현상

[해설] **트래킹현상** : 전자제품 등에서 충전전극 사이의 절연물 표면에 묻어 있는 습기, 수분, 먼지, 기타 오염 물질이 부착된 표면을 따라서 전류가 흘러 주변의 절연물질을 탄화(炭化)시키는 것
– 전압이 인가된 이극 도체 간의 고체 절연물 표면에 이물질이 부착되면 미소방전이 일어난다. 이 미소방전이 반복되면서 절연물 표면에 도전성 통로가 형성되는 현상

76. 다음 중 방폭구조의 종류가 아닌 것은?

① 본질안전 방폭구조
② 고압 방폭구조
③ 압력 방폭구조
④ 내압 방폭구조

[해설] **방폭구조의 종류와 기호**

내압 방폭구조	d	비점화 방폭구조	n
압력 방폭구조	p	몰드 방폭구조	m
안전증 방폭구조	e	충전 방폭구조	q
유입 방폭구조	o	특수 방폭구조	s
본질안전 방폭구조	ia, ib		

정답 74. ④ 75. ② 76. ②

77 심실세동 전류 $I = \dfrac{165}{\sqrt{T}}$ mA라면 심실세동 시 인체에 직접 받는 전기에너지(cal)는 약 얼마인가? (단, t는 통전시간으로 1초이며, 인체의 저항은 500Ω으로 한다.)

① 0.52 ② 1.35
③ 2.14 ④ 3.27

해설 위험한계에너지 : 감전전류가 인체저항을 통해 흐르면 그 부위에는 열이 발생하는데 이 열에 의해서 화상을 입고 세포 조직이 파괴됨

줄(Joule)열 $H = I^2RT[J] = 0.24I^2RT[\text{cal}]$
(*1J = 0.24cal)

$$= 0.24 \times \left(\dfrac{165}{\sqrt{T}} \times 10^{-3}\right)^2 \times R \times T$$

$$= 0.24 \times \left(\dfrac{165}{\sqrt{1}} \times 10^{-3}\right)^2 \times 500 \times 1$$

$$= 3.27 \text{cal}$$

(* 심실세동전류 $I = \dfrac{165}{\sqrt{T}}$ mA

$\rightarrow I = \dfrac{165}{\sqrt{T}} \times 10^{-3}$ A)

78 산업안전보건기준에 관한 규칙에 따른 전기기계·기구에 설치 시 고려할 사항으로 거리가 먼 것은?

① 전기기계·기구의 충분한 전기적 용량 및 기계적 강도
② 전기기계·기구의 안전효율을 높이기 위한 시간 가동률
③ 습기·분진 등 사용장소의 주위 환경
④ 전기적·기계적 방호수단의 적정성

해설 전기 기계·기구를 적정하게 설치하고자 할 때의 고려사항
① 전기적 기계적 방호수단의 적정성
② 습기, 분진 등 사용 장소의 주위 환경
③ 전기 기계·기구의 충분한 전기적 용량 및 기계적 강도

79 정전작업 시 조치사항으로 틀린 것은?

① 작업 전 전기설비의 잔류 전하를 확실히 방전한다.
② 개로된 전로의 충전 여부를 검전기구에 의하여 확인한다.
③ 개폐기에 잠금장치를 하고 통전금지에 관한 표지판은 제거한다.
④ 예비 동력원의 역송전에 의한 감전의 위험을 방지하기 위해 단락접지 기구를 사용하여 단락접지를 한다.

해설 정전작업의 안전 〈산업안전보건기준에 관한 규칙〉
제319조(정전전로에서의 전기작업) ② 전로 차단은 다음 각 호의 절차에 따라 시행하여야 한다.
1. 전기기기 등에 공급되는 모든 전원을 관련 도면, 배선도 등으로 확인할 것
2. 전원을 차단한 후 각 단로기 등을 개방하고 확인할 것
3. 차단장치나 단로기 등에 잠금장치 및 꼬리표를 부착할 것
4. 개로된 전로에서 유도전압 또는 전기에너지가 축적되어 근로자에게 전기위험을 끼칠 수 있는 전기기기 등은 접촉하기 전에 잔류전하를 완전히 방전시킬 것
5. 검전기를 이용하여 작업 대상 기기가 충전되었는지를 확인할 것
6. 전기기기 등이 다른 노출 충전부와의 접촉, 유도 또는 예비동력원의 역송전 등으로 전압이 발생할 우려가 있는 경우에는 충분한 용량을 가진 단락접지기구를 이용하여 접지할 것

80 정전기로 인한 화재 폭발의 위험이 가장 높은 것은?

① 드라이클리닝설비
② 농작물 건조기
③ 가습기
④ 전동기

해설 정전기로 인한 화재폭발을 방지 위한 조치가 필요한 설비 : 정전기에 의한 화재, 폭발 등의 위험이 있는 경우 접지를 하거나, 도전성 재료를 사용하거나 가습 및 점화원이 될 우려가 없는 제전장치를 사용하는

등 정전기 발생을 억제하거나 제거하기 위한 필요조치 실시
- 위험물을 탱크로리·탱크차 및 드럼 등에 주입하는 설비
- 탱크로리·탱크차 및 드럼 등 위험물저장설비
- 인화성 액체를 함유하는 도료 및 접착제 등을 제조·저장·취급 또는 도포하는 설비
- 위험물 건조설비 또는 그 부속설비
- 인화성 고체를 저장하거나 취급하는 설비
- 드라이클리닝설비, 염색가공설비, 모피류 등을 씻는 설비 등 인화성 유기 용제를 사용하는 설비
- 유압, 압축공기, 고전위정전기 등을 이용하여 인화성 액체, 인화성 고체를 분무, 이송하는 설비
- 고압가스를 이송하거나 저장·취급하는 설비
- 화약류 제조설비
- 발파공에 장전된 화약류를 점화시키는 경우 사용하는 발파기(발파공을 막는 재료로 물을 사용하거나 갱도발파를 하는 경우 제외)

제5과목 화학설비 위험방지기술

81 산업안전보건법에서 정한 위험물질을 기준량 이상 제조하거나 취급하는 화학설비로서 내부의 이상상태를 조기에 파악하기 위하여 필요한 온도계·유량계·압력계 등의 계측장치를 설치하여야 하는 대상이 아닌 것은?

① 가열로 또는 가열기
② 증류·정류·증발·추출 등 분리를 하는 장치
③ 반응폭주 등 이상 화학반응에 의하여 위험물질이 발생할 우려가 있는 설비
④ 흡열반응이 일어나는 반응장치

해설 특수화학설비 〈산업안전보건기준에 관한 규칙〉
제273조(계측장치 등의 설치)
위험물을 정한 기준량 이상으로 제조하거나 취급하는 다음 각 호의 어느 하나에 해당하는 화학설비(이하 "특수화학설비"라 한다)를 설치하는 경우에는 내부의 이상 상태를 조기에 파악하기 위하여 필요한 온도계·유량계·압력계 등의 계측장치를 설치하여야 한다.

1. 발열반응이 일어나는 반응장치
2. 증류·정류·증발·추출 등 분리를 하는 장치
3. 가열시켜 주는 물질의 온도가 가열되는 위험물질의 분해온도 또는 발화점보다 높은 상태에서 운전되는 설비
4. 반응폭주 등 이상 화학반응에 의하여 위험물질이 발생할 우려가 있는 설비
5. 온도가 섭씨 350도 이상이거나 게이지 압력이 980킬로파스칼 이상인 상태에서 운전되는 설비
6. 가열로 또는 가열기

82 다음 중 퍼지(purge)의 종류에 해당하지 않는 것은?

① 압력 퍼지   ② 진공 퍼지
③ 스위프 퍼지 ④ 가열 퍼지

해설 불활성화(inerting)의 퍼지(purge)방법 종류 : 불활성화를 위한 퍼지방법으로는 진공 퍼지, 압력 퍼지, 스위프 퍼지, 사이펀 퍼지의 4종류가 있다.
(* 불활성화란 불활성가스(N_2, CO_2, 수증기)의 주입으로 산소농도를 최소산소농도(MOC) 이하로 낮추는 것)

83 폭발한계와 완전연소조정 관계인 Jones식을 이용하여 부탄(C_4H_{10})의 폭발하한계를 구하면 몇 vol%인가?

① 1.4   ② 1.7
③ 2.0   ④ 2.3

해설 폭발하한계
$LFL = 0.55 \times C_{st} = 0.55 \times 3.12 = 1.7 vol\%$
[C_{st} : 완전연소가 일어나기 위한 연료와 공기의 혼합기체 중 연료의 부피(%)]

① 화학양론 농도(C_{st}) = $\dfrac{1}{1+4.773\,O_2} \times 100$
  $= 100/(1+4.773 \times 6.5) = 3.12\%$

② 산소농도(O_2) = $n + \dfrac{m-f-2\lambda}{4}$
  $= 4 + (10/4) = 6.5$
  (C_4H_{10} : n=4, m=10, f=0, λ=0)
(* $C_nH_mO_\lambda Cl_f$ 분자식 → n : 탄소, m : 수소, f : 할로겐원자의 원자수, λ : 산소의 원자수)
* $C_4H_{10} + 6.5O_2 \rightarrow 4CO_2 + 5H_2O$

정답 81. ④ 82. ④ 83. ②

84 가스를 분류할 때 독성가스에 해당하지 않는 것은?

① 황화수소　　② 시안화수소
③ 이산화탄소　④ 산화에틸렌

해설 독성가스 〈고압가스안전관리법 시행규칙〉
2. "독성가스"란 아크릴로니트릴·아크릴알데히드·아황산가스·암모니아·일산화탄소·이황화탄소·불소·염소·브롬화메탄·염화메탄·염화프렌·산화에틸렌·시안화수소·황화수소·모노메틸아민·디메틸아민·트리메틸아민·벤젠·포스겐·요오드화수소·브롬화수소·염화수소·불화수소·겨자가스·알진·모노실란·디실란·디보레인·세렌화수소·포스핀·모노게르만 및 그 밖에 공기 중에 일정량 이상 존재하는 경우 인체에 유해한 독성을 가진 가스로서 허용농도(해당 가스를 성숙한 흰쥐 집단에게 대기 중에서 1시간 동안 계속하여 노출시킨 경우 14일 이내에 그 흰쥐의 2분의 1 이상이 죽게 되는 가스의 농도를 말한다.)가 100만분의 5000 이하인 것을 말한다.

85 다음 중 폭발 방호 대책과 가장 거리가 먼 것은?

① 불활성화　② 억제
③ 방산　　　④ 봉쇄

해설 폭발 방호(explosion protection) 대책
① 폭발봉쇄(containment)
② 폭발억제(suppression)
③ 폭발방산(venting)
④ 불꽃방지기(flame arrestor)
⑤ 차단(isolation)
⑥ 안전거리

86 질화면(Nitrocellulose)은 저장·취급 중에는 에틸알코올 등으로 습면 상태를 유지해야 한다. 그 이유를 옳게 설명한 것은?

① 질화면은 건조 상태에서는 자연적으로 분해하면서 발화할 위험이 있기 때문이다.
② 질화면은 알코올과 반응하여 안정한 물질을 만들기 때문이다.
③ 질화면은 건조 상태에서 공기 중의 산소와 환원반응을 하기 때문이다.
④ 질화면은 건조 상태에서 유독한 중합물을 형성하기 때문이다.

해설 니트로셀룰로이스(Nitrocellulose, 질화면)
① 질화면(Nitrocellulose)은 저장, 취급 중에는 에틸 알콜 또는 이소프로필 알콜로 습면의 상태로 함 : 질화면은 건조 상태에서는 자연발열을 일으켜 분해 폭발의 위험이 존재하기 때문
② 질산섬유소라고도 하며 셀룰로이드, 콜로디온에 이용 시 질화면이라 함
③ 제조, 건조, 저장 중 충격과 마찰 등을 방지하여야 함(저장, 수송 시에는 알코올 등으로 습하게 하여서 취급) - 유기용제와의 접촉을 피함
④ 자연발화 방지를 위하여 에탄올, 메탄올 등의 안전용제를 사용
⑤ 할로겐화합물 소화약제는 적응성이 없으며, 다량의 물로 냉각 소화함
　- 다량의 주수 소화 또는 마른모래(건조사)를 뿌리는 것이 적당하나, 연소 속도가 빨라서 폭발의 위험이 있어 소화가 곤란

87 분진폭발의 특징으로 옳은 것은?

① 연소속도가 가스폭발보다 크다.
② 완전연소로 가스중독의 위험이 작다.
③ 화염의 파급속도보다 압력의 파급속도가 빠르다.
④ 가스폭발보다 연소시간은 짧고 발생에너지는 작다.

해설 분진폭발의 특징
① 가스폭발에 비해 연소속도나 폭발압력은 작으나 연소시간이 길고 발생 에너지가 크기 때문에 파괴력과 연소 정도가 크다.
② 가스폭발에 비하여 불완전 연소를 일으키기 쉬우므로 연소 후 가스에 의한 중독 위험이 있다.
③ 화염의 파급속도보다 압력의 파급속도가 크다.
④ 최초의 부분적인 폭발이 분진의 비산으로 2차, 3차 폭발로 파급되어 피해가 커진다.
⑤ 폭발 시 입자가 비산하므로 이것에 부딪치는 가연물은 국부적으로 심한 탄화를 일으킨다.
⑥ 단위체적당 탄화수소의 양이 많기 때문에 폭발 시 온도가 높다.

⑦ 폭발한계 내에서 분진의 휘발성분이 많을수록 폭발하기 쉽다.
⑧ 분진이 발화 폭발하기 위한 조건은 가연성, 미분상태, 공기 중에서의 교반과 유동 및 점화원의 존재이다.
⑨ 폭발한계는 입자의 크기, 입도분포, 산소농도, 함유수분, 가연성가스의 혼입 등에 의해 같은 물질의 분진에서도 달라진다.

88 크롬에 대한 설명으로 옳은 것은?

① 은백색 광택이 있는 금속이다.
② 중독 시 미나마타병이 발병한다.
③ 비중이 물보다 작은 값을 나타낸다.
④ 3가 크롬이 인체에 가장 유해하다.

해설 **크롬(Cr)** : 3가와 6가의 화합물이 사용되고 있음[3가 크롬, 6가 크롬]. 중독 시 비중격천공증이 발병
① 주로 크롬도금 공정에서 많이 사용 : 크롬도금은 물체의 표면에 녹슬지 않는 아름다운 광택을 부여하고 내마모성을 부여하기 위하여 실시(은백색 광택)
② 전기도금에 사용되는 크롬산 물질에 포함된 크롬의 산화수가 얼마냐에 따라서 3가 크롬과 6가 크롬이 구분
③ 3가 크롬은 전착력 및 피복력이 우수하고 도금공정이 단순하지만 도금액 가격이 비싼 반면, 6가 크롬은 경제적으로 유리한 반면 전착력 및 피복력이 나쁘고 도금 공정이 복잡(지금까지는 도금액의 가격으로 인해 크롬 도금에는 주로 6가 크롬이 사용되었으나 최근 들어 금지되는 추세)
④ 3가 크롬은 인체에 해가 덜하나 6가 크롬은 대표적인 발암물질로서 인체에 매우 유해

89 사업주는 인화성 액체 및 인화성 가스를 저장 취급하는 화학설비에서 증기나 가스를 대기로 방출하는 경우에는 외부로부터의 화염을 방지하기 위하여 화염방지기를 설치하여야 한다. 다음 중 화염방지기의 설치 위치로 옳은 것은?

① 설비의 상단
② 설비의 하단
③ 설비의 측면
④ 설비의 조작부

해설 **화염방지기의 설치** 〈산업안전보건기준에 관한 규칙〉
제269조(화염방지기의 설치 등) ① 사업주는 인화성 액체 및 인화성 가스를 저장 취급하는 화학설비에서 증기나 가스를 대기로 방출하는 경우에는 외부로부터의 화염을 방지하기 위하여 화염방지기를 그 설비 상단에 설치하여야 한다.
* 화염방지기(flame arrester) : 비교적 저압 또는 상압에서 가연성의 증기를 발생하는 유류를 저장하는 탱크에서 외부에 그 증기를 방출하기도 하고, 탱크 내에 외기를 흡입하기도 하는 부분에 설치하며, 가는 눈금의 금망이 여러 개 겹쳐진 구조로 된 안전장치(화염의 역화를 방지하기 위한 안전장치)

90 열교환탱크 외부를 두께 0.2m의 단열재(열전도율 k=0.037kcal/m·h·℃)로 보온하였더니 단열재 내면은 40℃, 외면은 20℃이었다. 면적 $1m^2$당 1시간에 손실되는 열량(kcal)은?

① 0.0037
② 0.037
③ 1.37
④ 3.7

해설 **열전도량**(q) : 단열에서는 벽체를 통해 전달되는 단위면적당 열전도량(q)이 중요함. 열전도량(q)은 양쪽 표면의 온도차(t_1-t_2)에 비례하고 재료의 두께(d)에 반비례하며, 열전도율(λ)이 작을수록 단열성능이 좋은 것이고 전달되는 열전도량도 작아짐

$$열전도량(q) = \frac{\lambda(t_1-t_2)}{d} = \frac{0.037 \times (40-20)}{0.2}$$
$$= 3.7 kcal$$

(t_1-t_2 : 양쪽 표면의 온도차, d : 두께, λ : 열전도율)
* 열전도율 : 두께 1m, 면적 $1m^2$인 재료의 양쪽 표면이 1℃의 온도차가 있을 때 1시간 동안 전달된 열량으로 측정(단위: kcal/mh℃)

정답 88.① 89.① 90.④

91 산업안전보건법령상 다음 인화성 가스의 정의에서 ( ) 안에 알맞은 값은?

> "인화성 가스"란 인화한계 농도의 최저한도가 (㉠)% 이하 또는 최고한도와 최저한도의 차가 (㉡)% 이상인 것으로서 표준압력 1기압(101.3kPa), 20℃에서 가스 상태인 물질을 말한다.

① ㉠ 13, ㉡ 12 ② ㉠ 13, ㉡ 15
③ ㉠ 12, ㉡ 13 ④ ㉠ 12, ㉡ 15

해설 인화성 가스 〈산업안전보건법 시행령 [별표 13]〉
"인화성 가스"란 인화한계 농도의 최저한도가 13% 이하 또는 최고한도와 최저한도의 차가 12% 이상인 것으로서 표준압력 1기압(101.3kPa), 20℃에서 가스 상태인 물질을 말한다.
- 인화(폭발)한계 농도의 하한(인화하한)이 13퍼센트 이하 또는 상하한의 차가(인화상한 – 인화하한)가 12퍼센트 이상인 것으로서 1기압 20℃에서 가스 상태인 물질

92 액체 표면에서 발생한 증기농도가 공기 중에서 연소하한농도가 될 수 있는 가장 낮은 액체온도를 무엇이라 하는가?

① 인화점 ② 비등점
③ 연소점 ④ 발화온도

해설 인화점(flash point) : 가연성 증기에 점화원을 주었을 때 연소가 시작되는 최저온도
- 액체의 경우 액체 표면에서 발생한 증기농도가 공기 중에서 연소하한농도가 될 수 있는 가장 낮은 액체온도(인화점이 낮을수록 위험하다.)

93 위험물의 저장방법으로 적절하지 않은 것은?
① 탄화칼슘은 물속에 저장한다.
② 벤젠은 산화성 물질과 격리시킨다.
③ 금속나트륨은 석유 속에 저장한다.
④ 질산은 갈색병에 넣어 냉암소에 보관한다.

해설 위험물질에 대한 저장방법
① 탄화칼슘은 물과 반응하여 아세틸렌가스를 발생하므로, 밀폐 용기에 저장하고 불연성가스로 봉입함
② 벤젠은 산화성 물질과 격리시킴
③ 금속나트륨은 석유 속에 저장한다(나트륨 : 유동 파라핀 속에 저장).
④ 질산은 통풍이 잘 되는 곳에 보관하고 물기와의 접촉을 금지(질산은 갈색병에 넣어 냉암소에 보관)
⑤ 칼륨은 보호액(석유) 속에 저장
⑥ 피크트산은 운반 시 10~20% 물로 젖게 함
⑦ 황린(P_4)은 공기 중에 발화하므로 물속에 보관
⑧ 니트로셀룰로이스는 습한 상태를 유지
⑨ 적린은 냉암소에 격리 저장
⑩ 질산은 용액은 햇빛을 차단하여 저장
⑪ 과산화수소 : 용기의 마개를 꼭 막지 않고 통풍을 위하여 구멍이 뚫린 마개를 사용
⑫ 마그네슘 : 물 또는 산과 접촉의 우려가 없는 곳에 저장

94 다음 중 열교환기의 보수에 있어 일상점검항목과 정기적 개방점검항목으로 구분할 때 일상점검항목으로 거리가 먼 것은?

① 도장의 노후상황
② 부착물에 의한 오염의 상황
③ 보온재, 보냉재의 파손 여부
④ 기초볼트의 체결 정도

해설 열교환기의 보수에 있어서 일상점검항목
① 보온재 및 보냉재의 파손상황
② 도장의 노후 상황
③ flange부 등의 외부 누출여부
④ 기초부 및 기초 고정부 상태(기초볼트의 체결 정도 등)
* 부식의 형태 및 정도는 일상점검(외관)으로 파악하기 어려움

정답 91. ① 92. ① 93. ① 94. ②

95 다음 중 반응기의 구조 방식에 의한 분류에 해당하는 것은?

① 탑형 반응기
② 연속식 반응기
③ 반회분식 반응기
④ 회분식 균일상 반응기

해설 반응기의 분류
(가) 반응기의 조작 방식에 의한 분류
① 회분식 반응기
② 반회분식 반응기
③ 연속식 반응기
(나) 반응기의 구조 방식에 의한 분류
① 교반조형 반응기
② 관형 반응기
③ 탑형 반응기
④ 유동층형 반응기

96 다음 중 공기 중 최소 발화에너지 값이 가장 작은 물질은?

① 에틸렌
② 아세트알데히드
③ 메탄
④ 에탄

해설 최소발화에너지(MIE, Minimum Ignition Energy, 최소점화에너지, 최소착화에너지) : 물질을 발화시키는데 필요한 최저 에너지(최소발화에너지가 낮은 물질은 아세틸렌, 수소, 이황화탄소 등)

물질명	최소발화에너지
이황화탄소(CS_2)	0.009
수소(H_2)	0.019
아세틸렌(C_2H_2)	0.019
벤젠(C_6H_6)	0.20
에탄(C_2H_6)	0.25
프로판(C_3H_8)	0.26
메탄(CH_4)	0.28
에틸렌(C_2H_4)	0.096

97 다음 표의 가스(A~D)를 위험도가 큰 것부터 작은 순으로 나열한 것은?

구분	폭발하한값	폭발상한값
A	4.0vol%	75.0vol%
B	3.0vol%	80.0vol%
C	1.25vol%	44.0vol%
D	2.5vol%	81.0vol%

① D-B-C-A
② D-B-A-C
③ C-D-A-B
④ C-D-B-A

해설 위험도 : 기체의 폭발위험 수준을 나타냄
$H = \dfrac{U-L}{L}$ [H : 위험도, L : 폭발하한계 값(%), U : 폭발상한계 값(%)]
① A 위험도 = (75 − 4.0)/4.0 = 17.75
② B 위험도 = (80 − 3.0)/3.0 = 25.67
③ C 위험도 = (44 − 1.25)/1.25 = 34.2
④ D 위험도 = (81 − 2.5)/2.5 = 31.4

98 알루미늄분이 고온의 물과 반응하였을 때 생성되는 가스는?

① 이산화탄소
② 수소
③ 메탄
④ 에탄

해설 알루미늄 : 물과 반응하여 열이 발생하고, 온도가 올라 발화하게 되며 수소가스도 발생되므로 폭발이 일어나게 됨
$2Al + 6H_2O \rightarrow 2Al(OH)_3 + 3H_2$
* 물과 반응하여 수소가스를 발생시키는 물질 : Mg(마그네슘), Zn(아연), Li(리튬), Na(나트륨), Al(알루미늄) 등

99 메탄, 에탄, 프로판의 폭발하한계가 각각 5vol%, 3vol%, 2.5vol%일 때 다음 중 폭발하한계가 가장 낮은 것은? (단, Le Chatelier의 법칙을 이용한다.)

① 메탄 20vol%, 에탄 30vol%, 프로판 50vol%의 혼합가스

정답 95.① 96.① 97.④ 98.② 99.①

② 메탄 30vol%, 에탄 30vol%, 프로판 40vol%의 혼합가스
③ 메탄 40vol%, 에탄 30vol%, 프로판 30vol%의 혼합가스
④ 메탄 50vol%, 에탄 30vol%, 프로판 20vol%의 혼합가스

해설 **혼합가스의 폭발하한값**
순수한 혼합가스일 경우
$$L = \frac{100}{\frac{V_1}{L_1} + \frac{V_2}{L_2} + \cdots + \frac{V_n}{L_n}}$$
L : 혼합가스의 폭발한계(%) – 폭발상한, 폭발하한 모두 적용 가능
$L_1 + L_2 + \cdots + L_n$: 각 성분가스의 폭발한계(%) – 폭발상한계, 폭발하한계
$V_1 + V_2 + \cdots + V_n$: 전체 혼합가스 중 각 성분가스의 비율(%) – 부피비

① $L = 100/(20/5 + 30/3 + 50/2.5) = 2.94$vol%
② $L = 100/(30/5 + 30/3 + 40/2.5) = 3.13$vol%
③ $L = 100/(40/5 + 30/3 + 30/2.5) = 3.33$vol%
④ $L = 100/(50/5 + 30/3 + 20/2.5) = 3.57$vol%

100 고압가스 용기 파열사고의 주요 원인 중 하나는 용기의 내압력(耐壓力, capacity to resist presure)부족이다. 다음 중 내압력 부족의 원인으로 거리가 먼 것은?

① 용기 내벽의 부식
② 강재의 피로
③ 과잉 충전
④ 용접 불량

해설 **고압가스 용기 파열사고의 주요 원인**
① 용기의 내압력 부족 : 용기 내벽의 부식, 강재의 피로, 용접불량
② 용기 내의 이상 압력 상승
③ 용기 내에서의 폭발성 혼합가스의 발화

제6과목 건설안전기술

101 건설현장에 거푸집동바리 설치 시 준수사항으로 옳지 않은 것은?

① 파이프 서포트 높이가 4.5m를 초과하는 경우에는 높이 2m 이내마다 2개 방향으로 수평 연결재를 설치한다.
② 동바리의 침하 방지를 위해 깔목의 사용, 콘크리트 타설, 말뚝박기 등을 실시한다.
③ 강재와 강재의 접속부는 볼트 또는 클램프 등 전용철물을 사용한다.
④ 강관틀 동바리는 강관틀과 강관틀 사이에 교차가새를 설치한다.

해설 **거푸집 동바리 등의 안전조치** 〈산업안전보건기준에 관한 규칙〉
제332조(거푸집동바리 등의 안전조치) 사업주는 거푸집동바리 등을 조립하는 경우에는 다음 각 호의 사항을 준수하여야 한다.
1. 깔목의 사용, 콘크리트 타설, 말뚝박기 등 동바리의 침하를 방지하기 위한 조치를 할 것
5. 강재와 강재의 접속부 및 교차부는 볼트·클램프 등 전용철물을 사용하여 단단히 연결할 것
8. 동바리로 사용하는 파이프 서포트에 대해서는 다음 각 목의 사항을 따를 것
   가. 파이프 서포트를 3개 이상이어서 사용하지 않도록 할 것
   나. 파이프 서포트를 이어서 사용하는 경우에는 4개 이상의 볼트 또는 전용철물을 사용하여 이을 것
   다. 높이가 3.5미터를 초과하는 경우에는 높이 2미터 이내마다 수평연결재를 2개 방향으로 만들고 수평연결재의 변위를 방지할 것

정답 100. ③ 101. ①

102 고소작업대를 설치 및 이동하는 경우에 준수하여야 할 사항으로 옳지 않은 것은?

① 와이어로프 또는 체인의 안전율은 3 이상일 것
② 붐의 최대 지면 경사각을 초과 운전하여 전도되지 않도록 할 것
③ 고소작업대를 이동하는 경우 작업대를 가장 낮게 내릴 것
④ 작업대에 끼임·충돌 등 재해를 예방하기 위한 가드 또는 과상승방지장치를 설치할 것

해설 고소작업대 설치 〈산업안전보건기준에 관한 규칙〉
제186조(고소작업대 설치 등의 조치) ① 사업주는 고소작업대를 설치하는 경우에는 다음 각 호에 해당하는 것을 설치하여야 한다.
1. 작업대를 와이어로프 또는 체인으로 올리거나 내릴 경우에는 와이어로프 또는 체인이 끊어져 작업대가 떨어지지 아니하는 구조여야 하며, 와이어로프 또는 체인의 안전율은 5 이상일 것

103 건설공사의 유해위험방지계획서 제출 기준일로 옳은 것은?

① 해당 공사 착공 1개월 전까지
② 해당 공사 착공 15일 전까지
③ 해당 공사 착공 전날까지
④ 해당 공사 착공 15일 후까지

해설 유해위험방지계획서 제출 기준일 〈산업안전보건법 시행규칙〉
- 건설공사 : 해당 공사의 착공 전날까지 공단에 2부 제출

104 철골건립준비를 할 때 준수하여야 할 사항으로 옳지 않은 것은?

① 지상 작업장에서 건립준비 및 기계기구를 배치할 경우에는 낙하물의 위험이 없는 평탄한 장소를 선정하여 정비하여야 한다.
② 건립작업에 다소 지장이 있다 하더라도 수목은 제거하거나 이설하여서는 안 된다.
③ 사용 전에 기계기구에 대한 정비 및 보수를 철저히 실시하여야 한다.
④ 기계에 부착된 앵카 등 고정장치와 기초구조 등을 확인하여야 한다.

해설 철골건립 준비 시 준수하여야 할 사항 〈철골공사표준안전작업지침〉
제7조(건립준비) 철골건립준비를 할 때 다음 각 호의 사항을 준수하여야 한다.
1. 지상 작업장에서 건립준비 및 기계·기구를 배치할 경우에는 낙하물의 위험이 없는 평탄한 장소를 선정하여 정비하고 경사지에서는 작업대나 임시발판 등을 설치하는 등 안전하게 한 후 작업하여야 한다.
2. 건립작업에 지장이 되는 수목은 제거하거나 이설하여야 한다.
3. 인근에 건축물 또는 고압선 등이 있는 경우에는 이에 대한 방호조치 및 안전조치를 하여야 한다.
4. 사용 전에 기계·기구에 대한 정비 및 보수를 철저히 실시하여야 한다.
5. 기계가 계획대로 배치되어 있는가, 윈치는 작업구역을 확인할 수 있는 곳에 위치하였는가, 기계에 부착된 앵커 등 고정장치와 기초구조 등을 확인하여야 한다.

105 가설공사 표준안전 작업지침에 따른 통로발판을 설치하여 사용함에 있어 준수사항으로 옳지 않은 것은?

① 추락의 위험이 있는 곳에는 안전난간이나 철책을 설치하여야 한다.
② 작업발판의 최대폭은 1.6m 이내이어야 한다.
③ 비계발판의 구조에 따라 최대 적재하중을 정하고 이를 초과하지 않도록 하여야 한다.
④ 발판을 겹쳐 이음하는 경우 장선 위에서 이음을 하고 겹침길이는 10cm 이상으로 하여야 한다.

정답 102. ① 103. ③ 104. ② 105. ④

해설 **통로발판** 〈가설공사 표준안전 작업지침〉
제15조(통로발판) 사업주는 통로발판을 설치하여 사용함에 있어서 다음 각 호의 사항을 준수하여야 한다.
1. 근로자가 작업 및 이동하기에 충분한 넓이가 확보되어야 한다.
2. 추락의 위험이 있는 곳에는 안전난간이나 철책을 설치하여야 한다.
3. 발판을 겹쳐 이음하는 경우 장선 위에서 이음을 하고 겹침길이는 20센티미터 이상으로 하여야 한다.
4. 발판 1개에 대한 지지물은 2개 이상이어야 한다.
5. 작업발판의 최대폭은 1.6미터 이내이어야 한다.
6. 작업발판 위에는 돌출된 못, 옹이, 철선 등이 없어야 한다.
7. 비계발판의 구조에 따라 최대 적재하중을 정하고 이를 초과하지 않도록 하여야 한다.

106 항타기 또는 항발기의 사용 시 준수사항으로 옳지 않은 것은?

① 공기를 차단하는 장치를 작업관리자가 쉽게 조작할 수 있는 위치에 설치한다.
② 해머의 운동에 의하여 공기호스와 해머의 접속부가 파손되거나 벗겨지는 것을 방지하기 위하여 그 접속부가 아닌 부위를 선정하여 공기호스를 해머에 고정시킨다.
③ 항타기나 항발기의 권상장치의 드럼에 권상용 와이어로프가 꼬인 경우에는 와이어로프에 하중을 걸어서는 안 된다.
④ 항타기나 항발기의 권상장치에 하중을 건 상태로 정지하여 두는 경우에는 쐐기장치 또는 역회전방지용 브레이크를 사용하여 제동하는 등 확실하게 정지시켜 두어야 한다.

해설 **항타기 또는 항발기 사용 시의 조치** 〈산업안전보건에 관한 규칙〉
제217조(사용 시의 조치 등)
① 사업주는 압축공기를 동력원으로 하는 항타기나 항발기를 사용하는 경우에는 다음 각 호의 사항을 준수해야 한다.
1. 해머의 운동에 의하여 공기호스와 해머의 접속부가 파손되거나 벗겨지는 것을 방지하기 위하여 그 접속부가 아닌 부위를 선정하여 공기호스를 해머에 고정시킬 것
2. 공기를 차단하는 장치를 해머의 운전자가 쉽게 조작할 수 있는 위치에 설치할 것
② 사업주는 항타기나 항발기의 권상장치의 드럼에 권상용 와이어로프가 꼬인 경우에는 와이어로프에 하중을 걸어서는 안 된다.
③ 사업주는 항타기나 항발기의 권상장치에 하중을 건 상태로 정지하여 두는 경우에는 쐐기장치 또는 역회전방지용 브레이크를 사용하여 제동하는 등 확실하게 정지시켜 두어야 한다.

107 건설업 중 유해위험방지계획서 제출 대상 사업장으로 옳지 않은 것은?

① 지상높이가 31m 이상인 건축물 또는 인공구조물, 연면적 30000m² 이상인 건축물 또는 연면적 5000m² 이상의 문화 및 집회시설의 건설공사
② 연면적 3000m² 이상의 냉동·냉장 창고시설의 설비공사 및 단열공사
③ 깊이 10m 이상인 굴착공사
④ 최대 지간길이가 50m 이상인 다리의 건설공사

해설 **유해·위험방지계획서 제출대상 건설공사** 〈산업안전보건법 시행령 제42조〉
다음 각 호의 어느 하나에 해당하는 공사를 말한다.
1. 다음 각 목의 어느 하나에 해당하는 건축물 또는 시설 등의 건설·개조 또는 해체 공사
  가. 지상높이가 31미터 이상인 건축물 또는 인공구조물
  나. 연면적 3만 제곱미터 이상인 건축물
  다. 연면적 5천 제곱미터 이상인 시설로서 다음의 어느 하나에 해당하는 시설
   1) 문화 및 집회시설(전시장 및 동물원·식물원은 제외한다)
   2) 판매시설, 운수시설(고속철도의 역사 및 집배송시설은 제외한다)
   3) 종교시설
   4) 의료시설 중 종합병원
   5) 숙박시설 중 관광숙박시설

정답 106. ① 107. ②

6) 지하도상가
7) 냉동·냉장 창고시설
2. 연면적 5천 제곱미터 이상인 냉동·냉장 창고시설의 설비공사 및 단열공사
3. 최대 지간 길이(다리의 기둥과 기둥의 중심 사이의 거리)가 50미터 이상인 다리의 건설 등 공사
4. 터널의 건설 등 공사
5. 다목적댐, 발전용 댐, 저수용량 2천 만 톤 이상의 용수 전용 댐 및 지방상수도 전용 댐의 건설 등 공사
6. 깊이 10미터 이상인 굴착공사

108 건설작업용 타워크레인의 안전장치로 옳지 않은 것은?

① 권과 방지장치   ② 과부하 방지장치
③ 비상정지 장치   ④ 호이스트 스위치

해설 안전장치 〈산업안전보건기준에 관한 규칙〉
제134조(방호장치의 조정)
① 사업주는 다음 각 호의 양중기에 과부하방지장치, 권과방지장치, 비상정지장치 및 제동장치, 그 밖의 방호장치[승강기의 파이널 리미트 스위치(final limit switch), 속도조절기, 출입문 인터록(inter lock) 등을 말한다]가 정상적으로 작동될 수 있도록 미리 조정해 두어야 한다.

109 이동식 비계를 조립하여 작업을 하는 경우의 준수기준으로 옳지 않은 것은?

① 비계의 최상부에서 작업할 때는 안전난간을 설치하여야 한다.
② 작업발판의 최대적재하중은 400kg을 초과하지 않도록 한다.
③ 승강용 사다리는 견고하게 설치하여야 한다.
④ 작업발판은 항상 수평을 유지하고 작업발판 위에서 안전난간을 딛고 작업을 하거나 받침대 또는 사다리를 사용하여 작업하지 않도록 한다.

해설 이동식비계 〈산업안전보건기준에 관한 규칙〉
제68조(이동식비계)
사업주는 이동식비계를 조립하여 작업을 하는 경우에는 다음 각 호의 사항을 준수하여야 한다.
1. 이동식비계의 바퀴에는 뜻밖의 갑작스러운 이동 또는 전도를 방지하기 위하여 브레이크·쐐기 등으로 바퀴를 고정시킨 다음 비계의 일부를 견고한 시설물에 고정하거나 아웃트리거(outrigger)를 설치하는 등 필요한 조치를 할 것
2. 승강용사다리는 견고하게 설치할 것
3. 비계의 최상부에서 작업을 하는 경우에는 안전난간을 설치할 것
4. 작업발판은 항상 수평을 유지하고 작업발판 위에서 안전난간을 딛고 작업을 하거나 받침대 또는 사다리를 사용하여 작업하지 않도록 할 것
5. 작업발판의 최대적재하중은 250킬로그램을 초과하지 않도록 할 것

110 토자붕괴원인으로 옳지 않은 것은?

① 경사 및 기울기 증가
② 성토높이의 증가
③ 건설기계 등 하중작용
④ 토사중량의 감소

해설 토석 및 토사붕괴의 원인 〈굴착공사표준안전작업지침〉
(가) 외적 원인
① 사면, 법면의 경사 및 기울기의 증가
② 절토 및 성토 높이의 증가
③ 공사에 의한 진동 및 반복 하중의 증가
④ 지표수 및 지하수의 침투에 의한 토사 중량의 증가
⑤ 지진, 차량, 구조물의 하중 작용
⑥ 토사 및 암석의 혼합층 두께
(나) 내적 원인
① 절토 사면의 토질·암질
② 성토 사면의 토질 구성 및 분포
③ 토석의 강도 저하

111 건설용 리프트의 붕괴 등을 방지하기 위해 받침의 수를 증가 시키는 등 안전조치를 하여야 하는 순간풍속 기준은?

① 초당 15미터 초과

정답 108. ④ 109. ② 110. ④ 111. ③

② 초당 25미터 초과
③ 초당 35미터 초과
④ 초당 45미터 초과

해설 리프트 〈산업안전보건기준에 관한 규칙〉
제154조(붕괴 등의 방지) ② 사업주는 순간풍속이 초당 35미터를 초과하는 바람이 불어올 우려가 있는 경우 건설작업용 리프트(지하에 설치되어 있는 것은 제외한다)에 대하여 받침의 수를 증가시키는 등 그 붕괴 등을 방지하기 위한 조치를 하여야 한다.

112 토사붕괴에 따른 재해를 방지하기 위한 흙막이 지보공 부재로 옳지 않은 것은?

① 흙막이판
② 말뚝
③ 턴버클
④ 띠장

해설 흙막이 지보공 부재, 조립도 〈산업안전보건기준에 관한 규칙〉
제346조(조립도)
① 사업주는 흙막이 지보공을 조립하는 경우 미리 조립도를 작성하여 그 조립도에 따라 조립하도록 하여야 한다.
② 제1항의 조립도는 흙막이판·말뚝·버팀대 및 띠장 등 부재의 배치·치수·재질 및 설치방법과 순서가 명시되어야 한다.

113 가설구조물의 특징으로 옳지 않은 것은?

① 연결재가 적은 구조로 되기 쉽다.
② 부재 결합이 간략하여 불안전 결합이다.
③ 구조물이라는 개념이 확고하여 조립의 정밀도가 높다.
④ 사용부재는 과소단면이거나 결함재가 되기 쉽다.

해설 가설구조물의 특징(유의사항)
① 연결재가 적은 구조로 되기 쉽다.
② 부재 결합이 간단하고 불안전한 결합이 되기 쉽다.
③ 구조상의 결함이 있는 경우 중대재해로 이어질 수 있다.
④ 사용부재가 과소단면이거나 결함재료를 사용하기 쉽다.
⑤ 조립의 정밀도가 낮아지거나 구조계산기준이 부족하여 구조적 문제점이 많을 수 있다.

114 사다리식 통로 등의 구조에 대한 설치기준으로 옳지 않은 것은?

① 발판의 간격은 일정하게 할 것
② 발판과 벽과의 사이는 15cm 이상의 간격을 유지할 것
③ 사다리식 통로의 길이가 10m 이상인 때에는 7m 이내마다 계단참을 설치할 것
④ 사다리의 상단은 걸쳐놓은 지점으로부터 60m 이상 올라가도록 할 것

해설 사다리식 통로 등의 구조 〈산업안전보건법 시행규칙〉
제24조(사다리식 통로 등의 구조) ① 사업주는 사다리식 통로 등을 설치하는 경우 다음 각 호의 사항을 준수하여야 한다.
1. 견고한 구조로 할 것
2. 심한 손상·부식 등이 없는 재료를 사용할 것
3. 발판의 간격은 일정하게 할 것
4. 발판과 벽과의 사이는 15센티미터 이상의 간격을 유지할 것
5. 폭은 30센티미터 이상으로 할 것
6. 사다리가 넘어지거나 미끄러지는 것을 방지하기 위한 조치를 할 것
7. 사다리의 상단은 걸쳐놓은 지점으로부터 60센티미터 이상 올라가도록 할 것
8. 사다리식 통로의 길이가 10미터 이상인 경우에는 5미터 이내마다 계단참을 설치할 것

115 가설통로를 설치하는 경우 준수해야할 기준으로 옳지 않은 것은?

① 경사는 30° 이하로 할 것
② 경사가 25°를 초과하는 경우에는 미끄러지지 아니하는 구조로 할 것
③ 건설공사에 사용하는 높이 8m 이상인 비계다리에는 7m 이내마다 계단참을 설치할 것
④ 수직갱에 가설된 통로의 길이가 15m 이상인 때에는 10m 이내마다 계단참을 설치할 것

정답 112. ③ 113. ③ 114. ③ 115. ②

해설 **가설통로의 구조** 〈산업안전보건기준에 관한 규칙〉
제23조(가설통로의 구조)
사업주는 가설통로를 설치하는 경우 다음 각 호의 사항을 준수하여야 한다.
1. 견고한 구조로 할 것
2. 경사는 30도 이하로 할 것
3. 경사가 15도를 초과하는 경우에는 미끄러지지 아니하는 구조로 할 것
4. 추락할 위험이 있는 장소에는 안전난간을 설치할 것
5. 수직갱에 가설된 통로의 길이가 15미터 이상인 경우에는 10미터 이내마다 계단참을 설치할 것
6. 건설공사에 사용하는 높이 8미터 이상인 비계다리에는 7미터 이내마다 계단참을 설치할 것

116 터널공사에서 발파작업 시 안전대책으로 옳지 않은 것은?

① 발파전 도화선 연결상태, 저항치 조사 등의 목적으로 도통시험 실시 및 발파기의 작동상태에 대한 사전점검 실시
② 모든 동력선은 발원점으로부터 최소한 15m 이상 후방으로 옮길 것
③ 지질, 암의 절리 등에 따라 화약량에 대한 검토 및 시방기준과 대비하여 안전조치 실시
④ 발파용 점화회선은 타동력선 및 조명회선과 한곳으로 통합하여 관리

해설 **터널공사에서 발파작업 시 안전대책** 〈터널공사표준안전작업지침 – NATM 공법〉
제7조(발파작업) 사업주는 발파작업 시 다음 각 호의 사항을 준수하여야 한다.
4. 지질, 암의 절리 등에 따라 화약량을 충분히 검토하여야 하며 시방기준과 대비하여 안전조치를 하여야 한다.
7. 화약류를 장진하기 전에 모든 동력선 및 활선은 장진기기로 부터 분리시키고 조명회선을 포함한 모든 동력선은 발원점으로부터 최소한 15m 이상 후방으로 옮겨 놓도록 하여야 한다.
8. 발파용 점화회선은 타동력선 및 조명회선으로부터 분리되어야 한다.
9. 발파전 도화선 연결상태, 저항치 조사 등의 목적으로 도통시험을 실시하여야 하며 발파기 작동상태를 사전 점검하여야 한다.

117 건설업 산업안전보건관리비 계상 및 사용기준은 산업재해보상 보험법의 적용을 받는 공사 중 총 공사금액이 얼마 이상인 공사에 적용하는가? (단, 전기공사업법, 정보통신공사업법에 의한 공사는 제외)

① 4천만 원 ② 3천만 원
③ 2천만 원 ④ 1천만 원

해설 **적용범위** 〈건설업 산업안전보건관리비 계상 및 사용기준〉
제3조(적용범위) 이 고시는 법령의 건설공사 중 총 공사금액 2천만 원 이상인 공사에 적용한다.

118 건설업의 공사금액이 850억 원일 경우 산업안전보건법령에 따른 안전관리자의 수로 옳은 것은? (단, 전체 공사기간을 100으로 할 때 공사 전·후 15에 해당하는 경우는 고려하지 않는다.)

① 1명 이상 ② 2명 이상
③ 3명 이상 ④ 4명 이상

해설 사업장 종류, 규모에 따른 안전관리자 수

사업장 종류	규모(상시 근로자)	안전관리자 수
건설업 (*규모에 따라 인원수 구분)	공사금액 800억 원 이상~1500억 원 미만(전체 공사기간 중 전·후 15에 해당하는 기간 동안은 1명 이상으로 함)	2명 이상
	120억 원(토목공사 150억 원)~800억 원 미만	1명 이상

정답 116.④ 117.③ 118.②

119 거푸집 동바리의 침하를 방지하기 위한 직접적인 조치로 옳지 않은 것은?

① 수평연결재 사용
② 깔목의 사용
③ 콘크리트의 타설
④ 말뚝박기

해설 **거푸집 동바리 등의 안전조치** 〈산업안전보건기준에 관한 규칙〉
제332조(거푸집 동바리 등의 안전조치) 사업주는 거푸집 동바리 등을 조립하는 경우에는 다음 각 호의 사항을 준수하여야 한다.
1. 깔목의 사용, 콘크리트 타설, 말뚝박기 등 동바리의 침하를 방지하기 위한 조치를 할 것

120 달비계에 사용하는 와이어로프의 사용금지 기준으로 옳지 않은 것은?

① 이음매가 있는 것
② 열과 전기 충격에 의해 손상된 것
③ 지름의 감소가 공칭지름의 7%를 초과하는 것
④ 와이어로프의 한 꼬임에서 끊어진 소선의 수가 7% 이상인 것

해설 **와이어로프의 사용금지 기준**
1. 다음 각 목의 어느 하나에 해당하는 와이어로프를 달비계에 사용해서는 안 된다.
   가. 이음매가 있는 것
   나. 와이어로프의 한 꼬임(스트랜드(strand)를 말한다)에서 끊어진 소선의 수가 10퍼센트 이상인 것
   다. 지름의 감소가 공칭지름의 7퍼센트를 초과하는 것
   라. 꼬인 것
   마. 심하게 변형되거나 부식된 것
   바. 열과 전기충격에 의해 손상된 것

정답 119. ① 120. ④

[자료 제공 안내]

이 책을 구매하시는 모든 독자를 위한 2가지 필수 합격자료 제공!!

네이버 카페 : 웅보건기원(https://cafe.naver.com/bookwk)

첫째, 지난 3개년 기출문제를 별도로 드립니다.
- 네이버 카페 : 웅보건기원
  [산업안전 → 정오표&자료실] 게시판

둘째, CBT 모의고사(합격 예상 문제)를 드립니다.
- 네이버 카페 : 웅보건기원
  [산업안전 → CBT 모의고사] 게시판

산업안전기사 [5개년 과년도]

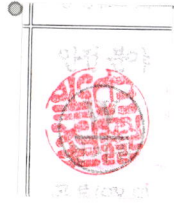

정가 ∥ 22,000원

지은이 ∥ 성 영 선
펴낸이 ∥ 차 승 녀
펴낸곳 ∥ 도서출판 건기원

2021년 1월 15일 제1판 제1인쇄발행
2022년 7월 25일 제2판 제1인쇄발행
2023년 5월 12일 제3판 제1인쇄발행

주소 ∥ 경기도 파주시 연다산길 244(연다산동 186-16)
전화 ∥ (02)2662-1874~5
팩스 ∥ (02)2665-8281
등록 ∥ 제11-162호, 1998. 11. 24

- 건기원은 여러분을 책의 주인공으로 만들어 드리며 출판 윤리 강령을 준수합니다.
- 본 수험서를 복제·변형하여 판매·배포·전송하는 일체의 행위를 금하며, 이를 위반할 경우 저작권법 등에 따라 처벌받을 수 있습니다.

ISBN 979-11-5767-763-4 13530